普通高等教育“十三五”规划教材

材料腐蚀与防护概论

第 2 版

主编　李晓刚
参编　刘智勇　柳　伟　吴俊升　卢　琳
　　　何业东　董超芳　杜翠薇　黄运华
　　　高　瑾　肖　葵

机 械 工 业 出 版 社

本书概述了材料腐蚀的基本原理，各种腐蚀的类型、影响因素和腐蚀控制的方法。全书共10章，主要内容包括：金属的高温腐蚀与防护、金属的电化学腐蚀与防护、非金属材料的腐蚀及耐蚀材料三大部分。

本书可以作为高等院校材料学科的教材，也可作为化工、冶金、机械等学科学生的参考书，并可供有关工程技术人员和科研、设计工作者参考。

图书在版编目（CIP）数据

材料腐蚀与防护概论/李晓刚主编. —2版. —北京：机械工业出版社，2017.8（2025.6重印）

普通高等教育“十三五”规划教材

ISBN 978-7-111-56358-7

Ⅰ.①材…　Ⅱ.①李…　Ⅲ.①工程材料-腐蚀-高等学校-教材②工程材料-防腐-高等学校-教材　Ⅳ.①TB304

中国版本图书馆CIP数据核字（2017）第052697号

机械工业出版社（北京市百万庄大街22号　邮政编码100037）

策划编辑：丁昕祯　责任编辑：丁昕祯　程足芬　任正一

责任校对：佟瑞鑫　封面设计：张　静　责任印制：单爱军

北京华宇信诺印刷有限公司印刷

2025年6月第2版第10次印刷

184mm×260mm · 19印张 · 465千字

标准书号：ISBN 978-7-111-56358-7

定价：59.00元

电话服务　　　　　　　　　　网络服务

客服电话：010-88361066　　机　工　官　网：www.cmpbook.com

010-88379833　　机　工　官　博：weibo.com/cmp1952

010-68326294　　金　书　网：www.golden-book.com

封底无防伪标均为盗版　　机工教育服务网：www.cmpedu.com

前　言

材料腐蚀与防护是科技发展的重要方面，国家的建设需要大量该专业高素质的人才，许多高校开设了材料腐蚀与防护课程，开设该课程的专业有材料专业、冶金专业、机械专业、化工专业等。本书就是为了适应这种情况而编写的。在过去的腐蚀与防护专业中，材料腐蚀与防护分为腐蚀电化学、金属腐蚀学、非金属材料的腐蚀、材料的防护技术等课程。本书综合了上述课程的主要内容，构成目前的《材料腐蚀与防护概论》。

本书共有四个部分：首先为绪论部分，包括腐蚀与防护的基本概念、材料腐蚀与防护在国民经济发展中的意义、材料腐蚀科学技术的发展简史、材料腐蚀的分类、材料防护的基本途径等。第1篇金属的高温腐蚀与防护，涉及高温腐蚀热力学、金属氧化物的结构及性质、金属氧化过程的动力学、合金的氧化、其他类型的金属高温腐蚀、高温防护涂层。第2篇金属的电化学腐蚀与防护，包括金属腐蚀电化学理论基础、全面腐蚀与局部腐蚀、应力作用下的腐蚀、自然环境中的腐蚀、工业环境中的腐蚀、金属材料的耐蚀性能、金属的保护方法。第3篇非金属材料的腐蚀及耐蚀材料，包括高分子材料的腐蚀及耐蚀材料和无机非金属材料的腐蚀及耐蚀材料。

本书与现有腐蚀与防护教材和专著在结构上有较大差别，没有采用材料的腐蚀机理与防护独立成篇的传统方式。本书包含金属的高温腐蚀与防护、金属的电化学腐蚀与防护和非金属材料的腐蚀及耐蚀材料，这三个部分相对独立，具有各自的理论体系，且各部分的理论与应用技术的对应性较强。本书除了可以满足不同专业对不同材料的腐蚀与防护的侧重有所不同的需要外，还可以满足一些专题培训班的需要。

本书是在1989年朱日彰教授主编的《金属腐蚀学》，1999年杨德钧和沈卓身教授主编的《金属腐蚀学》，1998年吴继勋教授主编的《金属防腐蚀技术》，特别是在2003年何业东教授和齐慧滨教授共同编写的《材料腐蚀与防护概论》教材的基础上，由李晓刚教授对全书进行了统编与改编。其中前言及绪论由李晓刚教授编写；第1章由何业东教授编写；第2章由杜翠薇教授编写；第3、4章由柳伟副教授编写；第5章由董超芳教授和肖葵研究员编写；第6章由刘智勇副教授编写；第7章由黄运华教授编写；第8章由吴俊升研究员和卢琳副研究员编写；第9章由高瑾研究员和卢琳副研究员编写；第10章由吴俊升研究员编写。

何业东教授对本书倾注了很多心血，在百忙之中对本书做了认真的审阅，提出了许多宝贵的修改意见，在此表示衷心的感谢。

由于编者水平所限，书中的错误与不足之处在所难免，殷切地希望读者批评指正。

编者

目 录

前言
绪论 …… 1
0.1 引言 …… 1
0.2 材料腐蚀的定义 …… 1
0.3 材料腐蚀与防护在国民经济发展中的意义 …… 2
0.4 材料腐蚀科学技术的发展简史 …… 3
0.5 材料腐蚀的分类 …… 4
0.6 材料防护的基本途径 …… 5
0.7 材料腐蚀与防护的管理与教育 …… 6
0.8 材料腐蚀科学及防护技术的主要内容 …… 6
思考题 …… 6

第1篇 金属的高温腐蚀与防护

第1章 金属的高温腐蚀与防护 …… 7
1.1 高温腐蚀热力学 …… 7
1.2 金属氧化物的结构及性质 …… 14
1.3 金属氧化过程的动力学 …… 20
1.4 合金的氧化 …… 29
1.5 其他类型的金属高温腐蚀 …… 35
1.6 高温防护涂层 …… 40
思考题 …… 44

第2篇 金属的电化学腐蚀与防护

第2章 金属腐蚀电化学理论基础 …… 45
2.1 腐蚀电池 …… 45
2.2 电化学腐蚀热力学 …… 48
2.3 电化学腐蚀动力学 …… 53
2.4 析氢腐蚀和吸氧腐蚀 …… 63
2.5 金属的钝化 …… 72
思考题 …… 78
第3章 全面腐蚀与局部腐蚀 …… 79
3.1 全面腐蚀 …… 79
3.2 点蚀 …… 80
3.3 缝隙腐蚀 …… 86
3.4 电偶腐蚀 …… 91
3.5 晶间腐蚀 …… 96
3.6 选择性腐蚀 …… 101
思考题 …… 103
第4章 应力作用下的腐蚀 …… 104
4.1 应力腐蚀开裂 …… 104
4.2 氢致开裂 …… 109
4.3 腐蚀疲劳 …… 116
4.4 与磨损有关的腐蚀 …… 120
思考题 …… 127
第5章 自然环境中的腐蚀 …… 128
5.1 大气腐蚀 …… 128
5.2 土壤腐蚀 …… 132
5.3 淡水和海水腐蚀 …… 139
5.4 微生物腐蚀 …… 146
思考题 …… 149
第6章 工业环境中的腐蚀 …… 150
6.1 化学工业腐蚀 …… 150
6.2 石油及石化工业（除去自然腐蚀部分）腐蚀 …… 161
6.3 化肥工业中的腐蚀 …… 166
6.4 发电工业中的腐蚀 …… 168
6.5 冶金、矿山工业腐蚀 …… 174

6.6 工业管道及储罐（包括成品油、化工介质等）腐蚀 …… 175
思考题 …… 178
第7章 金属材料的耐蚀性能 …… 179
7.1 纯金属的耐蚀性 …… 179
7.2 提高金属材料耐蚀性的合金化原理和途径 …… 181
7.3 各类耐蚀金属材料 …… 184
思考题 …… 209
第8章 金属的保护方法 …… 211
8.1 选材与结构设计 …… 211
8.2 电化学保护 …… 213
8.3 金属涂镀层保护 …… 222
8.4 缓蚀剂保护 …… 230
思考题 …… 237

第3篇 非金属材料的腐蚀及耐蚀材料

第9章 高分子材料的腐蚀及耐蚀材料 …… 238
9.1 高分子材料 …… 238
9.2 高分子材料的腐蚀定义、类型和特点 …… 242
9.3 高分子材料的腐蚀机理 …… 243
9.4 高分子基复合材料的腐蚀 …… 258
9.5 耐腐蚀高分子材料 …… 260
思考题 …… 281
第10章 无机非金属材料的腐蚀及耐蚀材料 …… 282
10.1 无机非金属材料腐蚀基本原理 …… 282
10.2 玻璃的腐蚀 …… 284
10.3 混凝土的腐蚀 …… 287
10.4 陶瓷材料的腐蚀 …… 289
10.5 常用无机非金属耐蚀材料 …… 292
思考题 …… 297
参考文献 …… 298

绪　论

0.1 引言

众所周知，所有的材料都有一定的使用寿命，在使用过程中将遭受不同形式的直接或间接的损坏。材料的损坏形式是多种多样的，但最重要、最常见的损坏形式是断裂、磨损和腐蚀。

断裂是由于构件所受应力超过其弹性极限、塑性极限而导致的破坏。例如，轴的断裂、钢丝绳的破断等均属此类。但是，断裂的金属构件可以作为炉料重新进行熔炼，材料可以获得再生。

磨损是构件与其他部件相互作用，由于机械摩擦而引起的损坏。例如，活塞环的磨损、机车的车轮与钢轨间的磨损。在很多情况下，已经磨损的零件是可以修复的。例如，采用堆焊和刷镀可以修复已磨损的轴。

材料的腐蚀是一个渐变的过程。例如，钢铁的锈蚀就是最常见的腐蚀现象。腐蚀使金属转变为化合物，是不可恢复的，不易再生。材料在服役损坏过程中，腐蚀与磨损、腐蚀与断裂往往协同进行，甚至三种损坏同时发生。因此，广义的腐蚀包括了腐蚀与磨损、断裂等的协同作用，是一个交叉学科的领域。

在材料的各种形式的损坏中，腐蚀引起了人们特别的关注。这是因为在现代工程结构中，特别在高温、高压、多相流作用下，以及在磨损、断裂等的协同作用下，腐蚀损坏格外严重。只有在搞清楚材料腐蚀的原因的基础上，才能研制适宜的耐蚀材料、涂层及采取合理的保护措施，以达到防止或控制腐蚀的目的。因此，材料腐蚀学已经成为材料科学的重要内容。

0.2 材料腐蚀的定义

腐蚀是材料受环境介质的化学、电化学和物理作用产生的损坏或变质现象。因此，腐蚀也包括化学、电化学与机械因素或生物因素的共同作用。从广义上讲，任何结构的材料，包括金属材料及非金属材料都可能遭受腐蚀。例如，混凝土的腐蚀，建筑用砖、石头的风化，油漆、塑料、橡胶等的老化，以及木材的腐烂（是一种细菌、霉菌引起的生物性损坏）等。

常用金属材料特别容易遭受腐蚀，因此金属腐蚀的研究受到广泛的重视。在大多数的金属腐蚀过程中，在金属表面或界面上进行着化学或电化学的多相反应，其结果使金属转变为氧化（离子）状态。金属腐蚀涉及金属学、金属物理、物理化学、电化学、力学与生物学等学科。

深入研究多相反应的化学动力学和电化学动力学对于金属腐蚀具有特殊的重要意义。

对于非金属材料的腐蚀，包括无机材料和有机材料的腐蚀，研究的重点在于腐蚀过程中化学、物理、生物等因素的交互作用。

材料腐蚀科学的研究目的是通过综合研究材料在环境介质中表面或界面上发生的各种物理化学、电化学反应，探求它们对材料组织结构损坏的普遍及特殊规律，提出材料或其构件在各种不同条件下，控制或防止腐蚀的措施。

0.3 材料腐蚀与防护在国民经济发展中的意义

材料腐蚀问题遍及国民经济的各个领域，从日常生活到工农业生产，从尖端科学技术到国防工业的发展，凡是使用材料的地方，都不同程度上存在着腐蚀问题。腐蚀会带来巨大的经济损失，造成许多灾难性的事故，不但消耗大量宝贵的资源与能源，还对环境产生污染，其危害触目惊心。

据世界上主要工业国家的调查统计，材料腐蚀带来的经济损失占国民生产总值的1.8%~4.2%，见表0-1。1975年美国国家标准局向国会提交特别报告“美国金属腐蚀的经济影响”。该报告指出，这一年美国由于金属腐蚀造成的经济损失约为700亿美元，为当年国民生产总值的4.2%，是当年水灾、火灾、地震、飓风等自然灾害损失（125亿美元）的5倍多。这一调查结果引起世界各国的震惊，产生了极大影响。2016年美国国际腐蚀工程师协会公布的全球腐蚀损失为2.5万亿美元，迄今为止，美国已经开展了7次大规模腐蚀调查。我国在1981年由国家科委腐蚀科学学科组组织对全国10家化工企业的腐蚀损失进行了调查。结果表明，1980年这些企业由于腐蚀造成的经济损失约为当年生产总值的3.9%，这个数值与许多国家进行的全面腐蚀损失调查的结果大体相当。2002年和2016年中国工程院的大规模调查结果表明，1999年和2014年我国腐蚀总损失分别为5000亿元和21000亿元。其中2014年腐蚀造成的经济损失约为当年生产总值的3.34%。

表0-1 国外腐蚀损失调查结果

国家	年份	年腐蚀损失	占国民经济总产值,%	可避免损失（总损失%）
美国	1949	55亿美元		
	1975	820亿美元(向国会报告为700亿美元)	4.9 (4.2)	(15)
	1995	3000亿美元	4.21	33
英国	1957	6亿英镑		
	1969	13.65亿英镑	3.5	23
日本	1975	25509.3亿日元		
	1997	39376.9亿日元		
苏联	20世纪70年代中期	130~140亿卢布		
	1985	400亿卢布		
联邦德国	1968/1969	190亿马克	3	25
	1982	450亿马克		

（续）

国家	年份	年腐蚀损失	占国民经济总产值，%	可避免损失（总损失%）
瑞典	1986	350 亿瑞典法郎		20
印度	1960/1961	15 亿卢比		
	1984/1985	400 亿卢比		
澳大利亚	1973	4.7 亿澳元		
	1982	20 亿美元		
捷克斯洛伐克	1986	15×10^9 捷克法郎		

由腐蚀引起的灾难性事故屡见不鲜，甚至造成重大的人身伤亡，损失极为惨重。例如，2013 年青岛地下输油管由于腐蚀引发爆炸，导致 62 人死亡，直接损失 7 亿元。1966 年某天然气井的套管发生硫化物应力腐蚀开裂，造成井喷和特大爆炸，人员伤亡，日产百万立方米的高产气井报废。1971 年某天然气管线发生腐蚀断裂，产生爆炸，直接经济损失达 7000 万元。1997 年某化工厂 18 个乙烯原料储罐由于硫化物腐蚀引起大火，停产半年，直接损失达 2 亿多元，间接损失巨大。1985 年日本的一架波音 747 客机，由于应力腐蚀断裂而坠毁，死亡 500 余人。2013 年青岛地下输油管由于腐蚀引发爆炸，导致 62 人死亡，直接损失 7 亿元。

根据已有的统计数据，每年由于腐蚀可使 10%～20%的金属损失掉。2016 年中国的钢产量高达 10 亿 t。按下限计算，中国一年就有 1 亿 t 钢被腐蚀掉了，相当于腐蚀掉几个大型钢铁企业的年产量。因此，从节约资源与能源出发，解决腐蚀的问题已迫在眉睫。

在化学工业、石油化工、造纸等工业中，金属腐蚀造成设备的跑、冒、滴、漏可造成大量有毒的物质泄漏，污染环境，危害人民的健康。因此，研究与解决材料的腐蚀问题，是与防止环境污染、保护人民的健康息息相关的。同时，海洋环境腐蚀也成为发展海洋工程装备的技术瓶颈。

应当指出，腐蚀造成的经济损失并非是完全不可避免的。通过普及腐蚀与防护知识，推广应用先进的防腐蚀技术，腐蚀造成的经济损失可减少 30%～40%。图 0-1 给出了腐蚀损失费、对策费与防护三者之间的关系，说明腐蚀控制不仅是科学技术问题，还与经济管理密切相关，只要搞好腐蚀控制，就可以获得显著的经济效益。

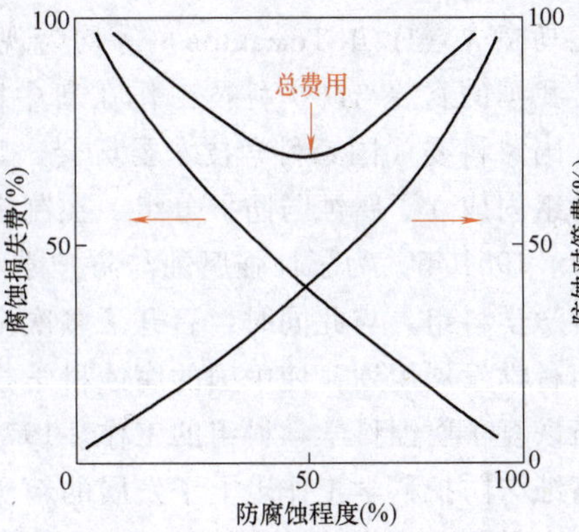

图 0-1　腐蚀损失与防护之间的关系示意图

0.4　材料腐蚀科学技术的发展简史

从人类有目的地利用金属时起，人们就开始了对金属腐蚀及防护技术的研究。在历史上，我们的祖先曾对腐蚀与防护技术的发展做出了卓越的贡献。我国出土的春秋战国时期的武器、秦始皇时代的青铜剑和箭镞，许多表面毫无锈蚀，光彩依旧。经鉴定，在这些箭镞的表面上有一层含铬的氧化物层，而基体金属中并不含铬。这是采用铬的化合物人工处理获得的表面防护涂层。由此可见，早在两千多年以前，中华民族就创造了与现代铬酸盐钝化处理相似的防护技术，这是中国文明史上的一大奇迹。还有，在中国古代，许多金属甲胄和装饰品就已使用抛光、磨光技术，然后镀上贵金属。这不仅仅是为了改善外观，更重要的是为了防止腐蚀。

对金属腐蚀现象的研究首先是从金属氧化开始的。16 世纪 50 年代，俄国科学家罗蒙诺索夫（Ломоносов）指出，金属的氧化乃是金属与空气中最活泼的氧化合所致。之后他又研究了金属的溶解及钝化问题。1830~1840 年间法拉第（Faraday）确立了金属阳极溶解的重量与电极上通过电量之间的关系，还提出了在铁上形成钝化膜的历程及金属溶解过程的电化学本质。1830 年德·拉·李夫（De La Rive）对锌在硫酸中溶解的研究中，第一次明确地提出了腐蚀的微电池特征。1881 年卡扬捷尔（Н. Каяндер）研究了金属在酸中溶解的动力学。

工业发展推动了金属腐蚀研究，到 20 世纪初金属腐蚀逐渐发展成为一门独立的学科。在 20 世纪初，由于化学工业的需要以及科学技术的蓬勃发展，经过电化学、金属学等科学家的辛勤努力和深入的研究，确立了腐蚀历程的基本电化学规律。特别值得提出的是英国科学家、现代腐蚀科学的奠基人伊文思（U. R. Evans）及其同事们的卓越贡献。他们提出了金属腐蚀过程的电化学基本规律，发表了许多经典性的著作。苏联科学家弗鲁姆金（А. Н. Фрумин）及阿基莫夫（Г. В. Акимов）分别从金属溶解的电化学历程与金属组织结构和腐蚀的关系方面提出了许多新的见解，进一步发展与充实了腐蚀科学的基本理论。比利时科学家布拜（M. Pourbaix）、美国科学家尤立格（H. H. Uhlig）和方坦纳（M. G. Fantana）、德国科学家瓦格纳（C. Wagner）、英国科学家霍尔（T. P. Hoar）、苏联科学家柯罗泰尔金（Я. М. Колтыркин）和托马晓夫（Н. Д. Томащов）等均为现代腐蚀科学的发展做出了卓越的贡献。

我国的腐蚀与防护科技工作在新中国成立之后获得了很大的发展。早在新中国成立初期，国家科委（国家科学技术委员会，现改名为中华人民共和国科学技术部）在机械科学学科组内成立了腐蚀与防护分组。在制定国家科技发展规划时，腐蚀科学也被列入发展规划之中。1961 年，为了加强腐蚀与防护学科的工作，国家科委决定在科委下单独成立国家腐蚀科学学科组。与此同时，召开了多次全国性的腐蚀与防护学科的学术会议，制订了全国的腐蚀科学发展规划，使中国的腐蚀科学技术工作获得了很大的发展。1978 年 12 月国家科委重新恢复了腐蚀科学学科组的工作。1979 年 12 月成立了中国腐蚀与防护学会。从此，我国的腐蚀与防护科学工作走上了发展的新历程。在以著名学者张文奇、肖纪美、师昌绪、曹楚南、左景伊为代表的广大腐蚀与防护科技工作者的辛勤努力下，我国解决了石油天然气开发、石油化工、化学工业、船舶制造、航空航天、核能等现代工业中大量的腐蚀问题，研制成了许多耐腐蚀金属及非金属材料和防护技术，在一定程度上满足了工业发展的需要，为国民经济的发展做出了贡献。近年来，我国材料腐蚀基础研究已经成为国际上非常活跃的一支研究力量，防腐蚀技术与国际先进水平距离逐渐缩小。

0.5 材料腐蚀的分类

材料腐蚀是一个十分复杂的过程。由于服役中的材料构件存在化学成分、组织结构、表面状态等差异，所处的环境介质的组成、浓度、压力、温度、pH 值等千差万别，还处于不同的受力状态下，因此材料腐蚀的类型很多，存在着各种不同的腐蚀分类方法。

根据材料的类型，可以将腐蚀分为金属材料腐蚀和非金属材料腐蚀两类。根据腐蚀的反应机理，也可以把腐蚀分为化学腐蚀和电化学腐蚀。根据腐蚀过程进行的环境条件，可以把腐蚀分为高温腐蚀和常温腐蚀。

对于金属材料，根据产生腐蚀的环境状态，可以将腐蚀分为：

1）在自然环境中的腐蚀：①大气腐蚀；②土壤腐蚀；③淡水和海水腐蚀；④微生物腐蚀。

2）工业环境介质中的腐蚀：①在酸性溶液中的腐蚀；②在碱性溶液中的腐蚀；③在盐类溶液中的腐蚀；④在工业水中的腐蚀；⑤在熔盐中的腐蚀；⑥在液态金属中的腐蚀。

根据腐蚀形态可将腐蚀分为以下几类：

1）全面腐蚀：①均匀的全面腐蚀；②不均匀的全面腐蚀。

2）局部腐蚀：①电偶腐蚀；②点蚀；③缝隙腐蚀及其特例丝状腐蚀；④晶间腐蚀及其特例焊缝腐蚀；⑤选择性腐蚀。

3）在力学和环境因素共同作用下的腐蚀：①氢致开裂；②应力腐蚀断裂；③腐蚀疲劳；④磨损腐蚀。

根据美国的统计（图 0-2），由金属的局部腐蚀引起的事故的比例远远高于全面腐蚀。另外，局部腐蚀比全面腐蚀的危险性大得多。例如，由于氢脆与应力腐蚀的突发性，因此危害性最大，常常造成灾难性的事故。因此，局部腐蚀的研究受到广泛的重视。

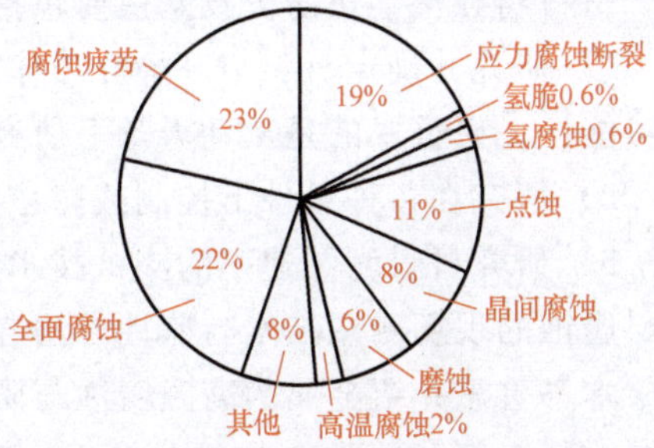

图 0-2　金属各种腐蚀形态的比例

对于非金属材料，可以将腐蚀分为高分子材料和无机材料的腐蚀两类：

1）高分子材料的腐蚀包括化学老化与物理老化，涉及介质的渗透、溶胀与溶解、应力腐蚀开裂、氧化降解与交联、光氧老化、高能辐射降解与交联、溶剂分解反应、取代基的反应、与大气污染物的反应、微生物腐蚀、复合材料的腐蚀等。

2）无机材料的腐蚀包括天然岩石、铸石、陶瓷、玻璃、水泥等的腐蚀。

0.6　材料防护的基本途径

（1）提高材料本身的耐蚀性　可从材料的热力学稳定性和控制腐蚀动力学两个角度出发提高材料的耐蚀性。

（2）改变环境　降低环境的腐蚀性，如除去大气中的 SO_2、在水溶液中除 O_2、改变溶液的 pH 值、在环境中加入缓蚀剂等。

（3）采用涂镀层和表面改性　采用金属涂镀层、非金属涂层和改变材料的表面结构使材料表面具有耐蚀的特性。

（4）将材料与腐蚀介质隔开　采用衬里、防锈油、防锈纸等。

（5）采用电化学保护　对于金属的电化学腐蚀，可通过阴极极化降低氧化反应速度或通过实现阳极钝化来以达到防腐的目的。

(6) 正确选材和合理设计　为了防止腐蚀发生，必须重视正确选材，设计时做到材料匹配和结构合理、结构间连接应尽可能防止缝隙产生等。

0.7 材料腐蚀与防护的管理与教育

为了加强对腐蚀与防护的管理，国家需要立法。例如美国政府就埋地管线的保护从法律上做了规定，各类埋地管线必须进行保护和定期检查。德国、苏联也都有相应的规定。我国近年来也有了类似的法律。为了提高各类人员，特别是管理人员对腐蚀与防护的重视程度，需要建立相应的教育体制，广泛开展腐蚀与防护的教育工作，提高防护的自觉性，做到防护工作的自觉性与科学性相结合，提高防护水平，以减少经济损失和突发事故的发生。

0.8 材料腐蚀科学及防护技术的主要内容

材料腐蚀科学及防护技术主要包括：

1）研究并确定材料与环境介质作用的普遍规律，既要从热力学方面研究材料腐蚀进行的可能性，更重要的是从动力学上研究腐蚀进行的过程及机理。

2）研究在各种条件下控制或防止腐蚀的措施，把腐蚀控制在合理的程度上。

3）研究材料腐蚀速率的测试技术和方法，确定评定材料腐蚀的试验方法与标准；研究材料腐蚀的现场测试技术与监控方法。

本书着重介绍金属的高温腐蚀与防护、金属的电化学腐蚀与防护和非金属材料的腐蚀及耐蚀材料三部分。通过本书的学习，期望能使读者掌握材料腐蚀的基本原理和防护技术，初步学会正确分析常见的材料腐蚀问题和提出经济、有效的防止腐蚀的技术措施。

思　考　题

1. 材料腐蚀的定义是什么？材料腐蚀学包含哪些主要内容？是如何分类的？
2. 材料腐蚀与防护和国民经济发展有什么关系？请举例说明。
3. 材料腐蚀与防护学科是怎样发展起来的？我国腐蚀与防护科技发展状况如何？
4. 材料防护技术包括哪些基本方面？

第1篇

金属的高温腐蚀与防护

第1章 金属的高温腐蚀与防护

金属的高温腐蚀是金属在高温下与环境中的氧、硫、氮、碳等发生反应导致金属的变质或破坏的过程。由于金属的腐蚀是一个金属失去电子的氧化过程，因此金属的高温腐蚀也常常广义地被称为高温氧化。但人们在习惯上，将金属的高温氧化仅指为金属与环境中的氧反应形成氧化物的过程。本书将以后者为主论述金属的高温腐蚀。

金属的高温腐蚀是高温金属材料面临的关键问题之一，在现代科学技术和工程的发展中占有重要的地位，特别是对航空、航天、能源、动力、石油化工等高科技和工业领域的发展尤为重要。例如，在汽轮机发展的初期，其工作温度只有300℃左右，然而目前汽轮机的工作温度已达630~650℃；现代超声速飞机发动机的工作温度已达1150℃。这些工作参数的升高都要求材料必须解决高温腐蚀问题和高温力学性能问题。代表当代尖端科学技术的航天、核能等工程技术的发展，也都离不开耐高温腐蚀材料的发展。现代石油天然气、石油化工、冶金等基础工业的发展更离不开耐高温、高压、高质流的工程材料。由此可见，无论现代高科技还是基础工业的发展，都与耐高温腐蚀的材料息息相关。金属的高温腐蚀由于其特殊性已成为腐蚀领域相对独立的重要组成部分。

1.1 高温腐蚀热力学

金属在高温环境中是否腐蚀以及可能生成何种腐蚀产物，是研究高温腐蚀必须首先解决的问题。由于金属高温腐蚀的动力学过程往往是比较缓慢的，体系多近似处于热力学平衡状态，因此热力学是研究金属高温腐蚀的重要工具。近代科学技术和工业的发展使金属在高温下工作的环境日趋复杂化，除单一气体的氧化外，还受到多元气体的作用（如O_2-S_2、H_2-H_2O、CO-CO_2等二元气体的腐蚀）以及多相环境的腐蚀（如发生热腐蚀时金属表面存在固相腐蚀产物和液相熔盐，以及熔盐外面的气相）。腐蚀环境的复杂化以及新型高温材料的不断发展为高温腐蚀热力学带来了许多新的问题。

本节主要论述金属高温腐蚀的热力学基础和金属高温腐蚀中常用的热力学相图。

1.1.1 金属在单一气体中高温腐蚀的热力学

以金属在氧气中的氧化为例进行热力学分析。当一金属 M 置于氧气中，其反应为

$$M+O_2=MO_2 \tag{1-1}$$

根据范托霍夫（Van't Hoff）等温方程式

$$\Delta G=-RT\ln K_p+RT\ln Q_p \tag{1-2}$$

和标准吉布斯（Gibbs）自由能变化的定义

$$\Delta G^0=-RT\ln K_p \tag{1-3}$$

对金属的氧化反应式（1-1）可得

$$\Delta G=-RT\ln\frac{\alpha_{MO_2}}{\alpha_M p_{O_2}}+RT\ln\frac{\alpha'_{MO_2}}{\alpha'_M p'_{O_2}} \tag{1-4}$$

由于 MO_2 和 M 均为固态物质，活度均为 1，故

$$\Delta G=-RT\ln\frac{1}{p_{O_2}}+RT\ln\frac{1}{p'_{O_2}} \tag{1-5}$$

式中，p_{O_2} 是给定温度下 MO_2 的分解压；而 p'_{O_2} 是气相中的氧分压。

显然，根据给定温度下金属氧化物的分解压和环境中氧分压的相对大小，即可判定金属氧化的可能性。给定环境氧分压时，求解金属氧化物的分解压，或者求解平衡常数，就可以看出金属氧化物的稳定性。由式（1-2）、式（1-3）和式（1-5）可得

$$\Delta G^0=-RT\ln\frac{1}{p_{O_2}} \tag{1-6}$$

由式（1-6）可见，只要已知温度 T 时的标准吉布斯自由能变化值，就可以得到该温度下金属氧化物的分解压，将其与环境中的氧分压做比较，即可判断反应式（1-1）的方向。

反应式（1-1）的 ΔG^0 又称为金属氧化物的标准生成自由能，即金属与 1molO_2 反应生成氧化物的自由能的变化。1944 年 Ellingham 编制了一些氧化物的 ΔG^0-T 图。1948 年 Richardson 和 Jeffes 在 Ellingham 图上添加了 p_{O_2}、p_{CO}/p_{CO_2} 和 p_{H_2}/p_{H_2O} 三个辅助坐标，组成所谓的 Ellingham-Richardson 图（图 1-1）。由该图可以直接读出在任何给定温度下，金属氧化反应的 ΔG^0 值。ΔG^0 值越负，则该金属的氧化物越稳定，从而可以判断金属氧化物在标准状态下的稳定性。也可以预示一种金属还原另一种金属氧化物的可能性，其规律是位于图 1-1 下方的金属（或元素）均可以还原上方金属（或元素）的氧化物。如碳可以还原铁的氧化物但不能还原铝的氧化物，这是钢铁冶金的基础。这种规律会影响到合金表面氧化物的组成，从而影响合金的抗氧化性能。合金的氧化膜将主要由位于图 1-1 下方的合金元素的氧化物所组成，这即所谓的“选择性氧化”。

从 p_{O_2} 坐标可以直接读出给定温度下金属氧化物的分解压。具体做法是从最左边竖线上的基点“O”出发，与所讨论的反应线在给定温度的交点作一直线，由该直线与 p_{O_2} 坐标上的交点，即可直接读出所求的分解压。

当环境为 CO 和 CO_2，或者 H_2 和 H_2O 时，环境的氧分压由如下反应平衡决定：

$$2CO+O_2=2CO_2 \tag{1-7}$$

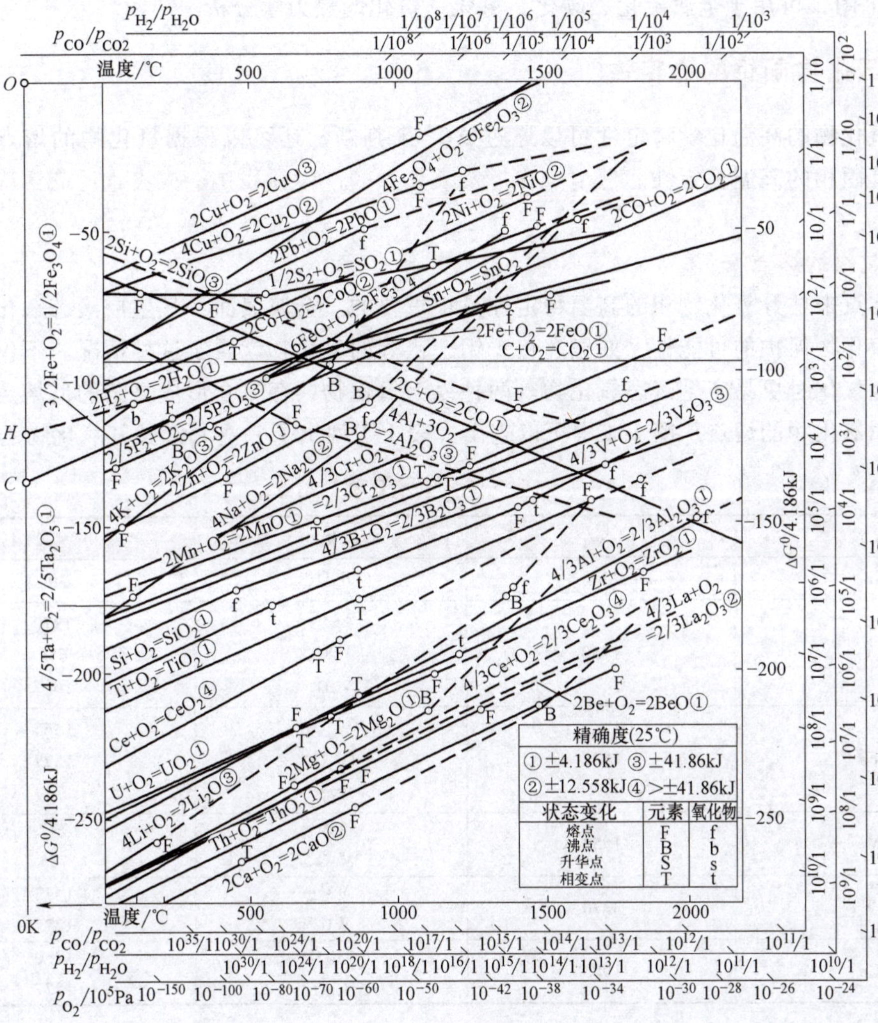

图 1-1　一些氧化物的 ΔG^0-T

$$2H_2+O_2=2H_2O \tag{1-8}$$

分别由图 1-1 中的“C”或“H”点出发，与所讨论的反应线在给定温度的交点作直线，由直线分别与 p_{CO}/p_{CO_2} 坐标和 p_{H_2}/p_{H_2O} 坐标的交点，可读出与氧化物平衡的 p_{CO}/p_{CO_2} 和 p_{H_2}/p_{H_2O}。

CO_2 和 H_2O 气体都是常见的氧化性介质，与氧一样都可使金属生成同样的金属氧化物，其反应为

$$M+CO_2 \longrightarrow MO+CO \tag{1-9}$$

$$M+H_2O \longrightarrow MO+H_2 \tag{1-10}$$

CO 或 H_2 的生成，意味着金属被氧化了。因此，p_{CO}/p_{CO_2} 或 p_{H_2}/p_{H_2O} 值很重要，它们在一定程度上决定了腐蚀气体的“氧化性”的强弱。在煤的液化、汽化工程中和火力发电的高温高压水蒸气管路中，金属材料的高温氧化就是按式（1-9）和式（1-10）进行的。

按照同样的原理，已经绘制出了金属的硫化物、碳化物、氮化物、氯化物的标准生成自

由能 ΔG^0-T 图，可用于金属硫化、碳化、氮化、氯化的热力学分析。

1.1.2　氧化物固相的稳定性

金属氧化物的高温化学稳定性可以通过 ΔG^0 来判断，还可以根据氧化物的熔点、挥发性来估计其固相的高温稳定性。低熔点易挥发氧化物的产生往往是造成灾难性高温腐蚀的重要原因之一。

1. 氧化物的熔点

利用熔点来估计氧化物相的高温稳定性是很重要的。金属表面一旦生成液态氧化物，金属将失去氧化物保护的可能性，如硼、钨、钼、钒等的氧化物就属于这种情况。不仅纯金属如此，合金氧化时更易产生液态氧化物。两种以上氧化物共存时会形成复杂的低熔点共晶氧化物。金属氧化物的熔点从图 1-1 中可以查出。表 1-1 列出了一些元素及其氧化物的熔点。

表 1-1　某些元素及其氧化物的熔点

元素	熔点/℃	氧化物	熔点/℃
B	2200	B_2O_3	294
V	1750	V_2O_3	1970
		V_2O_5	658
		V_2O_4	1637
Fe	1528	Fe_2O_3	1565
		Fe_3O_4	1527
		FeO	1377
Mo	1553	MoO_2	777
		MoO_3	795
W	3370	WO_2	1473
		WO_3	1277
Cu	1083	Cu_2O	1230
		CuO	1277

2. 氧化物的挥发性

在一定的温度下，物质均具有一定的蒸气分压。氧化物蒸气分压的大小能够衡量氧化物在该温下固相的稳定性。氧化物挥发时的自由能变化为

$$\Delta G^0 = -RT\ln p_{蒸气} \tag{1-11}$$

蒸气压与温度的关系，可由 Claperlon 关系式得出

$$\frac{\mathrm{d}p}{\mathrm{d}T}=\frac{\Delta S^0}{\Delta V}=\frac{\Delta H^0}{T(V_{气}-V_{固})} \tag{1-12}$$

式中，S^0 为标准摩尔熵；H^0 为标准摩尔焓；V 为氧化物的摩尔体积。若固体的体积可以忽略不计，并将蒸气看成理想气体，则有

$$\ln p = -\frac{\Delta H^0}{RT}+C \tag{1-13}$$

可以看出，氧化物的蒸发热越大则蒸气压越小，氧化物越稳定；还可以看到，蒸气压随温度升高而增大，即氧化物固相的稳定性随温度升高而下降。

在高温腐蚀中形成的挥发性物质会加速腐蚀过程。大量的研究结果表明，挥发性氧化物

对铬、硅、钼和钨等的高温氧化动力学有着重要的影响。

现以 Cr-O 体系在 1250K 的挥发性物质的热力学平衡图（图 1-2）为例，分析其构成原理。在这一体系中，高温氧化时只生成 Cr_2O_3 这种致密氧化物，还涉及 Cr（气）、CrO（气）、CrO_2（气）和 CrO_3（气）4 种挥发物质。在 Cr-O 体系中，凝聚相-气相平衡有两种类型：

（1）在 Cr（固）上的平衡　其反应有：

$$\mathrm{Cr(固)=Cr(气)} \tag{1-14}$$

$$\mathrm{Cr(固)+1/2O_2(气)=CrO(气)} \tag{1-15}$$

$$\mathrm{Cr(固)+O_2(气)=CrO_2(气)} \tag{1-16}$$

$$\mathrm{Cr(固)+3/2O_2(气)=CrO_3(气)} \tag{1-17}$$

$$\mathrm{2Cr(固)+3/2O_2(气)=Cr_2O_3(气)} \tag{1-18}$$

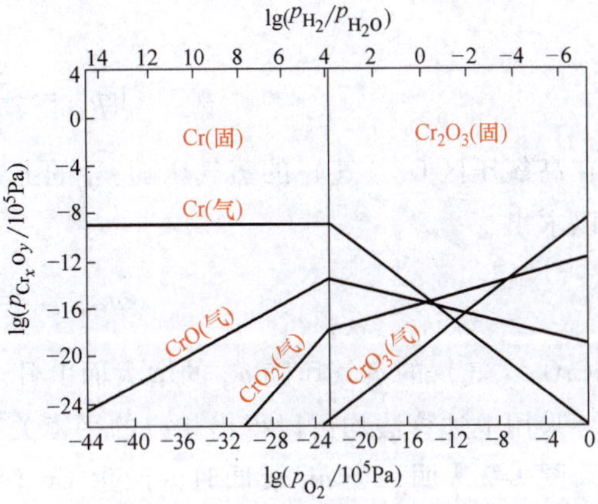

图 1-2　Cr-O 体系在 1250K 时挥发性物质的热力学平衡图

（2）在 Cr_2O_3（固）上的平衡　其反应有：

$$\mathrm{2Cr(气)+3/2O_2(气)=Cr_2O_3(固)} \tag{1-19}$$

$$\mathrm{2CrO(气)+1/2O_2(气)=Cr_2O_3(固)} \tag{1-20}$$

$$\mathrm{2CrO_2(气)=Cr_2O_3(固)+1/2O_2(气)} \tag{1-21}$$

$$\mathrm{2CrO_3(气)=Cr_2O_3(固)+3/2O_2(气)} \tag{1-22}$$

根据式（1-3）和各种物质的标准生成自由能 ΔG^0，可以得到在 1250K 各物质的 $\lg Kp$：

物质	$\lg Kp$
Cr_2O_3（固）	33.95
Cr（气）	−8.96
CrO（气）	−2.26
CrO_2（气）	4.96
CrO_3（气）	8.64

由这些数据可以确定 Cr-O 体系的平衡关系式。与 Cr（固）相平衡的反应处于低氧分压条件下，而与 Cr_2O_3（固）相平衡的反应则处于高氧分压条件下，其分界线是 Cr（固）与 Cr_2O_3（固）的平衡氧分压，即

$$\mathrm{2Cr(固)+3/2O_2(气)=Cr_2O_3(固)} \tag{1-23}$$

则有

$$\lg p_{O_2}=-\frac{2}{3}\lg K_p^{Cr_2O_3}=-22.6 \tag{1-24}$$

此平衡氧分压由图 1-2 中的垂线表示。该垂线将图分为低氧分压区和高氧分压区。在低氧分压区，Cr（气）的分压与 p_{O_2} 无关，由式（1-14）的平衡关系，则有

$$\lg p_{Cr}=\lg K_p^{Cr(气)}=-8.96 \tag{1-25}$$

在高氧分压区，Cr（气）的分压由反应式（1-19）决定，则有

$$\lg K=-\lg K_p^{Cr_2O_3}+2\lg K_p^{Cr(气)}=-51.9 \tag{1-26}$$

所以

$$2\lg p_{Cr}+\frac{3}{2}\lg p_{O_2}=-51.9 \tag{1-27}$$

或

$$\lg p_{Cr}=-\frac{3}{4}\lg p_{O_2}-25.95 \tag{1-28}$$

即在高氧压区 Cr（气）的蒸气压随 p_{O_2} 的上升而下降。利用高氧压区的平衡反应式（1-22），可以求出

$$\lg p_{CrO_3(气)}=\frac{3}{4}\lg p_{O_2}-8.64 \tag{1-29}$$

即 CrO_3（气）的蒸气压随 p_{O_2} 的增大而上升。对于 Cr（固）或 Cr_2O_3（固）上的其他平衡反应，采用上述算法均可以得出相应的平衡关系式。

图 1-2 表明，当 p_{O_2} 较低时，产生 Cr（气）的蒸气压最大；而在高 p_{O_2} 下，CrO_3（气）的蒸气压最大。Cr-O 体系的这种固有的性质对铬及含铬合金的氧化会产生极大的影响。在 Cr_2O_3 膜与基体之间将产生很大的 Cr（气）的蒸气压，使 Cr_2O_3 膜与基体分离；在 Cr_2O_3 膜与气相界面形成很大的 CrO_3（气）蒸气压，特别是在高气体流速下，Cr_2O_3 膜将蒸发减薄，加速 Cr 的氧化。因此，形成 Cr_2O_3 膜的合金一般不宜在高于 900℃ 的环境下长期工作。

同样的原理可以计算出各种体系的挥发性物质平衡图。图 1-3 和图 1-4 分别为 Si-O 和 Mo-O 体系在 1250K 时挥发性物质的热力学平衡图。可以看到，当氧分压接近于 SiO_2 的平衡分解压时，SiO 蒸气压最大。这一特性对硅在低氧压下的抗氧化行为产生很大的影响，导致 SiO 从 Si 表面离开，然后氧化成 SiO_2 烟雾，失去保护性。因此，在低氧分压下硅或高硅合金不可能具有良好的抗氧化性能。Mo-O 体系可形成多种挥发性的氧化物，其蒸气压在高氧分压下都非常高，所以钼的高温氧化过程中，氧化物的蒸发控制氧化过程。W-O 体系与 Mo-O 体系类似，W 与 Mo 在高温的氧化都是灾难性的。

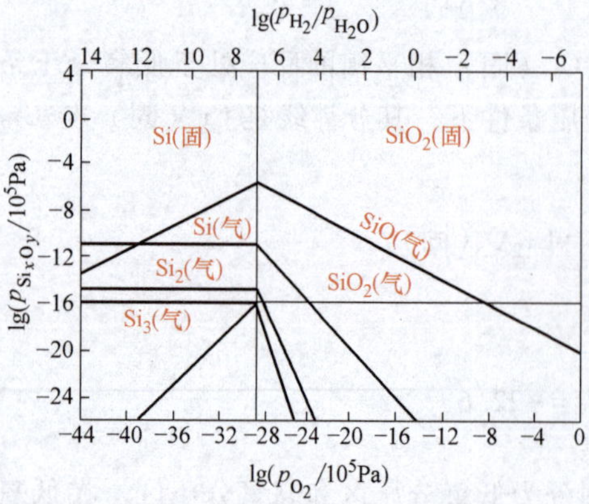

图 1-3　Si-O 体系在 1250K 时挥发性物质的热力学平衡图

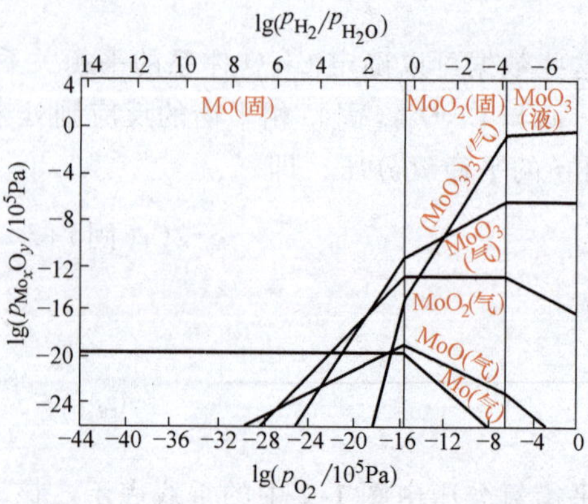

图 1-4　Mo-O 体系在 1250K 时挥发性物质的热力学平衡图

1.1.3　金属在混合气氛中的优势区相图

工程中，金属和合金往往处在复杂的多元混合气体环境中，例如煤的汽化、液化转化工程，石油化工，燃气轮机等，其高温腐蚀机理与在纯氧中大不相同。因此，研究金属在混合气体中的氧化行为具有实际意义。本小节仅讨论两种氧化性气体与金属相互作用产生的相平衡。

当一种纯金属 M 在高温下与 O_2 和另一种氧化性气体 X_2 同时作用时，金属表面将可能发生下列反应：

$$M+1/2O_2=MO \tag{1-30}$$

$$M+1/2X_2=MX \tag{1-31}$$

达到平衡时

$$(p_{O_2}^{1/2})_{平衡}=\exp(\Delta G_{MO}^0/RT) \tag{1-32}$$

$$(p_{X_2}^{1/2})_{平衡}=\exp(\Delta G_{MX}^0/RT) \tag{1-33}$$

式中，ΔG_{MO}^0 为 MO 的标准生成吉布斯自由能；ΔG_{MX}^0 为 MX 的标准生成吉布斯自由能。从式（1-32）和式（1-33）来看，当 $p_{O_2}>(p_{O_2})_{平衡}$、$p_{X_2}>(p_{X_2})_{平衡}$ 时，MO 和 MX 可能在金属表面形成。然而，这只是形成这些相的必要条件而不是充分条件。MO 和 MX 相的稳定性由下面的反应决定：

$$MX+1/2O_2=MO+1/2X_2 \tag{1-34}$$

若 MO 和 MX 的活度均为 1，则其平衡条件为

$$(p_{X_2}^{1/2}/p_{O_2}^{1/2})_{平衡}=\exp[(\Delta G_{MX}^0-\Delta G_{MO}^0)/RT] \tag{1-35}$$

由式（1-32）、式（1-33）和式（1-35）和相关的热力学数据，可以得到金属在二元气体 O_2-S_2 中的基本优势区相图，如图 1-5 所示。

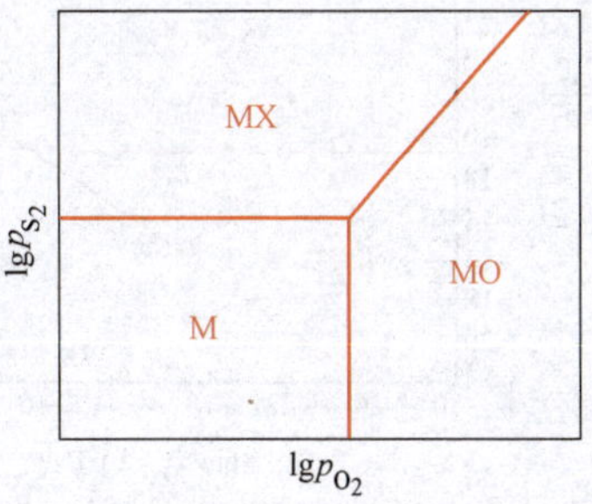

图 1-5　M-O-S 体系的基本相平衡

以上讨论了金属在二元气体中的式（1-30）、式（1-31）和式（1-34）三个反应平衡。实际上金属在二元气体中是一个复杂的化学体系，会发生许多不同类型的反应。以 Ni-O-S 体系在 1250K 为例（图 1-6），它涉及如下反应平衡：

$$Ni(固)+1/2O_2(气)=NiO(固) \tag{1-36}$$

$$Ni(固)+y/2S_2(气)=NiS_y(液) \tag{1-37}$$

$$NiO(固)+1/2S_2(气)+3/2O_2(气)=NiSO_4 \tag{1-38}$$

$$NiS_y(液)+1/2O_2(气)=NiO(固)+y/2S_2(气) \tag{1-39}$$

由这些反应平衡和相关热力学数据，可以得到 Ni-O-S 体系的相平衡图。在图 1-6 中，SO_2 的等压线由 S_2 和 O_2 分压决定，它们之间存在平衡关系：

$$1/2S_2(气)+O_2(气)=SO_2(气) \tag{1-40}$$

由 1250K 的热力学数据，可以得到

$$\lg p_{S_2}=-22.626+2\lg p_{SO_2}-2\lg p_{O_2} \tag{1-41}$$

SO_2 等压线的斜率为-2。图 1-6 中顶部的水平线代表发生液态硫凝聚的硫分压。

在不同的应用条件下，优势区相图采用不同的坐标轴则更为方便。例如，图 1-6 中的 Ni-O-S 体系的相平衡可以等价地表示为 $\lg p_{O_2}-\lg p_{SO_2}$ 坐标的相平衡图。这是由于存在平衡反应式（1-40）。使用这种坐标系，图 1-6 中的相平衡可以重绘在图 1-7 中。选择这种坐标系对于分析金属的热腐蚀机理特别有用。热腐蚀发生时，金属或合金上沉积一层液态硫酸钠，而硫酸钠可以看成由 Na_2O 和 SO_3 组成。因此用这种坐标分析热腐蚀，其好处是显而易见的。

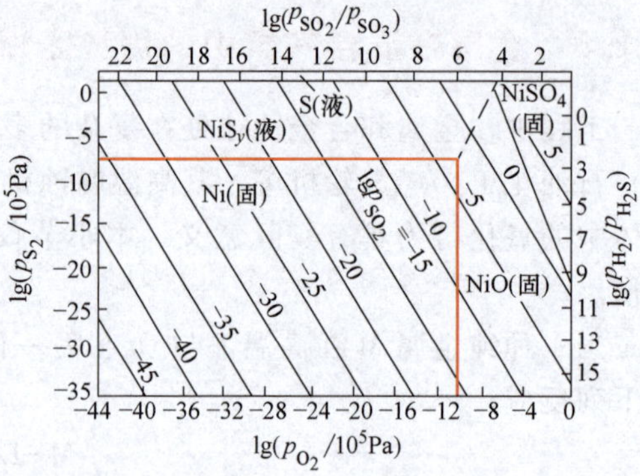

图 1-6　Ni-O-S 体系在 1250K 时的相平衡

涉及金属热腐蚀的 Na-M-O-S 四元体系的相平衡图，不是 Na-O-S 与 M-O-S 体系两个相图的简单叠加，必须将 Na-M-O-S 体系中新的化学反应考虑进去。此类相平衡图的典型例子如图 1-8 所示。Na-M-O-S 相平衡图对于热腐蚀的研究有着重要的理论指导作用。

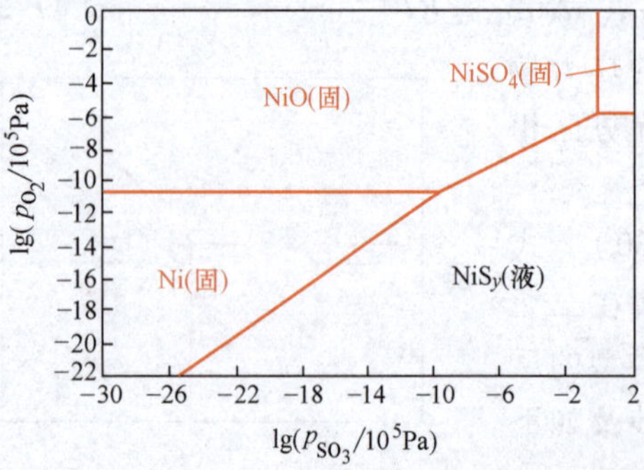

图 1-7　Ni-O-S 体系在 1250K 时的相平衡（以 $\lg p_{O_2}-\lg p_{SO_3}$ 为坐标）

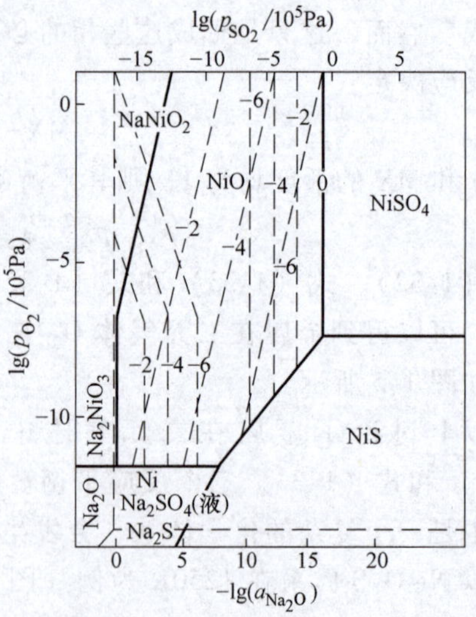

图 1-8　Na-Ni-O-S 体系在 1200K 时的相平衡

1.2　金属氧化物的结构及性质

金属及合金在高温腐蚀环境中能否使用，很大程度上取决于腐蚀产物的性质。一方面，腐蚀产物的多少及形成速度是高温腐蚀程度的标志；另一方面，腐蚀产物的性质将决定腐蚀进行的历程及有无可能防止金属的继续腐蚀。腐蚀产物的性质，如扩散、电导率、烧结和蠕变等都是由其物质结构所决定的。本节以金属氧化物为例，分析其结构与性质之间的关系。

1.2.1　氧化物的结构与缺陷

1. 金属氧化物的晶体结构

大多数金属氧化物（包括硫化物、卤化物等）的晶体结构都是由氧离子的密排六方晶格或立方晶格组成。金属离子在这些密排结构中所处的位置可分为两类：一类是由四个氧离子包围的间隙，即四面体间隙；另一类是由6个氧离子包围的间隙，即八面体间隙。在密排结构中，每个密排的阴离子对应2个四面体和1个八面体。在不同的简单金属氧化物的晶体结构中，阳离子往往有规律地占据四面体间隙或八面体间隙或同时占据两种间隙。金属氧化物的晶体结构主要有如下几种：

（1）NaCl型结构　其结构如图1-9a所示。氧化物MgO、CaO、SrO、CdO、CoO、NiO、FeO、MnO、TiO、NbO和VO都具有这种结构。

（2）纤锌矿型结构　氧化物BeO和ZnO具有这种结构，如图1-9b所示。

（3）CaF_2型结构　其结构如图1-9c所示，在晶胞的中心有较大的空隙，有利于阴离子迁移。氧化物ZrO_2、HfO_2、UO_2、CeO_2、ThO_2、PuO_2等具有CaF_2型结构。

（4）金红石结构　其结构如图1-9d所示，在平行于c轴的方向构成有利于原子和离子扩散的通道。TiO_2、MnO_2、VO_2、MoO_2、WO_2、SnO_2和GeO_2等具有金红石结构。

（5）ReO_3结构　其结构如图1-9e所示，属于最疏松的结构之一，具有易压扁的倾向。这种结构的重要氧化物还有WO_3和MoO_3。

（6）α-Al_2O_3结构（刚玉结构）　在此结构中氧离子构成密排六方晶格，其中铝离子仅占据所有八面体的间隙的2/3。在此情况下，每个阳离子周围有6个氧离子，每个阴离子周围有4个阳离子。因此，阳离子的配位数是6，阴离子的配位数是4。α-Al_2O_3的晶格如图1-9f所示。其他三价金属的氧化物及硫化物也具有这种结构，如α-Fe_2O_3、Cr_2O_3、Ti_2O_3和V_2O_3等。许多$M_{(1)}M_{(2)}O_3$型氧化物，当金属$M_{(1)}$和$M_{(2)}$的平均价数等于3且它们的离子半径相当时，也具有这种结构，如$FeTiO_3$。

（7）尖晶石结构（AB_2O_4）　在此结构中氧离子形成密排立方晶格，其中金属离子A和B分别占据八面体和四面体的间隙位置。尖晶石晶胞有32个氧离子，因而含有32个八面体位置和64个四面体位置。这些间隙位置可以以不同方式填充二价和三价阳离子，产生两种尖晶石结构，即正尖晶石结构和反尖晶石结构。在正尖晶石结构中，如$MgAl_2O_4$，一半的八面体间隙为Al^{3+}填充，八分之一的四面体间隙为Mg^{2+}填充。在反尖晶石结构中，八分之一的四面体间隙为三价阳离子填充，其余的三价阳离子和二价阳离子统计地分布在16个八面体间隙中，其结构式为$B(AB)O_4$，Fe_2O_3就是这种反尖晶石结构，其正确的化学式应为$Fe^{3+}(Fe^{2+}, Fe^{3+})O_4$。两种尖晶石结构如图1-9g和图1-9h所示。

具有尖晶石结构其分子式为AB_2O_4的化合物，两种金属的价态不一定非要二价和三价，只要它们的价数之和等于8即可。因此，尖晶石也可以是$A^{4+}B_2^{2+}O_4$和$A^{6+}B_2^{1+}O_4$。

M_2O_3化合物中还有类尖晶石结构，γ-Fe_2O_3、γ-Al_2O_3和γ-Cr_2O_3就属于这类结构。所谓类尖晶石结构是指尖晶石结构中M^{3+}不足。正常尖晶石结构的每个晶胞中应有32个O^{2-}和24个M^{3+}，而类尖晶石结构中则仅有$21\frac{1}{3}$个M^{3+}随机地占据尖晶石结构中24个阳离子位置。

(8) SiO_2结构　在大气压下，晶态的SiO_2有三种主要形式，它们的稳定温度范围是

$$\text{石英} \xrightarrow{870℃} \text{鳞石英} \xrightarrow{1470℃} \text{白硅石} \xrightarrow{1710℃} \text{硅石熔体}$$

石英又称为水晶，非晶态的SiO_2称为石英玻璃。

三种结晶SiO_2均由Si-O四面体构成。三种结构中氧均连接两个四面体，但每种结构中四面体互相连接的方式是各不相同的。非晶SiO_2的结构单元仍然是Si-O四面体，但四面体的有序连接只能持续一个不大的距离，而不像晶体SiO_2那样可以无限地持续下去。

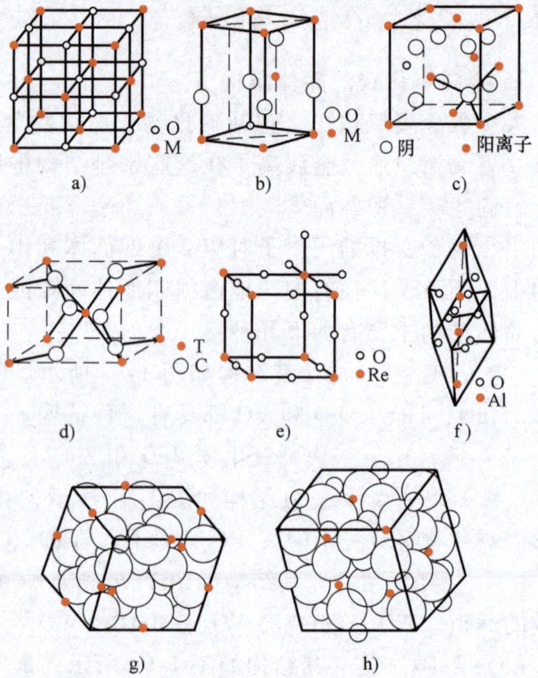

图1-9　金属氧化物的晶体结构

a) NaCl型结构　b) 纤锌矿型结构　c) CaF_2型结构　d) 金红石结构　e) ReO_3结构　f) α-Al_2O_3结构　g) 正尖晶石结构　h) 反尖晶石结构

2. 氧化物中的缺陷

氧化物中的缺陷包括从原子、电子尺度的微观缺陷到显微缺陷。缺陷可以分为以下几类：①点缺陷（零维缺陷），是一种晶格缺陷，包括空位、间隙原子（离子）、原子错排等；②线缺陷（一维缺陷），是指晶体中沿某一条线附近的原子排列偏离了理想的晶体点阵结构，如刃位错和螺位错；③面缺陷（二维缺陷），包括小角度晶界、孪晶界面、堆垛层错和表面；④体缺陷（三维缺陷），包括空洞、异相沉淀等；⑤电子缺陷，包括电子和电子空穴。

在热力学上缺陷又分为不可逆缺陷和可逆缺陷。不可逆缺陷的数量与环境的温度和气体分压无关，线缺陷、面缺陷及体缺陷均为不可逆缺陷。可逆缺陷的数量与环境温度及气体分压有关，点缺陷为可逆缺陷。下面重点讨论点缺陷。

点缺陷可以在氧化物内部形成，也可以通过与环境的反应而形成。正确地描述缺陷反应必须遵守一些规则，包括晶格格位的变化、质量守恒、电中性和质量作用定律。点缺陷的热力学理论基于以下假设：实际晶体可以看成是一种溶液，晶格为溶剂而点缺陷为溶质。点缺陷的热力学的定量描述只有在缺陷浓度不超过千分之几时才是正确的。

描述固体的点缺陷有几种符号系统，最常用的是Kröger-Vink符号系统。符号的形式如下：

M 金属、O 氧、V 空位 } 点缺陷名称→ □

○←点缺陷所带有效电荷 { × 中性；· 正电荷；′ 负电荷 }

□←缺陷在晶体中所占的格位 { M 金属格位；O 氧格位；i 间隙 }

例如，氧化物中的点缺陷可记为

$V_O^{\cdot\cdot}$——氧离子空位；

V''_M——二价金属离子空位；

O''_i——间隙氧离子；

$M_i^{\cdot\cdot}$——间隙二价金属离子。

电子缺陷中，电子载流子和空穴载流子分别记为 e'和 $h^{\cdot}$。

金属氧化物可以分成化学计量比氧化物和非化学计量比氧化物两大类：

（1）化学计量比氧化物及其点缺陷 当氧化物组分符合化学计量比时，点缺陷成对地形成，以保证物质守恒和电中性。符合化学计量比的晶体中的点缺陷有四种情况：

1）Frenkel 型缺陷（图 1-10a），含有等量的间隙阳离子和阳离子空位。

2）反 Frenkel 型缺陷（图 1-10b），含有等量的间隙阴离子和阴离子空位。

3）Schottky 型缺陷（图 1-10c），含有相同当量的阳离子和阴离子空位。

4）反 Schottky 型缺陷（图 1-10d），含有相同当量的间隙阳离子和间隙阴离子。

以 Frenkel 型缺陷为例，在化学计量比氧化物 MO 中形成 Frenkel 缺陷时，其反应为

$$\text{nil}=M_i^{\cdot\cdot}+V''_M \tag{1-42}$$

式中，nil 是完整晶体的符号。按照质量作用定律，其平衡常数为

$$[M_i^{\cdot\cdot}][V''_M]=K_F \tag{1-43}$$

$$[M_i^{\cdot\cdot}]=[V''_M]=K_F^{1/2} \tag{1-44}$$

同样可以得出反 Frenkel 缺陷、Schottky 缺陷和反 Schottky 缺陷的缺陷反应和平衡常数。这类缺陷的浓度与氧分压无关，而且与电子缺陷无关，因此化学计量氧化物是离子导体。

（2）非化学计量比氧化物及其点缺陷 氧化物的非化学计量程度与温度和氧分压有关。例如，一个金属过剩氧化物的非化学计量反应为

$$(1+x)MO=M_{1+x}O+\frac{x}{2}O_2 \tag{1-45}$$

可以看到，在金属过剩氧化物中，非化学计量程度随着氧分压下降而增大；与此相反，在金属不足氧化物中，非化学计量程度随氧分压增大而增加。

在金属过剩氧化物中，过剩的金属离子位于晶格的间隙，形成点缺陷 $M_i^{n\cdot}$，带 n 个有效正电荷，为了保持电中性，每形成一个 $M_i^{n\cdot}$ 必然产生 n 个电子。因此，这类氧化物为 n 型半导体，其缺陷反应为

$$MO=M_i^{n\cdot}+ne'+\frac{1}{2}O_2 \tag{1-46}$$

反应常数为

$$K=[M_i^{n\cdot}][e']^n p_{O_2}^{1/2} \tag{1-47}$$

由于氧化物的电导率 σ 与［e′］成正比，且

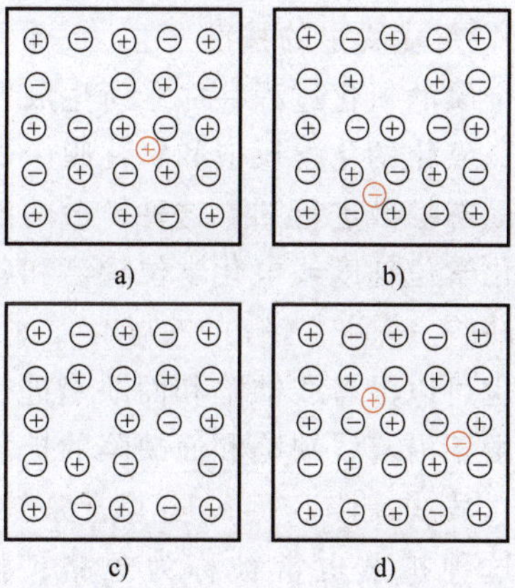

图 1-10 化学计量化合物晶体的缺陷类型

a）Frenkel 型 b）反 Frenkel 型

c）Schottky 型 d）反 Schottky 型

$$[M_i^{n\cdot}]=\frac{1}{n}[e']\tag{1-48}$$

则

$$[M_i^{n\cdot}]=\frac{1}{n}[e']=n^{-\frac{n}{n+1}}K^{\frac{1}{n+1}}p_{O_2}^{-\frac{1}{2(n+1)}}\tag{1-49}$$

由于氧化物的电导率 $\sigma\propto[e']$，因此金属过剩氧化物的间隙金属离子浓度及电导率均随着氧分压的增加而减小。根据电导率与氧分压的关系可以得出间隙金属离子所携带的有效电荷。例如，ZnO 在 600℃存在以下关系：

$$\sigma\propto p_{O_2}^{-1/4.5}-p_{O_2}^{-1/5}\tag{1-50}$$

则间隙离子处于 Zn^{2+} 或 Zn^{+} 的状态。

典型的金属过剩氧化物有 ZnO、CdO、BeO、RaO、V_2O_5、PbO_2、MoO_3、WO_3、CdS、BaS、Cr_2S_3、TiS_2 等。

在金属不足氧化物中，形成金属离子的空位 $V_M^{n'}$，带 n 个有效负电荷，按电中性原则，每一个 $V_M^{n'}$ 将产生 n 个电子空穴，因此这类氧化物为 p 型半导体，其缺陷反应为

$$\frac{1}{2}O_2=V_M^{n'}+nh^{\cdot}+O_O\tag{1-51}$$

反应常数为

$$K=[V_M^{n'}][h^{\cdot}]^n p_{O_2}^{-1/2}\tag{1-52}$$

可以导出

$$[V_M^{n'}]=\frac{1}{n}[h^{\cdot}]=n^{-\frac{n}{n+1}}K^{\frac{1}{n+1}}p_{O_2}^{\frac{1}{2(n+1)}}\tag{1-53}$$

因此，金属不足氧化物的金属离子空位的浓度及电导率随氧分压的上升而增大。

典型的金属不足氧化物有 NiO、FeO、Cu_2O、CoO、MnO、Bi_2O_3、FeS、Cu_2S、Ag_2O、Ag_2S、SnS、CuI 等。

1.2.2　与缺陷相关的氧化物的性质

1. 氧化物中的扩散

金属的氧化过程往往受所生成氧化膜中的扩散过程控制，氧化的化学反应和氧化膜中微观结构的变化都是通过固态扩散进行的。这种扩散的发生是由于氧化物内存在化学位梯度或电化学位梯度和各种缺陷。当扩散通过点缺陷（晶格缺陷）进行时，这种扩散称为体扩散。扩散也可以沿着线缺陷和面缺陷进行，包括位错、晶界等。由于沿着线缺陷和面缺陷的扩散往往比晶格扩散快得多，故线缺陷和面缺陷又常常被称为快速扩散的通道，这种扩散也常被称为短路扩散。图 1-11 所示为 NiO 中晶格、晶界和位错的镍示踪自扩散系数。

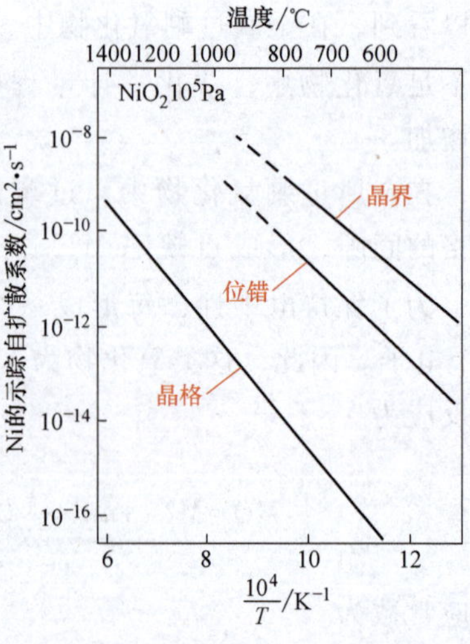

图 1-11　NiO 中晶格、晶界和位错的镍示踪自扩散系数

如前所述，点缺陷的数量与环境的温度和气体的分压有关，因而由点缺陷导致扩散的扩散系数也是环境温

度和气体分压的函数。但在文献中只有少数氧化物的数据符合理论上的函数关系。典型的例子是，钴在 CoO 中的扩散系数与理论有着良好的一致性。在图 1-12 中，氧分压为 101325Pa（latm）时，钴的示踪扩散系数正比于 $p_{O_2}^{1/3}$；而氧分压为 101.33Pa（1×10^{-3}atm）时，示踪扩散系数正比于 $p_{O_2}^{1/4}$，说明钴在 CoO 中的扩散主要是通过 V'_{Co} 来进行的。

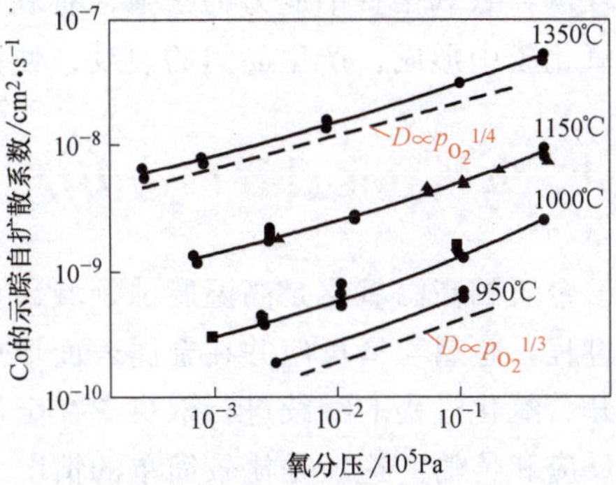

图 1-12　CoO 中钴的示踪自扩散系数与氧分压的函数关系

目前，多数氧化物的扩散机制仍然不是很清楚，有两类极端情况：①氧化物中的点缺陷浓度太高，有可能形成更复杂的缺陷结构，如 FeO 等；②氧化物中点缺陷浓度极低，材料中含有微量杂质就足以使缺陷浓度发生很大的变化，如 Al_2O_3、Cr_2O_3、SiO_2 等。因此，文献中有关氧化物扩散系数的数据往往存在很大的分散性。

图 1-13 所示为常见各种氧化物中的扩散系数与温度的关系。从图中可以看到，铁、镍、钴在其氧化物中的扩散系数都较大，不可能有良好的抗氧化性能；Al_2O_3、Cr_2O_3 和 SiO_2 中的扩散系数很小，由此决定了生成 Al_2O_3、Cr_2O_3 和 SiO_2 氧化膜的合金可以具有优良的保护性。

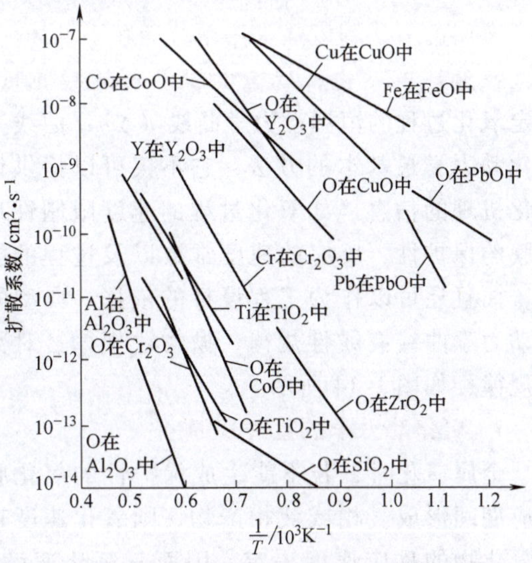

图 1-13　金属或氧在常见氧化物中的扩散系数

2. 氧化物的电导率

氧化物的电导率与氧化物中的扩散系数有着内在的联系，符合 Nernst-Einstein 公式

$$D_i = \frac{\sigma_i kT}{C_i Z_i^2 e^2} \tag{1-54}$$

式中，D_i 为 i 粒子的扩散系数；σ_i 为 i 粒子的电导率；C_i 为 i 粒子的浓度；$Z_i e$ 为 i 粒子所带的电荷。因此，通过测定氧化物的电导率来研究氧化物中的缺陷结构与测定氧化物中的扩散系数是等价的。由于测定氧化物的电导率比测定氧化物中的缺陷结构和扩散系数更容易些，是一种研究氧化物性质的好方法。

3. 氧化物的烧结与蠕变

氧化膜的生长涉及氧化物的生核、长大和烧结成膜过程。在氧化物的烧结中，要求金属和氧两者必须同时传输。因此，传输慢的粒子决定整个烧结的速度。例如，在二元素组成的氧化物中，当氧离子比金属离子扩散得慢时，烧结速度由氧在晶格或晶界的扩散过程控制。

在高温下氧化膜中存在应力时，氧化膜将发生蠕变，其蠕变机制是很复杂的，已提出了基于扩散控制蠕变过程的几种机理。但有一点是共同的：氧化物发生蠕变时，金属和氧必须按氧化物的分子同时迁移，其结果是与烧结类似，蠕变速率由较慢的粒子扩散所控制。蠕变过程可导致氧化膜中应力的松弛，有利于提高抗氧化能力；但蠕变过程也可导致孔隙和孔洞在氧化膜中形成，产生晶间的裂纹，使抗氧化能力下降。

1.3　金属氧化过程的动力学

金属的高温氧化是高温腐蚀领域最重要而且最基本的一种腐蚀形式，又是一个极其复杂的过程。金属与氧反应并在金属表面形成一层连续的、致密的氧化膜时，氧化膜将金属和氧隔开，氧化过程的继续进行取决于在金属/氧化物界面、氧化膜内以及氧化物/气相界面的物质反应和传输。这还是比较简单的情况，实际的金属氧化过程涉及很多问题。如氧化初期氧在金属表面的吸附、氧化物的生核与长大、氧化膜结构对氧化的影响、晶界引起的短路扩散、氧在金属内的溶解、氧化膜的蒸发与熔化、氧化膜中的应力与氧化膜的开裂和剥落等。显而易见，控制步骤不同时，金属的氧化将呈现不同的动力学规律。

1.3.1　金属氧化的恒温动力学曲线

金属的氧化程度通常用单位面积上的质量变化Δm来表示，有时也用氧化膜的厚度、系统内氧分压的变化、单位面积上氧的吸收量来表示。测定氧化过程的恒温动力学曲线（Δm-t 曲线）是研究氧化动力学最基本的方法，它不仅可以提供许多关于氧化机理的信息，如氧化过程的速度限制性环节、氧化膜的保护性、反应的速度常数以及过程的能量变化等，而且还可以作为工程设计的依据。典型的金属氧化动力学曲线有线性规律、抛物线规律、对数及反对数规律，如图 1-14 所示。

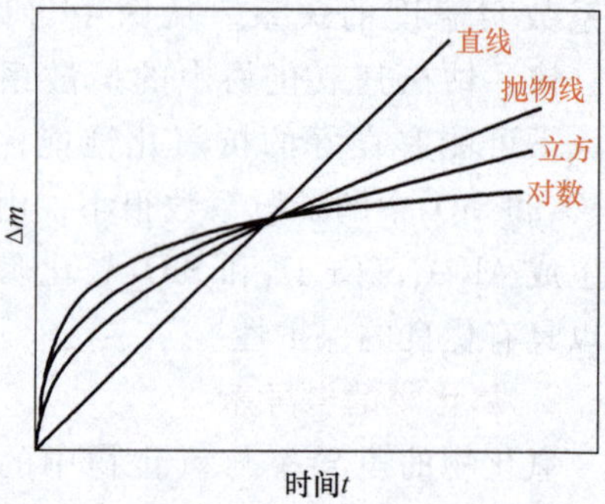

图 1-14　金属氧化 Δm-t 曲线

1. 氧化动力学的直线规律

金属氧化时，若不能生成保护性的氧化膜，或在反应期间形成气相或液相产物，则氧化速度直接由形成氧化物的反应速度决定，因而其氧化速度恒定不变，符合直线规律。可用如下方程式表示：

$$\frac{dy}{dt}=k_1 \text{或} \ y=k_1t+C \tag{1-55}$$

式中，y 为氧化膜厚度；t 为时间；k_1 为氧化的线性速度常数；C 为积分常数。

碱金属和碱土金属，以及钼钢、钒、钨等金属在高温下的氧化遵循这一线性规律。图 1-15 所示为镁在不同温度下的线性氧化规律。

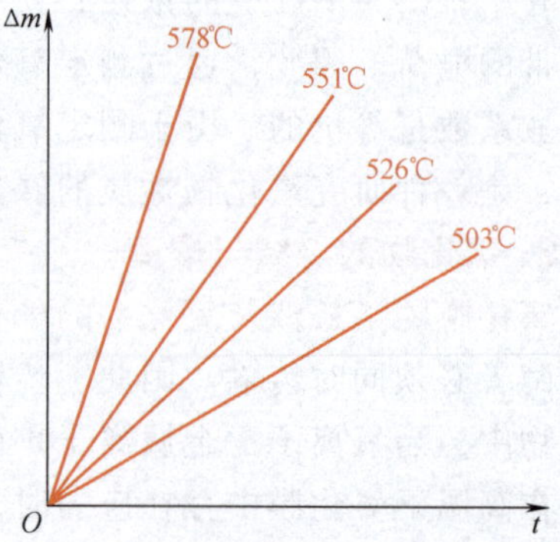

图 1-15　镁在不同温度下的线性氧化规律

2. 氧化动力学的抛物线规律

多数金属和合金的氧化动力学为抛物线规律。金属或合金在较宽的温度范围内氧化时，在其表面上可以形成致密的、较厚的氧化膜，氧化速度与膜的厚度成反比，氧化速度可由下列方程表示：

$$\frac{dy}{dt}=\frac{k_p}{y}$$

$$y^2=2k_pt+C \tag{1-56}$$

式中，y 为在 t 时间内生成氧化膜的厚度；k_p 为抛物线速度常数；C 为积分常数，它反映了氧化初始阶段对抛物线规律的偏离。

3. 氧化动力学的对数与反对数规律

有一些金属在低温或室温氧化时，服从对数和反对数规律，其微分方程为

$$\frac{dy}{dt}=Ae^{-By} \tag{1-57}$$

$$\frac{dy}{dt}=Ae^{By} \tag{1-58}$$

积分后可得

$$y=k_1\lg(k_2t+k_3) \tag{1-59}$$

$$\frac{1}{y}=k_4-k_5\lg t \tag{1-60}$$

这两种氧化规律均在氧化膜相当薄时才出现，它意味着氧化过程受到的阻滞远较抛物线规律中的为大。例如，室温下铜、铝、银等金属的氧化符合式（1-59）的规律；铜、铁、锌、镍、铅、铝、钛和钽等的初始氧化符合式（1-60）的规律。但是，有时要区分上述两者往往是很困难的。因为对于短时间氧化所获得的薄膜数据，无论用哪个方程处理，常常都能获得较好的结果。

1.3.2 薄氧化膜的生长

金属在较低温度或室温中氧化往往形成薄氧化膜，其生长机理与在高温下生成厚氧化膜大不相同。为了深入分析薄氧化膜的生长机理，薄氧化膜可分为极薄氧化膜和一般薄氧化膜。

1. 极薄氧化膜

极薄膜是指厚度为几纳米的氧化膜。由于氧化膜极薄，氧化膜中产生的电场变得极强，这时在强电场作用下离子的迁移比浓度梯度产生的迁移大得多，因此可不必考虑后者的作用。金属氧化速度由金属离子和电子迁移速度决定，其中迁移慢者为控制步骤，它的迁移动力学将决定氧化的动力学规律。下面针对氧化膜分别为离子导体和电子导体两种情况，讨论其氧化机理。

1）氧化膜为离子导体时，在强电场的作用下金属离子在氧化膜中较易迁移，而电子的迁移较困难，成为金属氧化的控制步骤。在低温和极薄氧化膜的条件下，电子可以通过隧道效应进入导带。电子的隧道效应随着膜的厚度增加，呈指数下降，当氧化膜厚度增至 4nm 时，隧道效应终止，因此氧化膜的生长速率随着膜的增厚呈指数下降。

在此情况下，氧化膜的生长速度与电子穿透隧道的概率成正比。若氧化膜的厚度为 y，氧化速度可表达为

$$\frac{dy}{dt}=A\exp\left(-\frac{y}{y_0}\right) \tag{1-61}$$

$$y_0=\frac{h}{4\pi\sqrt{2m_e\Phi}} \quad (1\text{-}62)$$

式中，h 为普朗克常数；m_e 为电子的质量。将式（1-61）积分，得

$$y=A\lg(Bt+1) \quad (1\text{-}63)$$

即在极薄氧化膜的生长受电子迁移控制时，氧化动力学为对数规律。

2）氧化膜为电子导体时，离子的迁移阻力大于电子的迁移阻力，因此离子的迁移成为金属氧化的控制步骤。在极薄氧化膜中电场强度可高达 10^7V/cm左右，氧化膜中存在很大的电位梯度 E，使离子迁移的势垒下降，如图 1-16 所示，离子电流 i_{ion} 为

$$i_{ion}=A\exp\left(\frac{ZaeE}{2kT}\right) \quad (1\text{-}64)$$

式中，Z 为离子的价数；a 为势垒的谷间距。

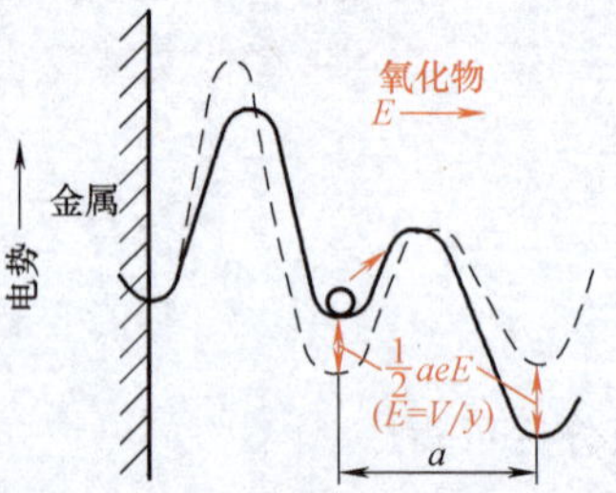

图 1-16 在强电场下的势垒曲线（虚线表示无电场的情况）

由于在离子迁移为控制步骤时，金属的氧化速度与 i_{ion} 成正比，且 $E=V/y$，氧化速度可表示为

$$\frac{dy}{dt}=A\exp\left(\frac{y_0}{y}\right) \quad (1\text{-}65)$$

其中

$$y_0=\frac{ZaeE}{2kT} \quad (1\text{-}66)$$

即电场的影响随着膜的增厚呈指数减弱，当氧化膜达到一定厚度时，金属离子的迁移停止，氧化膜不再生长。将上式积分，可得

$$\frac{1}{y}=A-B\lg t \quad (1\text{-}67)$$

此即所谓的反对数规律。铜、铁、铝、银等金属在室温下或在低温下的氧化均表现为此规律。图 1-17 中给出了这些金属在室温下的氧化动力学曲线。当膜的厚度达 5~20nm 时，氧化速度显著降低，以致完全停止。

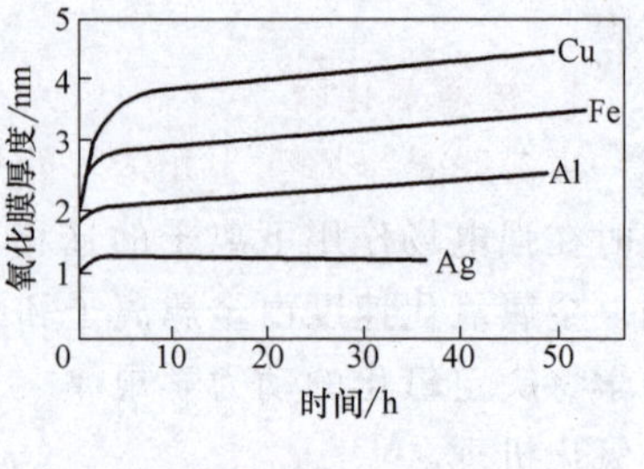

图 1-17 在室温 Ag、Al、Fe、Cu 的氧化规律

2. 薄氧化膜

薄氧化膜是指厚度为 10~200nm 的氧化膜。在氧化的反对数规律中，氧化膜终止生长是由于膜增厚，膜中的电场强度减弱，导致离子不能再迁移。但是如果氧化的温度较高，这时离子电流密度与电场强度不再服从指数关系，而变为直线关系，将导致新的氧化动力学规律。由于氧化物类型不同，可产生不同的氧化动力学规律。

1）氧化膜为金属过剩型氧化物时，氧化膜生长的控制因素是晶格间隙离子在氧化膜中的迁移，即氧化速率与晶格间隙金属离子的电流 i_{ion} 成正比。i_{ion} 的大小与膜中电场强度和晶格间隙金属离子的浓度 n_{ion} 成正比。在薄氧化膜的情况下，可以忽略空间电荷，此时氧化膜的电荷结构可由图 1-18a 变为图 1-18b 的形式。因膜中的势垒梯度是一定的，其结果电场强度随厚度的增大而变小，即 E 与 $1/y$ 成正比，则氧化膜的生长速度可表示为

$$\frac{dy}{dt} \propto i_{ion} \propto En_{ion} \propto \frac{1}{y} \tag{1-68}$$

积分后可得抛物线规律：

$$y = kt^{1/2} \tag{1-69}$$

式中，常数 k 与 Wagner 厚氧化膜的抛物线速度常数具有完全不同的意义。这种规律已为实验所证实，如铝在 400℃ 的氧化、锌在 350~400℃ 的氧化等均属此类。

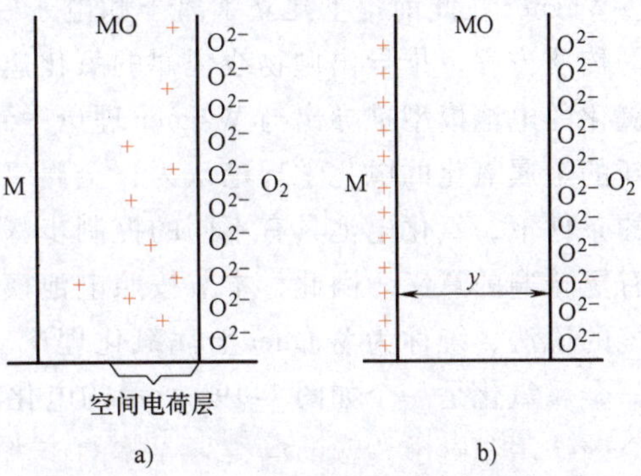

图 1-18　氧化膜的双电层机构

a）固相/氧界面的双电层　b）Mott 电容器型双电层

2）氧化膜为金属不足型氧化物时，氧化膜中化学位梯度和电场作用下的离子迁移决定氧化膜的生长速率。对于金属过剩氧化物，间隙金属离子在金属/氧化膜界面进入氧化膜中，而金属不足氧化物中的金属空位，是在氧化膜/氧界面同所吸附的 O^{2-} 发生反应所生成。由此产生两种不同的氧化膜生长动力学。因此，金属离子的空位浓度 n_V 与表面吸附氧离子的浓度 n_O 成正比，即

$$n_V = k'n_O \tag{1-70}$$

由于 en_O 等于氧化膜/氧界面的表面电荷密度，电场强度 E 与 n_O 有如下关系：

$$E = \frac{4\pi en_O}{\varepsilon} \tag{1-71}$$

式中，ε 为氧化物的介电常数。由于电场强度随氧化膜的厚度增长而下降；另外，根据上述两式的关系，膜中的缺陷浓度 n_V 也应随膜的厚度 y 成反比，因此

$$\frac{dy}{dt} \propto i_V \propto En_V \propto \frac{1}{y^2} \tag{1-72}$$

积分后得

$$y = kt^{1/3} \tag{1-73}$$

此即立方规律，在实践中可以观察到此种规律。例如，Ta 在 350℃ 的氧化、Ti 在 216℃ 的氧化、Ni 在 400℃ 及 475℃ 的氧化，均属此类。

1.3.3　厚氧化膜的生长

金属在高温下氧化可生成厚氧化膜。当均匀、致密的厚氧化膜生成时，金属的氧化速度受氧化膜内的传质过程控制，通常表现为抛物线规律。但真实的厚氧化膜生长时，往往偏离抛物线规律，这是由于金属氧化过程的复杂性，偏离理想状态的结果。例如，在金属/氧化膜界面或在氧化膜中生成孔洞，沿晶界的短路扩散，应力作用下氧化膜的开裂与剥落，氧化膜的蒸发等都会影响氧化的传质过程，可以使氧化动力学偏离抛物线规律。但金属氧化的抛物线规律的理论仍是金属氧化的重要理论基础。

1. Wagner 金属氧化理论

Wagner 金属氧化理论的出发点是：①氧化膜是均匀、致密、完整的；②氧化膜的厚度远远大于空间电荷层的厚度；③在金属/氧化膜界面、氧化膜中以及氧化膜/气体界面建立热力学平衡；④氧化膜的成分偏离化学计量比较小；⑤离子和电子在氧化膜中的传输是控制步

骤。Wagner 在此前提下建立了离子和电子在化学位梯度和电位梯度下，即在电化学位梯度下的传质方程，推导出抛物线规律的氧化速度常数的表达式。之后不久 Hoar 和 Price 根据金属氧化的电池模型推导出与 Wagner 理论一致的抛物线速度常数。由 Bailey 和 Ritchie 提出的最新的金属氧化的电化学理论认为，金属氧化电池存在若干电荷传输步骤和化学步骤。在不同的条件下，氧化电池具有不同的控制步骤，因而呈现不同的动力学规律，氧化的电池理论具有更普遍的意义。因此，本节按照电池模型来推导 Wagner 抛物线速度常数，并按文献中传统的说法，统称为 Wagner 金属氧化理论。

金属氧化是一个如图 1-19a 所示的电化学电池过程，氧化膜同时起到离子传输的固体电解质的作用和电子传输的电子半导体的作用。金属/氧化膜界面和氧化膜/气相界面分别为电池的阳极和阴极，其反应为

阳极反应： $$M \longrightarrow M^{2+}+2e^- \tag{1-74}$$

阴极反应： $$1/2O_2+2e^- \longrightarrow O^{2-} \tag{1-75}$$

电池总反应： $$M+1/2O_2 \longrightarrow MO \tag{1-76}$$

电池的电动势 E 由反应的自由能变化决定，即

$$E=\frac{-\Delta G}{2F} \tag{1-77}$$

此电池的等效电路如图 1-19b 所示。

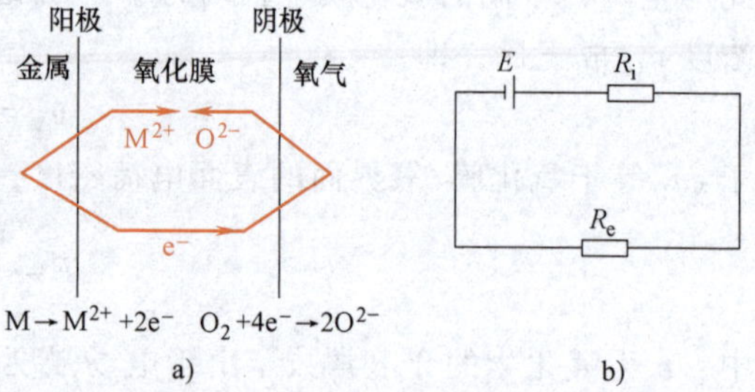

图 1-19 金属氧化的电池模型 a）及其等效电路 b）

根据闭合回路的欧姆定律，电池的总电阻为离子电阻 R_i 和电子电阻 R_e 之和。如果电池的面积为 1cm^2，厚度为 y，电池的总电阻为

$$R_{总}=R_i+R_e=\frac{y}{\sigma(t_c+t_a)}+\frac{y}{\sigma t_e}=\frac{y}{\sigma t_e(t_c+t_a)} \tag{1-78}$$

式中，σ 为氧化膜的平均电导率；t_c、t_a、t_e 分别为阳离子、阴离子和电子的迁移数。通过电池的电流为

$$I=\frac{E}{R_{总}}=\frac{\sigma t_e(t_c+t_a)E}{y} \tag{1-79}$$

则氧化膜的生长速度可表示为

$$\frac{dy}{dt}=\frac{IM}{2F\rho}=\frac{M\sigma t_e(t_c+t_a)E}{2F\rho y} \tag{1-80}$$

式中，M 为氧化物的相对分子质量；ρ 为氧化物的密度。将式（1-80）积分，可得

$$y^2=kt+C \tag{1-81}$$

其中，k 为抛物线氧化速度常数：

$$k=\frac{M\sigma t_e(t_c+t_a)E}{F\rho} \tag{1-82}$$

根据上述抛物线氧化速度常数的表达式可以分析影响氧化动力学的诸因素：

（1）金属氧化的控制步骤 当生成的氧化膜为半导体时，电子的迁移数 $t_e \approx 1$，则氧化速度常数 k 的大小主要取决于离子迁移数 t_c+t_a 的大小，即离子的迁移为金属氧化的控制步

骤；当生成的氧化膜为离子导体时，离子的迁移数 $t_c+t_a\approx 1$，则氧化速度常数 k 的大小主要取决于电子迁移数的大小，即电子的迁移过程为金属氧化的控制步骤。因此，在金属中加入适当元素使其掺杂到氧化膜中，降低离子或电子的迁移，可以提高金属的抗氧化性能。

(2) 缺陷种类及氧分压　以金属过剩氧化物和金属不足氧化物为例，设生成的点缺陷分别为 $M_i^{2\cdot}$ 和 $V_M^{2'}$，根据氧化物的结构与缺陷一节的分析，两种氧化物的电导率分别有 $\sigma_i\propto p_{O_2}^{-1/6}$ 和 $\sigma_V\propto p_{O_2}^{1/6}$。因此，环境氧分压的变化对生成金属不足氧化膜的氧化动力学影响较大，而对生成金属过剩氧化膜的氧化动力学影响甚微。例如，环境氧分压变化对锌的氧化影响较小，对镍的氧化影响显著，就是这种原因。

(3) 粒子的扩散系数　根据 Nernst-Einstein 公式（1-54），粒子的扩散系数与其电导率成正比，则抛物线氧化速度常数与粒子的扩散系数成正比。因此，测量氧化膜的抛物线速度常数也是研究氧化物扩散规律的一种方法。

(4) 温度的影响　由于粒子的扩散系数与抛物线速度常数成正比 $k\propto D_i$，且扩散系数与温度有如下关系：

$$D_i=D_i^0\exp\left(-\frac{Q}{RT}\right) \tag{1-83}$$

式中，Q 为扩散激活能；D_i^0 为常数。则抛物线速度常数与温度的关系为

$$k=A\exp\left(-\frac{Q}{RT}\right) \tag{1-84}$$

式中，A 为常数。因此，测定在不同温度下的抛物线速度常数，可以求出扩散的激活能。

2. 缺陷对氧化动力学的影响

缺陷对氧化动力学的影响极其复杂，现以晶界的短路扩散为例讨论其影响。严格地讲，氧化膜中的传输过程是由晶格扩散和沿晶界的扩散两者共同决定的。氧化膜中的有效扩散系数 D_{eff} 可由晶格扩散系数 D_L 和晶界扩散系数 D_B 描述为

$$D_{eff}=D_L(1-f)+D_Bf \tag{1-85}$$

式中，f 为晶界在总扩散结点中所占的份数。氧化速率按有效扩散系数可表达为

$$\frac{dx}{dt}=\Omega D_{eff}\frac{\Delta C}{x} \tag{1-86}$$

式中，x 为氧化膜的厚度；Ω 为每个金属原子形成氧化物的体积；ΔC 为氧化膜中的浓度差。将式（1-86）积分，则有

$$x^2=2\Omega D_{eff}\Delta Ct \tag{1-87}$$

在高温下氧化物的晶粒发生再结晶长大。设 t 时刻晶粒是边长为 δ_t 的立方体，那么晶粒的生长可表示为

$$\delta_t^2-\delta_0^2=kt \tag{1-88}$$

式中，δ_0 为晶粒尺寸的初始值；k 为生长常数。t 时刻单位面积中晶界所占的份数可相应地表示为

$$f=\frac{2d}{\delta_t}=\frac{2d}{(kt+\delta_0^2)^{1/2}} \tag{1-89}$$

式中，d 为晶界的宽度。将式（1-85）~式（1-89）联立，设 $D_B\gg D_L$，可得到一个修正的速度公式

$$x^2 = 2\Omega D_L \Delta C \int_0^t \left(1 + f\frac{D_B}{D_L}\right) dt = 2\Omega D_L \Delta C \int_0^t \left[1 + \frac{D_B}{D_L} \frac{2d}{(kt + \delta_0^2)^{1/2}}\right] dt \qquad (1\text{-}90)$$

其积分形式为

$$x^2 = 2\Omega D_L \Delta C t + 8\Omega D_B \Delta C \frac{1}{k}(\delta_0^2 + kt)^{1/2} \qquad (1\text{-}91)$$

由此式可以得到两种极端情况：①若氧化物的晶粒尺寸较大，再结晶长大很慢，式（1-91）右边第二项近似为常数，可得到抛物线规律；②若氧化物的初始晶粒极小（$\delta_0 \approx 0$），式（1-91）右边第一项可以忽略不计，则可以得到四次方规律。例如，Fe_3Al 金属间化合物经表面纳米级微晶化处理后在1000℃空气中氧化，其氧化动力学符合四次方规律，如图1-20所示。在此情况下，氧化铝的生核率极高，初始晶粒尺寸极小，氧化中发生晶粒的长大，氧沿晶界扩散受氧化膜增厚和晶界减少两方面的影响，导致四次方氧化动力学规律。

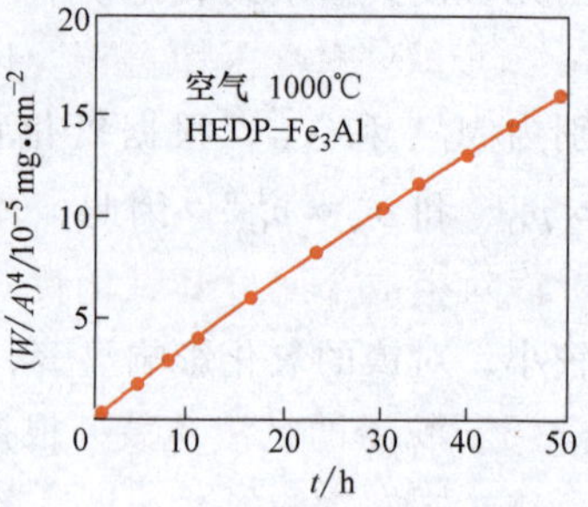

图1-20　Fe_3Al 表面微晶化处理后的氧化动力学

3. 多层氧化膜的生长

许多金属，如铁、钴和铜等，在高温下可形成多层氧化膜。现以生成双层氧化膜为例，分析其氧化动力学规律。

图1-21为金属上生成双层氧化膜的示意图，内层为 M_aO，外层为 M_bO。两层氧化物生长的抛物线速度常数分别为 k_a 和 k_b，氧化膜生长总的抛物线速度常数为 k。氧化膜两层的厚度分别为 x_a 和 x_b，则氧化膜的总厚度为

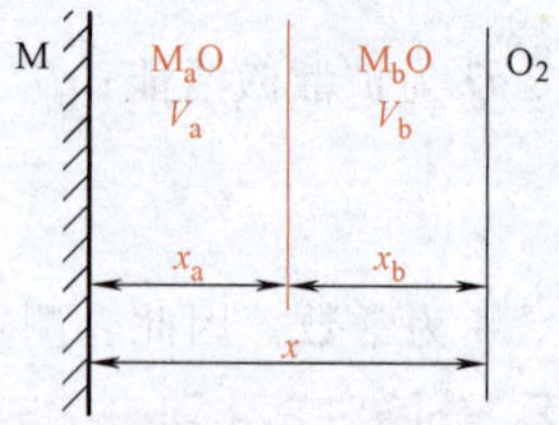

图1-21　金属同时生成 M_aO 和 M_bO 两层氧化膜的模型

$$x = x_a + x_b \qquad (1\text{-}92)$$

每一层和整个氧化膜的生长速度由下列式子给出：

$$\frac{dx_a}{dt} = \frac{k_a}{x_a} \qquad (1\text{-}93)$$

$$\frac{dx_b}{dt} = \frac{k_b}{x_b} \qquad (1\text{-}94)$$

$$\frac{dx}{dt} = \frac{k}{x} \qquad (1\text{-}95)$$

不考虑氧化初期的非抛物线行为，可设积分常数为零，则上述三式的积分为

$$x_a^2 = 2k_a t \qquad (1\text{-}96)$$

$$x_b^2 = 2k_b t \qquad (1\text{-}97)$$

$$x^2 = 2kt \qquad (1\text{-}98)$$

联立式（1-96）~式（1-98），可以得到 k、k_a 和 k_b 的相互关系式

$$k^{1/2} = k_a^{1/2} + k_b^{1/2} \qquad (1\text{-}99)$$

利用上述关系式，还可以导出

$$k = \left(1 + \frac{x_b}{x_a}\right)^2 k_a = \left(1 + \frac{x_a}{x_b}\right)^2 k_b \qquad (1\text{-}100)$$

若 $x_b \ll x_a$ 或 $x_a \ll x_b$，则有 $k \approx k_a$ 或 $k \approx k_b$，即当氧化膜的两层生长速度相差悬殊时，氧化膜总的生长动力学由生长速度快的一层决定。

图 1-22 所示为铜氧化时，抛物线速度常数与氧分压和温度的关系。在较低氧分压下，只生成 Cu_2O，抛物线速度常数是氧分压的函数；但在较高氧分压下铜表面生成 Cu_2O 和 CuO 双层氧化膜，其动力学却与氧分压无关。这是由于生成双层氧化膜时，Cu_2O 生长很快，氧化动力学由 Cu_2O 层的生长决定，Cu_2O 层的生长始终处于 Cu_2O/CuO 平衡的氧分压条件下。因此，该双层氧化膜的氧化动力学与氧分压无关。钴在高温下生成 CoO 和 Co_3O_4 双层氧化膜也具有类似的规律。

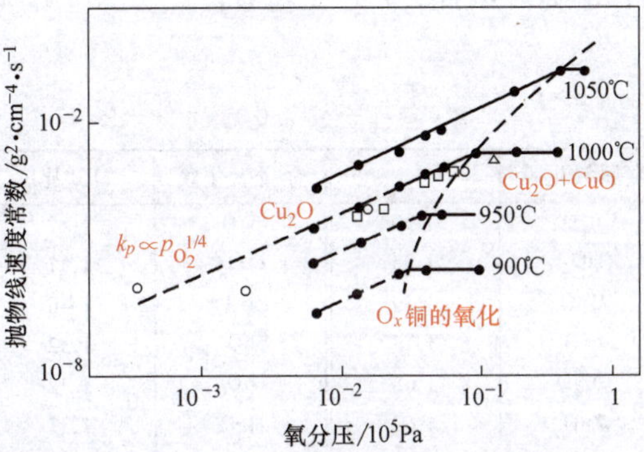

图 1-22　在 900~1050℃ 铜的抛物线氧化速度常数与氧分压的关系

4. 伴随蒸发过程的金属氧化

视生成挥发性氧化物蒸气压的大小，蒸发过程对金属氧化可造成不同程度的影响。当蒸发过程较快时，无法形成保护性的氧化膜，金属将发生灾难性的氧化。例如 W 和 Mo 的氧化，因此灯泡中的钨丝必须在惰性气体保护下才能工作。当蒸发过程较慢时，金属表面同时存在着由于离子扩散氧化膜不断增厚和氧化膜生成挥发物质而变薄这两种作用。典型例子是 Cr_2O_3 氧化膜的生长由于下面反应产生挥发性的 CrO_3 而变薄：

$$Cr_2O_3(固) + 3/2O_2(气) \longrightarrow CrO_3(气) \tag{1-101}$$

因此，生成 Cr_2O_3 氧化膜的金属材料不适于在高于 900℃ 下使用。

1.3.4　氧化膜中的应力与应力松弛

金属的氧化动力学曲线常常由于发生氧化膜的开裂与剥落而偏离理论公式，并失去保护性，如图 1-23 所示。这是由于氧化膜中存在应力，氧化膜中的应力与松弛是决定氧化动力学的重要因素。

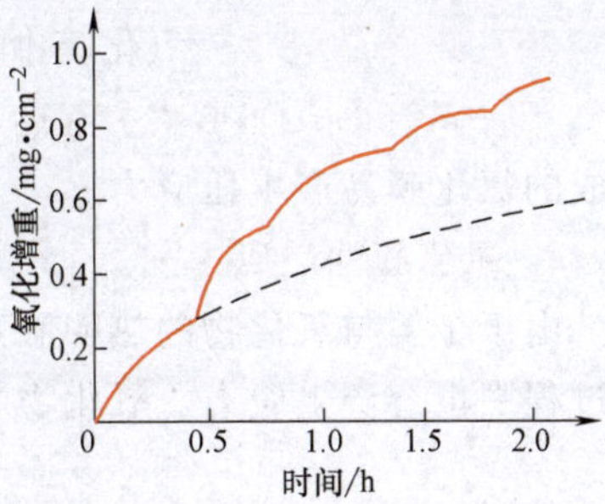

图 1-23　铜在 500℃ 的氧化曲线
（虚线表示氧化膜不发生破坏的情况）

氧化膜中的应力有两种主要来源：一种是生长应力，是在氧化膜恒温生长中产生的；另一种是热应力，是由于基体和氧化膜的热膨胀和收缩不同而产生的。

1. 氧化膜的生长应力

生长应力的产生原因如下：

（1）PB 比　由 Pilling 和 Bedworth 提出，定义为氧

化生成的金属氧化膜的体积 V_{MO} 与生成这些氧化膜所消耗金属的体积 V_M 之比，即

$$PB比=\frac{V_{MO}}{V_M} \tag{1-102}$$

表 1-2 中给出了一些金属氧化膜的 PB 比。当 PB 比>1 时，氧化膜中受到压应力，这也是生成保护性氧化膜的必要条件；当 PB 比<1 时，氧化膜中受到拉应力，无法生成保护性氧化膜。例如，碱金属和碱土金属的 PB<1，生成的氧化膜发生开裂，呈线性氧化规律。但是由 PB 比引起的生长应力还与氧化膜的生长机制有关，一般规律是当新的氧化物在金属/氧化膜界面生成时，由 PB 比可以产生生长应力；若新的氧化物在氧化膜/气相界面生成时，则不可能因 PB 比产生生长应力。因此，PB 比是生长应力产生的必要条件之一，但不是充分条件。

表 1-2 某些金属氧化膜的 PB 比

金属氧化膜	PB 比	金属氧化膜	PB 比	金属氧化膜	PB 比	金属氧化膜	PB 比
MoO_3	3.4	Co_3O_4	1.99	NiO	1.52	MgO	0.99
WO_3	3.4	TiO_2	1.95	ZrO_2	1.51	BaO	0.74
V_2O_5	3.18	MnO	1.79	PbO_2	1.40	CaO	0.65
Nb_2O_5	2.68	FeO	1.77	SnO_2	1.32	SrO	0.65
Sb_2O_5	2.35	Cu_2O	1.68	ThO_2	1.32	Na_2O	0.58
Ta_2O_5	2.33	ZnO	1.62	HgO	1.31	Li_2O	0.57
Bi_2O_5	2.27	PdO	1.60	Al_2O_3	1.28	Cs_2O	0.46
SiO_2	2.27	BeO	1.59	CdO	1.21	K_2O	0.45
Cr_2O_3	1.99	Ag_2O	1.59	Ce_2O_3	1.16	RbO	0.45

（2）外延应力　氧化初期形成的氧化物与基体晶格保持外延关系，由于金属和氧化物的固有晶格的参数不同，这种外延约束导致应力的产生。当氧化膜变厚时，氧化膜恢复固有的晶格，外延应力消失。

（3）合金或氧化膜成分的变化　合金发生选择氧化时，合金表面成分变化引起合金晶格变化导致应力产生。同样，氧化膜成分变化也能产生应力。氧在金属中溶解也可导致应力的产生。

（4）点缺陷应力　氧化膜中存在点缺陷梯度引起晶格参数变化而产生应力。同样，由于阳离子向外迁移，沿金属截面产生空位梯度，引起空位周围金属的收缩，在基体中产生应力。

（5）新氧化物在氧化膜内生成　可在氧化膜内产生压应力。

（6）再结晶应力　氧化膜中再结晶是应力的起因之一，但也可以消除生长应力。

（7）试样的几何形状引起的应力　在凸表面处形成的氧化膜易产生拉应力；在凹表面形成的氧化膜易产生压应力。

2. 氧化膜的热应力

由于金属与氧化物的热膨胀系数不同（表 1-3），即使在氧化温度下不存在应力，在冷却过程中也会产生应力。氧化物中的应力可表示为

$$\sigma_{氧化物}=\frac{E_{氧化物}\Delta T(\alpha_{氧化物}-\alpha_{金属})}{1+2\left(\dfrac{E_{氧化物}\delta_{氧化物}}{E_{金属}\delta_{金属}}\right)} \tag{1-103}$$

式中，E 为弹性模量；α 为热膨胀系数；δ 为厚度。

由于氧化物的热膨胀系数一般比金属的小，因此冷却时，氧化膜中总会产生压应力，应力的大小与热膨胀系数之差成正比。所以在较大的热应力作用下会使氧化膜从金属表面剥落下来。所以，提高在热循环条件下氧化膜的抗剥落能力是高温氧化研究的重要方向之一。

表 1-3　金属和氧化物的热膨胀系数　（单位：K^{-1}）

体系	氧化物	金属	体系	氧化物	金属
Fe-FeO	12.2×10^{-6}	15.3×10^{-6}	Cr-Cr_2O_3	7.3×10^{-6}	9.5×10^{-6}
Fe-Fe_2O_3	14.9×10^{-6}	15.3×10^{-6}	Cu-Cu_2O	4.3×10^{-6}	18.6×10^{-6}
Ni-NiO	17.1×10^{-6}	17.6×10^{-6}	Cu-CuO	9.3×10^{-6}	18.6×10^{-6}
Co-CoO	15.0×10^{-6}	14.0×10^{-6}			

3. 氧化膜中应力的松弛

在氧化过程中氧化膜产生的生长应力和热应力可通过多种机制实现松弛，最主要的机制是：①氧化膜的开裂；②氧化膜从基体上剥落；③氧化膜的塑性变形；④基体的塑性变形。显然，后两种机制对于提高抗氧化性能是有益的。

1.4　合金的氧化

合金的氧化与纯金属的氧化存在相似的一面，许多在纯金属氧化中发生的现象也会在合金氧化中发生。但是，合金氧化与纯金属氧化又存在差别，合金至少含有两个组元和两种可能被氧化的成分，所以合金氧化必须考虑更多的影响因素和参数。合金氧化的机理将比纯金属氧化更复杂。

以 Ni-Cr 合金的高温氧化为例，图 1-24 所示为 Ni-Cr 合金在 1000℃ 氧化时抛物线速度常数与 Cr 含量的关系曲线。可以分成三个区：Ⅰ区，合金中含 Cr 量较低，随着 Cr 含量的增加，抛物线速度常数增大，生成的氧化膜以 NiO 为主，次层为 NiO 和弥散的 $NiCr_2O_4$ 尖晶石相，合金表层为 Ni 和岛状内氧化物 Cr_2O_3（图 1-25a）；Ⅱ区，Cr 含量增加，抛物线速度常数迅速下降，逐渐形成连续的 $NiCr_2O_4$ 层，内氧化物消失（图 1-25b）；Ⅲ区，Cr 含量增加，抛物线速度常数几乎不变，这时形成了选择性 Cr_2O_3 保护膜（图 1-25c）。其他二元合金的氧化也有类似的规律。

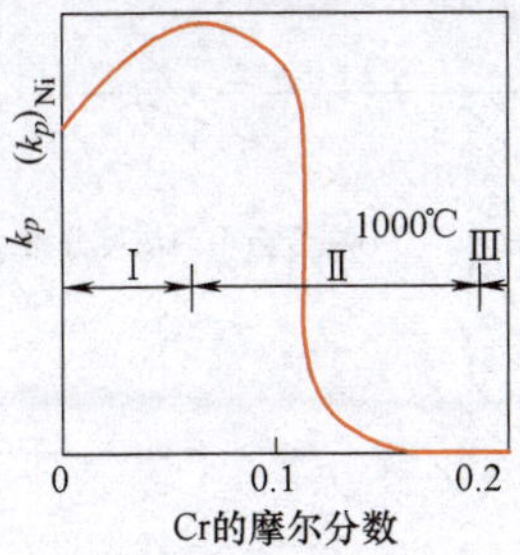

图 1-24　Cr 含量对 Ni-Cr 合金氧化动力学的影响

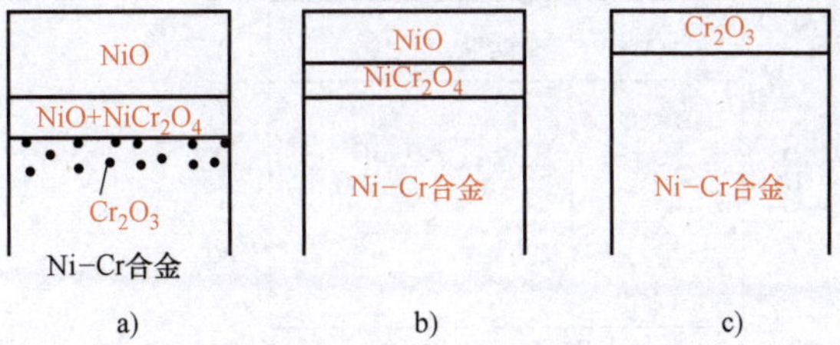

图 1-25　Cr 含量对 Ni-Cr 合金氧化产物结构的影响
a）<5%　b）15%　c）>20%

上述例子说明，只有合金表面形成保护性的选择氧化膜，合金才能具有最佳的保护性能。因此，本节重点分析合金表面生成保护性选择氧化膜的条件。

1.4.1　合金的选择氧化

设二元合金 AB，其中 B 比 A 具有对氧更大的亲和力。两组元与氧的反应为

$$\mathrm{A(合金)}+1/2\mathrm{O_2}=\mathrm{AO} \tag{1-104}$$

$$\mathrm{B(合金)}+1/2\mathrm{O_2}=\mathrm{BO} \tag{1-105}$$

为了简化分析，设 AO 与 BO 不互溶。上述两反应的平衡常数 K_1 和 K_2 可分别表示为

$$K_1=\frac{\alpha_\mathrm{A}p_{\mathrm{O_2}}^{1/2}}{\alpha_\mathrm{AO}} \tag{1-106}$$

$$K_2=\frac{\alpha_\mathrm{B}p_{\mathrm{O_2}}^{1/2}}{\alpha_\mathrm{BO}} \tag{1-107}$$

式中，α 为金属元素或氧化物的活度。

设氧化物的活度等于 1；A 和 B 的活度正比于它们的原子分数，即 $\alpha_\mathrm{A}=\gamma_\mathrm{A}N_\mathrm{A}$，$\alpha_\mathrm{B}=\gamma_\mathrm{B}N_\mathrm{B}$，$\gamma$ 为活度系数，$N_\mathrm{A}+N_\mathrm{B}=1$。则 AO 和 BO 可以同时生成的氧分压 $p_{\mathrm{O_2}}^e$ 和合金成分 N_B^e 分别为

$$p_{\mathrm{O_2}}^{e}=\left(\frac{K_1}{\gamma_\mathrm{A}}+\frac{K_2}{\gamma_\mathrm{B}}\right)^2 \tag{1-108}$$

$$N_\mathrm{B}^e=\frac{1}{(K_1/K_2)(\gamma_\mathrm{B}/\gamma_\mathrm{A})+1} \tag{1-109}$$

这种平衡条件示意如图 1-26 所示。可以看到，$p_{\mathrm{O_2}}>p_{\mathrm{O_2}}^e$ 时，可同时生成 AO 和 BO；$p_{\mathrm{O_2}}<p_{\mathrm{O_2}}^e$ 且 $N_\mathrm{B}<N_\mathrm{B}^e$ 时，只生成 AO；$p_{\mathrm{O_2}}<p_{\mathrm{O_2}}^e$ 且 $N_\mathrm{B}>N_\mathrm{B}^e$ 时，只生成 BO。图中 Π_AO 和 Π_BO 分别是 AO 和 BO 的平衡分解压。所以，AB 合金要生成选择性 BO 氧化膜，必须使氧化膜/合金界面满足 $p_{\mathrm{O_2}}<p_{\mathrm{O_2}}^e$ 和 $N_\mathrm{B}>N_\mathrm{B}^e$。

合金的氧化动力学是由合金中的传质过程和氧化膜中的传质过程两者共同决定的，如图 1-27 所示。AB 二元合金表面要生成唯一的 BO 氧化膜，BO 氧化膜/合金界面合金的成分必须满足 $N_\mathrm{B}>N_\mathrm{B}^e$。在动力学上，提高 B 元素在合金中向 BO 氧化膜/合金界面的扩散速度，降低 B 元素进入氧化膜的速度（或氧化膜的生长速率），都可以提高 BO 氧化膜/合金界面 B 元素的浓度，都利于满足 $N_\mathrm{B}>N_\mathrm{B}^e$。Wagner 导出 AB 二元合金表面生成唯一的 BO 氧化膜时，合金的最低浓度 $N_{\mathrm{B(min)}}$ 必须满足：

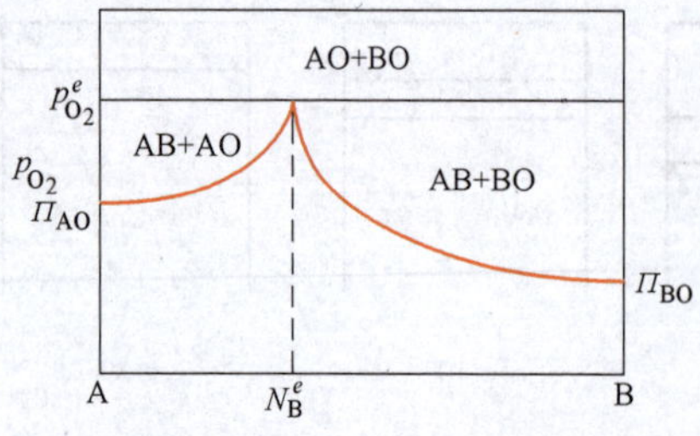

图 1-26　AB 二元合金-氧体系的稳定相示意图

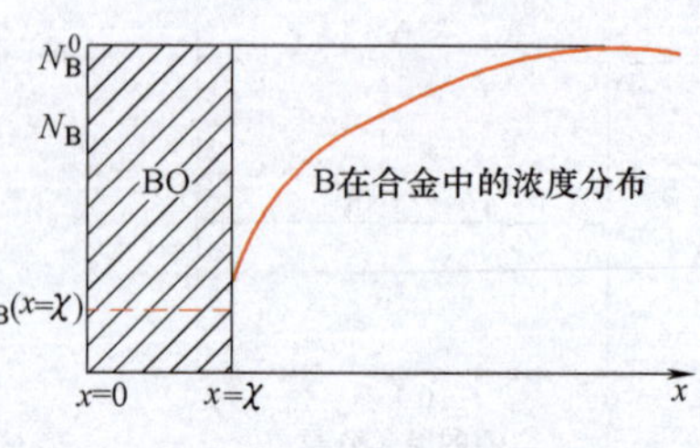

图 1-27　AB 合金选择氧化生成 BO 氧化膜时，合金中 B 的扩散模型

$$N_{B(min)} > \frac{\sqrt{\pi} V_{AB}}{V_{BO}} \sqrt{\frac{k_p}{2D}} \tag{1-110}$$

式中，D 为合金的互扩散系数；；k_p 为 BO 的抛物线速度常数；V_{AB} 为合金的摩尔体积；V_{BO} 为 BO 的摩尔体积。

可以看到，氧化膜的生长速率越低（k_p 越小），合金的扩散系数越大，合金越易发生选择氧化。因此，Fe（Ni，Co）Cr 和 Fe（Ni，Co）Al 合金中的 Cr 和 Al 含量超过某一临界浓度时将选择氧化生成 Cr_2O_3 或 Al_2O_3 氧化膜。当合金的晶粒细化时，发生沿晶界的短路扩散（D 值变大），可以降低发生选择氧化所需合金元素的临界浓度。在 Fe（Ni，Co）Cr 合金中加入少量的稀土元素或弥散稀土氧化物，合金发生选择氧化所需 Cr 元素的临界浓度显著下降。这是由于稀土元素或弥散稀土氧化物可以改变氧化膜的生长机制，使 k_p 变小。最近的研究发现，当含有稀土元素或弥散稀土氧化物的 Fe（Ni，Co）Cr 合金晶粒细化后，合金发生选择氧化所需 Cr 元素的临界浓度更低。因此，稀土元素或弥散稀土氧化物与合金晶粒细化可使 k_p 变小的同时使 D 值变大，在促进合金的选择氧化时存在协同作用。

1.4.2 合金的内氧化及外氧化

在氧化过程中，氧溶解到合金相中并在合金中扩散，合金中较活泼的组元与氧反应，在合金内生成氧化物，这一过程称为内氧化。相应地，当硫、碳、氮等元素扩散到合金中生成硫化物、碳化物、氮化物等沉淀时，发生内硫化、内碳化、内氮化等，这些过程也可称为广义的内氧化。

下面以 A-B 二元合金为例说明内氧化的热力学条件。设金属 A 在氧化条件下为较贵金属，即不生成 A 的氧化物，金属 B 可以生成一种氧化物 BO。整个反应过程可分为两个步骤，第一步是氧气以氧原子溶解到合金中

$$\frac{\nu}{2} O_2 = \nu O(\text{溶解}) \tag{1-111}$$

第二步是溶解的氧原子同合金中的 B 反应生成氧化物

$$B(\text{合金}) + \nu O(\text{溶解}) = BO_\nu \tag{1-112}$$

合金相中形成 BO_ν 内氧化粒子的必要条件为

$$p_{O_2} > \left(\frac{\alpha_{BO_\nu}}{\alpha_B}\right)^{2/\nu} \exp\left(\frac{2\Delta G^0_{(BO_\nu)}}{\nu RT}\right) \tag{1-113}$$

式中，$\Delta G^0_{(BO_\nu)}$ 为形成 BO_ν 的标准吉布斯自由能；α_B 为合金中 B 的活度；α_{BO_ν} 为氧化物的活度。

合金中形成 BO_ν 的必要条件可以按形成 BO_ν 的溶度积 K_{sp} 表示

$$K_{sp} = [\alpha_B][\alpha_O]^\nu \tag{1-114}$$

式中，α_O 为氧在合金中的活度。

当 $[\alpha_B]$ $[\alpha_O]^\nu > K_{sp}$ 时，生成内氧化物 BO_ν 沉淀，内氧化的深度一直延伸到刚刚不再满足生成 BO_ν 条件的地方。

大量的试验证明，内氧化的深度 ξ 与时间 t 呈抛物线关系：

$$\xi = 2\gamma\ (D_O t)^{1/2} \tag{1-115}$$

式中，ξ 为无量纲常数；D_O 为氧在合金中的扩散系数。

发生内氧化时，氧和元素 B 都在合金中发生扩散，而且 O 和 B 的浓度分布都不是线性的，如图 1-28 所示。B 以 BO_ν 的形式在内氧化区发生富集，其富集程度取决于 O 和 B 的扩散能力的相对大小。一般规律是 O 的扩散能力越小，B 的扩散能力越大，则 BO_ν 的富集程度越高。

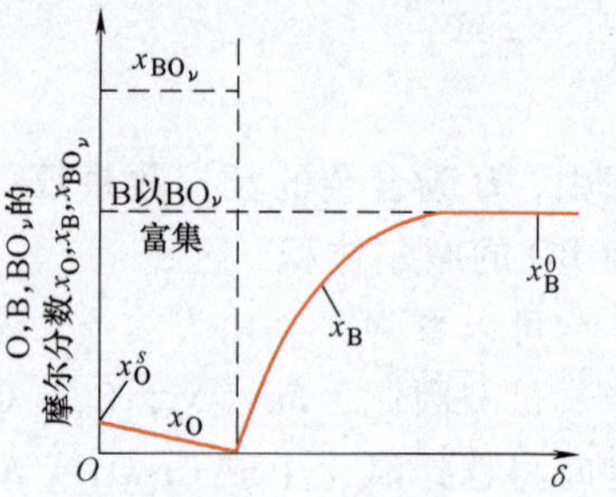

图 1-28 AB 二元合金内氧化的模型

大量的研究发现，当内氧化物富集到一定程度，或内氧化物 BO_ν 的体积分数 $\varphi=f(V_{BO_\nu}/V_{AB})$ 达到某一临界值 φ^* 时，合金不再内氧化，形成连续的外氧化膜，即发生所谓的内氧化向外氧化的转变。按照 Wagner 等人的观点，当合金内氧化物发生富集接近临界体积分数时，氧向合金内的扩散受到阻碍，内氧化物将横向生长，达到临界体积分数时，新的氧化物只能在合金表面生成，即转变为外氧化。Wagner 导出由内氧化向外氧化转变的判据为

$$x_B^0>\left[\frac{\pi\varphi^* x_O^s D_O V_{AB}}{2\nu D_B V_{BO_\nu}}\right]^{\frac{1}{2}} \tag{1-116}$$

式中，x_B^0 为发生转变 B 的摩尔分数；x_O^s 为氧在合金表面的摩尔分数；D_O、D_B分别为 O、B 在合金中的扩散系数。

由式（1-116）可以看到，降低氧向合金内传输的因素，如降低 x_O^s（或 p_{O_2}）及 D_O；以及加强 B 向外传输的因素，如合金表面微晶化，通过增强短路扩散来增大 D_B，这些因素都有利于在较低的溶质浓度下发生向外氧化的转变。

在二元合金中加入中等活性元素可以促进合金由内氧化向外氧化的转变。例如，在 NiAl 合金中加入适量的 Cr，可使生成 Al_2O_3 外氧化膜所需的 Al 含量显著下降，如 Ni-Cr-Al 合金系的氧化图，如图 1-29 所示。这是由于铬起到了除氧剂的作用，合金表面先生成一层 Cr_2O_3 氧化膜，降低了氧化膜/合金界面的氧活度，使合金中的铝在较低浓度下就可以选择氧化生成连续的 Al_2O_3 氧化膜。在高温和高氧压下 Cr_2O_3 逐渐以 CrO_3 蒸发掉，留下一个连续的保护性好的 Al_2O_3 氧化膜。图 1-30 中所示的 Ni-8.5%Cr、Ni-6%Al、Ni-19.5%Cr 和 Ni-9.3%Cr-5.8%Al 四种合金在 1200℃氧化的结果就是很好的例证。

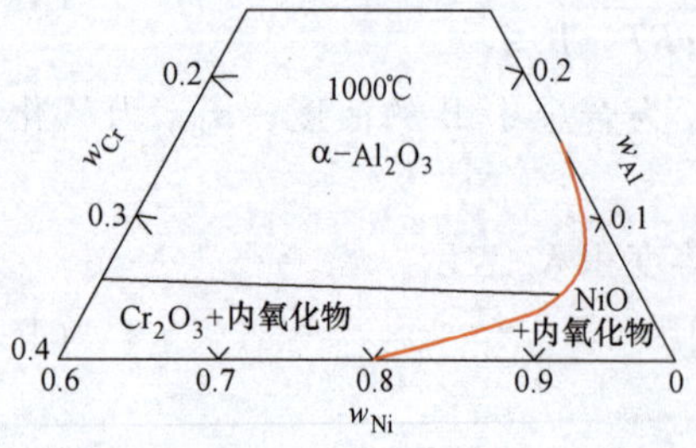

图 1-29 Ni-Cr-Al 合金系的氧化图

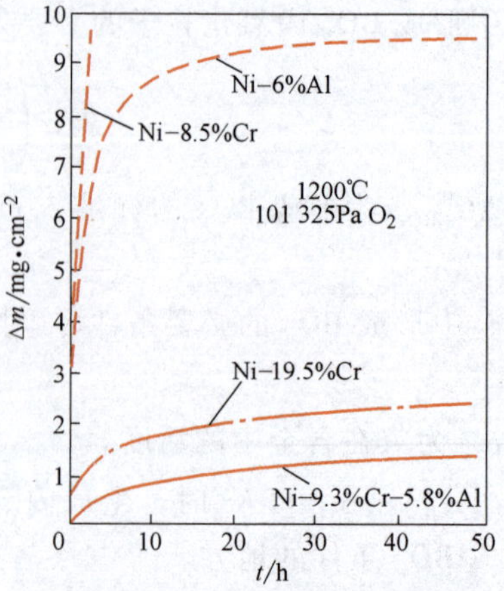

图 1-30 四种合金在 1200℃ 101325PaO_2中氧化动力学的比较

加入中等活性元素促进合金的外氧化是高温合金设计的重要原则。Fe-Cr-Al、Co-Cr-Al、Cu-Zn-Al 等合金均具有同样的效应。

最近，有研究者认为 Wagner 导出的式（1-116）只是说明内氧化发展到什么程度合金表面将发生外氧化，但并不能说明外氧化膜的生成是合金由内氧化向外氧化转变的结果。进一步的研究发现，合金的氧化总是从合金表面开始。例如，当 A-B 合金处在图 1-26 中 AB+BO 的热力学条件下，氧化初期合金表面将形成 BO 氧化膜，如果合金中 B 元素的含量较低，向外扩散速度较慢，合金表面不能维持生成 BO 的条件，氧将向合金中扩散，生成内氧化物；如果合金中 B 元素的含量较高，向外扩散速度较快，合金表面可以维持生成 BO 的条件，BO 氧化膜将连续生长，则不可能发生内氧化。因此，生成合金的外氧化膜不一定需要先发生内氧化，合金内氧化是合金由外氧化向内氧化转变的结果。

1.4.3　掺杂对合金氧化的作用

在分析抛物线氧化速度常数的影响因素时，已提到在合金中加入适当元素使其掺杂到氧化膜中，降低离子或电子的迁移，可以提高金属的抗氧化性能。本小节将对此进行更深入的分析。

1. 离子导体氧化物

例如，Ag 和 Br_2 蒸气反应形成 AgBr 晶格，晶格内存在当量的阳离子空位 V'_{Ag} 和电子空穴 $h^{\cdot}$，其缺陷反应为

$$\frac{1}{2}Br_2 = AgBr + V'_{Ag} + h^{\cdot} \tag{1-117}$$

缺陷平衡时浓度关系为

$$[V'_{Ag}][h^{\cdot}] = Kp_{Br_2}^{1/2} \tag{1-118}$$

若在 Ag 中加入少量 Cd 形成 Ag-Cd 合金，生成的膜中掺入 Cd^{2+}，每掺入一个 Cd^{2+} 就产生一个 V'_{Ag}

$$CdBr_2 = Cd^{\cdot}_{Ag} + V'_{Ag} + 2AgBr \tag{1-119}$$

当 p_{Br_2} 为定值时，由式（1-118）可知 V'_{Ag} 增加，$h^{\cdot}$ 下降。由于离子导体的生长受电子迁移步骤控制，Ag 中加入高价的 Cd 后氧化速度变慢。

2. 金属过剩氧化物

以 ZnO 为例，其缺陷反应为

$$ZnO = Zn_i^{\cdot\cdot} + 2e' + \frac{1}{2}O_2 \tag{1-120}$$

缺陷的平衡浓度关系为

$$[Zn_i^{\cdot\cdot}][e']^2 p_{O_2}^{1/2} = K \tag{1-121}$$

当 Zn 中加入少量 Al 形成 Zn-Al 合金时，氧化膜中将掺杂 Al^{3+} 离子，其反应为

$$Al_2O_3 = 2Al^{\cdot}_{Zn} + 2e' + 2O_O + \frac{1}{2}O_2 \tag{1-122}$$

每掺入 1 个 Al^{3+} 就放出 1 个电子，由式（1-121）和式（1-122）$Zn_i^{\cdot\cdot}$ 浓度将下降，氧化速度下降。

在 Zn 中加入低价金属，则产生相反的效果。例如，Zn 中加入质量分数为 0.004 的 Li 形

成合金时，其氧化速率是原来的250倍。

3. 金属不足氧化物

以NiO为例，其缺陷反应和缺陷平衡为

$$O_O+V''_{Ni}+2h^{\cdot}=\frac{1}{2}O_2 \tag{1-123}$$

$$[V''_{Ni}][h^{\cdot}]^2=Kp_{O_2}^{1/2} \tag{1-124}$$

在Ni中加入少量Cr形成Ni-Cr合金，Cr^{3+}掺杂到NiO中，产生缺陷反应

$$Cr_2O_3=2Cr^{\cdot}_{Ni}+V''_{Ni}+3O_O \tag{1-125}$$

增加了NiO中的V''_{Ni}，导致氧化速率上升。如图1-24所示，Ni-Cr合金在Ⅰ区氧化速度随Cr含量增加而上升，其原因正是如此；相反，加入低价金属，如Li，则会降低氧化速度。

综上所述，为了通过掺杂降低氧化速度，形成离子导体膜时，应掺杂高价的金属；形成金属过剩氧化膜时，应掺杂高价的金属；形成金属不足氧化膜时，应掺杂低价的金属。上述规律称为控制合金氧化的原子价规律，也称为Hauffe原子价规律。

值得指出的是，掺杂对合金的氧化动力学的影响是有限的。工程中最有意义的是通过选择氧化形成具有保护性的Cr_2O_3、Al_2O_3、SiO_2氧化膜。

1.4.4　活性元素效应

在合金中加入少量的活性元素（又称为反应元素）可以显著提高抗氧化能力，特别是提高氧化膜在合金上的附着能力，这一现象称为活性元素效应。“活性元素”通常包括钇、稀土金属、锆、铪等。

活性元素对形成氧化铬的合金的氧化行为具有以下效应。

1）促进Cr_2O_3保护性氧化膜在合金的Cr含量较低的情况下生成。

2）降低Cr_2O_3膜的生长速度。

3）Cr_2O_3膜的生长机理发生变化，以氧向内扩散为主。

4）Cr_2O_3膜的晶粒细化。

5）Cr_2O_3膜与合金基体的附着力显著改善，具有优异的抗热循环氧化能力。

活性元素对Al_2O_3膜也有着类似的效应。活性元素改善Al_2O_3膜与合金基体的附着性；在氧化膜中氧的扩散增强。然而活性元素并不能像对生成Cr_2O_3膜那样有效地降低合金中的铝含量以及Al_2O_3膜的生长速率。

目前，对活性元素效应的机理还没有一致的观点，已提出的各种模型和假说有：

1）大尺寸的活性元素原子吸附在合金表面的位错等缺陷处，阻止金属离子向氧化膜内迁移，因而改变了氧化膜的生长机制，使氧化膜的生长以氧向内扩散为主。

2）弥散的活性元素的氧化物粒子起着空位陷阱的作用，降低或消除了孔洞的形成，提高了氧化膜的附着力。

3）在主氧化膜与基体之间形成一层完整的活性元素化合物的封闭层，具有优良的热膨胀性能。

4）活性元素的存在可以通过内氧化和晶间氧化起到钉扎氧化膜的作用。

5）活性元素改善了合金/氧化膜界面的化学键。

抗高温氧化性能优异的MCrAlY涂层是运用活性元素效应的一个典型例子，广泛采用的

NiCoCrAlY 涂层的成分（质量分数）是 20%Co、20%Cr、8%～12%Al 和小于 1%Y。

1.5 其他类型的金属高温腐蚀

现代工业技术的发展导致金属材料的高温工作环境日趋复杂化。例如，炼制高硫原油装置的金属构件将产生高温硫腐蚀和含硫混合气体腐蚀；煤和有机燃料的燃烧将产生 CO_2、CO 和 H_2O（气），使金属材料发生炭化；燃气涡轮在海上或沿海工作，高温部件上会沉积 Na_2SO_4熔盐导致热腐蚀。本节简要介绍一些主要的其他类型的金属高温腐蚀的基本情况。

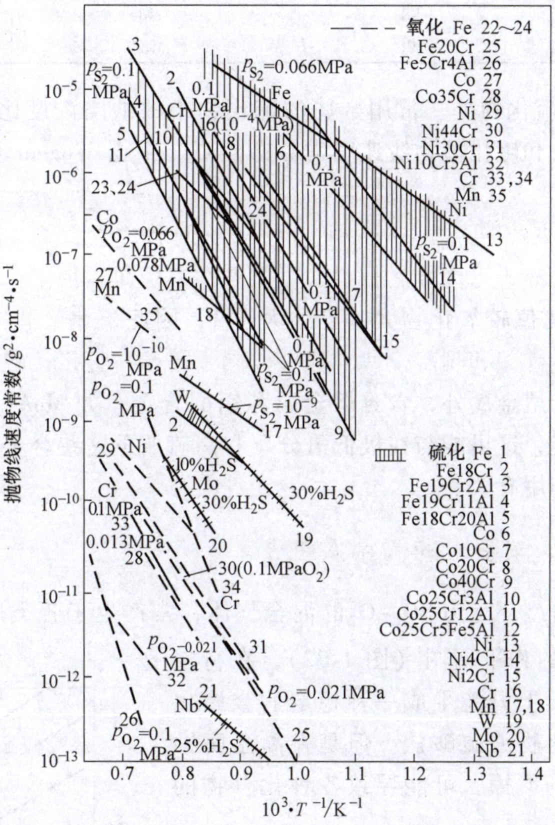

图 1-31 一些金属和合金的硫化、氧化的抛物线速度常数

1.5.1 金属的高温硫化

金属的高温硫化是金属材料与含硫气体（如 S_2、SO_2、H_2S 等）反应形成硫化物的过程。图 1-31 给出了一些金属和合金的硫化、氧化的抛物线速度常数。可以看到，常用金属材料的硫化速度比其氧化速度要高几个数量级，只有难熔金属 W、Mo、Nb 具有优良的耐硫化性能。这种情况是由金属硫化物的特性所决定的。与金属氧化物相比较，硫化物具有如下特性：

1）硫化物的热力学稳定性低于氧化物，即硫化物的生成自由能较氧化物为正；而且不同硫化物的生成自由能相差较小（表 1-4）。所以在热力学上合金发生选择性硫化比发生选择性氧化困难。

表 1-4　常见金属硫化物和氧化物在 1000℃的标准生成自由能

硫化物		氧化物	
化合物	ΔG^0/kJ·mol^{-1}	化合物	ΔG^0/kJ·mol^{-1}
$\frac{1}{3}Al_2S_3$	−219	$\frac{1}{3}Al_2O_3$	−429
$\frac{1}{3}Cr_2S_3$	−135	$\frac{1}{3}Cr_2O_3$	−261
FeS	−86	FeO	−176
CoS	−80	CoO	−136
NiS	−88	NiO	−127
MnS	−190	MnO	−294

2）除难熔金属的硫化物外，常用金属的硫化物中的缺陷浓度比相应金属的氧化物高，则硫化物中的扩散系数和硫化抛物线速度常数必然高。根据 Wagner 合金选择氧化理论公式(1-110)，在动力学上合金发生选择性硫化比发生选择性氧化所需合金元素浓度要高得多。

3）常用金属硫化物的熔点比氧化物低得多，而且许多金属（如 Fe、Co、Ni 等）可与其硫化物形成低熔点共晶，导致金属材料发生灾难性的硫化腐蚀。

4）硫化物的 PB 比值较氧化物大，且远大于 1，因此硫化物膜在生长中存在很大的应力，使硫化物膜易发生破裂和剥落，使含硫气体同金属基体直接接触加速硫化。

研究发现，除纯难熔金属外，含难熔金属和铝的合金，如 MoAl、FeMoAl、FeWAl 等也具有优异的抗硫化性能，这可能与在极低氧分压和高硫压下这些合金仍然可以生成铝的氧化物，起到阻碍硫化的作用有关。

1.5.2　金属在 O-S 体系中的高温腐蚀

这类高温腐蚀的典型环境为 SO_2-O_2的混合气体，常产生于各类燃料油和煤的燃烧气体中。根据 M-O-S 体系的相平衡图（图 1-32），在特定环境条件下，在热力学上只能生成一种稳定的金属化合物，如氧化物、硫化物或硫酸盐。但是在高温腐蚀过程中，由于动力学的原因，可能导致各种化合物的产生。

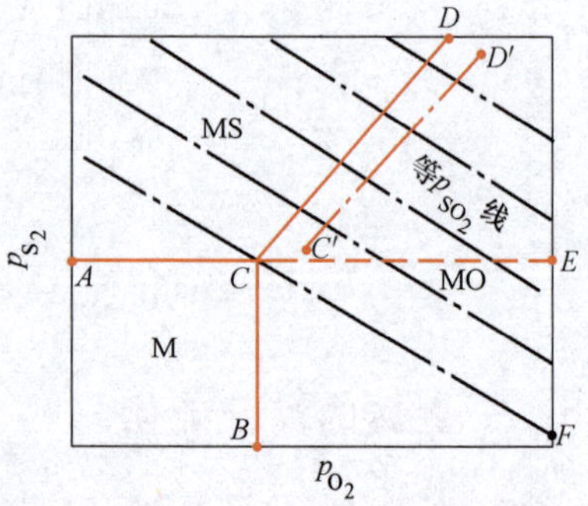

图 1-32　M-O-S 体系的相平衡示意图及动力学上发生不同腐蚀机理的范围

1. 金属氧化-硫化的动力学转变

金属氧化-硫化热力学的转变边界为图 1-32 中所示的 MO 区和 MS 区的边界线 *CD*。但在实际腐蚀过程中，氧化-硫化的转变边界线往往位于较高的氧分压下，如图 1-32 中 *C′D′*的位置。金属氧化-硫化转变的边界在热力学上和动力学上的这种差异，与在热力学上金属处于 MO 稳定区但在动力学上金属仍然有可能生成硫化物有关。

2. 金属在 O-S 体系中生成硫化物的机理

根据 M-O-S 体系的相平衡图，金属在 SO_2-O_2混合气氛中可能产生四种情况：

1）金属处于图 1-32 中 *ACD* 线的左上方，为硫化物 MS 的稳定区，金属只发生硫化。

2）金属处于 *DCE* 右上方的区域，为热力学上可生成 MO 区域的一部分。金属表面生成 MO 后，在 MO/气相界面的硫分压大于 MO/M 界面的硫分压，则环境中的硫可在氧化膜内向 MO/M 界面扩散。由于存在下列反应：

$$S_2+2O_2=2SO_2 \tag{1-126}$$

$$2SO_2+O_2=2SO_3 \tag{1-127}$$

氧化膜内氧分压下降，硫分压上升，满足生成 MS 的条件。其结果硫化物在氧化膜中或在 MO/M 界面生成。

3）金属处于 *ECF* 区，仍然为热力学上可生成 MO 区域的一部分，*CF* 线平行于 SO_2 等压线。这时环境中的硫分压低于 MS/M 的平衡分压，硫不可能以 S_2 的方式向 MO/M 界面扩散，但硫可以 SO_2 的形式通过氧化膜中的微孔隙或微裂纹向 MO/M 界面传输，随着氧分压的下降，硫分压上升，仍然可能生成 MS。

4）金属处于 *BCF* 区域，在热力学和动力学上均只能生成氧化物 MO。

由以上分析可以看到，当金属在热力学上处于 MO 生成区时，仍然有可能生成硫化物，而且与硫在氧化膜中的传输过程有很大的关系。当硫在氧化膜中的传输速率较小时，硫化过程受到阻滞，生成硫化物较困难。例如，生成 Cr_2O_3 或 Al_2O_3 氧化膜的合金可以有效地阻碍硫化，表现出优良的抗硫化性能。当硫在氧化膜中的传输速率较大时，易导致 MO+MS 混合物的生成，如 Fe、Ni、Co 在 SO_2+O_2 环境中的高温腐蚀就是如此。

1.5.3　金属的热腐蚀

热腐蚀是指金属材料在高温工作时，基体金属与沉积在表面的熔盐（主要为 Na_2SO_4）及周围气体发生的综合作用而产生的腐蚀现象；金属发生热腐蚀的特征及酸-碱熔融机理如图 1-33 所示。腐蚀产物的外层为疏松的氧化物和熔盐；次内层为氧化膜；氧化膜下为硫化物。

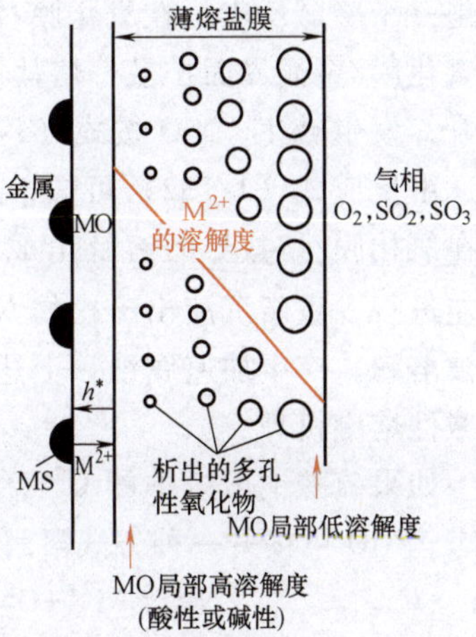

图 1-33　金属发生热腐蚀的特征及酸-碱熔融机理的示意图

金属表面沉积的熔盐来源于燃料中的硫、钠、钾、钒等和空气中的盐雾，特别是在海洋环境下，在金属表面发生下列反应：

$$2NaCl+SO_2+1/2O_2+H_2O \longrightarrow Na_2SO_4+2HCl \tag{1-128}$$

$$2NaCl+SO_3+H_2O \longrightarrow Na_2SO_4+2HCl \tag{1-129}$$

根据发生热腐蚀温度的高低，可将热腐蚀分为低温热腐蚀和高温热腐蚀。低温热腐蚀发生的温度在 700℃ 左右，对应于 Na_2SO_4-$NiSO_4$（共晶温度 671℃）、Na_2SO_4-$CoSO_4$（共晶温度 565℃）低温共晶盐的产生。高温热腐蚀发生的温度在 850~900℃，对应于 Na_2SO_4（熔点 884℃）熔盐的产生。图 1-34 所示为温度对高温合金热腐蚀速度的影响，在 700℃ 左右和 850~900℃ 产生两个腐蚀速度的高峰，分别对应于低温热腐蚀和高温热腐蚀。当温度高于 900℃ 时，熔盐不可能沉积或已沉积的熔盐会挥发掉，合金处于高温氧化状态。

热腐蚀的机理是错综复杂的。由于热腐蚀过程中存在熔盐，所以人们普遍认为热腐蚀既有化学腐蚀又有电化学腐蚀；既包括界面化学反应又包括液态熔盐对氧化膜的溶解作用。

早期的热腐蚀机理把热腐蚀与硫化混为一谈，把热腐蚀视为 Na_2SO_4 中的硫透过氧化层侵入合金，产生低熔点硫化物，破坏具有保护性的氧化膜，因而加速腐蚀。

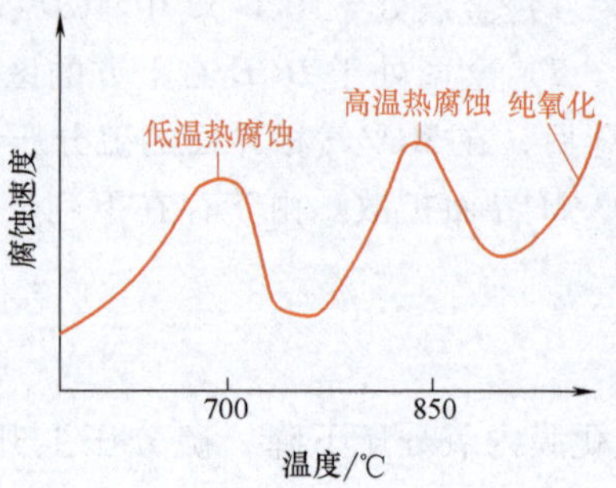

图 1-34　温度对高温合金热腐蚀的影响

目前，为许多人所接受的热腐蚀机理是热腐蚀的酸-碱熔融机理。该机理强调，在热腐蚀时，由于表面生成的氧化膜不断被表面沉积的熔盐溶解而造成加速腐蚀。

以镍的热腐蚀为例，在热腐蚀初期，镍表面沉积一层薄的熔盐膜，与此同时镍表面氧化生成 NiO 表面膜、NiO 与熔盐中的 O^{2-} 存在反应

$$NiO+O^{2-}=NiO_2^{2-} \tag{1-130}$$

当 O^{2-} 浓度上升时，反应向右进行，NiO 膜被溶解掉；若 O^{2-} 浓度下降，则反应向左进行，沉淀出 NiO。根据 Inman 对酸和碱的定义

$$碱=酸+O^{2-} \tag{1-131}$$

式（1-131）为酸碱反应。

在熔融硫酸钠中，存在下列平衡：

$$SO_4^{2-}=O^{2-}+\frac{3}{2}O_2+S \tag{1-132}$$

也是一个酸碱反应。在氧化膜/熔盐界面处（图 1-33），由于硫与金属反应或硫通过氧化膜向氧化膜/金属界面扩散，熔盐中的硫活度下降，反应式（1-132）向右进行，导致 O^{2-} 活度上升，发生碱化。NiO 按式（1-130）溶解到硫酸钠中。在熔盐/气体界面，由于氧分压较高，由反应式（1-132）可知，此处 O^{2-} 活度较低。因此，在熔盐膜中形成碱的负梯度。导致在氧化膜/熔盐界面溶解生成的 NiO_2^{2-} 向外迁移，在熔盐/气相界面上，反应式（1-130）向左进行，重新沉淀出疏松的 NiO。只要熔盐中能维持 O^{2-} 的负梯度，NiO 膜就能持续不断地被溶解，产生加速腐蚀。上述过程被称为热腐蚀的碱性熔融机理。

如果硫酸钠熔盐中的 O^{2-} 活度很低，处于酸性状态，NiO 可按另一种方式溶解

$$NiO=Ni^{2+}+O^{2-} \tag{1-133}$$

称为氧化膜的酸性熔融。当熔盐膜中存在酸的负梯度时，就可以发生氧化膜的酸性溶解和在熔盐膜外侧氧化物的再沉积。这一过程被称为热腐蚀的酸性熔融机理。

研究发现各种金属氧化物发生酸碱熔融的碱度是不同的。图 1-35 所示为一些氧化物在熔融

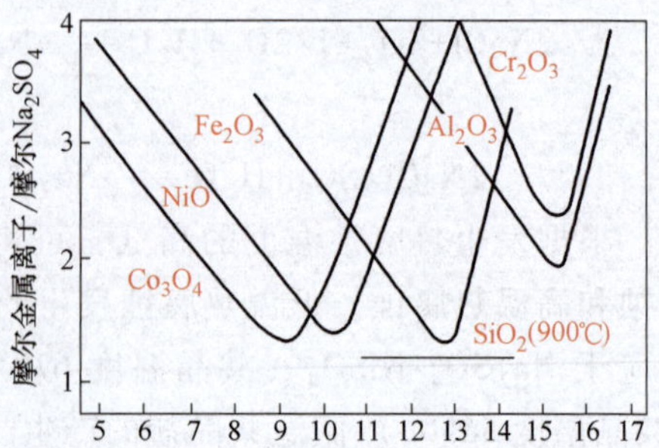

图 1-35　1200K 和 $p_{O_2}=10^5$Pa 时氧化物在熔融 Na_2SO_4 中的溶解度

Na_2SO_4中的溶解度与碱度的关系。所以合金含不同的元素形成不同的氧化物，对热腐蚀过程影响很大。

含铬合金生成的Cr_2O_3能优先发生反应：

$$Cr_2O_3+2O^{2-}+\frac{3}{2}O_2=2CrO_4^{2-} \tag{1-134}$$

此反应降低了熔盐中的碱度，可以抑制 NiO 的碱性溶解。因此，Cr 是提高合金耐热腐蚀性能的有效元素。

当合金含有 Mo、W、V 时，氧化生成的 MoO_3、WO_3、V_2O_5与熔盐中的 O^{2-}发生下列反应：

$$MoO_3+O^{2-}=MoO_4^{2-} \tag{1-135}$$

$$WO_3+O^{2-}=WO_4^{2-} \tag{1-136}$$

$$V_2O_5+O^{2-}=2VO_3^- \tag{1-137}$$

使氧化膜/熔盐界面的酸度提高，造成 NiO 的酸性溶解，加速金属的腐蚀。因此，Mo、W、V 是降低合金耐热腐蚀性能的有害元素。

金属是发生碱性熔融热腐蚀，还是发生酸性熔融热腐蚀，其发生条件和反应可以由 M-Na-O-S 体系的相平衡图得出。

由于熔盐是强电解质，熔盐膜的存在又是发生热腐蚀的必要条件，因此在热腐蚀过程中必然存在电化学过程。电化学过程在热腐蚀中的作用仍然是人们不断研究的课题。

1.5.4 金属的碳化

金属材料处于含碳的气体环境中，氧活度低而碳活度较高，就会发生碳化。金属碳化的基本原理与金属的氧化过程相同。了解有关碳化物的稳定性，MC 和 M-O-C 的相稳定图是解释金属碳化的重要基础。图 1-36 所示为 Cr-C-O 体系在 1200℃ 的相稳定图，铬的三种碳化物分别是 $Cr_{23}C_6$、Cr_7C_3和 Cr_3C_2。由图 1-36 可以看到，铬的碳化发生在氧活度足够低的条件下。

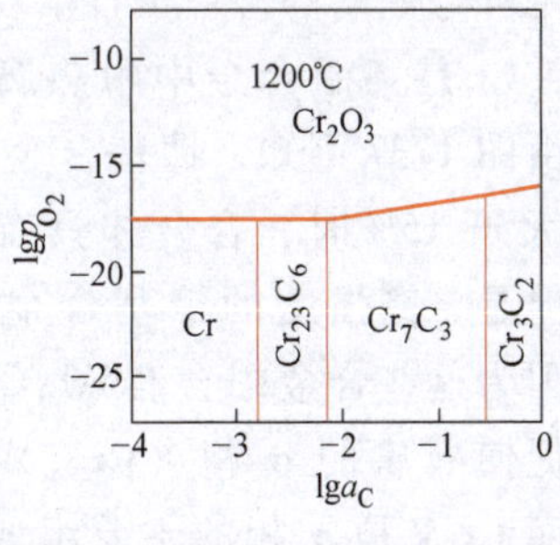

图 1-36 1200℃ Cr-C-O 的相稳定图

1. 金属-碳氢化合物的反应

金属在碳氢化合物-氢的混合气体中易发生碳化。例如，在甲烷-氢混合气体中存在以下反应：

$$CH_4=C+2H_2 \tag{1-138}$$

气体中碳的活度可由混合气体的成分及总压力来确定。

金属在甲烷-氢混合气氛中的碳化可分为若干步骤：①含碳物质在样品表面的混合气体的附面层中扩散；②反应分子在样品表面发生物理吸附或化学吸附，形成碳原子；③碳由金属表面向内部扩散形成碳化物；④气体反应产物的解吸及离开金属表面。在上述步骤中，②和③步骤通常是反应的控制因素。

当碳的活度大于 1 时，在金属表面发生石墨沉积；当碳活度较低时，导致内碳化物的形成。内碳化过程的动力学可用抛物线规律来描述。

在 CH_4+H_2混合气体中含有微量硫时，如 H_2S，能强烈地阻止铁的碳化。其机理是吸附的硫占据了甲烷吸附和分解的活性位置，但此时硫的活度比形成 FeS 所需的硫活度要小两个数量级。

2. 在含碳-氧气体中的高温腐蚀

当金属或合金置于同时含碳和氧的气体中时，由于反应机理不同，可导致氧化、碳化或既有氧化又有碳化。以 $CO+CO_2$混合气体为例，其氧和碳的活度由下列反应确定：

$$CO_2=CO+1/2O_2 \tag{1-139}$$

$$2CO=C+CO_2 \tag{1-140}$$

所以，氧和碳的活度与 p_{CO_2}及 p_{CO}的比值有关。

3. 改善合金抗碳化或石墨化的方法

如上所述，在环境中加入 H_2S 能够显著降低石墨化速度。用 H_2S 作为抑制剂是降低碳化速度的有效方法，但在实际应用中必须小心控制气体的成分，否则会引发其他腐蚀发生。通过在合金中加入较活泼的元素，使其在碳化环境中生成氧化膜，成为碳扩散的阻挡层，可以有效地减弱合金的碳化。例如，在 Fe-Cr-Ni 钢中硅含量增加，合金表面生成 SiO_2薄膜，碳化会逐渐减弱。当硅的质量分数大于 2%时，碳化可以完全消除。其他氧化膜，如 Al_2O_3和 Cr_2O_3也可以用作碳扩散的阻挡层，因此含有较高 Al 或 Cr 的合金具有较好的抗渗碳能力。

1.6 高温防护涂层

1.6.1 发展高温防护涂层的必要性

高温下使用的金属材料主要有两个基本要求：一是具有足够优异的高温力学性能；二是具有足够好的耐高温腐蚀性能。但是，这两方面的性能往往是互相制约的，甚至是矛盾的。例如，Cr 是高温合金中耐热腐蚀最优异的合金元素，由图 1-37 可知，镍基合金中只有当 Cr 的质量分数大于 15%时，合金才具有良好的耐热腐蚀性能。但是，高强度的镍基合金中铬含量又不宜太高。因为这些合金中含有 Al、Ti、Mo、W 等元素，都会促使有害的 σ 相 $(Cr、MO)_x(Ni、Co)_y$的形成，而 Cr 又是 α 相的主要组成元素，因此必须适当地降低合金中 Cr 的含量。如在 K17 合金中，为了防止 α 相的形成，合金中 Cr 的质量分数仅为 9%。显而易见，这必然损害 KI7 合金的耐热腐蚀性能。又如，Al 是提高合金抗氧化有效的元素，但对于 Ni-Al 二元系合金只有 Al 的质量分数大于 15%时，其表面才能形成致密的保护性 Al_2O_3膜；当 Al 的质量分数小于 15%时，会生成复杂的含 Ni 的氧化物，甚至生成内氧化物，抗高温氧化性能较

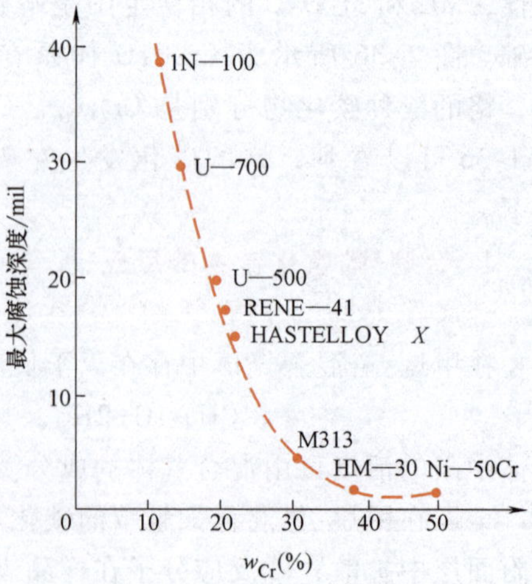

图 1-37 铬含量对镍基合金耐热腐蚀性能的影响㊀

㊀ 1mil=0.0254mm，该图引自文献，故采用该单位。

差，如图1-38所示。但从力学性能及加工工艺性能考虑，Al含量增加合金变脆，会导致合金力学性能下降，难以加工。

为了弥补高温合金耐高温腐蚀性能的不足，解决高温力学性能与耐蚀性之间的矛盾，有效的途径是发展高温涂层。高温合金基体与涂层构成一个复合的材料，使其内部既保持足够的高温强度，而表面又具有优异的耐高温腐蚀性能。因此，在研制新型高温合金的同时，必须把高温耐蚀涂层作为一个整体一起加以考虑。作为设计者在选用合金的同时，必须选择相应的耐蚀涂层。

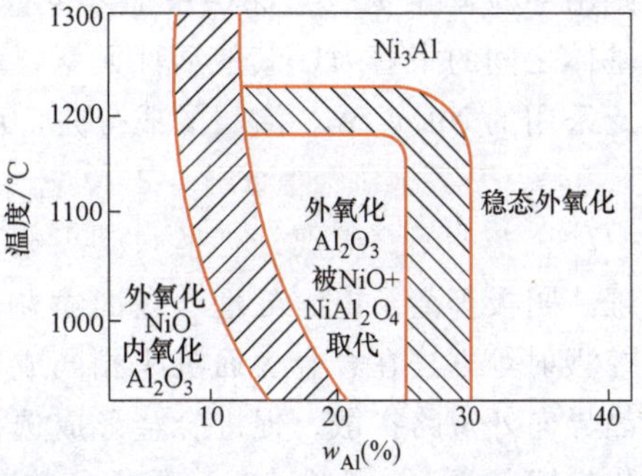

图1-38　合金的选择氧化与温度和铝含量的关系

1.6.2　高温涂层的基本类型

高温防护涂层按涂层材料可分为如下几种：

（1）铝化物和硅化物涂层　铝化物涂层和硅化物涂层主要通过热扩散的方式获得，分别用于高温合金和难熔合金的高温防护。在镍基、钴基、铁基高温合金表面可以分别形成以NiAl、CoAl、FeAl为主的铝化物渗层。铝化物涂层在高温下可以形成保护性Al_2O_3膜，因而具有优良的抗高温氧化、硫化和耐热腐蚀等性能。由于铝化物涂层存在脆性大、易开裂剥落、涂层与基体易发生互扩散、涂层寿命较短等缺点，发展了多元共渗涂层来弥补其不足，如Al-Pt、Al-Pd、Al-Cr、Al-Si、Al-Mn、铝稀土共渗涂层等。在铌基、钼基、钨基合金表面可以分别形成以$NbSi_2$、$MoSi_2$、WSi_2为主的硅化物涂层。硅化物涂层在高温下可以形成保护性SiO_2膜，其使用温度比铝化物高，可用于难熔合金在1200~1600℃的高温防护。

（2）覆盖型合金涂层　为了克服扩散型铝化物涂层存在的涂层与基体的相互制约，涂层组织受扩散反应限制等弱点，提高涂层的综合性能，发展了覆盖型合金涂层。20世纪60年代中期发展起来的MCrAlY涂层，是覆盖型合金涂层的典型代表。涂覆这种涂层的燃气涡轮机叶片可在恶劣的腐蚀环境中工作四万小时以上。

MCrAlY涂层的成分和结构完全与基体合金无关。这类涂层可以采用多弧镀、磁控溅射、电子束物理气相沉积和等离子喷涂等先进的技术进行涂覆。MCrAlY涂层为多相合金，实际微观结构是比较复杂的，除了β相和γ相之外，还可能存在γ′、σ、M_5Y和Y_2O_3等相。但是MCrAlY涂层主要由β[CoAl、NiAl]+γ[CoNi的固溶体]两相组成。在MCrAlY涂层中，大部分铝处于β相中，而大部分铬处于γ相中。通过调整β：γ比值可以控制涂层的抗氧化、耐热腐蚀及力学性能。提高涂层中β相的相对含量，抗氧化性能增强；提高γ相的相对含量，则耐热腐蚀的性能增强，这种关系如图1-39所示。涂层中含铬，降低了生成保护性氧化铝膜所需的铝含量。涂层中铬质量分数为5%~10%时，需要的铝质量分

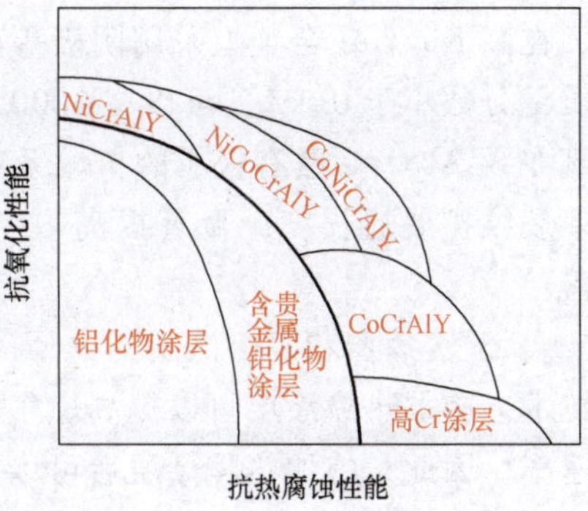

图1-39　成分对铝化物涂层和MCrAlY涂层的抗氧化和耐热腐蚀性能的影响

数则由40%降至10%。涂层中加入少量（质量分数小于1%）Y可以有效地提高氧化膜与涂层基体之间的附着力，其他活性元素，如Hf、Zr等，也具有同样的作用。考虑到各种因素，广泛采用的NiCoCrAlY涂层的成分是20%Co、20%Cr、8%~12%Al和小于1%Y。

（3）表面结构改性涂层　不改变合金表面的成分，仅仅改变合金表面的组织结构，就可以使合金的耐高温腐蚀性能得到大幅度的提高。例如，采用激光表面重熔、高能脉冲表面处理、阴极等离子电解处理、表面喷丸等技术使合金表面形成微晶层或纳米晶层，以及采用磁控溅射等方法在合金表面沉积相同成分的微晶或纳米晶合金涂层，都可以加速被氧化元素沿晶界向外短路扩散，促进合金形成选择性的保护性膜。根据报道，通过表面微晶化或纳米晶化，镍基高温合金含2%（质量分数）Al就可以形成护性Al_2O_3膜，而且由于形成的氧化膜晶粒极为细小，容易发生应力松弛，与基体的结合力极好。

（4）陶瓷涂层　上述涂层是通过改变合金表面的成分、组织和结构，使合金在高温环境中表面形成保护性氧化膜，来实现耐高温腐蚀的。显而易见，在高温环境中合金表面施加的陶瓷涂层如果能够保持完好，合金可获得有效的保护。然而，由于陶瓷与合金的热膨胀系数的差异较大，陶瓷涂层中容易产生较大的热应力，导致陶瓷涂层的开裂与剥落，使陶瓷涂层失去保护性能。近年来，多相复合结构陶瓷涂层的发展使陶瓷涂层的工业化应用成为可能。多相复合结构的陶瓷涂层需要满足两个条件：①涂层中至少有一相可以有效地阻碍氧化剂的传输并封闭合金基体，使涂层具有高温防护性能；②通过相变增韧、颗粒增韧、晶须或纤维增韧、层状增韧，提高陶瓷涂层的强度、断裂韧性，使涂层具有优异的抗开裂、抗剥落性能。例如，在高温合金表面沉积弥散YAG（$Y_3Al_5O_{12}$）颗粒的α-Al_2O_3陶瓷涂层，掺杂YSZ（Y_2O_3稳定化的ZrO_2）纤维的α-Al_2O_3陶瓷涂层和YSZ/α-Al_2O_3叠层陶瓷涂层，均可获得优异的抗高温氧化和抗剥落性能。

（5）陶瓷-金属复合涂层　此涂层包括弥散陶瓷微粒的金属涂层、弥散金属微粒的陶瓷涂层和陶瓷/金属层状复合涂层。

弥散陶瓷微粒的金属涂层通常采用电沉积和阴极等离子电解沉积技术获得。例如，金属上电镀Ni-纳米α-Al_2O_3和Ni-纳米Y_2O_3复合镀层，阴极等离子电解沉积NiCr-纳米Y_2O_3复合镀层，纳米陶瓷微粒不仅提高了镀层的强度和硬度，而且在高温氧化中可以促进纳米复合氧化膜的生成，显著提高合金的抗高温氧化和抗氧化膜的抗剥落性能。

弥散金属微粒的陶瓷涂层可以采用溶胶凝胶技术和阴极等离子电解沉积技术获得。例如，在高Nb-TiAl合金上采用阴极等离子电解沉积α-Al_2O_3-Pt微粒复合涂层，其中Pt微粒的质量分数小于0.1%，可以在1000℃具有优异的抗高温氧化和抗氧化膜剥落性能。这时由于氧在α-Al_2O_3中具有极小的扩散系数；Pt微粒可以松弛涂层中的应力，使裂纹尖端钝化，约束裂纹扩展的长度，显著提高α-Al_2O_3-Pt微粒复合涂层的断裂韧性，使其难以开裂和剥落。

陶瓷/金属层状复合涂层的典型代表是热障涂层。热障涂层是发展先进航空发动机的关键技术。施加热障涂层可以提高燃气涡轮发动机的进气温度，降低叶片合金表面的温度和氧化速率。因此，施加热障涂层后可以提高燃气涡轮发动机的热机效率，延长使用寿命。

目前，在航空发动机上获得广泛应用的热障涂层体系由合金基体、MCrAlY或Pt改性铝化物粘结层、热生长的氧化物（TGO）和氧化钇稳定氧化锆（YSZ）热障陶瓷层四部分组成，如图1-40所示。大量的研究表明，这种热障涂层的失效主要是由各层热膨胀系数的差异导致的热应力不匹配所造成，其中粘结层的热膨胀系数为 $14\times10^{-6}K^{-1}$、氧化铝 TGO 层的热膨胀系数为 $8.8\times10^{-6}K^{-1}$、YSZ 热障陶瓷层的热膨胀系数为 $12\times10^{-6}K^{-1}$，导致热障涂层在 TGO 处发生开裂与剥落。而且，YSZ 热障层的工作温度不能超过 1200℃，高于此温度发生相变将导致 YSZ 体积膨胀；同时由于烧结，引起涂层致密化，将导致涂层的热应变能力下降而热应力增大，加速涂层剥落失效。另外，由于合金粘结层与合金基体之间存在互扩散，不仅使粘结层中 Al 含量下降，影响到 TGO 中氧化铝的生成，还会改变合金基体的成分与相结构，使其力学性能显著下降。特别是粘结层与单晶合金发生互扩散时，可在单晶合金中析出有害的 TCP 相和二次反应区（SRZ），导致单晶合金的高温疲劳寿命大幅度下降。为了解决上述问题，热障涂层的研究主要集中在新型的隔热陶瓷层、新型粘结层、合金粘结层与合金基体之间的扩散，以及隔热陶瓷层与 TGO 层的增韧途径。新的研究结果表明，在隔热陶瓷层中施加弥散的 Pt 微粒，以弥散 Pt 微粒的 α-Al_2O_3层代替 TGO 层或代替粘结层，可以显著提高热障涂层的断裂韧性，提高抗热疲劳的性能和服役寿命。

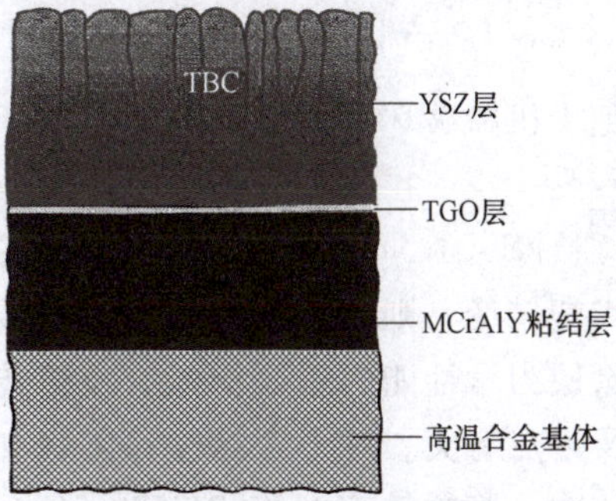

图 1-40 热障涂层的典型截面结构

1.6.3 涂层性能的限制因素

涂层是一种特殊的材料，其性能受到多种因素的限制。作为高温防护涂层，首要的限制因素就是高温腐蚀动力学。需要强调的是，对于不同的环境会产生不同的高温腐蚀动力学规律，因此应根据环境选择涂层体系。涂层的限制因素主要有以下几方面：

（1）涂层与基体的互扩散　涂层系统的有限寿命往往是基于高温腐蚀动力学计算的理论寿命的一小部分。原因之一就是涂层与基体之间发生了互扩散。合金表面涂层在热力学上是一个不稳定的体系。涂层中的元素损失有两个途径：一是向外扩散，生成腐蚀产物；二是向合金内扩散。在氧化膜性能完好前提下（致密、无缺陷、不剥落等），由于涂层与基体的互扩散速度比氧化膜中的扩散速度快得多，涂层的蜕化主要由互扩散控制。互扩散造成涂层中形成氧化膜的元素浓度下降，以致这种氧化物不能继续生长，涂层失去保护性。

（2）涂层中的缺陷　考虑到涂层与基体的互扩散因素后，涂层仍然达不到预计的寿命。其重要原因之一是所有涂层中都存在各种随机缺陷。涂层缺陷可以分为两大类：制备涂层时产生的缺陷和在使用期间产生的缺陷。典型缺陷有厚度不均、局部夹杂物、裂纹、界面局部分离等。研究无缺陷或微量缺陷涂层可以使涂层寿命显著提高，是涂层的发展方向之一。

（3）合金基体/涂层体系的力学性能　包括合金基体/合金涂层体系和合金基体/陶瓷涂层体系的力学性能。

合金基体/合金涂层体系的力学性能呈现如下基本规律：沿合金基体—合金涂层—氧化膜顺序，塑性下降，脆性增大，热膨胀系数减小，强度下降。镍基合金+NiAl 涂层+Al_2O_3氧化膜就是典型的例子。这种力学性能的差异往往是导致氧化膜剥落、涂层寿命缩短的主要原因。少量的稀土元素可以提高氧化膜的附着力，阻止氧化膜剥落，因此用稀土元素改善涂层是非常重要的发展方向。

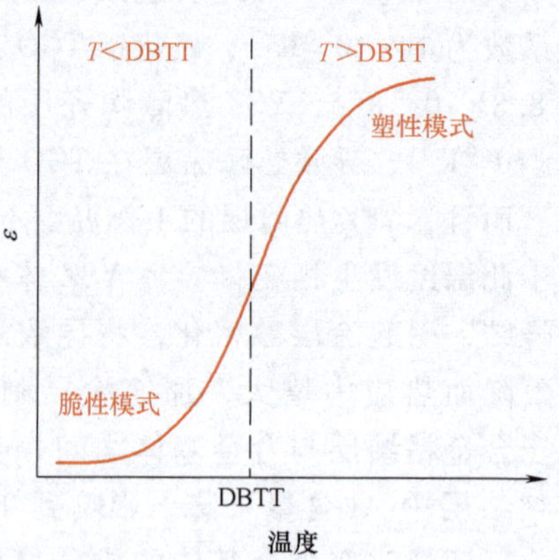

图 1-41 典型的涂层脆塑转变曲线

合金涂层力学性能的特点是在一定的温度范围内发生脆塑转变（DBTT），如图 1-41 所示。合金涂层要免于机械破坏必须满足两个条件：①合金涂层应当能承受一定的拉应力；②合金涂层应具有一定的塑性来抵抗瞬时的冲击载荷。如果涂层在一定温度下不发生脆塑转变，则难免被破坏。脆塑转变温度已成为衡量涂层力学性能的重要指标。脆塑转变温度与晶体结构及熔点有关。对于六晶体和体心立方晶体、金属间化合物，脆塑转变温度 DBTT=(0.6~0.7)$T_{熔}$；对于面心立方金属，脆塑转变温度 DBTT=(0.1~0.2)$T_{熔}$。

铝化物涂层的脆塑转变温度一般较高，贫铝的 NiAl 相的 DBTT 为 760℃；而富铝的 NiAl 相的 DBTT 为 980℃。在低温，铝化物涂层非常脆，非常小的应变足以使其开裂并贯穿到基体中；而在 DBTT 以上，铝化物涂层对基体的力学性能几乎没有影响。MCrAlY 合金涂层的 DBTT 可以降低到 200℃，其力学性能显著优于铝化物涂层。因此，改善合金涂层的力学性能，使合金涂层的脆塑转变温度尽可能低些，这也是合金涂层发展的重要方向。

合金基体/陶瓷涂层体系力学性能的主要特点是：合金基体与陶瓷涂层的热膨胀系数差异很大，在高温下合金/涂层界面产生很大的热应力，可导致陶瓷涂层的开裂与剥落。解决这一问题的主要途径有：①发展梯度涂层，使合金基体与陶瓷涂层之间形成一个组分、热膨胀系数和热应力逐渐变化的梯度区；②采用复合陶瓷涂层，通过相变增韧、颗粒增韧、纤维增韧和层状结构增韧，提高陶瓷涂层的断裂韧性。

思 考 题

1. 举例说明高温腐蚀在科学技术发展中的重要性。
2. 研究高温腐蚀时，热力学有什么作用？如何应用各种热力学图？
3. 氧化物的晶体结构与缺陷和金属的耐高温腐蚀性能有什么关系？
4. 简述各种金属氧化机理。
5. 合金氧化有什么特点？如何提高合金的抗氧化性能？指出其理论依据。
6. 金属的高温硫化与氧化相比较有什么特点？
7. 在 O-S 混合系中如何提高合金的耐高温腐蚀性能？
8. 按照热腐蚀酸碱熔融机理，如何提高合金的耐热腐蚀性能？
9. 如何防止和阻碍金属与合金的炭化？
10. 高温合金有哪些基本类型？其耐高温腐蚀性能如何？
11. 耐高温腐蚀涂层有哪些基本类型？分析限制其性能的因素。

第 2 篇

金属的电化学腐蚀与防护

第 2 章

金属腐蚀电化学理论基础

2.1 腐蚀电池

2.1.1 金属腐蚀的电化学现象

金属在电解质中的腐蚀是一个电化学腐蚀过程。为解释金属发生电化学腐蚀的原因，人们提出了腐蚀原电池模型。为了便于理解，首先分析一般的化学原电池构型（图 2-1），用导线通过电流表把浸入到稀硫酸溶液中的锌片和铜片连接起来，可发现电流表中电流的方向是由铜（正极）流向锌（负极）。此电池所产生的电流是由于锌板与铜板在硫酸溶液中的电位不同产生的电位差引起的。该电位差是电池反应的推动力。由于锌的电位较铜的低，驱动电子由锌板流向铜板，故在锌表面失去电子，发生阳极氧化反应：

$$Zn \longrightarrow Zn^{2+}+2e^- \tag{2-1}$$

Zn 阳极放出的电子经过导线流向铜阴极表面，被酸中的 H^+接受，发生阴极还原反应

$$2H^++2e^- \longrightarrow 2H, 2H \longrightarrow H_2 \tag{2-2}$$

整个电池的总反应：

$$Zn+2H^+ \longrightarrow Zn^{2+}+H_2 \tag{2-3}$$

若把锌片与铜片直接连接后浸入稀硫酸中（图 2-2），则可见到锌加速溶解，同时在铜片上逸出了大量的氢气泡。图 2-2 与图 2-1 的差别仅是电子通过锌与铜内部直接传递，没有经过负载，是一个短路的腐蚀电池。

将一块工业纯锌浸入稀硫酸溶液中，由于工业纯锌中含有少量的杂质（如 Fe），因为杂质 Fe（以 $FeZn_7$的形式存在）的电位较纯锌高，此时锌为阳极，杂质 Fe 为阴极，构成电池，锌被腐蚀，其反应与上述两种情况一样。此时构成的腐蚀电池位于局部微小的区域内，故称为腐蚀微电池。在锌中加入少量锡、铅、铁等元素，可观察到在稀硫酸中锌的腐蚀显著地加

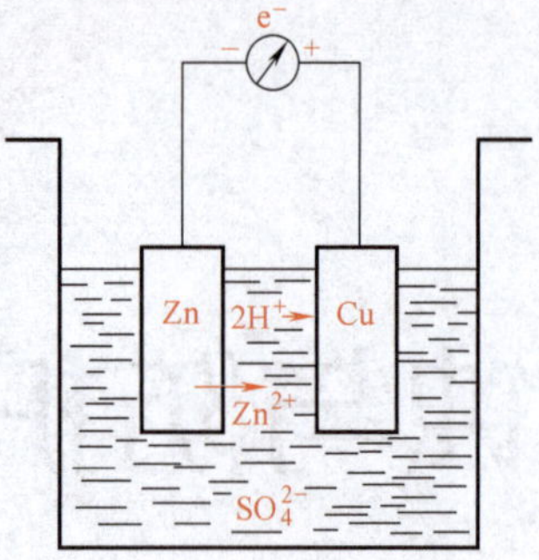

图 2-1　锌与铜在稀硫酸溶液中构成的原电池

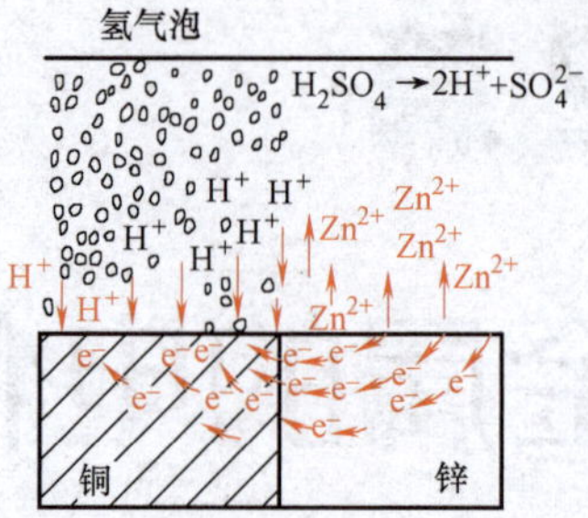

图 2-2　锌与铜接触在稀硫酸中的溶解示意图

速，如图 2-3 所示。这正是由于少量锡、铅、铁等元素的存在增强了腐蚀微电池作用的结果。

2.1.2　金属腐蚀原电池

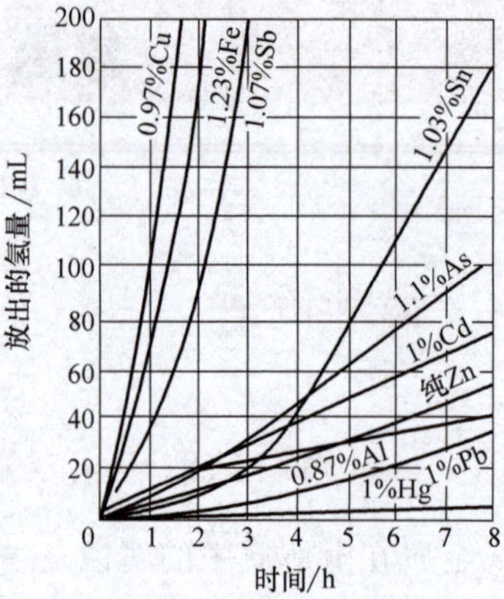

图 2-3　少量元素对锌在 0.5N H_2SO_4 中腐蚀速度的影响

上述例子表明，金属电化学腐蚀的实质就是在浸入电解质溶液中的金属表面上，形成了腐蚀原电池。影响腐蚀原电池的因素众多，如电解质的化学性质、环境因素（温度、压力、流速等）、金属的特性、表面状态及其组织结构和成分的不均匀性、腐蚀产物的物理化学性质等。

图 2-4 为金属腐蚀的电化学过程的示意图。电化学腐蚀过程可分成阳极过程和阴极过程。两个过程分别为：

阳极过程：金属溶解并以离子形式进入溶液，同时把等当量的电子留在金属中

$$[ne^- \cdot M^{n+}] \longrightarrow [M^{n+}] + [ne^-] \tag{2-4}$$

阴极过程：从阳极迁移过来的电子被电解质溶液中能够吸收电子的物质 D 所接受

$$[D] + [ne^-] \longrightarrow [D \cdot ne^-] \tag{2-5}$$

电化学腐蚀之所以能分成两个过程，是因为在电化学腐蚀体系中存在金属和水溶液电解质两类导体，同时金属表面的微观区域存在差异，使阳极过程和阴极过程可以在不同区域内分别进行，即两个过程可以分别在金属和溶液的界面上不同的部位进行，构成了微电池。多数情况下，电化学腐蚀是以阳极和阴极过程在不同区域局部进行的，但在某些腐蚀情况下，阴极和阳极过程也可以在同一表面上随时间相互交替进行。

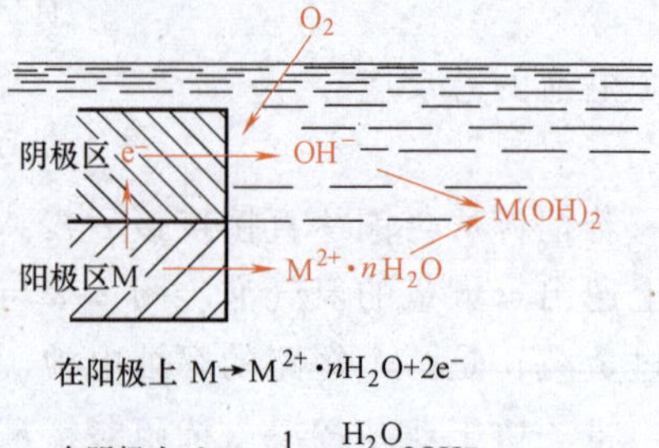

在阳极上 $M \rightarrow M^{2+} \cdot nH_2O + 2e^-$

在阴极上 $2e^- + \frac{1}{2}O_2 \xrightarrow{H_2O} 2OH^-$

在溶液中 $M^{2+} + 2OH^- \rightarrow M(OH)_2 \rightarrow MO \cdot H_2O$

图 2-4　金属电化学腐蚀过程的示意图

根据构成腐蚀电池的电极尺寸大小可将腐蚀电池分为两大类：

（1）宏观腐蚀电池　其电极用肉眼可以观察到，

有以下几种：

1）异种金属浸于不同的电解质溶液中，例如图 2-5a 所示的丹聂耳电池（Daniell cell），其中锌为阳极，发生溶解，铜为阴极，溶液中的 Cu^{2+} 离子接受电子还原为铜而析出。

2）异种金属在同一腐蚀介质中相接触，构成腐蚀电偶电池。例如，在图 2-5b 中，由于在海水中，青铜的电位较钢的电位更正，钢质船壳与青铜推进器构成电偶电池，钢制船壳成为阳极而遭受加速腐蚀。对于铜铆钉铆接的铝制容器构件，当铆接部位接触腐蚀性介质时，由于铝的电位比铜负，因此，铜铆钉与铝制容器构成电偶电池，铝作为阳极腐蚀加速，铜铆钉则受到保护，如图 2-5c 所示。

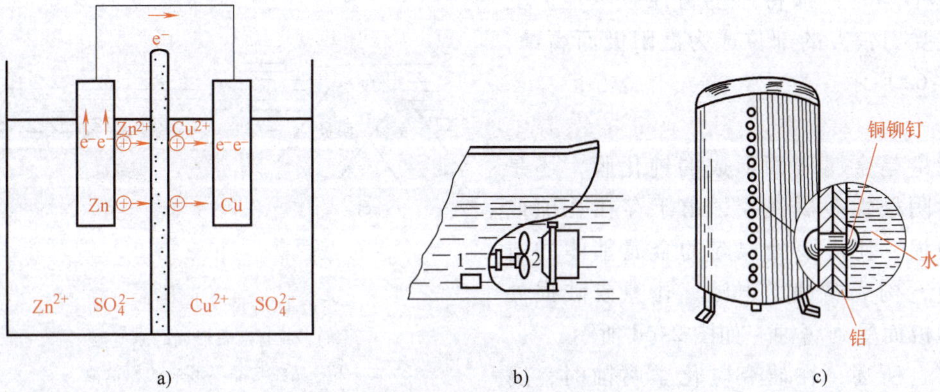

图 2-5　异种金属构成的腐蚀电池

a）丹聂耳电池示意图　b）舰船推进器　c）有铜铆钉的铝容器

1—舰壳（钢板）　2—青铜推进器

3）浓差电池。由能斯特公式：

$$E = E^0 + \frac{RT}{nF}\ln C \tag{2-6}$$

可知，金属材料的电位与介质中金属离子的浓度 C 有关。当金属与含不同浓度的该金属离子的溶液接触时，浓度稀处，金属的电位较负；浓度高处，金属的电位较正，从而形成金属离子浓差腐蚀电池。显然，浓度稀处的金属作为阳极而受到腐蚀。

在工程实际中，最常见的一种危害极大的浓差腐蚀电池是氧浓差电池，是由金属与含氧量不同的腐蚀介质接触形成的腐蚀电池。例如，在发生水线腐蚀、缝隙腐蚀、孔腐蚀、沉积物腐蚀、盐滴腐蚀和丝状腐蚀等情况下，在氧不易到达的地方，氧含量低，造成该处金属的电位低于高含氧处金属的电位，成为阳极而遭受腐蚀。

4）温差电池。浸入腐蚀介质中金属各部分，常由于所处环境温度不同，可形成温差腐蚀电池。如换热器、冷却器、反应器等中普遍存在温差腐蚀电池。

（2）微观腐蚀电池　由于金属材料表面性质的不均匀性，使金属材料表面存在许多微小的、电位高低不等的区域，可构成不同微观腐蚀电池，如图 2-6 所示。主要类型有：

1）金属表面化学成分不均匀性而引起的微观电池。例如，工业纯锌中的铁杂质 $FeZn_7$（图 2-6a）、碳钢中的渗碳体 Fe_3C、铸铁中的石墨等，在腐蚀介质中，金属表面就形成了许多微阴极和微阳极，因此导致腐蚀。

2）金属组织不均匀性构成的微观电池。传统的金属材料大多是晶态，存在着晶界和位错、空位、点阵畸变等晶体缺陷。晶界处由于晶体缺陷密度大，电位较晶粒内部要低，因此而构成晶粒-晶界腐蚀微电池，晶界作为腐蚀微电池的阳极而优先发生腐蚀，如图 2-6b 所示。不锈钢的晶间腐蚀就是一个典型的例子。此外，金属及合金组织的不均匀性也能形成腐蚀微电池。

3）金属表面物理状态的不均匀性构成的微观电池。金属材料在机械加工、构件装配过程中，由于各部分应力分布不均匀，或形变不均匀，都将产生腐蚀微电池。变形大或受力较大的部位成为微阳极而腐蚀，如图 2-6c 所示。

4）金属表面膜不完整构成的微观电池。无论是金属表面形成的钝化膜，还是镀覆的阴极性金属镀层，由于存在孔隙或发生破损，使得该处裸露的金属基体的电位较负，构成腐蚀微电池，孔隙或破损处作为阳极而受到腐蚀，如图 2-6d 所示。

综上所述，在研究电化学腐蚀时，腐蚀电池是非常重要的，是研究各种腐蚀类型和腐蚀破坏形态的基础。

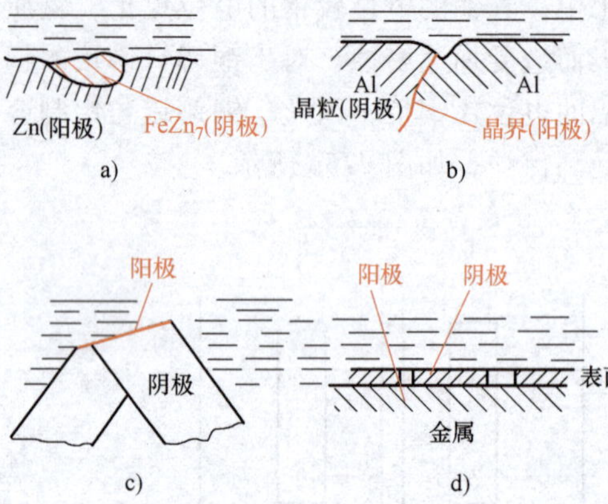

图 2-6 金属组织、表面状态等不均匀所导致的微观腐蚀原电池

a）Zn 与杂质形成的原电池

b）晶粒与晶界形成的原电池

c）金属变形不均匀形成的原电池

d）金属表面膜有空隙时形成的原电池

2.2 电化学腐蚀热力学

金属腐蚀过程一般都是在恒温恒压的敞开体系条件下进行的。根据热力学原理，可用吉布斯（Gibbs）自由能 ΔG 判据来判断腐蚀反应发生的方向和限度。对于电化学腐蚀，金属发生腐蚀的倾向也可以用腐蚀电池的电动势 ε 来判别。在恒温恒压条件下，反应的自由能与电动势或电位之间可依据下式转换：

$$\Delta G=-nF\varepsilon \tag{2-7}$$

电池反应的 ε 越大，则其自发反应的倾向也越大。电池的电动势 ε 与阴极电位 E_c 和阳极电位 E_a 的关系为

$$\varepsilon=E_c-E_a \tag{2-8}$$

因此，金属发生腐蚀的热力学条件也可以描述为：金属氧化还原的平衡电极电位低于氧化剂反应的平衡电极电位。

2.2.1 电位-pH 图

在电化学中，可以根据氧化还原反应的平衡电极电位来判断电化学反应进行的可能性。在水溶液中，电化学的氧化还原反应不仅与溶液中的离子浓度有关，而且还与溶液的 pH 值有关。电位-pH 图就是以电位（相对于标准氢电极的平衡电极电位）为纵坐标，以 pH 值为横坐标的电化学平衡图。它是比利时科学家布拜（M. Pourbaix）首先提出的，故也称为布

拜图。根据电位-pH 图可以直接判断在给定条件下反应进行的可能性。图中明确地示出在某一电位和 pH 值条件下，体系的稳定物态或平衡物态。因此，根据电位-pH 图，可从热力学上很方便地判定在一定的电位和 pH 条件下，金属材料发生腐蚀的可能性。本节简述电位-pH 图的构成原理。

1. 平衡电极电位 *E* 和溶液 pH 值的关系

根据反应与平衡电极电位和溶液 pH 值的相关性，电位-pH 图上的曲线可分为三类。现以铁在水溶液中的反应为例，计算其电位-pH 图。

1）只与电极电位有关，而与溶液的 pH 值无关。例如

$$Fe = Fe^{2+} + 2e^- \tag{2-9}$$

$$Fe^{2+} = Fe^{3+} + e^- \tag{2-10}$$

这类反应的特点是只有电子交换，不产生氢离子（或氢氧根离子）。其平衡电位分别为

$$E_{Fe/Fe^{2+}} = E^0_{Fe/Fe^{2+}} + \frac{RT}{2F}\ln\alpha_{Fe^{2+}} \tag{2-11}$$

$$E_{Fe^{2+}/Fe^{3+}} = E^0_{Fe^{2+}/Fe^{3+}} + \frac{RT}{F}\ln\frac{\alpha_{Fe^{3+}}}{\alpha_{Fe^{2+}}} \tag{2-12}$$

当温度为 25℃时，则得

$$E_{Fe/Fe^{2+}} = -0.441 + 0.0295\lg\alpha_{Fe^{2+}} \tag{2-13}$$

$$E_{Fe^{2+}/Fe^{3+}} = 0.746 + 0.0591\lg\frac{\alpha_{Fe^{3+}}}{\alpha_{Fe^{2+}}} \tag{2-14}$$

此类反应的电极电位与 pH 值无关，在电位-pH 图上应是一水平线，如图 2-7a 所示。根据已知反应物和生成物离子活度，便可计算出反应的电位。

2）只与 pH 值有关，与电极电位无关。例如：

$$Fe^{2+} + 2H_2O = Fe(OH)_2 + 2H^+ \text{（沉淀反应）} \tag{2-15}$$

$$Fe^{3+} + H_2O = Fe(OH)^{2+} + H^+ \text{（水解反应）} \tag{2-16}$$

上述反应是化学反应，不涉及电子的得失，因而与电位无关；由于反应生成 H^+ 因而与 pH 值相关。在一定温度下，上述反应的平衡常数分别为

$$K = \frac{\alpha^2_{H^+}}{\alpha_{Fe^{2+}}} \tag{2-17}$$

$$K = \frac{\alpha_{H^+}\alpha_{Fe(OH)^{2+}}}{\alpha_{Fe^{3+}}} \tag{2-18}$$

可分别求出：

$$pH = 6.69 - \frac{1}{2}\lg\alpha_{Fe^{2+}} \tag{2-19}$$

$$pH = 2.22 + \lg\frac{\alpha_{Fe(OH)^{2+}}}{\alpha_{Fe^{3+}}} \tag{2-20}$$

因此，此类反应在电位-pH 图上的平衡线是平行于纵轴的垂直线，如图 2-7c 所示。

3）既同电极电位有关，又与溶液 pH 值有关。例如：

$$Fe^{2+} + 2H_2O = Fe(OH)^{2+} + H^+ + e^- \tag{2-21}$$

$$Fe^{2+} + 3H_2O = Fe(OH)_3 + 3H^+ + e^- \tag{2-22}$$

此类反应的特点是氢离子（或氢氧根离子）和电子都参加反应，其平衡电位：

$$E_{Fe^{2+}/Fe(OH)^{2+}}=0.877-0.0591pH+0.0591\lg\frac{\alpha_{Fe(OH)^{2+}}}{\alpha_{Fe^{2+}}} \tag{2-23}$$

$$E_{Fe^{2+}/Fe(OH)_3}=1.057-0.1773pH-0.0591\lg\alpha_{Fe^{2+}} \tag{2-24}$$

所以，在一定温度下，反应既与电位有关，又与溶液 pH 值有关时，它们在电位-pH 图上的平衡线是一组斜线，如图 2-7b 所示。

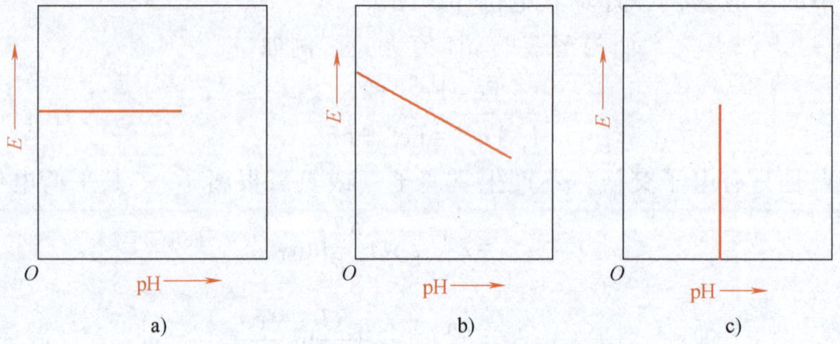

图 2-7　不同反应体系的电位-pH 图

2. 氢电极和氧电极的电位-pH 图

在此将讨论氢电极和氧电极的平衡电位与 pH 值的关系。

氢电极反应：

$$2H^++2e^-=H_2 \tag{2-25}$$

氧电极反应：

$$O_2+4H^++4e^-=2H_2O \tag{2-26}$$

相应的平衡电位的能斯特方程式为

$$E_{H^+/H_2}=E^0_{H^+/H_2}+\frac{RT}{nF}\ln\frac{\alpha^2_{H^+}}{p_{H_2}} \tag{2-27}$$

$$E_{O_2/H_2O}=E^0_{O_2/H_2O}+\frac{RT}{nF}\ln\frac{p_{O_2}\alpha^4_{H^+}}{\alpha^2_{H_2O}} \tag{2-28}$$

在不同的氢分压和氧分压下，上述关系可表示为图 2-8 中的两组斜率均为-0.0591 的平行斜线。a 线为氢平衡线。a 线以下是氢的稳定区（还原态稳定区）；a 线上方为 H^+稳定区（氧化态稳定区）。b 线为氧平衡线。b 线上方为 O_2稳定区（氧化态稳定区），b 线下方为 H_2O 稳定区（还原态稳定区）。当温度为 25℃，氢和氧的分压为 1 个大气压时，上述反应的电位-pH 关系为

$$E_{H^+/H_2}=-0.0591pH \tag{2-29}$$

$$E_{O_2/H_2O}=1.23-0.0591pH \tag{2-30}$$

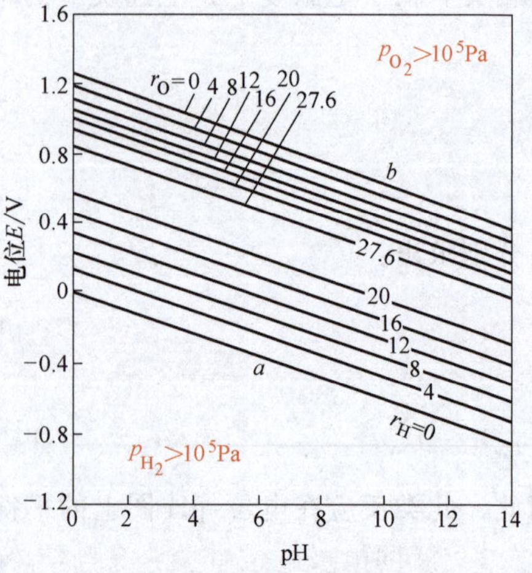

图 2-8　氢电极与氧电极的电位-pH 图

r_O—$-\lg p_{O_2}$　r_H—$-\lg p_{H_2}$

当氢电极和氧电极构成一个电池时，氢电极发生氧化反应，而氧电极发生还原反应，电池的总反应为

$$O_2+2H_2\longrightarrow 2H_2O \tag{2-31}$$

因此，由氢、氧电极反应组成的电位-pH 图，也称为 H_2O 的电位-pH 图。

3. 电位-pH 图的绘制

综合上述铁的平衡电极电位 E 和溶液 pH 值的关系，以及氢电极和氧电极的平衡电位与 pH 值的关系，可以绘制 Fe-H_2O 系的电位-pH 图。由于所考虑的稳定相的不同，Fe-H_2O 系的电位-pH 图有两种形式。图 2-9a 是基于稳定平衡固相为 Fe、Fe_3O_4 与 Fe_2O_3 绘制的；图 2-9b是基于稳定平衡固相为 Fe、$Fe(OH)_2$ 和 $Fe(OH)_3$ 绘制的。

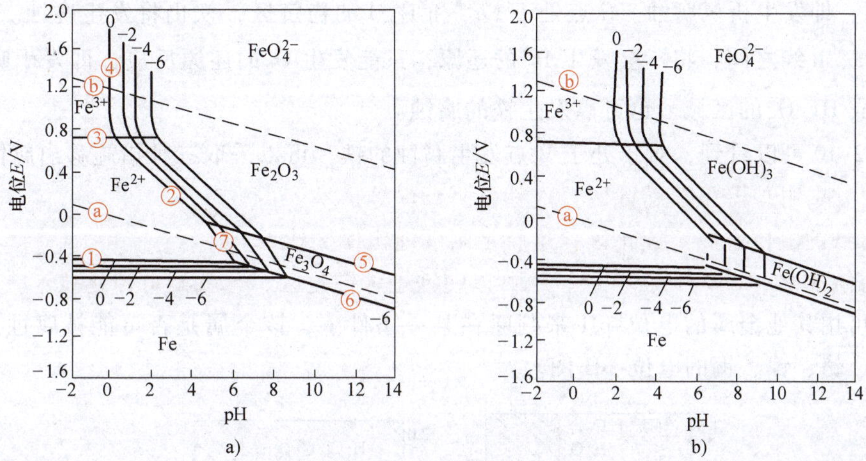

图 2-9　Fe-H_2O 系的电位-pH 图

a）平衡固相为 Fe、Fe_3O_4和 Fe_2O_3　b）平衡固相为 Fe、$Fe(OH)_2$和 $Fe(OH)_3$

通过 Fe-H_2O 系的电位-pH 图的绘制，可以概括绘制电位-pH 图的一般步骤：

1）列出有关物质的各种存在状态以及它们的标准生成自由能或标准化学位值。

2）列出各有关物质之间可能发生的相互反应的方程式，写出平衡方程式。

3）把这些条件用图解法绘制在电位-pH 图上，最后加以汇总而得到综合的电位-pH 图。

2.2.2　电位-pH 图在腐蚀研究中的应用与其局限性

1. 电位-pH 图在腐蚀研究中的应用

假定以平衡金属离子浓度 10^{-6}mol/L 作为金属腐蚀与否的界限，则可得到简化的电位-pH 图。图 2-10 所示为简化的 Fe-H_2O 体系电位-pH 图，可见该图只有三种区域。

（1）非腐蚀区　在该区域内，电位和 pH 值的变化不会引起金属的腐蚀，即在热力学上，金属处于稳定状态。

（2）腐蚀区　在此区域内，金属是不稳定的，可随时被腐蚀；Fe^{2+}、Fe^{3+} 和 $HFeO^{2-}$ 等离子是稳定的。

（3）钝化区　在此电位与 pH 区域内，生成稳

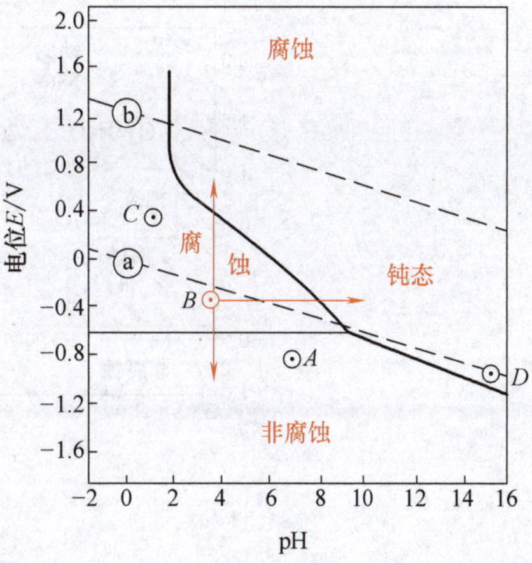

图 2-10　简化的 Fe-H_2O 体系电位-pH 图

定的固态氧化物或氢氧化物。在此区域内，金属是否遭受腐蚀，取决于所生成的固态膜是否具有保护性，即能否进一步阻碍金属溶解的能力。

根据金属的电位-pH 图，可以从理论上预测金属发生腐蚀的倾向和选择控制金属腐蚀的途径。

下面粗略地分析图 2-10 中所标各点的情况。*A* 点对应于 Fe 和 H_2 的稳定区，铁在热力学上是稳定的，不产生腐蚀。*B* 点处于 Fe^{2+} 和 H_2 的稳定区，铁将发生溶解，同时在铁表面会有 H_2 放出，即发生析氢腐蚀。*C* 点处于 Fe^{2+} 和 H_2O 的稳定区，铁仍将发生腐蚀。但由于 *C* 点的电位 a、b 线之间，将不会发生 H^+ 的还原，只能发生 O_2 的还原反应，即发生吸氧腐蚀。*D* 点为生成 $HFeO_2^-$ 的区域，也可以发生铁的腐蚀。

从图 2-10 可以看到，对于处于 B 点发生腐蚀的铁，可以采取三种措施移出腐蚀区：

1）将铁的电位降至非腐蚀区，这就是阴极保护技术。

2）将铁的电位升高至钝化区，这就是阳极钝化保护技术。

3）将溶液的 pH 提高到 9~13，也可以使铁进入钝化区，这就是自钝化技术。

同样可用其他金属的电位-pH 来判断在某一条件下，该金属是否可能被腐蚀。图 2-11 所示为铝、铬、镍、铜的电位-pH 图。

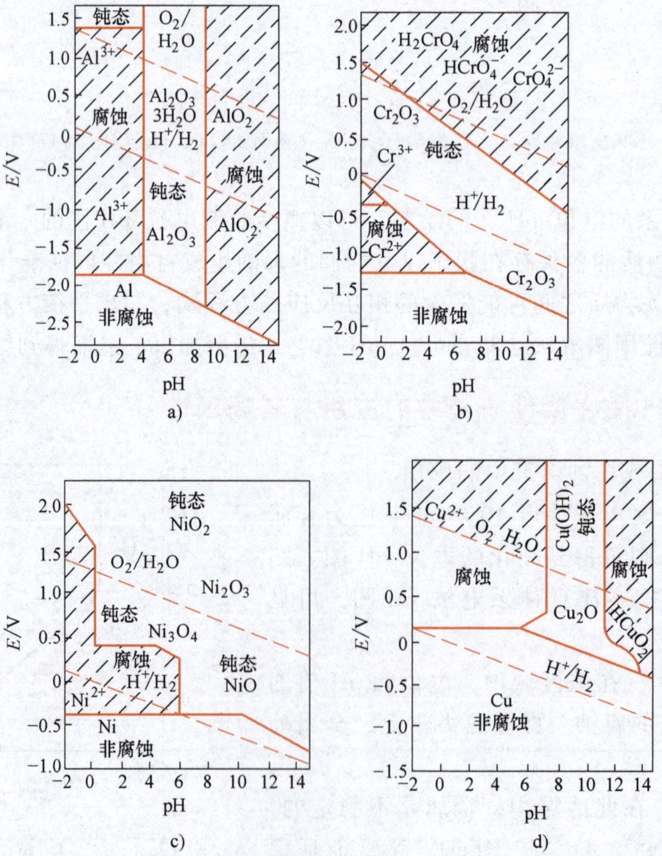

图 2-11 几种金属的电位-pH 图

a）铝 b）铬 c）镍 d）铜

综上所述，电位-pH 图中汇集了金属腐蚀体系的热力学数据，并且指出了金属在不同pH 值或不同电位下可能出现的情况，提示人们可借助于控制电位或改变 pH 值达到防止金属腐蚀的目的。

2. 电位-pH 图在腐蚀研究中应用的局限性

理论上的电位-pH 图在应用时的局限性表现在：

1）绘制电位-pH 图时，是以金属与溶液中的离子之间，溶液中的离子与含有这些离子的腐蚀产物之间的平衡作为先决条件的，而忽略了溶液中其他离子对平衡的影响。而实际的腐蚀条件可能是远离平衡的；其他的离子对平衡的影响也可能是不容忽视的。

2）理论电位-pH 图中的钝化区是指金属氧化物，或氢氧化物，或其他微溶的金属化合物的稳定区，并不表明它们一定具有保护性。

3）理论电位-pH 图中所示的 pH 是处于平衡态的数值，即金属表面整体的 pH 值。而在实际腐蚀体系中，金属表面上各点的 pH 值可能是不同的。通常，阳极反应区的 pH 值比整体的低些，而阴极反应区则高些。

4）因为电位-pH 图反映的是热力学平衡状态，所以它只能预示金属在该体系中被腐蚀的倾向性大小，而不可能预示腐蚀速度的大小。

鉴于理论电位-pH 图的局限性，已有研究者把钝化研究的成果充实到电位-pH 图中，得到所谓的经验电位-pH 图，使电位-pH 图在腐蚀研究中更具有实际意义。

2.3 电化学腐蚀动力学

热力学上金属腐蚀倾向的大小并不能反映金属腐蚀速度的实际情况。例如，铝的标准电位相当负，意味着在热力学上，它的腐蚀倾向很大，但它在某些环境中却很耐蚀。因此，需要在符合热力学条件的前提下，掌握腐蚀动力学的规律，才能解决实际工程问题。

2.3.1 腐蚀电池的电极过程

1. 阳极过程

腐蚀电池中电位较负的金属为阳极，发生氧化反应。金属的阳极过程包括金属的阳极溶解和金属的阳极钝化。金属钝化将在后面讨论，这里只讨论金属的阳极溶解过程。

水溶液中金属的阳极溶解反应的通式为

$$M^{n+}\cdot ne+mH_2O \longrightarrow M^{n+}\cdot mH_2O+ne \qquad (2\text{-}32)$$

即金属表面晶格中的金属阳离子，在极性水分子作用下进入溶液，变成水化阳离子，如图 2-12 所示。而电子在阴、阳极间电位差的驱动下移向阴极，将进一步促进上述阳极反应的进行。如果溶液中存在络合剂 A，可与金属离子形成络合离子，通常可加速阳极溶解，反应式为

$$M^{n+}\cdot ne+xA^-+yH_2O \longrightarrow (MA_x)^{n-x}\cdot yH_2O+ne \quad (2\text{-}33)$$

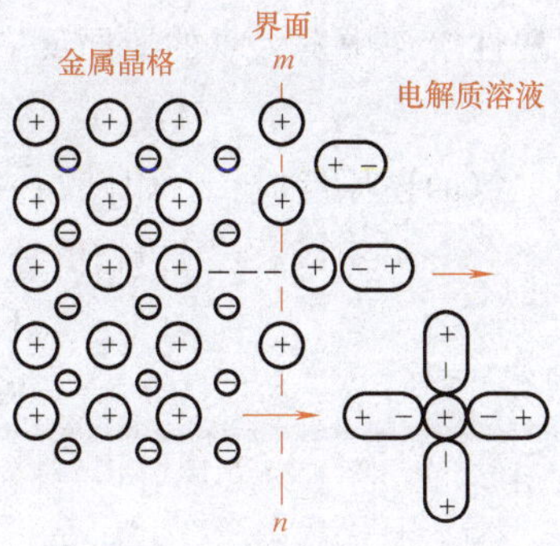

图 2-12 晶格原子转入溶液过程的示意图

实际上，金属阳极溶解过程至少由以下几个连续步骤组成：

1）金属原子离开晶格转变为表面吸附原子：

$$M_{晶格} \longrightarrow M_{吸附} \tag{2-34}$$

2）表面吸附原子越过双电层进行放电转变为水化阳离子：

$$M_{吸附} + mH_2O \longrightarrow M^{n+} \cdot mH_2O + ne \tag{2-35}$$

3）水化金属阳离子 $M^{n+} \cdot mH_2O$ 从双电层溶液侧向溶液深处迁移。

在腐蚀电池中阳极区的自由电子移向电位较正的阴极区，而阳极反应较慢使阳极区的电子得不到充分补充，即发生电子孔穴的富集，因而阳极电位向正方向移动。这种由于电流通过，阳极电位偏离平衡电位向正方向移动的现象称为阳极极化。在阳极极化下，获得的电位与电流密度的关系曲线，称为阳极极化曲线。一般情况下，阳极极化会加速金属的溶解速度，即发生金属的活化溶解。但在某些情况下，阳极极化可导致阳极钝化，使阳极溶解急剧下降。

2. 阴极过程

在腐蚀电池中，金属的阳极溶解过程始终伴随着阴极过程。在许多情况下，阴极过程对金属的腐蚀速度起着决定性的作用。因此研究腐蚀电池中可能出现的各类阴极反应，以及它们在腐蚀过程中的作用，对于了解金属腐蚀过程十分重要。

在阴极上吸收电子的过程（即阴极还原反应）都能起去极化作用。与金属腐蚀有关的阴极去极化剂和阴极还原反应有以下几类。

1）溶液中阳离子的还原反应，例如：

析氢反应：$2H^+ + 2e \longrightarrow H_2\uparrow$

金属离子的沉积反应：$Cu^{2+} + 2e \longrightarrow Cu$

高价金属离子还原为低价金属离子：$Fe^{3+} + e \longrightarrow Fe^{2+}$

2）溶液中阴离子的还原反应，例如

氧化性酸根的还原反应：

$$NO_3^- + 2H^+ + 2e \longrightarrow NO_2^- + H_2O$$

$$Cr_2O_7^{2-} + 14H^+ + 6e \longrightarrow 2Cr^{3+} + 7H_2O$$

$$S_2O_8^{2-} + 2e \longrightarrow 2SO_4^{2-}$$

3）溶液中中性分子的还原反应，例如：

吸氧反应：在中性或碱性溶液中，发生氧的还原反应，生成 OH^- 离子：

$$O_2 + 2H_2O + 4e \longrightarrow 4OH^-$$

在酸性溶液中发生氧的还原反应，生成水：

$$O_2 + 4H^+ + 4e \longrightarrow 2H_2O$$

氯的还原反应： $Cl_2 + 2e \longrightarrow 2Cl^-$

4）不溶性膜或沉积物的还原反应，例如：

$$Fe(OH)_3 + e \longrightarrow Fe(OH)_2 + OH^-$$

$$Fe_3O_4 + H_2O + 2e \longrightarrow 3FeO + 2OH^-$$

5）溶液中某些有机化合物的还原，例如：

$$RO + 4H^+ + 4e \longrightarrow RH_2 + H_2O$$

$$R + 2H^+ + 2e \longrightarrow RH_2$$

式中，R 表示有机化合物基团或分子。

总之，要发生电化学腐蚀，不但需要有作为阳极发生溶解的金属，而且必须有阴极去极化剂来维持阴极过程的不断进行。对于一个具体的腐蚀体系来说，究竟哪种物质为阴极去极化剂，不仅要看介质中有哪些可发生阴极还原的物质，而且还要看它们在阴极的放电电位。还原反应的电位越正，越优先在阴极进行。

由于腐蚀过程中阳极区释放出的电子进入邻近的阴极区，如果阴极还原反应不能及时把这些电子吸收，则电子在阴极积累，使阴极区的电位偏离了平衡电位，向负方向变化。这种由于电流通过，电位偏离了平衡电位向负方向变化的现象，称为阴极极化。在阴极极化下，获得的电位与电流密度的关系曲线，称为阴极极化曲线。

2.3.2 腐蚀极化图与混合电位理论

金属的腐蚀是一个电池过程，其动力学由腐蚀电池的各个步骤共同决定。本小节讨论腐蚀电池的动力学的原理。

1. 腐蚀极化图

金属腐蚀时，腐蚀电池中的各种电极过程都在不同程度上发生电极的极化，腐蚀电池的速度由这些极化过程共同控制。因此，研究金属腐蚀的动力学就是研究这些电极的极化过程，以及这些极化过程是如何决定金属腐蚀电池速度的。研究金属腐蚀时，常用图解法来分析电极的极化过程和计算腐蚀速度，通过图解还可以分析各种因素对腐蚀动力学的影响规律。这种特殊的腐蚀分析图即腐蚀极化图。下面介绍腐蚀极化图的构成及原理。

目前，人们尚不可能直接测出腐蚀微电池中各电极反应的动力学。但是对于宏观的腐蚀原电池，在一定的条件下，使其阳极仅可能发生金属的氧化还原反应，阴极仅可能发生氧化剂的氧化还原反应，则可以采用图 2-13 所示的测试方法研究该腐蚀原电池的极化作用。测试时，使阳极和阴极的表面积均为 1 单位面积，在阳极与阴极之间连接一个可变电阻 R，分别安置测试阳极和阴极电极电位的参比电极。通过调节电阻的大小，同时测量阳极、阴极的电极电位和电池的电流，可以得到此腐蚀原电池的极化图。

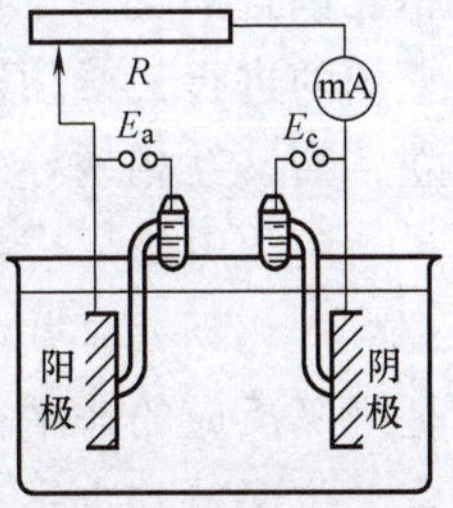

图 2-13 测试腐蚀原电池的极化图的装置

腐蚀原电池的阳极与阴极发生极化时，其阳极电位与阴极电位分别为 $E_a^0+\eta_a$ 和 $E_c^0-\eta_c$，其中 η_a 为阳极过电位；η_c 为阴极过电位。

在图 2-13 所示的电池体系中，原电池的电动势 ε 与阳极过电位 η_a、阴极过电位 η_c、电流 I、电子电阻 R_e 和离子电阻 R_{ion} 的关系为

$$\varepsilon=E_c^0-E_a^0=\eta_c+\eta_a+(R_e+R_{ion})I \tag{2-36}$$

当阳极与阴极之间的电阻保持在极大值（$R_e \longrightarrow \infty$）时，相当于电池处于开路状态，此时测到的电极电位就是阳极与阴极反应的平衡电位，分别为 E_a^0 和 E_c^0。当电阻 R_e 减小时，腐蚀原电池的电流由零逐渐增大，阳极与阴极分别发生极化。当 $R_e \longrightarrow 0$ 时，则电流趋于一个特定的最大值（I'），式（2-36）可表示为

$$\varepsilon=E_c^0-E_a^0=\eta_c+\eta_a+R_{ion}I' \tag{2-37}$$

阳极与阴极分别极化到一个几乎相等的电位，这时阳极与阴极的电位差等于电流 I' 通过溶液所引起的电位降（$R_{ion}I'$）。如果溶液的电阻 R_{ion} 很小，可以忽略，特别是在腐蚀微电池的情况下，这种忽略是非常合理的，则式（2-37）可表示为

$$\varepsilon=E_c^0-E_a^0=\eta_c+\eta_a \tag{2-38}$$

则有

$$E_c^0-\eta_c=E_a^0+\eta_a=E_{mix} \tag{2-39}$$

式中，$E_a^0+\eta_a$ 和 $E_c^0-\eta_c$ 分别为腐蚀原电池的阳极电位与阴极电位。因此当阳极与阴极短路时，腐蚀原电池的阳极电位与阴极电位相等，其值为 E_{mix}。这时腐蚀原电池中的电流为 I_{max}（与腐蚀电流密度相等），此值无法从电流表中读出，可由测出的阳极与阴极的极化曲线外推的交点获得。由此测到的腐蚀原电池的极化图如图 2-14 所示。由于宏观的腐蚀原电池与腐蚀微电池在动力学原理上的一致性，因此，由宏观的腐蚀原电池测得的腐蚀极化图的分析方法也可以用于分析腐蚀微电池的极化图。

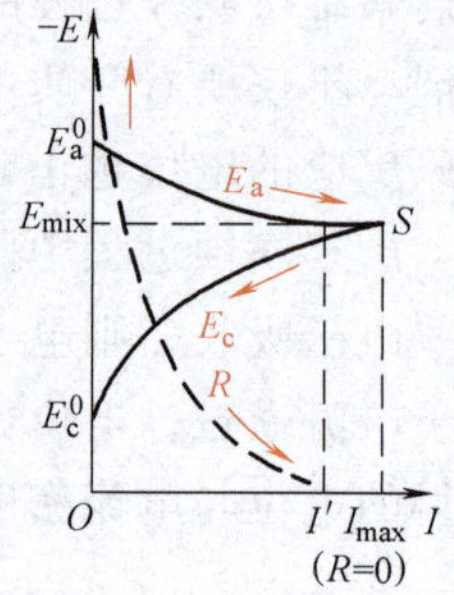

图 2-14　腐蚀原电池的极化图

腐蚀极化图是一种电位-电流密度图，它是把表征腐蚀电池特征的阴、阳极极化曲线画在同一张图上而构成的。为了方便起见，常常忽略电位随电流变化的细节，将极化曲线画成直线。这样可以得到如图 2-15 所示的简化腐蚀极化图，也称为 Evans 图。该图由英国腐蚀科学家 U. R. Evans 在 1929 年首先提出和应用。在腐蚀的情况下，混合电位就是自然腐蚀电位，简称为腐蚀电位，用 E_{corr} 表示。腐蚀电位对应的单位金属面积上的腐蚀电流称为腐蚀电流密度，用 i_{corr} 表示。由 i_{corr} 和法拉第定律可以计算出金属的腐蚀速率。

2. 混合电位理论

在宏观腐蚀电池中，可使每个电极表面只进行一个电极反应。在腐蚀微电池中，金属的阳极溶解和氧化剂的还原在金属表面同时发生。即使在最简单的情况下，在电化学腐蚀的金属表面上也至少发生两个不同的电极反应：一种金属的氧化反应和一种氧化剂的还原反应。

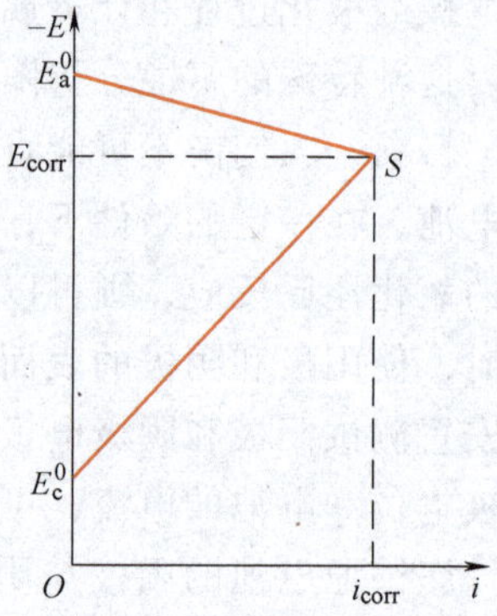

图 2-15　Evans 极化图

在一个孤立电极上，同时以相等的速度进行着一个阳极反应和一个阴极反应的现象，称为电极反应的耦合。在孤立电极上相互耦合的这两个电极反应，它们有着各自的动力学规律，但它们的进行又必须同时发生并且互相牵制，这种性质上各自独立，而又互相诱导的电化学反应，称为共轭电化学反应。

当两个电极反应耦合成共轭电化学反应时，由于彼此相互极化，它们将偏离各自的平衡电位，极化到一个共同的电位 E_{mix}，称为混合电位。混合电位既是阳极反应的非平衡电位，又是阴极反应的非平衡电位，并且其值位于两个平衡电位之间。当电极体系达到稳态时，其混合电位保持基本不变，这种不随时间而变化的电位又称为稳定电位。

如果在两个耦合的电极反应中，阳极反应是金属的溶解，反应的结果导致金属的腐蚀，这对耦合反应的混合电位又称为腐蚀电位 E_{corr}。相应于腐蚀电位下的单位面积金属的阳极溶解的电流称为腐蚀电流密度 i_{corr}。

混合电位的概念可以推广到多个电极反应在同一个电极上耦合进行的情况。如果在一个孤立电极上，同时有 $n(n>2)$ 个电极反应发生，则这些电极反应组成了多电极反应耦合系统。在此系统中，有一部分电极反应主要按阳极反应方向进行，而另一部分电极反应主要按阴极反应方向进行，其总的阳极反应电流等于总的阴极反应电流，系统外电流等于零：

$$I = \sum_{i=1}^{n} I_i = 0 \tag{2-40}$$

而这 n 个电极反应都是在同一个混合电位 E_{mix} 下进行的。在一个多电极反应耦合系统中，混合电位 E_{mix} 总是处于多电极反应中最高平衡电位和最低平衡电位之间，它是各电极反应共同的非平衡电位。平衡电位低于混合电位的各电极反应，则其电位向正方向极化至混合电位 E_{mix}，因而一定发生阳极反应；平衡电位高于 E_{mix} 的各电极反应，则电位向负方向极化至 E_{mix}，因而一定发生阴极反应。

混合电位理论由 Wagner 和 Traud 在 1938 年首次正式提出。根据混合电位理论不仅可以分析只有一种氧化剂存在下的金属的腐蚀，也可以分析存在多种阴极去极化剂的金属的腐蚀，还可以分析不同金属的接触腐蚀以及多元或多相合金的腐蚀。混合电位理论具有普遍的意义。

3. 腐蚀极化图的应用

腐蚀极化图具有广泛的用途，可以用于分析金属电化学腐蚀的控制步骤和机理；还可以用于分析腐蚀金属在极化条件下的行为，如可以用于解释电偶腐蚀、阳极钝化和阴极保护的原理等。这里着重对前者进行较详细的分析，后者将在后面的有关章节中进行详细的分析。

(1) 在分析金属电化学腐蚀的控制步骤和机理中的应用

1) 金属的电极电位与腐蚀电流密度的关系：在其他条件完全相同的情况下，初始电位差越大，腐蚀电流密度也越大（图 2-16），如 $i''_{max} > i'_{max} > i'''_{max}$。图 2-17 表明，如金属的阳极极化较小，当阴极反应及其极化曲线相同时，金属的腐蚀电流密度与其平衡电位有直接关系，即金属的平衡电位越负，腐蚀电流密度越大。

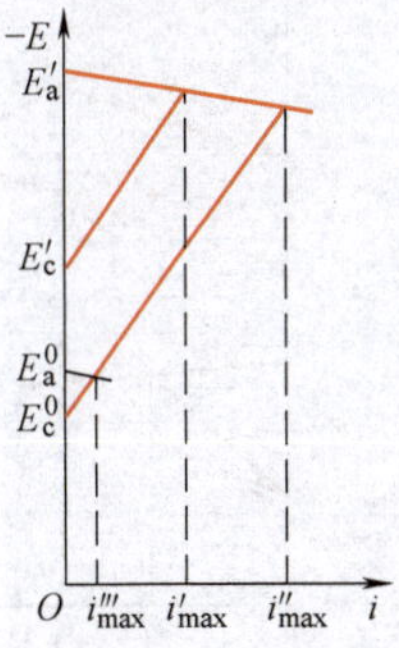

图 2-16　初始电位差对最大腐蚀电流密度的影响

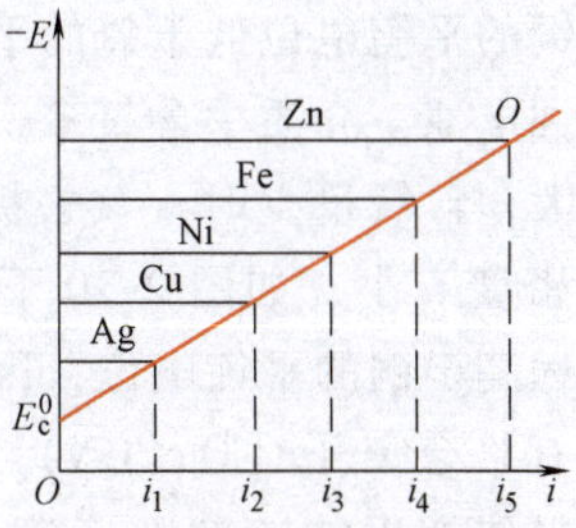

图 2-17　金属平衡电位与腐蚀电流密度的关系

2) 极化性能与腐蚀电流密度的关系：极化性能可用极化率来描述，阴极极化率 P_c 和阳极极化率 P_a 可分别表示为

$$P_c = \frac{\Delta E_c}{I'} = \frac{-\eta_c}{I'} \text{和} P_a = \frac{\Delta E_a}{I'} = \frac{\eta_a}{I'} \tag{2-41}$$

阴极极化率 P_c 和阳极极化率 P_a 的量纲与电阻一样，因此它们分别是阴极和阳极发生极化的阻力。则式（2-37）可重新表示为

$$I' = \frac{E_c^0 - E_a^0}{P_a + P_c + R_e + R_{ion}} \tag{2-42}$$

当 $R_e+R_{ion}=0$，$I'=I_{max}$时，则有

$$I_{max}=\frac{E_c^0-E_a^0}{P_a+P_c} \tag{2-43}$$

因此，如果腐蚀电池中欧姆电阻很小，则极化性能对腐蚀电流密度必然有很大的影响，在其他条件相同的情况下，极化率越小，其腐蚀电流密度就越大，如图 2-18 所示。

3）析氢过电位与腐蚀速度的关系：在氢去极化的腐蚀过程中，阴极反应是 H^+放电析出氢气，但该反应的极化曲线在不同金属的表面上是不同的，即在不同金属表面上的析氢过电位有很大的差异。如图 2-19 所示，虽然锌较铁的电位更负，但由于它们的析氢过电位不同，锌在还原性酸溶液中的腐蚀速度反而比较铁小（$i_1<i_2$）；如果在溶液中加入少量铂盐，由于氢在所析出的铂黑上的过电位更低，铁和锌的腐蚀速度均大为提高（$i_3>i_2$）。

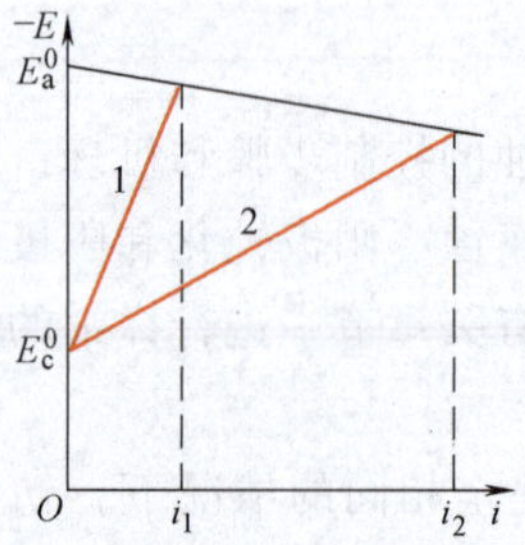

图 2-18　腐蚀电流密度与极化性能的关系

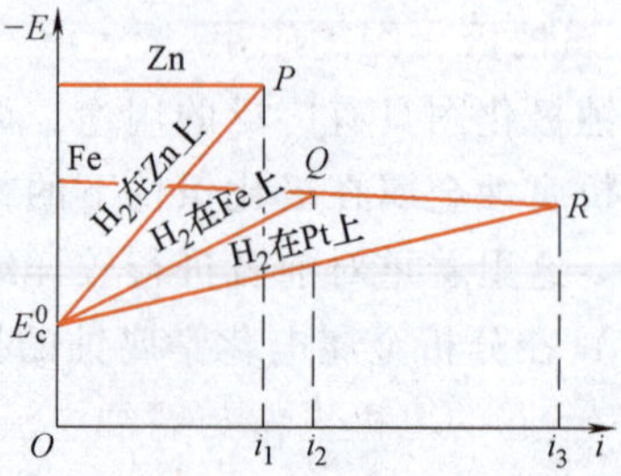

图 2-19　析氢过电位与腐蚀电流密度的关系

4）含氧量及络合离子与腐蚀速度的关系：铜不可能溶于还原性酸介质中，但可溶于含氧酸或氧化性酸。这是因为铜的平衡电位高于氢的平衡电位，不能与氢的还原反应构成腐蚀电池；然而铜的平衡电位低于氧的平衡电位，铜溶解可与吸氧过程组成腐蚀电池。介质中含氧多，氧去极化容易，铜的腐蚀电流密度 i_2大；含氧量少时，氧去极化受阻（极化率大），铜的腐蚀电流密度 i_1小，如图 2-20 下半部所示。氧化性酸的氧化还原电位远高于铜的平衡电位，因此可与铜构成腐蚀电池。当溶液中含有络合离子 $[Cu(CN)_2]^-$时，使铜的电极电位向负移，其结果使铜可能溶解在还原性酸中，其腐蚀电流密度为 i_3、i_4，如图 2-20 上半部所示。

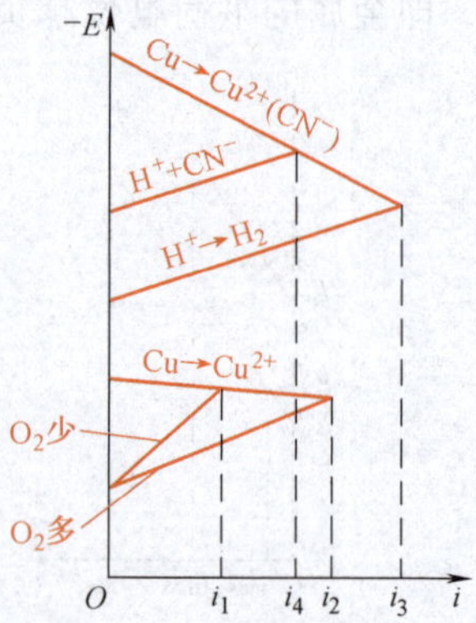

图 2-20　含氧酸及络合剂对铜腐蚀的影响

5）腐蚀的控制因素：在腐蚀过程中，可根据式（2-42）来分析控制腐蚀速度的主要因素。由于腐蚀电流在很大程度上受 R、P_c、P_a等的控制，因此这些参数都可能成为腐蚀的控制因素。利用腐蚀极化图，可定性地说明腐蚀电流密度主要受哪一个因素所控制。例如，当 R 非常小时，如果 $P_c \gg P_a$，则 I_{max} 基本上取决于 P_c的大小，即取决于阴极极化性能，称为阴极控制（图 2-21a）；反之，$P_a \gg P_c$时，I_{max}主要由阳极极化所决定，称为阳极控制（图 2-21b）。如果由于 P_c和 P_a同时对腐蚀电流产生影响，则称为混合控制（图 2-21c）。如果系统中的电阻较大，则腐蚀电流密度就主要由电阻所控制（图 2-21d），也称为欧姆控制。

（2）腐蚀金属的理论极化曲线与表观极化曲线　正在腐蚀的金属施加外电流后会发生

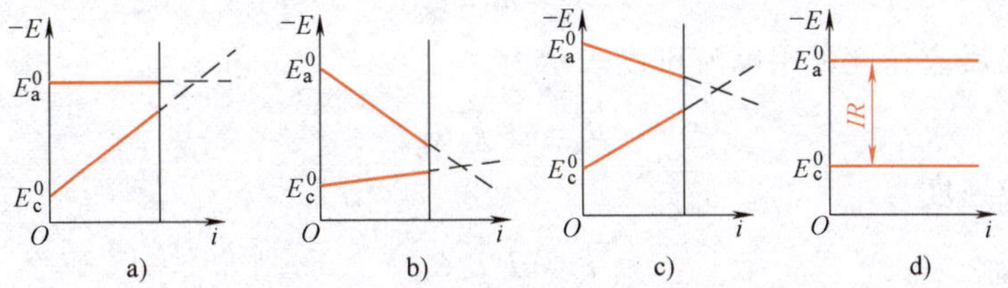

图 2-21　腐蚀图解的基本形式

a）阴极控制　b）阳极控制　c）混合控制　d）欧姆控制

极化，其极化曲线（外电流与金属的电极电位的关系曲线，称为表观极化曲线）与金属腐蚀原电池的阳极、阴极过程的理论极化曲线之间的关系，如图 2-22 所示。E_a^0A 和 E_c^0C 分别是金属腐蚀原电池的阳极、阴极过程的理论极化曲线，其交点 B 所对应的电位和电流密度分别为腐蚀电位 E_{corr} 和腐蚀电流密度 i_{corr}。$E_{corr}A$ 和 $E_{corr}C$ 分别是腐蚀金属的表观阳极、阴极极化曲线。表观极化曲线上的电流密度等于理论阳极、阴极电流密度之差的绝对值。电位为 E_{corr} 时，表观阳极、阴极极化曲线上的电流为 0；当腐蚀金属发生阳极极化时，其理论阳极电流增大，阴极电流减小；当阳极电位极化到理论阴极反应平衡 E_c^0 时，表观阳极极化曲线与金属腐蚀原电池的理论阳极极化曲线开始重合。腐蚀金属发生阴极极化时，情况则正好相反。

根据腐蚀金属的理论极化曲线与表观极化曲线之间的定量关系，可以通过测量表观极化曲线计算出金属的腐蚀电流密度。有关此方面的理论及技术问题有大量的相关文献，这里不再赘述。这种极化图还可用于电偶腐蚀、阳极钝化和阴极保护原理的分析，详见后面的有关章节。

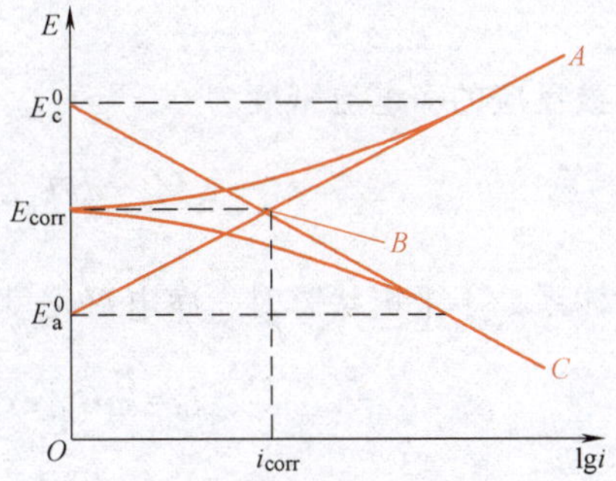

图 2-22　腐蚀金属的理论极化曲线与表观极化曲线

2.3.3　电化学腐蚀的动力学方程

在上述腐蚀极化图的介绍中，只是对腐蚀极化图的构成原理做了定性的分析。当深入研究金属的腐蚀动力学时，则需要定量地描述腐蚀极化图中每一个电极过程。用数学方程对腐蚀体系中的每一个电极过程进行描述，是研究金属电化学腐蚀过程动力学以及腐蚀电化学测试技术的重要理论基础。

最简单的金属腐蚀电极体系至少存在两个电极反应，一个是金属的氧化还原反应：

$$M = M^{n+} + ne \tag{2-44}$$

另一个是腐蚀介质中去极化剂的氧化还原反应：

$$O + ne = R \tag{2-45}$$

金属的氧化还原反应的电极过程一般受电化学极化控制；去极化剂的氧化还原反应在不同的条件下往往具有不同的控制步骤，极化方程式也有所不同。下面分别讨论去极化剂的氧化还原反应受电化学极化控制和浓差极化控制时的金属电化学腐蚀的动力学方程。

1. 电化学极化控制的金属电化学腐蚀的动力学

（1）单电极在电化学极化控制下的极化方程　对于单电极的氧化还原反应：

$$O_x+ne=R_e \tag{2-46}$$

其正向阳极反应速度可用电流密度表示为

$$\overleftarrow{i_a}=nF\overleftarrow{k_a}C_{Re} \tag{2-47}$$

而逆向阴极反应速度为

$$\overrightarrow{i_c}=nF\overrightarrow{k_c}C_{O_x} \tag{2-48}$$

式中，$\overleftarrow{k_a}$和$\overrightarrow{k_c}$分别是氧化和还原电化学反应的速度常数，它们与电极电位密切相关。速度常数与电极电位之间的关系可定义为

$$\overleftarrow{k_a}=k_a\exp\left(\frac{\beta nFE}{RT}\right) \tag{2-49}$$

$$\overrightarrow{k_c}=k_c\exp\left(\frac{-\alpha nFE}{RT}\right) \tag{2-50}$$

式中，k_a和k_c是与电位无关的异相反应速度常数，参数α和β是体系的动力学参数或称传递系数，表示电极电位对反应活化能影响的大小，且有$\alpha+\beta=1$。根据式（2-47）~式（2-50），可得到阳极、阴极反应电流密度的表达式：

$$\overleftarrow{i_a}=nFk_aC_{Re}\exp\left(\frac{\beta nFE}{RT}\right) \tag{2-51}$$

$$\overrightarrow{i_c}=nFk_cC_{O_x}\exp\left(\frac{-\alpha nFE}{RT}\right) \tag{2-52}$$

阳极反应的净电流密度为

$$i_a=\overleftarrow{i_a}-\overrightarrow{i_c}=nFk_aC_{Re}\exp\left(\frac{\beta nFE}{RT}\right)-nFk_cC_{O_x}\exp\left(\frac{-\alpha nFE}{RT}\right) \tag{2-53}$$

当体系处于平衡状态时，净电流密度i_a为零，$\overleftarrow{i_a}=\overrightarrow{i_c}=i_0$，相应的电位为平衡电位$E^0$，则有

$$i_0=k_aC_{Re}\exp\left(\frac{\beta nFE^0}{RT}\right)=k_cC_{O_x}\exp\left(\frac{-\alpha nFE^0}{RT}\right) \tag{2-54}$$

$$E^0=\frac{RT}{nF(\alpha+\beta)}\ln\frac{k_cC_{O_x}}{k_aC_{Re}} \tag{2-55}$$

交换电流密度i_0可表示为

$$i_0=nFk_a\left(\frac{k_cC_{O_x}}{k_aC_{Re}}\right)\alpha/(\alpha+\beta) \tag{2-56}$$

将式（2-55）和式（2-56）代入式（2-53），得到电极反应净电流密度与电极电位、平衡电极相互关系的表达式：

$$i_a=i_0\left\{\exp\left[\frac{\beta nF}{RT}(E-E^0)\right]-\exp\left[\frac{-\alpha nF}{RT}(E-E^0)\right]\right\} \tag{2-57}$$

采用阳极过电位和阴极过电位定义：$\eta_a=E-E^0$、$\eta_c=E^0-E$，则式（2-57）可简化为

$$i_a=i_0\left[\exp\left(\frac{\beta nF}{RT}\eta_a\right)-\exp\left(\frac{\alpha nF}{RT}\eta_c\right)\right] \tag{2-58}$$

这就是单电极在电化学极化控制下进行阳极反应的电流-电位极化方程式，也称巴特勒-沃尔默（Butler-Volmer）方程。

同理，单电极在电化学极化控制下进行阴极反应，其阴极净电流密度为

$$i_c = i_0\left[\exp\left(\frac{\alpha nF}{RT}\eta_c\right) - \exp\left(\frac{\beta nF}{RT}\eta_a\right)\right] \tag{2-59}$$

在过电位比较大的情况下，式（2-58）和式（2-59）中的逆过程可以忽略不计，可分别简化为

$$i_a = i_0\exp\left(\frac{\beta nF}{RT}\eta_a\right) \tag{2-60}$$

$$i_c = i_0\exp\left(\frac{\alpha nF}{RT}\eta_c\right) \tag{2-61}$$

式（2-60）和式（2-61）两边取对数后可得

$$\eta_a = -\frac{2.303RT}{\beta F}\lg i_0 + \frac{2.303RT}{\beta F}\lg i_a \tag{2-62}$$

$$\eta_c = -\frac{2.303RT}{\alpha F}\lg i_0 + \frac{2.303RT}{\alpha F}\lg i_c \tag{2-63}$$

式（2-62）和式（2-63）具有半对数关系，即为电化学中广泛应用的塔菲尔（Tafel）公式，可以简单表示为

$$\eta = a + b\lg i \tag{2-64}$$

（2）电化学极化控制的金属腐蚀速度　当金属腐蚀过程的两个电化学反应式（2-44）和式（2-45）由电化学极化控制时，若两个电化学反应的平衡电位 $E_{e,M}$ 和 $E_{e,O}$ 与腐蚀电位 E_{corr} 相差较远，那么反应式（2-44）的还原过程和反应式（2-45）的氧化过程可忽略，遵从塔菲尔（Tafel）公式。由式（2-60）和式（2-61）可分别得出，金属的氧化反应的极化方程为

$$i_M = i_{M,0}\left[\exp\left(\frac{\beta_M n_M F}{RT}(E - E_{e,M})\right)\right] \tag{2-65}$$

氧化剂的还原反应的极化方程为

$$i_O = i_{O,0}\left[\exp\left(\frac{\alpha_O n_O F}{RT}(E_{e,O} - E)\right)\right] \tag{2-66}$$

在腐蚀介质中，反应式（2-44）和式（2-45）同时均存在，遵循混合电位理论，两电位彼此相向极化：阳极电位向正方向移动，阴极电位向负方向移动，最后达到共同的稳定电位——腐蚀电位 E_{corr}。在此电位下，外电路电流为零，金属阳极溶解电流密度等于去极化剂的阴极还原电流密度，也即等于金属腐蚀电流密度 i_{corr}：

$$i_M = i_O = i_{corr} \tag{2-67}$$

将 $E = E_{corr}$ 和式（2-67）代入式（2-65）和式（2-66）则有

$$i_{corr} = i_{M,0}\left[\exp\left(\frac{\beta_M n_M F}{RT}(E_{corr} - E_{e,M})\right)\right] \tag{2-68}$$

$$i_{corr} = i_{O,0}\left[\exp\left(\frac{\alpha_O n_O F}{RT}(E_{e,O} - E_{corr})\right)\right] \tag{2-69}$$

这就是电化学极化控制下的金属腐蚀速度公式。金属在酸性溶液中的腐蚀就是典型的例子，其极化图如图 2-23 所示。

2. 浓差极化控制的金属电化学腐蚀的动力学

(1) 浓差极化控制的阴极极化方程　当电极过程为反应物或产物的扩散速度所控制时，就会引起电极的浓差极化。对于扩散控制的阴极反应：

$$O+ne \longrightarrow R \tag{2-70}$$

当电极上有电流流过时，氧化态物质 O 在电极表面的活度 α_O^s 与溶液本体中的活度 α_O^0 就会形成活度差。电极反应达到稳态，即达到稳态扩散，根据菲克（Fick）第一定律，得到电极反应的扩散电流密度：

$$i=nFD_O\frac{\alpha_O^0-\alpha_O^s}{\delta} \tag{2-71}$$

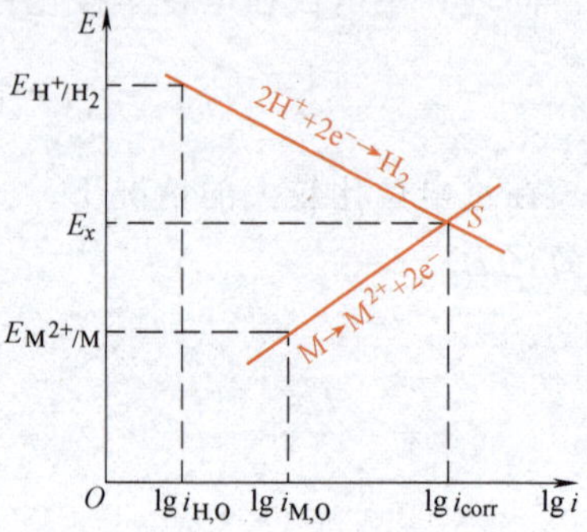

图 2-23　金属在酸性溶液中的腐蚀极化图

式中，D_O是氧化态物质 O 在液相中的扩散系数；δ 为电极表面扩散层的厚度。若电极反应足够快，则 $\alpha_O^s\to 0$，扩散电流密度 i 可达到极限值 i_d：

$$i_d=nFD_O\frac{\alpha_O^0}{\delta} \tag{2-72}$$

i_d也称稳态极限扩散电流密度。由式（2-71）和式（2-72）可得

$$\frac{\alpha_O^s}{\alpha_O^0}=1-\frac{i}{i_d} \tag{2-73}$$

根据能斯特公式：

$$E=E^0+\frac{RT}{nF}\ln\frac{\alpha_O^s}{\alpha_R^s} \tag{2-74}$$

若反应产物是独立相，如气相或固相，则 $\alpha_R^s=1$，可得

$$E=E^0+\frac{RT}{nF}\ln\alpha_O^s \tag{2-75}$$

$$E=E^0+\frac{RT}{nF}\ln\left[\alpha_O^0\left(1-\frac{i}{i_d}\right)\right] \tag{2-76}$$

由此，可得到扩散过电位 η_d 为

$$\eta_d=E-E^0=\frac{RT}{nF}\ln\left(1-\frac{i}{i_d}\right)$$
$$=\frac{RT}{nF}\ln\left(\frac{i_d-i}{i_d}\right) \tag{2-77}$$

也可写为

$$i=i_d\left[1-\exp\left(\frac{nF}{RT}\eta_d\right)\right] \tag{2-78}$$

以上两式均是扩散步骤作为控制步骤时的浓差极化方程式。由式（2-77），可绘制得到 E-i 和 E-$\lg\frac{i_d-i}{i_d}$的关系极化曲线，如图 2-24 所示。由图可见，具有浓差极化特征的极化曲线有两个重要特征：

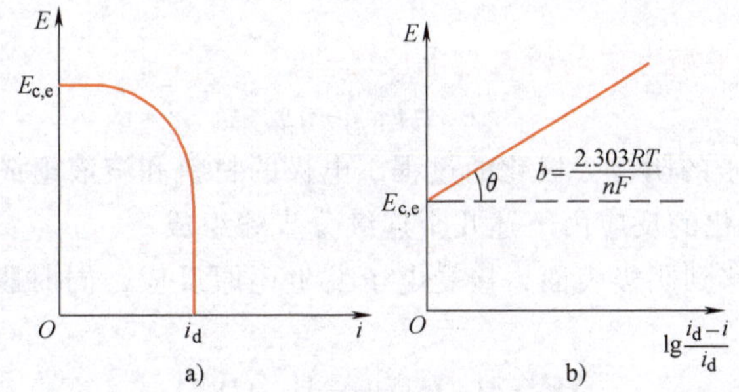

图 2-24 扩散步骤控制时的极化曲线

a) E-i b) E-$\lg(i_d-i)/i_d$

1）当 $i=i_d$ 时，出现不随电极电位变化的极限扩散电流密度。

2）若以 E-$\lg\frac{i_d-i}{i_d}$ 作图，可得到斜率为 $\frac{2.303RT}{nF}$ 的直线。

（2）浓差极化控制下的金属腐蚀速度和腐蚀电位 显然当金属腐蚀的阳极溶解过程受电化学极化控制，而去极化剂的阴极过程受浓差控制时，金属的腐蚀速度为 $i_{corr}=i_d$。将 $i_{corr}=i_d$ 和 $i_d=nFD_O\frac{\alpha_O^0}{\delta}$ 代入式（2-68）可得到在此条件下金属的腐蚀电位表达式：

$$E_{corr}=E_{e.M}+\frac{RT}{\beta_M n_M F}\left[\ln\left(nFD_O\frac{\alpha_O^0}{\delta}\right)-\ln i_{M,0}\right] \quad (2\text{-}79)$$

将常数项合并，可简化表示为

$$E_{corr}=a'+b'\ln\alpha_O^0 \quad (2\text{-}80)$$

可见腐蚀电位与去极化剂的活度的对数成线性关系，表明在其他条件不变的情况下，去极化剂的活度越高，腐蚀电位越高，如图 2-25 所示。

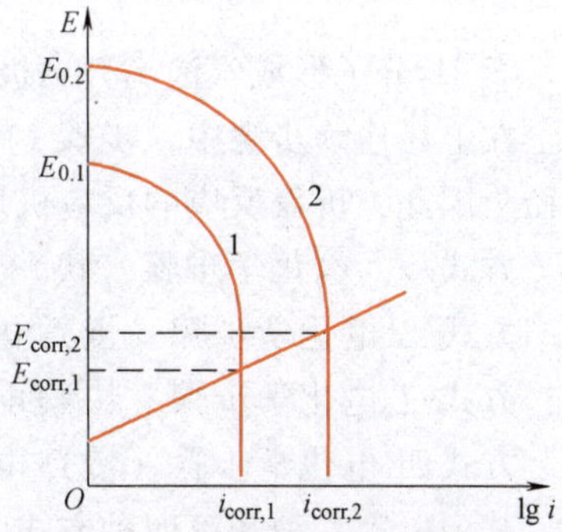

图 2-25 阴极去极化剂活度对腐蚀电位的影响

（2 的活度大于 1 的活度）

2.4 析氢腐蚀和吸氧腐蚀

2.4.1 析氢腐蚀

1. 析氢腐蚀的必要条件

以氢离子还原反应为阴极过程的金属腐蚀，称为析氢腐蚀。产生析氢腐蚀的必要条件是金属的电位低于氢离子还原反应的电位，即 $E_M<E_H$。

氢电极的平衡电位可由能斯特公式求出：

$$E_{0,H}=E_H^0+\frac{RT}{F}\ln\alpha_{H^+}$$

因为 $E_H^0=0$，$pH=-\lg\alpha_{H^+}$，所以

$$E_{0,H}=-\frac{2.3RT}{F}pH$$

2. 析氢电位

析氢电位等于氢的平衡电位与析氢过电位之差：

$$E_H = E_{0,H} - \eta_H$$

析氢过电位 η_H 与氢离子的阴极去极化的过程、电极的材料和溶液组成等因素有关。

氢离子的阴极去极化的反应由下述几个连续分步骤组成：

1）水化氢离子迁移到阴极表面，接受电子发生还原反应，同时脱去水分子，在电极表面形成吸附氢原子

$$H^+ \cdot H_2O + e \longrightarrow H_{ad} + H_2O \tag{2-81}$$

2）吸附氢原子除了进入金属内部外，大部分在电极表面扩散并复合形成氢分子。氢分子复合可以有两种方式。

① 两个吸附的氢原子进行化学反应而复合成一个氢分子，发生化学脱附：

$$2H_{ad} \longrightarrow H_2 \tag{2-82}$$

这个反应称为化学脱附反应，也称为塔菲尔（Tafel）反应。

② 由一个 H^+离子与一个 H_{ad}原子进行电化学反应而形成一个氢分子，发生电化学脱附：

$$H^+ + H_{ad} + e^- \longrightarrow H_2 \tag{2-83}$$

③ H_2分子形成气泡离开电极表面。

在上述连续步骤中，步骤1）和2）决定着析氢反应动力学。由于步骤2）有两种反应途径，因此，析氢反应的反应机理可以有以下四种基本方式：

方式一　电化学步骤（快）+化学脱附（慢）

方式二 电化学步骤（慢）+化学脱附（快）

方式三 电化学步骤（快）+电化学脱附（慢）

方式四 电化学步骤（慢）+电化学脱附（快）

其中，第二种和第四种方式为缓慢放电机理，第一种为复合机理，第三种为电化学脱附机理。由于反应途径和控制步骤不同，其反应动力学机制就会不同。这些步骤中，如果某一步骤进行得较缓慢，就会使整个氢去极化反应受到阻滞，由阳极来的电子就会在阴极积累，使阴极电位向负方向移动，产生一定的析氢过电位 η_H。

塔菲尔根据大量实验，发现析氢过电位 η_H 与阴极电流密度 i_c之间存在下列关系：

$$\eta_H = a_H + b_H \lg i_c \tag{2-84}$$

式中，a_H 和 b_H 为常数。大量的研究结果表明，对于析氢反应，在电流密度 $10^{-9} \sim 100A/cm^2$ 广阔的范围内，塔菲尔关系式都成立。从电极过程动力学理论可得到 a_H 和 b_H 值的理论表达式，见式（2-63）：

$$a_H = \frac{-2.303RT}{\alpha F} \lg i_H^0 \tag{2-85}$$

$$b_H = \frac{2.303RT}{\alpha F} \tag{2-86}$$

塔菲尔方程式反映了电化学极化的基本特征，它是由析氢反应的电化学极化引起的。因此，氢去极化反应的控制步骤不可能是化学脱附步骤，只可能是电化学步骤或电化学脱附步骤。迟缓放电理论认为电化学步骤最慢，是整个析氢过程的控制步骤；而迟缓复合理论则强调电化学脱附步骤为控制步骤。根据迟缓放电理论求得的 b_H 值为 118mV（25℃），与大多

数金属电极上实测的 b_H 值大致相同，因此迟缓放电理论具较普遍的意义。但也有少数金属（如 Pt 等）的析氢过电位，用迟缓复合理论解释更合适。

在析氢腐蚀中，析氢过电位对腐蚀速度有很大影响。析氢过电位 η_H 越大，说明阴极过程受阻滞越严重，则腐蚀速度越小。金属或合金在酸中发生均匀腐蚀时，如果作为阴极的杂质或合金相具有较低的析氢过电位，则腐蚀速度较大；反之，若杂质或阴极相上的析氢过电位越大，则腐蚀速度越小。图 2-3 中不同杂质对 Zn 在酸中腐蚀速度的影响就是这个原因。

影响析氢过电位的因素很多，主要有电流密度、电极材料、电极表面状态、溶液组成、浓度及温度等。由图 2-26 可看出，析出过电位 η_H 与阴极电流密度的对数成直线关系，符合塔菲尔方程式，不同金属的塔菲尔直线基本平行。对于给定电极，在一定的溶液组成和温度下，a_H 和 b_H 都是常数。a_H 与电极材料性质、表面状况、溶液组成和温度有关，其数值等于单位电流密度下的析氢过电位。a_H 越大，在给定电流密度下的析氢过电位越大。常数 b_H 与电极材料无关，各种金属阴极上析氢反应的 b_H 值大致相同，在 0.11~0.12V 之间，见表 2-1。

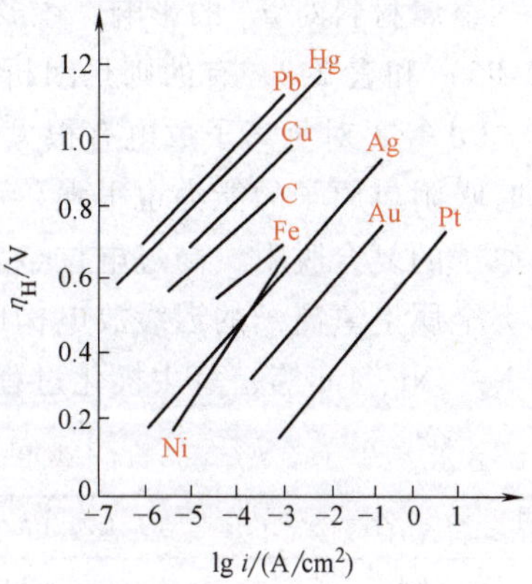

图 2-26　不同金属上的析氢过电位与电流密度的关系

表 2-1　不同金属上析氢反应的塔菲尔常数 a_H 和 b_H 值（25℃）

金　属	酸性溶液		碱性溶液	
	a_H/V	b_H/V	a_H/V	b_H/V
Pt	0.10	0.03	0.31	0.10
Pd	0.24	0.03	0.53	0.13
Au	0.40	0.12		
W	0.43	0.10		
Co	0.62	0.14	0.60	0.14
Ni	0.63	0.11	0.65	0.10
Mo	0.66	0.08	0.67	0.14
Fe	0.70	0.12	0.76	0.11
Mn	0.80	0.10	0.90	0.12
Nb	0.80	0.10		
Ti	0.82	0.14	0.83	0.14
Bi	0.84	0.12		
Cu	0.87	0.12	0.96	0.12
Ag	0.95	0.10	0.73	0.12
Gc	0.97	0.12		
Al	1.00	0.10	0.64	0.14
Sb	1.00	0.11		
Be	1.08	0.12		
Sn	1.20	0.13	1.28	0.23
Zn	1.24	0.12	1.20	0.12
Cd	1.40	0.12	1.05	0.16
Hg	1.41	0.14	1.54	0.11
Tl	1.55	0.14		
Pb	1.56	0.11	1.36	0.25

表中列出了不同金属上析氢反应的塔菲尔常数 a_H 和 b_H 值。根据 a_H 值的大小，可将金属大致分成三类，可看出金属材料对析氢过电位的影响：

1）高氢过电位的金属，如 Pb、Hg、Cd、Zn、Sn 等，a_H 在 1.0 ~1.6V 之间。

2）中氢过电位的金属，如 Fe、Co、Ni、Cu、Ag 等，a_H 在 0.5 ~1.0V 之间。

3）低氢过电位的金属，如 Pt、Pd、Au 等，a_H 在 1.0 ~0.5V 之间。

金属材料对 a_H 的影响，主要是因为不同金属上析氢反应的交换电流密度 i_H^0 不同，见式（2-85）和表 2-2，有的则是因析氢反应机理不同引起的。例如，低析氢过电位的金属，如 Pt、Pd 等，对氢离子放电有很大的催化活性，使析氢反应的交换电流密度很大，见表 2-2；同时吸附氢原子的能力也很强，从而造成氢在这类金属上还原反应过程中最慢的步骤为吸附氢原子的复合脱附。高过电位金属对氢离子放电反应的催化能力很弱，因而 i_H^0 很小，因此，这类金属上氢离子的迟缓放电构成了氢去极化过程的控制步骤。对于中等氢过电位的金属，如 Fe、Ni、Cu 等，氢去极化过程中最慢的步骤可能是吸附氢的电化学脱附反应。

表 2-2 金属上析氢反应的交换电流密度

金 属	$\lg i_H^0/(A/cm^2)$	金 属	$\lg i_H^0/(A/cm^2)$
Pd	-3.0	Nb	-6.8
Pt	-3.1	Ti	-8.3
Rh	-3.6	Zn	-10.3（0.5mol/L H_2SO_4）
Ir	-3.7	Cd	-10.8
Ni	-5.2	Mn	-10.9
Au	-5.4	Tl	-11.0
Fe	-5.8（1.0mol/L HCl）	Pb	-12.0
W	-5.9	Hg	-13.0
Cu	-6.7（0.5mol/L H_2SO_4）		

注：除注明者外，其余为 1mol/L H_2SO_4 中的数据。

电极表面状态对析氢过电位也有影响。相同的金属材料，粗糙表面的氢过电位比光滑表面上的要小，这是因为粗糙表面上的真实表面积比光滑表面的大。

溶液组成对析氢过电位以及析氢腐蚀的影响要进行具体分析。如果溶液中含有铂离子，它们将在金属铁上析出，形成附加阴极。氢在铂上的析出过电位比在铁上小得多，从而加速铁在酸中的腐蚀，如图 2-27 所示。相反，如果溶液中含有某种表面活性剂，会在金属表面吸附并阻碍氢的析出，将大大提高析氢过电位。这种表面活性剂就可作为缓蚀剂，防止金属在酸中的腐蚀。

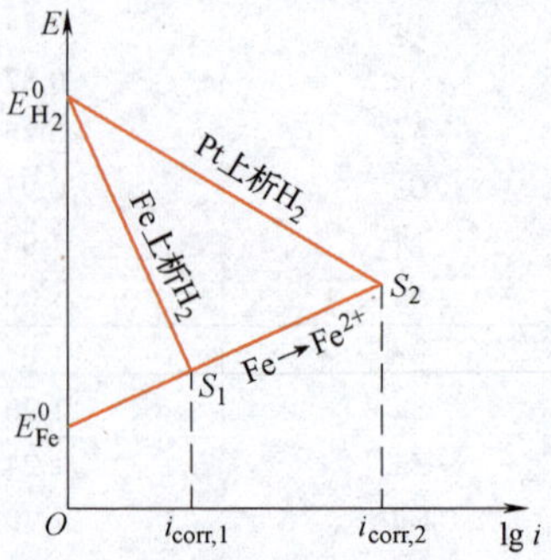

图 2-27 添加铂盐对酸中铁腐蚀的影响

溶液的 pH 值对氢过电位的影响是：在酸性溶液中，氢过电位随 pH 值增加而增大；而在碱性溶液中，氢过电位随 pH 值增加而减小。

溶液温度升高，氢过电位减小。一般温度每升高 1℃，氢过电位约减小 2mV。

3. 析氢腐蚀的控制过程

析氢腐蚀速度可根据阴极、阳极极化性能，分为阴极控制、阳极控制和混合控制。

（1）阴极控制 锌在酸中的溶解就是阴极控制下的析氢腐蚀，腐蚀速度主要取决于析氢过电位的大小。图 2-28 所示为纯锌和含有不同杂质的工业锌在酸中的腐蚀极化图。由于 Zn 的溶解反应的电化学极化较小，而氢在 Zn 上的析出过电位却非常高，因此 Zn 的析氢腐蚀为阴极控制。这种情况下，若 Zn 中含有较低氢过电位的金属杂质，如 Cu、Fe 等，阴极极化减小，可使腐蚀速度增大。相反，如果 Zn 中加入高氢过电位的汞可使 Zn 的腐蚀速度大幅度下降。事实上，Zn 中杂质的性质和含量不同，Zn 在酸中的溶解速度可在 3 个数量级之内变化。腐蚀电位的测量表明，随着腐蚀速度降低，腐蚀电位变负，与图 2-28 一致，说明锌的腐蚀受阴极过程控制。

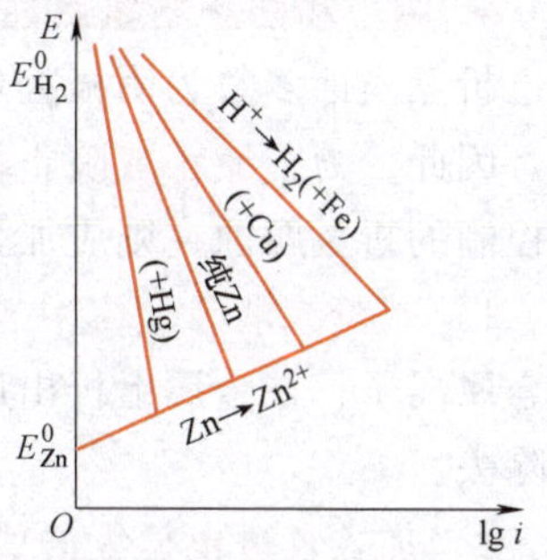

图 2-28 纯锌和含杂质的工业锌在酸中的溶解（阴极控制）

（2）阳极控制 阳极控制的析氢腐蚀主要是铝、不锈钢等钝化金属在稀酸中的腐蚀。在此情况下，金属离子必须穿透氧化膜才能进入溶液，因此有很高的阳极极化。图 2-29 所示为铝在弱酸中的析氢腐蚀极化图，为阳极控制。当溶液中存在氧时，铝、钛、不锈钢等金属上钝化膜的缺陷易被修复，因而腐蚀速度降低。当溶液中含有 Cl^- 离子时，其钝化膜遭到破坏，使腐蚀速度上升。

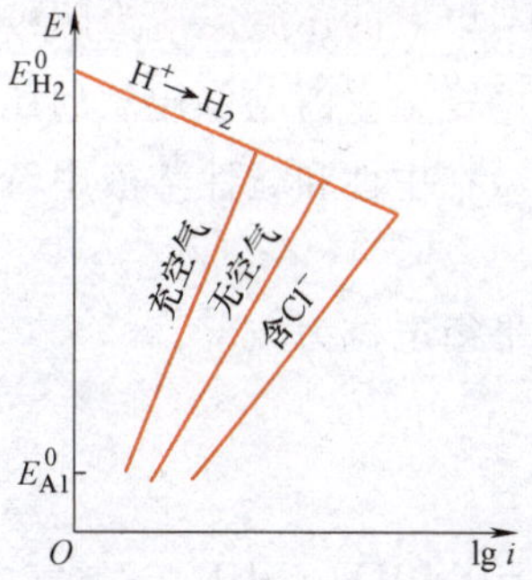

图 2-29 铝在弱酸中的析氢腐蚀极化图（阳极控制）

（3）混合控制 铁和钢在酸性溶液中的析氢腐蚀中为阴、阳极混合控制，因为阴、阳极极化大约相同。图 2-30 为铁和不同成分的碳钢的析氢腐蚀极化图。在给定的电流密度下，碳钢的阳极和阴极极化都比纯铁的低，这意味着碳钢的析氢腐蚀速度比纯铁大。钢中含有杂质 S 时，可使析氢腐蚀速度增大。这是因为，一方面可形成 Fe-FeS 局部微电池，加速腐蚀；另一方面，钢中的硫可溶于酸中，形成 S^{2-} 离子。由于 S^{2-} 极易吸附在铁表面，强烈催化电化学过程，使阴、阳极极化度都降低，从而加速腐蚀。这与少量（10^{-6}数量级）硫化物加入酸中加速钢的腐蚀的效果类似。

在含 S 的钢中加入 Cu 或 Mn 有两方面的作用：一是其本身是阴极，可加速 Fe 的溶解；另一方面可以抵消 S 的有害作用。因为溶解的 Cu^+ 又沉积在 Fe 表面，与吸附的 S^{2-} 离子形成 Cu_2S，在酸中不溶（溶度积为 10^{-48}）。因此可消除 S^{2-} 对电化学反应的催化作用。加入 Mn 也可抵消 S 的有害作用，因为一方面可形成低电导的 MnS，另一方面减少了铁中的 S 含量；而且 MnS 比 FeS 更易溶于酸中。

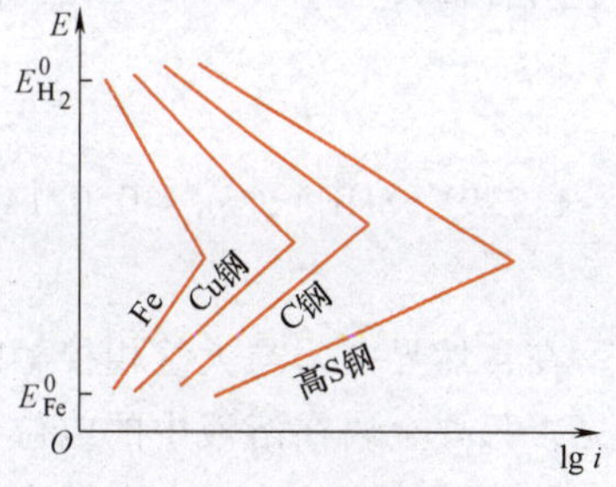

图 2-30 铁和碳钢的析氢腐蚀（混合控制）

从析氢腐蚀的极化图可看出，腐蚀速度与腐蚀电位间的变化没有简单的相关性。同样使腐蚀速度增加的情况下，阴极控制通常使腐蚀电位变正（图 2-28）；阳极控制使电位变负（图 2-29）；混合控制下腐蚀电位可变正，也可变负，视具体情况而定（图 2-30）。

4. 减小和防止析氢腐蚀的途径

析氢腐蚀多数为阴极控制或阴、阳极混合控制，腐蚀速度主要决定于析氢过电位的大小。因此，为了减小或阻止析氢腐蚀，应设法减小阴极面积，提高析氢过电位。对于阳极钝化控制的析氢腐蚀，则应加强其钝化，防止其活化。减小和防止析氢腐蚀的主要途径如下：

1）减少或消除金属中的有害杂质，特别是析氢过电位小的阴极性杂质。溶液中若存在贵金属离子，在金属上析出后提供了有效的阴极，其析氢过电位很小，则会加速腐蚀，应设法除去。

2）加入氢过电位大的成分，如 Hg、Zn、Pb 等。

3）加入缓蚀剂，增大析氢过电位。如酸洗缓蚀剂若丁，有效成分为二邻甲苯硫脲。

4）降低活性阴离子成分如 Cl^-、S^{2-} 等。

2.4.2 吸氧腐蚀

1. 吸氧腐蚀的必要条件

以氧的还原反应为阴极过程的腐蚀，称为氧还原腐蚀或吸氧腐蚀。发生吸氧腐蚀的必要条件是金属的电位比氧的还原反应的电位负，即 $E_M<E_{O_2}$。

在中性和碱性溶液中氧的还原反应为

$$O_2+2H_2O+4e \longrightarrow 4OH^-$$

其平衡电位为

$$E_{O_2}=E^0+\frac{2.303RT}{4F}\lg\frac{p_{O_2}}{[OH^-]^4} \tag{2-87}$$

$E^0=0.401V$（SHE），空气中 $p_{O_2}=0.021MPa$，当 pH=7 时，

$$E_{O_2}=0.401+\frac{0.0591}{4}\lg\frac{0.21}{(10^{-7})^4}=0.805V(SHE)$$

在酸性溶液中氧的还原反应为

$$O_2+4H^++4e \longrightarrow 2H_2O$$

其平衡电位为

$$E_{O_2}=E^0+\frac{2.303RT}{4F}\lg(p_{O_2}\cdot[H^+]^4) \tag{2-88}$$

$E^0=1.229V(SHE)$，$p_{O_2}=0.021MPa$，氧还原反应的平衡电位与 pH 的关系为

$$E_{O_2}=1.229-0.0591pH$$

在自然界中，与大气相接触的溶液中溶解有氧。在中性溶液中氧的还原电位为 0.805V。可见，只要金属在溶液中的电位低于氧的平衡电位，就可能发生吸氧腐蚀。所以，许多金属在中性或碱性溶液中，在潮湿大气、淡水、海水和潮湿土壤中，都能发生吸氧腐蚀，甚至在酸性介质中也会有吸氧腐蚀。与析氢腐蚀相比，吸氧腐蚀具有更普遍更重要的意义。

2. 氧的阴极还原过程及其过电位

由于氧分子阴极还原总反应包含 4 个电子，反应机理十分复杂。通常有中间态粒子或氧化物形成。在不同的溶液中，其反应机理也不一样。

在中性或碱性溶液中，氧分子还原的反应为

$$O_2+2H_2O+4e \longrightarrow 4OH^-$$

在酸性溶液中，氧分子还原的反应为

$$O_2+4H^++4e \longrightarrow 2H_2O$$

整个吸氧的阴极过程可分为以下几个分步骤：

1）氧向电极表面扩散。

2）氧吸附在电极表面上。

3）使氧离子化。

这三个分步骤中的任何一个都会影响到阴极过程，也会在一定程度上影响腐蚀速度。吸氧的阴极过程可分为电化学极化和浓差极化（出现极限扩散电流）。图2-31所示氧去极化反应的极化曲线，极化曲线大致可分为三段。

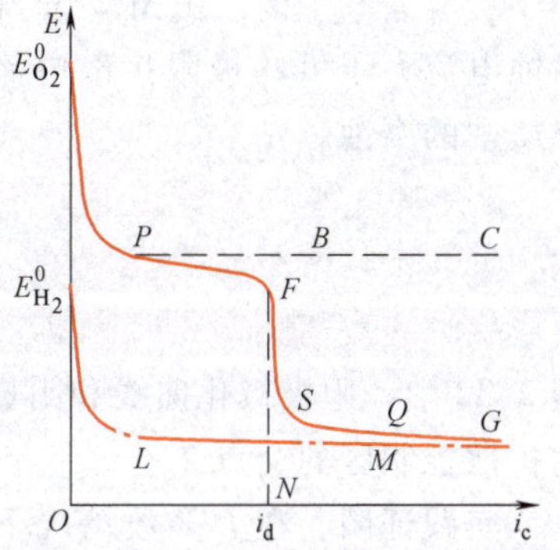

图2-31 氧去极化过程的总极化曲线

1）当阴极极化电流 i_c 不太大且供氧充分时，发生电化学极化，则极化曲线（图中 $E^0_{O_2}PBC$ 线）服从塔菲尔关系式：

$$\eta_{O_2}=a'+b'\lg i_c$$

氧离子化的过电位见表2-3，可见在各种材料表面氧离子化的过电位大不相同。表明，在其他条件相同时，η_{O_2} 越小，氧与电子结合反应越易于进行，腐蚀速率越大。

表2-3 氧离子化的过电位（$i_c=1\text{mA/cm}^2$）

电极材料	过电位/V	电极材料	过电位/V
Pt	0.70	Cr	1.20
Au	0.85	Sn	1.21
Ag	0.97	Co	1.25
Cu	1.05	Fe_3O_4	1.26
Fe	1.07	Pb	1.44
Ni	1.09	Hg	1.62
石墨	1.17	Zn	1.75
不锈钢	1.18	Mg	<2.25

2）当阴极电流 i_c 增大，由于供氧受阻，引起了明显的浓差极化，如图2-31上的 PFN 线。此时浓差极化过电位 η_{O_2} 与电流密度 i_c 之间的关系为

$$\eta_{O_2}=\frac{RT}{nF}\ln\left(1-\frac{i_c}{i_d}\right)$$

3）由上所述，当 $i_c \to i_d$ 时，$\eta_{O_2}\to\infty$，但实际上不会发生这种情况。因为当阴极向负极化到一定的电位时，除了氧离子化之外，已可以开始进行某种新的电极反应。例如，当达到氢的平衡电位 $E^0_{H_2}$ 之后，氢的去极化过程（图中 $E^0_{H_2}LM$ 线）就开始与氧的去极化过程同时进行。两反应的极化曲线互相加合，总的阴极去极化过程如图中的 $E^0_{O_2}PFSQG$ 曲线。

3. 吸氧腐蚀的控制过程及特点

金属发生氧去极化腐蚀时，多数情况下阳极过程会发生金属活性溶解，腐蚀过程处于阴

极控制之下。氧去极化的速度主要取决于溶解氧向电极表面的传递速度和氧在电极表面上的放电速度。因此，可粗略地将氧去极化腐蚀分为三种情况：

1）如果腐蚀金属在溶液中的电位较正，腐蚀过程中氧的传递速度又很大，则金属腐蚀速度主要由氧在电极上的放电速度决定。这时阳极极化曲线与阴极极化曲线相交于氧发生还原反应的活化极化区（图 2-32 中的交点 1）。例如，铜在强烈搅拌的敞口溶液中的腐蚀。

2）如果腐蚀金属在溶液中的电位非常负，如 Zn、Mn 等，阴极过程将由氧去极化和氢离子去极化两个反应共同组成。由图 2-32 中交点 3 可知，这时腐蚀电流大于氧的极限扩散电流。例如，镁在中性介质中的腐蚀。

3）如果腐蚀金属在溶液中的电位较负，如碳钢，处于活性溶解状态而氧的传输速度又有限，则金属腐蚀速度将由氧的极限扩散电流密度决定。在图 2-32 中，阳极极化曲线和阴极极化曲线相交于氧的扩散控制区的交点 2。

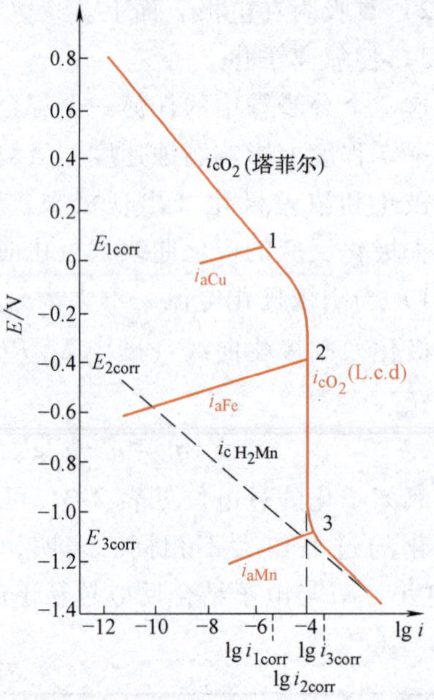

图 2-32　中性溶液中腐蚀的极化示意图

实践证明，在大多数情况下，氧向电极表面的扩散决定了整个吸氧腐蚀过程的速度。因为氧在水溶液中的溶解度是有限的，例如，对于水和空气呈平衡的体系，水中氧的溶解度仅为 10^{-4} mol/L。因此，在这类介质中，吸氧腐蚀速度往往由氧向金属表面的扩散速度所控制，而不是活化控制。

扩散控制的腐蚀过程中，腐蚀速度只取决于氧的扩散速度，因而在一定范围内，腐蚀电流将不受阳极极化曲线的斜率和起始电位的影响。如图 2-33 中，A、B、C 三种合金的阳极极化曲线不同，但腐蚀电流都一样。也就是说，这种情况下腐蚀速度与金属本身的性质无关。例如，在海水中，普通碳钢和低合金钢的腐蚀速度没有明显区别。

扩散控制的腐蚀过程中，金属中阴极性杂质或微阴极数量对腐蚀速度的影响较小。因为当微阴极在金属表面分散得比较均匀时，即使阴极的总面积不大，实际上可利用来输送氧的溶液体积基本上都已被用于氧向阳极表面的扩散了（图 2-34）。因此，继续增加微阴极的数量或面积并不会引起扩散过程的显著加强，也不会显著增加腐蚀速度。

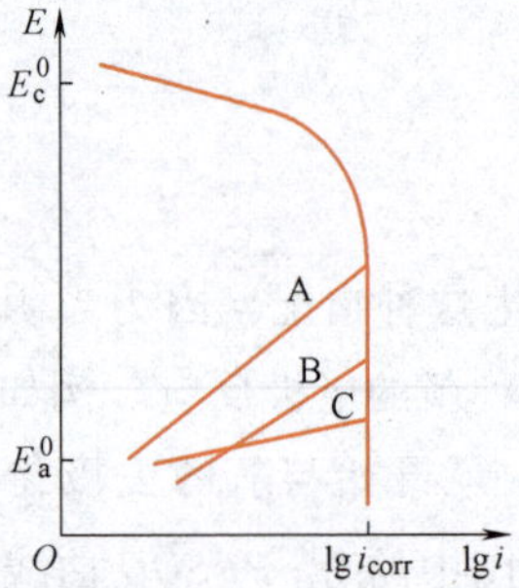

图 2-33　不同金属在吸氧腐蚀时在阴极控制下可以具有相同的腐蚀速度

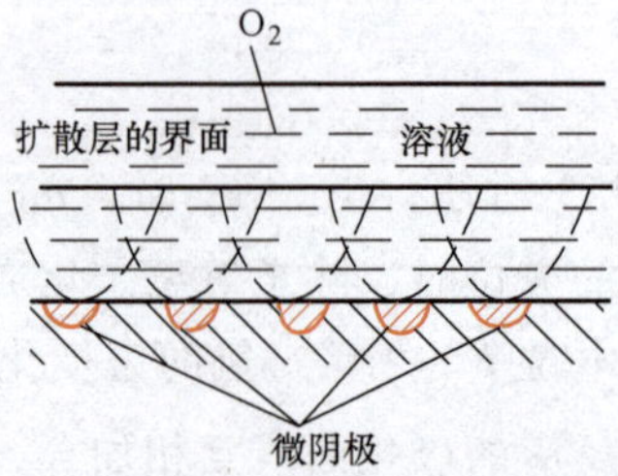

图 2-34　氧向微阴极扩散途径示意图

4. 影响吸氧腐蚀的因素

如果腐蚀过程是在供氧速度很大，且在腐蚀电流密度较小的情况下进行，那么金属的腐蚀速度将取决于阴极上吸氧反应的电化学极化过电位的大小。但是大多数情况下，供氧速度有限，吸氧腐蚀过程受氧扩散过程控制，金属腐蚀速度就等于氧极限扩散电流密度值。由式（2-72）可知，氧极限扩散电流密度 i_d 为

$$i_d = \frac{nFDC}{\delta}$$

因此，凡影响溶解氧扩散系数 D、溶液中溶解氧的浓度 C 以及扩散层厚度 δ 的因素，都将影响腐蚀。

（1）溶液温度的影响　溶液的温度升高，使溶液黏度降低，从而使溶解氧的扩散系数 D 增加，故温度升高会加速腐蚀过程。但是，温度升高可使氧的溶解度降低，特别是在接近沸点时，氧的溶解度急剧降低，可减缓腐蚀过程。

（2）溶液浓度的影响　氧的溶解度随溶液浓度的增加而减少。图 2-35 所示为 NaCl 的浓度对铁在充气溶液中的腐蚀速度的影响。由于盐浓度增加，溶液的导电性增加以及 Cl^- 离子的作用加强，铁的腐蚀迅速加快；由图可见，当海水中 NaCl 浓度为 3%（质量分数）时，腐蚀速度达到最大值；当盐浓度超过 3% 时，由于氧溶解度降低和扩散速度减小，腐蚀速度随盐浓度的提高而显著下降。

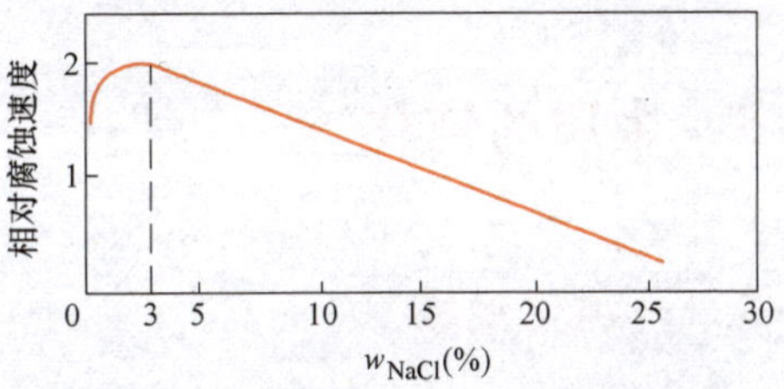

图 2-35　NaCl 浓度对铁在充气溶液中腐蚀的影响

（3）溶液流速和搅拌的影响　溶液流速增加和搅拌可使扩散层厚度减小，氧的极限扩散电流增加，因而腐蚀速度增大。如图 2-36a 所示，在层流区内，腐蚀速度随流速的增加而缓慢上升。当流速增加到开始出现湍流的速度，达到临界速度 $v_{临}$ 时，湍流液体击穿了紧贴金属表面的、几乎静止的边界层，并使保护膜发生一定程度的破坏，因此腐蚀速度急剧增加。实际上腐蚀类型已由层流下的均匀腐蚀，变成为湍流下的磨损腐蚀（即湍流腐蚀）。当流速上升到某一数值后，阳极极化曲线不再与吸氧反应极化曲线的浓差极化部分相交，而与活化极化部分相交（图 2-36b）。这时腐蚀速度不再受阴极氧的极限扩散电流控制，腐蚀类型也不再是全面腐蚀，而变为湍流腐蚀了。随着流速的进一步提高还将引起空泡腐蚀。

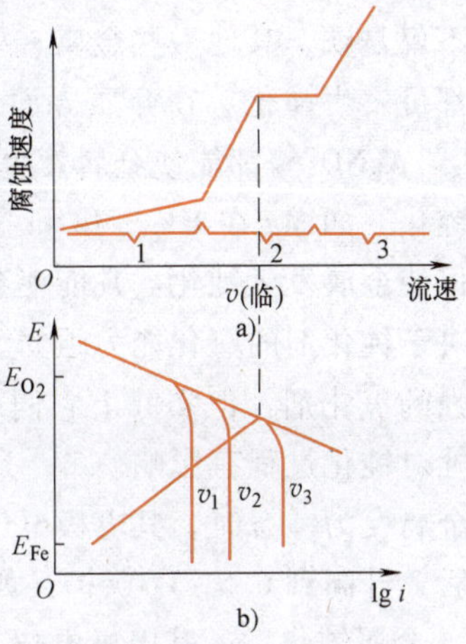

图 2-36　溶液流速对吸氧腐蚀的影响

a）流速对腐蚀速度及腐蚀类型的影响
b）不同流速下的吸氧腐蚀极化图
1—层流区全面腐蚀　2—湍流区腐蚀
3—高流速区空泡腐蚀

对于易钝化的金属，如不锈钢，适当增加流速或给予搅拌，反而会降低其腐蚀速度。因为增大流速或加以搅拌，使金属表面的供氧条件得到了改善（更充裕、更均匀），有利于金属的钝化，使金属更快地进

入钝态。

5. 析氢腐蚀与吸氧腐蚀的比较

表 2-4 中列出了析氢腐蚀与吸氧腐蚀的比较。

表 2-4 析氢腐蚀与吸氧腐蚀的比较

比较项目	析氢腐蚀	吸氧腐蚀
去极化剂性质	带电氢离子，迁移速度与扩散能力都大	中性氧分子，只能靠扩散和对流传输
去极化剂浓度	浓度大，酸性溶液中 H^+ 放电，中性或碱性溶液为 $H_2O+e\longrightarrow H+OH^-$	浓度不大，在一定条件下，溶解度受到限制
阴极控制	主要是活化极化 $\eta_{H_2}=-\frac{2.3RT}{anF}\lg i_0+\frac{2.3RT}{anF}\lg i_c$	主要是浓差极化 $\eta_{O_2}=\frac{2.3RT}{nF}\lg\left(1-\frac{i_c}{i_d}\right)$
阴极反应产物	以 H_2 泡逸出，电极表面溶液得到附加搅拌	产物只能靠扩散或迁移离开，无气泡逸出

2.5 金属的钝化

2.5.1 钝化现象

电化学中较活泼的金属，应较易于被腐蚀。但在实际情况中，一些较活泼的金属在某些特定的环境介质中，都具有较好的耐蚀性。例如，把铁片浸入浓硝酸中，其腐蚀速度极小，铁变得很稳定，与贵金属类似。这是因为金属表面形成了一层极薄的钝化膜，使金属由活化态变为钝态，这一现象称为钝化现象。金属通过与钝化剂相互作用在开路状态发生钝化称为自钝化。

不仅是铁，其他一些金属，如铝、铬、镍、钴、钼、钽、铌、钨、钛等，在适当的条件下，都可发生钝化。在介质方面，除硝酸外，其他强氧化剂如 KNO_3、$K_2Cr_2O_7$、、$KMnO_4$、$KClO_3$、$AgNO_3$等都能使金属发生钝化。在适当条件下，非氧化性介质也有可能使某些金属发生钝化，如 Mg 在 HF、Mo 和 Nb 在 HCl 溶液中都可发生钝化。另外，溶液和大气中的氧也可促使金属发生钝化。凡能使金属发生钝化的物质都称为钝化剂。但是，钝化的发生不仅仅取决于钝化剂的氧化能力强弱。例如 H_2O 和 $KMnO_4$的氧化-还原电位比 $K_2Cr_2O_7$更正，应是更强的氧化剂，但实际上它们对 Fe 的钝化作用比 $K_2Cr_2O_7$差。原因在于钝化剂中阴离子的特性对钝化过程有影响。

金属变为钝态时，其电极电位向正方向移动。例如，铁的电极电位为-0.5~-0.2V，钝化之后，升高到 0.5~1.0V；又如，铬的电极电位为-0.6~-0.4V，钝化后，上升为 0.8~1.0V。金属钝化后，其电极电位几乎接近于贵金属（Au、Pt）的电极电位。由于电位的升高，钝化了的金属就会失去原有的某些特性，例如，钝化了的铁在铜盐中，不能将铜置换出来。

金属除依靠与钝化剂相互作用而致钝外，还可通过阳极极化发生钝化。金属在一定介质中进行阳极极化时，当外加电流或外加电位达到或超过一定值后，金属发生从活化状态到钝化状态的转变，金属的溶解速度降至一个很低的值，并且在一定电位范围内基本保持不变，这种钝化称为阳极钝化或电化学钝化。图 2-37 所示为工业纯铁在 HNO_3 溶液中发生阳极钝化的极化曲线（扫描速度为 5mV/s）。在钝化区，铁的阳极溶解电流几乎接近零。其他金属和合金，如 Cr、Ni、Mo 和不锈钢等均可因阳极极化而发生钝化。

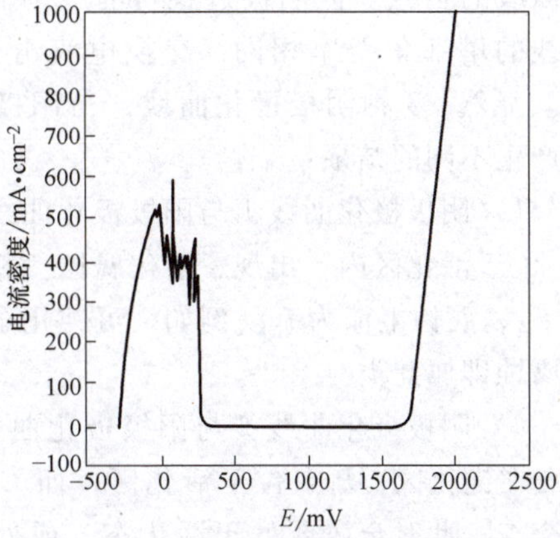

图 2-37 工业纯铁在 1mol/L 的 HNO_3 溶液中的阳极极化曲线

在防腐蚀技术中，可以利用钝化现象来降低金属或合金的自腐蚀或阳极溶解速度。例如，不锈钢在许多强腐蚀性氧化性介质中极易钝化，人们就利用这类合金钢来制造与强氧化性介质相接触的化工设备。然而在某些情况下，钝化现象是有害的。例如，在阴极保护工程中，用 Al 作为牺牲阳极时，就需要添加活性元素 In，否则 Al 会发生钝化发不出所需的电流。

2.5.2 金属钝化的电极过程

图 2-38 所示为典型的金属阳极钝化的实测极化曲线。整个曲线可分为四个区：

AB—电流随电位升高而增大，为活化溶解区。

BC—电流急剧下降，处于不稳定状态，为活化-钝化过渡区。

CD—随着电位的增加，电流几乎保持不变，这是稳定钝化区或钝化区。

DE—电流再次随着电位升高而增大，为过钝化区。

相应于 B 点的电流密度称为致钝（或临界）电流密度 i_p，电位为致钝电位 E_p；相应于钝化区的电流密度称为维钝电流密度 i'_p；相应于 D 点的电位称为过钝电位 E_{tp}。在活化区，金属以低价形式溶解；在钝化区，金属表面上形成了钝化膜，阻碍了金属的溶解过程；过钝化区的电极过程主要是析氧反应和金属以高价离子溶解，使钝化膜遭到破坏。

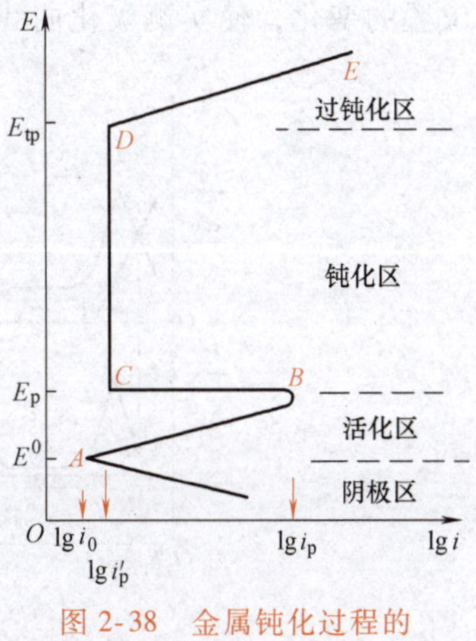

图 2-38 金属钝化过程的阳极极化曲线示意图

由图 2-38 可见，对于发生阳极钝化的体系，金属的电位处于不同的区段，产生不同的电极反应，阳极腐蚀速度也不同。因此，将电位维持在钝化区，金属可得到保护，这就是电化学阳极保护的基本原理。

由于金属腐蚀是个多反应耦合的电极过程，因此图 2-38 中实测的阳极钝化极化曲线是由理论的金属阳极过程和阴极过程耦合的结果。实测的阳极钝化极化曲线是电位与真实的金属阳极氧化反应电流密度、氧化剂的阴极还原反应电流密度之和的关系曲线，其中金属阳极氧化反应的电流密度为正值，氧化剂的阴极还原反应的电流密度为负值。

图 2-39 所示为金属钝化过程的理论金属阳极极化曲线和阴极极化曲线。对于特定可钝化的金属腐蚀体系，人们认为其理论金属阳极极化曲线仍然具有图 2-38 中的阳极钝化的极

化曲线的特点。但阴极过程可有 3 种阴极极化曲线，曲线的塔菲尔斜率相同，交换电流分别为 i_{01}、i_{02} 和 i_{03}。显然，3 种阴极极化曲线，与阳极极化曲线偶合会产生不同的结果：

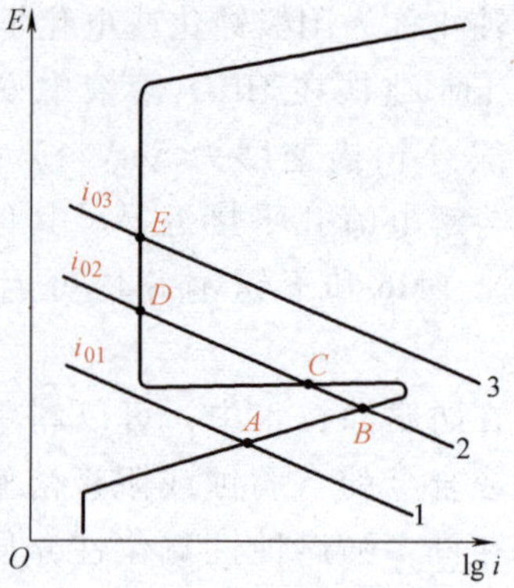

图 2-39　不同的阴极极化曲线与一钝化金属的阳极极化曲线的交点示意图

1）阴极极化曲线 1 与阳极极化曲线只有 1 个交点 *A*，位于活化区内，出现了活化腐蚀。相应的腐蚀电位为 E_A，腐蚀电流为 i_A。例如，可钝化金属铁在稀酸中的腐蚀即属此类。

2）阴极极化曲线 2 与阳极极化曲线有 3 个交点：*D* 点在钝化区，*B* 点位于活化区，而 *C* 点是个不稳定的交点。此时金属或处于活化态，或处于钝化态。若钝化金属浸在不能修复钝化膜的溶液中，例如不锈钢处于脱氧的酸中，其钝化膜被破坏而又得不到修补，则将导致金属腐蚀。例如，在阴极极化曲线 2 的情况下，如果金属原来就是活化的，则由于阴极电流达不到 i_p，金属电位就不能进入钝化区。

3）阴极极化曲线 3 与阳极极化曲线只有一个交点 *E*，且处于钝化区，则金属处于自钝化状态。例如，铁在硝酸中，不锈钢及钛在含氧的酸中都属于自钝化状态。可以看到，只有当阴极电流超过致钝电流时，金属才能自钝化，而且致钝电流越小，致钝电位越低，越有利于金属的自钝化。

图 2-40 所示为上述三种情况的理论极化曲线与实测极化曲线的对比图。可以看到，金属钝化状态的稳定性与阴极极化过程密切相关。阴极极化的变化导致其与阳极极化曲线相交点位置的变化，使实测极化曲线中腐蚀电位、极化曲线形状发生相应变化。

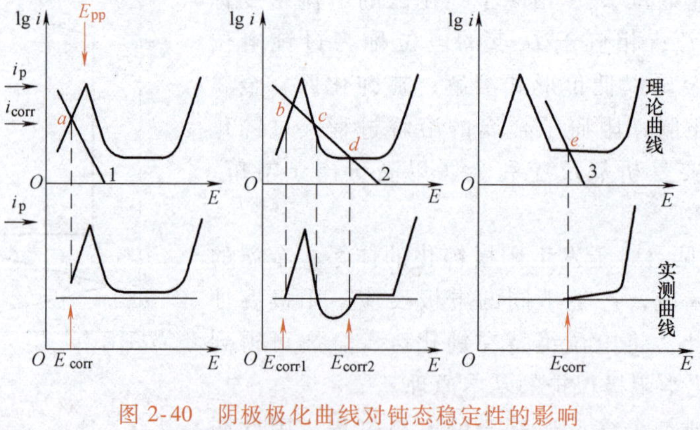

图 2-40　阴极极化曲线对钝态稳定性的影响

在第一种情况中，实测极化曲线与金属的理论阳极极化曲线有着相似的形状。表明在此情况下，通过阳极极化可以使金属进入钝化状态，即发生阳极钝化。

在第二种情况中，理论阴极极化曲线 2 与阳极极化曲线有三个交点，在实测极化曲线上出现负电流，说明腐蚀金属在该电位范围内阴极还原速度大于阳极氧化速度。

在第三种情况中，在没有外加阳极极化的情况下，由腐蚀介质的氧化剂（去极化剂）的还原就可引起的金属钝化，即金属的自钝化。发生自钝化金属的实测阳极极化曲线具有与阳极钝化完全不一样的极化曲线形状。

影响金属自钝化的因素包括金属材料的性质、氧化剂的强弱和浓度、溶液组分、温度等。不同的金属具有不同的自钝化趋势，按金属腐蚀阳极控制程度的强弱，金属自钝化趋势减小的顺序为：

Ti、Al、Cr、Be、Mo、Mg、Ni、Co、Fe、Mn、Zn、Cd、h、Ph、Cu

但这并不代表金属在腐蚀介质中稳定性的高低。如将自钝化强的金属与钝性较弱的金属进行合金化，可提高合金的自钝化能力。

2.5.3 钝化膜

金属之所以能够发生钝化，在于当金属处于一定条件时，介质中的组分或是直接同金属表面的原子相结合或是与溶解生成的金属离子相结合，在金属表面形成具有阻止金属溶解能力并使金属保持在很低的溶解速度的钝化膜。

钝化膜可以是单分子层至几个分子层的吸附膜，也可以是三维的氧化物或盐类成相膜。金属的钝化膜可分成5种类型，如图2-41所示。

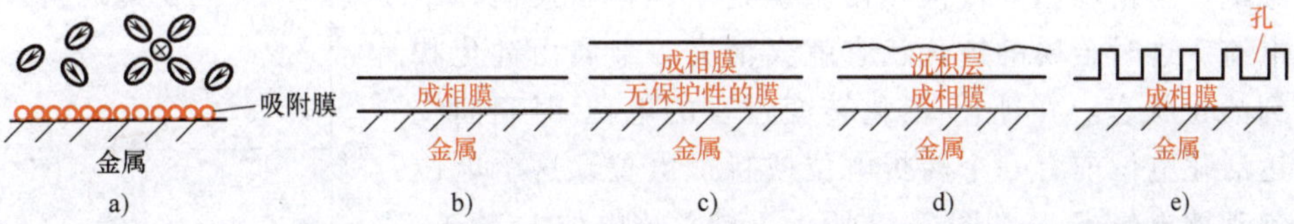

图2-41 钝化膜的5种类型

a）类型1 b）类型2 c）类型3 d）类型4 e）类型5

类型1：吸附膜，由氧或其他物质的单分子或多分子层组成。例如Fe-Cr合金在酸性溶液中形成氧或氢氧化物单分子吸附膜。

类型2：三维氧化物聚合物成相膜，它首先是由氧的多分子吸附膜转变生长为氧化物膜。如Fe在酸性溶液中形成内层为Fe_3O_4、外层为γ-Fe_2O_3的钝化膜。一般来说，在稳态且维钝电流与电位无关的条件下，成相膜的厚度与电位成线性关系。

类型3：在无保护性膜上形成的成相膜，如钴上形成的钝化膜。在中性溶液中，首先形成无保护性的CoO膜，然后才形成Co_3O_4膜。Cu在中性溶液中也会形成这类钝化膜，主要由Cu_2O和CuO组成。

类型4：氢氧化物沉积层覆盖的成相膜，如Fe在中性溶液中形成的钝化膜，其氧化物成相膜的厚度与电位成线性关系，而外层沉积层厚度与电位无关。Co在碱性溶液中、Ti在酸性溶液中形成的钝化膜都属于这种类型。

类型5：同组成的多孔膜覆盖的成相膜，如Al在阳极氧化后，在其表面形成多孔的氧化物膜。

金属材料表面形成的钝化膜很薄，一般难以用肉眼观察得到。钝化膜的结构究竟是晶态还是非晶态，还没有统一的看法。X射线衍射结果证明：Fe_3O_4、FeOOH、γ-Fe_2O_3膜和TiO_2膜具有晶态结构，而不锈钢上的钝化膜则是非晶态结构。

钝化膜的电学性质，即电子传导性质，是钝化膜的一项重要性质。据其导电性，大多数钝化膜是介于半导体和绝缘体之间的弱的电子导体。这是因为钝化膜很薄时，氧化还原反应可通过电子的隧道效应来完成，即电子可在隧道效应的作用下穿过钝化膜，使钝化膜具有电子导体的性质。曹楚南认为，只有电子导体膜才是钝化膜。因此，上述五种类型的钝化膜中，Al 的阳极氧化膜不应属于钝化膜范畴。

钝化金属的溶解是通过钝化膜来进行的。钝化膜的溶解过程可表示为

$$M \longrightarrow M^{n+}(\text{钝化膜})+ne$$

$$M^{n+}(\text{钝化膜}) \longrightarrow M^{n+}(\text{水溶液})$$

溶解过程又有稳态和非稳态之分。在稳态条件下，穿过膜中的离子电流等于在膜/溶液界面的膜溶解电流。膜的溶解速度由膜/溶液界面 Helmholtz 层中的电位降所控制。膜的溶解电流的对数与 Helmholtz 层中电位降存在着线性关系，说明钝化膜的溶解是发生在膜/溶液界面的电化学反应过程。而在非稳态条件下，钝化膜的溶解速度就不存在类似于稳态下的那种关系，而是与外加阳极电流的大小有关。在膜/溶液界面不仅发生离子 M^{n+} 穿过膜/溶液界面进入溶液的过程，同时还有氧离子 O^{2-} 进入膜中的过程。无论是在稳态或非稳态条件，可以肯定，钝化膜的溶解速度都与膜/溶液界面双电层电位差有关。

金属钝态的稳定性可用佛莱德（Flade）电位来评价。所谓佛莱德电位是指当用阳极极化使金属处于钝化状态后，中断外加电流，这时金属的钝化状态就会消失，金属由钝化状态变回到活化状态。在钝化-活化转变过程的电位-时间曲线上，到达活化电位前有一个转折电位或特征电位，这个电位就称为佛莱德电位 E_F，如图 2-42 所示。佛莱德电位 E_F 越正，金属丧失钝态的倾向越大；反之，佛莱德电位 E_F 越负，该金属越容易保持纯态，即钝化膜越稳定。金属的佛莱德电位 E_F 与溶液的 pH 值存在着良好的线性关系。例如，Fe 在 25℃ 时，E_F 与 pH 值有如下关系：

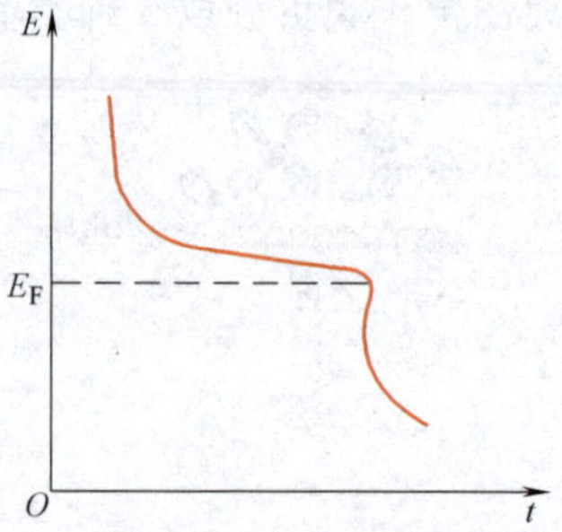

图 2-42 钝化金属的电位-时间曲线

$$E_F = 0.58 - 0.059\text{pH}(\text{V},\text{SCE})$$

对于 Cr、Ni 和 Fe-Cr 合金上的钝化膜也存在类似的线性关系。对于 Fe-Cr 合金来说，随着合金中 Cr 含量的增加，E_F 逐渐变负，充分说明 Cr 含量增加，提高了 Cr-Fe 合金的钝化性能。

2.5.4 钝化理论

长期以来，人们对金属的钝化做了大量的研究，提出了不少有关的钝化理论来阐述钝化的实质。自钝化现象研究伊始，就形成了两大理论，即成相膜理论和吸附膜理论。

1. 成相膜理论

成相膜理论认为，金属溶解时，可在其表面上生成一种致密的、覆盖性良好的固体产物薄膜。该膜形成的独立相（成相膜）的厚度为 1~10nm，可用光学法测出。相成分可用电子衍射等手段进行分析。由于成相膜的存在，可把金属表面与介质隔离开来，增加了电极过程的困难，显著地降低了金属的溶解速度。

大多数成相膜由金属氧化物组成，在一定条件下，铬酸盐、磷酸盐、硅酸盐及难溶的硫酸盐和氯化物也可能构成成相膜。此外，如将钝化金属通以阴极电流进行活化，得到的阴极充电曲线（活化曲线）往往出现电位变化缓慢的平台（图 2-43）。这表明，还原钝化膜需要

消耗一定的电量（可由此来计算膜的厚度）。某些金属（Cd、Ag、Pb 等）上出现的活化电位与致钝电位很相近。说明，钝化膜的生成与消失是在近乎可逆的条件下进行的。这些电位又往往与已知化合物的平衡电位很接近，并且电位随溶液 pH 值的变化规律与平衡电位公式的计算值基本相符。据热力学计算，在金属电极上大多数金属氧化物的生成电位都比氧的析出电位负得多。这就是说，金属可以不通过与分子氧的作用而直接生成氧化物。上述事实都有力地支持了成相膜理论。

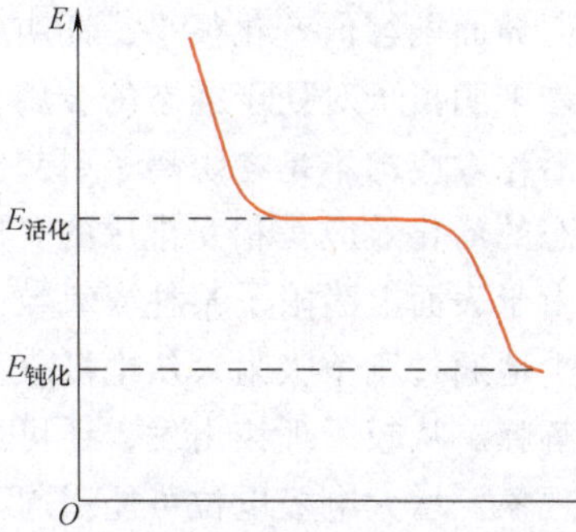

图 2-43 在钝态金属上测得的阴极充电曲线示意图

显然，生成成相钝化膜的先决条件是在电极反应中有可能生成固态反应产物。电位-pH 图可以用来估计简单溶液中生成固态产物的可能性。大多数金属在强酸性溶液中生成溶解度很大的金属离子；部分金属在强碱性溶液中也可以生成具有一定溶解度的酸根离子（如 ZnO_2^{2-}、PbO_2^- 等）；然而，在近中性溶液中，阳极产物（多数是氢氧化物）的溶解度一般很小，实际上可认为是不溶解的，其条件可由金属的电位-pH图决定。由此可以解释多数金属在中性溶液中易于钝化的原因。应当指出，也不是所有的固态产物都能形成钝化膜。例如，二次腐蚀产物是疏松的，有时根本不附着在金属表面上，这类固相沉积物并不能直接导致金属钝化。如果它们沉积于表面，仅能阻滞金属的正常溶解，从而可能促进钝化现象的出现。看来，只有直接在金属表面上生成固相产物才能导致钝化，这种表面氧化物很可能是表面上的金属原子与定向吸附的水分子间的相互作用产生的。在碱性溶液中，则可能是表面金属原子与吸附的 OH^- 作用而产生的。

卤素等阴离子对钝化现象的影响是双重的。金属处于活化时，可以与水分子及 OH^- 等在电极表面竞争吸附，延缓或阻止钝化过程；当金属表面上生成成相钝化膜时，又可以在膜/溶液界面上吸附，并由于扩散及电场的作用，进入氧化膜而成为膜内的杂质组分，这种掺杂作用能显著地改变膜的离子和电子导电性，使金属的氧化速度增大。这就解释了 Cl^- 等对金属钝化的产生和保持具有的有害作用。

2. 吸附膜理论

该理论认为，金属钝化不需要生成成相的固态产物膜，而只要在金属表面或部分表面上生成氧或含氧粒子的吸附层就够了。当这些粒子在金属表面上吸附后，改变了（金属/溶液）界面上的结构，使阳极反应的激活能显著升高。与成相膜理论不同，吸附理论认为，金属钝化是由于金属表面本身的反应能力降低了，而不是由于膜的机械隔离作用。实验表明，金属表面所吸附的单分子层不一定需要完全覆盖表面，只要在最活泼、最先溶解的表面区，例如，在金属晶格的顶角及边缘（恰好是腐蚀阳极区）吸附单分子层，便能抑制阳极过程，使金属钝化。

电极表面上出现的吸附现象，可显著地降低电极反应的能力。电量测量的结果表明，在某些情况下，金属钝化只需十分之几毫库/厘米^{2}的电量就够了，即消耗的电量还不足以生成氧的单原子吸附层。在金属进入钝态之前，电位的漂移也有效地显示出钝态的建立与破坏是否借助于界面上存在成相膜。在有膜情况下，界面电容应比自由界面上双电层电容的数值小得多。然而，在镍及 18-8 不锈钢上测量的结果表明，在金属溶解速度大幅度下降的电位范围内，界面电容值变化很小，证明并不存在成相膜。

许多阴离子对处于钝态的金属有程度不同的活化作用。但几种阴离子同时存在时所表现出的活化效应却不是各阴离子引起活化效应的总和，而是其平均值。这意味着，各种阴离子对钝态的活化效应是相互排斥的。成相膜理论很难解释这类事实。但若从吸附理论出发，钝化是由于表面上吸附了某种含氧粒子所引起的，而各种阴离子在足够正的电位下，都可能或多或少地通过竞争吸附，从电极表面上排除引起钝化的含氧粒子，因而上述事实就得到了适当的解释。从吸附理论出发，还可以圆满地解释在铬、镍、铁等金属离子及其合金出现的过钝化现象。增大电极电位可能引起两种不同的后果：表面吸附含氧粒子量随着电位变正而增多，导致钝化作用加强；电位变正加强了界面电场对阳极反应的活化作用。这两种作用在一定电位范围内基本上是相互抵消的，因而维钝电流几乎不随电位变化。在过钝化电位范围内，则是后一因素起主导作用。如果电位很正以至能在电极上生成可溶性高价金属的含氧离子（如 CrO_4^{2-}），则氧的吸附不但不起阻止作用，反而能促进高价离子的生成。

至于究竟哪种含氧粒子的吸附导致金属的钝化作用，尚无统一的看法。有的研究者认为是 OH^-，有的认为是 O^{2-}，更多的人认为是氧原子。显然，这些粒子的吸附电位随 pH 值的变化应与氧化物电极平衡电位相同。但仅根据钝化电位或活化电位随 pH 值变化的实验规律，并不能说明成相膜理论和吸附膜理论哪个正确，也不能确定吸附粒子的种类。事实上，引起钝化的不限于含氧粒子，汞和银在氯离子作用下，也可能发生钝化。

对吸附粒子如何降低了金属本身的反应能的看法也不一致。有人认为主要是金属表面原子的未饱和价键在吸附了氧后饱和了，因而表面原子失去了原有的活性；也有人认为，金属上所形成的氧吸附层能将原来吸附着的 H_2O 分子层排挤掉，因而金属离子化的速度降低（因为金属变成离子时，必须伴有金属离子的水化）。还有人认为，氧吸附层增加了金属阳极过程的过电位。可见，吸附理论也不很完善，许多问题还有待进一步研究。

两种钝化理论之间的差别也许并不是两者对钝化现象的实质有不同的看法，可能还涉及钝化现象的定义以及吸附膜和成相膜的定义等问题。可以肯定的是，当在金属表面形成第一层吸附氧层后，金属的溶解速度就已大幅度下降；在此吸附氧层的基础上继续生长所形成的成相氧化物层则进一步阻滞了金属的溶解过程，增加了金属钝态的不可逆性和稳定性。有关钝化的研究至今仍是金属腐蚀研究领域的热点问题，有待于深入探索，以求得对钝化过程、钝化膜有更清晰的了解。

思　考　题

1. 如何判断在一定条件下某种金属材料发生电化学腐蚀的可能性？
2. 什么叫腐蚀电池？腐蚀电池大致可分为几类？各有什么特点？
3. 什么是极化？极化的实质是什么？何谓电化学极化？何谓浓差极化？
4. 如何运用腐蚀极化图解释电化学腐蚀？
5. 什么是析氢腐蚀和吸氧腐蚀？各有什么特点？
6. 何谓钝化、自钝化和阳极钝化？钝化的本质是什么？
7. 发生自钝化的条件是什么？
8. 成相膜理论和吸附膜理论的区别是什么？

第3章

全面腐蚀与局部腐蚀

金属的腐蚀形态一般可分为两大类：全面腐蚀和局部腐蚀。其中，局部腐蚀又可分为点蚀、缝隙腐蚀、电偶腐蚀、晶间腐蚀、选择性腐蚀、应力腐蚀、腐蚀疲劳及磨损腐蚀等，即通常所说的八大局部腐蚀形态。局部腐蚀是相对于全面腐蚀而言的，其特点是腐蚀的发生仅局限或集中在金属的某一特定部位；发生局部腐蚀时，阳极区和阴极区可以截然分开，其位置可以用肉眼或微观观察加以区分；同时次生腐蚀产物又可在阴、阳极交界的第三地点形成。据统计，腐蚀事故中80%以上是由局部腐蚀造成的，由于很难检测其腐蚀速率，局部腐蚀的危害性非常大，因此本章将重点介绍几种常见的局部腐蚀类型，有关应力作用下的腐蚀和磨损腐蚀将在下一章介绍。

3.1 全面腐蚀

全面腐蚀是最常见的腐蚀形态，其特征是腐蚀分布于金属的整个表面，使金属整体减薄。发生全面腐蚀的条件是，腐蚀介质能够均匀地抵达金属表面的各部位，而且金属的成分和组织比较均匀。例如碳钢或锌板在稀硫酸中的溶解，以及某些材料在大气中的腐蚀都是典型的全面腐蚀。

全面腐蚀的电化学特点是腐蚀原电池的阴、阳极面积非常小，甚至用微观方法也无法辨认，而且微阳极和微阴极的位置随机变化。整个金属表面在溶液中处于活化状态，只是各点随时间（或地点）有能量起伏，能量高时（处）呈阳极，能量低时（处）呈阴极，从而使整个金属表面遭受腐蚀。表3-1对全面腐蚀和局部腐蚀在电化学行为和腐蚀产物等方面的差异进行了全面比较。

表3-1 全面腐蚀与局部腐蚀比较

比较项目	全面腐蚀	局部腐蚀
腐蚀形貌	腐蚀分布在整个金属表面上	腐蚀主要集中在一定的区域，其他部分不腐蚀
腐蚀电池	阴、阳极在表面上随机变化，且不可辨别	阴、阳极在宏观上可分辨
电极面积	阳极面积=阴极面积	阳极面积<<阴极面积
电位	阳极电位=阴极电位=腐蚀（混合）电位	阳极电位<阴极电位
极化图	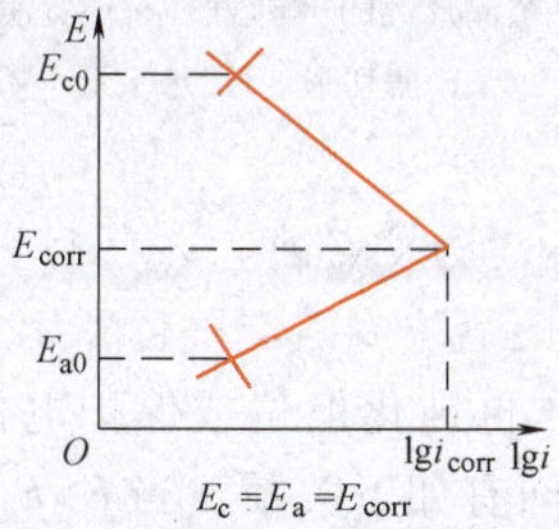	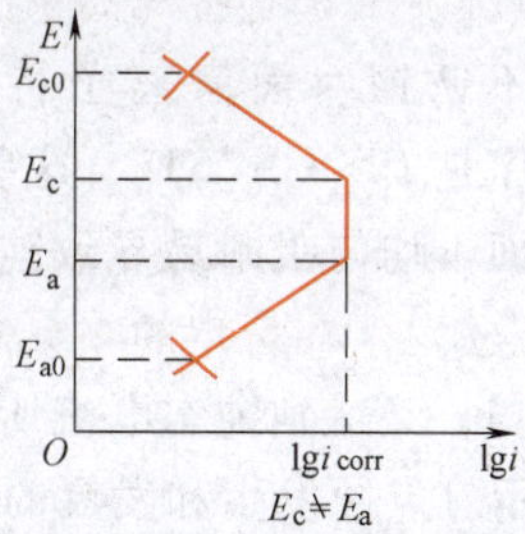
腐蚀产物	可能对金属具有保护作用	无保护作用

虽然在全面腐蚀的定义中允许有一定程度的不均匀性，通常全面腐蚀可视为均匀腐蚀。可采用均匀腐蚀速率——失重或失厚——表示腐蚀进行的快慢。全面腐蚀往往造成金属的大量损失，但从技术角度来看，这类腐蚀并不可怕，一般不会造成突然事故。其腐蚀速率容易进行测定和预测，在工程设计时可预先考虑应有的腐蚀裕量。

3.2　点蚀

3.2.1　点蚀的定义和特点

点蚀又称小孔腐蚀，是一种腐蚀集中在金属表面的很小范围内并深入到金属内部的小孔状腐蚀形态，蚀孔直径小、深度深。点蚀的程度用点蚀系数来表示。点蚀系数指蚀孔的最大深度和金属平均腐蚀深度的比值，点蚀系数越大表示点蚀越严重。

点蚀是破坏性和隐患性最大的腐蚀形态之一，仅次于应力腐蚀开裂。点蚀导致金属的失重非常小，但由于阳极面积很小，腐蚀很快，常使设备和管壁穿孔，从而导致突发事故。对点蚀的检查比较困难，因为蚀孔尺寸很小，而且经常被腐蚀产物遮盖，因而定量测量和比较点蚀的程度也很困难。此外，点蚀同其他类型的局部腐蚀的发生，如缝隙腐蚀和应力腐蚀，有着密切的关系。

3.2.2　点蚀的形貌与产生条件

点蚀的形貌种类多样，随材料与腐蚀介质的不同而异。常见的蚀孔形貌如图 3-1 所示。某种特定形状蚀孔的形成条件，目前尚不清楚，可能与材料的组织有关。

点蚀的发生一般要满足材料、介质和电化学三个方面的条件：

1）点蚀多发生在表面容易钝化的金属材料（如不锈钢、Al 及 Al 合金）或表面有阴极性镀层的金属（如镀 Sn、Cu 或 Ni 的碳钢表面）上。当钝化膜或阴极性镀层局部发生破坏时，破坏区的金属和未破坏区形成了大阴极、小阳极的“钝化-活化腐蚀电池”，使腐蚀向基体纵深发展而形成蚀孔。

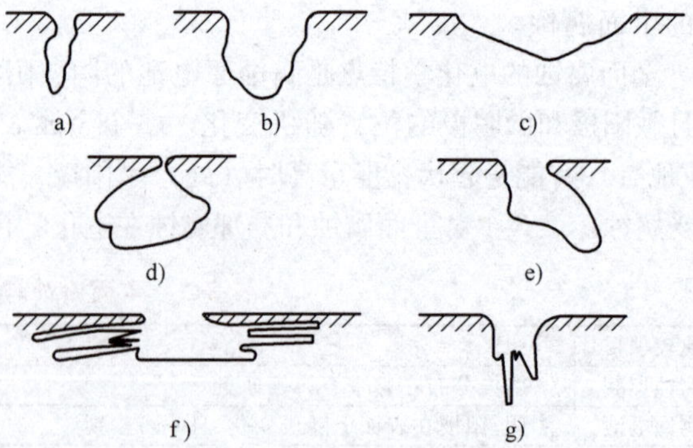

图 3-1　常见的蚀孔形貌

a）窄深形　b）椭圆形　c）宽浅形　d）空洞形

e）底切形　f）水平形　g）垂直形

2）点蚀发生于有特殊离子的腐蚀介质中。如不锈钢对卤素离子特别敏感，作用的顺序是 $Cl^- > Br^- > I^-$。这些阴离子在金属表面不均匀吸附易导致钝化膜的不均匀破坏，诱发点蚀。

3）点蚀发生在特定的临界电位以上，称作点蚀电位或破裂电位，用 E_b 表示。如果把极化曲线回扫，又达到钝态电流所对应的电位，称作再钝化电位或保护电位，以 E_p 表示，如图 3-2 所示。点蚀发生和发展的电位与 E_b 和 E_p 之间有如下关系：当 $E>E_b$ 时，点蚀迅速发生和发展；当 $E_p<E<E_b$ 时，不产生新的蚀孔，但已有的蚀孔可继续发展；当 $E<E_p$ 时，不发生

点蚀。E_b值越大，表明材料耐点蚀性能越好。E_b与E_p越接近，钝化膜的修复能力越强。需要注意的是，采用动电位扫描测E_b、E_p时，必须注意扫描速度的影响。

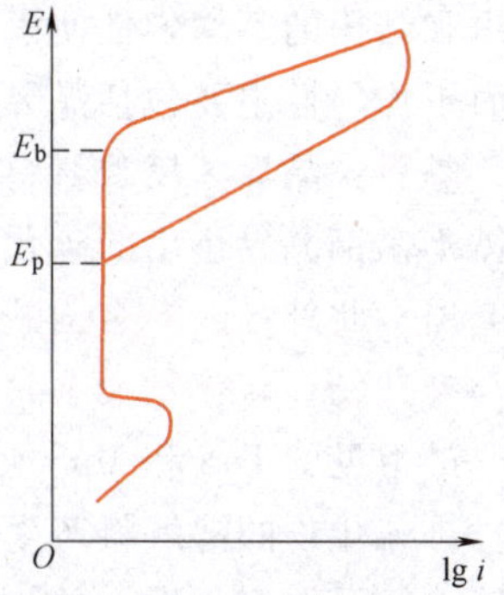

图 3-2　动电位扫描阳极极化曲线示意图

但在不少的金属介质体系中，也可能找不到特定的点蚀电位，图 3-3 中五组极化曲线分别表示已经观察到的不同点蚀电位区间。曲线 1 是典型的不锈钢在 NaCl 溶液中发生的点蚀，超过E_b电位，点蚀发生和发展很快。曲线 2 是不锈钢在室温浓 HCl 或 100℃以上高浓度 $MgCl_2$溶液中，点蚀起始于接近活化/钝化转变区的电位下，而且发生在直至吸氧反应电位较正的电位区，实际上不存在钝化区。曲线 3 是 Fe 在 ClO_4^-溶液中，点蚀发生在过钝化电位区。曲线 4 是 Fe 在硫酸盐溶液中，点蚀发生在活化/钝化转变区内，在致钝电位下蚀孔密度较高。曲线 5 是含有硫化物夹杂的低碳钢在近中性氯化物溶液中，硫化物夹杂区侵蚀，点蚀成核，所以点蚀也可能在活化电位区发生（曲线 4、5 是同一条曲线，曲线 4、5 标出的部位表示点蚀发生的区域）。

3.2.3　点蚀机理

点蚀的过程可分为蚀孔成核（发生）和蚀孔生长（发展）两个阶段。

1. 蚀孔成核（发生）

关于蚀孔成核的原因通常有两种观点，即钝化膜破坏理论和吸附理论。

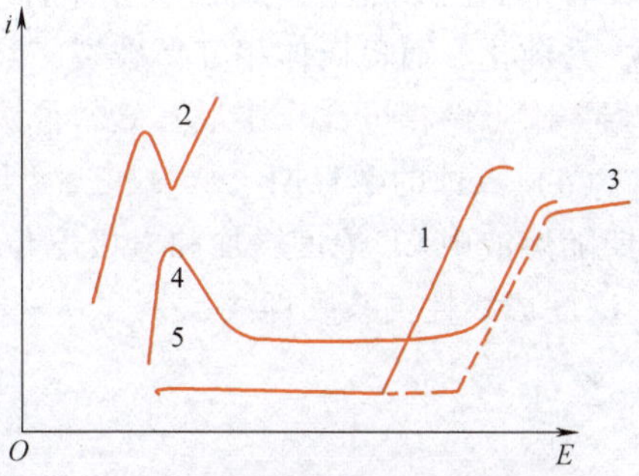

图 3-3　典型的阳极极化曲线示意图

注：黑实线表示在不同体系中发生点蚀的区域。

（1）钝化膜破坏理论　该理论认为当电极阳极极化时，钝化膜中的电场强度增加，吸附在钝化膜表面上的腐蚀性阴离子（如Cl^-离子）因其离子半径较小而在电场的作用下进入钝化膜，使钝化膜局部变成了强烈的感应离子导体，于是钝化膜在这点上出现了高的电流密度，并使阳离子杂乱移动而活跃起来。当钝化膜-溶液界面的电场强度达到某一临界值时，就发生了点蚀。

（2）吸附理论　钝化的吸附理论认为，金属表面生成氧或含氧粒子的吸附层而引起钝化。与其对应，吸附理论认为蚀孔的形成是由于上述阴离子与氧的竞争吸附的结果。这种吸附置换假说可用图 3-4 表示。图中 M 代表金属，在去气溶液中，金属表面吸附的不是氧分子，而是由水形成的稳定氧化物离子。ZX^-为氯的络合离子。一旦氯的络合离子取代稳定氧化物离子，该处吸附膜被破坏，而发生点蚀。根据这一理论，点蚀的破裂电位E_b是腐蚀性阴离子可以可逆地置换金属表面上吸附层的电位。当$E>E_b$时，氯离子在某些点竞争吸附强烈，该处发生点蚀。

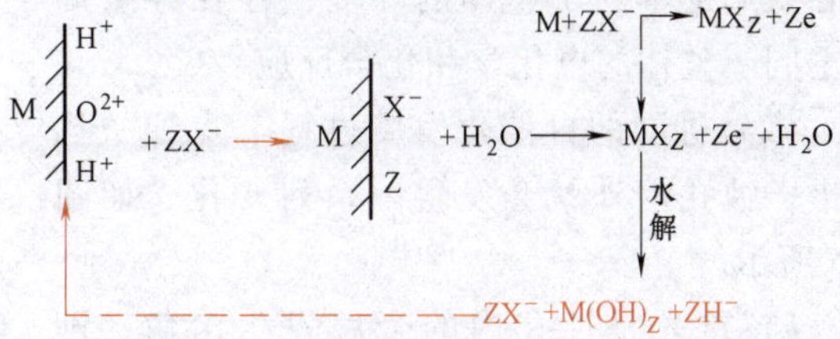

图 3-4　吸附置换假说示意图

（3）点蚀敏感位置　上述理论都认为点蚀是Cl^-离子在金属表面某些点引起膜的局部破坏的结果，那么金属表面的哪些部位最容易发生点蚀呢？金属材料表面组织和结构的不均匀性使表面钝化膜的某些部位较为薄弱，从而成为点蚀容易形核的部位。表面不均匀性主要包括晶界、夹杂、位错和异相组织。

晶界：晶界区反映材料表面结构的一种不均匀性，特别是在晶界处有析出相时，如在奥氏体不锈钢晶界析出的碳化物相及铁素体或复相不锈钢晶界析出的高铬σ相，使不均匀性更为突出。此外，晶界结构的不均匀性及吸附会导致晶界处产生化学不均匀性。

夹杂物：硫化物夹杂是碳钢、低合金钢、不锈钢以及镍等材料萌生点蚀的最敏感的位置。最常见的 FeS 和 MnS 夹杂容易在稀的强酸中溶解，形成空洞或狭缝，成为点蚀的起源。同时，硫化物的溶解将产生 H^+或 H_2S，它们会起活化作用，妨碍蚀孔内部的再钝化，使之继续溶解。在氧化性介质中，特别是中性溶液中，硫化物不溶解，但会促进局部电池的形成，作为局部阴极而促进蚀孔的形成。

位错：金属材料表面露头的位错也是产生点蚀的敏感部位。例如：Cr18Ni10 和 Cr25Ni20 经冷加工后，蚀孔数量增加；碳钢板在含 Cl^-水溶液中，试样剪边处容易产生严重点蚀。

异相组织：耐蚀合金元素在不同相中的分布不同，使不同的相具有不同的点蚀敏感性，即具有不同的 E_b值。例如：在铁素体-奥氏体双相不锈钢中，铁素体相中的 Cr、Mo 含量较高，易钝化；而奥氏体相容易破裂。点蚀一般发生在铁素体和奥氏体的相界处奥氏体一侧，即相界附近两相电池作用最有效的位置。

（4）点蚀的孕育期　从金属与溶液接触到点蚀产生的这段时间称为点蚀的孕育期。孕育期随溶液中 Cl^-浓度增加和电极电位的升高而缩短。低碳钢发生点蚀的孕育期 τ 的倒数与 Cl^-浓度成线性关系，即

$$\frac{1}{\tau}=k[Cl^-]$$

式中，k 为常数。$[Cl^-]$ 在一定临界值以下，不发生点蚀。

2. 蚀孔生长（发展）

蚀孔一旦形成，发展十分迅速，原因是蚀孔内部的电化学条件发生了显著的改变，对蚀孔的生长有很大的影响。有关蚀孔发展的主要理论是以“闭塞电池”（Occluded Cell）的形成为基础，并进而形成“活化-钝化腐蚀电池”的自催化理论。

（1）闭塞电池的形成条件　闭塞电池的形成一般需要如下条件：在反应体系中具备阻碍液相传质过程的几何条件，如在孔口腐蚀产物的塞积可在局部造成传质困难，缝隙及应力腐蚀的裂纹也都会出现类似的情况；有导致局部不同于整体的环境；存在导致局部不同于整体的电化学和化学反应。

（2）蚀孔的自催化发展过程　点蚀一旦发生，蚀孔内外就会发生一系列变化，如图 3-5 所示。

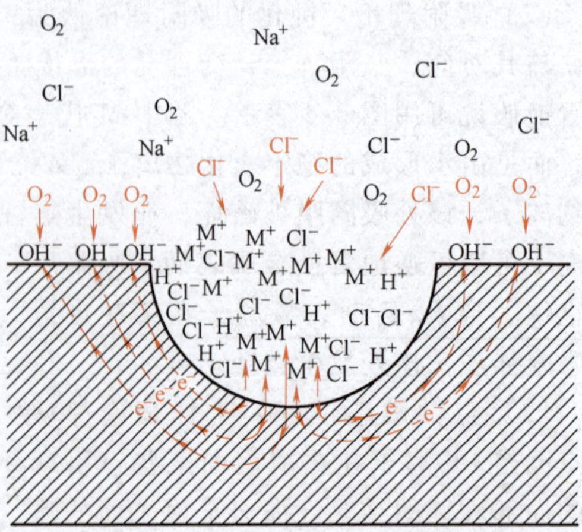

图 3-5　蚀孔内发生的自催化过程

1）首先是蚀孔内的金属发生溶解，即 $M \longrightarrow M^{n+}+ne$。如果是在含 Cl^-离子水溶液

中，则阴极反应为吸氧反应，蚀孔内氧浓度下降，而蚀孔外氧富集，形成“供氧差异电池”。

2）孔内金属离子浓度不断增加，为了保持反应体系整体的电中性，蚀孔外部的 Cl^- 离子向孔内迁移，孔内 Cl^- 离子浓度可升高至整体溶液的 3~10 倍。

3）孔内形成的金属盐发生水解反应：$M^{n+}+n(H_2O)\longrightarrow M(OH)_n+nH^+$，使孔内溶液的氢离子浓度升高，pH 值下降，有的可低达 2~3。孔内严重酸化的结果，使蚀孔内的金属实质上处于 HCl 介质中，即处于活化溶解状态；而蚀孔外溶液仍然富氧，介质维持原状，表面依然维持钝态，从而形成了“活化（孔内）-钝化（孔外）腐蚀电池”，使点蚀以自催化的形式发展下去。

在理解蚀孔发展过程的时候，不能简单地将蚀孔内看成是阳极，蚀孔外是阴极。实质上，点蚀是个多电极体系，蚀孔内、外耦合的阴极反应有明显的区别。

蚀孔外表面耦合的电极反应为

阳极反应：

$$M\longrightarrow M^{n+}+ne^-$$

阴极反应：

$$\frac{1}{2}O_2+H_2O+2e^-\longrightarrow 2OH^-$$

蚀孔外表面发生阴极极化，因而阴极反应电流大于阳极反应电流。

蚀孔内表面耦合的电极反应为

阳极反应：

$$M\longrightarrow M^{n+}+ne^-$$

阴极反应：

$$\frac{1}{2}O_2+H_2O+2e^-\longrightarrow 2OH^- \quad \text{逐渐减弱}$$

$$2H^++2e^-\longrightarrow H_2 \quad \text{逐渐加强}$$

蚀孔内表面发生阳极极化，因而阳极反应电流大于阴极反应电流。

所以，形成闭塞电池的过程也就是闭塞区的自腐蚀由吸氧腐蚀向析氢腐蚀的转变过程，其结果使闭塞区发生活化，形成大阴极（孔外）、小阳极（孔内）结构的腐蚀电池。因此，蚀孔的生长是由闭塞区的自腐蚀电流和阳极极化电流共同决定的。

对 12Cr13、10Cr17 在 3.5%（质量分数）NaCl 水溶液中的点蚀发展过程有比较详细的探讨，补充了上述点蚀发展模型。用 AES（俄歇电子能谱）和 EPMA（电子探针显微分析）及旋转圆盘-圆环电极等方法，发现 Fe-Cr 合金的钝化膜之所以有保护性，是因为钝化膜中 Cr/Fe 比大大提高。Cr/Fe 比越高，材料耐点蚀性能越好。点蚀一旦发生，以后的发展同样具有自催化作用，只是溶解的铬离子并不是与 Fe^{2+} 一样全部发生扩散和水解，而是一部分铬离子又重新沉积在点蚀内壁，它们放电沉积后在孔内壁形成了铬含量较高的表面层，这样溶解反应主要发生在孔底部，使点蚀成为一个较深的坑，其发展模型如图 3-6 所示。

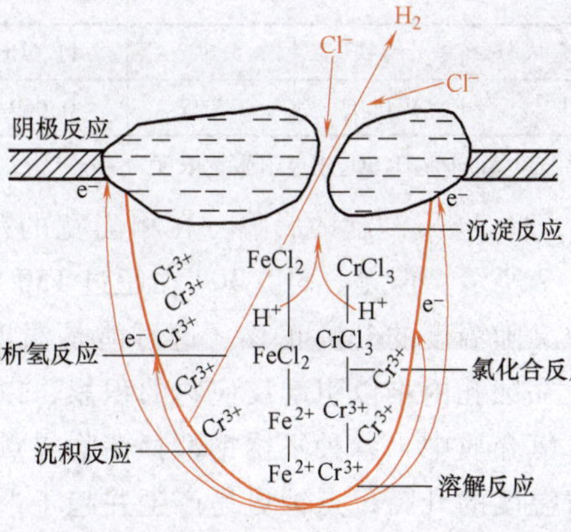

图 3-6 12Cr13 和 10Cr17 点蚀发展示意图

3.2.4 点蚀的影响因素

1. 环境因素

（1）介质类型 金属材料发生点蚀的介质是特定的，如不锈钢容易在含有卤素离子

Cl^-、Br^-、I^-的溶液中发生点蚀，而铜对 SO_4^{2-}则比较敏感。此外，卤化物中不同的阳离子对点蚀的影响也不相同，当溶液中含有以 $FeCl_3$和 $CuCl_2$为代表的重金属氯化物时，高价金属离子具有强烈的还原作用，将参与阴极反应，促进点蚀的形成和发展。所以实验室采用10%（质量分数）$FeCl_3$溶液作为加速试验介质。再者，在一定的条件下溶液中有些阴离子具有缓蚀效果，对不锈钢阴离子缓蚀效果的顺序是 $OH^- > NO_3^- > Ac^- > SO_4^{2-} > ClO_4^-$；对铝则有 $NO_3^- > CrO_4^- > Ac^- > SO_4^{2-}$。

对应于一定 Cl^-活度的溶液，使不锈钢不产生点蚀的最低阴离子浓度有如下经验关系：

$$\lg[Cl^-]=1.62\lg[OH^-]+1.84$$

$$\lg[Cl^-]=1.88\lg[NO_3^-]+1.18$$

$$\lg[Cl^-]=1.13\lg[Ac^-]+0.06$$

$$\lg[Cl^-]=0.85\lg[SO_4^{2-}]+0.06$$

$$\lg[Cl^-]=0.83\lg[CrO_4^-]+0.05$$

（2）介质浓度　一般认为，只有当卤素离子达到一定浓度时，才发生点蚀。产生点蚀的最小浓度可以作为评定点蚀趋势的一个参量。例如，不锈钢的点蚀电位随卤素离子浓度升高而下降，其关系可表示为

$$E^{X^-}=a+b\lg c_{X^-}$$

其中，E^{X^-}为点蚀电位；c_{X^-}为阴离子浓度；常数 a、b 值与钢种及卤素离子种类有关。在 Cl^-、Br^-、I^-三种离子中 Cl^-对点蚀电位的影响最大。

例如对 10Cr17 不锈钢

$$E_b^{Cl^-}=-0.084\lg c_{Cl^-}+0.020$$

$$E_b^{Br^-}=-0.098\lg c_{Br^-}+0.0130$$

$$E_b^{I^-}=-0.265\lg c_{I^-}+0.265$$

由上式可见，Cl^-对点蚀电位的影响最大。

N. Stolica 在 H_2SO_4溶液中测定 Fe-Cr、Fe-Cr-Ni 合金发生孔蚀的最小 Cl^-浓度值见表3-2。可见当铬质量分数达 25%时，发生孔蚀的最小 Cl^-浓度值也提高到 1.0，而镍影响不大。

表 3-2　不同合金在 0.5mol/L H_2SO_4溶液中发生点蚀的最小 Cl^-浓度值　（单位：g/kg）

合金成分	纯铁	5.6Cr	11.6Cr	20Cr	24.5Cr	29.4Cr	18.6Cr-9.9Ni
$[Cl^-]_{最小}$	0.0003	0.017	0.069	0.1	1.0	1.0	0.1

注：0.5mol/L H_2SO_4相当于质量浓度为 49g/L。

（3）介质温度的影响　在相当宽的范围内，随温度的提高，不锈钢点蚀电位降低，如图 3-7 所示。但是，SUS 304 在超过 150~200℃，SUS 310 和 SUS 321 在超过 200~250℃ 后，电位又随温度的升高正移。这可能是温度升高，活性点增加，参与反应的物质运动速度加快，在蚀孔内难以引起反应物的积累，以及氧的溶解度明显下降等原因造成的。一般来说，在含氯介质中，各种不锈钢都存在临界点蚀温度（CPT）。在临界点蚀温度，点蚀概率增大，随着温度的升高，点蚀更易产生并趋于严重。

（4）溶液 pH 值的影响　由图 3-8 可见，当 pH<10 时，影响较小；当 pH>10 后，点蚀

电位上升。

(5) 介质流速的影响　一般的规律是，流速增大，点蚀倾向降低。对不锈钢，有利于减少点蚀的流速为 1m/s 左右；若流速过大，则将发生冲刷腐蚀。

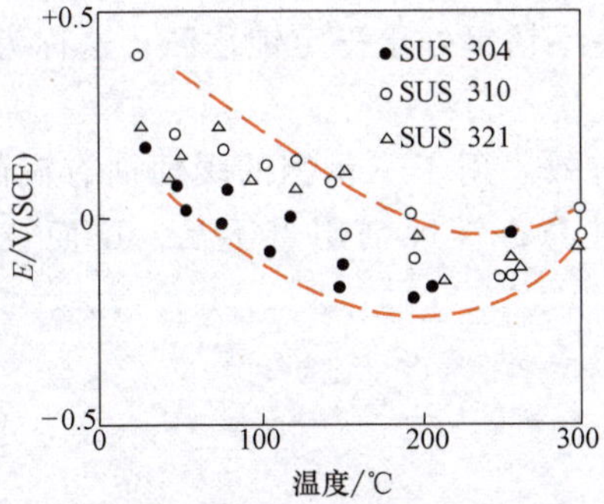

图 3-7　在 5.85g/L NaCl 溶液中温度对奥氏体不锈钢点蚀电位的影响

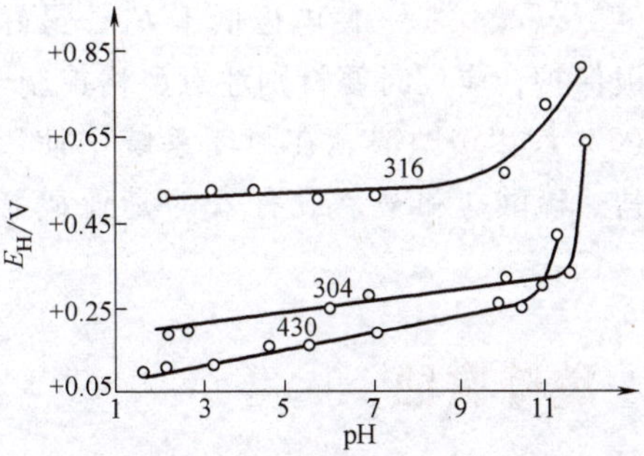

图 3-8　在 3%NaCl 溶液中不锈钢点蚀电位与 pH 的关系

2. 冶金因素

不同材料耐点蚀性能差异很大，表 3-3 是几种典型材料在氯化物介质中的耐点蚀性能。

表 3-3　几种金属在 5.85g/L NaCl 溶液中的点蚀电位

金属	Al	Fe	18-8	Ni	Zr	Cr	Ti
E_b/V (SHE)	−0.45	0.23①	0.26	0.28	0.46	1.0	1.20

① 在 0.585g/L 的 NaCl 溶液中。

提高不锈钢耐点蚀性能最有效的元素是 Cr 和 Mo。增加 Cr 含量能提高钝化膜的稳定性，即提高 E_b 值。对钼的作用有两种解释：一是 Mo 以 MoO_4^{2-} 的形式溶解，吸附于金属表面，抑制 Cl^- 的破坏作用；二是形成了类似于 $\mathrm{O{=}Mo}\begin{matrix}\diagup \mathrm{Cl}\\ \diagdown \mathrm{Cl}\end{matrix}$ 结构的保护膜，可防止 Cl^- 的穿透。此外，N、Ni 也有好的作用，Cr、Mo、N 的联合作用更强。不锈钢中加入适量的 V、Si 和稀土元素对耐点蚀有益。降低钢中 S、P、C 等杂质，则可减小点蚀敏感性。

值得指出的是，近年来提出了一些根据合金成分判断其在含 Cl^- 离子介质中耐点蚀能力的指数，其中之一为耐点蚀当量（PRE）。对奥氏体不锈钢，$PRE = w_{Cr} + 3.3w_{Mo} + 16w_N$；对双相不锈钢，$PRE = w_{Cr} + 3.3w_{Mo} + 30w_N$；对铁素体不锈钢，$PRE = w_{Cr} + 3.3w_{Mo}$。PRE 值越大，耐点蚀性能越好。

此外，合金的表面状态、冷加工及热处理、显微组织等都会对点蚀敏感性有影响。

3.2.5　防止点蚀的措施

可采取以下措施防止点蚀的发生：

(1) 改善介质条件　降低溶液中的 Cl^- 含量，减少氧化剂（如除氧和 Fe^{3+}、Cu^{2+}），降低温度，提高 pH 值，使用缓蚀剂均可减少点蚀的发生。

(2) 选用耐点蚀的合金材料 近年来发展了很多含有高含量 Cr、Mo，及含 N、低 C（w <0.03%）的奥氏体不锈钢。双相钢和高纯铁素体不锈钢耐点蚀性能良好。Ti 和 Ti 合金具有最好的耐点蚀性能。

(3) 钝化材料表面 对材料表面进行钝化处理，提高其钝态稳定性。

(4) 阴极保护 使电位低于 E_b，最好低于 E_p，使不锈钢处于稳定钝化区。这称为钝化型阴极保护，应用时要特别注意严格控制电位。

(5) 使用缓蚀剂 在封闭系统中使用缓蚀剂最有效。用于不锈钢的缓蚀剂有硝酸盐、铬酸盐、硫酸盐和碱，最有效的是亚硝酸钠。但要注意，缓蚀剂用量不足，反而会加速腐蚀。

3.3 缝隙腐蚀

3.3.1 缝隙腐蚀的定义和特点

缝隙腐蚀是有电解质存在，在金属与金属及金属和非金属之间构成狭窄的缝隙内，介质的迁移受到阻滞时而产生的一种局部腐蚀形态。

在工程结构中，一般需要将不同的结构件相互连接，因而缝隙是不可避免的。缝隙腐蚀将减小部件的有效几何尺寸，降低吻合程度。缝内腐蚀产物的体积增大，形成局部应力，并使装配困难，因此应尽量避免。

3.3.2 缝隙的形成

形成缝隙的情况有如下几种：

1）不同结构件之间的连接，如金属和金属之间的铆接、搭焊、螺纹连接，以及各种法兰盘之间的衬垫等金属和非金属之间的接触。

2）在金属表面的沉积物、附着物、涂膜等，如灰尘、沙粒、沉积的腐蚀产物。

对应着产生缝隙的不同条件，相应存在着如下几种不同类型的缝隙腐蚀，如衬垫腐蚀、沉积物腐蚀及丝状腐蚀等。

3.3.3 缝隙腐蚀的特征

缝隙腐蚀有如下特征：

1）可发生在所有的金属和合金上，特别容易发生在靠钝化耐蚀的金属材料表面。

2）介质可以是任何酸性或中性的侵蚀性溶液，而含有 Cl^- 的溶液最易引发缝隙腐蚀。

3）与点蚀相比，同一种材料更容易发生缝隙腐蚀。当 $E_p<E<E_b$ 时，原有的蚀孔可以发展，但不会产生新的蚀孔；而缝隙腐蚀在该电位区间内，既能发生，又能发展。缝隙腐蚀的临界电位比点蚀电位低。

3.3.4 缝隙腐蚀机理

一个缝隙要成为腐蚀的部位，必须宽到溶液能够流入缝隙内，又必须窄到能维持液体在缝内停滞。一般发生缝隙腐蚀比较敏感的缝宽为 0.025~0.15mm。

缝隙腐蚀的发生可分为初期阶段和后期阶段。铆接金属板浸入充气海水中的缝隙腐蚀过程如图 3-9 所示。

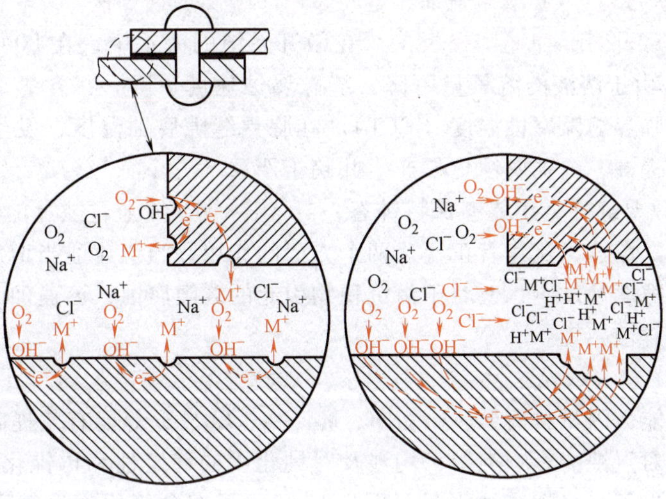

图 3-9　缝隙腐蚀机理图解

a）初期阶段　b）后期阶段

在初期阶段，缝内外的金属表面发生相同的阴、阳极反应过程（图 3-9a）。

阳极反应：
$$M \longrightarrow M^{n+} + ne^-$$

阴极反应：
$$\frac{1}{2}O_2 + H_2O + 2e^- \longrightarrow 2OH^-$$

经过一段时间后，缝内的氧消耗完后，氧的还原反应不再进行。由于缝内缺氧，缝外富氧，形成了“供氧差异电池”。缝内金属溶解，产生过多的 M^+将诱发 Cl^-向缝内迁移。随后缝内形成的金属盐的水解导致缝内酸化，有些金属缝内的 pH 值可下降到 2~3，其腐蚀的发展历程与点蚀过程类似。

3.3.5　缝隙腐蚀的影响因素

1. 缝隙的几何因素

如前所述，缝隙的宽度与缝隙腐蚀深度和速度有关。对 20Cr13 不锈钢的研究表明（图 3-10），出现最大腐蚀速度的缝宽约为 0.1mm，当缝宽大于 0.25mm 后，不发生缝隙腐蚀。此外，缝隙腐蚀还与缝外面积有关，外部面积增大，缝隙内腐蚀增加。缝隙内发生腐蚀的区域是阳极区，而缝隙外为阴极区，这就会形成大阴极、小阳极的状况。随着缝隙外与缝隙内面积比的增大，缝隙腐蚀发生的概率增大，缝隙腐蚀也越来越严重。

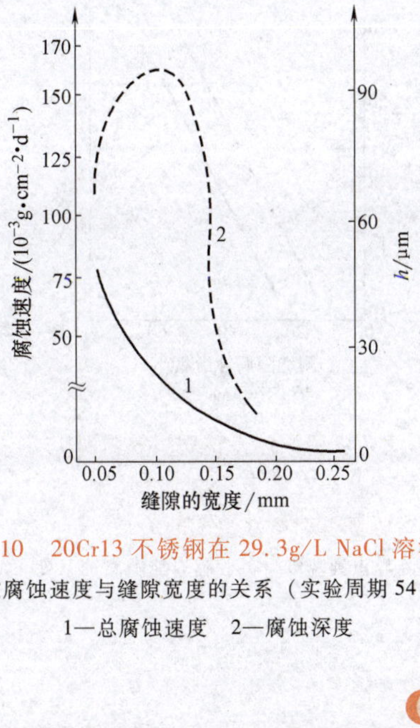

图 3-10　20Cr13 不锈钢在 29.3g/L NaCl 溶液中缝隙腐蚀速度与缝隙宽度的关系（实验周期 54 天）

1—总腐蚀速度　2—腐蚀深度

2. 环境因素

(1) 溶液中溶解氧的浓度　氧浓度增加，缝外阴极还原反应更易进行，缝隙腐蚀加剧。

(2) 溶液中 Cl^- 浓度　Cl^- 浓度增加，电位负移，缝隙腐蚀加速。

(3) 温度　温度升高会加速阳极反应。在敞开系统的海水中，在 80℃ 达到最大腐蚀速度，高于 80℃ 时，由于溶液的溶氧量下降，缝隙腐蚀速度下降。在含氯离子的介质中，各种不锈钢存在一个临界缝隙腐蚀温度（CCT）。在临界缝隙腐蚀温度，发生缝隙腐蚀的概率增大，温度进一步提高，缝隙腐蚀更易产生并趋于严重。

(4) pH 值　只要缝外金属能够保持钝态，pH 值降低，缝隙腐蚀量增加。

(5) 腐蚀介质的流速　流速有正、反两个方面的作用。当流速适当增加时，增大了缝外溶液的氧含量，缝隙腐蚀加重；但对于由沉积物引起的缝隙腐蚀，流速加大，有可能将沉积物冲掉，因而缝隙腐蚀减轻。

3. 材料因素

耐缝隙腐蚀的能力因材料而异。Cr、Ni、Mo、N、Cu、Si 等能有效提高不锈钢的耐缝隙腐蚀性能，与它们对点蚀的影响类似，均涉及对钝化膜的稳定性和再钝化能力所起的作用。与点蚀相同，也提出了耐缝隙腐蚀当量。图 3-11 显示了在含氯化物水介质中奥氏体不锈钢耐缝隙腐蚀当量与临界点蚀温度和临界缝隙腐蚀温度的关系。可见，同种材料的临界缝隙腐蚀温度要比临界点蚀温度低 20℃ 左右。

3.3.6　防止缝隙腐蚀的措施

(1) 合理设计　避免缝隙的形成最能有效地预防缝隙腐蚀的发生。图 3-12 是防止缝隙腐蚀采用的方法示意图。图 3-13 所示为防止钢板搭接处缝隙腐蚀设计方案的比较。

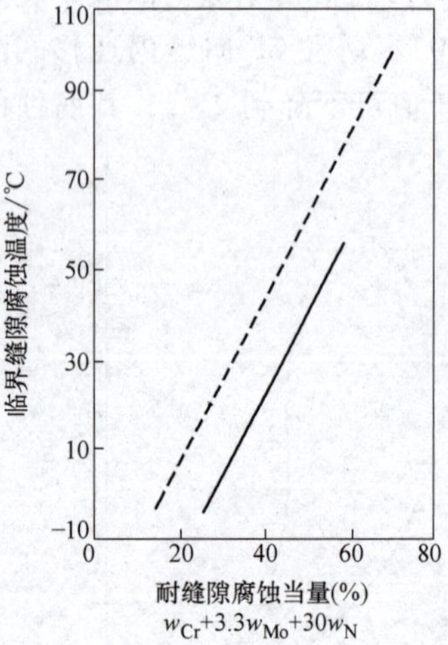

图 3-11　奥氏体不锈钢耐缝隙腐蚀当量与在含氯化物水介质中临界缝隙腐蚀温度的关系

----临界点蚀温度　——临界缝隙腐蚀温度

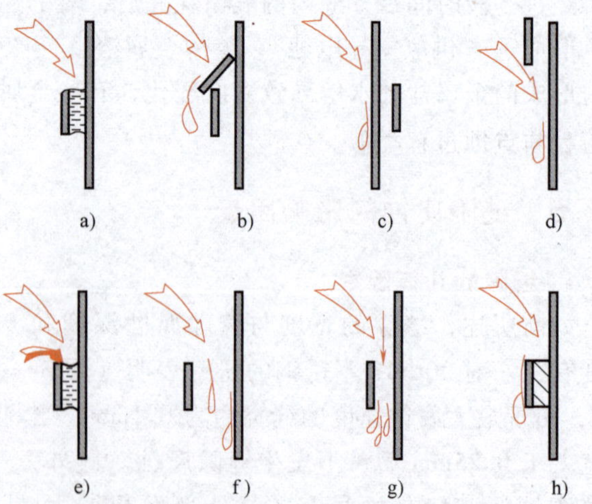

图 3-12　防止缝隙腐蚀可能采用的方法示意图

a) 带缝的结构件（箭头表示浸蚀液进入缝隙方向）
b)、c)、d) 使缝隙处于浸蚀液外　e) 在缝隙处加入缓蚀剂
f) 把缝宽增大，使浸蚀液不能保持在缝中　g) 沿缝口入口处装有气流装置，把缝内存液吹掉　h) 用填料密封缝隙

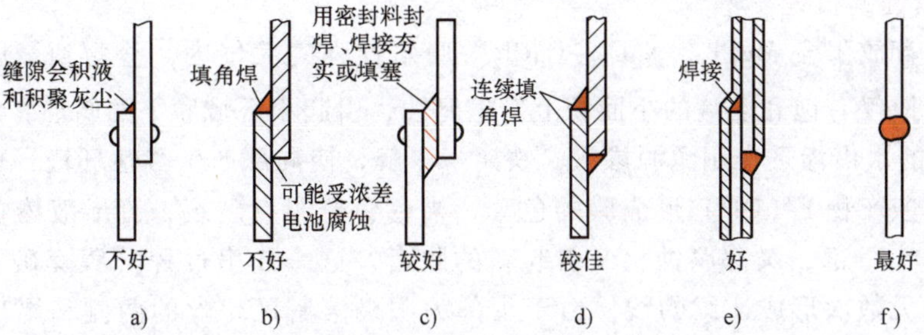

图 3-13　防止钢板搭接处缝隙腐蚀的几种设计方案比较

（2）选材　根据介质的不同选择适合的材料可以减轻缝隙腐蚀。在平静的海水中 Hastelloy C 和 Ti 不发生缝隙腐蚀，90Cu-10Ni（1.5Fe）、70Cu-30Ni（0.5Fe）、青铜和黄铜等 Cu 合金有优异的耐蚀性能，奥氏体高 Ni 铸铁、铸铁、碳钢表现良好，304、316、铁素体和马氏体不锈钢，以及 Ni-Cr 合金易于发生缝隙腐蚀。对于带有垫片的连接件，注意选择的垫片尺寸要合适，不能用吸湿性的材料。

（3）电化学保护　阴极保护有助于减轻缝隙腐蚀，但并不能完全解决缝隙腐蚀问题，关键是能否有足够的电流达到缝内，形成必需的保护电位。

（4）应用缓蚀剂　采用足量的磷酸盐、铬酸盐和亚硝酸盐的混合物，对钢、黄铜和锌结构是有效的，也可以在结合面上涂加有缓蚀剂的油漆。

3.3.7　丝状腐蚀

1. 丝状腐蚀的定义和特点

丝状腐蚀是一种特殊的缝隙腐蚀，常发生在金属或非金属涂层下面的金属表面，腐蚀形态呈细丝状，多数发生在漆膜下，因此也称为膜下腐蚀。其形貌如图 3-14 所示。通常情况下，丝状腐蚀并不会导致严重的后果，仅会损害金属制品的外观。不过，丝状腐蚀有时也会发展成缝隙腐蚀和点蚀，甚至诱导应力腐蚀开裂。

图 3-14　丝状腐蚀的形貌图

丝状腐蚀的行迹为丝状，腐蚀丝由一个蓝绿色的活性头部和一个棕红色的腐蚀产物尾巴构成，丝宽为 0.1~0.5mm。腐蚀只发生在头部，活性头部的蓝绿色为 Fe^{2+} 的特征颜色，非活性的红棕色尾部是 Fe_2O_3 或它的水合物。腐蚀丝由金属的边棱或由金属表面上 NaCl、$CaCl_2$ 等盐的颗粒上开始，并以直线进行。细丝不穿过另一丝的非活性尾部，而是“反折”回来，入射角和反射角相等。如果一个活性腐蚀丝的发展中，细丝以 90°角度碰到另一细丝的非活性尾巴，它可能变为非活性，更多情况是分裂成两个新细丝，折回角度为 45°。如两根细丝的活性头部以锐角相遇时，可以结合成一根新丝。生长中的细丝不能穿过非活性细丝的尾巴，因此常陷入一个“死套”，并随有效空间减小而消亡。

2. 丝状腐蚀的机理

金属制品存放于含 $MgCl_2$、NaCl、$CaCl_2$ 等吸水性强的大气中，盐落到金属表面，以盐为核心吸水，使仅有饱和溶液的小面积上发生腐蚀，引起小区域膜下的腐蚀，产生高浓度的 Fe^{2+}。大气中的水借渗透作用源源渗入，铁离子水解，使局部产生酸性环境，促进铁的进一步溶解，而腐蚀产物 $Fe(OH)_2$ 形成膜的色套，当色套薄弱点破裂，流出液体在原先腐蚀点外形成一个“头”部，头部腐蚀，又引起新的膜套，这一连串过程（膜套破裂—腐蚀—膜套形成）重复无数次形成连续的线。由于头部为阳极溶解区，丝的两侧和尾部是阴极还原区，头部 pH 值小于 1，尾部 pH 值为 7~8.5。所以丝状腐蚀可看作自行延伸的缝隙腐蚀。图 3-15 为钢表面上丝状腐蚀的基本机理示意图。

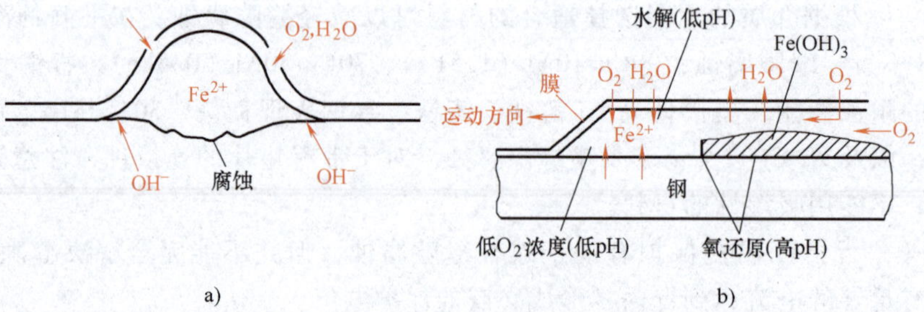

图 3-15 钢表面上丝状腐蚀的基本机理示意图

a）头部横切面图 b）丝的侧切面图

3. 丝状腐蚀的影响因素及防止措施

丝状腐蚀最重要的环境变量是大气的相对湿度。表 3-4 表明，丝状腐蚀主要发生在相对湿度为 65%~90%之间；相对湿度低于 65%，金属不受影响；相对湿度高于 90%，腐蚀主要表现为鼓泡。此外，渗水能力低的涂层可以抑制丝状腐蚀。

防止丝状腐蚀有效的措施是将有涂层的金属放在相对湿度低于 65%的环境中使用，但实际很难实现。其次采用脆性涂层，腐蚀在脆性涂层下生长时，膜会在生长的头部破裂，这样氧便进入头部，原来的氧浓差被消除，腐蚀因而停止，但脆性膜易受损坏。另外，发展透水率低的涂层膜对防止丝状腐蚀是有好处的。

表 3-4 湿度对涂瓷漆的钢的丝状腐蚀的影响

相对湿度(%)	外观	相对湿度(%)	外观
0~60	无腐蚀	93	很宽的细丝
65~85	很窄的细丝	95	多数起泡,另外有分散的细丝
80~90	宽的腐蚀细丝	100	起泡

3.3.8 垢下腐蚀

1. 垢下腐蚀的定义和特点

由于各种固态沉积物在金属表面形成垢层，引起垢层下的腐蚀称为垢下腐蚀。垢下腐蚀多发生在冷却水系统，地面水、油气集输管线等系统。垢层和金属之间形成缝隙可以产生垢下腐蚀，没有缝隙，垢下腐蚀也可能发生。

垢下腐蚀可能是全面腐蚀，也可能是局部腐蚀，常见的是局部腐蚀。形成垢层的沉积物主要有三大类：第一类为无机盐垢，如 $CaCO_3$、$CaSO_4$、$BaSO_4$等；第二类为腐蚀产物，如 $FeCO_3$、FeS、Fe_2O_3、FeOOH 等；第三类为微生物的黏液等。根据腐蚀环境的不同，这三类沉积物可能单独出现，也可能共存。垢下腐蚀与垢层的组成和分布形态有关。金属表面上形成不连续的垢层将产生垢下腐蚀，或是形成连续的垢层，也可能产生严重的垢下腐蚀。

2. 垢下腐蚀机理

垢下腐蚀机理主要有两种：闭塞电池自催化机理和电偶腐蚀机理。闭塞电池自催化机理与缝隙腐蚀的发展机理相同，下面主要介绍一下电偶腐蚀机理。

许多金属的腐蚀产物垢层具有 N-性半导体性质，有电子导电性，在腐蚀介质中的稳定电位可能较金属自身高（如土壤环境中软钢的锈层，在一定条件下的 CO_2和 H_2S 环境中碳钢表面生成的腐蚀产物沉积层等），因此，不管垢层是部分覆盖或是完全覆盖，垢层可作为阴极与垢层下的基体金属组成电偶对，加速垢层下的腐蚀。同样，腐蚀过程中，随着 Fe^{2+} 的积累，外部的 Cl^- 通过垢层缝隙或微孔迁入，在垢层和金属界面富集，加速垢下的腐蚀。

3. 垢下腐蚀的影响因素

垢下腐蚀的主要影响因素可从以下五个方面考虑：

（1）垢层的组成和形态　疏松多孔、分布不均的垢层易导致严重的垢下腐蚀。具有电子导电性的垢层可作为阴极加速垢下腐蚀，阴离子选择性的多孔垢层，将促进 Cl^- 渗透到垢下闭塞区，产生酸化自催化效应，促进垢下腐蚀的发展。若垢层呈阳离子选择性，垢层下将不会产生显著酸化自催化效应，不会构成严重的垢下腐蚀。

（2）介质组成　含有较高浓度的易成垢离子（如 Ca^{2+}、Mg^{2+}、HCO_3^-、CO_3^{2-}）介质中，垢下腐蚀敏感性增大。

（3）Cl^-、溶解氧与其他腐蚀性气体　一般来说，Cl^- 和溶解氧会促进垢下腐蚀，CO_2 和 H_2S 等腐蚀性气体分压越高，腐蚀越严重。但在含有 CO_2 和 H_2S 腐蚀环境中，腐蚀产物沉积层的性质与其分压有关，一定条件下更高分压可能有利于生成具有保护性的致密的腐蚀产物沉积层，抑制沉积垢层下的腐蚀。

（4）温度的影响　在许多体系中，温度越高，越容易沉积垢层，垢下腐蚀敏感性增大。但对于有些体系可能存在温度敏感区间，开始垢下腐蚀敏感性随温度升高而增大，当温度超过某个临界点后，垢下腐蚀敏感性和腐蚀速率迅速降低。

（5）流速的影响　通常流速对抑制垢下腐蚀有利。在较高的流速下，不易生成沉积垢层，更高的流速可能冲掉沉积物，降低垢下腐蚀敏感性。

3.4 电偶腐蚀

3.4.1 电偶腐蚀的定义和特点

电偶腐蚀又称接触腐蚀或异（双）金属腐蚀。在电解质溶液中，当两种金属或合金相接触（电导通）时，电位较负的贱金属腐蚀被加速，而电位较正的贵金属受到保护，这种现象就叫作电偶腐蚀。

在工程技术中，不同金属的组合是不可避免的，几乎所有的机器、设备和金属结构件都是由不同的金属材料部件组合而成的，所以电偶腐蚀非常普遍。此外，利用电偶腐蚀的原理可以采用贱金属的牺牲对有用的部件进行牺牲阳极阴极保护。

3.4.2 电偶序

如上所述，电偶腐蚀与相互接触的金属在溶液中的电位有关，正是由于接触金属电位的不同，构成了腐蚀原电池，接触金属的电位差是电偶腐蚀的推动力。

在腐蚀电化学中曾提到过电动序（EMF）和标准电位序的概念，即按金属元素标准电极电位的高低排列的顺序表。它是将金属置于含有该金属盐（活度为1）的溶液中在标准条件下测定的热力学平衡电位。在实际的腐蚀体系中，金属常常并非纯金属，而是含有各种杂质或是合金，表面还常常存在腐蚀产物膜；而且溶液也不可能是仅仅含有该金属离子，且活度为1。因此，电动序在实际中不适用。通常采用电偶序（Galvanic Series），即实际金属或合金在特定使用介质中的实际腐蚀电位（非平衡电位）高低排列的次序表。不同的介质中具有不同的电偶序。表3-5是常见金属和合金在海水中的电偶序。当电位较高的金属与电位较低的金属接触时，电位较低的金属为阳极，被加速腐蚀；相接触的两个金属之间电位差越大，低电位的金属更容易被加速腐蚀。通常两者之间电位差小于50mV时，它们的腐蚀倾向就可以忽略。例如碳钢和灰铸铁、α+β黄铜（40%Zn）和锰青铜（5%Mn）等，它们在海水中并不会发生严重的电偶腐蚀。

表3-5 海水中的电偶序

阳极(贱)→Mg和Mg合金→Zn→1100铝合金→Cd→2024铝合金→钢或铁→铸铁→304不锈钢(活化)→316、317不锈钢(活化)→Pb→Sn→海军黄铜→Ni(活化)→黄铜→Cu→青铜→70Cu-30Ni→Ni(钝化)→430不锈钢(钝化)→304不锈钢(钝化)→316、317不锈钢(钝化)→Zr→Ag→Ti→石墨→Au→Pt→阴极(贵)

应该指出，与电动序的情况相同，材料在电偶序中的位置，只能反映其腐蚀倾向，而不能显示出实际腐蚀的速率。有时某些金属在特定的介质中电位还会发生逆转。例如，当Al和Mg在中性NaCl溶液中接触时，开始Al比Mg的电位正，Mg为阳极发生溶解，随后Mg的溶解使介质变成碱性，电位出现逆转，Al变为了阳极。有时两种金属的开路电位虽然相差很大，但腐蚀速率并不大，这是因为腐蚀电流的大小和方向不能单由驱动力来决定，而更应考虑极化因素。

3.4.3 电偶电流和电偶腐蚀效应

1. 电偶电流

首先从物理图像上来介绍电偶腐蚀的发生。假设有A、B两种不同的金属，在一定的腐蚀介质中A的电位高于B，那么A、B偶接前后的腐蚀电流就会出现如图3-16所示的变化。为了简化和直观，图中分别将A和B的阳极和阴极区分开绘制，并假设A和B有相同的面积。

A、B未偶接时，$i_{Aa}=|i_{Ac}|$，$i_{Ba}=|i_{Bc}|$。

A、B偶接后流经外导线的电流即电偶电流：$i_g=|i'_{Ac}|-i'_{Aa}=i'_{Ba}-|i'_{Bc}|$。

当A得到完全保护时，$i'_{Aa}=0$，则$i_g=|i'_{Ac}|=i'_{Ba}-|i'_{Bc}|$。

这意味着在 A 得到完全保护的情况下，在 A 和 B 构成的电偶电池中与 B 的阳极溶解（腐蚀）相匹配的阴极电流由 A 和 B 的阴极反应共同提供，即 A 金属自身的腐蚀停止，而其上的阴极反应被叠加到了对 B 腐蚀的贡献上了。

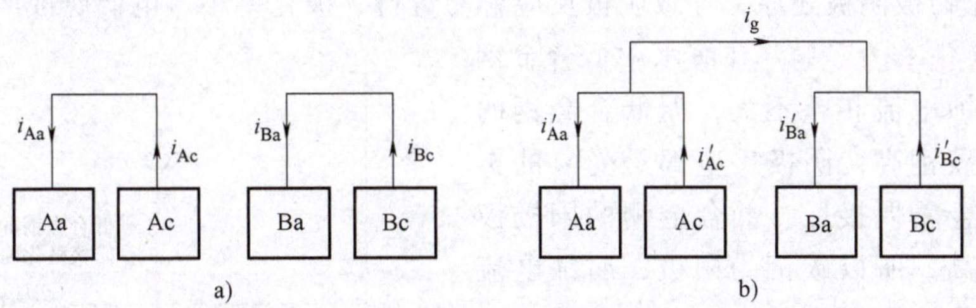

图 3-16　电偶腐蚀过程物理模拟示意图

a）A、B 偶接前　b）A、B 偶接后

Aa、Ba—A、B 金属阳极区　Ac、Bc—A、B 金属阴极区　i_{Aa}、i'_{Aa}、i_{Ba}、i'_{Ba}—A、B 偶接前后的阳极电流　i_{Ac}、i'_{Ac}、i_{Bc}、i'_{Bc}—A、B 偶接前后的阴极电流　i_g—A、B 偶接后流经外导线的电偶电流

2. 电偶腐蚀效应

当 A、B 两种金属偶接后，阳极金属 B 的腐蚀电流 i'_{Ba} 与未偶接时该金属的自腐蚀电流 i_{Ba} 的比值即电偶腐蚀效应，一般用 γ 表示：

$$\gamma=\frac{i'_{Ba}}{i_{Ba}}=\frac{i_g+|i'_{Bc}|}{i_{Ba}}$$

该公式表示 A、B 两种金属偶接后，阳极金属 B 溶解腐蚀速度增加的程度。γ 越大，电偶腐蚀越严重。

对于相同的问题，也可由图 3-17 所示的电偶腐蚀极化图来理解。由于 A、B 两种金属处于同一腐蚀介质中，因此可以假设两种金属上发生的阴极反应相同。

由图 3-17 可见，在 A 的阳极反应停止的情况下，$i'_{Ba}=|i'_{Ac}+i'_{Bc}|=i_g+|i'_{Bc}|$，表明两种金属偶接后，与 B 的阳极腐蚀电流相耦合的阴极电流来自于 A 和 B 的阴极电流，相当于电偶电流由 A 的阴极反应提供。

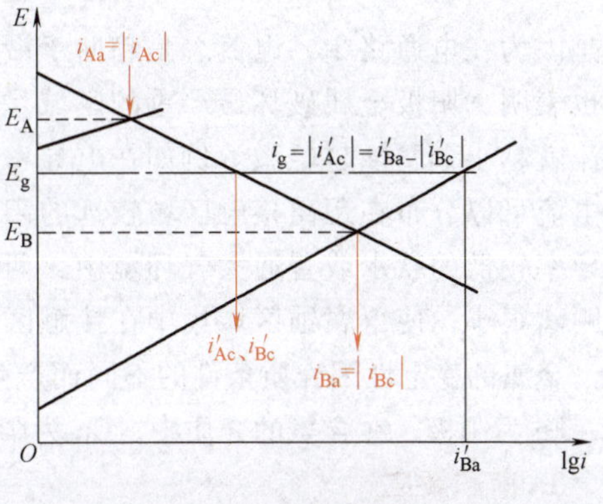

图 3-17　电偶腐蚀的极化图

E_A、E_B—A、B 未偶接时的自腐蚀电位

i_{Aa}、i'_{Aa}、i_{Ba}、i'_{Ba}—A、B 偶接前后的阳极电流

i_{Ac}、i'_{Ac}、i_{Bc}、i'_{Bc}—A、B 偶接前后的阴极电流

3.4.4　电偶腐蚀的影响因素

1. 电化学因素

（1）电位差　两种金属在电偶序中的起始电位差越大，电偶腐蚀倾向就越大。

（2）极化　极化是影响腐蚀速度的重要因素，无论是阳极极化还是阴极极化，当极化率减小时，电偶腐蚀都会加强。

1）阴极极化率的影响。在海水中不锈钢与 Al 组成的电偶对以及 Cu 与 Al 组成的电偶对，二者电位差相近且阴极反应都是氧的还原。事实上不锈钢与 Al 组成的电偶对腐蚀倾向远小于 Cu 与 Al 组成的电偶对。这是因为阴极反应只能在膜的薄弱处以及电子可以穿过的区域进行，不锈钢有良好的钝化膜，导致阴极极化率高，阴极反应难以进行。而 Cu-Al 电偶对的 Cu 表面氧化物被阴极还原，导致阴极反应容易进行、极化率小，电偶腐蚀严重。

2）阳极极化率的影响。在海水中低合金钢与碳钢的自腐蚀电流相差不大，而低合金钢的自腐蚀电位比碳钢高，阴极反应都是受氧的扩散控制。两种金属偶接后，低合金钢的阳极极化率比低碳钢高，所以碳钢为阳极，腐蚀电流增大至 i'_c，如图 3-18 所示。

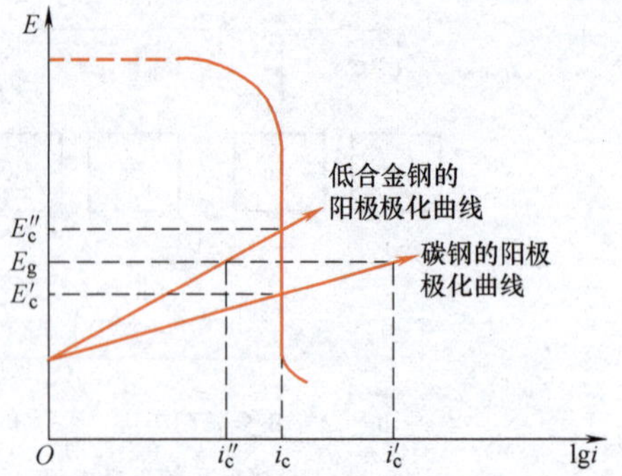

图 3-18 阳极极化斜率对电偶腐蚀的影响

2. 介质条件

金属的稳定性因介质条件（成分、浓度、pH 值、温度等）的不同而异，因此当介质条件发生变化时，金属的电偶腐蚀行为有时会因出现电位逆转而发生变化。

（1）溶液电阻的影响 通常阳极金属腐蚀电流的分布是不均匀的，距结合部越远，电流传导的电阻越大，腐蚀电流就越小，因此溶液电阻会影响电偶腐蚀作用的“有效距离”。电阻越大，“有效距离”越小。例如，在蒸馏水中，腐蚀电流的有效距离只有几厘米，使阳极金属在结合部附近形成深的沟槽；而在海水中，电流的有效距离可达几十厘米，甚至更远，因而阳极电流的分布较宽，腐蚀也比较均匀。

（2）介质电导率的影响 介质电导率的高低直接影响阳极区腐蚀电流分布的不均匀性。这是因为在电通路中，电流总是趋向于沿电阻最小的路径流动。事实上观察到的电偶腐蚀破坏也表明，阳极金属破坏最严重的区域是在金属接触的区域附近。距离接触区域越远，腐蚀电流就越小，腐蚀越轻微。例如在电导率较高的海水介质中，两极间溶液的欧姆阻降小，电偶电流可以分布在距离接触区域较远的阳极表面，使得阳极受到较为均匀的腐蚀。而在溶液电导率较低的软水或普通大气环境中，两极间引起介质间欧姆阻降大，腐蚀电流能达到的有效距离很小，使得腐蚀区域集中在接触区域附近的阳极表面，形成很深的沟槽。

金属的稳定性因介质条件的不同而产生较大的变化。例如 Cu-Fe 电偶对在中性 NaCl 溶液中，Fe 为阳极；在含氨的介质中，Cu 为阳极。所以电偶序需要规定在什么环境中才适用。

3. 面积效应

一般来说，电偶电池阳极面积减小，阴极面积增大，将导致阳极金属腐蚀加剧。原因是腐蚀电池中阳极和阴极的电流强度总是相等的，阳极面积越小，其电流密度就越大，因而腐蚀速率也就越高。在海水中，用钢制铆钉固定铜板和用铜铆钉连接钢板效果截然不同。前者是“小阳极-大阴极”，铆钉严重腐蚀，这种结构是相当危险的；而后者是“大阳极-小阴极”，这种结构是相对安全的。显然，在实际工作中，要避免出现“小阳极-大阴极”的不利组合。

进一步研究表明，在阴极反应受氧的扩散控制时，A、B 两种金属的电偶腐蚀效应与其面积 S_A 和 S_B 存在如下关系：

$$\gamma \propto \frac{S_A}{S_B}$$

此即电偶腐蚀集氧面积原理或称汇集原理。

当阴极反应受氧扩散控制时，阴极反应的电流密度应该是氧的极限扩散电流密度 i_L。那么，金属偶接后有

$$i'_{Ba}=i_g+|i'_{Bc}|=\frac{i_L S_A}{S_B}+i_L$$

因此

$$\gamma=\frac{i'_{Ba}}{i_{Ba}}=\frac{i_g+|i'_{Bc}|}{i_L}=\frac{S_A}{S_B}+1$$

阴极起集氧作用，面积越大，参与反应的氧越多，阳极金属腐蚀电流密度就越大。

3.4.5　防止电偶腐蚀的措施

可从以下方面采取措施防止电偶腐蚀的发生。

(1) 设计和组装　首先应避免“小阳极-大阴极”的组合，其次是尽量选择在电偶序中位置靠近的金属进行组装，如图 3-19 所示。在不同的金属部件之间采取绝缘措施可有效防止电偶腐蚀；另外也可以选择价廉的材料做成易于更换的阳极部件，如图 3-20 所示。

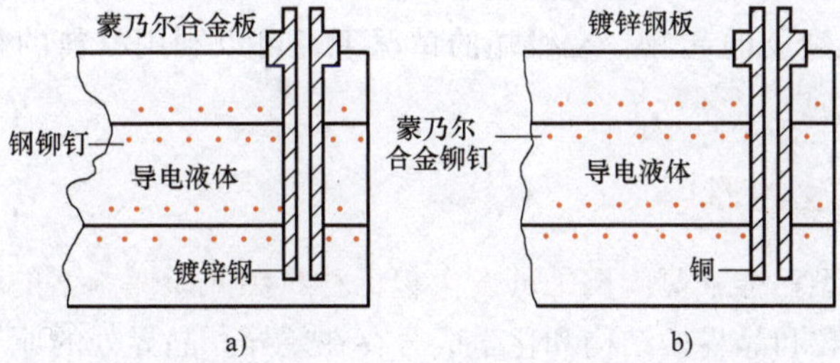

图 3-19　避免小阳极-大阴极的电偶腐蚀

a) 效果不好　b) 效果较好

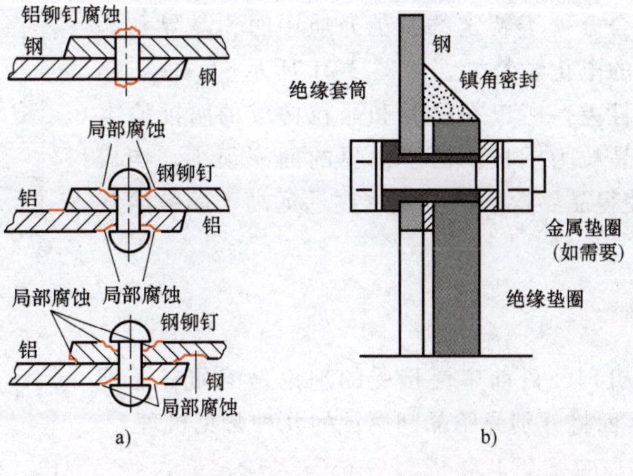

图 3-20　不同的金属部件之间采取绝缘措施可有效防止电偶腐蚀

a) 效果较好　b) 效果不好

(2) 涂层　在金属上使用金属涂层和非金属涂层可以防止或减轻电偶腐蚀，但要注意

的是不要仅把阳极性材料覆盖起来，应同时将阴极性材料一起覆盖。

(3) 阴极保护 可采用外加电源对整个设备施行阴极保护，也可以安装一块电位比两种金属更负的第三种金属使它们都变为阴极。

3.5 晶间腐蚀

3.5.1 晶间腐蚀的定义和特点

晶间腐蚀是金属材料在特定的腐蚀介质中沿着材料的晶粒边界或晶界附近发生腐蚀，使晶粒之间丧失结合力的一种局部破坏的腐蚀现象。通常金属材料为多晶结构，因此存在晶界，晶界的物理化学状态与晶粒内部不同，在特定的介质中，由于微电池作用会引起局部破坏。这种局部破坏从表面开始，沿晶界向内发展，直至整个金属由于晶界破坏而完全丧失强度。当晶间腐时发生时，材料表面还看不出破坏，实际晶粒间已失去了结合力，因此这是一种危害性很大的局部腐蚀。材料产生晶间腐蚀后，宏观上可能没有任何明显的变化，但材料的强度几乎完全丧失，经常导致设备的突然破坏。再者，晶间腐蚀常常会转变为沿晶应力腐蚀开裂，成为应力腐蚀裂纹的起源。在极端的情况下，可以利用材料的晶间腐蚀过程制造合金粉末。

3.5.2 晶间腐蚀产生的原因

如同其他的腐蚀类型一样，晶间腐蚀的发生包括材料和介质两方面的因素。首先，多晶体的金属和合金本身的晶粒和晶界的结构和化学成分存在差异。晶界处的原子排列较为混乱，存在缺陷和应力集中。位错和空位等在晶界处积累，导致溶质、各类杂质（如 S、P、B、Si 和 C 等）容易在晶界处吸附和偏析，甚至析出沉淀相（碳化物、σ 相等），从而导致晶界与晶粒内部的化学成分出现差异，产生了形成腐蚀微电池的物质条件。

当这样的金属和合金处于特定的腐蚀介质中时，晶界和晶粒本体会显现出不同的电化学特性，如图 3-21 所示。一般，晶界处的电位较低、钝性差，所以在晶界和晶粒构成的腐蚀原电池中，晶界为阳极，晶粒为阴极。由于晶界的面积很小，构成“小阳极-大阴极”，使得晶界溶解的电流密度远远高于晶粒溶解的电流密度。

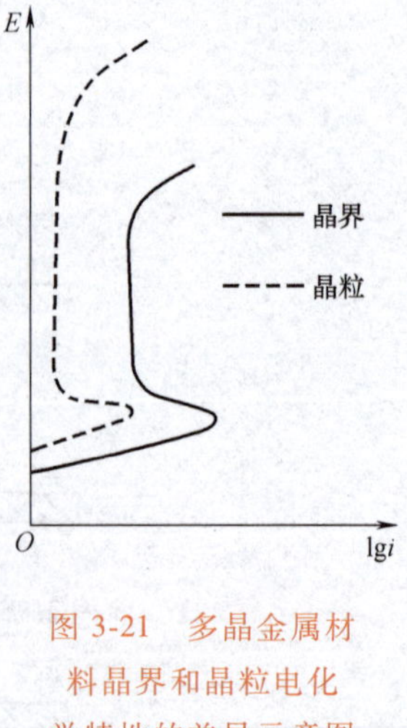

图 3-21 多晶金属材料晶界和晶粒电化学特性的差异示意图

3.5.3 晶间腐蚀机理

关于晶间腐蚀的机理，目前广泛接受的理论是溶质贫乏理论——贫 Cr 理论。下面将分别介绍晶间腐蚀的几种常见机理。

(1) 贫 Cr 理论——晶界碳化物析出 贫 Cr 理论又称为贫乏理论，最早发现于奥氏体不锈钢，由于晶界析出碳化铬而引起晶界附近铬的贫化而造成晶间腐蚀，因而提出贫 Cr 理论。该理论可以很好地解释铁素体不锈钢的晶间腐蚀以及杜拉铝（Al-Cu 合金）和 Ni-Mo 合金的晶间腐蚀。

Ni-Cr 奥氏体不锈钢通常都是经固溶处理后（1050℃保温 2h）使用的。当经过固溶处理、w_C>0.03%的奥氏体不锈钢在 427~816℃的温度区间内保温或受热缓冷后（通常称为敏化处理），在腐蚀介质中使用时就会出现严重的晶间腐蚀。这是因为敏化处理后在晶界析出了连续$Cr_{23}C_6$型的碳化物使晶界产生严重的贫 Cr 区。当碳化物沿晶界析出并进一步生长时，所需要的 C 和 Cr 依靠晶内向晶界的扩散。由于 C 的扩散速度比 Cr 高，于是固溶体中几乎所有的 C 都用于生成碳化物，而在此期间只有晶界附近的 Cr 能够参与碳化物的生成反应，结果在晶界附近形成了 Cr 质量分数低于发生钝化所需的 12%的区域，因此，在弱氧化性介质中，就会导致晶界贫 Cr 区的快速溶解，如图 3-22 所示。这类晶间腐蚀最易发生在活化-钝化过渡区内。

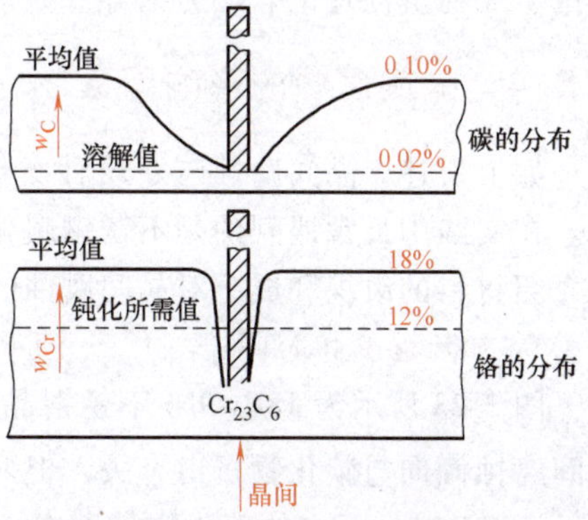

图 3-22 晶间腐蚀贫 Cr 理论示意图

铁素体不锈钢的情况与奥氏体不锈钢略有不同。即使含 C、N 很低的铁素体不锈钢自 900℃以上高温区快速冷却（如淬火或空冷）也会发生晶间腐蚀，而在 700~800℃重新加热，可消除晶间腐蚀。这仍可用晶界碳化物析出来解释，使铁素体不锈钢产生晶间腐蚀的碳化物是 $(Cr、Fe)_7C_3$型的。其原因是 C 和 N 在铁素体中的固溶度比奥氏体中还要低，而且 Cr 在铁素体中的扩散速度比奥氏体中大两个数量级，即使高温快冷，碳化物也能够在晶界析出，形成贫铬区。在 700~800℃重新加热可促进 Cr 的扩散，消除贫 Cr 区。

贫 Cr 理论还可以解释其他合金的晶间腐蚀现象，如高强铝合金（如 Al-Cu、Al-Cu-Mg 合金），它们在工业大气、海洋大气及海水中都能产生晶间腐蚀。这是由于在晶界上析出 $CuAl_2$或 Mg_2Al_3而形成贫 Cu 或 Mg 区而引起的。

镍基合金（如 Ni-Mo 合金）可以用晶界贫 Mo 解释。在还原性介质中由于沿晶界析出 Ni_7Mo_6造成晶界贫 Mo 而出现晶间腐蚀。又如哈氏合金 C（0Cr16Ni57Mo16W4Fe6）固溶状态无晶间腐蚀，但当在 649~1038℃范围间停留时，晶界析出金属间化合物 μ 相 $(Ni、Fe、Co)_3(W、Mo、Cr)_2$；当 C 质量分数大于 0.004%时，晶界还会析出富 Mo 的 M_6C 型碳化物，从而导致晶间腐蚀。

(2) 阳极相理论——晶界 σ 相析出并溶解　随着冶炼工艺的进步，已能够大量生产低碳甚至超低碳的不锈钢，因而由于碳化物析出引起的晶间腐蚀已大为减少。然而，当超低碳不锈钢，特别是高 Cr、Mo 钢在 650~850℃受热后，在强氧化性介质中仍会产生晶间腐蚀。这是因为在晶界形成了由 FeCr 或 MoFe 金属间化合物组成的 σ 相，σ 相为 FeCr 金属间化合物，这种晶间腐蚀只能用 65%HNO_3方法才能检验出来。在过钝化，即强氧化的条件下，σ 相发生严重的选择性溶解。促使 σ 相形成的元素除 Cr 外，还有 Mo、Nb、Ti 等。

(3) 晶界吸附理论——杂质原子在晶界吸附　在一些非敏化态钢中，主要由于杂质元素（P、Si）等在晶界吸附而产生晶间腐蚀。有时超低碳 18Cr-9Ni 不锈钢在 1050℃固溶处理后，在强氧化性介质（如硝酸加重铬酸盐）中也会出现晶间腐蚀。这显然不能用晶界碳化物析出或 σ 相析出来解释。可能的原因是 P 和 Si 等在晶界发生吸附，使得晶界的电化学特性发生了改变。

在探索晶间腐蚀起因、发展和分布时，存在不同的依据和解释，形成了许多不同的晶间腐蚀理论，如单相合金晶间腐蚀的晶界吸附理论、多相合金晶间腐蚀的阳极相理论、贫 Cr 理论、亚稳沉淀理论、应力论等。

3.5.4 晶间腐蚀的影响因素

如上所述，晶间腐蚀与介质种类和条件有密切的关系，但起主要作用的还是合金的组织。在实践中最常遇到的是不锈钢碳化物析出造成的晶间腐蚀，所以这里以不锈钢为例，侧重介绍材料的组织和成分对晶间腐蚀的影响。

1. 加热温度和时间——TTS（Temperature—Time—Sensitivity）曲线

图 3-23 所示为 18Cr-9Ni 不锈钢晶界 $Cr_{23}C_6$ 沉淀与晶间腐蚀之间的关系。从图中可见，晶间腐蚀倾向与碳化物析出有关，但两者发生的温度和加热时间范围并不完全一致。在温度高于 750℃时，析出的碳化物是不连续的颗粒，Cr 的扩散也容易，所以不产生晶间腐蚀；在 600~700℃之间，析出连续的网状 $Cr_{23}C_6$，晶间腐蚀最严重；温度低于 600℃时，Cr 和 C 的扩散速度随温度降低而减慢，需要更长的时间才能析出碳化物；当温度低于 450℃时就难于产生晶间腐蚀了。

这种表明晶间腐蚀倾向与加热温度和时间关系的曲线称为 TTS 曲线或温度-时间-敏化图。每种合金都可以通过实验测出这样的曲线。利用 TTS 曲线，可以帮助制订正确的不锈钢热处理制度和焊接工艺。为使奥氏体不锈钢不产生晶间腐蚀倾向，可加热至 1050~1100℃，迅速冷却，使冷却曲线不与碳化物沉淀曲线相交，这就是通常所说的固溶处理。图 3-24 所示为消除 Cr17 不锈钢敏化态的热处理工艺图。

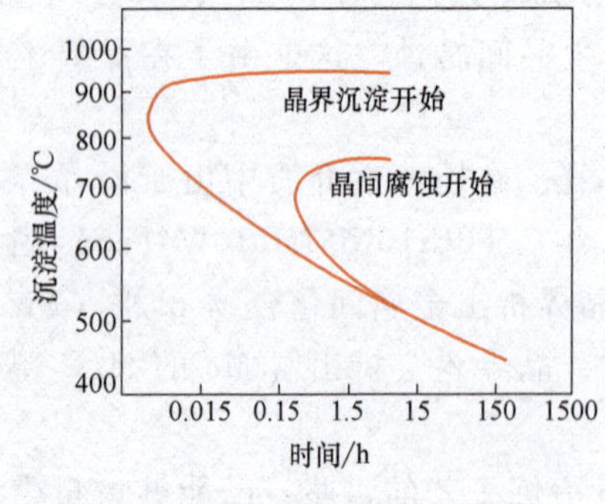

图 3-23 18Cr-9Ni 不锈钢晶界 $Cr_{23}C_6$ 沉淀与晶间腐蚀的关系

w_C = 0.05%、1250℃固溶，H_2SO_4+$CuSO_4$溶液

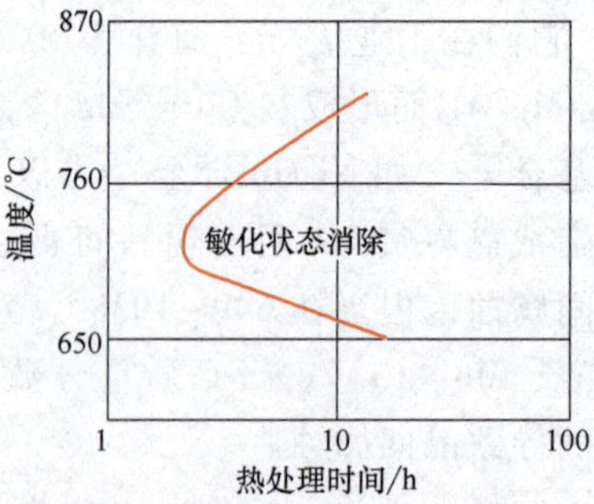

图 3-24 消除 Cr17 不锈钢敏化态的热处理工艺图

2. 合金成分

常见合金元素对晶间腐蚀的影响如下：

（1）C 显然，奥氏体不锈钢中含碳量越高，晶间腐蚀倾向越严重，产生晶间腐蚀倾向的加热温度和时间范围扩大，晶间腐蚀程度也加重。而且固溶温度越高，过饱和固溶碳含量增多，TTS 曲线左移，晶间腐蚀倾向越大。

（2）Cr、Mo、Ni、Si Cr、Mo 含量增高，可降低 C 的活度，有利于减轻晶间腐蚀倾向；而 Ni、Si 等非碳化物形成元素会提高 C 的活度，降低 C 在奥氏体中的溶解度，促进 C 的扩散和碳化物的析出。

(3) Ti、Nb　对晶间腐蚀来说，Ti 和 Nb 是非常有益的元素。Ti 和 Nb 与 C 的亲和力大于 Cr 与 C 的亲和力，因而在高温下能先于 Cr 形成稳定的 TiC 和 NbC，从而大大降低了钢中的固溶 C 量，使 $Cr_{23}C_6$难以析出。实验表明：Ti 和 Nb 使 TTS 曲线右移，降低晶间腐蚀倾向的敏感性。

(4) B　在不锈钢中加入质量分数为 0.004%~0.005%的 B 可使 TTS 曲线右移。这可能是 B 在晶界的吸附减少了 C、P 在晶界的偏聚之故。

3.5.5　防止晶间腐蚀的措施

生产中常通过合金化、热处理和冷加工等来控制合金晶界的沉淀和吸附，以提高合金耐晶间腐蚀能力。

(1) 降低含碳量　早期的 18Cr-9Ni 钢中碳质量分数为 0.20%，极易产生晶间腐蚀，后来将碳质量分数降到 0.08%。低碳不锈钢（$w_C \leqslant 0.03\%$），甚至是超低碳不锈钢（$w_C + w_N \leqslant 0.002\%$），可有效减少碳化物析出造成的晶间腐蚀，但后者目前成本还较高。

(2) 合金化　在钢中加入 Ti 或 Nb，如在 Cr18-Ni9（304）不锈钢基础上加入 Ti 成为 Cr18-Ni9-Ti（321）、加 Nb 成为 Cr18-Ni9-Nb（347），再经过 850~900℃保温 2~3h 的“稳定化处理”，就会使 $Cr_{23}C_6$全部溶解，析出 TiC 或 NbC，避免贫 Cr 区的形成。

为避免产生晶间腐蚀倾向，加入 Nb 的量应为

$$Nb = 0.093 + 7.78(C - 0.013) + 6.66(N - 0.022)$$

加入 Ti 的量应为

$$Ti = [4C + 3.42(N - 0.001)]/f$$

式中，C、N 分别为碳质量分数、氮质量分数；f 为系数，其值取决于热处理制度。若在 900℃附近进行“稳定化”处理，钢中 $Cr_{23}C_6$能全部溶解，而在这种高温下 TiC 能全部沉淀，有效发挥了 Ti 稳定 C 的作用，这时 f 为 1，否则 f 小于 1。所谓“稳定化”处理就是把加入了 Ti、Nb 的钢加热到 850~900℃保温 2~4h，以充分生成 TiC、NbC 的热处理制度。还可以通过调整钢的成分，形成双相不锈钢，如在奥氏体中加入质量分数为 5%~10%的铁素体。由于相界的能量更低，碳化物择优在相界析出，从而减少了在晶界的沉淀。

(3) 适当的热处理　对碳含量较高（w_C 为 0.06%~0.08%）的奥氏体不锈钢，要在 1050~1100℃进行固溶处理；对铁素体不锈钢在 700~800℃进行退火处理；加入 Ti 和 Nb 的不锈钢要经稳定化处理。

(4) 适当的冷加工　在敏化前进行 30%~50%的冷形变，可以改变碳化物的形核位置，促使沉淀相在晶内滑移带上析出，减少在晶界的析出，这种方法在实际使用中尚存争议。有报道认为，18-8 不锈钢冷加工促进了过饱和固溶体的分解，使得沿晶界、孪晶界集滑移面上析出了大量富 Cr 的 $M_{23}C_6$、σ 相、χ 相，从而耐晶间腐蚀能力变坏。

3.5.6　不锈钢焊缝的晶间腐蚀

奥氏体不锈钢经固溶处理或加 Ti、Nb 等稳定化元素后，一般不产生晶间腐蚀。但在不锈钢设备的制造过程中，焊接是不可避免的，由此使本来并无晶间腐蚀倾向的不锈钢在焊缝附近却产生了严重的晶间腐蚀。由于钢种不同，产生腐蚀的部位与形貌不同，人们习惯上分为焊缝腐蚀和刀线腐蚀。

1. 焊缝腐蚀

焊缝腐蚀的腐蚀区通常是在母材板上离焊缝有一定距离的一条带上。这是由于在焊接过程中，这条带上经受了敏化加热的缘故。焊接时，焊缝附近的受热情况如图 3-25a 所示。热电偶放在 *A*、*B*、*C*、*D* 四点（图 3-25b），焊接时记录温度和时间，并描绘在图 3-25a 中，可见 *BC* 之间的金属有一段时间处于敏化温度范围之内，从而引起铬的碳化物析出，导致晶间腐蚀。

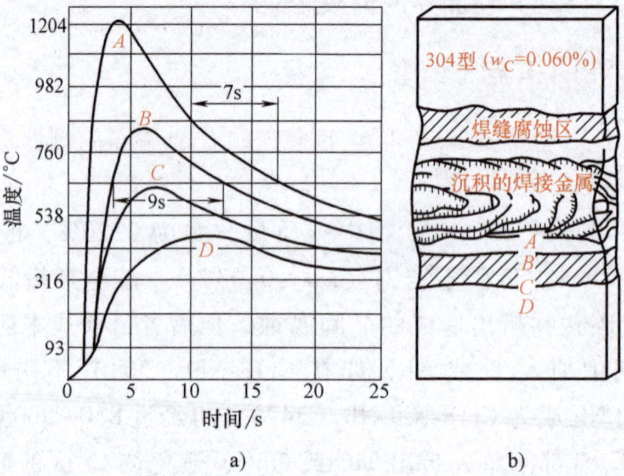

图 3-25 304 不锈钢电弧焊焊缝区受热和焊缝腐蚀情况

a）温度-时间关系 b）测温热电偶的位置和腐蚀部位

2. 刀线腐蚀

加有 Ti、Nb 且进行了稳定化处理的不锈钢，焊接后在邻近焊缝的金属窄带上产生了严重的腐蚀而形成深沟，人们形象地称为刀线腐蚀。这是由于焊接时，邻近焊缝处与熔融金属相接触，温度高达 950～1400℃，这时不仅钢中 $M_{23}C_6$ 溶解，而且 TiC、NbC 也全部溶解。在二次加热时（如双面焊，该部位重新受热，或焊后的消除应力退火），$M_{23}C_6$、TiC、NbC 又重新沿晶界沉淀。有一种观点认为由于 $M_{23}C_6$ 的沉淀，产生了贫铬区，导致刀线腐蚀。另一种观点认为由于 TiC 或 NbC 以树枝状形态沿晶界沉淀，在强氧化性介质中 MC 被溶解，导致刀线腐蚀。18-8 钢焊接接头可能出现的晶间腐蚀如图 3-26 所示。

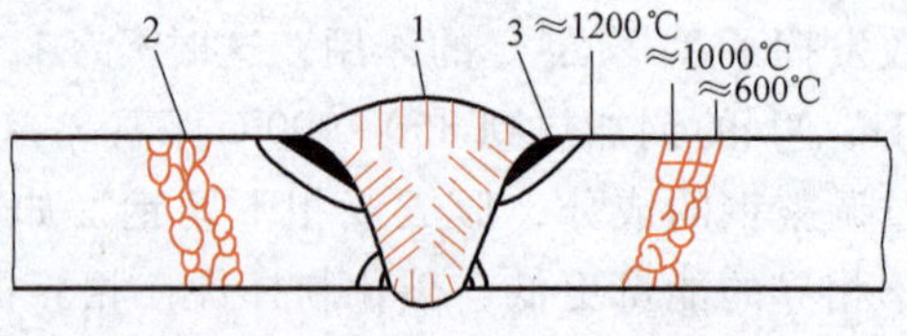

图 3-26 18-8 钢焊接接头可能出现的晶间腐蚀

1—焊缝区 2—母材敏化区 3—刀线腐蚀区

为防止刀线腐蚀，最好采用超低碳不锈钢。如用亚稳定化型不锈钢，则应限制其碳质量分数在 0.06%以下。图 3-27 所示为双面焊对刀线腐蚀的影响。双面焊时应使面对介质的一侧最后焊接；否则应适当调节焊接热规范，使第二面焊缝的敏化温度区不致正好落在第一面焊缝的过热区上。

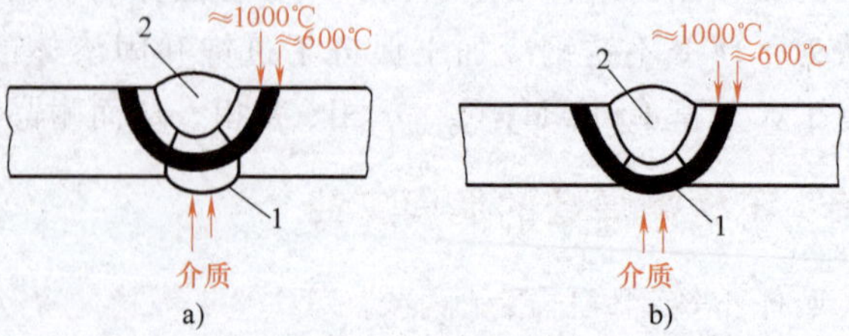

图 3-27 双面焊对刀线腐蚀的影响

a）不产生刀线腐蚀 b）产生刀线腐蚀

1—第一道焊缝（先焊） 2—第二道焊缝（后焊）

3.6　选择性腐蚀

3.6.1　选择性腐蚀的定义和特点

选择性腐蚀是指在多元合金中较活泼组分的优先溶解，这个过程是由于合金组分的电化学差异而引起的。在二元或多元合金中，较贵的金属为阴极，较廉的金属为阳极，构成成分差异腐蚀原电池，较贵的金属保持稳定或与较活泼的组分同时溶解后再沉积在合金表面，而较廉的金属发生溶解。选择性腐蚀一般会随着合金成分的提高或是温度的提高而加重。比较典型的选择性腐蚀是黄铜脱 Zn 和铸铁的石墨化腐蚀。有学者将选择性腐蚀根据合金中优先溶解的元素，称为脱锌、脱铝、脱钴等，表 3-6 列举了与合金成分有关的选择性腐蚀名称。

表 3-6　与合金成分有关的选择性腐蚀名称

选择性腐蚀的名称	迁移的元素	所属合金系列	选择性腐蚀的名称	迁移的元素	所属合金系列
脱铝	Al	Cu-Al	脱镍	Ni	Cu-Ni
脱钴	Co	斯特莱特合金(Co-Cr-W-C)	脱硅	Si	Si-Cu
脱铜	Cu	Cu-Ag	未命名	Ag	Ag-Au
		Cu-Au	未命名	Sn	Pb-Sn(焊锡)
脱锰	Mn	Cu-Mn	石墨化腐蚀	Fe	Fe-C(灰铸铁)

3.6.2　黄铜脱锌

1. 黄铜脱锌的特征

黄铜即是 Cu-Zn 合金，加入 Zn 可提高 Cu 的强度和耐冲蚀性能，但随着 Zn 含量的增加，脱锌腐蚀和应力腐蚀将变得严重，如图 3-28 所示。黄铜脱锌即是 Zn 被选择性溶解，留下了多孔的富 Cu 区，从而导致合金强度大大下降。

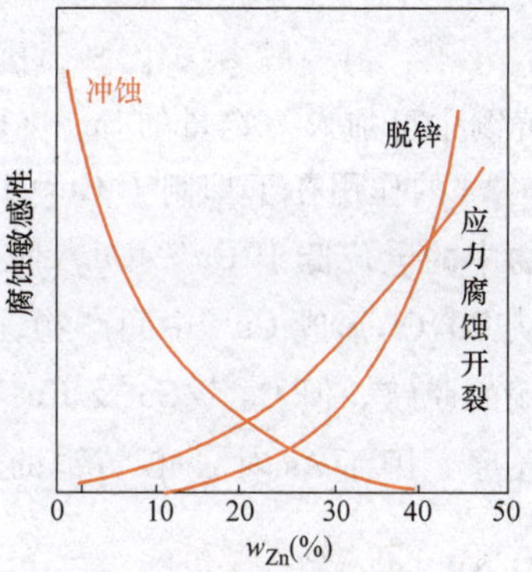

图 3-28　黄铜中 Zn 含量与不同腐蚀形态敏感性的关系

黄铜脱锌有两种形态：一种是均匀的层状脱锌，多发生于 Zn 含量较高的合金中，并且总是发生在酸性介质中；另一种是不均匀的带状或栓状脱锌，多发生于 Zn 含量较低的黄铜及中性、碱性或弱酸性介质中，这种脱锌导致腐蚀产物被溶液冲走形成疏松多孔的铜残渣，强度大大降低。用作海水热交换器的黄铜经常出现这类脱锌腐蚀。图 3-29 为黄铜脱锌的示意图。

Zn 的质量分数小于 15%的黄铜称为红铜，多用于散热器，一般不出现脱锌腐蚀；Zn 的质量分数在 30%～33%的黄铜多用于制作弹壳。这两类黄铜都是 Zn 在 Cu 中的固溶体合金，称作 α 黄铜。Zn 的质量分数在 38%～47%的黄铜是 α+β 相，β 相是以 CuZn 金属间化合物为基体的固溶体，这类黄铜热加工性能好，多用于热交换器。Zn 含量高的 α 及 α+β 黄铜脱锌腐

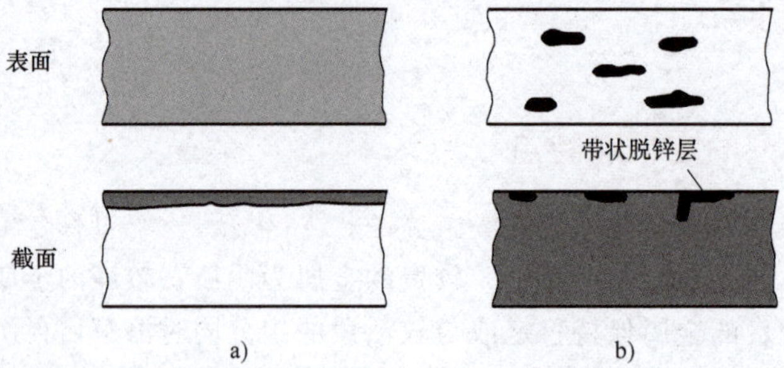

图 3-29 黄铜脱锌示意图

a）均匀的层状脱锌 b）不均匀的带状或栓状脱锌

蚀都比较严重。

2. 黄铜脱锌的机理

黄铜脱锌是个复杂的电化学反应过程，而不是一个简单的活泼金属分离现象。多数人认为黄铜脱锌分三步：①黄铜溶解；②Zn^{2+}离子留在溶液中；③Cu 镀回基体上。对应的反应为

阳极反应： $Zn \longrightarrow Zn^{2+}+2e^-, Cu \longrightarrow Cu^++e^-$

阴极反应： $\frac{1}{2}O_2+H_2O+2e \longrightarrow 2OH^-$

Zn^{2+}留在溶液中，而Cu^+迅速与溶液中氯化物作用，形成Cu_2Cl_2，接着Cu_2Cl_2分解：

$$Cu_2Cl_2 \longrightarrow Cu+CuCl_2\text{——歧化反应}$$

$$Cu^{2+}+2e^- \longrightarrow Cu$$

Cu^{2+}参加阴极还原反应，使 Cu 又沉淀到基体上。因此，总的效果是 Zn 溶解，留下了多孔的 Cu。

3. 防止黄铜脱锌的措施

在 α 黄铜中加入少量的 As（$w_{As}=0.04\%$）可有效地防止脱锌腐蚀；加 Sb 或 P 也有同样的效果，但一般多采用 As，因为 P 易引发晶间腐蚀。但这种方法对 α+β 黄铜无效，在α+β 黄铜中可加入一定量的 Sn、Al、Fe、Mn，能减轻脱锌腐蚀，但不能完全避免。

As 的作用在于抑制了Cu_2Cl_2的歧化反应，降低了溶液中Cu^{2+}离子的浓度。α 黄铜在氯化物中的电位低于Cu^{2+}/Cu，而高于${Cu_2}^{2+}/Cu$，所以只有前者能被还原，即 α 黄铜脱锌必须从Cu_2Cl_2形成Cu^{2+}中间产物，反应才能进行下去。As 抑制了Cu^{2+}的产生，也就能抑制 α 黄铜的脱锌。但Cu^{2+}/Cu及Cu_2^{2+}/Cu的电位都高于 α+β 黄铜的电位，即Cu^{2+}和Cu^+都可能被还原，因而 As 对 α+β 黄铜的脱锌过程没有影响。

3.6.3 石墨化腐蚀

灰铸铁中的石墨以网络状分布在铁素体中，在介质为盐水、矿水、土壤（尤其是含有硫酸盐的土壤）或极稀的酸性溶液中，发生了铁基体的选择性腐蚀，而石墨沉积在铸铁的表面，从形貌上看，似乎铸铁被“石墨化”了，因此称作石墨化腐蚀（Graphitic Corrosion）。

在铸铁的石墨化腐蚀中，石墨对铁为阴极，形成了高效原电池，铁被溶解后，成为石墨、孔隙和铁锈构成的多孔体，使铸铁失去了强度和金属性。

石墨化腐蚀是一个缓慢的过程。如果铸铁处于能使金属迅速腐蚀的环境中，将发生整个表面的均匀腐蚀，而不是石墨化腐蚀。石墨化腐蚀常发生在长期埋在土壤中的灰铸铁管上。

思　考　题

1. 全面腐蚀和局部腐蚀各有哪些特征？

2. 产生点蚀的主要条件是什么？点蚀破坏的特点有哪些？

3. 点蚀发展形成闭塞电池的条件和机理是什么？

4. 影响点蚀的因素有哪些？举例说明防止点蚀发生可采取的措施。

5. 缝隙腐蚀的特征和机理各是什么？

6. 缝隙腐蚀有哪些影响因素？举例说明防止缝隙腐蚀发生可采取的措施。

7. 什么是电动序和电偶序？二者有何差异？

8. 什么是电偶电流和电偶腐蚀效应？简述电偶腐蚀的机理和防止措施。

9. 试根据极化图和电偶腐蚀原理，证明电偶腐蚀集氧面积原理。

10. 分析产生晶间腐蚀的原因和影响晶因素，以及相应的防止措施。

11. 奥氏体、铁素体不锈钢产生晶间腐蚀的条件和机理是什么？

12. 12Cr18Ni9、10Cr17 两种不锈钢应分别采取何种热处理才能避免发生晶间腐蚀？为什么？

13. 试举例说明什么是选择性腐蚀。

第 4 章 应力作用下的腐蚀

金属材料在实际使用过程中，不仅会受到腐蚀介质的作用，同时还会受到应力的作用，并常常因此造成更为严重的腐蚀破坏。这些应力可以是外部施加的，如通过拉伸、压缩、弯曲、扭转等方式直接作用在金属上，或通过接触面的相对运动、高速流体（可能含有固体颗粒）的流动等施加在金属表面上；也可以来自金属内部，如氢原子侵入金属内部产生应力。因而，造成的腐蚀破坏包括应力腐蚀开裂、氢致开裂、腐蚀疲劳、冲刷腐蚀、腐蚀磨损等。由于材料的断裂是由环境因素引起的，因此也常统称环境断裂。

4.1 应力腐蚀开裂

4.1.1 应力腐蚀开裂的定义和特点

应力腐蚀开裂（Stress Corrosion Cracking，SCC）是指受一定拉伸应力作用的金属材料在某些特定的腐蚀介质中，由于腐蚀介质和应力的协同作用而发生的脆性断裂现象。通常在某种特定的腐蚀介质中，材料在不受应力时腐蚀甚微；而受到一定的拉伸应力时（可远低于材料的屈服强度），经过一段时间后，即使是延展性很好的金属也会发生脆性断裂。这种断裂通常事先没有明显的征兆，易造成灾难性后果。常见的 SCC 有：黄铜的“氨脆”（也称“季裂”）、锅炉钢的“碱脆”、低碳钢的“硝脆”和奥氏体不锈钢的“氯脆”等。

应力腐蚀波及的范围很广，各种石油、化工等管路设备、建筑物、贮罐、船只、核电站、航空、航天设备，几乎所有重要的经济领域都受到 SCC 的影响。应力腐蚀开裂是一种往往突然发生的“灾难性腐蚀事故”，从而引起了国内外科技工作者的重视和研究。

4.1.2 SCC 发生的条件和特征

一般认为发生 SCC 需要同时具备三个条件，即敏感材料、特定介质和拉伸应力。

（1）金属本身对 SCC 具有敏感性　几乎所有的金属或合金在特定的介质中都有一定的 SCC 敏感性，合金和含有杂质的金属比纯金属更容易产生 SCC。例如纯度达 99.999%的铜在含氨介质中不会发生 SCC，但含有 0.004%磷或 0.01%锑时则发生 SCC；纯度达 99.99%的纯铁在硝酸盐溶液中很难发生 SCC，但含 0.04%碳时，则容易发生硝脆。

（2）存在能引起该金属发生 SCC 的介质　每种合金的 SCC 只对某些特定的介质敏感，并不是任何介质都能引起 SCC。表 4-1 列出了一些合金发生 SCC 的常见环境。通常合金在引起 SCC 的环境中是惰性的，表面往往存在钝化膜。然而特定介质的量即使很少就足以产生应力腐蚀。材料与环境的交互作用反映在电位上就是 SCC 一般发生在活化-钝化或钝化-过钝化的过渡区电位范围，即钝化膜不完整的电位区间。

(3) 发生 SCC 必须有一定拉伸应力的作用　这种拉伸应力可以是工作状态下材料承受外加载荷造成的工作应力；也可以是在生产、制造、加工和安装过程中在材料内部形成的热应力、形变应力等残余应力；还可以由裂纹内腐蚀产物的体积效应造成的楔入作用或是阴极反应形成的氢产生的应力。

表 4-1　一些金属和合金产生 SCC 的特定介质

材　料	介　质
低碳钢	NaOH 溶液、硝酸盐溶液、含 H_2S 和 HCl 溶液、$CO—CO_2—H_2O$、碳酸盐、磷酸盐
高强钢	各种水介质、含痕量水的有机溶剂、HCN 溶液
奥氏体不锈钢	氯化物水溶液、高温高压含氧高纯水、连多硫酸、碱溶液
铝合金	熔融 NaCl、湿空气、海水、含卤素离子的水溶液、有机溶剂
铜和铜合金	含 NH_4^+ 的溶液、氨蒸气、汞盐溶液、SO_2 大气、水蒸气
钛和钛合金	发烟硝酸、甲醇（蒸气）、NaCl 溶液（>290℃）、HCl（10%，35℃）、H_2SO_4（6%～7%）、湿 Cl_2（288℃，346℃，427℃）、N_2O_4（含 O_2，不含 NO，24～74℃）
镁和镁合金	湿空气、高纯水、氟化物、$KCl+K_2CrO_4$ 溶液
镍和镍合金	熔融氢氧化物、热浓氢氧化物溶液、HF 蒸气和溶液
锆合金	含氯离子水溶液、有机溶剂

SCC 还有如下特征：

1）SCC 是一种典型的滞后破坏，即材料在应力和腐蚀介质共同作用下，需要经过一定时间使裂纹形核、裂纹亚临界扩展，并最终达到临界尺寸，发生失稳断裂。这种滞后破坏可明显分成三个阶段：

① 孕育期（t_{in}），指裂纹萌生阶段，即裂纹源成核所需时间，约占整个时间的 90% 左右。

② 裂纹扩展期（t_{cp}），指裂纹成核后直至发展到临界尺寸所经历的时间。

③ 快速断裂期，指裂纹达到临界尺寸后，由纯力学作用裂纹失稳瞬间断裂。

整个断裂时间 $t_f=t_{in}+t_{cp}$，与材料、介质、应力有关，短则几分钟，长可达若干年。对于一定的材料和介质，应力降低（应力强度因子也降低），断裂时间延长。对大多数的腐蚀体系来说，存在一个门槛应力或临界应力 σ_{th}（临界应力强度因子 K_{ISCC}），在此临界值以下，不发生 SCC。

2）SCC 的裂纹分为晶间型、穿晶型和混合型三种。裂纹的途径取决于材料与介质，同一材料因介质变化，裂纹途径也可能改变。应力腐蚀裂纹的主要特点是：裂纹起源于表面；裂纹的长宽不成比例，相差几个数量级；裂纹扩展方向一般垂直于主拉伸应力的方向；裂纹一般呈树枝状。

3）SCC 裂纹扩展速度一般为 10^{-6}～10^{-3}mm/min，比均匀腐蚀快约 10^6 倍，但仅为纯机械断裂速度的 10^{-10}。

4）SCC 开裂是一种低应力的脆性断裂。断裂前没有明显的宏观塑性变形，大多数条件下是脆性断口——解理、准解理或沿晶。由于腐蚀的作用，断口表面颜色暗淡，显微断口往往可见腐蚀坑和二次裂纹，穿晶微观断口往往具有河流花样、扇形花样、羽毛状花样等形貌特征；晶间显微断口呈冰糖块状。

4.1.3 SCC 机理

人们提出了多种机理来解释 SCC 现象，但迄今尚无公认的统一机理。由于 SCC 是一个与腐蚀有关的过程，其机理必然与腐蚀过程中发生的阳极反应和阴极反应有关，因此 SCC 机理可以分为两大类：阳极溶解型机理和氢致开裂型机理，二者之间的关系如图 4-1 所示。一般认为：黄铜的氨脆和奥氏体不锈钢的氯脆属于阳极溶解型；而高强钢在水介质和湿硫化氢中的 SCC 属于氢致开裂型。应指出对某些材料-环境体系的应力腐蚀很难是某种机理单独作用的结果，而是两种机理共同起作用，例如铝合金的应力腐蚀是阳极溶解机理，而研究表明它也是从水溶液或水蒸气吸附氢导致的晶间应力腐蚀。关于氢致开裂的机理，将在下一节中介绍，这里主要阐述阳极溶解型机理。

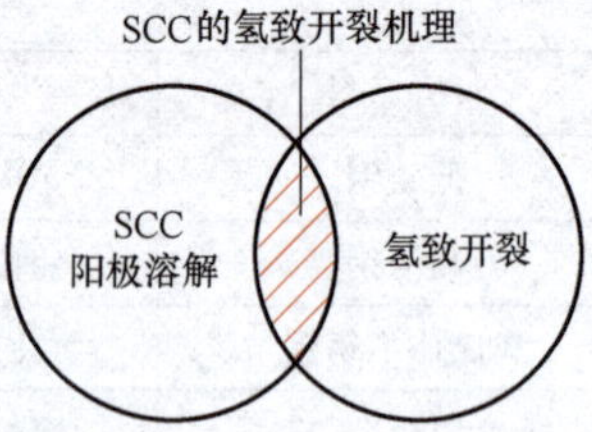

图 4-1 阳极溶解型机理和氢致开裂型机理之间的关系

阳极溶解型机理认为：在发生 SCC 的环境中，金属表面通常被钝化膜覆盖，金属不与腐蚀介质直接接触。当钝化膜遭受局部破坏后，裂纹形核，并在应力作用下裂纹尖端沿某一择优路径定向活化溶解，导致裂纹扩展，最终发生断裂。因此，SCC 经历了膜破裂、溶解和断裂三个阶段：

(1) 膜局部破裂导致裂纹形核 合金表面钝化膜可因电化学作用或机械作用发生局部破坏，使裂纹形核。

电化学作用一般是通过点蚀或晶间腐蚀等局部腐蚀来诱发 SCC 裂纹的。当有点蚀坑形成时，在应力的作用下从点蚀坑底部可诱发 SCC 裂纹。在不发生点蚀的情况下，若腐蚀电位处于活化-钝化或钝化-过钝化的过渡电位区间，由于钝化膜不稳定，SCC 裂纹容易在材料表面较薄弱的部位形核，如发生晶间腐蚀的情况。机械作用是由于膜的延展性或强度较基体金属差，受力变形后局部膜破裂，诱发 SCC 裂纹。

金属表面所有可能的缺陷及保护膜内的亚微观裂纹均可能是 SCC 裂纹形核之处。

(2) 裂尖定向溶解导致裂纹扩展 裂纹形成后，其特殊的几何条件构成了一个闭塞区。与点蚀和缝隙腐蚀相似，裂纹内部形成了“闭塞电池”，并进而在裂纹尖端和裂纹壁之间形成了“活化-钝化腐蚀电池”，创造了裂尖快速溶解的电化学条件。同样，裂尖这种快速溶解也是一个自催化的过程。应力和材料的不均匀性（预存活性途径）为快速溶解提供了择优腐蚀的途径。有人认为裂纹尖端附近的应变集中强化了无膜裂纹尖端的溶解，而裂纹尖端的阳极溶解又有利于位错的生成、增殖和运动，促进了裂纹间局部塑性变形，使应变进一步集中，加速了裂纹间溶解，这种溶解和局部应变的协同作用造成延性或强度较基体金属差，受力变形后局部破裂，诱发应力腐蚀裂纹形核。预存活性途径和应变产生的活性途径分别导致沿晶和穿晶 SCC 裂纹扩展。

零件结构上的沟槽、材料缺陷、加工痕迹、附着的异物都可能引起应力应变集中或导致有害离子浓缩而引发裂纹。

(3) 断裂 在 SCC 裂纹扩展到临界尺寸时，裂纹失稳而导致纯机械断裂。

4.1.4　SCC 的影响因素

影响 SCC 的因素主要包括环境、应力、冶金等方面，这些因素与应力腐蚀的关系较为复杂，如图 4-2 所示。奥氏体不锈钢在氯化物中的 SCC 就是典型的例子。在遇水可分解为酸性的氯化物溶液中均可能引起奥氏体不锈钢的 SCC，其影响程度为 $MgCl_2 > FeCl_3 > CaCl_2 > LiCl > NaCl$。奥氏体不锈钢的 SCC 多发生在 50～300℃范围内，氯化物的浓度上升，SCC 的敏感性增大。溶液的 pH 值越低，奥氏体不锈钢发生 SCC 断裂的时间越短。阳极极化使断裂的时间缩短，阴极极化可以抑制 SCC。

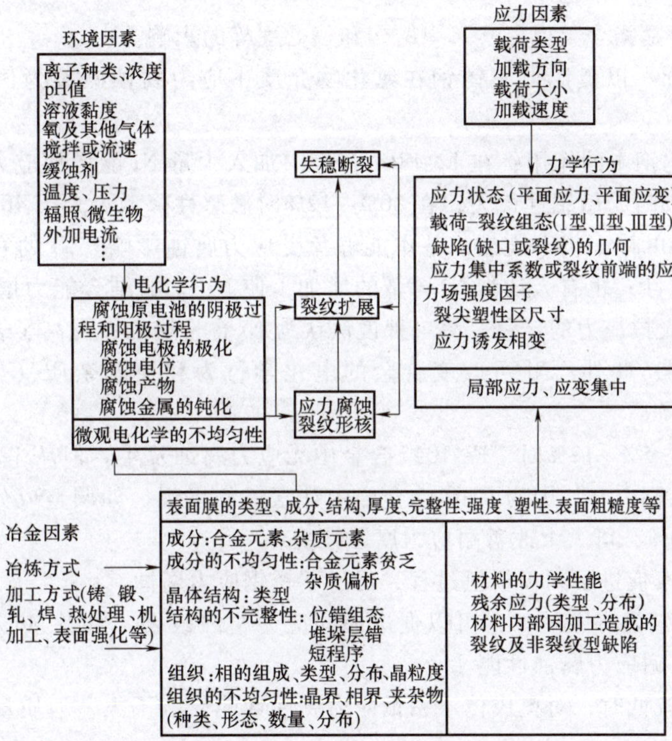

图 4-2　SCC 开裂的影响因素及关系

1. 环境因素

应力腐蚀发生的环境因素是比较复杂的。大多数应力腐蚀发生在湿大气、水溶液中，某些材料也会在有机液体、熔盐、熔金属、无水干气或高温气体中发生。从水溶液介质中来看，其介质种类、浓度、杂质、温度、pH 值等因素都会影响应力腐蚀的发生。研究表明材料表面接触的环境，即外部环境又称为宏观环境，而裂纹内狭小区环境称为局部环境。宏观环境会影响局部（微区）环境，而局部区如裂缝尖端的环境对裂纹的发生和发展的作用更直接。

可以将裂纹尖端状态看作类似于点蚀、缝隙腐蚀的狭小闭塞区。闭塞区内的环境状态，即化学与电化学状态与外部环境状态是不同的。对裂纹尖端来讲由于氧的浓度低，成为阳极，溶解的金属离子发生水解作用，使 H^+ 浓度增加，pH 值降低，有害离子如 Cl^-，不断进入裂纹尖端，Cl^- 浓度增加以自催化作用使裂纹尖端不断溶解，而形成阳极溶解型应力腐蚀机理。由于裂尖缝内 pH 值降低，裂尖酸化，使裂尖 H^+参与阴极过程生成原子氢，使氢致开裂的可能性增加。

2. 应力因素

应力是导致应力腐蚀的推动力，应力来源有：①工作应力，即工程构件一般在工作条件下都承受外加载荷引起的应力；②在生产、制造、加工过程中，如铸造、热处理、冷热加工变形、焊接、切削加工等过程中引起的残余应力，残余应力引起的应力腐蚀事故占有相当大的比例；③由于腐蚀产物在封闭裂纹内的体积效应，可在垂直裂纹面方向产生拉应力导致应力腐蚀开裂。

3. 冶金因素

冶金因素主要是指合金成分、组织结构和热处理等的影响。

（1）合金成分　以奥氏体不锈钢在氯化物介质中应力腐蚀破裂为例说明合金成分的影响。

Ni 元素在不锈钢中的作用：在 Fe-18Cr 合金中加入少量 Ni 能增加应力腐蚀敏感性，质量分数在 5%～10%时，敏感性最大；在 10%～12%时敏感性降低；大于 40%时，在 $MgCl_2$沸腾溶液中经过 1000h 以上仍不破裂，基本能够免受应力腐蚀影响。Ni 的有益作用是增加了奥氏体结构的稳定性；也有人认为 Ni 含量的增加，使 Ni-Cr 的结合能力增加，从而阻碍了 Cl^-向氧化膜中最大拉应力的迁移；另一种说法认为 Ni 含量增加，提高了合金层错能，使裂纹形核和扩展困难；此外，Ni 可改变合金的电化学行为和控制杂质（如 N、P）的有害作用。

Cr 质量分数在 5%～12%时，Fe-10Ni 合金中无应力腐蚀发生，但从 12%提高到 25%时，应力腐蚀敏感性急剧上升，因为 Cr 影响合金中铁素体的出现。如调整成分使铁素体的质量分数达到 40%～50%，可大大改善耐应力腐蚀性能。

N、P 杂质元素促进了阴极析氢过程，促进不锈钢应力腐蚀。

微量的 Mo 元素是有害的，它可以促进晶间应力腐蚀破裂，但当 Mo 质量分数大于 4%时，又显著改善了耐应力腐蚀性能。

Mn 元素含量较低时，对奥氏体不锈钢应力腐蚀性能影响不大，但质量分数超过 2%时，则起加速作用。

Si 能明显提高 Cr-Ni 奥氏体不锈钢耐应力腐蚀能力，有学者认为这与添加 Si 后生成大量的 δ 铁素体有关，也可能是改变了再钝化动力或与 Si 在表面富集生成硅酸盐膜有关。

（2）组织结构的影响　具有面心立方结构的奥氏体不锈钢在较低应力作用下容易滑移，产生应力腐蚀。而体心立方结构的铁素体不锈钢滑移系多，容易发生交滑移，不容易出现明显的滑移台阶，从而较难发生应力腐蚀。

（3）热处理的影响　奥氏体不锈钢敏化处理后氯脆敏感性增大。

4.1.5 防止 SCC 的措施

为了防止 SCC 发生，主要应从选材、消除应力和减轻腐蚀等方面采取措施。

（1）选材　根据材料的具体使用环境，尽量避免使用对 SCC 敏感的材料。

（2）消除应力　改进结构设计，减小应力集中和避免腐蚀介质的积存。在部件的加工、制造和装配过程中尽量避免产生较大的残余应力。可通过热处理、表面喷丸等方法消除残余应力。

(3) 涂层　使用有机涂层可将材料表面与环境分开，或使用对环境不敏感的金属作为敏感材料的镀层，都可减少材料 SCC 敏感性。

(4) 改善介质环境　包括：①控制或降低有害的成分；②在腐蚀介质中加入缓蚀剂，通过改变电位、促进成膜、阻止氢或有害物质的吸附等，影响电化学反应动力学而起到缓蚀作用，改变环境的敏感性质。

(5) 电化学保护　由于应力腐蚀开裂发生在活化-钝化和钝化-过钝化两个敏感电位区间，因此可以通过控制电位进行阴极保护或阳极保护，防止 SCC 的发生。

目前还没有一种能彻底消除应力腐蚀的方法，所以寻找有效、可靠的防止应力腐蚀的措施仍然是一项重要任务。

4.2　氢致开裂

4.2.1　氢致开裂的定义

氢致开裂是原子氢在合金晶体结构内的渗入和扩散所导致的脆性断裂的现象，有时又称作氢脆或氢损伤。严格来说，氢脆主要涉及金属韧性的降低，而氢损伤除涉及韧性降低和开裂外，还包括金属材料其他物理性能或化学性能的下降，含义更为广泛。

4.2.2　金属中氢的行为

氢致开裂过程涉及氢的来源、氢的传输、氢的去除及造成的结果等一系列过程，如图 4-3 所示。

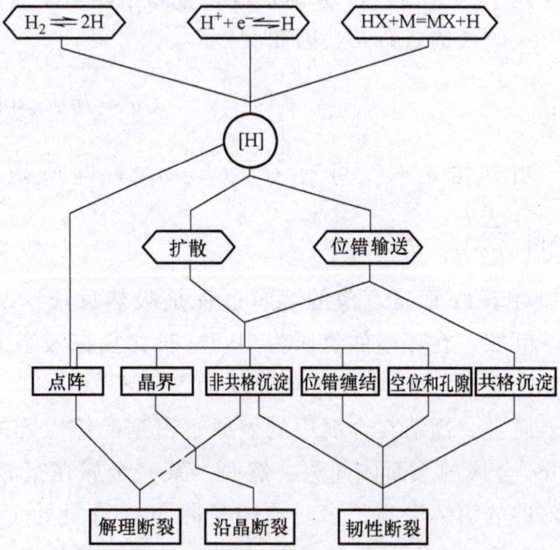

图 4-3　金属中氢的行为和结果示意图

1. 氢的来源

氢的来源可分为内氢和外氢两种。内氢是指材料在使用前内部就已经存在的氢，主要是在冶炼、热处理、酸洗、电镀、焊接等过程中吸收的氢。外氢或环境氢是指材料在使用过程中与含氢介质接触或进行阴极析氢反应吸收的氢。

材料冶炼时，由于原料或环境中含有较高的水分，使熔融钢液中溶入过量的氢，随后冷却凝固，氢在钢中的溶解度降低，若过饱和氢来不及扩散出去，在钢中空隙处结合成分子氢，产生巨大压力形成裂纹。早期的合金钢铸锭、锻件中出现的白点（或发纹、鱼眼），就是该作用的结果。通过控制原料、炉内气氛，采用精炼除气、缓冷和退火等方法，可以减少钢中氢含量，使这类问题大大减少。

焊接是一种局部冶炼过程，包括焊缝金属熔化的凝固。由于焊条药皮含有氢或在潮湿的工作环境下焊接，也可将氢带入熔池，造成与冶炼类似的问题。通过选用低氢焊条、焊前烘烤焊条、焊件预热、后热、保护气焊等措施，可以避免或减少氢进入焊缝区。

酸洗过程中金属与酸洗液可以发生反应，生成的氢除形成分子氢逸出外，部分原子氢可以浸入金属内部造成氢损伤。所以对于高强钢和某些钛合金，由于对氢损伤敏感而规定不允许酸洗；对某些酸洗的合金要进行除氢处理，以尽量减少酸洗造成的氢损伤。

电镀时，镀件作为阴极，在酸性溶液中阴极反应时有氢从表面析出，部分氢分子逸出，部分氢原子进入镀件内部。所以最好采用氢脆危险性较小的溶液，镀后要进行除氢处理等。

当金属设备在使用过程中，在某些致氢气体（H_2、H_2S、H_2O）中工作，也会在金属表面分解成原子氢，然后进入金属基体中。另外在腐蚀或应力腐蚀过程中，若存在氢还原的阴极反应，部分氢原子也能进入金属基体中引起氢损伤。

2. 氢在金属中的溶解度与氢陷阱

氢在金属中的溶解度取决于温度和压力。在气体氢和溶解在金属中的氢达到平衡时：

$$\frac{1}{2}H_2(\text{气}) = [H](\text{金属中})$$

$$\Delta G^0 = -RT\ln K_p = -RT\ln\frac{C_H}{\sqrt{p_{H_2}}}$$

式中，p_{H_2}为环境中的氢分压；C_H为氢在金属中的溶解度

$$C_H = \sqrt{p_{H_2}}\exp\left(\frac{-\Delta G^0}{RT}\right) = \sqrt{p_{H_2}}\exp\left(\frac{-\Delta H+\Delta ST}{RT}\right)$$

式中，ΔH 和 ΔS 分别是氢在金属中溶解引起的焓变和熵变。

一般认为 $\Delta S\to 0$，因此

$$C_H = \sqrt{p_{H_2}}\exp\left(\frac{-\Delta H}{RT}\right)$$

当 T 恒定时，可有 $C_H = k\sqrt{p_{H_2}}$，即所谓西沃茨定律；当 p 恒定时，则有 $C_H = k'\exp\left(\frac{-\Delta H}{RT}\right)$。

对于 Fe 而言，氢的溶解过程是吸热反应，ΔH 为正值，故随温度升高，氢的溶解度增大。例如，在环境的氢压为 10^5Pa 时，氢在液态 Fe 中的溶解度可达 2.4×10^{-5}，而在室温条件下，氢在 α-Fe 中的溶解度仅为 5×10^{-10}。

通常，固溶在金属中的氢原子占据晶体点阵的最大间隙位置，如 bcc 金属的四面体间隙和 fcc 金属的八面体间隙。然而，某些金属在室温下实测的氢浓度（称表观溶解度）往往比点阵中的溶解度高很多。原因是除了少量氢处于晶格间隙外，绝大部分氢处于各种缺陷位置，如图 4-3 中所示的晶界、共格沉淀、非共格沉淀、位错、空位、孔隙等，这些缺陷就是所谓的氢陷阱。

一般来说，处于晶格间隙位置的氢原子 H_L（浓度为 c_L）可以被陷阱捕获，而陷阱中的氢原子 H_T（浓度为 c_T）也可能跑出陷阱进入晶格间隙位置。在平衡时：

$$H_L(\text{溶解的氢}) \xrightleftharpoons{K} H_T(\text{陷阱中的氢})$$

式中，平衡常数 $K=\frac{c_T}{c_L}=B\exp\frac{E_b}{RT}$；$E_b$为陷阱结合能。如 E_b较小（$\leqslant 0.6$eV），则平衡常数 K

就小，即在室温下氢也能从陷阱中跑出来，这种陷阱称为可逆陷阱。处于可逆陷阱中的氢在室温下就能参与氢的扩散及氢致开裂过程。如果 E_b 较大（>0.6eV），室温下捕获在陷阱中的氢难以跑出，这类陷阱称为不可逆陷阱。可逆陷阱和不可逆陷阱在外部条件（如温度）变化时可能发生转变。

氢在陷阱中的富集将可能导致氢致开裂。过饱和的氢原子在孔隙中结合成分子氢，能产生非常大的压力。若钢中的氢的质量分数为 4×10^{-6}，根据氢在钢中的溶解度方程可计算出室温相应的氢压可高达 10^4MPa 以上。

3. 氢的传输

引起氢致开裂的平均氢含量一般都很低，如 α-Fe 中氢的质量分数为 4×10^{-6} 时可能引起氢致开裂。这样的氢含量相当于 10^6 个铁原子中只有 223 个氢原子。因此发生氢致开裂需要氢的局部富集，富集是通过氢在金属中的传输实现的。氢的传输有扩散和位错迁移两种方式。

（1）扩散　金属中存在氢的浓度梯度或应力梯度时就会导致氢的扩散。当金属中存在氢的浓度梯度时，氢将从浓度高的地方向浓度低的地方扩散。在稳态条件下，遵从菲克定律。在常温下，由于氢陷阱的存在，对氢在金属中的扩散行为影响较大；高温下，影响较小。

（2）位错迁移　位错是一种特殊的氢陷阱，位错不仅能将氢原子捕获在其周围，形成柯垂耳气团，而且由于氢在金属中扩散快，在位错运动时氢气团能够跟上位错一起运动，即位错能够迁移氢。当运动的位错遇到与氢结合能更大的不可逆陷阱时，氢将被“倾倒”在这些陷阱处。

4. 氢的存在形式

在金属中，氢的存在形式有很多种。

（1）H^-、H、H^+　氢可以 H^-、H、H^+ 的形式固溶在金属中。一种观点认为过渡族金属（如 Fe、Ni）的 d 带电子没有填满，当氢进入金属后，分解为质子和电子，电子进入 d 带，而氢以质子状态固溶在金属中。另一种观点认为氢原子半径很小（0.053nm），氢很容易以原子的形式存在于点阵的间隙位置。此外，在碱金属（Li、Na、K）中，氢还可以 NaH 即 H^- 的形式存在。

（2）氢分子　当金属中的氢含量超过溶解度时，氢原子往往在金属的缺陷（孔洞、裂纹、晶间等）聚集形成氢分子。

（3）氢化物　氢在 V、Ti、Zr 等ⅣB 或ⅤB 族金属中的溶解度较大，但超过溶解度后会形成 TiH_x（x=1.58~1.99），Ni 也可以形成氢化物。

（4）气团　氢与位错结合形成气团，可看作是一种相。

4.2.3　氢致开裂的分类

按照氢脆敏感性与应变速率的关系可以将氢致开裂分成两大类。

（1）第一类氢脆　氢脆的敏感性随应变速率的增加而增加，即材料加载前内部已存在某种裂纹源，加载后在应力作用下加快了裂纹的形成与扩展。第一类氢脆包括三种形式：

1）氢腐蚀。由于氢在高温高压下与金属中第二相（夹杂物或合金添加物）发生化学反应，生成高压气体（如 CH_4、SiH_4）引起材料脱碳、内裂纹和鼓泡的现象。

2）氢鼓泡。过饱和的氢原子在缺陷位置（如夹杂）析出，形成氢分子，在局部造成很高的氢压，引起表面鼓泡或内部裂纹的现象。

3）氢化物型氢脆。氢与ⅣB 和ⅤB 族金属有较大的亲和力，含氢量较高时容易生产脆性的氢化物相，并在随后受力时成为裂纹源，引起脆断。

上述三种情况将造成金属的永久性损伤，使材料的塑性或强度降低。即使从金属中除氢，损伤也不能消除，塑性或强度也不能恢复，故称为不可逆氢脆。

（2）第二类氢脆　氢脆的敏感性随应变速率增加而降低，即材料在加载前并不存在裂纹源，加载后在应力和氢的交互作用下逐渐形成裂纹源，最终导致脆性断裂。第二类氢脆包括两种形式：

1）应力诱发氢化物型氢脆。在能够形成脆性氢化物的金属中，当氢含量较低或氢在固溶体中的过饱和度较低时，尚不能自发形成氢化物，在应力作用下氢向应力集中处富集，当氢浓度超过临界值时就会沉淀出氢化物。这种应力诱发的氢化物相变只是在较低的应变速率下出现，并导致脆性断裂。一旦出现氢化物，即使卸载除氢，静置一段时间后再高速变形，塑性也不能恢复，故也是不可逆氢脆。

2）可逆氢脆。可逆氢脆是指含氢金属在高速变形时并不显示脆性，而在缓慢变形时由于氢逐渐向应力集中处富集，在应力与氢交互作用下裂纹形核、扩展，最终导致脆性的断裂。在未形成裂纹前去除载荷，静置一段时间后高速变形，材料的塑性可以得到恢复，即应力去除后脆性消失，因此称可逆氢脆。由内氢引起的氢脆称为可逆内氢脆，由外氢引起的氢脆称为环境氢脆。通常所说的氢脆主要指可逆氢脆，是氢致开裂中最主要、最危险的破坏形式。

4.2.4　氢致开裂的机理

1. 氢腐蚀

氢腐蚀最早是在德国用 Haber 法合成氨的压力容器上发现的。发生氢腐蚀时，氢与钢中的 C 及 Fe_3C 反应生成甲烷，造成钢严重脱碳和沿晶网状裂纹。氢腐蚀的发展大致分为三个阶段：

（1）孕育期　晶界碳化物及附近有大量亚微型充满甲烷的鼓泡形核。钢的力学性能没有变化。孕育期的长短决定了钢的使用寿命，表示了钢的耐氢腐蚀性能的好坏。

（2）迅速腐蚀期　小鼓泡长大，达到临界密度后沿晶界连接形成裂纹。钢的体积膨胀，力学性能下降。

（3）饱和期　裂纹彼此连接的同时，C 逐渐耗尽。钢的力学性能和体积不再改变。

在高温高压下氢与 C 反应形成甲烷气泡经历了如图 4-4 所示的过程。最先，氢分子扩散到钢的表面，产生物理吸附（$a \to b$），被吸附的部分氢分子分离为氢原子或氢离子，并经化学吸附（$b \to c \to d$），氢原子通过晶格和晶界向钢内扩散（$e \to f$）。钢中的氢与 C 反应生成甲烷，甲烷在钢中的扩散能力很差，聚集在微孔隙中，如晶界、夹杂物。不断反应的结果使孔隙周围的 C 浓度降低，其他位置上的 C 通过扩散不断补充（$g \to h$ 为渗碳体中

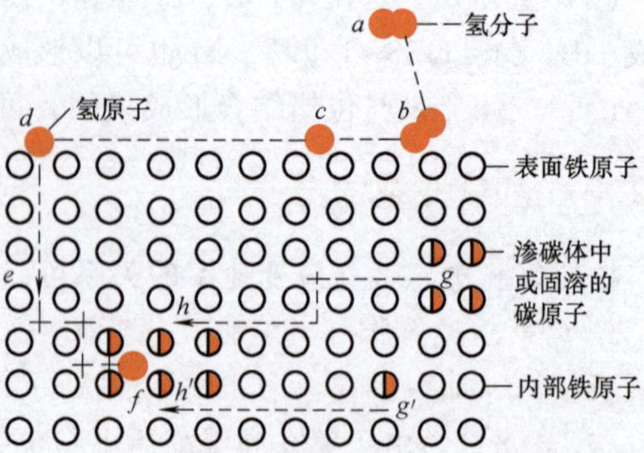

图 4-4　钢的氢腐蚀机理模型示意图

C 原子的扩散补充；$g'\to h'$为固溶 C 原子的扩散补充)，造成局部高压。

在甲烷压力较低时，主要靠 Fe 原子沿晶界扩散离开气泡，从而使气泡长大；在甲烷压力较高时，主要靠周围基体的蠕变使气泡长大。在靠近表面的夹杂等缺陷形成的气泡，最终造成钢表面出现鼓泡；在钢内部的气泡，最终发展成裂纹。

如上所述，氢腐蚀属于化学反应，因此无论反应速度、氢的吸收或 C 的扩散，以及裂纹的扩展都是克服势垒的活化过程，故提高温度和压力均可使孕育期缩短。各种钢在一定氢压下均存在发生氢腐蚀的起始温度，一般为 200℃以上，低于此温度，反应速度极慢，以至孕育期超过正常使用寿命。当氢分压低于一定值后，即使温度很高也不会产生氢腐蚀，只发生表面脱碳，产生甲烷的压力较低，不足以引起鼓泡和开裂。

当氢中含有氧或水蒸气时，可以降低氢进入钢中的速度，使孕育期延长；含有 H_2S 时，孕育期变短。

钢的氢腐蚀与含碳量有直接的关系。含碳量增加，孕育期变短。当钢中加入足够量的碳化物形成元素时，如 Ti、Zr、Nb、Mo、W、Cr 等，可使碳化物不易被氢分解，减少甲烷生成的可能性。MnS 夹杂常常是裂纹源的引发处，应尽量避免。

热处理和冷加工对氢腐蚀有一定的影响。碳化物的球化处理可减少表面积，使界面能下降，有助于延长孕育期。细晶组织和用铝脱氧的钢，由于提供了较多的气泡形核位置，可使孕育期变短。冷加工变形将增加组织和应力的不均匀性，提高了晶界的扩散能力并增加了气泡形核位置，故加速了钢的氢腐蚀。

2. 氢鼓泡

开始形成的氢原子在钢中扩散并在氢陷阱处（典型情况如夹杂物周围的空洞）积累可以导致氢鼓泡的发生。当氢原子遇到氢陷阱并结合时，它们在陷阱处形成氢分子。随着更多的氢分子形成，压力增加，引起鼓泡甚至氢致破裂的形成。鼓泡主要是在低强度钢中形成(<535MPa 的屈服强度)。在作为管线钢使用时，鼓泡优先沿着拉长的非金属夹杂物或片层形成。

在湿 H_2S 环境中钢有两类开裂现象：一种是硫化物应力腐蚀开裂，多发生于高强度钢，必须有应力存在，裂纹与主应力方向垂直，是一种可逆氢脆；另一种是氢诱发开裂，发生于低强度钢，不需要应力的存在，裂纹平行于轧制的板面，接近表面的形成鼓泡，称为氢鼓泡；靠近内部的裂纹呈直线或阶梯状，称为阶梯状开裂，危险性最大。在 H_2S 环境中的各种破坏形态如图 4-5所示。

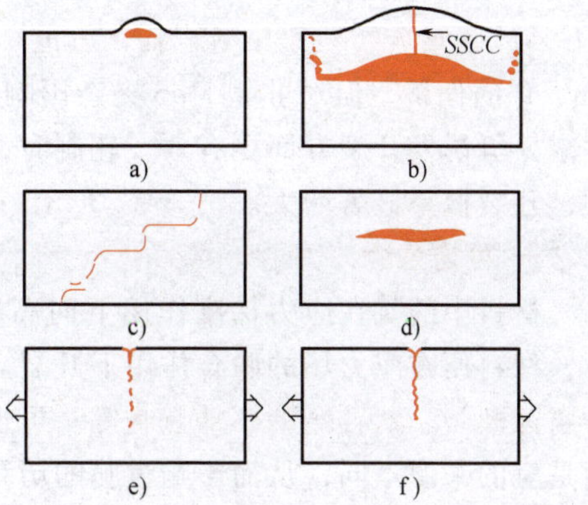

图 4-5 在 H_2S 环境中的各种破坏形态示意图

a) 氢鼓泡 b) 氢鼓泡并伴随阶梯状开裂 c) 阶梯状裂纹 d) 直线状裂纹 e) 低强度钢的硫化物应力腐蚀 f) 高强度钢的硫化物应力腐蚀

H_2S 是一种弱酸性电解质，在 pH＝1～5 的水溶液中主要以分子形式存在。在金属表面发生下述反应：

$$H_2S+2e^- \longrightarrow 2H_{ads}+S^{2-}$$

或 $$H_2S+e^- \longrightarrow H_{ads}+HS^-_{ads}$$

$$HS^-_{ads}+H_3O \longrightarrow H_2S+H_2O$$

为氢渗入钢中创造条件。进入钢中的氢原子通过扩散到达缺陷处，析出氢分子，产生很高的压力。

研究证实，非金属夹杂物是裂纹的主要形核位置，如图 4-6 所示。特别是Ⅱ型 MnS 夹杂，由于与基体的膨胀系数不同，热轧过程中变成扁平状，在夹杂与基体之间形成孔隙，可视为二维缺陷。氢原子在其端部聚积，并由此引发裂纹。此外，硅酸盐、串联状的氧化铝及较大的碳化物、氮化物也能成为裂纹的起始位置。低强度钢主要是珠光体-铁素体组织，裂纹往往沿着 Mn、P 偏析造成的低温转变的反常组织（马氏体或贝氏体）或带状珠光体扩展，造成氢鼓泡。

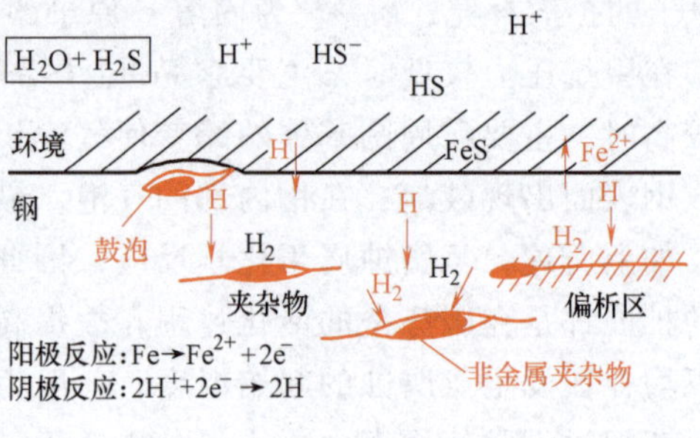

图 4-6　氢鼓泡机理示意图

氢鼓泡主要发生在 H_2S 水溶液中，随着 pH 值降低，裂纹发生概率增大；随着 H_2S 浓度增大，出现裂纹的倾向增大。Cl^- 的存在影响电极反应过程，促进氢的渗透。

1）改变温度。氢鼓泡主要在室温下出现，提高或降低温度，可减少开裂倾向。

2）降低钢中的硫含量。降低钢中的含硫量，可减少硫化物夹杂的数量，降低钢对氢鼓泡的敏感性，但即使硫的质量分数降低到 0.002%，也不能完全避免开裂。特别是在钢锭偏析部位，裂纹发生概率仍较高。MnS 的形态与脱氧制度有关，Ⅱ型 MnS 主要出现在 Al 或 Al-Si 镇静钢，采用半镇静钢、硅镇静钢、沸腾钢得到的Ⅰ型 MnS，可明显减少氢诱发开裂。在钢中加入适量的 Ca 或稀土元素，使热轧铝镇静钢的硫化物球化，可有效降低敏感性。如果 Mn 质量分数高于 1%，回火对于消除 Mn 和 P 的偏析也是有效的。

3）合金化。通过合金化在钢中加入质量分数为 0.2%～0.3%的 Cu 非常有效，原因是抑制了表面反应，减少了氢向钢中的渗入。钢中加少量 Cr、Mo、V、Nb、Ti 等，可改善力学性能，提高基体对裂纹扩展的阻力。另外，向溶液中加入缓蚀剂能够产生保护膜，或者使 pH 值提高。使用油漆或衬里使钢绝缘也可以抑制氢渗透和氢致开裂（HIC）。

4）调整热处理和控制轧制状态也有一定的作用。如增加奥氏体化温度和时间，可减少 Mn、P 的偏析，但对Ⅱ型 MnS 夹杂影响小，故作用有限。研究表明，淬火+回火比正火组织在减少氢诱发开裂方面更有效。轧制时，压缩比越大，终轧温度越低，硫化物夹杂伸长越严重，开裂概率显著增大。

3. 可逆氢脆

材料中的氢在应力梯度作用下向高的三向拉应力区富集，当偏聚的氢浓度达到临界值时，材料便在应力场的联合作用下开裂。典型的可逆氢脆有高强钢的滞后断裂、硫化氢的应力腐蚀断裂、钛合金的内部氢脆等。可逆内氢脆和环境氢脆对材料脆化的本质是相同的，差别是氢的来源不同，从而影响氢脆的历程及裂纹扩展速度。

氢脆有如下特点：

（1）时间上属于滞后断裂　与应力腐蚀类似，材料受到应力和氢的共同作用后，经历了裂纹形核（孕育期）、亚临界扩展、失稳断裂的过程，是一种滞后破坏。

（2）对含氢量敏感　随钢中氢浓度的增加，钢的临界应力下降，伸长率减小。

（3）对缺口敏感　在外加应力相同时，缺口曲率半径越小，越容易发生氢脆。

（4）室温下最敏感　氢脆一般发生在-100~100℃的温度范围内，在室温附近（-30~30℃）最为严重。

（5）发生在低应变速率下　应变速率越低，氢脆越敏感；冲击实验和正常的拉伸试验不能揭示材料是否对氢敏感。

（6）裂纹扩展是不连续的　通过电阻法、声发射及位移传感器等监测，氢脆裂纹扩展是不连续的。

（7）裂纹一般不在表面，较少有分枝现象　宏观断口比较齐平，微观断口可能涉及沿晶、准解理、韧窝等较为复杂的形貌，这些形貌与裂纹前沿的应力强度因子K_1值及氢的浓度有关。

关于氢脆的机理，尚无统一认识。各种理论的共同点是：氢原子通过应力诱导扩散在高应力区富集，只有当富集的氢浓度达到临界值C_{cr}，使材料断裂应力σ_f降低，才发生脆断。富集的氢是如何起作用的，尚不清楚。较为流行的观点有四种：

（1）氢压理论　该理论认为金属中的过饱和氢在缺陷位置富集、析出、结合成氢分子，造成很大的内压，因而降低了裂纹扩展所需的外应力。该理论可以解释孕育期的存在、裂纹的不连续扩展、应变速率的影响等，但难以解释高强钢在氢分压远低于大气压力时也能出现开裂的现象，也无法说明可逆氢脆的可逆性。但在含氢量较高时，如没有外力作用下发生的氢鼓泡等不可逆氢脆，只有这种理论得到公认。

（2）吸附氢降低表面能理论　Griffith提出材料的断裂应力$\sigma_f=\sqrt{\dfrac{2E\gamma_s}{\pi a}}$。当裂纹表面有氢吸附时，比表面能$\gamma_s$下降，因而断裂应力降低，引起氢脆。该理论可以解释孕育期的存在、应变速率的影响，以及在氢分压较低时的脆断现象，但是该公式只适用于脆性材料。金属材料的断裂还需要塑性变形功，γ_p，即$\sigma_f=\sqrt{\dfrac{E(2\gamma_s+\gamma_p)}{\pi a}}$。$\gamma_p$大约是$\gamma_s$的$10^3$倍，氢吸附导致$\gamma_s$的下降并不会对$\sigma_f$产生显著影响。此外，$O_2$、$SO_2$、CO、$CO_2$、$CS_2$等吸附能力都比氢强，按理应能造成更大的脆性，而事实并非如此，甚至氢气中混有少量的这些气体后，对氢脆还有抑制作用。

（3）弱键理论　该理论认为氢进入材料后能使材料的原子间键力降低，原因是氢的1s电子进入过渡族金属的d带，使d带电子密度升高，从而s与d带重合部分增大，因而原子间排斥力增加，即键力下降。该理论简单直观，容易被人们所接受。然而实验证据尚不充分，如材料的弹性模量与键力有关，但实验并未发现氢对弹性模量有显著的影响。此外，没有3d带的铝合金也能发生可逆氢脆，因此不可能有氢的1s电子进入金属的d带。

（4）氢促进局部塑性变形理论　该理论认为氢致开裂与一般断裂过程的本质是一样的，都是以局部塑性变形为先导，发展到临界状态时就导致了开裂，而氢的作用是能促进裂纹尖端局部塑性变形。实验表明，通过应力诱导扩展在裂纹尖端附近富集的原子氢与应力共同作用，促进了该处位错大规模增殖与运动，使裂纹尖端塑性区增大，塑性区内变形量增加。但受金属断裂理论本身不成熟的限制，局部塑性变形到一定程度后裂纹的形核和扩展过程尚不清楚，氢在这一过程中的作用也有待深入研究。

4.2.5 降低氢致开裂敏感性的途径和方法

氢致开裂可以归结为作为裂纹源的缺陷所捕获的氢量 C_T 与引起缺陷开裂的临界氢浓度 C_{cr} 之间的关系。当 $C_T \ll C_{cr}$ 时，材料不会开裂；当 $C_T \to C_{cr}$ 时，起裂；当 $C_T > C_{cr}$ 时，裂纹扩展。因此，任何可提高 C_{cr} 和降低 C_T 的措施均可减轻氢致开裂的敏感性。

(1) 降低 C_T　可从减少内氢和限制外氢的进入两方面入手。

1) 减少内氢。通过改进冶炼、热处理、焊接、电镀、酸洗等工艺条件及对含氢材料进行脱氢处理，减少带入材料的氢量。还可以通过添加陷阱分摊吸氢，以降低 C_T。必须要求添加的氢陷阱本身具有较高的 C_{cr}，否则先在这些地方引发裂纹。陷阱的数量应足够多，具有不可逆陷阱的作用，并在基体中均匀分布。能满足条件的陷阱很多，如原子级尺寸的陷阱（以溶质原子形式存在）有 Sc、La、Ca、Ta、K、Nd、Hf 等；碳化物和氮化物形成元素（以化合物形式存在）有 Ti、V、Zr、Nb、Al、B、Th 等。

2) 限制外氢。有建立障碍和降低外氢活性两方面的措施。通过在材料表面施加限制氢的扩散和溶解的金属镀层，如 Cu、Mo、Al、Ag、Au、W 等，进行表面处理生成致密氧化膜，通过喷砂及喷丸在表面形成压应力层及涂覆有机涂料，均可在材料表面建立直接障碍。通过向材料中加入某些合金元素抑制腐蚀反应或生产抑制氢扩散的腐蚀产物，向介质中加入某些阳离子，使材料表面形成低渗透性膜，可对氢的渗透构成间接障碍。此外，在气相含氢介质中加氧，在液相中加入某些促进氢原子复合的物质，可降低外氢的活性。

(2) 提高 C_{cr}　与降低 C_T 相比，提高 C_{cr} 是更为重要的途径。可控制的因素主要与材料的组织相关。

1) 晶界。晶界是杂质元素 As、P、S、Sn 等及碳化物、氮化物偏析的地方，晶界的 C_{cr} 因此下降。通过改进冶炼、热处理可减少杂质含量、消除偏析，对提高晶界的 C_{cr} 有益。细化晶粒使晶界表面积增大，加之细晶粒边界较为致密、结合力强，可使 C_{cr} 提高。

2) 夹杂物和碳化物。控制有害夹杂物（如硫化物、氧化物）以及碳化物的类型、数量、形状、尺寸和分布。如球状 MnS 夹杂较带状的 C_{cr} 高，添加 Ca 或稀土元素对改善 MnS 的形状和分布有非常好的效果。

3) 位错。位错是一种特殊的陷阱。可动位错能够在塑性变形的情况下载氢运动，与第二相质点相遇时，往往造成质点附近氢的过饱和。适当的冷变形、热变形、表面处理造成的高密度静位错可分摊氢原子，降低 C_T。故大变形量的冷拔钢丝耐氢脆性能较好。

4) 显微组织。组织结构对氢致开裂的影响较复杂。不同的组织对裂纹扩展的阻力不同，因而 C_{cr} 不同。一般认为，热力学较稳定的组织敏感性小，奥氏体结构较铁素体结构更耐氢致开裂，可能与其氢的溶解度较高、扩散系数较低，因而 C_{cr} 较高有关。

4.3 腐蚀疲劳

4.3.1 腐蚀疲劳的定义

腐蚀疲劳（即腐蚀疲劳开裂）是指材料或构件在交变应力与腐蚀环境的共同作用下产生的脆性断裂。这种破坏要比单纯交变应力造成的破坏（即疲劳）或单纯腐蚀造成的破坏严重得多，而且有时腐蚀环境不需要有明显的侵蚀性。船舶的推进器、涡轮叶片、汽车的弹簧和轴、泵轴和泵杆及海洋平台等常出现这种破坏。

一般的疲劳是指材料在交变应力作用下导致疲劳裂纹萌生、亚临界扩展，最终失稳断裂的过程。交变应力，即疲劳应力是指大小或大小和方向随时间改变的应力。按一定规律呈周期性变化的应力称为周期变动应力或等幅疲劳应力，简称循环应力；而无规律随机变化的应力称为随机变动应力或变幅疲劳应力。

工程材料的疲劳性能是通过疲劳试验得出的疲劳曲线（一般称 S-N 曲线）来确定的，即建立应力幅值 σ_a 与相应的断裂循环周次 N_f 的关系，如图 4-7 所示。随着疲劳应力降低，发生疲劳断裂所需的循环周次增加，把经历无限次循环而不发生断裂的最大应力称为疲劳极限。它与应力比 R（又称应力不对称系数）有关，在 $R=\sigma_{min}/\sigma_{max}=-1$ 时的疲劳极限记作 σ_{-1}。通常低、中强度钢具有明显的疲劳极限；而高强钢、不锈钢、铝合金等往往不存在疲劳极限，而只能以材料在疲劳寿命为 N（10^7～10^8 周次范围）时不发生疲劳断裂的最大应力称作材料的条件疲劳极限或疲劳强度。

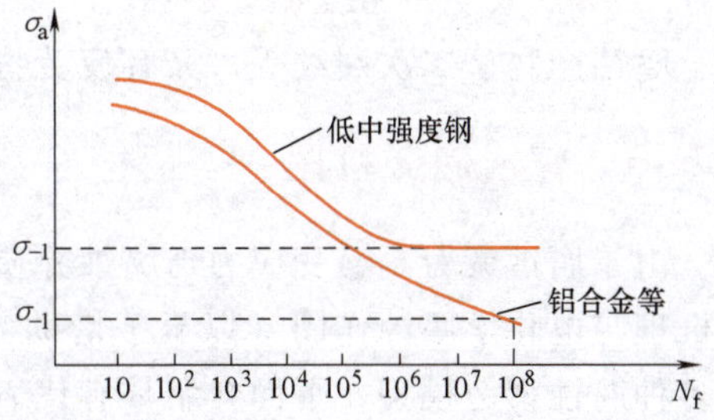

图 4-7 典型的疲劳曲线

腐蚀环境的出现可以使疲劳寿命和疲劳极限都显著降低；在许多情况下，不再能观察到疲劳极限。此外，腐蚀环境能加速裂纹扩展。腐蚀疲劳引起的损伤几乎总是大于由腐蚀和疲劳分别作用引起的损伤之和。

一般来说，腐蚀环境可以降低任何工程合金的疲劳性能，这意味着腐蚀疲劳不要求特定的材料环境组合。虽然典型的疲劳裂纹是穿晶的，但腐蚀疲劳的裂纹可以是穿晶的、沿晶的，或者是两者的结合，这取决于载荷和环境条件。局部腐蚀（如点蚀）经常是腐蚀疲劳裂纹优先萌生的位置，但点蚀坑不是唯一的萌生位置，而且点蚀不是腐蚀疲劳断裂的必要条件。虽然有许多裂纹可以萌生，但经常由一个裂纹的扩展导致断裂。裂纹交互作用和裂纹连接在腐蚀疲劳断裂过程中是非常重要的。

4.3.2 腐蚀疲劳的特点

严格地说，只有在真空中的疲劳才是真正的纯疲劳。对于疲劳而言，空气也是一种腐蚀环境。但通常所说的腐蚀疲劳是指在空气以外腐蚀环境中的疲劳行为。腐蚀作用的参与使疲劳裂纹萌生所需时间及循环周次都明显减少，并使裂纹扩展速度增大。腐蚀疲劳的特点如下：

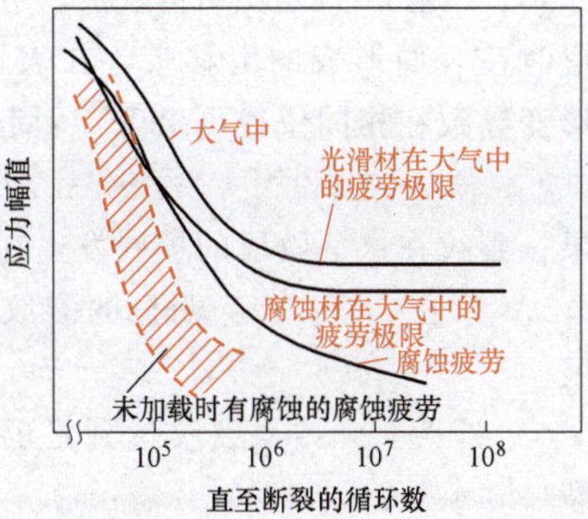

图 4-8 不同材料的疲劳和腐蚀疲劳 S-N 曲线

1）在空气中的疲劳存在疲劳极限，而腐蚀疲劳不存在疲劳极限，如图 4-8 所示。一般以预指的循环周次下不发生断裂的最大应力作为腐蚀疲劳强度，用以评价材料的腐蚀疲劳性能。

2）与应力腐蚀开裂不同，纯金属也会发生腐蚀疲劳，而且发生腐蚀疲劳不需要材料-环境的特殊组合。只要存在腐蚀介质，在交变应力作用下就会发生腐蚀疲劳。金属在腐蚀介质中可以处于钝态，也可以处于活化态。

3）金属的腐蚀疲劳强度与其耐蚀性有关。耐蚀材料的腐蚀疲劳强度随抗拉强度的提高而提高，耐蚀性差的材料腐蚀疲劳强度与抗拉强度无关。

4）腐蚀疲劳裂纹多起源于表面腐蚀坑或缺陷，裂纹源数量较多。腐蚀疲劳裂纹主要是穿晶的，有时也可能出现沿晶的或混合的，并随腐蚀发展裂纹变宽。

5）腐蚀疲劳断裂是脆性断裂，没有明显的宏观塑性变形。断口有腐蚀的特征，如腐蚀坑、腐蚀产物、二次裂纹等，又有疲劳特征，如疲劳辉纹。

4.3.3 腐蚀疲劳机理

由于腐蚀疲劳是交变应力与腐蚀介质共同作用的结果，所以在机理研究中，常常把纯疲劳机理与电化学腐蚀作用（以至于借助应力腐蚀或氢致开裂的机理）结合起来。现已建立了多种腐蚀疲劳模型，下面介绍具有代表性的两种。

（1）蚀孔应力集中模型　这种模型认为腐蚀环境使金属表面形成蚀孔，在孔底应力集中产生滑移。滑移台阶的溶解使逆向加载时表面不能复原，成为裂纹源。反复加载，使裂纹不断扩展（图 4-9）。

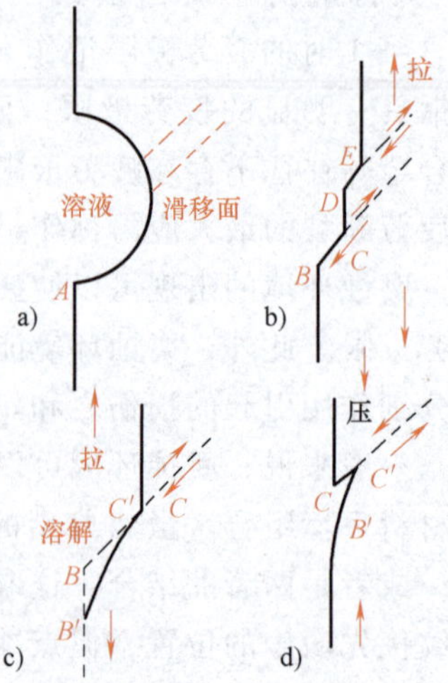

图 4-9　腐蚀疲劳的蚀孔应力集合中模型示意图

a）产生点蚀　b）生成 $BCDE$ 滑移台阶　c）BC 台阶溶解生成 $B'C'$ 新表面　d）滑移生成 $B'C'C$ 裂纹

（2）滑移带优先溶解模型　有些合金在腐蚀疲劳裂纹萌生阶段并未产生蚀孔，或虽然产生蚀孔，但没有裂纹从蚀孔处萌生。有人提出滑移带优先溶解模型，认为在交变应力作用下产生驻留滑移带，挤出、挤入处由于位错密度高，或杂质在滑移带沉积等原因，使原子具有较高的活性，受到优先腐蚀，导致腐蚀疲劳裂纹形核。变形区为阳极，未变形区为阴极，在交变应力作用下促进了裂纹的扩展。

疲劳损伤可以分为下列四个阶段：

1）预裂纹的循环变形：重复的机械损伤在一些局部区域积累；滑移和其他亚结构发展；驻留滑移带（PSB，循环变形时在表面形成的滑移带，在表面抛光后，进一步的循环形变导致在相同位置再出现）引起的挤出、挤入形成。

2）裂纹萌生和第Ⅰ阶段扩展：裂纹萌生是挤入加深的结果；裂纹在这一阶段的扩展发生在剪切应力面内。

3）第Ⅱ阶段扩展：明显的裂纹在高拉伸应力面上和垂直于最大拉伸应力的方向上的扩展。

4）延性断裂：当裂纹达到足够长度时，所余截面积不足以承受外加载荷，发生延性断裂。

各个阶段的循环次数占断裂总循环次数的比例取决于力学加载条件和材料种类。对于确定像是裂纹的表面特征何时应被称为裂纹来说是相当模糊的。一般来讲，与高循环相比，在低循环条件下，在第Ⅱ阶段扩展中消耗的循环次数占总断裂循环次数的比例要高一些。而对低应力高周疲劳来说，裂纹萌生和第Ⅰ阶段扩展占循环次数的绝大部分。材料的表面条件也影响各阶段所占总疲劳寿命的比例，如尖锐缺口、非金属夹杂物这样的不连续表面能够大幅度减少裂纹萌生和早期裂纹扩展需要的循环次数。

腐蚀疲劳比应力腐蚀裂纹易于形核，原因在于应力状态不同。在交变应力下，滑移具有累积效应，表面膜更容易遭到破坏。在静拉伸应力下，产生滑移台阶相对困难一些，而且只有在滑移台阶溶解速度大于再钝化速度时，应力腐蚀裂纹才能扩展，所以对介质有一定要求。

腐蚀疲劳与纯疲劳的差别在于腐蚀介质的作用，使裂纹更容易形核和扩展。在交变应力较低时，纯疲劳裂纹形核困难，以至低于某一数值便不能形核，因此存在疲劳极限，而且提高抗拉强度也会提高疲劳极限。存在腐蚀介质时，裂纹形核容易，一旦形核便不断扩展，故不存在腐蚀疲劳极限。由于提高强度对裂纹形核影响较小，因此腐蚀疲劳强度与抗拉强度并无一定的比例关系。

4.3.4　腐蚀疲劳的影响因素

1. 力学因素

(1) 应力循环参数　当应力交变频率 f 很高时，腐蚀的作用不明显，以机械疲劳为主；当 f 很低时，又与静拉伸的作用相似；只有在某一交变频率下最容易发生腐蚀疲劳。R 值高，腐蚀的影响大；R 值低，较多反映材料固有的疲劳性能（图 4-10）。在产生腐蚀疲劳的交变频率范围内，频率越低，裂纹扩展速度越快。

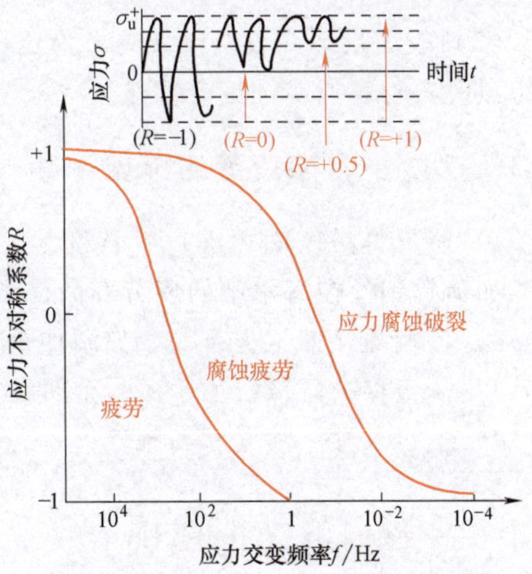

图 4-10　应力交变频率 f 与应力不对称系数 R 对材料应力腐蚀、腐蚀疲劳及疲劳的影响

(2) 疲劳加载方式　一般来说，扭转疲劳>旋转弯曲疲劳>拉压疲劳。

(3) 应力循环波形　与纯疲劳不同，应力循环波形对腐蚀疲劳有一定影响，方波、负锯齿波影响小，而正弦波、三角波或正锯齿波影响较大。

(4) 应力集中　表面缺口处引起的应力集中，容易引发裂纹，故对腐蚀疲劳初始影响较大。但随疲劳周次增加，对裂纹扩展的影响减弱。

2. 环境因素

(1) 温度　温度升高，材料的腐蚀疲劳性能下降，但对纯疲劳性能影响较小。但对碳钢来说，当温度大于 50℃ 后对低周腐蚀疲劳性能似乎没有影响。

(2) 介质的腐蚀性　介质的腐蚀性越强，腐蚀疲劳强度越低。但腐蚀性过强时，形成疲劳裂纹的可能性减少，反而使裂纹扩展速度下降。一般在 pH<4 时，疲劳寿命较低；在 pH=4~10 时，疲劳寿命逐渐增加；当 pH>12 时，与纯疲劳寿命相同。在介质中添加氧化剂可以提高可钝化金属的腐蚀疲劳强度。水溶液经过除氧处理，可以提高低碳钢的腐蚀疲劳强度，甚至与空气中相同。

(3) 外加电流 阴极极化可使裂纹扩展速度明显降低，甚至接近于空气中的疲劳强度。但是阴极极化进入析氢电位区后，对高强钢的腐蚀疲劳性能会产生有害作用。对处于活化态的碳钢而言，阴极极化加速腐蚀疲劳，但对氧化性介质中的碳钢，特别是不锈钢，阴极极化可提高腐蚀疲劳强度，有的甚至比在空气中的还高（图 4-11）。

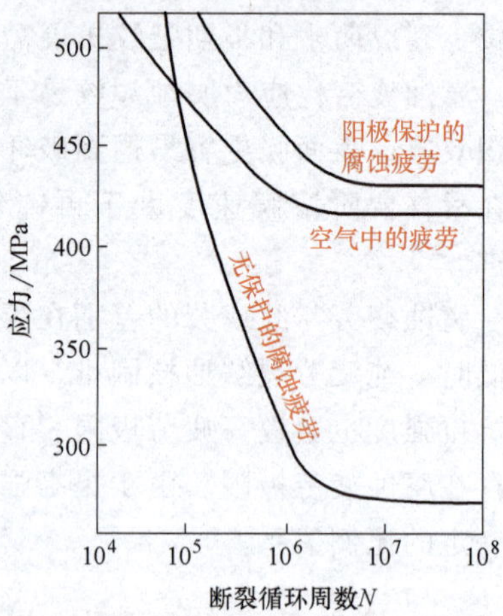

图 4-11 阳极保护对 Fe-13Cr 合金在 10%NH_4NO_3 溶液中腐蚀疲劳的影响

3. 材料因素

(1) 耐蚀性 耐蚀性高的金属，如 Ti、Cu 及 Cu 合金、不锈钢等，对腐蚀疲劳敏感性小；耐蚀性差的金属，如高强 Al 合金、Mg 合金等，敏感性大。因而，改善材料耐蚀性的合金化对腐蚀疲劳性能是有益的。

(2) 组织结构 提高碳钢、低合金钢强度的热处理可以提高疲劳极限，但对腐蚀疲劳影响很小，甚至有时会降低腐蚀疲劳强度。某些提高不锈钢强度的处理可以提高腐蚀疲劳强度，敏化处理有害。细化晶粒可以提高钢在空气中的疲劳强度，对腐蚀疲劳作用类似。

(3) 表面状态 表面残余应力为压应力时的腐蚀疲劳性能较拉应力时好。施加保护涂层可以改善材料的腐蚀疲劳性能。

4.3.5 防止腐蚀疲劳的措施

1）降低材料表面粗糙度，特别是施加保护性涂镀层，可显著改善材料的腐蚀疲劳性能。如镀锌钢丝在海水中的疲劳寿命得到了显著延长。

2）使用缓蚀剂也很有效。如添加重铬酸盐可提高碳钢在盐水中的腐蚀疲劳性能。

3）阴极保护已广泛用于海洋金属结构物腐蚀疲劳的防护。

4）通过气渗、喷丸和高频淬火等表面硬化处理，在材料表面形成压应力层。

4.4 与磨损有关的腐蚀

应力与环境介质对材料的协同作用，不仅表现在金属承受拉、压、弯、扭等静载荷或交变载荷的情况下，也发生在金属受到磨损的情况下。磨损是金属同固体、液体或气体接触进行相对运动时，由于摩擦的机械作用引起表层材料的剥离而造成金属表面以至基体的损伤。磨损可看作在金属表面及相邻基体的一种特殊断裂过程，它包括塑性应变积累、裂纹形核、裂纹扩展及最终与基体脱离的过程。在工程中有不少磨损问题涉及腐蚀环境的化学、电化学作用，材料或部件失效是磨损与腐蚀交互作用的结果。

磨损腐蚀是一个复杂的过程，按介质体系分，流体腐蚀可分为：①单相流腐蚀，在单相（如液体等）流动介质中造成的腐蚀；②多相流腐蚀，在两相（如固-液等）或两相以上（如固-液-气等）的流动介质中造成的腐蚀。按照腐蚀机理，流体腐蚀可分为：①传递反应控制的腐蚀；②力的作用与化学过程控制的腐蚀。

一般认为只有当腐蚀电化学作用与流体动力学作用同时存在、相互促进，磨损腐蚀才会发生，缺一不可。下面主要介绍与流体运动相关的冲刷腐蚀、空泡腐蚀及发生在摩擦副表面的腐蚀磨损、微动腐蚀等。

4.4.1　冲刷腐蚀

1. 冲刷腐蚀的定义和特点

冲刷腐蚀（简称冲蚀，又称磨耗腐蚀）是金属表面与腐蚀流体之间由于高速相对运动引起的金属损伤。通常在静止的或低速流动的腐蚀介质中，腐蚀并不严重，而当腐蚀流体高速运动时，破坏了金属表面能够提供保护的表面膜或腐蚀产物膜，表面膜的减薄或去除加速了金属的腐蚀过程，因而冲蚀是流体的冲刷与腐蚀协同作用的结果。

冲蚀常发生在近海及海洋工程、油气生产与集输、石油化工、能源、造纸等工业领域的各种管道及过流部件等暴露在运动流体中的各种金属及合金上。冲蚀在弯头、肘管、三通、泵、阀、叶轮、搅拌器、换热器的进口和出口等改变流体方向、速度和增大湍流的部位比较严重。冲蚀的金属表面一般呈现沟槽、凹谷、泪滴状及马蹄状，表面光亮且无腐蚀产物积存，与流向有明显的依赖关系，通常是沿着流体的局部流动方向或表面不规则所形成的湍流，如图 4-12 所示。

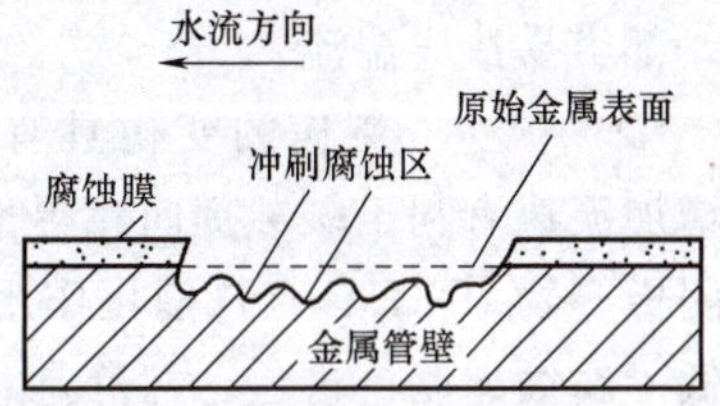

图 4-12　冷凝器管壁冲刷腐蚀示意图

2. 冲刷腐蚀机理

冲刷腐蚀是以流体对电化学腐蚀行为的影响、流体产生的机械作用以及二者的交互作用为特征的。冲刷对腐蚀的加速作用主要表现为加速传质过程，促进去极化剂如 O_2 到达金属表面和腐蚀产物从表面离开。冲刷的机械作用主要表现为高流速引起的切应力和压力变化，以及多相流固体颗粒或气泡的冲击作用，可使表面膜减薄、破裂或通过塑性变形、位错聚集、局部能量升高，形成“应变差异电池”，从而加速腐蚀。此外，冲刷使保护膜局部剥离，露出新鲜基体，由于孔-膜的电偶腐蚀作用加速腐蚀。反过来，腐蚀促进冲刷过程的作用可表现为腐蚀使表面粗化、形成局部微湍流；腐蚀还可以溶解掉金属表面的加工硬化层，露出较软的基体；腐蚀也能使耐磨的硬化相暴露以至脱落。

3. 冲刷腐蚀的影响因素

与其他应力作用下的腐蚀相比，冲刷腐蚀的影响因素更为复杂。除了材料本身的化学成分、组织结构、力学性能、表面粗糙度、耐蚀性等，介质的温度、pH 值、溶氧量、各种活性离子的浓度、黏度、密度、固相和气相在液相中的含量、固相的颗粒度和硬度等，以及过流部件的形状、流体的流速和流态等都有很大的影响。这里只讨论与流体运动有关的几个因素。

（1）流态　流体的流动状态有层流和湍流两种。雷诺数是判断介质流动状态的流体力学准数，它不仅取决于流体的流速，而且与流体的物性有关，也与设备的几何形状有关。不同的流型具有不同的流体力学规律，对流体腐蚀的影响也很不一样。层流时流体质点互不混杂，质点的迹线彼此平行；湍流是非稳态流，流速和压强常有不规则变化。湍流还可分为非扰动流和扰动流，后者是由边界的变化（如管道截面的突变或弯头）和压力的变化引起的（图 4-13）。湍流使金属表面的液体搅动程度比层流时剧烈得多，腐蚀的破坏也更严重。

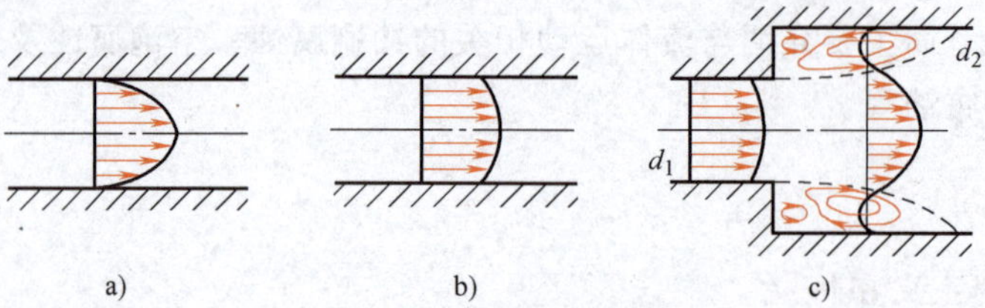

图 4-13 管道内单相液体的三种主要流动状态

a）充分发展的层流（抛物线速度分布） b）充分发展的湍流（对数分布）（非扰动流）
c）带有扩张段的管内湍流，显示了带有反向流动的复杂速度场（扰动流）

除了高流速外，在有突出物、沉积物、缝隙等管道截面突然变化和流向突然改变的场合，都容易造成湍流。

（2）流速 流速的变化具有双重作用。只是在某些情况下，增加流速可以减轻腐蚀。如增加流速有利于缓蚀剂向相界面的传输，比静态时需要的用量少；不锈钢在发烟硝酸中由于阴极产物 HNO_2 具有自催化作用使腐蚀加速，增大硝酸的流速使产物迅速离开表面，反而降低了腐蚀速度；再者，与静态相比，增加流速可以减少钝化金属的局部腐蚀。在多数情况下，流速增加，腐蚀速度增大。在某一流速范围内失重的变化并不显著，当流速超过某个临界值后，冲刷腐蚀速度急剧上升。

（3）第二相：当流动的单相介质中存在第二相（通常是固体颗粒或气泡）时，特别是在高流速下，腐蚀明显加剧，随着流体的运动，固体颗粒对金属表面的冲击作用不可忽视。它不仅破坏金属表面上原有的保护膜，而且也使在介质中生成的保护性产物膜受到破坏，甚至会使材料机体受到损伤从而造成材料的严重腐蚀损坏。携带固体颗粒的流体造成的冲刷腐蚀与固体颗粒的形状、尺寸、硬度、固液比有关，也与流体冲击速度、冲击角度有关。此外，固体颗粒的存在还会影响介质的物性，甚至改变流形，破坏表面的边界层，加重冲刷腐蚀的程度。存在第二相的双相流比单相流造成的冲刷腐蚀更严重，并使临界流速下降。

（4）表面膜 不管是金属表面原有的钝化膜，还是在腐蚀过程中形成的具有保护性的腐蚀产物膜，它们的成分、厚度、硬度、韧性、与基体的附着力及再钝化能力，对抵御冲刷腐蚀是十分重要的。例如，对易钝化金属，氧的存在对维持钝化膜的完整性是十分重要的，在流体中氧含量很少且处于静止或较低的流速时，氧的补充可能不足以维持钝态，常常发生局部腐蚀。流速增加，供氧改善，容易消除造成局部腐蚀的局部溶液与整体溶液的成分差异，满足维钝条件，使金属在较高的流速下可以令人满意地工作。高流速带来的好处甚至能发生在流体中氧含量较低的情况下。但当流速过高时，如超过 10m/s，可能会产生空泡腐蚀导致金属严重损伤。

4. 防止冲刷腐蚀的措施

（1）改进设计 通过改进设计，降低表面流速和避免恶劣的湍流出现。如增加管径、增大弯头半径、避免截面尺寸和流体流向的急剧变化、保持过流表面的光滑等。还可在已发生冲刷腐蚀的部位增加厚度或制成可拆换的部件。

（2）控制环境 控制温度、pH 值、氧含量，添加缓蚀剂，澄清和过滤流体中的固体颗粒，避免蒸汽中冷凝水的形成，去除溶解在流体中的气体等，对减轻冲刷腐蚀非常有效。

(3) 正确选材　可以选择更耐蚀的材料。通常在单相流中应优先考虑易钝化材料，如不锈钢、镍铬合金，甚至是钛合金。在多相流中可选用有不连续碳化物分布在较韧基体上的合金铸铁、双相不锈钢。

(4) 表面处理与保护　可通过淬火、电子束或激光表面强化处理，涂覆高聚物或弹性体，堆焊耐冲刷腐蚀金属，表面渗镀、电镀、热喷涂和气相沉积等，减少对基体材料的冲刷腐蚀。

(5) 阴极保护　阴极保护能够抑制电化学因素，因此可在一定程度上抑制协同效应，能明显减轻冲刷腐蚀。

4.4.2　空泡腐蚀

1. 空泡腐蚀的定义和特点

空泡腐蚀（也称空蚀和气蚀）是一种特殊形式的冲刷腐蚀，是由于金属表面附近的液体中空泡溃灭造成表面粗化、出现大量直径不等的火山口状的凹坑，最终丧失使用性能的一种破坏。空泡腐蚀只发生在高速的湍流状态下，特别是液体流经形状复杂的表面，液体压强发生很大变化的场合，如水轮机叶片、螺旋桨、泵的叶轮、阀门及换热器的集束管口等。

2. 空泡的形成与破灭

根据流体动力学的伯努利定律：

$$p+\rho v^2/2=C$$

式中，p 为压力；v 为流速；ρ 为流体的密度；C 为常数。在局部位置，当流速变得十分高，以至于其静压强低于液体汽化压强时，液体内会迅速形成无数个小空泡。空泡中主要是水蒸气，随着压力降低，空泡不断长大，单相流变成双相流。随流体一起迁移的空泡在外部压强升高时不断被压缩，最终溃灭（崩破）。由于溃灭时间极短，约为 10^{-3}s，其空间被周围液体迅速充填，造成强大的冲击压力，压强可达 10^3MPa。大量的空泡在金属表面某个区域反复溃灭，足可以使金属表面发生应变疲劳并诱发裂纹，导致空泡腐蚀破坏，如图 4-14 所示。

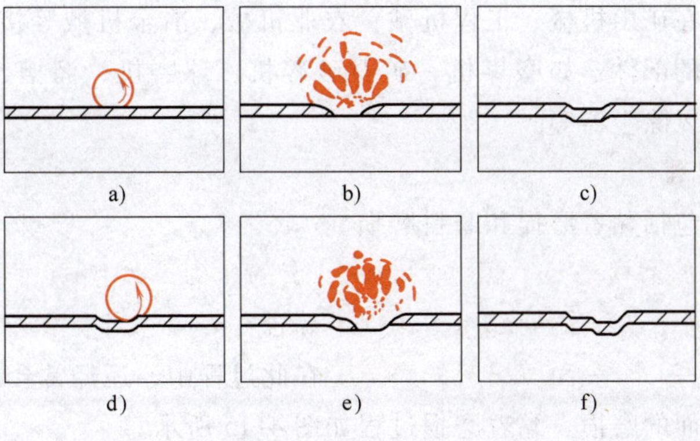

图 4-14　空泡腐蚀过程示意图

a）金属表面形成空泡　b）空泡溃灭使表面膜破坏　c）暴露的金属基体受到腐蚀并重新成膜
d）在该处易形成新的空泡　e）空泡溃灭，膜再次破坏　f）腐蚀坑发展并重新成膜

3. 空泡腐蚀的机理

空泡溃灭造成的机械破坏最初认为是由空泡溃灭产生的冲击波引起的，后来的研究表明空泡溃灭瞬间产生的高速微射流也有重要的作用。由此可见，流体力学（机械）因素对空泡腐蚀的贡献是主要的，但在腐蚀介质中，电化学因素也是不能忽视的，二者之间存在着协同作用。一方面，空泡溃灭破坏了表面保护膜，促进了腐蚀；另一方面，蚀坑的形成进一步促进了空泡的形核，已有的蚀坑又可起到应力集中的作用，促进了物质从表面和基体的剥离。一般在应力不太大时，腐蚀因素与机械因素不相上下，腐蚀因素（介质的成分、合金的耐蚀性和钝性、电化学保护或应用缓蚀剂等）对空泡腐蚀有很大影响；当应力很大时，如在强烈的水冲击下，机械因素的作用将显著增加。

4. 防止空泡腐蚀的措施

1）改进设计，避免高速过流表面的压力突然下降。

2）选择更为耐蚀的材料和适当的表面处理，特别是在金属表面涂覆高聚物或弹性体，对减轻空泡溃灭的机械破坏有明显效果。

3）去除溶解在流体中的气体，可减轻空泡的形成。

4）阴极保护有时可有效地减轻空泡腐蚀，但原因不是由于腐蚀速度的降低，而是由于阴极反应在表面析出氢气泡的衬垫作用。

5）正确的操作也可以避免产生严重的空泡腐蚀，如在管路被堵塞而使流体流线不正常时应让水泵停止工作，入口处由于空吸形成的低压会促进泵内流体中气泡的形成。

4.4.3 磨损腐蚀

1. 磨损腐蚀的定义

腐蚀磨损是指摩擦副对偶表面在相对滑动过程中，表面材料与周围介质发生化学或电化学反应，并伴随机械作用而引起的材料损失现象，实际工况中，腐蚀磨损往往受限于材料因素（材料的成分、组织、力学性能、物化性能等）、电化学因素（腐蚀介质的种类、浓度、pH 值等）、力学因素（载荷、速度等）和环境因素（温度及压力等）等的影响。磨损腐蚀行为与纯腐蚀行为和纯磨损行为均有很大差异。

磨损腐蚀常发生在矿山机械、工程机械、农业机械、冶金机械等接触部件或直接与砂、石、煤、灰渣等摩擦的部件，如磨煤机、矿石破碎机、球磨机、溜槽、振动筛、螺旋加料器、刮板运输机、旋风除尘器等。

2. 磨损腐蚀的机理

机械磨损的机理包括黏着磨损和磨料磨损。

（1）黏着磨损　此磨损是两个固体表面在一定的压力下发生相对运动，表面的突出部位或凸起发生塑性形变，在高的局部压力作用下焊合在一起，当表面继续滑动时，物质从一个表面剥落而黏着在另一个表面所引起的磨损。在此过程中，还经常会产生一些小的磨粒或碎屑，进一步加重表面的磨损。黏着磨损过程如图 4-15 所示。

（2）磨料磨损　此磨损是粗糙而坚硬的表面在一定的压力下贴着软表面的滑动，或游离的坚硬固体颗粒在两个摩擦面之间的滑动而产生的磨损（图 4-16）。与黏着磨损不同，在磨料磨损中没有微焊接的发生。

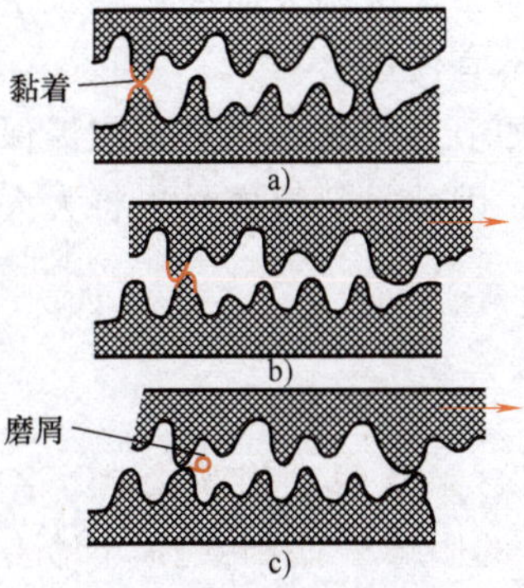

图 4-15　黏着磨损过程示意图
a）两个接触的表面在凸起处焊合
b）在足够的外力下焊合处断裂，表面相对滑移
c）表面滑移导致物质剥落，并产生碎屑

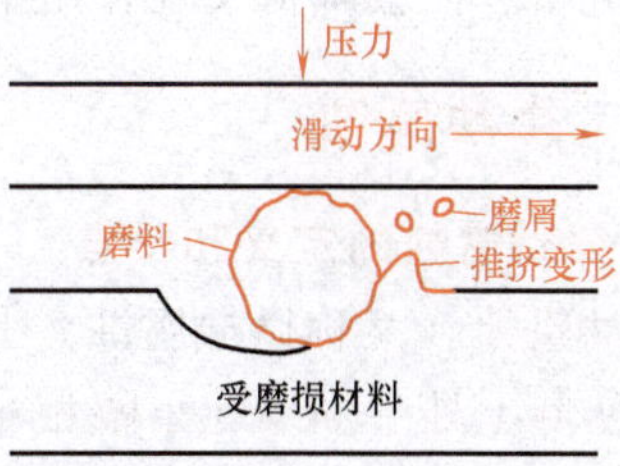

图 4-16　磨料磨损过程示意图

在不发生这些机械磨损的情况下，材料在腐蚀环境中由于受到表面保护膜的保护，腐蚀很轻微；在存在这种机械磨损作用时，表面保护膜局部遭到破坏，腐蚀得以进行，而且摩擦热会加快腐蚀速度。另一方面，剥落的保护膜通常以固体碎屑形式存在于两个表面之间，会引起磨料磨损。因此，在很多场合下，腐蚀磨损总的损失量往往大于纯腐蚀与纯磨损损失量之和。在少数情况下，如介质的腐蚀性很弱且具有一定的润滑能力，在轻载和较高速度下能发挥其减摩和冷却作用时，腐蚀磨损的损失量才有可能小于相同摩擦参数下的干磨损，产生所谓的“负交互作用”。此外，当表面膜是软而韧的氯化物、硫化物、磷酸盐和脂肪酸盐等，磨损虽然可使局部膜剥落，但不会造成严重的腐蚀磨损。

腐蚀磨损很少发生在苛刻的腐蚀介质条件下，大多发生在大气或天然水中。在干大气条件下主要是化学氧化，在潮湿大气和天然水中是电化学腐蚀，腐蚀并不十分突出。

3. 防止磨损腐蚀的措施

由于磨损腐蚀过程中腐蚀并不严重，因此防止磨损腐蚀主要是通过提高材料的耐磨性能来实现。具体办法有：

1）降低载荷会使磨损速度下降。

2）使摩擦副的两个表面具有相近的硬度可降低磨损率。

3）通过合金化、选材或表面处理提高材料的耐磨性能。如在钢铁材料中加入 Cr、Al、Si 等元素，通过它们的选择氧化形成具有保护性的氧化膜；或通过加入形成化合物的合金元素，生成碳化物、氮化物和金属间化合物等提高耐磨性。在磨损强烈的条件下，可使用高碳奥氏体锰钢、合金铸铁或钴合金等；也可以通过表面淬火、表面化学热处理、表面耐磨堆焊等提高表面耐磨性能。

4）使用减摩材料或润滑剂。可使用某些金属、工程塑料、高分子复合材料和无机纤维材料作为减摩材料。使用润滑剂，不仅可以降低摩擦系数，还可隔绝腐蚀环境，甚至还可参与形成较软的腐蚀产物，对减少腐蚀磨损十分有益。

5）电化学保护。由于阳极保护法的关键是不仅要使金属表面建立钝态，而且还要能维持钝态，否则不仅不能保护金属，往往还会加速金属的腐蚀，而在腐蚀磨损体系中，磨屑粒子或液流的碰撞冲击或摩擦副的摩擦作用，一般情况下都会使金属表面钝化膜发生破裂、脱落而无法维持钝态，所以阳极保护法在腐蚀磨损体系中不宜使用。

因为磨损腐蚀材料流失量包括腐蚀和磨损分量，再加上其交互作用量，阴极保护法控制了腐蚀分量，便会降低交互作用中腐蚀对磨损的加速量，因此材料流失量也将大大降低。

4.4.4　微动腐蚀

1. 微动腐蚀的定义和特点

微动腐蚀（又称微振腐蚀）是腐蚀磨损的一种形式，是指两个相互接触、名义上相对静止而实际上处于周期性小幅相对滑动（通常为振动）的固体表面因磨损与腐蚀交互作用所导致的材料表面破坏现象。

产生微动腐蚀的相对滑动极小，振幅一般为2~20μm。反复的相对运动是产生微动腐蚀的必要条件，在连续运动的表面上并不产生微动腐蚀。如正常行驶的汽车，轴承表面间的相对运动很大（整周运动），不产生微动腐蚀。而在用船舶或火车运输汽车时，汽车滚动轴承的滚道上就会出现一条条光滑的凹坑，并有棕红色的氧化产物，这是由于轴承上承受着载荷，在运输中又不断有小幅相对滑动，因而发生了微动腐蚀的结果。

微动腐蚀一般使金属表面出现麻坑或沟槽，并且周围往往有氧化物或腐蚀产物。在各种压配合的轴与轴套、铆接接头、螺栓连接、键销固定等连接固定部位；钢丝绳股与股、丝与丝之间；矿井下的轨道与道钉之间，都可能发生微动腐蚀。在有交变应力的情况下，还可因微动腐蚀诱发疲劳裂纹形核、扩展，以至断裂。

2. 微动腐蚀机理

大多数微动腐蚀是在大气条件下进行的，微动腐蚀涉及微动磨损与氧化的交互作用。基于磨损和氧化的关系，提出了磨损-氧化和氧化-磨损两种不同的机理。

（1）磨损-氧化机理　在承载情况下，两种金属表面实际接触的突出部位处于黏着和焊合状态。在相对运动过程中，接触点被破坏，金属颗粒脱落下来。由于摩擦，颗粒被氧化，这些较硬的氧化物颗粒在随后的微动腐蚀中起到磨料的作用，强化了机械磨损过程。

（2）氧化-磨损机理　该机理认为多数金属表面本来就存在氧化膜，在相对运动中，突出部位的氧化膜被磨损下来，变成氧化物颗粒，而暴露出的新鲜金属重新氧化，这一过程反复进行，导致微动腐蚀。

贵金属或惰性气体环境中合金间的微动磨损，氧不参与作用，以黏着及塑性变形机制为主；薄而附着不牢的氧化膜在不到一次微动循环便被破坏，这时氧化与机械两种机制均对微动磨损有贡献；足够致密的氧化层能起到减摩作用，如钛合金、镍铬铝合金在高温下的微动磨损，氧化作用缓解了机械摩擦导致的损伤。

事实上，这两种机制都可能存在。研究发现，氧气确实能加速微动腐蚀。如碳钢在氮气中的微动磨损损失量仅为空气中1/6，在氮气中的产物是金属铁，而在空气中的产物是Fe_2O_3。表明微动腐蚀是微动磨损与氧化共同作用的结果。

3. 影响微动腐蚀的因素

（1）材料性能　金属材料摩擦的抗黏着磨损能力越大，抗微动磨损的能力也较强。

（2）微滑动距离　微动磨损量随滑动距离的增大而增大。

（3）载荷　在微滑动距离一定的条件下，微动磨损量随载荷的增加而增加，但超过某一极大值后又不断减小。

(4) 相对湿度　微动磨损量随相对湿度的增大而降低。如对钢铁而言，相对湿度大于50%时，表面生成 $Fe_2O_3 \cdot H_2O$ 薄膜，这种薄膜比通常的 Fe_2O_3 软，具有较低的磨损率。

(5) 振动频率与振幅　在大气中，振幅很小时（如0.012mm），钢的微动磨损量基本与振动频率无关，但在较大振幅时，随振动频率的增加，微动磨损量有减小的倾向。

(6) 温度　随温度的增高，微动磨损量增大。

4. 防止微动腐蚀的措施

微动腐蚀可以从改变接触状况和消除滑动两个方面得到有效的抑制。具体办法有：

1）最可靠的办法是避免可能引起微动的连接方式，如采用焊接、粘结等使连接件成为一个整体。

2）对接触表面进行润滑可以消除微动腐蚀的磨损过程。

3）在接触表面之间加入隔离或衬垫材料，如涂层或垫圈，对减轻微动腐蚀会有帮助。

4）可通过增加接触面的法向载荷或增加表面粗糙度，阻止接触面之间的微动。

5）合理选材和表面强化，提高接触材料的硬度。

思　考　题

1. 什么是应力腐蚀？发生应力腐蚀开裂需要具备哪些基本条件？
2. 请简述应力腐蚀开裂的阳极溶解机理。
3. 为什么应力腐蚀一般发生在活化-钝化或钝化-过钝化的过渡区电位范围内？
4. 什么是氢致开裂？氢的来源有哪些？氢在金属中的传输方式如何？
5. 举例说明什么是不可逆氢脆，什么是可逆氢脆，试论述可逆氢脆机理的主要观点。
6. 降低氢致开裂敏感性的途径和方法有哪些？
7. 什么是腐蚀疲劳？腐蚀疲劳有哪些特点？
8. 什么是冲刷腐蚀？其特点是什么？
9. 什么是空泡腐蚀？空泡是如何产生的？
10. 什么是黏着磨损和磨料磨损？
11. 在腐蚀磨损过程中，机械磨损和腐蚀是如何交互作用的？
12. 什么是微动腐蚀？产生微动腐蚀的必要条件是什么？
13. 控制在应力作用下的各种腐蚀有哪些途径？

第5章 自然环境中的腐蚀

金属在自然环境中的腐蚀是最普遍的腐蚀现象。自然环境包括大气、水（淡水、海水）和土壤环境，及与三者都有关系并广泛存在的微生物环境。在三类典型的自然环境中，腐蚀特点会因环境或介质的改变而不同，但在原理上，自然环境中的金属腐蚀属于电化学腐蚀范畴，因此腐蚀的基本过程应遵从电化学规律。

5.1 大气腐蚀

5.1.1 大气腐蚀的定义和特点

金属暴露在大气环境中，由于水和氧等的化学和电化学作用而引起的腐蚀称为大气腐蚀。大气腐蚀是最常见的腐蚀现象，如钢铁制品或构件生锈即属于此。超过全球钢产量60%的钢材是在大气中使用，据估计大气腐蚀所造成的损失占总腐蚀损失的50%以上。对于某些功能材料（如印制电路）、艺术品或文物，即使是轻微的大气腐蚀有时也是不能允许的。然而，随着矿物能源的过度使用和空气污染的加剧，材料大气腐蚀日益严重。

大气腐蚀不是一种腐蚀形态，而是一类腐蚀的总称。大气腐蚀以均匀腐蚀为主，还可以发生点蚀、缝隙腐蚀、电偶腐蚀、应力腐蚀和腐蚀疲劳等。

5.1.2 大气腐蚀的分类

大气环境中，金属的腐蚀速率、腐蚀特征和主控因素随大气条件而变化。大气中参与腐蚀过程的主要组分是水和氧，特别是能使金属表面湿润的水膜，是影响大气腐蚀速度和腐蚀历程的主要因素。图5-1给出了大气腐蚀速度与金属表面水膜层厚度之间的关系。按照金属表面潮湿度的不同，即电解液膜层的存在状态，把大气腐蚀分为三类：

（1）干大气腐蚀　在空气非常干燥的条件下，金属表面不存在液膜层时的腐蚀称为干大气腐蚀。特点是金属表面的吸附水膜厚度不超过10nm，没有形成连续的电解液膜（Ⅰ区）；在金属表面形成极薄的氧化膜。金属Cu、Ag等在被硫化物污染了的空气中失泽就属于干大气腐蚀。

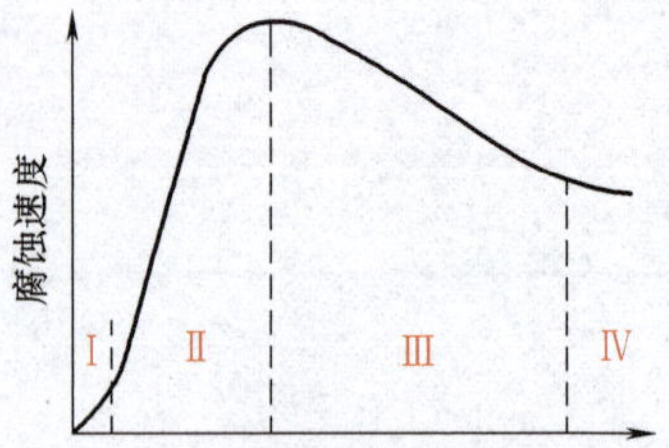

图5-1　大气腐蚀速度与金属表面水膜层厚度之间的关系

（2）潮大气腐蚀　当大气中相对湿度足够高，金属表面存在着肉眼看不见的薄液膜层时，所发生的腐蚀称为潮大气腐蚀。水膜厚可达几十到几百个水分子层厚，为10nm～1μm，形成了连续的电解液薄膜（Ⅱ区），电化学腐蚀开始，腐蚀速度急剧增大。铁在没有雨雪淋到时的生锈就属于潮大气腐蚀。

(3) 湿大气腐蚀　当空气湿度接近100%，或当水以雨、雪、水沫等形式直接落在金属表面上时，金属表面便存在着肉眼可见的凝结水膜，此时发生的腐蚀称为湿大气腐蚀。特点是水膜较厚，为1μm~1mm，随着水膜逐渐增厚，氧扩散变得困难，腐蚀速度下降（Ⅲ区）。当水膜厚>1mm，已相当于全浸在电解质溶液中的腐蚀，腐蚀速度基本不变（Ⅳ区）。

在实际的大气腐蚀过程中，随着晴、雨、雪、白天、夜晚等的变化，上述三种腐蚀情况是交替发生的。

5.1.3　大气腐蚀机理

如上所述，大气腐蚀是金属处于表面薄层电解液下的腐蚀过程，因此大气腐蚀主要是电化学腐蚀，遵从电化学腐蚀的一般规律；同时，由于电解液膜比较薄，且常处于干湿交替状态，要注意大气腐蚀电极过程的特点。

1. 大气腐蚀初期的腐蚀机理

当金属表面形成了连续的电解液薄膜时，就开始了电化学腐蚀过程。

阴极过程：主要是氧的去极化反应，即 $O_2+2H_2O+4e^- \rightarrow 4OH^-$。

在薄液膜条件下，氧的扩散比全浸状态下容易，因此即使是一些电位较负的金属（如镁和镁合金），当从全浸状态下的腐蚀转变为大气腐蚀时，阴极过程由氢去极化为主转变为氧去极化为主。

阳极过程：在薄液膜下，大气腐蚀阳极过程会受到较大阻碍，阳极钝化及金属离子水化过程的困难是造成阳极极化的主要原因。

一般规律是，随着金属表面电解液膜变薄，大气腐蚀的阴极过程更容易进行，而阳极过程相反变得困难。对于潮大气腐蚀，腐蚀过程主要受阳极过程控制。对于湿大气腐蚀，腐蚀过程受阴极过程控制，但与全浸于电解液中的腐蚀相比，已经大为减弱。可见随水膜厚度变化，电极过程控制特征发生变化，这一点对选取适当的腐蚀控制措施有着重要的意义。如在湿度不大的阳极控制的腐蚀过程中，可用合金化方法提高阳极钝性，而对受阴极控制的过程则效果不大，此时应采用降低湿度、降低空气中有害成分浓度等措施减轻腐蚀。

2. 锈层形成后的腐蚀机理

最初人们认为钢铁材料大气腐蚀的阴极过程只有氧的还原，后经研究发现，在一定条件下，已经形成的腐蚀产物会影响后续大气腐蚀的电极过程。Evans 提出处于湿润条件下的铁锈层可以起到强氧化剂的作用，如图5-2所示。

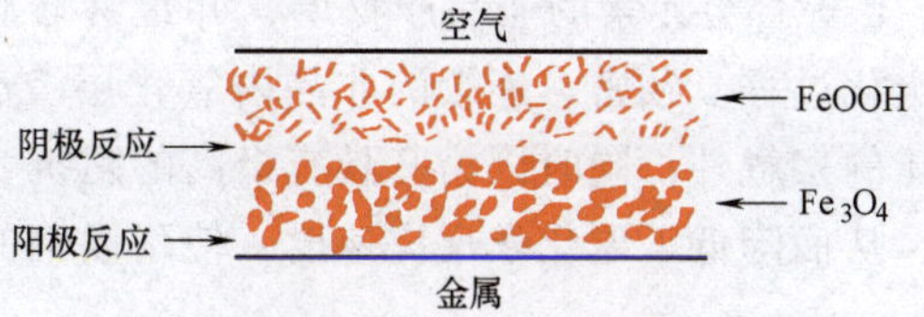

图5-2　大气腐蚀锈层形成后腐蚀机理的 Evans 模型

阳极反应发生在金属/Fe_3O_4 界面上：

$$Fe \longrightarrow Fe^{2+}+2e^-$$

阴极反应发生在 Fe_3O_4/FeOOH 界面上：

$$8FeOOH+Fe^{2+}+2e^- \longrightarrow 3Fe_3O_4+4H_2O$$

即锈层内发生了 $Fe^{3+} \rightarrow Fe^{2+}$ 的还原反应，锈层参与了阴极反应过程。

当锈层干燥时，即外部气体相对湿度下降时，锈层和底部基体金属的局部电池成为开路，在大气中氧的作用下锈层内的 Fe^{2+} 重新氧化成为 Fe^{3+}。即发生反应：

$$4Fe_3O_4+O_2+6H_2O \rightarrow 12FeOOH$$

因此，在干湿交替的情况下，带有锈层的钢腐蚀被加速。

一般来说，在大气中长期暴露的钢的腐蚀速度是逐渐减慢的。原因之一是锈层的增厚会导致锈层电阻增加和氧渗入的困难，使得锈层的阴极去极化作用减弱；再者，附着性良好的锈层内层将减小活性阳极面积，增大阳极极化。

3. 锈层的结构和保护性

随大气环境条件及材料的变化，锈层的成分和结构也相应改变。通常锈层分为内外两层，外层疏松，易剥落；内层附着性较好，结构致密，能起到一定的保护作用。图 5-3 是铁表面大气腐蚀锈层断面示意图。在工业大气中，碳钢锈层中常存在一些盐类结晶，如 $FeSO_4 \cdot 7H_2O$、$FeSO_4 \cdot 4H_2O$、$Fe_2(SO_4)_3$ 等，结晶盐的存在将降低锈层保护性。

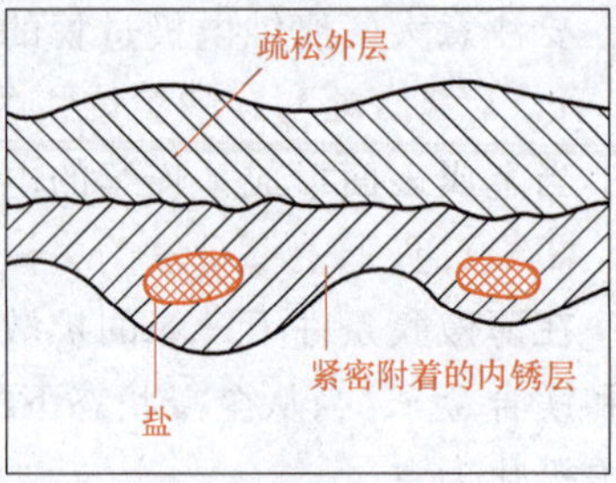

图 5-3　铁表面大气腐蚀锈层断面示意图

碳钢的锈层主要由γ-FeOOH、α-FeOOH 和 Fe_3O_4 组成组成物质的量随环境而变化。通常钢表面锈层中首先形成的是γ-FeOOH，由它再转变为α-FeOOH 和 Fe_3O_4，转变受大气湿度、污染等因素的影响。锈层组成中，α-FeOOH 对耐蚀性有明显影响。在多数大气环境下，随着暴露时间的延长，α-FeOOH 含量增多。在含有 SO_2 工业区或含有 Cl^- 的沿海地区，α-FeOOH 较少，而相应地γ-FeOOH 或 Fe_3O_4 较多。在大气洁净的森林地带，则α-FeOOH 多。进一步研究表明，pH 值较低时，易生成γ-FeOOH；pH 值较高时，则易生成α-FeOOH 和 Fe_3O_4。关于锈层组成与耐蚀性的关系，目前尚不完全清楚。

4. 耐候钢锈层的特点

耐候钢，即耐大气腐蚀钢，是通过合金化在钢中加入 Cu、P、Cr、Ni、Mo 等合金元素形成的具有耐大气腐蚀性能的低合金钢。耐候钢之所以具有较好的耐蚀性，主要是因为在大气中暴露一段时间后在疏松的外层腐蚀产物和基体之间能够形成一层致密、连续的含有 Cu、Cr、P 等合金元素的非晶产物层，并最终转化成富集上述元素的α-FeOOH 层，这是锈层的稳定化过程。致密、连续的非晶内氧化层及α-FeOOH 层除了可以有效地隔离腐蚀介质与钢基体的接触外，同时因为其具有极高的阻抗，显著减缓了腐蚀阳极区和阴极区之间的电子迁移，从而降低了电化学反应速度，使耐候钢的腐蚀速率大幅度下降。

5.1.4　大气腐蚀的影响因素

大气腐蚀的影响因素比较复杂，但主要受环境的湿度、温度及大气中污染物的影响。

1. 湿度

金属的大气腐蚀与水膜的厚度有直接的关系，而水膜的厚度又与大气含水量有关。大气中的含水量采用相对湿度表示，即在一定温度下大气中实际水蒸气压力与饱和水蒸气压力之比。

当金属处于比其温度高的空气中，空气中的水蒸气将以液体形式凝结于金属表面上，这种现象称为结露，结露是发生潮大气腐蚀的前提。一般来说，空气的湿度越大，金属与空气的温差越大，越容易结露，而且金属表面上电解液膜存在的时间也越长，腐蚀速度相应增大。金属有一个腐蚀速度开始急剧增加的湿度，我们称大气的这一相对湿度值为临界湿度。钢铁、Cu、Ni、Zn 等金属的临界湿度为 50%～70%。

普遍认为，当大气相对湿度达到 100%时会发生水膜的凝结。金属在湿度大于临界值，而不是达到 100%时就出现明显的大气腐蚀，这一现象表明在超过临界湿度时，金属表面已经形成了完整的水膜，使电化学腐蚀过程可以进行。

大气中水蒸气在相对湿度低于 100%发生凝结有三个原因：一是由于金属表面沉积物或金属构件之间的狭缝等形成的毛细管产生的毛细管凝聚作用；二是由于在金属表面附着的盐类（如铵盐和氯化钠）或生成的易溶腐蚀产物而产生的化学凝聚作用；三是由于水分与固体表面之间存在的范德华分子引力作用产生的物理吸附。

2. 温度

结露与环境的温度有关。图 5-4 所示为露点温度表，可以通过气温和相对湿度简单地求出露点温度。在相同的湿度下，环境温度越高，越容易结露。统计表明，在其他条件相同时，平均气温高的地区，大气腐蚀速度较大。昼夜温差变化大，也会加速大气腐蚀。

3. 大气成分

地球表面自然状态的空气称为大气，大气是由不同气体组成的混合物，其基本组成（质量分数）为：$N_2$75%、$O_2$23%、Ar1.26%、H_2O0.70%、$CO_2$0.01%。由于地理环境的不同及工业污染，大气中经常混入污染物。常见的气体污染物有硫化物（SO_2、SO_3、H_2S）、氮化物（NO、NO_2、NH_3）及碳化物（CO、CO_2）等；固体污染物主要有盐颗粒、沙粒和灰尘等，研究表明污染物对金属的大气腐蚀有不同程度的促进作用。

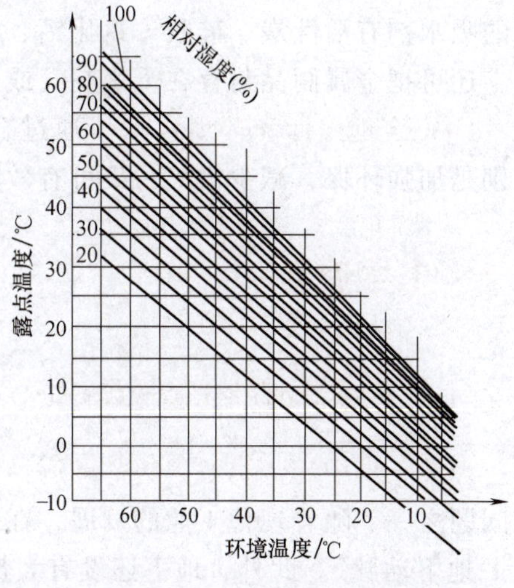

图 5-4　露点温度表

（1）SO_2 的影响　在大气污染物中，SO_2 的影响最为严重，SO_2 主要是由矿物燃料燃烧产生。SO_2 促进金属大气腐蚀的机理主要有两种，其一认为一部分 SO_2 在高空中能直接氧化生成 SO_3，溶于水中生成 H_2SO_4；其二认为一部分 SO_2 被吸附在金属表面，与 Fe 作用形成 $FeSO_4$，$FeSO_4$ 进一步氧化并由于强烈的水解作用生成硫酸，硫酸可返回与 Fe 作用，整个过程具有自催化的特性。反应如下：

$$Fe+SO_2+O_2 \longrightarrow FeSO_4$$

$$4FeSO_4+O_2+6H_2O \longrightarrow 4FeOOH+4H_2SO_4$$

$$2H_2SO_4+2Fe+O_2 \longrightarrow 2FeSO_4+2H_2O$$

（2）固体颗粒的影响　固体颗粒对大气腐蚀的影响方式可分为三种：①颗粒本身具有腐蚀性，如 NaCl 颗粒及铵盐颗粒，颗粒吸湿后溶于金属表面水膜中，提高了电导和酸度，阴离子又有很强的侵蚀性；②颗粒本身无腐蚀作用，但能吸附腐蚀性物质，如碳粒能吸附

SO_2 及水汽，冷凝后形成酸性溶液；③颗粒既非腐蚀性，又不吸附腐蚀性物质，如沙粒落在金属表面能形成缝隙而凝聚水分，形成氧浓差的局部腐蚀条件。

5.1.5　防止大气腐蚀的措施

(1) 提高材料的耐蚀性　向碳钢中加入 Cu、P、Cr、Ni 等元素可显著提高耐大气腐蚀性能，有研究表明向钢中加入微量 Ca 和 Si 也可有效提高锈层的防护性能。

(2) 表面涂层保护　涂层保护包括油漆、金属镀层或暂时性保护涂层，是防止大气腐蚀最简便的方法。涂层的主要作用是对水和氧进行屏蔽，涂料中的颜料也有缓蚀和阴极保护的复合作用。常采用多层涂装或几种防护涂层的组合使用来提高保护效果。大气中许多有色金属的耐蚀性比碳钢好，作为镀层有的还能起阴极保护作用。常用金属镀层有电镀锌、锡、铬，热浸镀和热喷涂锌、铝等。暂时性保护层包括加入石油磺酸盐、羊毛脂等油漆性缓蚀剂的防锈油脂，以及加入亚硝酸钠等水溶性缓蚀剂的防锈液。防锈油脂用于金属制品的封存防锈，防锈液则主要用于金属制品加工工序间防锈。

(3) 改变局部大气环境　一般指使用气相缓蚀剂和控制大气湿度。气相缓蚀剂的蒸气能在金属表面上形成吸附膜，从而起到保护作用，如亚硝酸二环己胺和碳酸己胺可用于保护钢铁和铝制品，苯三唑三丁胺可用于保护铜合金。此外，降低大气湿度，将湿度控制在50%以下，最好保持在30%以下比较安全，可采用加热空气、吸湿剂和冷冻除水等方法。常用的吸水剂有活性炭、硅胶、氯化钙、活性氧化铝等。降低湿度对在密闭空间是适用的。此外，还可把金属制品封存在干燥空气或氮气环境中。

(4) 合理设计和环境保护　通过合理设计防止缝隙中存水，避免金属表面落上灰尘，特别是加强环保，减少大气污染可有效降低大气腐蚀速率。

5.2　土壤腐蚀

5.2.1　土壤腐蚀的定义和特点

埋在土壤中的金属及其构件的腐蚀称为土壤腐蚀，是现实生产和生活中最重要的实际腐蚀问题之一。随着现代工业的发展，在地下铺设了越来越多的油管、水管和煤气管道，构成了“地下动脉”。此外，地下还设有大量电缆、通信设施和各种地下建筑物。它们的腐蚀问题很严重，常带来一系列问题。首先，土壤腐蚀使得埋地管线的维修费用增加，一旦损坏将导致输运物质大量流失，有可能引发火灾、爆炸和环境污染；其次，金属构件一般埋在地下1~2m 处，出了问题不易发现，维修也很困难；最后，由于土壤条件变化大，土壤腐蚀影响因素多而且复杂，加之工业污染及杂散电流的参与，使得土壤腐蚀防不胜防，有时难以采取有效的防护措施。

5.2.2　土壤电解质的特性

不能简单地将土壤认为是固体，事实上对腐蚀来说土壤是一种特殊的电解质，而且这种电解质有其固有的特性。

(1) 多相性　土壤由土粒、水、空气等固、液、气三相组成，结构复杂，而且土粒中又包含着多种无机矿物质以及有机物质。不同土壤其土粒大小不相同，例如，沙砾土的颗粒大小为0.07~2mm，粉砂土的颗粒为0.005~0.07mm，而黏土的颗粒尺寸则小于0.005mm。实际的土壤往往是这几种不同土粒按一定比例组合在一起的。

(2) 多孔性　在土壤的颗粒间形成大量毛细管微孔或孔隙，孔隙中充满了空气和水。水分在土壤中能以多种形式存在。水分可直接渗入孔隙或在孔壁上形成水膜，也可以形成水化物或者以胶体状态存在。由于土壤中总是或多或少地存在着一定量的水分，土壤就成为离子导体，因此可以把土壤看作是腐蚀性电解质。由于水具有形成胶体的作用，所以土壤并不是分散孤立的颗粒，而是各种有机物、无机物的胶凝物质颗粒的聚集体。土壤的孔隙度和含水程度影响着土壤的透气性和电导率。

(3) 不均匀性　从小范围看，有各种微结构组成的土粒、气孔、水分的存在以及结构紧密程度的差异。从大范围看，有不同性质的土壤交替更换等。因此，土壤的各种物理-化学性质，尤其是与腐蚀有关的电化学性质，也随之发生明显的变化。

(4) 相对固定性　土壤的固体部分对于埋在土壤中的金属表面可以认为是固定不动的，仅土壤中的气相和液相可做有限的运动。例如，土壤孔穴中的对流和定向流动，以及地下水的移动等。

5.2.3　土壤腐蚀的电极过程

1. 阳极过程的特点

铁在潮湿土壤中的阳极过程和在溶液中腐蚀时相类似，阳极过程没有明显的阻碍；在干燥且透气性良好的土壤中，阳极过程接近于大气腐蚀的阳极行为，即阳极过程因钝化和离子水化的困难而产生很大的极化。金属在潮湿土壤中的腐蚀远比在干燥土壤中严重。在长时间的腐蚀过程中，由于腐蚀的次生反应所生成的不溶性腐蚀物的屏蔽作用，可以观察到阳极极化逐渐增大。

根据金属在潮湿、透气不良且含有氯离子的土壤中的阳极极化行为，可以分成四类：

1) 阳极溶解时没有显著阳极极化的金属，如Mg、Zn、Al、Mn、Sn等。

2) 阳极溶解的极化率较低，并取决于金属离子化反应的过电位，如Fe、碳钢、Cu、Pb。

3) 因阳极钝化而具有高的起始极化率的金属，在更高的阳极电位下，阳极钝化又因土壤中存有Cl^-而受到破坏，如Cr、Zr、含铬或铬镍的不锈钢。

4) 在土壤条件不发生阳极溶解的金属，如Ti、Ta是完全钝化稳定的。

2. 阴极过程的特点

钢铁等常用金属土壤腐蚀的阴极过程主要是氧的去极化；在强酸性土壤中，氢去极化过程可能参与；在某些情况下，微生物可能参与阴极还原过程。

土壤中氧的去极化过程同样是两个基本步骤，即氧向阴极的传输和氧离子化的阴极反应。土壤中氧离子化反应和在普通的电解液中相同，但氧的传输过程则比在电解液中更为复杂。氧在多相结构的土壤中由气相和液相两条途径输送，并通过下面两种方式进行：

(1) 土壤中气相或液相的定向流动　定向流动的程度取决于土壤表层温度的周期波动、大气压力及土壤湿度的变化、下雨、风吹及地下水位的涨落等因素。这些变化能引起空气及饱和空气的水分吸入和流动，使氧的输送速度远远超过纯粹扩散过程的速度。对于疏松的粗粒结构的土壤来说，氧依靠这种方式传递的速度是很大的；在密实潮湿的土壤内，氧的这种输送方式的效果则一般。这就导致氧在不同土壤中输送速度的差异。

(2) 在土壤的气相和液相中的扩散　氧的扩散过程是土壤中供氧的主要途径。氧的扩散速度取决于土层的厚度、结构和湿度。厚的土层将阻碍氧的扩散，随着湿度和黏土组分含量的增加，氧的扩散速度可以降低3~4个数量级。在氧向金属表面的扩散过程中，最后还要通过金属表面在土壤毛细孔隙下形成的电解液薄层及腐蚀产物层。

3. 土壤腐蚀的控制特征

根据以上对土壤腐蚀的阳极、阴极过程的分析，可以预测在不同土壤条件下腐蚀电池的控制特征（图5-5）。

对于大多数土壤来说，当腐蚀取决于腐蚀微电池的作用时，腐蚀过程受阴极过程控制（图5-5a），这和完全浸没在静止电解液中的情况相似；在疏松干燥的土壤中，腐蚀过程转变为阳极控制占优势（图5-5b），这时腐蚀过程的控制特征类似于大气腐蚀；对于由长距离宏电池作用下的土壤腐蚀，如地下管道经过透气性不同的土壤形成氧浓差腐蚀电池时，土壤的电阻成为主要的腐蚀控制因素，其控制特征是阴极-电阻混合控制或者甚至是电阻控制占优势（图5-5c）。

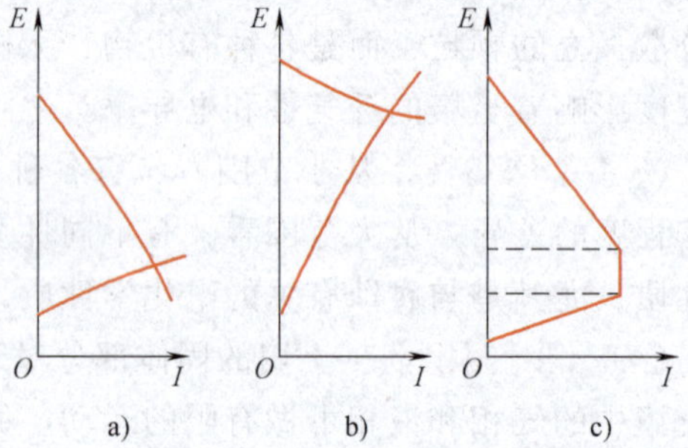

图5-5　不同土壤条件下的腐蚀过程控制特征

a）阴极控制——大多数土壤中微电池腐蚀

b）阳极控制——疏松干燥土壤中微电池腐蚀

c）阴极-电阻控制——长距离宏电池腐蚀

5.2.4　土壤中的腐蚀电池

土壤腐蚀和其他介质中的电化学腐蚀过程一样，都是因金属和介质的电化学不均一性所形成的腐蚀原电池作用所致，这是腐蚀发生的基本原因。鉴于土壤介质具有多相性及不均匀性等特点，所以除了有可能生成和金属组织不均一性有关的腐蚀微电池外，土壤介质的宏观不均一性所引起的腐蚀宏电池，在土壤腐蚀中往往起着更大的作用。

土壤介质的不均匀性主要是土壤透气性不同引起的。在不同透气条件下，氧的渗透速度变化幅度很大，强烈地影响着和不同区域土壤相接触的金属各部分的电位，这是促使建立氧浓差腐蚀电池的基本因素。土壤的pH值、含盐量等因素变化也会造成腐蚀宏电池。埋地长距离管道难免穿越各种不同条件的土壤，形成了有别于其他介质情况的长距离腐蚀宏电池。

在土壤中起作用的腐蚀宏电池有下列类型：

(1) 长距离腐蚀宏电池　埋设于地下的长距离金属构件通过组成、结构不同的土壤时形成长距离宏电池。在从土壤（Ⅰ）进入另一种土壤（Ⅱ）的地方形成电池：钢|土壤（Ⅰ）|土壤（Ⅱ）|钢。一种情况是因为土壤中氧的渗透性不同而造成氧浓差电池，如图5-6所示。埋在密实、潮湿的土壤（黏土）中的钢作为阳极而受腐蚀。另一种情况是如果其中一种土壤含有硫化物、有机酸或工业污水，因土壤性质的变化，也能形成腐蚀宏电池。

长距离腐蚀宏电池可产生相当可观的腐蚀电流（也称为长线电流）。据报道，其电流强度可达5A，流动的范围可超过1.5km。土壤的电导率越高，长线电流的数值也越大。

(2) 土壤的局部不均匀性所引起的腐蚀宏电池　土壤中石块夹杂物等的透气性比土壤本体差，使得该区域金属成为腐蚀宏电池的阳极，而和土壤本体区域接触的金属就成为阴极。所以在埋设地下金属构件时，回填土壤的密度要均匀，尽量不带夹杂物。

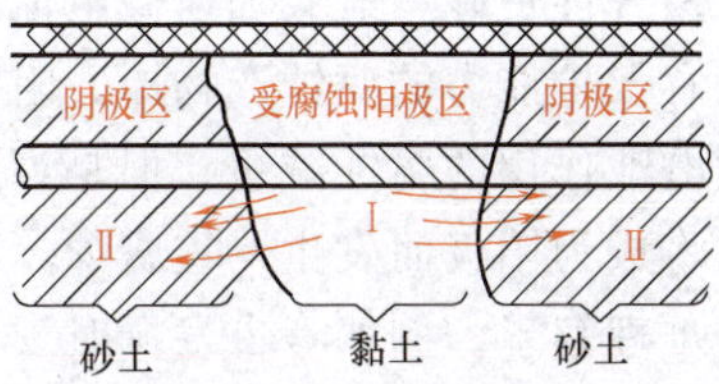

图 5-6　管道在结构不同的土壤中所形成的氧浓差电池

(3) 埋设深度不同及边缘效应所引起的腐蚀宏电池　即使金属构件被埋在均匀的土壤中，由于埋设深度的不同，也能造成氧浓差腐蚀电池。因此，在地下埋设的金属构件上，能看到离地面较深的部位有更严重的局部腐蚀。甚至在直径较大的水平输送管道上，也能看到管道的下部比上部腐蚀更为严重。

同样，由于氧更容易到达电极的边缘（即边缘效应），因此，在同一水平面上金属构件的边缘就成为阴极，比成为阳极的构件中央部分腐蚀要轻微得多。地下大型储罐常出现这类腐蚀情况。

(4) 金属所处状态的差异引起的腐蚀宏电池　由于土壤中异种金属的接触、温差、应力及金属表面状态的不同，也能形成腐蚀宏电池，造成局部腐蚀。图 5-7 所示为新旧管道连接埋于土壤中形成腐蚀电池的一例。

5.2.5　土壤腐蚀的影响因素

1. 材料因素的影响

钢铁是地下构件普遍采用的材料。铸铁、碳钢，低合金钢在土壤中的腐蚀速度并无明显差别。冶炼方法、冷加工和热处理对其土壤腐蚀行为影响不大，腐蚀率约为 0.2mm/a。通常，金属的腐蚀速率随其在地下埋置时间的延长而逐渐降低。

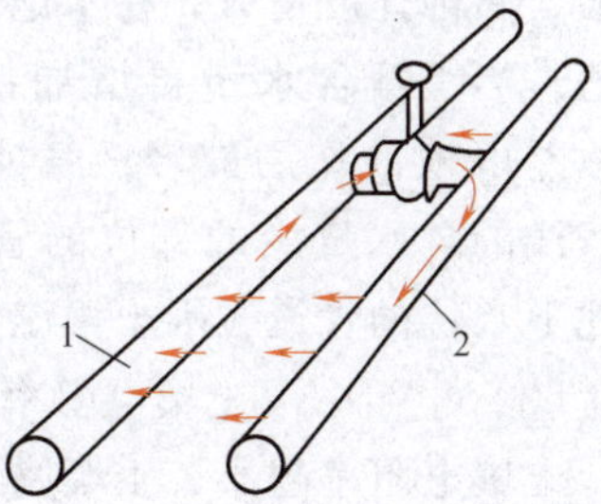

图 5-7　土壤中新旧管道连接形成的腐蚀电池

1—旧管（阴极）　2—新管（阳极）

Pb 在土壤中的耐蚀性比碳钢高 4~5 倍以上。由于在含碳酸盐、硅酸盐和硫酸盐的土壤中能生成铅盐保护层，其腐蚀速度还要低些。而在酸性沼泽土地带，铅的耐蚀性较差。

Zn 的腐蚀速度比钢略低，钢铁上锌镀层在土壤中有很好的保护效果，130 μm 厚的锌镀层在 10 年中能保护钢构件不发生点蚀，镀锌层起了阴极保护作用。

Al 在土壤中的耐蚀性波动较大。在一般透气性良好的土壤中，Al 的平均腐蚀速度为 0.01mm/a，略低于钢铁；但在透气性不良的酸性土壤或碱性土壤中，铝的腐蚀相当严重。在酸性沼泽土中 Al 的腐蚀速度是 0.1mm/a，比钢铁腐蚀严重。

2. 土壤性质的影响

与腐蚀有关的土壤性质主要是孔隙度（透气性）、含水量、电阻率、酸度和含盐量。

(1) 孔隙度（透气性）　较大的孔隙度有利于氧渗透和水分保存，而它们都是腐蚀初始发生的促进因素。由于金属的表面状态及导致腐蚀的电池的不同，透气性的好与坏均可能有两方面的作用。

透气性良好一般会加速微电池作用的腐蚀过程，但是在透气性良好的土壤中也更容易生成具有保护能力的腐蚀产物层，阻碍金属的阳极溶解，使腐蚀速度减慢下来。透气性不良会使微电池作用的腐蚀减缓，但是当形成腐蚀宏电池时，由于氧浓差电池的作用，透气性差的区域将成为阳极而发生严重腐蚀。因此，关于透气性对土壤腐蚀的影响存在许多相反的实例就不难理解了。例如考古发掘时发现埋在透气不良的土壤中的铁器历久无损；但另一些例子说明在密不透气的黏土中金属常发生更严重的腐蚀。

(2) 含水量　土壤中含水量对腐蚀的影响很大，与引发腐蚀的电池类型有关。图 5-8 所示为钢管腐蚀量和土壤含水量的关系。

对于微电池作用的腐蚀（曲线Ⅰ），当土壤含水量很高时（水饱和度>80%），氧的扩散渗透受到阻碍，腐蚀减小；随着含水量的降低，氧的去极化变易，腐蚀速度增加；当含水量下降到约 10%以下，阳极极化和土壤电阻率增大，腐蚀速度又急速降低。

当腐蚀由长距离氧浓差宏电池作用时（曲线Ⅱ），随着含水量的增加，土壤电阻率降低，氧浓差电池的作用增强，腐蚀速度增大，在水饱和度为 70%~90%时出现最大值；当土壤含水量再增加接近饱和时，氧扩散受阻，氧浓差电池的作用减轻，腐蚀速度下降。因此，通常埋得较浅的含水量少的部位的管道是阴极，埋得较深的接近地下水位的管道，因土壤湿度大，成为氧浓差电池的阳极而被腐蚀。

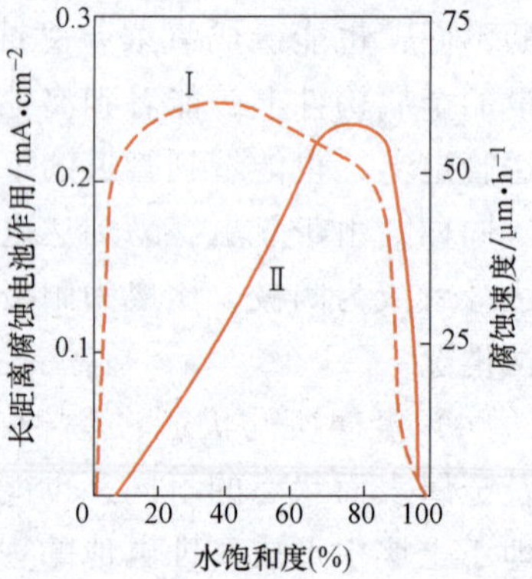

图 5-8　含 0.1N（5.85g/L）NaCl 的土壤中的含水量和钢管的腐蚀速度（Ⅰ）及长距离宏电池作用（Ⅱ）

(3) 电阻率　土壤电阻率与土壤的孔隙度、含水量及含盐量等许多因素有关。一般认为，土壤电阻率越小，土壤腐蚀越严重。因此可以把土壤电阻率作为评估土壤侵蚀性的重要参数。表 5-1 是土壤电阻率与腐蚀性的关系。应该指出，这种评估并不符合所有的情况。因为电阻率并不是影响土壤腐蚀的唯一因素。

表 5-1　土壤电阻率与腐蚀性的关系

土壤电阻率/Ω · cm	0~500	500~2000	2000~10000	>10000
土壤腐蚀性	很高	高	中等	低
钢的平均腐蚀速度/mm · a^{-1}	>1	0.2~1	0.05~0.2	<0.05

(4) 酸度　土壤酸度的来源很复杂，可能来自土壤中的酸性矿物质，或来自生物和微生物的生命活动所形成的有机酸和无机酸，甚至来自于工业污水等人类活动造成的土壤污染。大部分土壤属中性范围，pH 值处于 6~8 之间，也有 pH 值为 8~10 的碱性土壤（如盐碱土）及 pH 值为 3~6 的酸性土壤（如沼泽土、腐殖土）。随着土壤酸度的增高，土壤腐蚀性增加，酸性条件下，氢的阴极去极化过程已能顺利进行，强化了整个腐蚀过程。应当指出，当在土壤中含有大量有机酸时，其 pH 值虽然近于中性，但其腐蚀性仍然很强。

(5) 含盐量　通常土壤中含盐量为（80~1500）$\times10^{-6}$。在土壤电解质中的阳离子一般是钾、钠、镁、钙等离子；阴离子是碳酸根、氯和硫酸根离子。土壤中含盐量高，土壤的电导率也增加，因而增加了土壤的腐蚀性。氯离子对土壤腐蚀有促进作用，所以在海边潮汐区或接近盐场的土壤，腐蚀性更强。但碱土金属钙、镁的离子在非酸性土壤中能形成难溶的氧化物和碳酸盐，在金属表面上形成保护层，减轻腐蚀。富钙、镁离子的石灰质土壤就是一个典型的例子。类似地硫酸根离子也能和铅作用生成硫酸铅的保护层。硫酸盐和土壤腐蚀另一个重要关系是和微生物腐蚀有关。

3. 杂散电流和微生物对土壤腐蚀的影响

（1）杂散电流腐蚀　在很多情况下，杂散电流导致地下金属设施的严重腐蚀破坏。当杂散电流流过埋在土壤中的管道、电缆等时，在电流离开金属进入大地处的阳极端就会受到腐蚀，称之为杂散电流腐蚀。

所谓杂散电流是指由原定的正常电路漏失而流入其他地方的电流，其主要来源是应用直流电大功率电气装置，如电气化铁路、电解及电镀槽、电焊机电化学保护装置等。图 5-9 所示为一杂散电流腐蚀的实例。

在正常情况下，电流自电源的正极通过电力机车的架空线再沿铁轨回到电源负极，但是当铁轨与土壤间的绝缘不良时，有一部分电流就会从铁轨漏失到土壤中。如果在这附近埋设有金属管道等构件，杂散电流便由此良导体通过，然后再流经土壤及轨道回到电源。在这种情况下，相当于产生了两个串联电解池，即

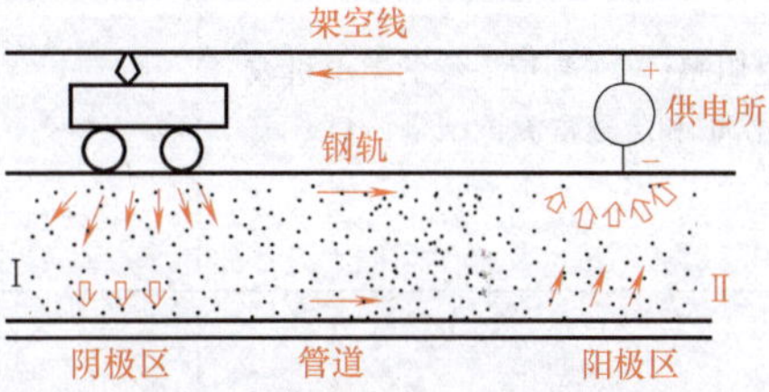

图 5-9　杂散电流腐蚀实例示意图

Ⅰ：钢轨（阳极）|土壤|管线（阴极）

Ⅱ：管线（阳极）|土壤|钢轨（阴极）

电池（Ⅰ）会引起钢轨腐蚀，但发现这种腐蚀和更新钢轨并不困难；电池（Ⅱ）会引起管线腐蚀，难以发现和修复。显然，这里受腐蚀的都是电流从钢轨或管线流出的阳极区。计算表明，1A 的电流流过一年就可使 9kg 的铁发生电化学溶解。在某些极端情况下，流过金属构件的杂散电流可达 10A，显然这将造成迅速的腐蚀破坏。

杂散电流腐蚀的破坏特征是阳极区的局部腐蚀。在管线的阳极区外绝缘涂层的破损处，腐蚀尤为集中。在使用铅皮电缆的情况下，电流流入的阴极区也会发生腐蚀，这是因阴极区产生的氢氧根离子和铅发生作用，生成可溶性的铅酸盐。已发现交流电也会引起杂散电流腐蚀，但破坏要弱得多。对于频率为 60Hz 的交流电来说，其作用约为直流电的 1%。

可以通过测量土壤中金属体的电位来检测杂散电流的影响。如果金属体的电位高于它在这种环境下的自然电位，就可能有杂散电流通过。防止杂散电流腐蚀的措施有排流法，即把原先相对钢轨为阳极区的管线用导线与钢轨直接相连，使整个管线处于阴极区；另外还有绝缘和牺牲阳极阴极保护。

（2）微生物对土壤腐蚀的影响　在缺氧的土壤条件下，如密实、潮湿的黏土深处，金属腐蚀过程似乎较难进行，但是这样的条件却有利于某些微生物的生长，常发现因硫酸盐还原菌的活动而引起强烈的腐蚀。硫酸盐还原菌的活动促进了阴极去极化，生成的硫化氢也有加速腐蚀的作用。因此，在不通气的土壤中如有严重的腐蚀发生，腐蚀产物呈黑色，伴有恶臭，可考虑为硫酸盐还原菌所致的微生物腐蚀。有关微生物腐蚀的详细内容，将在后面介绍。

4. 土壤腐蚀性的评估

对各种土壤的腐蚀性做出正确的评估具有重要的实际意义，可惜到目前为止，在土壤的腐蚀性和土壤各项物理、化学及生物学因素之间，尚不能建立简单的对应关系。一般采用间接实验方法来确定土壤的腐蚀性，如电阻率法、测定极化特征的极化曲线法、测定土壤腐蚀速度的极化阻力法和氧化还原电位法等方法。采用单项指标作为土壤腐蚀性的分级标准常常不够准确，最好综合考虑环境因素，采取多项指标进行综合评价。表5-2是美国使用的一种土壤腐蚀评价法，它综合了电阻率、pH值、氧化还原电位、硫化物、湿度等五项指标的评分值对土壤的腐蚀性进行综合评定。

表5-2 ANSI土壤腐蚀性综合评分标准（ANSI/AWWA C105/A21.15）

土壤性质	测定值	评价指数
电阻率(基于管道深度的单电极或水饱和土壤盒测试结果)/Ω·m	<7	10
	7~10	8
	10~12	5
	12~15	2
	15~20	1
	>20	0
pH值	0~2	5
	2~4	3
	4~6.5	0
	6.5~7.5	0①
	7.5~8.5	0
	>8.5	3
氧化还原电位/mV	>100	0
	50~100	3.5
	0~50	4
	<0	5
硫化物	存在	3.5
	微量	2
	不存在	0
湿度	终年湿（排水性差）	2
	一般潮湿（排水性尚可）	1
	一般干燥（排水性良好）	0

① 当有硫化物，氧化还原电位低时，该分值改为3。当评价指数大于10时，表示土壤对灰铸铁及球墨铸铁有腐蚀性，需要用聚乙烯膜保护。

5.2.6 防止土壤腐蚀的措施

采用如下措施可以减轻或防止金属材料的土壤腐蚀。

(1) 覆盖层保护 在土壤中普遍使用焦油沥青及环氧煤沥青质的覆盖层。可在覆盖层内加入填料加固或用纤维材料把管道缠绕加固起来，如玻璃纤维、石棉等。有些工程曾使用水泥涂层保护通过含盐沼泽地及强酸性土壤地区的管线，取得了管道40年未受腐蚀的效果。近年来又发展了聚乙烯塑料胶带防腐层及泡沫塑料防腐层，施工简便且防腐性能更好。

金属镀层，如锌镀层，可在小型构件上和细管件上应用，不能用于酸性土壤。

(2) 改变土壤环境 在酸度高的土壤里，在地下构件周围填充石灰石碎块，可以减轻腐蚀。向构件周围移入腐蚀性小的土壤，加强排水以降低水位等方法也有效果。

(3) 阴极保护 延长地下管道寿命的最经济方法是把适当的覆盖层和阴极保护法结合起来，既可以弥补保护层的不足，又可以减少阴极保护的电能消耗。一般情况下，应把钢铁阴极的电位维持在-0.85V（相对于硫酸铜电极）以达到完全的保护。在有硫酸盐还原菌存在时，电位更要维持得负一些，实用上可采取-0.95V（相对于硫酸铜电极），以抑制细菌生长。保护地下铅皮电缆的保护电位约为-0.7V左右（相对于硫酸铜电极）。

5.3 淡水和海水腐蚀

5.3.1 淡水腐蚀

1. 淡水腐蚀的特点

淡水一般指河水、湖水、地下水等含盐量少的天然水。表5-3列出了世界河水溶解物的平均值。淡水的腐蚀性比海水弱，其腐蚀原理、研究方法及防腐措施与海水腐蚀有许多共同之处，此处只简要介绍淡水腐蚀的一般规律。

表5-3 世界河水溶解物的平均值

CO_3^{2-}	SO_4^{2-}	Cl^-	NO_3^-	Ca^{2+}	Mg^{2+}	Na^+	K^+	$(Fe, Al)_2O_3$	SiO_2	其他	总计
35.15%	12.14%	5.68%	0.90%	20.39%	3.14%	5.76%	2.12%	2.75%	11.57%	0.4%	100.00%

2. 淡水腐蚀机理

金属在淡水中的腐蚀主要是氧去极化的电化学腐蚀过程，通常受阴极过程控制。以铁为例，其反应过程如下：

阳极反应：$Fe \longrightarrow Fe^{2+}+2e^-$

阴极反应：$\frac{1}{2}O_2+H_2O+2e^- \longrightarrow 2OH^-$（吸氧反应）

溶液中：$Fe^{2+}+2OH^- \longrightarrow Fe(OH)_2$

进一步氧化：$4Fe(OH)_2+O_2+2H_2O \longrightarrow 4Fe(OH)_3$

氢氧化铁部分脱水成为铁锈：$2Fe(OH)_3-2H_2O \longrightarrow Fe_2O_3 \cdot H_2O$

或 $Fe(OH)_3-H_2O \longrightarrow FeOOH$

3. 淡水腐蚀的影响因素

金属在淡水中的腐蚀受环境因素的影响较大。

(1) pH值的影响 钢铁的腐蚀速度与淡水pH值的关系如图5-10所示。

由图可见，当pH值在4~9范围内，腐蚀速度与其无关，这是因为钢的表面盖上一层氢氧化物膜，氧要通过膜才能起去极化作用。pH值小于4时，膜被溶解，发生放氢反应，腐蚀加剧。但当水中含有Cl^-和HCO_3^-时，即便在$pH=8$附近，腐蚀也非常快，如图5-11所示。当碱度很高时，钝化膜重新破坏，铁生成可溶性$NaFeO_2$，因而腐蚀速度上升。

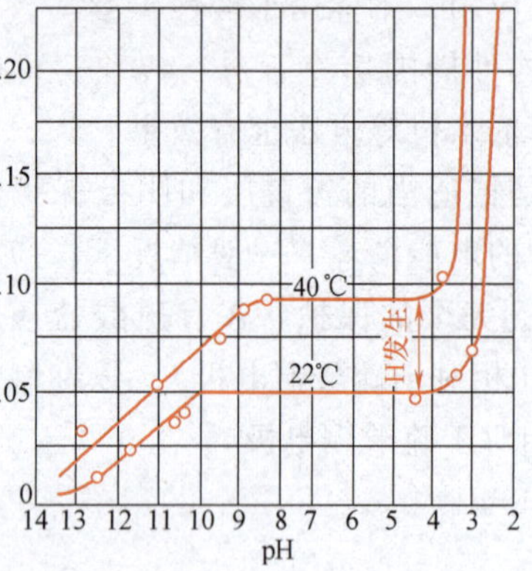

图 5-10　淡水中软钢的腐蚀速度与 pH 值的关系

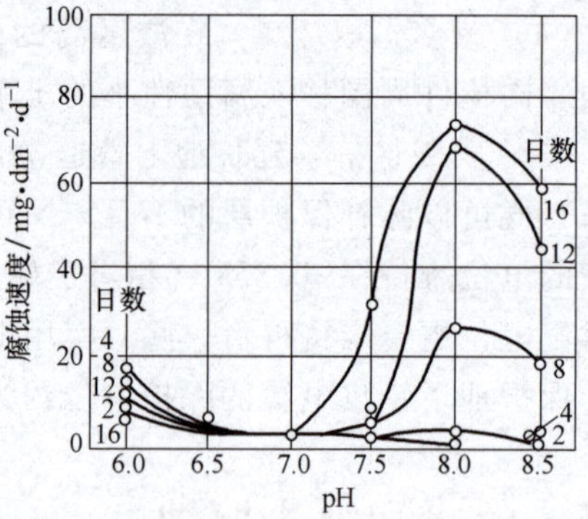

图 5-11　含有 Cl^- 和 HCO_3^- 水中钢的腐蚀速度与 pH 值的关系

（2）溶氧的影响　淡水的腐蚀受阴极过程所控制，除酸性强的水以外，腐蚀速度与溶氧量及氧的消耗成正比（图 5-12），当溶氧超过一定值，金属发生钝化，使腐蚀速度急剧下降（图 5-13）。在酸度高或含盐多的水中金属难以钝化。

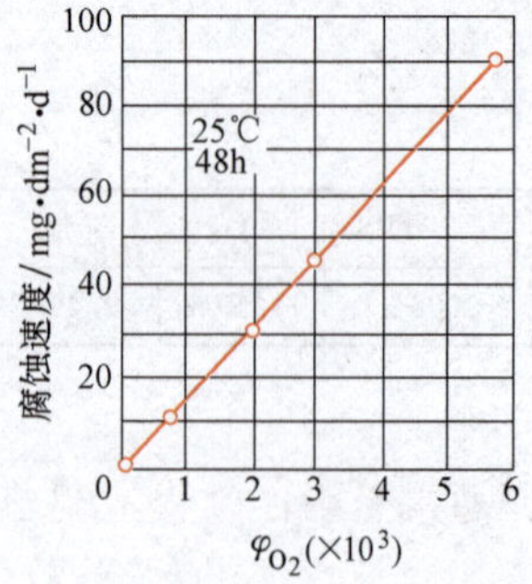

图 5-12　碳钢的腐蚀速度与水中溶氧量的关系

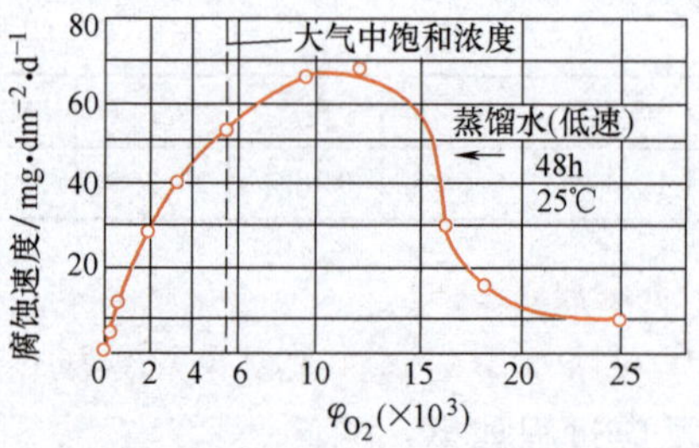

图 5-13　高溶氧水中碳钢的腐蚀速度与溶氧量的关系

（3）溶解成分的影响　随含盐量的增加，水的电导率增加，局部电流也增加，同时腐蚀产物易离开金属表面，导致腐蚀速度增加。当含盐量超过一定浓度后，氧的溶解度降低，因而腐蚀速度又减小，如图 5-14 所示。

淡水中的一般阳离子（如 K^+、Na^+等）影响不大；如果水中溶解有 Cu^{2+}、Fe^{3+}、Cr^{3+}、Hg^{2+}等具有氧化性的金属离子，会促进阴极反应；而 Ca^{2+}、Zn^{2+}、Fe^{2+}等离子则有一定的防蚀作用。含 Ca、Mg 盐类多的天然淡水为硬水，反之为软水。通常，软水比硬水腐蚀性大，原因是硬水中的重碳酸钙在钢表面形成 $CaCO_3$ 的膜，阻止了氧的扩散。

多数阴离子对腐蚀有害，如 Cl^-等卤族元素是产生点蚀和应力腐蚀的原因之一；SO_4^{2-} 或 NO_3^- 比 Cl^-影响小；ClO^-、S^{2-}等也是有害的。而 PO_4^{3-}、NO_2^-、SiO_3^- 等有缓蚀作用；HCO_3^- 和 Ca^{2+}共存时，也有抑制腐蚀的效果。

（4）水温的影响　当腐蚀速度受水中氧扩散控制时，水温每上升 10℃，钢的腐蚀速度提高约 30%。在 pH = 4 ~ 10 时，温度上升，化学反应速度加快，而同时溶液中溶氧量减少。

图 5-15 所示为在 3%食盐水中温度对铁腐蚀速度的影响。随着温度的上升，铁的腐蚀速度增加，80℃时腐蚀速度最大，在此温度以上由于溶氧减少而腐蚀速度减小。而在密闭系统中，随温度上升溶氧不能放出，腐蚀速度同样继续增加。

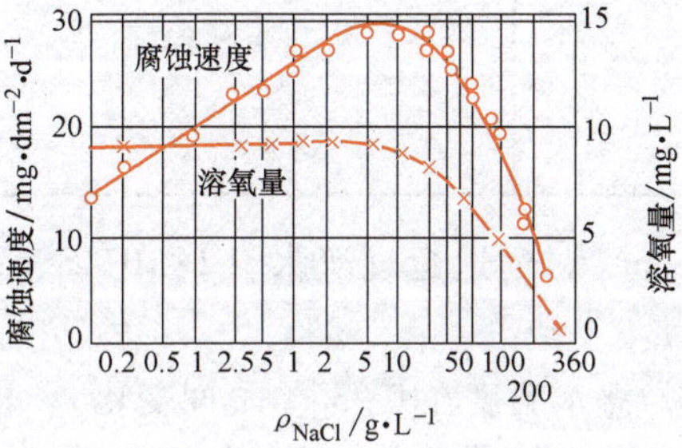

图 5-14　水中钢的腐蚀速度与含盐量的关系

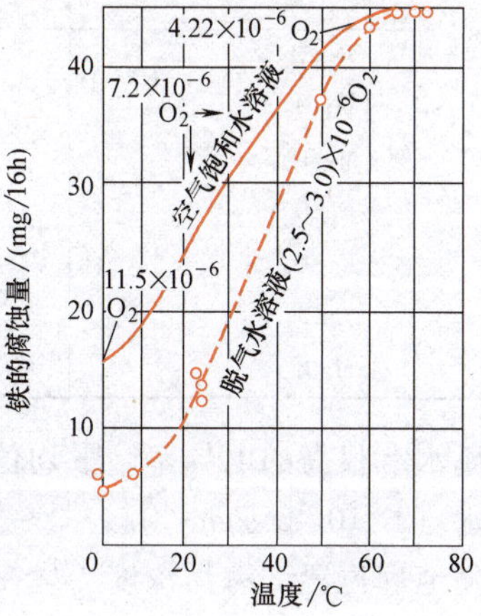

图 5-15　在 3%食盐水中温度对铁腐蚀速度的影响

(5) 流速的影响　流速的影响和其他因素相联系，比较复杂。图 5-16 所示为金属腐蚀速度与水流速之间的关系。在流速较低时，腐蚀速度随流速增加而增大，这是由于到达金属表面上的氧增多，使微阴极的作用增加了；当流速增加到一定程度，氧到达表面速度可建立起强氧化条件，使钢铁进入钝态，腐蚀速度急剧下降；直到流速增到更高，对金属表面的保护层出现机械冲刷破坏作用，腐蚀速度重新增大。

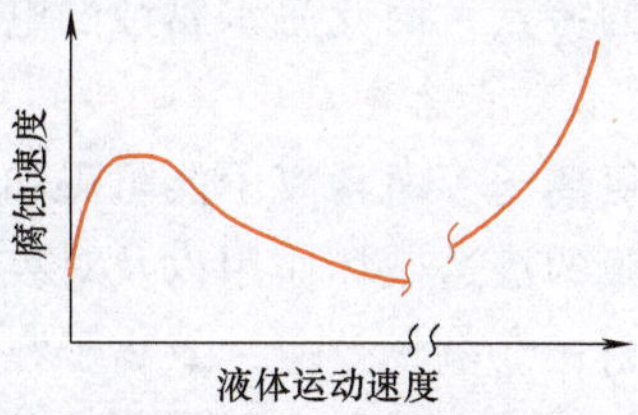

图 5-16　金属腐蚀速度与水流速的关系示意图

5.3.2　海水腐蚀

1. 海水腐蚀的特点

海洋约占地球表面积的 7/10。海水含有各种盐分，是自然界中数量最大，而且腐蚀性非常强的天然电解质。常用的金属和合金在海水中大多数会遭受腐蚀。例如，各种类型的舰船、海上采油平台、矿物开采和水下输送及储存设备、海岸设施及使用海水冷却的设备都会受到海水的腐蚀作用。海洋不仅是生命的摇篮，而且天然资源十分丰富。研究、认识和解决金属材料的海水腐蚀问题，对发展海洋运输和海洋开发、加强国防具有重要而深远的意义。

2. 海水的特性

海水中溶解的盐类以氯化钠为主，通常把海水近似地看作 3%或 3.5%的 NaCl 溶液。海水中的含盐量用盐度或氯度来表示。盐度是指 1000g 海水中溶解的固体盐类物质的总克数，而氯度是表示 1000g 海水中的氯离子克数，常用百分数或千分数作为单位。通常先测定海水的氯度（Cl‰），然后用经验公式推算得到盐度（S‰）值，二者之间的关系式为：S‰ = 1.80655Cl‰。正常海水的盐度一般在 32‰~37.5‰之间，通常取盐度 35‰（相应的氯度为 19‰）作为大洋性海水的盐度均值。表 5-4 列出了海水中主要盐类种类和含量。海水的总盐度随地区而变化，如在江河的入海口，海水被稀释，盐度变小。在地中海、红海等封闭性内海中，由于水分急速蒸发，盐度可高达40‰。我国近海盐度的平均值约为32.1‰。

表 5-4　海水中主要盐类的含量

成　分	每100g海水中盐含量/g	占盐总量百分比(%)
NaCl	2.7123	77.8
$MgCl_2$	0.3807	10.9
$MgSO_4$	0.1658	4.7
$CaSO_4$	0.1260	3.6
K_2SO_4	0.0863	2.5
$CaCl_2$	0.0123	0.3
$MgBr_2$	0.0076	0.2

海水有很高的电导率，平均值约为 $4\times10^{-2}S\cdot cm^{-1}$，远远超过河水（$2\times10^{-4}S\cdot cm^{-1}$）和雨水（$1\times10^{-5}S\cdot cm^{-1}$）。

随地理位置、海洋深度、昼夜及季节等的不同，海水温度在0~35℃之间变化。

海水中的溶氧是海水腐蚀的主要因素。在正常情况下，海水表层被空气饱和，氧的浓度在 $(5\sim10)\times10^{-6}$的范围内变化。溶氧量随温度和盐度的升高而略有下降。

海水的pH值通常为8.1~8.3，这些数值随海水的深度变化。如果植物非常茂盛时，由于 CO_2 减少，溶氧浓度上升，pH值接近9.7。在海底有厌氧性细菌繁殖的情况下，溶氧量低且含有 H_2S，pH值常低于7。

3. 海水腐蚀的电化学过程

海水是典型的电解质，因此电化学腐蚀的基本规律适用于海水腐蚀。然而，海水有其自身的特点，因此海水腐蚀的电化学过程也必然具有相应的特性。

1）大多数金属（如铁、钢、锌、铜等）海水腐蚀的阳极极化阻滞很小。原因是海水中的氯离子等卤素离子能阻碍和破坏金属的钝化，其破坏方式有：①破坏氧化膜，氯离子对氧化膜的渗透破坏作用以及对表面保护膜的破坏作用；②吸附作用，氯离子比某些钝化剂更易吸附；③电场效应，氯离子在金属表面吸附形成了强电场，促进基体金属离子化；④形成络合物，氯离子与金属易形成络合物，加速了金属的阳极溶解。氯络合物的水解进一步降低pH值。

以上这些作用都能减少阳极极化阻滞，因此一般认为用提高阳极阻滞的方法来防止铁基合金的腐蚀是很困难的，这一点和大气腐蚀有所区别。但对耐海水钢锈层分析表明，在钢中适量加入某些元素能形成致密、连续、黏附性好的锈层结构，提高了低合金钢的耐海水腐蚀性能。

由于氯离子破坏钝化膜，因此不锈钢在海水中也遭受严重的局部腐蚀。只有极少数易钝化金属，如Ti、Zr、Nb、Ta等才能在海水中保持钝态，具有显著的阳极阻滞。

2）海水腐蚀的阴极过程主要是氧的去极化，是腐蚀的控制性环节。在海水的pH条件下，析氢反应的平衡电位约为-0.48V。Pb、Zn、Cu、Ag、Au等金属在海水中不会发生析氢腐蚀。Fe在pH=8.8，Cr在pH=10.9以内虽有可能进行析氢反应，其速度也是很缓慢的。

海水中的氧去极化反应是：$O_2+2H_2O+4e^-\longrightarrow4OH^-$，反应的平衡电位为+0.75V。氧的还原反应在Cu、Ag、Ni上比较容易进行，其次是Fe、Cr。在Sn、Al、Zn上过电位较大，反应进行困难。因此Cu、Ag、Ni只是在溶氧量低的情况下才比较稳定。

此外，在含有大量 H_2S 的缺氧海水中，也可能发生 H_2S 的阴极去极化作用。Cu、Ni 是易受 H_2S 腐蚀的金属。Fe^{3+}、Cu^{2+} 等高价的重金属离子也可参与阴极反应。由 Cu^{2+} 离子还原出的 Cu 在 Al 等金属表面上将成为有效的阴极，因此海水中如含有 0.1 μg/g 以上的 Cu^{2+} 离子，就不能使用铝合金。

3）海水腐蚀的电阻性阻滞作用很小，异种金属的接触能造成明显的电偶腐蚀。海水良好的导电性使得海水中异种金属接触所构成腐蚀电池的作用强烈、影响范围广，如海洋船舶的青铜螺旋桨可引起远达数十米外钢制船身的腐蚀。

4）在海水中由于钝化膜的局部破坏，很容易发生点蚀和缝隙腐蚀。在高流速的海水中，易产生冲刷腐蚀和空蚀。

4. 海水腐蚀的影响因素

海水是一种复杂的多种盐类的平衡溶液，海水中还含有生物、悬浮泥沙、溶解的气体、腐烂的有机物质及污染物等，因此金属的腐蚀行为与这些因素的综合作用有关。海水中对腐蚀有影响的可能因素见表 5-5。

表 5-5　海水环境中的腐蚀影响因素

化学因素	物理因素	生物因素
(1)溶解气体 O_2 CO_2 (2)化学平衡 盐度 pH 值 碳酸盐溶解度	(3)流速 空气泡 悬浮泥沙 (4)温度 (5)压力	(6)生物污染 硬壳类 非硬壳类 游动和半游动类 (7)植物生活 氧的产生 二氧化碳的消耗 (8)动物生活 氧的消耗 二氧化碳的产生

注：以铁为例，有下列的趋向：①氧是加速腐蚀的主要因素；②pH 值增高有利于生成保护性水垢（硅酸盐型）；③增加流速会促进腐蚀，尤其是存在夹杂物质时；④温度升高使侵蚀加速；⑤压力增加，pH 值降低，如在深海处不易生成保护性碳酸盐型水垢；⑥生物玷污会减轻侵蚀，或造成局部腐蚀电池

下面对主要影响因素的作用简述如下：

（1）盐度　参考图 5-14，对于钢铁材料，海水中的氯化钠浓度刚好接近于腐蚀速度最大的浓度范围，溶盐超过一定值后，由于氧的溶解度降低，金属腐蚀速度也下降。

（2）pH 值　海水的 pH 值一般处于中值附近，对腐蚀影响不大。在深海处，pH 值略有降低，此时不利于在金属表面生成保护性碳酸盐层。

（3）碳酸盐饱和度　在海水的 pH 值条件下，碳酸盐一般达到饱和，易于沉积在金属表面形成保护层，当施加阴极保护时更易使碳酸盐沉积析出。河口处的稀释海水，尽管其本身的腐蚀性并不强，但是碳酸盐在其中并非饱和，不易在金属表面析出形成保护层，致使腐蚀加速。

（4）含氧量　海水中含氧量增加，金属腐蚀速度加快。这是由于局部阳极的腐蚀率取决于阴极反应，去极化随到达阴极氧量的增加而加快。波浪及绿色植物的光合作用能提高氧含量，而海洋动物的呼吸作用及死生物分解需要消耗氧。污染海水中含氧量显著下降。海水中含氧量随流速和深度也有很大变化。

（5）温度　与淡水中作用类似，提高温度通常能加速反应，但随温度的上升，氧的溶度随之下降。一般来说，铁、铜及其合金在炎热的环境或季节里腐蚀速度要快些。

(6) 流速　流速也有正、反两方面的作用。在流速较低的范围内，碳钢的腐蚀随流速的增加而加速；但对在海水中能钝化的金属则不然，一定的流速能促进钛、镍合金和高铬不锈钢的钝化，因而提高了耐蚀性。

当海水流速很高时，金属腐蚀急剧增加，这和淡水一样，由于介质的摩擦、冲击等机械力的作用，出现了磨蚀、冲蚀和空蚀。

(7) 生物性因素的影响　海洋中有大量的动物、植物及微生物，生物附着与污损一方面会影响海洋的结构效能，例如船体上海生物的严重附着将使阻力增大，航速降低；另一方面则对金属的腐蚀产生重要影响。

海洋生物的附着通常会造成以下几种腐蚀破坏：

1）海洋生物附着的局部区域，将因形成氧浓差电池发生局部腐蚀，例如，藤壶的壳层与金属表面形成缝隙，产生缝隙腐蚀。

2）海洋生物的生命活动，局部地改变了海水介质成分，例如藻类植物附着后，由光合作用可增加局部海水中的氧浓度，加速了腐蚀。生物呼吸排出的 CO_2，以及生物尸体分解形成的 H_2S，对腐蚀也有加速作用。

3）海洋生物对金属表面保护涂层的穿透剥落等破坏作用。不同金属和合金被海洋生物玷污的程度有所不同。铜和铜合金受海洋生物污损倾向最小，这与溶出的铜离子或氧化亚铜表面膜具有毒性有关。受海洋生物污损最严重的是铝合金、钢铁及镍基合金。

5. 海洋环境分类及腐蚀特点

按照金属与海水的接触情况可将海洋环境区域分类为海洋大气区、飞溅区、潮汐区、全浸区和海泥区。根据海水的深度不同，全浸区又可分为浅水、大陆架和深海区。不同区域的环境条件和腐蚀特点如图 5-17 所示。

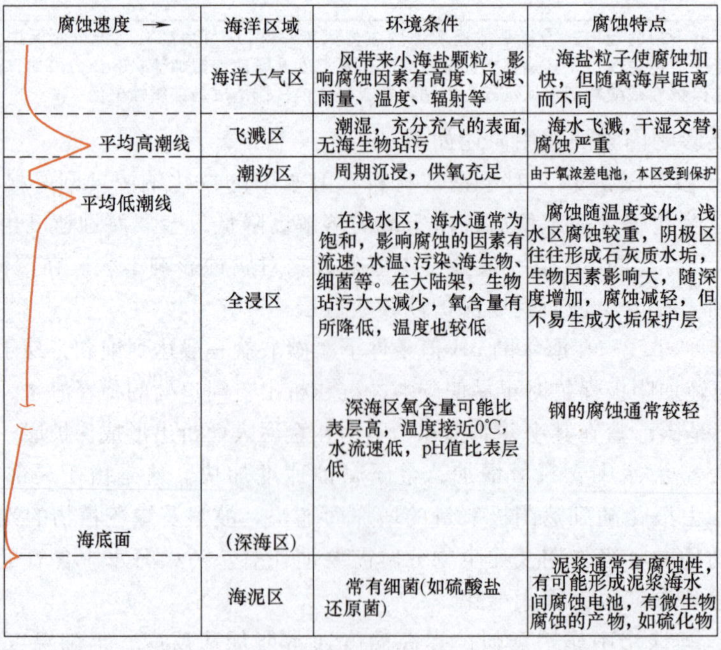

图 5-17　不同海洋环境区域的腐蚀特点比较示意图

海洋大气区是指海面飞溅区以上的大气区和沿海大气区。碳钢、低合金钢在海洋大气区的腐蚀速度约为0.05mm/a，低于其他各区。

飞溅区是指平均高潮线以上海浪飞溅润湿的区段。由于此处海水与空气充分接触，含氧量最大，再加上海浪的冲击作用，使飞溅区成为腐蚀性最强的区域。在飞溅区碳钢的腐蚀速度约为0.5mm/a，最大可达1.2mm/a。

潮汐区是指平均高潮位和平均低潮位之间的区域，海洋挂片腐蚀试验结果表明，对于孤立样板，其腐蚀速度稍高于全浸区。但对于长尺寸的钢带试样，潮汐区的腐蚀速度反而低于全浸区。这是由于对孤立样板，主要为微电池腐蚀作用，腐蚀速度受氧扩散控制，潮汐区的腐蚀速度要高于全浸区：对长尺试样，除微电池腐蚀外，还受到氧浓差电池作用，潮汐区部分因供氧充分为阴极，受到一定程度的保护，而紧靠低潮线以下的全浸区部分，因供氧相对不足而成为阳极，使腐蚀加速。

在平均低潮线以下直至海底的区域称为全浸区。该区碳钢的腐蚀速度约为0.12mm/a。

海泥区是指海水全浸区以下部分，主要由海底沉积物构成。与陆地土壤不同，海泥区含盐度高，电阻率低，腐蚀性较强。与全浸区相比，海泥区的氧浓度低，因而钢在海泥区的腐蚀速度通常低于全浸区。

近年来，海底资源的开发要求查明深海海水的性质及进行深海腐蚀试验。遗憾的是到目前为止深海腐蚀数据还很不充分。大体上根据海水深度可将深海分为三层：

1）海面到同水温的表层（100~200m）。

2）表层下约1000m，属于盐分和氧浓度急剧下降的过渡层。

3）更深层中盐分、水温大体一定，而溶氧却上升。

图5-18给出了海水深度、温度、盐度及溶氧量之间的关系。

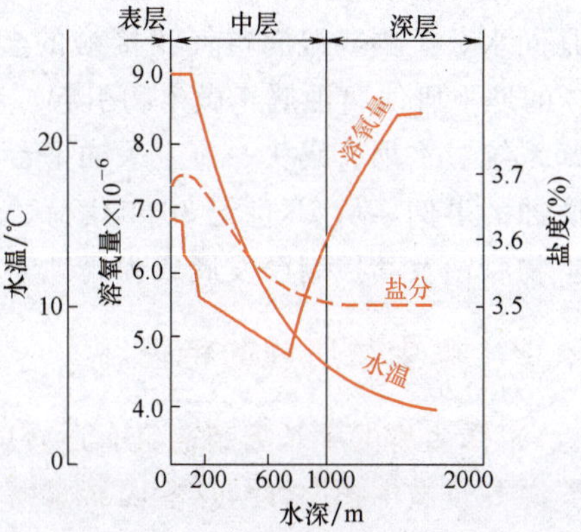

图5-18 海水深度与温度、盐度、溶氧量之间的关系

6. 防止海水腐蚀的措施

（1）合理选用金属材料　不同的金属材料在海水中的耐蚀性有很大差别，耐蚀性最好的是钛合金和镍铬钼合金，其次是某些铜合金，不锈钢虽然均匀腐蚀速度小，但易产生点蚀和缝隙腐蚀，铸铁和碳钢的耐蚀性最差。钛、镍、铜合金在海水中是耐蚀性较好的材料，但价格高，主要用于关键部位。海洋设施中大量使用的还是钢铁材料，应根据具体要求合理选择和匹配，并要充分注意电偶腐蚀问题。一般认为，在海洋中两种材料的电极电位差小于50mV就不会产生明显的电偶腐蚀。

（2）涂镀层保护　大型海洋工程结构的设计寿命常达40~50年，考虑工程造价和材料的综合性能，大多采用低碳钢和低合金钢制造。为此，必须采取有效的防腐蚀措施。主要的防护方法是金属和非金属涂镀。

对于海洋工程结构，热喷涂层因不受结构尺寸的限制，得到广泛应用。常采用热喷涂锌、铝阳极性镀层保护。其中纯锌层耐蚀性较差，纯铝层的电化学保护效果较差。Zn-Al合金镀层兼具了耐蚀性和电化学保护性好的优点，与涂料配套使用，在海洋条件下的防护寿命可达 10 年以上，在淡水和大气中可使用 30~50 年以上。

有机涂层对海洋工程结构有保护、装饰和防污作用。防蚀涂料中环氧漆、氯化橡胶漆和乙烯漆的耐海水腐蚀性较好，已在海洋工程中普遍应用。无机硅酸盐富锌底漆由于含有锌粉而有电化学保护作用，防蚀性能良好，其漆膜坚硬耐磨，适于作为海洋钢结构的底漆。

防污涂料通过在涂料中加入氧化亚铜和有机锡等毒料来实现的，常用于船舶及水线以下的金属结构，近年来随着环保要求的提高，部分国家已限制甚至禁止其使用。低表面能的有机氟和有机硅材料、仿生耐蚀防污表面结构等新型表面技术已在工程上逐步应用。

在腐蚀严重的飞溅区，由于有机涂料的耐冲刷能力较差，采用阴极保护也有困难，对于重要的工程结构可采用 Monel 等耐蚀合金包覆。

（3）电化学保护 阴极保护是防止海水腐蚀常用的方法之一，但是在全浸区才有效。外加电流阴极保护法便于调节，而牺牲阳极法则简便易行。海水中常用的牺牲阳极有锌合金、镁合金和铝合金。从电流密度、输出电量、电流效率等方面综合考虑，用铝合金牺牲阳极较为经济，如 Al-Zn-Sn 和 Al-Zn-In 及加镉的多元合金。

5.4 微生物腐蚀

5.4.1 微生物腐蚀的定义

微生物腐蚀是指在微生物生命活动参与下所发生的腐蚀过程。微生物腐蚀具有普遍性，凡是同水、土壤或湿润空气相接触的金属设施，都可能遭到微生物腐蚀。据报道有 50%~80%的地下管线腐蚀属于微生物引起或参与的腐蚀。此外，在油田汽水系统、深水泵、循环冷却系统、水坝、码头、海上采油平台、飞机燃料箱等一系列装置中，都曾发现过受到微生物腐蚀的事例。从 20 世纪 30 年代荷兰学者提出硫酸盐还原菌参与阴极氢去极化过程以来，微生物腐蚀及其控制已发展成为腐蚀学科中的一个重要分支。

5.4.2 微生物腐蚀的特征

1）微生物的生长繁殖需具有适宜的环境条件，如一定的温度、湿度、酸度、含氧量及营养源等，微生物腐蚀与这些因素紧密相关。

2）微生物腐蚀是微生物生命活动的结果直接或间接参与了腐蚀过程，而并非是微生物直接食取金属。

3）微生物腐蚀往往是多种微生物共生、交互作用的结果。

微生物主要由以下四种方式参与腐蚀过程：①微生物新陈代谢产物的腐蚀作用，腐蚀性代谢产物包括无机酸、有机酸、硫化物、氨等，它们能增加环境的腐蚀性；②促进了腐蚀的电极反应动力学过程，如硫酸盐还原菌的存在能促进金属腐蚀的阴极去极化过程；③改变了金属周围环境的氧浓度、盐度、酸度等而形成了氧浓差等局部腐蚀电池；④破坏保护性覆盖层或缓蚀剂的稳定性，例如地下管道有机纤维覆盖层被分解破坏，亚硝酸盐缓蚀剂因细菌作用而氧化等。

5.4.3 与腐蚀有关的主要微生物

参与腐蚀的微生物主要是细菌类，因而微生物腐蚀也称为细菌腐蚀。最主要的微生物是直接参与自然界硫、铁循环的细菌，如硫氧化细菌、硫酸盐还原菌、铁细菌等。此外某些霉菌也能引起腐蚀。上述细菌按其生长发育中对氧的要求分为嗜氧性及厌氧性两类。前者需有氧存在时才能生长繁殖，称为嗜氧性细菌，如硫氧化菌、铁细菌等；后者主要在缺氧条件下才能生存与繁殖，称为厌氧性细菌，如硫酸盐还原菌。与腐蚀有关的主要微生物的特性见表5-6。

表 5-6 与腐蚀有关的主要微生物的特性

类型	对氧的需要	被还原或氧化的土壤组分	主要最终产物	生存环境	活动的pH值范围	温度范围/℃
硫酸盐还原菌（Desulfovibrio desulfuricans 脱硫弧菌）	厌氧	硫酸盐、硫代硫酸盐、亚硫酸盐、连二亚硫酸盐、硫	硫化氢	水、污泥、污水、油井、土壤、沉积物、混凝土	6~7.5（最佳）5~9（限度）	25~30（最佳）55~65（最高）
硫氧化菌（Thiobacillusth ioxidans 氧化硫杆菌）	嗜氧	硫、硫化物、硫代硫酸盐	硫酸	含有硫及磷酸盐的施肥土壤、氧化不完全的硫化物土壤、污水、海水	2~4（最佳）0.5~6（限度）	28~30（最佳）18~37（限度）
铁细菌（Crenothrixand leptothrix 铁细菌属）	嗜氧	碳酸亚铁、碳酸氢亚铁、碳酸氢锰	氢氧化铁	含铁盐和有机物的静水和流水	7~9（最佳）	24（最佳）5~40（限度）

5.4.4 微生物腐蚀机理

1. 硫酸盐还原菌

硫酸盐还原菌在自然界中分布极广，所造成的腐蚀类型常呈点蚀等局部腐蚀。腐蚀产物通常是黑色的带有难闻气味的硫化物。硫酸盐还原菌所具有的氢化酶能移去阴极区氢原子，促进腐蚀过程中的阴极去极化反应，其作用机理如图5-19所示。

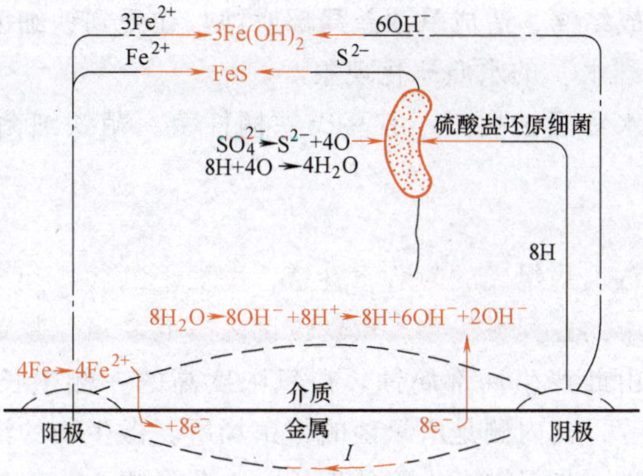

图 5-19 硫酸盐还原菌腐蚀机理图解

反应如下：

$$4Fe \longrightarrow 4Fe^{2+}+8e^- \quad \text{阳极反应}$$

$$8H_2O \longrightarrow 8H^++8OH^- \quad \text{水电离}$$

$$8H^++8e^- \longrightarrow 8H \quad \text{阴极反应}$$

$$SO_4^{2-}+8H \longrightarrow S^{2-}+4H_2O \quad \text{细菌引起的阴极去极化}$$

$$Fe^{2+}+S^{2-} \longrightarrow FeS \quad \text{腐蚀产物}$$

$$3Fe^{2+}+6OH^- \longrightarrow 3Fe(OH)_2 \quad \text{腐蚀产物}$$

整个腐蚀反应是：$4Fe+SO_4^{2-}+4H_2O \longrightarrow FeS+3Fe(OH)_2+2OH^-$

硫酸盐还原菌的参与能够极大地提高钢铁的腐蚀速度，如海泥中的硫酸盐还原菌可使碳钢和铸铁的腐蚀速度增加十几到几十倍。

硫酸盐还原菌可分中温型和高温型两种，一般冷却水系统的温度范围内都可以生长。脱硫弧菌属于中温型硫酸盐还原菌，其典型菌种是脱硫弧菌。脱硫肠状菌属于高温型硫酸盐还原菌，最适生长温度为35~55℃，最高可达70℃，其典型菌种为致黑脱硫肠状菌。

2. 硫氧化菌

当腐蚀发生于含有大量硫酸的环境，而又无直接的外界硫酸来源时，就有可能是硫杆菌对腐蚀的作用。这类细菌的存在可由硫细菌的生物检定进一步证实。硫氧化菌能将硫及硫化物氧化成硫酸，其反应为

$$2S+3O_2+2H_2O \xrightarrow{\text{硫氧化菌}} 2H_2SO_4$$

在酸性土壤及含黄铁矿的矿区土壤中，由于这种菌形成了大量的酸性矿水，使矿山机械设备发生剧烈腐蚀。硫氧化菌属于氧化硫杆菌，在冷却水中出现的有氧化硫硫杆菌、排硫杆菌、氧化铁硫杆菌。

3. 铁细菌

铁细菌分布广泛，形态多样，有杆、球、丝等形状。它们能使二价铁离子氧化成三价，并沉积于菌体内外：

$$2Fe(OH)_2+H_2O+\frac{1}{2}O_2 \longrightarrow 2Fe(OH)_3\downarrow$$

从而促进了铁的阳极溶解过程，三价铁离子可将硫化物进一步氧化成硫酸。铁细菌又常在水管内壁附着生长形成结瘤，造成氧浓差局部腐蚀。在受到铁细菌腐蚀的水管内，经常出现机械堵塞以及称为“红水”的水质恶化现象。

铁细菌常见于循环水和腐蚀垢中，有嘉氏铁柄杆菌、鞘铁细菌、纤毛细菌、多孢铁细菌、球衣细菌几种。

4. 生物黏泥

生物黏泥是主要由微生物组成的附着于管道、壁面上的黏质膜层，它往往是多种微生物的集合体，并包容着水中的各种无机物和由铁细菌生成的铁氧化物等无机物沉积。生物黏泥是氧浓差电池的成因，由此产生局部腐蚀。在氧浓度高的一侧生长着好气性微生物如铁细菌、氢细菌、硫氧化菌等，其内侧是厌氧菌的繁殖场所。微生物的活动加速了腐蚀，而腐蚀生成的铁离子、氢等又进一步促进微生物的生长，由此形成比一般氧浓差电池作用更为严重的腐蚀。

5.4.5 防止微生物腐蚀的措施

对于微生物腐蚀的防止并无特效的办法，通常采用涂层和阴极保护等常规的防护方法。除非系统是密闭的，否则很难完全消灭腐蚀性微生物，一般采取多种联合控制措施。

(1) 使用杀菌剂或抑菌剂 所用药剂应具有高效、低毒、稳定、价廉并且本身无腐蚀性等特点，可根据微生物种类及使用环境而选择。对于铁细菌等多种菌类可通氯杀灭，残留氯含量一般控制在0.1~1μg/g。铬酸盐用于抑制硫酸盐还原菌很有效，加入量约为2μg/g。硫酸铜等铜盐则用于抑制藻类生长。处理生物黏泥时，联合使用杀菌剂、剥离剂及缓蚀剂的效果较好。近年来除采用氯气等氧化性杀菌剂外，还并用季铵盐等非氧化性杀菌剂。

(2) 改变环境条件抑制微生物生长 控制环境因素，如减少细菌的有机物营养源，提高pH值（>9）及温度（>50℃），常能有效地抑制微生物生长。工业用水装置的曝气处理及排泄土壤积水等改善环境通气条件的措施，可减少硫酸盐还原菌腐蚀。

(3) 覆盖防护层 地下管道常用煤焦油沥青涂层，另外也可以采用镀锌、镀铬、衬水泥及涂环氧树脂漆等措施。聚乙烯涂层对微生物腐蚀有很好的防护作用，用呋喃树脂层防止油箱燃料中微生物腐蚀是有效的。

(4) 阴极保护 和涂层相结合的阴极保护，也用于防止土壤等环境中的微生物腐蚀。对土壤内钢铁构件的保护电位应控制在-0.95V以下（相对于$Cu/CuSO_4$电极）才能有效地防止硫酸盐还原菌的腐蚀。

思考题

1. 大气腐蚀的分类，相应的腐蚀特点和影响因素是什么？
2. 金属表面形成锈层前后大气腐蚀过程的特点各是什么？
3. 有哪些措施可以防止和减轻金属材料的大气腐蚀？耐候钢耐大气腐蚀的原因是什么？
4. 土壤腐蚀的特点是什么？土壤电解质的特性有哪些？影响土壤腐蚀的因素有哪些？
5. 土壤腐蚀电极反应阳极过程和阴极过程的特性是什么？土壤腐蚀宏电池的分类及产生原因有哪些？
6. 什么是杂散电流腐蚀？如何防止杂散电流腐蚀？
7. 简述防止土壤腐蚀可采取的方法和措施。
8. 简述淡水腐蚀电极过程的特性和影响淡水腐蚀的因素。
9. 简述海洋环境的分类和相应的腐蚀特点。
10. 海水腐蚀过程的电化学特性是什么？海水腐蚀的防护措施有哪些？
11. 微生物是如何参与腐蚀过程的？防止微生物腐蚀可采取哪些措施？

第 6 章 工业环境中的腐蚀

与自然环境相对比，工业环境中材料往往是在高温、高压、高流速和各种腐蚀介质（如酸、碱、盐和一些化学介质）环境中服役，这就使得工业环境中的腐蚀问题更加复杂和重要。本章主要以化学工业、石油化工、化肥工业、核电工业等工业领域中的材料腐蚀理论与防护技术为代表，讨论典型工业环境中材料腐蚀类型、理论研究与防护方法，这对延长设备使用寿命，保证正常及安全生产至关重要。

6.1 化学工业腐蚀

6.1.1 无机酸腐蚀

金属材料在酸溶液中发生的腐蚀行为称为酸腐蚀（Acid Corrosion）。其性质是一种析氢电化学腐蚀，阴极反应为 $2H^+ + 2e^- \rightarrow H_2$。酸腐蚀在工业环境中是一种非常普遍的现象，钢铁材料因酸腐蚀造成的损失相当严重。一般情况下，将酸腐蚀分为无机酸腐蚀（Inorganic Acid Corrosion）和有机酸腐蚀（Organic Acid Corrosion）两大类。其中，又以无机酸的腐蚀较为严重。

1. 金属在无机酸中的腐蚀特征及影响因素

金属在无机酸环境中发生的腐蚀称为无机酸腐蚀。工业生产中常见的无机酸有硫酸、硝酸、盐酸等。它们对金属的腐蚀是很严重的，腐蚀规律也复杂。在无机酸腐蚀中，非氧化性酸腐蚀的特点是腐蚀的阴极过程纯粹为氢去极化过程，增加溶液酸浓度相应地会增加阴极反应，并使金属腐蚀速度增加；氧化性酸的特点是阴极过程主要是氧化剂的还原过程引起金属腐蚀（例如，硝酸根还原成亚硝酸根）。但是当氧化性酸浓度超过某一临界值时，促使钝化型金属进入钝态，而抑制了腐蚀。但是，若要硬性地把酸划分成氧化性和非氧化性是不恰当的。例如，硝酸在浓度高时是典型的氧化性酸，当硝酸的浓度不高时，它对包括铁在内的许多金属的腐蚀却和非氧化性酸一样，属于氢去极化腐蚀；稀硫酸是非氧化性酸，而浓硫酸则表现出氧化性酸的特点。金属在无机酸中的腐蚀的主要影响因素包括：

（1）杂质元素　当金属中含有电位比金属电位更正的杂质时，如果杂质上的氢过电位比基体金属上的过电位低，则阴极反应过程将主要在杂质表面上进行，杂质就成为阴极区，基体金属就成为阳极区，阳极过程和阴极过程将主要在表面的不同区域进行。此时杂质上的氢过电位的高低对基体金属的腐蚀速度有很大的影响。氢过电位高的杂质将使基体金属的腐蚀速度减小，而氢过电位低的杂质将使金属的腐蚀速度增大。

图 6-1 表明了不同杂质对锌在稀硫酸中的腐蚀速度影响以及腐蚀速度随时间变化的情况。从图 6-1 中可以看出，虽然汞的正电性比铜强，但是汞作为杂质存在时使锌的腐蚀速度

大为减小了，而铜作为杂质存在时却使锌的腐蚀速度大为增加了。这主要是因为汞上的氢过电位很高，汞在锌中存在使氢不易析出，加大了阴极极化率，从而减小了锌的腐蚀速度。而铜上的氢过电位比锌上的氢过电位低，铜在锌中存在使氢析出反应更容易进行，因而加大了锌的腐蚀速度。氢在镉和锡上的过电位都比在锌上的高，它们作为杂质之所以加速了锌的腐蚀，主要是由于当它们伴随着一部分锌溶解后又以海绵状黑色残渣的疏松形式析出并散布在剩余的锌表面上。这种分散存在的海绵状残渣一方面大大增加了阴极区的有效面积，另一方面对氢析出反应有一定的催化作用，因此加速了锌的腐蚀。这反映了杂质对基体金属腐蚀的综合性影响，因此不能一律单从氢过电位角度加以解释。

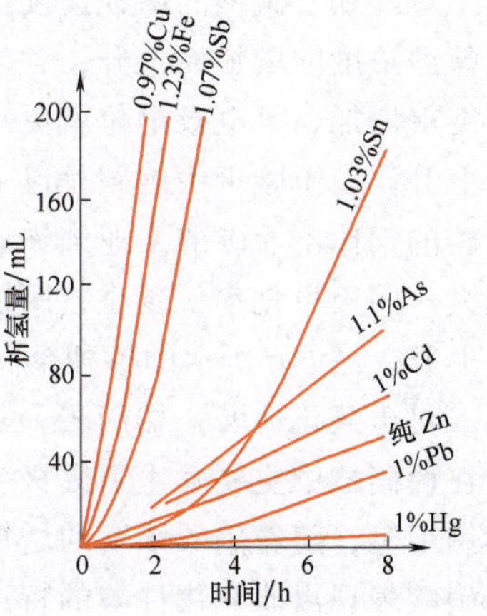

图 6-1　不同杂质对锌在 0.5mol/L 硫酸中腐蚀速度的影响

（2）阴极极化　铁在稀硫酸中的腐蚀与锌不同。氢在铁上的过电位比在锌上的过电位低得多，所以氢在铁上析出的阴极极化曲线的斜率较小。因此，虽然铁的电极电位比锌的正，但铁在稀硫酸或其他非氧化性酸溶液中的腐蚀速度却比锌的腐蚀速度大。

（3）铂盐效应　由于铁等过渡元素的交换电流密度较小，所以铁的阳极反应的活化极化较大，其阳极极化曲线的斜率较大。因此当向酸中加入相同微量的铂盐后，锌的腐蚀会被剧烈加速，而铁的腐蚀增加得要少些，如图 6-2 所示。铂盐效应是由于铂盐在锌和铁表面上被还原成铂。而铂上的氢过电位很低，使氢析出的阴极极化曲线变得较平坦所致。

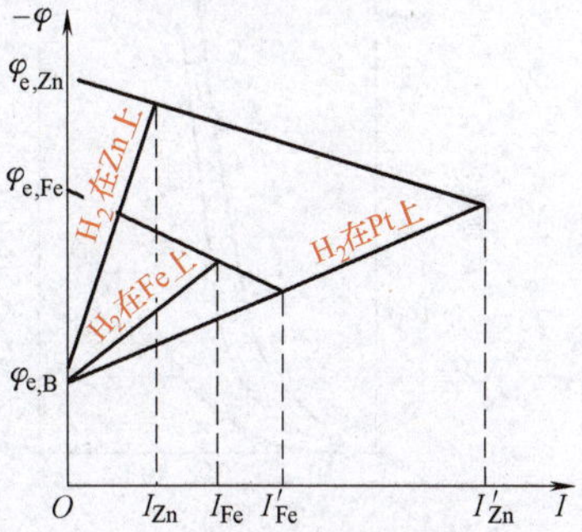

图 6-2　锌和铁在稀硫酸中的腐蚀及铂盐对腐蚀的影响

（4）硫化氢　硫化氢的存在会促进铁的溶解反应，减小阳极极化曲线的极化率，从而加速铁或碳钢的腐蚀，如图 6-3 所示。硫化氢的存在还往往引起“氢脆”现象，使金属开裂。硫化氢可以是来自于金属相中的硫化物，如硫化锰或硫化铁等，也可以是溶液中所含有的。如果钢中含有铜，由于铜与硫化氢生成稳定的硫化铜沉淀，这样，就可以消除硫化氢的影响，如图 6-4 中含铜碳钢的腐蚀速度比不含铜碳钢要小。

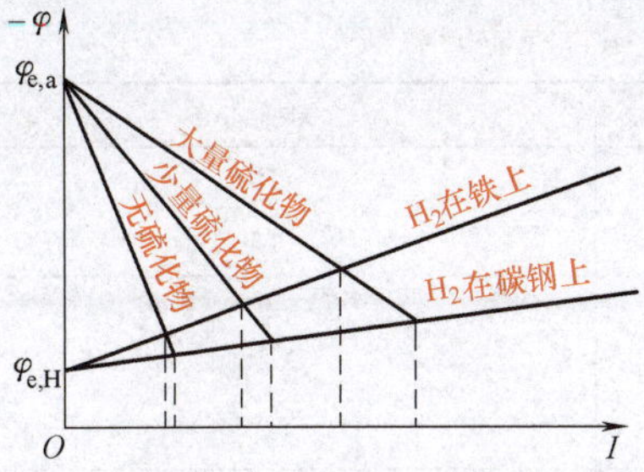

图 6-3　硫化物对铁和碳钢在酸溶液中的腐蚀

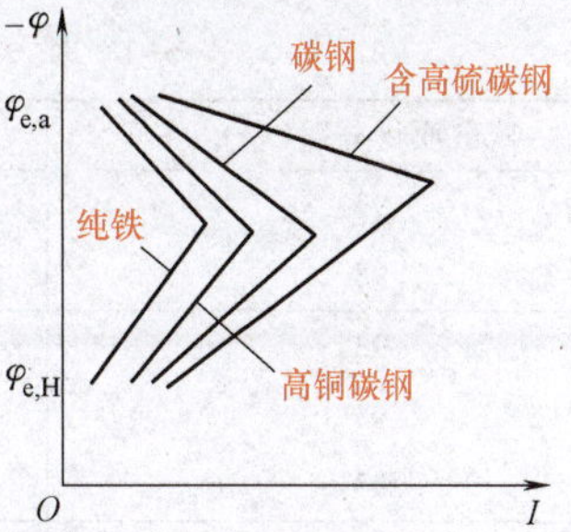

图 6-4　铁和碳钢在非氧化性酸溶液中腐蚀影响过程示意图

（5）酸的浓度　对于非氧化性酸，如盐酸，腐蚀速度随浓度的增加而上升。图 6-5 表明了工业纯铁及碳钢的腐蚀速度与盐酸浓度的关系。从图 6-5 中可以看出，它们的腐蚀速度都随盐酸浓度的增加而上升，含碳量越高，腐蚀速度越大。这是因为盐酸浓度的增加，氢离子浓度就增加，氢电极电位就更正，因而腐蚀的驱动力就增大了，故腐蚀速度随盐酸浓度增加而上升。由于碳钢中的碳是以 Fe_3C 的形式分散存在的，在 Fe_3C 上的析氢过电位较低，所以含碳的钢比不含碳的工业纯铁腐蚀严重。如果含碳量越高，则局部阴极（Fe_3C）的面积就越大，阴极极化率就越小，腐蚀速度就越大。因此碳钢在盐酸中的腐蚀速度随含碳量的增加而上升。图 6-6 所示的各种金属和合金在盐酸中的腐蚀速度是随盐酸浓度的增加而增大的。

对于氧化性酸，如硝酸，其氧化性随浓度的增加而急剧升高。对于负电性金属来说。一般在稀硝酸中主要发生氢去极化腐蚀。但对于有钝化倾向的金属或合金，如铁、铝或碳钢、不锈钢等，随着硝酸浓度的增加，它们很快会变为钝态，因而腐蚀速度却大大降低。因此，稀硝酸表现出非氧化性酸的特点，当浓度增加到一定程度后，再增加浓度腐蚀速度却大大降低，表现出氧化性酸的特点。

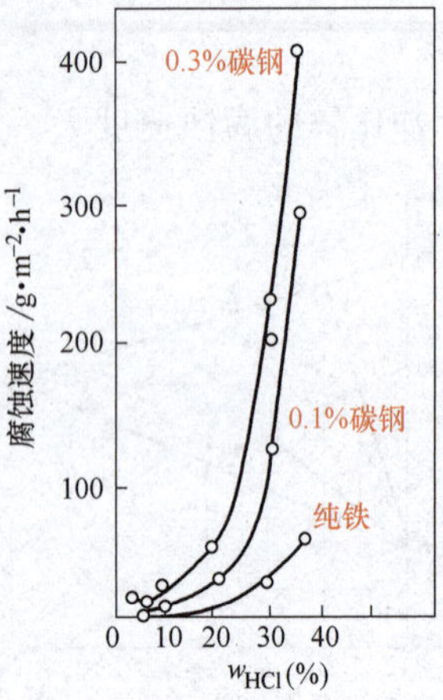

图 6-5　钝铁及碳钢腐蚀速度与盐酸浓度的关系

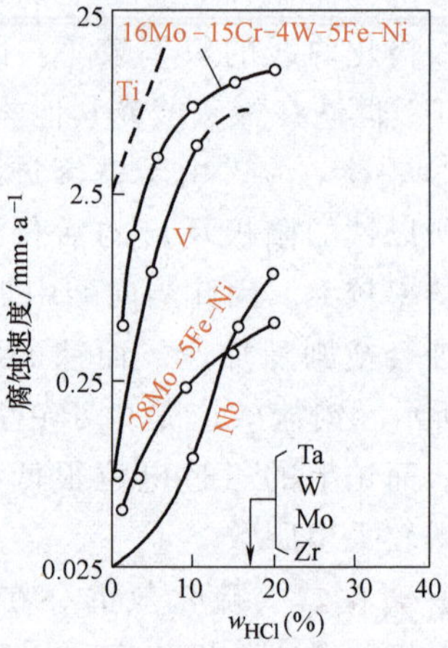

图 6-6　各种金属的腐蚀速度与盐酸浓度的关系

（6）流速　一般情况下，流速增加，金属的腐蚀速率增大。表 6-1 列出了输送 H_2SO_4 时浓度与流动速度对钢管寿命的影响。数据表明，随着浓度的增加，流速增大，钢管寿命降低，可见输送硫酸时，不宜采用高的流动速度。

表 6-1　输送 H_2SO_4 时浓度与流动速度对钢管寿命的影响

硫酸质量分数（%）	流速/m·s^{-1}	寿命/a
93	0.1	10
98	0.3	15
93	1.1	5
93	1.7	5~8
93	2.0	3~5
98	2.0	1.5
99	3.6	1

(7) 溶解氧或氧化剂　在非氧化性酸中存在氧化剂时，当酸的浓度高时，阴极为氢去极化，但当酸浓度低时，氧去极化占优势，腐蚀速度增加。对自钝化能力强的合金，如不锈钢，溶解氧或氧化剂的存在将降低腐蚀速度。

(8) 温度　随着温度的升高，氢过电位减小。一般地说，温度的微小升高（1℃）就会导致过电位约减小 2mV，所以温度升高，氢去极化加剧，金属的腐蚀速度加快。

(9) 表面状态　表面状态对氢过电位也有影响。粗糙表面与光滑表面相比，前者因为实际面积大，电流密度小，氢过电位就小，所以氢去极化的腐蚀也就越严重。

2. 金属在常见无机酸中的腐蚀

(1) 金属在硫酸中的腐蚀机理

1) 腐蚀特点。高浓度的 H_2SO_4 是一种强氧化剂，它能使具有钝化能力的金属进入钝态；低浓度的 H_2SO_4 则没有氧化能力，其腐蚀性很强。硫酸的腐蚀性主要取决于温度和浓度，氧化剂、流速等也能影响硫酸对各种材料的腐蚀性。

工业上耐硫酸的材料一般采用价廉的碳钢和铅及铅合金，图 6-7、图 6-8 所示分别为铁、铅的腐蚀速度与硫酸质量分数的关系。

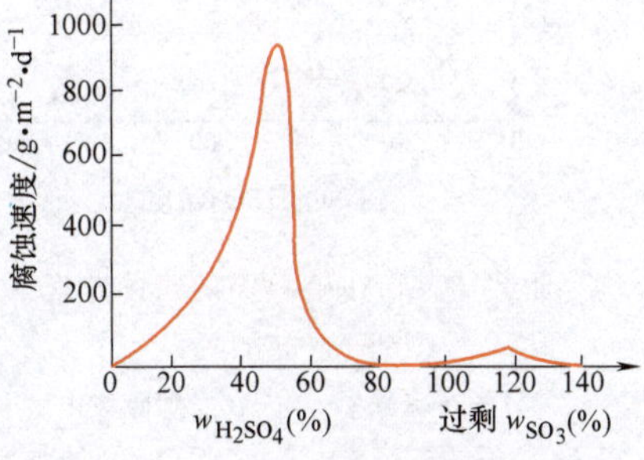

图 6-7　铁的溶解速度与硫酸浓度的关系

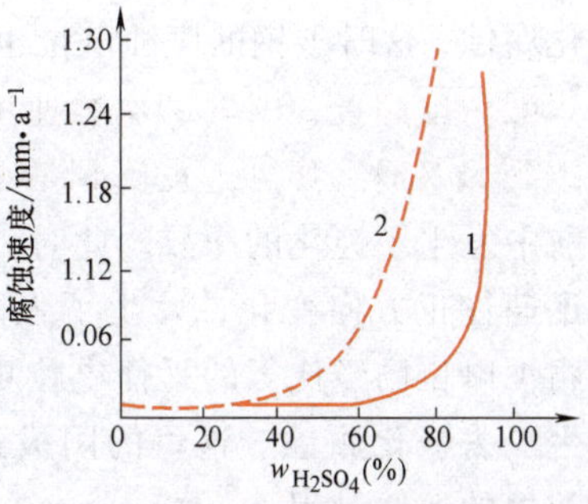

图 6-8　铅的腐蚀速度与硫酸浓度的关系
1—50℃　2—沸腾

由图 6-7 可以看出，硫酸质量分数低于 50%时，碳钢的腐蚀速度随浓度的增加，腐蚀速度急剧增加；当质量分数超过 50%时，随浓度的增加，腐蚀速度急剧下降；当质量分数超过 70%时，碳钢几乎不腐蚀。这是由于在钢表面生成了硫酸盐（$FeSO_4$）保护膜。因此制造质量分数超过 70%的浓硫酸的储罐与运输管线可用钢铁材料。当使用质量分数超过 101%的中温发烟 H_2SO_4 时，应注意两个以下问题：①浓 H_2SO_4 是一种强吸水剂；②硫酸盐保护膜（$FeSO_4$）易受破坏。当硫酸质量分数低于 70%时，应采用铅制的设备（图 6-8），因为铅表面可以生成 $PbSO_4$ 的保护膜。可见在硫酸环境中，钢和铅具有互补性，如图 6-9 所示。

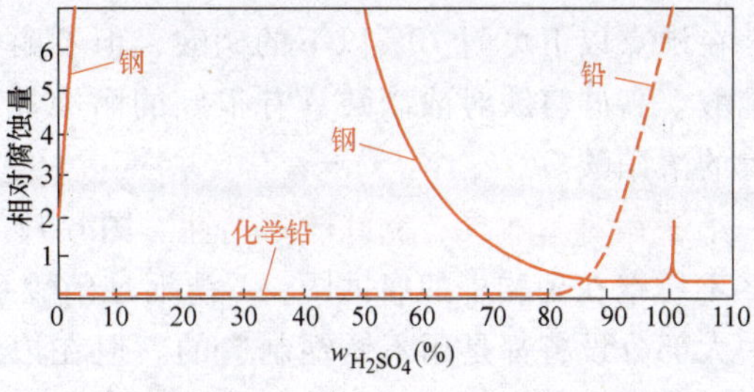

图 6-9　钢和铅的腐蚀规律（常温）

2) 常用金属在硫酸中的腐蚀。铸铁在 85%~100%的硫酸中非常稳定，工业上用来制作泵等输送硫酸的设备。但浓度高于 125%的发烟硫酸中，由于发烟硫酸能引起铸铁中的硅和石墨的氧化而产生晶间腐蚀，所以并不建议在这种浓度下使用铸铁。铝在硫酸中的腐蚀速度与硫酸浓度的关系如图 6-10 所示。铝在稀硫酸中稳定，而在中等浓度和高浓度的硫酸中却不稳定，腐蚀速度仍然很大。但在发烟硫酸中，特别当三氧化硫含量高时，又很稳定。当铸铁中硅质量分数高于 14.5% 时，它对常温下 0~100% 的硫酸都有良好的耐蚀性，对于高温甚至沸腾的浓硫酸也具有很好的耐蚀性（腐蚀速率<0.1mm · a^{-1}）。当硫酸浓度超过 100%或使用环境中存在 SO_3 时，对高硅铸铁的腐蚀将变得较快。铜质量分数为 8%~10% 的铸铁在 80℃ 的各种浓度硫酸中都有较好的耐蚀性（腐蚀率≤0.3mm · a^{-1}）。加铜后耐蚀性的改善被认为是 Cu 在晶界处析出而促进了铁素体晶粒阳极钝化之故。

（2）金属在硝酸中的腐蚀机理

1）腐蚀特点。硝酸是一种氧化性的强酸。因此在硝酸中能钝化的金属（合金）适用于硝酸介质。Ag、Ni、Pb、Cu 一般不耐硝酸腐蚀。碳钢在硝酸中的腐蚀与硝酸浓度的关系如图 6-11 所示。当硝酸浓度低于 30%时，碳钢的腐蚀速度随酸浓度的增加而增加，腐蚀过程和盐酸中相同。这属于氢去极化腐蚀，这时碳钢的腐蚀电位也较负。

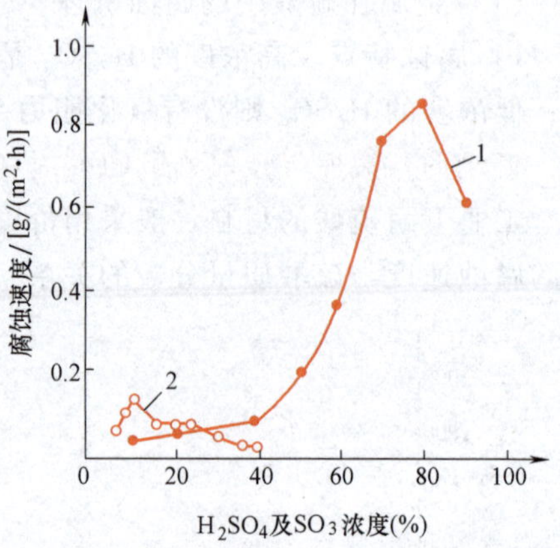

图 6-10　铝在硫酸中的腐蚀速度与硫酸浓度的关系

1—在硫酸中　2—在发烟硫酸中

当酸浓度超过 30%时，腐蚀速度迅速下降。酸浓度达到 50%时，腐蚀速度降到最小。这是由于碳在硝酸中发生了钝化的缘故。此时，碳钢的腐蚀电位亦迅速往正方向变化，发生了强烈的阳极极化。由于腐蚀电位已经比氢的平衡电位更正，所以不可能发生氢去极化腐蚀。这里的阴极过程是氧化剂，即硝酸根的还原过程

$$1/2NO_3^- + H^+ + e^- \longrightarrow 1/2NO_2^- + 1/2H_2O$$

当酸浓度超过 85%以后，处在钝化状态的碳钢腐蚀速度又有一些增加，这种现象称为过钝化。这是由于处在很正的电位下，碳钢表面形成了易溶的高价氧化物所致，此时亦出现晶间破坏的情况。所以，不能用铁和钢来制造与很高浓度的硝酸相接触的容器。

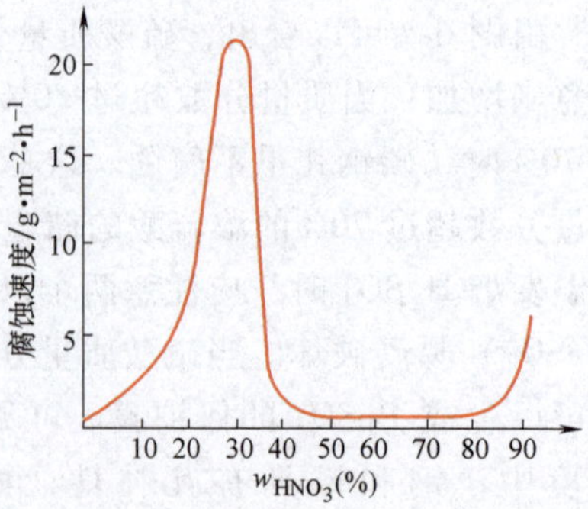

图 6-11　低碳钢在 25℃ 时腐蚀速度与硝酸浓度的关系

2）常用金属在硝酸中的腐蚀。普通铸铁在硝酸中的腐蚀规律类似于碳钢。高铬铸铁具有很好的耐硝酸腐蚀性能，常温下能耐 95%（质量分数）以下的硝酸，在沸点以下可耐 70%以下的硝酸，但不耐沸腾的浓硝酸。高硅铸铁对浓硝酸具有很好的耐蚀性，可耐沸腾的浓硝酸。

不锈钢对硝酸具有良好的耐蚀性。图 6-12 所示为 18-8 不锈钢在硝酸中的腐蚀图。不锈钢是硝酸系统中大量使用的耐蚀材料，如硝铵、硝酸生产中大部分设备都是用不锈钢制造的。但在浓度超过 70%（质量分数）的热硝酸中易发生过钝化腐蚀。另外在某些条件下也会产生晶间腐蚀、点蚀及应力腐蚀。

铝及其合金对中等温度的发烟硝酸有良好的耐蚀性，硝酸浓度低于85%（质量分数）时，即使在室温，铝的耐蚀性也不好。铝是电位非常负的金属。铝在硝酸中的腐蚀速度与硝酸浓度的关系如图6-13所示。酸浓度在30%时，腐蚀速度最大，这也是由于氢离子浓度增加，氢去极化加剧的缘故。当酸浓度超过30%以后，由于钝化而使腐蚀速度降低，但是铝和不锈钢及碳钢不同，在非常浓的硝酸中，铝并不发生过钝化。图6-14所示为铝和铬镍不锈钢的腐蚀速度与硝酸浓度的关系。从图中可见当硝酸浓度在80%以上时，铝的耐蚀性比不锈钢好得多。所以，铝是制造浓硝酸设备的优良材料之一。

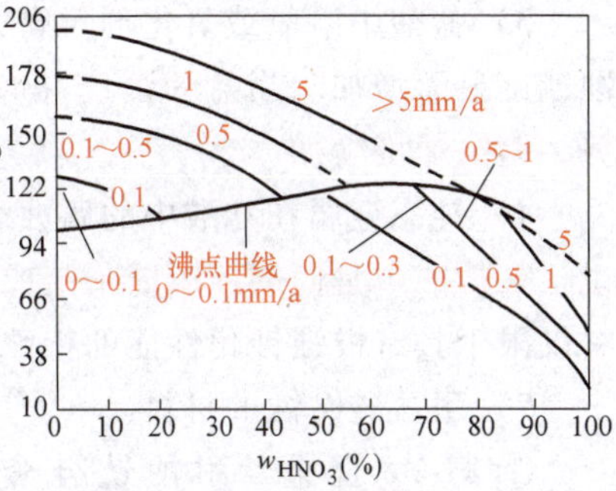

图6-12　18-8不锈钢在硝酸中的腐蚀图

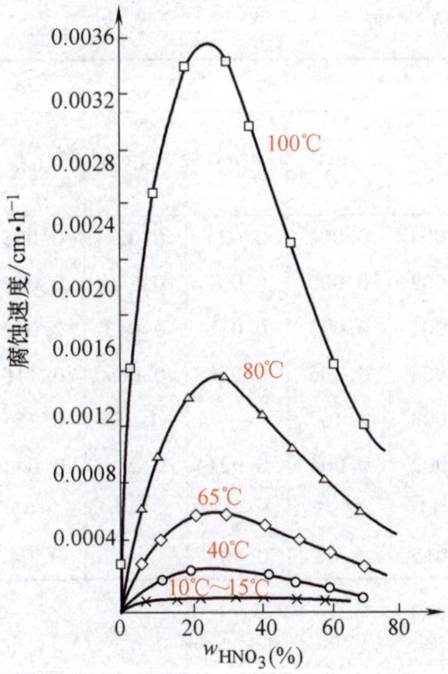

图6-13　铝在不同浓度硝酸中的腐蚀

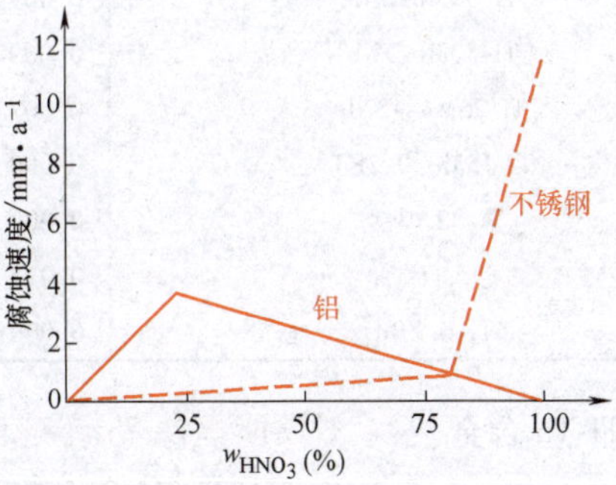

图6-14　铝及铬镍不锈钢的腐蚀速度与硝酸浓度的关系

（3）金属在盐酸中的腐蚀机理

1）腐蚀特点。盐酸是强酸之一，是一种非氧化性酸，金属在盐酸中腐蚀的阳极过程是金属的溶解，阴极过程是氢离子的还原。随着溶液pH值的增加，氢的平衡电位移向负值，发生氢去极化腐蚀就困难。

除银、钛等少数金属外，大多数金属或合金在盐酸中都不能生成难溶的金属盐膜。盐酸中的氯离子具有极强的活性，除钛等少数钝性优异的金属外，金属表面的钝化膜在盐酸中都因受到氯离子的破坏而发生点蚀。

2）盐酸浓度与腐蚀速度的关系。工业纯铁与碳钢的腐蚀速度随盐酸的浓度呈指数关系增加，如图6-5所示。显然，碳钢不能用于盐酸介质中。

图6-6所示为在盐酸中各种金属的腐蚀速度与盐酸浓度的关系。

3）盐酸中溶氧或氧化剂对腐蚀的影响。盐酸中存在氧化剂时，铜、钼、镍基合金的腐蚀速度显著增加。当盐酸浓度高时，阴极为氢去极化，但当盐酸浓度低时，氧去极化占优势，腐蚀速度增加。

4）钝态金属在盐酸中的腐蚀。对于可用电化学方法或化学方法钝化处理的金属材料来说，在盐酸中它们的钝态区很窄或完全不存在钝态区。基于上述原因，耐盐酸腐蚀的金属材料仅限于具有极强钝化性能的特殊金属及合金，如 Ta、Zr 及 Ti-Mo 合金等。

5）耐盐酸腐蚀的材料。

① Ti-Mo 合金。耐蚀钛合金的研制是为了改善纯钛在强还原介质中的耐蚀性。W. L. Finlay 发现 Ti-Mo 合金对强还原性硫酸、盐酸具有优异的耐蚀。Ti-30~40Mo 合金在沸腾的质量分数为 20% 的 HCl 中的腐蚀速度为 10mm/a，而工业纯钛只能用于室温下质量分数为 3%~10% 的 HCl 中。迄今为止，Ti-30Mo、Ti-32Mo 是在还原性酸中最耐蚀的钛合金，该合金不含稀贵金属，因而受到广泛重视。表 6-2 列出了某些钛合金在盐酸中的腐蚀速度。

表 6-2 某些钛合金在盐酸中的腐蚀速度 （单位：$mm \cdot a^{-1}$）

合金 \ 盐酸浓度（质量分数） \ 温度	室温		50℃		75℃		90~93℃	
	10%	20%	10%	20%	10%	20%	10%	20%
Ti-32Mo	0.009	0.057	0.004	0.004	0.024	0.024	0.035	0.096
Ti-32Mo-2Nb	0.009	0.006	0.002	0.000	0.001	0.040	0.066	0.063
Ti-32Mo-5Nb	0.009	0.062	0.001	0.003	0.018	0.043	0.042	0.067
Ti-25Mo-15Nb	0.007	0.034	0.004	0.006	0.006	0.069	0.116	0.112
Ti-15Mo-0.2Pd	0.000	0.011	0.008	0.167	—	1.13	0.255	0.109
Ti-32 焊接	0.008	0.057	0.002	0.004	0.021	0.025	0.044	—
Ti	0.017	0.204	4.11	12.5	—	—	—	—
Ti-0.2Pd	0.000	0.000	0.015	6.67	0.008	—	1.04	—

② Ti-Ta 合金。Ta 不仅能提高 Ti 在还原性介质中的耐蚀性，而且能改善 Ti 在氧化性介质中的耐蚀性。表 6-3 列出了 Ti-Ta 合金在沸腾酸中的腐蚀速度。

表 6-3 Ti-Ta 合金在沸腾酸中的腐蚀速度

合 金	腐蚀速度/$mm \cdot a^{-1}$				
	20% HCl	30% H_2SO_4	60% H_2SO_4	20% H_3PO_4	1% COOHCOOH
40Ta-60Ti	0.99	0.13	0.14	0.07	1.02
50Ta-50Ti	0.025	0.017	0.457	0.017	0.114
60Ta-40Ti	0.015	0	—	0	0.017
Ta	0	0.13	0.13~0.5	0.13	0

（4）金属在氢氟酸中的腐蚀机理　氢氟酸类似于盐酸，但酸性相对要弱些，且氟化物盐通常比氯化物盐溶解性也小些。对于大多数金属来说，与氢氟酸的反应是迅速的。当氢氟酸暴露于空气或当有另外的氧化剂存在时，增加了酸的腐蚀性，温度的增加也会使腐蚀性加剧。

碳钢在低浓度的氢氟酸中迅速腐蚀。中、低碳钢对 60%（质量分数）冷氢氟酸是耐蚀的，当浓度超过 80%时，碳钢也能耐中等温度下的氢氟酸腐蚀。在高浓度的氢氟酸中，钢有良好的耐蚀性，这是由于铁的氟化物盐形成了保护膜，而膜在高浓度的氢氟酸中不易溶解的缘故。这是很特殊的，因为浓的无水氢氟酸对于许多氟化物盐是一个极好的溶剂。例如，铅能抗65%以下浓度的氢氟酸，但不能抗更高的浓度，因为在高浓度时，铅氟化物膜在无水的氢氟酸中明显地溶解。

6.1.2　有机酸腐蚀

金属在有机酸环境中发生的腐蚀称为有机酸腐蚀。有机酸是弱酸，它们能轻微地离子化，产生少量氢离子，虽然它们的腐蚀性不像无机酸那样强，但除了这些酸中最弱的外，对金属的腐蚀亦可以是迅速的。如果有氧化剂存在，弱酸也能提供足够的去极化剂，使金属迅速地腐蚀。

最强的有机酸是甲酸，离子化程度比其他有机酸更高，所以腐蚀性更大。乙酸次之，接着是丙酸、丁酸。显然，如上所述，有机酸的酸度随碳链的增长而减小。长链的脂肪酸如硬脂酸和油酸，除在高温外，相对说来是不腐蚀的。升高温度会增加所有有机酸的活性，在高温时，甚至脂肪酸和环烷酸也变成强腐蚀性的介质。

在室温下，任何浓度的甲酸中，304型不锈钢非常耐蚀，但在常压沸点时，仅对1%～2%的甲酸耐蚀。

316不锈钢在室温、任何浓度的甲酸中很耐蚀，在沸点时，至5%浓度的甲酸中也耐蚀，但在更高温度、中等强度的酸中却能发生严重的腐蚀。20合金比316不锈钢要更耐蚀些。

304不锈钢在稀醋酸溶液中有良好的耐蚀性。处理冰醋酸的设备中也可用304不锈钢。而在醋酸的加工设备中却广泛使用了316不锈钢，因为它能耐任何浓度、常压沸点或更高的温度下的醋酸的腐蚀。表6-4列出了几种金属（合金）在有机酸中的腐蚀数据。

表6-4　几种金属（合金）在有机酸中的腐蚀数据

酸	浓度(质量分数)	温度/℃	铝①	铜和青铜②	304型	316型	20合金	高硅铸铁
醋酸	50%	24	●	●	○	●	●	●
醋酸	50%	100	×	○	□	●	●	●
醋酸	冰	24	●	●	●	●	●	●
醋酸	冰	100	○	×	×	○	○	●
柠檬酸	50%	100	○	□	○	○	●	●
柠檬酸	50%	24	□	□	×	○	○	●
甲酸	80%	100	○	○	○	●	●	●
甲酸	80%	24	×	○	×	○	○	●
乳酸	50%	24	○	○	○	●	●	●
乳酸	50%	100	×	○	×	○	○	○
马来酸	50%	24	○	□	○	○	●	●
马来酸	50%	100	×		○	○	○	○
环烷酸	100%	24	○	○	●	●	●	
马烷酸	100%	100	○	×	●	●	●	
酒石酸	50%	24	○	□	●	●	●	●
酒石酸	50%	100	×		●	●	●	●
脂肪酸	100%	100	●	□	○	●	●	●

① 对环烷酸和脂肪酸，含水量大于1%。

② 充气使腐蚀率大增。

注：●不于0.05m/a；○小于0.05～1mm/a；□0.05～1mm/a；×大于1mm/a。

酸酐和醛类因为在某些条件下，它们能水解成相应的酸，所以也被看成是有机酸。一般来说，除非水解，否则它们是不具有腐蚀性的。

6.1.3 碱腐蚀

工业环境中，金属材料在碱溶液中发生的腐蚀称为碱腐蚀（Alkali Corrosion）。化学工业环境中接触到的严格意义上的碱以无机苛性碱、氨水为常见，“纯碱”、许多碱性盐等中虽有“碱”名，但实际归为盐类。

（1）金属在碱溶液中的腐蚀特点　碱对金属的腐蚀以溶液相发生的情况为常见，而碱与金属的理想固-固相界面接触反应包括腐蚀反应是相当慢的。不少的固相状态的碱在潮湿或水雾的环境中导致有碱表面的浓溶液存在。

碱溶液一般比酸溶液对金属的腐蚀性小，主要有以下两方面的原因。

1）根据金属腐蚀理论可知，随着溶液 pH 值的增加，致使氢离子的浓度降低，金属腐蚀过程中氢离子去极化的阴极反应受到抑制，金属表面生成氧化性保护膜的倾向增大。故而，大多数金属在碱类溶液中的腐蚀，属于氧去极化腐蚀。

2）在碱溶液中，氧电极电位与氢电极电位要比在酸介质中的电位负，因此，与金属阳极溶解反应的平衡电位之间的电位差要比酸介质中的小，即腐蚀电池“推动力”要小一些，腐蚀速率相应会小一些。

（2）金属在碱溶液中腐蚀的影响因素　主要有：pH 值、碱性物浓度及温度等。

1）碳钢腐蚀速度与 pH 值的关系。在常温下，碳钢在碱中是十分稳定的，因此在制碱业中，最常用的材料是碳钢和铸铁。图 6-15 表明了铁的腐蚀速度与碱液 pH 值的关系，由图中可看出，pH 值在 5~10 之间时，碳钢的腐蚀速度几乎与 pH 值无关。这是由于腐蚀过程受阴极扩散过程控制，腐蚀速度相对较大。当 pH 值超过 10 时，氧扩散极限电流密度超过临界电流密度时，铁由活化态进入钝态，腐蚀速度随 pH 值增加明显降低。pH 值达到 14 时，铁几乎不腐蚀，这时铁完全钝化了。当 pH 值大于 14 时，铁发生过钝化腐蚀，Fe 以 FeO_2^- 的形式溶解。

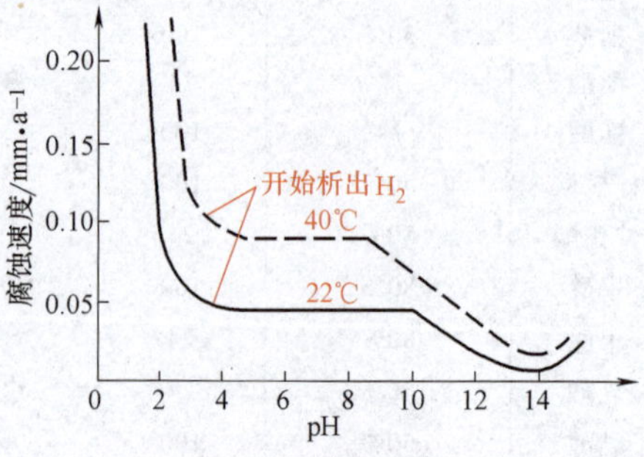

图 6-15　铁的腐蚀速度与碱液 pH 值的关系（在酸性范围内添加 HCl，在碱性范围内添加 NaOH）

2）腐蚀速度与碱性物浓度、温度的关系。

① 烧碱（NaOH）环境中的腐蚀现象。NaOH 是氯碱生产中腐蚀性较强的介质。在常温下，质量分数≤30%（简称浓度，下同）的稀碱液可使钢铁表面生成不溶性钝化膜，而使其有良好的耐蚀性。但是，钢铁的耐蚀性随碱液的浓度和温度的升高而降低。当碱液质量分数>30%时，则钝化膜的保护性能随浓度的升高而降低，如果温度也同时升高（>80℃），则普通钢铁就会受到严重的腐蚀侵害。NaOH 对钢铁设备的腐蚀侵害形式有两种，即均匀腐蚀和局部腐蚀，其由多种原因引起的局部腐蚀是主要的，它容易造成设备的突然破坏，危害极大。钢铁受高温、浓碱腐蚀后会发脆，如果同时有应力（外加应力或残余应力）作用，则会产生不同程度的应力腐蚀，于是将加速材料的破坏，这种现象一般称“碱脆”。据资料介绍：质量分数为 15%~48%的 NaOH，

温度低于 82℃时不发生“碱脆”，而 50%的 NaOH 在 52℃时就会发生“碱脆”。“碱脆”可使设备焊缝两边加热区出现裂缝，造成漏碱，一旦漏碱，难以补焊。由氢氧化钠溶液产生的裂纹具有应力腐蚀裂纹的一般特征，其裂纹方向与拉应力方向垂直，所出现的裂纹通常是沿晶裂纹。碳钢和低合金钢在氢氧化钠水溶液中产生的应力腐蚀破裂一般是晶间断裂型。图 6-16 所示为碳钢应力腐蚀破裂区与 NaOH 浓度、温度的关系。

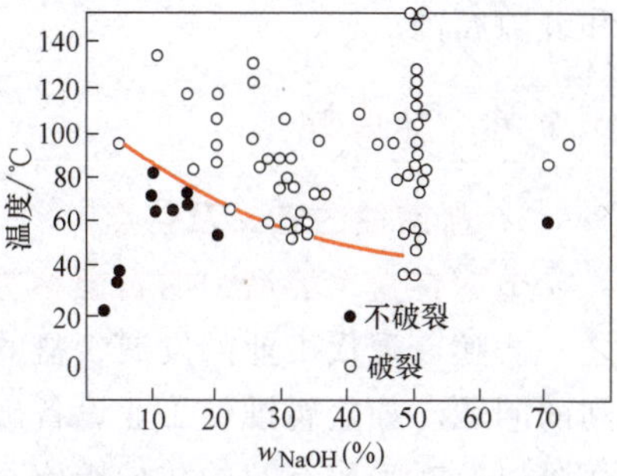

图 6-16 碳钢应力腐蚀破裂区与 NaOH 浓度、温度的关系

② 氢氧化钠（NaOH）腐蚀问题的防护措施。NaOH 生产系统应根据碱液的浓度和温度选用合适的材料。NaOH 浓度在 30%~33%、温度在 85~95℃，属于应力腐蚀环境，因此该系统的非标设备和管道最好选用超低碳奥氏体不锈钢，一般可选 022Cr19Ni10、06Cr19Ni10、022Cr17Ni12Mo2；NaOH 浓度在 30%~33%、温度<50℃时可选用 06Cr19Ni10、06Cr18Ni11Ti、06Cr19Ni10Ti；NaOH 浓度>50%、温度>85℃时可选用 Ni 材料等。在常温或低温时该系统也可选用非金属材料，如聚丙烯（PPH）、氯化聚氯乙烯（CPVC）、玻璃钢增强的聚氯乙烯（FRP/PVC）等，但缺点是寿命短、可靠性差。为防止钢铁设备发生“碱脆”，应采用合理的结构设计和制造工艺，在严格控制材料质量的同时必须提高制造质量，焊后进行适当的热处理（如低碳和低合金钢，采用 600~650℃退火处理），严格焊缝检测，消除外界应力和残余应力。

③ 氯碱行业的腐蚀。氯碱行业的腐蚀涉及氯气、氯氧化物、农药、漂白粉等的生产。其耐蚀金属材料主要用于金属阳极电解槽、离子膜电解槽与阳极液泵、列管式湿氯冷却器、氯废水脱氯塔、氯气冷却洗涤塔、精制盐水预热器、真空脱氯用泵和阀门等。

氯气（Cl_2）的腐蚀现象如下：

电解槽阳极产生的 Cl_2 为水蒸气所饱和，称为湿 Cl_2。湿 Cl_2 中常夹杂有 HCl 和 HClO，会使大多金属材料迅速被腐蚀。氯气是氯碱化工生产中的主要原料之一，它会对生产装置造成严重腐蚀，因此对于它的防腐是至关重要的。氯的化学性质非常活泼，常温干燥（含水量$<100\times10^{-4}$，无严格划分）条件下，要使碳钢材质的氯气透平压缩机及干氯气输送管线长期稳定运行需满足含水要求。氯对大多数金属的腐蚀都很轻，但当温度升高时，腐蚀加剧。湿氯气（含水量$>100\times10^{-4}$）由于氯与水反应生成强腐蚀性的盐酸和强氧化性的次氯酸，许多金属如碳钢、铝、铜、镍、不锈钢等均被腐蚀，只有某些金属或非金属材料在一定条件下能抵抗湿氯气的腐蚀。因此，将电解生成的湿氯气进行除水的干燥操作是生产氯气过程中所必需的。

④ 氯气（Cl_2）腐蚀问题的防护措施。由于湿 Cl_2 几乎对所有金属都能腐蚀，其中只有 Ti 材料耐蚀，这是因为湿 Cl_2 是氧化性介质，使 Ti 表面生成一层耐蚀的氧化膜。在常温下，耐湿 Cl_2 腐蚀的材料多采用非金属材料，如钢衬橡胶（SS/HRL）、聚偏二氟乙烯（PVDF）、CPVC、钢衬聚四氟乙烯（SS/PTFE）、FRP/PVC、玻璃钢（FRP）等，它们主要做设备和管道的衬里和整体材料。湿 Cl_2 对钢铁的腐蚀严重，所以不能直接使用。干燥 Cl_2 不腐蚀钢铁，但会与 Ti 材料发生剧烈的化学反应，所以可以用钢铁制造输送干燥 Cl_2 的压缩机和管道。

此外，在氯碱工业中常见的次氯酸盐在中性或弱酸性时是不稳定的，其腐蚀性特别强，特别是在高温的情况下。因此，在室温和低浓度的次氯酸盐溶液中，大多数金属的腐蚀速率很低，但当温度升高时，次氯酸盐的腐蚀性迅速增加，许多金属会遭受腐蚀，甚至形成点蚀和缝隙腐蚀。

6.1.4 盐腐蚀

1. 盐腐蚀的定义及特点

金属在盐水溶液中的腐蚀称为盐腐蚀（Salt Corrosion），是工业生产中重要的腐蚀问题之一。随着现代工业的发展，盐的种类越来越多，盐腐蚀的现象也越来越普遍，带来了一系列的问题。如盐腐蚀使工业设备破坏，增加了维修费用；盐腐蚀的影响因素多而且复杂，往往难以及时采取有效的防护措施。

水溶液中的盐类对金属腐蚀过程的影响有以下四点：

1）使水溶液的 pH 值发生变化。

2）使水溶液呈氧化性或还原性。

3）使溶液电导率增加。

4）某些盐类的阴、阳离子对腐蚀过程起特殊作用。

2. 腐蚀盐的分类

在实际中，多数盐类水溶液的影响都不是单一的，往往是几种因素的综合作用。

（1）使 pH 值变化的盐

1）显示酸性的强酸-弱碱盐。这类盐如 $AlCl_3$、NH_4Cl、$MnCl_2$、$FeCl_3$、$FeSO_4$ 和 NH_4NO_3 等，以及酸式盐，如 $NaHSO_4$、KNO_3，它们显示出与酸类相类似的腐蚀作用，可使材料发生析氢腐蚀。其中 $FeCl_3$、NH_4NO_3 等具有氧化性的盐以及容易生成络合物的盐，它们对腐蚀有特殊的促进或抑制作用。如 $FeCl_3$、Fe^{3+}参与阴极反应，加速了腐蚀作用。

2）弱酸-强碱盐。此盐溶于水中显示碱性，用量适合时，能抑制铁等金属的腐蚀，可使材料发生吸氧腐蚀，如 Na_3PO_3、$Na_2B_2O_7$、Na_2SiO_3 和 Na_2CO_3 等。

3）强酸-强碱、弱酸-弱碱的中性盐。只有电导率和溶解度方面的影响，如 Na_2SO_4。

（2）氧化性盐　一般可分成以下四类：

1）不含卤素的阴离子氧化剂，如 $NaNO_2$、Na_2CrO_4 等。

2）不含卤素的阳离子氧化剂，如 $Fe_2(SO_4)_3$、$CuSO_4$ 等。

3）含有卤素的阳离子氧化剂，如 $FeCl_3$、$CuCl_2$ 等。

4）含有卤素的阴离子氧化剂，如 $NaClO_3$ 等。

对于阳极溶解速度大的金属（铁基合金），要使其钝化，应采用不含卤素的阴离子氧化剂，如 Na_2CrO_4、$NaNO_2$。对于以氧化性盐的还原反应作为阴极反应的腐蚀过程来说，盐浓度增加将促进腐蚀，但是对于钝化型金属，盐浓度超过某一临界值以后，将抑制腐蚀。

含有卤素的氧化剂，尤其是阳离子氧化剂（$FeCl_3$、$CuCl_2$、$HgCl_2$ 等），由于 Fe^{3+}、Cu^{2+}参与阴极反应，几乎使所有工业金属都加剧腐蚀。即使是钛在高温高浓度的介质中也会发生局部腐蚀。因此对金属材料来说，这类盐最危险。

（3）卤素盐　卤素离子由于半径小，对钝化膜穿透能力大或由于易被金属表面吸附，因而对钝化膜的破坏作用最大。卤素离子的破坏作用按减弱顺序排列为：$Cl^- > Br^- > I^-$。表 6-5列出了部分无机盐的分类。

3. 盐腐蚀的影响因素

盐腐蚀的影响因素有：盐溶液的酸碱性、成盐离子的氧化-还原能力、配位能力以及盐与溶解氧的浓度、温度等。

表 6-5 部分无机盐的分类

	中性盐	酸性盐	碱性盐
非氧化性	氯化钠 NaCl、硫酸钠、Na_2SO_4、氯化钾 KCl、硫酸钾 K_2SO_4	氯化铵 NH_4Cl、氯化锰 MnO_2、二氯化铁 $FeCl_2$、硫酸镍 Ni_2SO_4	硫化钠 Na_2S、碳酸钠 Na_2CO_3、硅酸钠 Na_2SiO_3
氧化性	硝酸钠 $NaNO_3$、亚硝酸钠 $NaNO_2$、铬酸钾 K_2CrO_4、高锰酸钾 $KMnO_4$	三氯化铁 $FeCl_3$、二氯化铜 $CuCl_2$、氯化汞 $HgCl_2$	次氯酸钠 NaClO、次氯酸钙 $Ca(ClO)_2$

在许多情况下，腐蚀速度和中性盐类的浓度的关系如图 6-17 所示，其曲线的形式具有最大值。对于不同金属和不同的盐，最大值不同。

图 6-17 所示曲线的上升部分是由于盐浓度的增加，增大了溶液的导电性，因而腐蚀电流可以增大。此外，如 Cl^-、SO_4^{2-} 这些阴离子浓度的增高，正如我们所知的，可以降低膜的保护性能，因而可以同样升高腐蚀速度。但是当增大盐的浓度时，电解质溶液中氧的溶解度下降（图 6-18），这就导致阴极去极化的速度下降，腐蚀速度就相应减小。

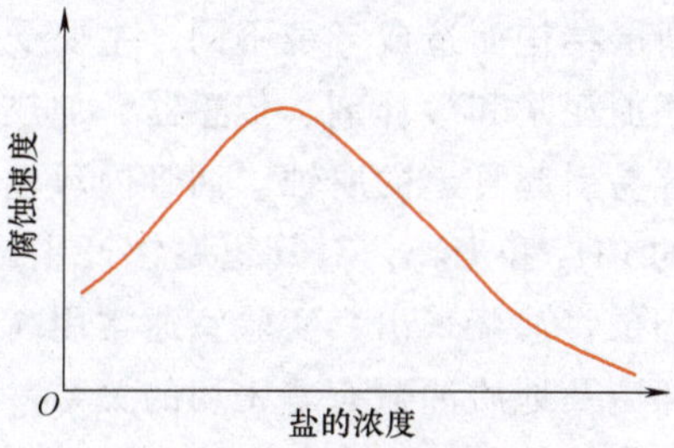

图 6-17 腐蚀速度与溶液中盐浓度的典型的关系

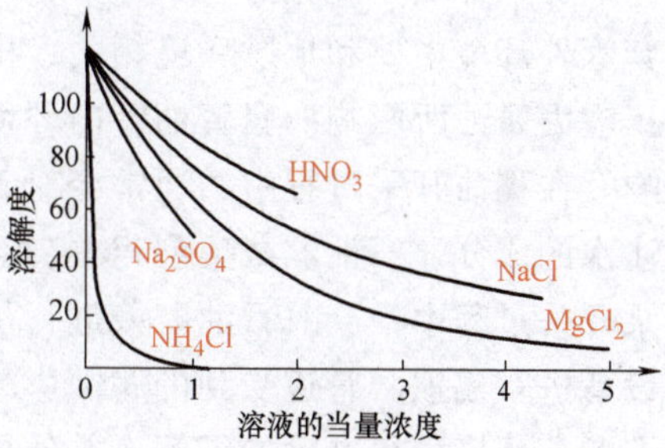

图 6-18 氧的相对溶解度与溶液中盐浓度的关系（25℃）

6.1.5 有机化合物的腐蚀

有机化合物由于在水溶液中的离子化倾向很小，一般不具有氧化性。大多数有机化合物如醇、醚、酮、各种烃类等对金属的腐蚀性很微弱，少数有机物如酸酐、醛类、酚、有机氯化物、有机硫化物等具有腐蚀性，且腐蚀性随温度升高而增强。

6.2 石油及石化工业（除去自然腐蚀部分）腐蚀

石油工业是由勘探、钻井、开发、采油、集输、炼制和储存等环节组成的。主要分为石油天然气勘探与开采和炼油与石油化工。石油工业的各个环节均与钢铁制成的设备紧密相关，这些钢结构大都在非常恶劣的环境中服役，导致石油工业的设备遭受严重腐蚀。这不仅会造成环境污染，增加能耗，还影响了产品质量，甚至造成整套装置停车或者引起安全事故，影响企业生产效率。因此研究石油工业的腐蚀机理，制订合理有效的腐蚀防护方法具有至关重要的意义。

6.2.1 石油勘探、开采过程中的腐蚀

1. 腐蚀类型及特征

石油勘探与开采面对复杂的地质环境，油气田是指受单一局部构造单位所控制的同一面积内的油藏、气藏、油气藏的总和。如果在这个局部构造范围内只有油藏，称为油田，只有气藏的则称为气田。

我国南方的普光气田自2003年勘探取得实质性突破以来，在456km^2的面积内进行了钻探勘察工作，发生了大量的钎头脆性开裂事故，这种钎头曾经应用于新疆各油气田，未发生任何脆性断裂事故。这种情况说明了不同石油气田的环境体系各不相同，油井面临的腐蚀环境体系根据地质环境的不同而有所不同。

石油管材和装备在石油勘探和开采中面临的主要腐蚀环境有：高温、高压、高含H_2S/CO_2、交变载荷、高流速、复杂作业工艺等苛刻服役环境。这些腐蚀环境亟待系统研究腐蚀机理和相应的防腐技术。

所要针对研究的方面有石油管材及装备力学行为、环境行为、成分/组织/性能/工艺相关性、失效控制及预防预测等。

井下油井环境主要分为三个部分，即套管外地质环境、套管油管内环空环境和油管内环境。套管外环境主要和地质环境相关，由于不同地质断层结构而造成环境不同，主要受套管内外压应力腐蚀所影响。套管油管内环境通常受人工添加泥浆和缓释剂、传感器、加热设备所影响。在稠油开采过程中，通常会对其进行加热，容易引起管道的腐蚀。油管内环境和所注气注水的成分、石油贮藏类型相关，会有一定含量的CO_2和H_2S，对管道腐蚀产生影响。在油泵开采过程中，会对石油贮藏进行加热，通过离心泵将油浆采出，实验室通常用高温高压釜设备进行模拟。管道受到的腐蚀影响和开采作业环境及地质油藏有着密切的关系，需要对石油贮藏环境进行准确的了解，并使用相关材料避免腐蚀问题的发生。

石油开采过程中容易发生腐蚀的环节主要包括：钻井工程、采油工程和集输工程。钻井工程中常见的腐蚀类型有：坑点腐蚀、腐蚀疲劳、应力腐蚀、冲蚀等，其特征见表6-6。

表6-6 钻井过程中金属局部腐蚀类型及特征

腐蚀类型	特 征
坑点腐蚀	产生点或坑状的腐蚀，且从金属表面向内扩展
腐蚀疲劳	金属材料在交变应力与腐蚀联合作用下使材料产生破坏
应力腐蚀	由残余或外加应力导致应变和腐蚀联合作用产生材料破坏过程
垢下腐蚀	由于腐蚀产物的沉积，在其下面或周围发生腐蚀
缝隙腐蚀	由于狭缝和间隙的存在，在狭缝内或近旁产生腐蚀
冲蚀	流体高速流动及载有悬浮颗粒的冲刷和腐蚀联合作用使材料破坏
磨损腐蚀	由于腐蚀或两接触面间滚动滑移而引起磨损的联合作用使材料破裂
微生物腐蚀	由于硫酸盐还原菌使无机硫酸盐还原成硫化氢，使钻杆发生硫化物应力开裂

采油工程中的腐蚀主要是油水井油管、套管及井下工具的腐蚀。主要腐蚀问题有以下几个方面：

1）井下工具及抽油杆的腐蚀。采油井井下工具是在油井出现游离水后腐蚀才趋于严

重。抽油杆、活塞、阀等由于处于运动状态因磨蚀导致的失效程度更严重。在含水量高且含有较高浓度 H_2S 的油井中，抽油杆易于发生腐蚀疲劳、氢脆、应力腐蚀等导致断裂。

2）油管、套管的内腐蚀。油管、套管内的腐蚀主要是由 CO_2、H_2S 及采出水造成的。

3）套管外的腐蚀。地层水和硫酸盐还原菌是引起油井套管外腐蚀的主要原因。

另外，油气集输工程中的腐蚀是指油井采出液集输系统中涉及的设备的腐蚀问题。油气集输系统中的油田建设设施主要包括原油集输管线、加热炉、伴热水或掺水管线、阀门泵以及小型原油储罐等。其中以油气集输管线和加热炉的腐蚀对油田正常生产的影响最大。

2. 腐蚀的影响因素

（1）氧含量　钻井过程中，由于钻井液循环系统是非封闭的，大气中的氧通过振动筛、泥浆罐、泥浆泵等设备在钻井液循环过程中混入钻井液，成为游离氧，部分氧溶解在钻井液中，直到饱和状态。钻井液中的溶解氧是钻杆腐蚀的主要原因之一。

（2）硫化氢　硫化氢对钻具及钻井设备具有强烈的腐蚀性。硫化物应力腐蚀开裂往往在很短时间猝不及防地发生，造成严重后果。

（3）钻井液　根据不同的钻井目的和地质条件，选用不同类型的钻井液体系，对金属材料腐蚀程度也不同。表 6-7 给出了未经处理的钻井液的腐蚀速率。

表 6-7　未经处理的钻井液的腐蚀速率

钻井液类型	腐蚀速率/$mm \cdot a^{-1}$	钻井液类型	腐蚀速率/$mm \cdot a^{-1}$
新鲜水	1.85~9.26	KCl 聚合物	9.26
非分散低固相	1.85~9.26	饱和 NaCl	1.23~3.09
海水	9.26	油基泥浆	<1.23

（4）二氧化碳　干 CO_2 是一种非腐蚀性气体，但是当存在水时，水与 CO_2 反应生成碳酸，引起腐蚀作用。CO_2 腐蚀最典型的特征是呈现局部的点蚀、轮癣状腐蚀和台面状坑蚀。

3. 防护措施

（1）使用内防腐层钻杆　钻杆内涂层防腐是使金属与腐蚀介质隔绝，不使腐蚀性介质与金属直接接触。从而大大减少钻杆的腐蚀疲劳，可延长钻杆使用寿命 1 倍以上。

（2）控制钻井液的腐蚀性　钻井过程中，各种来源的钻井液杂质会使钻杆因腐蚀而损坏，抑制钻井液的腐蚀性，国内外常用的措施有以下几种。

1）添加除氧剂。由于大气中的氧通过泥浆枪、泥浆池表面和泥浆振动筛吸入而产生协同效应，加剧了钻井液的腐蚀性。广泛使用的除氧剂为亚硫酸盐。亚硫酸盐在水基钻井液中的最小含量应保持在 $100mg \cdot L^{-1}$，当水中钙盐含量高时，除氧剂的最小含量保持在 $300mg \cdot L^{-1}$。

2）正确选择缓蚀剂。钻井液中使用较多的缓蚀剂为有机类缓蚀剂。常用缓蚀剂品种是有机胺类、胺类的脂肪酸盐、季胺化合物、酰胺化合物及咪唑啉盐类。缓蚀剂用量的确定应考虑包括吸附在表面比它大得多的泥浆悬浮颗粒上的用量。

3）控制 pH 值。通常将钻井液泥浆 pH 值提高到 10 以上，是抑制钻井液对钻具及井下设备腐蚀最简单、最有效、成本最低的一种处理方法。

4）选择性添加除硫剂。虽然大多数钻井作业中遇到的 CO_2 和 H_2S 浓度很低，但它们的存在对钻具的危害性也很大。除掉钻井液中硫化氢常用的办法是加除硫剂，它的作用原理是通过化学反应将钻井液中的可溶性硫化物等转化成一种稳定的、不与钢材发生反应的惰性物质，从而降低对钻具的腐蚀。常用的除硫剂是海绵铁和微孔碱式碳酸锌。

（3）钻井过程中的腐蚀监测　目前比较成熟的方法是腐蚀环法，即在钻杆上放一个金属腐蚀试验环，放入井下与钻井液接触一段时间后，提起钻杆取下腐蚀试验环进行检测。腐蚀试验环材质的选择应与钻具的材质相同或类似，并用耐高温塑料绝缘环套在试验环外，以隔绝金属腐蚀试验环与钻杆接头的直接接触，消除电偶腐蚀。

6.2.2　炼油与石油化工中的腐蚀

1. 腐蚀特点

石化工业的特点是高温、高压、易燃、易爆、有毒、有害、腐蚀性强，一旦出现事故，将会造成难以估计的严重后果。腐蚀伴随着整个石油化工生产的全过程，是在不知不觉中悄悄发生的，因此其所造成的事故往往带有隐蔽性和不可预见性，时时威胁着生产装置的正常运行和人身及财产的安全。腐蚀在引起介质泄漏、火灾、爆炸、塌毁等灾难性事故的同时，还造成对环境的严重污染。

石化工业的腐蚀环境也与其冶炼的原油品质密切相关。随着低硫、低酸的优质油气资源日渐稀缺，目前世界各地均加大了对高硫、高酸的劣质油气资源的开采和使用，全球已经进入了劣质油气时代。尤其是我国这样一个油气资源相对较少的大国，为满足经济建设的快速发展对石油、天然气资源的强劲需求，不仅开采了大量的高硫、高酸劣质油气资源，进口的劣质原油也逐年增加。这大大加剧了石油化工装置中 H_2S 和硫化物的浓度水平，同时增加了某些承压反应器或管道材质发生硫化物应力腐蚀开裂的风险。

炼油厂和石化行业环境中含有较多的腐蚀性气体，其中以 CO_2、SO_2 和高温腐蚀体系为主。在生产过程中需要对金属设备进行涂料保护，露点腐蚀在其中需要额外注意，化工厂的腐蚀通常会导致化工设备的生产事故。

2. 石油化工装置的类型

石油化工装置包括炼油装置、石油化工装置、化纤及其单体装置以及大化肥装置四大类。每一大类又由不同的单个装置组成，见表6-8。

表6-8　石油化工装置类型

分　类	装　置
炼油装置	常减压蒸馏、催化裂化、延迟焦化、催化重整、制氢、加氢裂化、加氢精制、脱硫等
石油化工装置	甲醇、甲醛、乙烯、环氧乙烷/乙二醇、苯酚、丙酮、制苯、聚乙烯、顺丁橡胶、ABS、丁苯橡胶、丁腈橡胶等
化纤及其单体装置	对苯二甲酸、涤纶、环己烷、丙烯腈、己二胺、尼龙66、维纶、醋酸、己内酰胺等
大化肥装置	合成氨、尿素等

3. 石油化工设备的腐蚀因素

炼油厂设备接触的主要介质是原油，此外还有水蒸气、空气、烟气、酸气等。原油的主要组成是各种烷烃、环烷烃和芳香烃，它们并不腐蚀金属设备。但原油中还含有杂质，如无机盐氯化物（NaCl、$MgCl_2$、$CaCl_2$）、硫化物（H_2S、单质硫、硫醇）、氮化合物（吡啶、吡咯及其衍生物）、有机酸（环烷酸）、氧、二氧化碳和水分等。原油腐蚀性的强弱取决于盐含量、硫含量、酸值和含氮量。这些杂质含量虽少，但危害性却很大，这是因为它们在加工过程中有些本身就是腐蚀性介质，而另外一些本身虽无腐蚀性但会在加工过程中转化为腐蚀性介质。此外在原油炼制中加入的水分、氢气、酸（硫酸）、碱（氢氧化钠、碳酸钠）和氨（NH_3）化学药品也会形成腐蚀介质，这些腐蚀介质在加工过程的高温、高压苛刻环境中会和金属材料发生较强的腐蚀反应，从而导致生产装置的设备腐蚀。

4. 腐蚀类型

炼油厂设备腐蚀形式根据环境温度分为低温型和高温型。一般地，石油化工设备的腐蚀根据类型分为点蚀、缝隙腐蚀、垢下腐蚀、细菌腐蚀、电偶腐蚀、晶间腐蚀、应力腐蚀、腐蚀疲劳以及高温腐蚀等。其中高温腐蚀又包括高温氧化、硫化、渗碳和脱碳、金属粉化、环烷酸腐蚀、甲铵液腐蚀等。

(1) 点蚀　石油化工设备许多塔、换热器等的内壁长期接触含 Cl^- 的中性或近中性介质，不锈钢或碳钢表面产生腐蚀坑点。

(2) 电偶腐蚀　石化设备中有些冷却器管束的材质是不锈钢（电偶序比碳钢正），而管板、折流板以及外壳的材质是碳钢。管程走冷却水，水中含有少量的盐类等电解质，与管束面积相比，管板和折流板的面积要小得多。因此这种结合方式使管板和折流板等碳钢部位受电偶影响加速了腐蚀。

(3) 垢下腐蚀和细菌腐蚀　在循环冷却水系统中，由于腐蚀产物、泥沙等固体物质的沉积，形成垢下腐蚀。在有垢物的部位又由于细菌更易于繁殖，使垢下腐蚀更加严重。

为了控制水腐蚀，可采取如下措施：①往循环水中加入复合水质稳定剂；②对碳钢换热器管束采取防腐措施，如施涂换热器涂料；③对换热器进行化学清洗，清除污垢的锈瘤。

(4) 应力腐蚀开裂　在含硫原油加工工业中，低温硫化物的应力腐蚀存在的部位相当广泛。这种腐蚀的典型例子为炼油厂二次加工装置和加氢脱硫装置高压分离器及其下游设备。调查表明：湿硫化氢对碳钢设备的均匀腐蚀，随温度的提高而加剧，在80℃腐蚀速率最高，在110~120℃腐蚀速率最低。在开工的最初几天可达 $10mm \cdot a^{-1}$ 以上，随着开工运转时间的增长迅速下降，运转到1500~2000h后，其腐蚀速率趋于 $0.3mm \cdot a^{-1}$。此外，应力腐蚀开裂也发生在液态氨、碱溶液以及氯化物溶液中。

(5) 硫酸露点腐蚀　以重油或含硫瓦斯为燃料的锅炉和工业加热炉，常由于烟气中生成的硫酸在空气预热器、烟道等温度较低处凝聚而引起腐蚀，因此，这种现象被称为硫酸露点腐蚀。硫化物的露点腐蚀也是炼油厂中常见的腐蚀系统，自从1994年开始，我国相继有20多套重油催化装置发生了露点腐蚀开裂，造成了严重的损失。

(6) 氢致开裂　在炼油工业的汽油稳定蒸馏塔顶冷凝器、加氢脱硫装置的成品冷却器、气提塔塔顶冷凝器和油田集输油管线以及在合成氨装置脱硫系统设备中，由于碳钢及低合金钢暴露在含硫化氢的环境中时，因腐蚀而生成的氢侵入钢中，局部聚集，致使在钢材轧制方向发生台阶状开裂的现象，称为氢致开裂，严重时表现为鼓泡。

(7) 氢腐蚀　氢腐蚀是钢暴露在高温高压氢气环境中，因氢侵入，通过下式反应，伴随着脱碳的同时生成甲烷：

$$Fe_3C+4H \longrightarrow 3Fe+CH_4$$

甲烷气集聚在微小缺陷区，引起内压升高，致使产生裂纹。

(8) 腐蚀疲劳　腐蚀疲劳是由交变应力和腐蚀的共同作用引起的破裂。许多振动部件如泵轴和杆、螺旋桨轴、油气井管、吊索、天车以及由于温度变化产生周期热应力的换热器管和锅炉等，都容易产生腐蚀疲劳。

(9) 高温环烷酸的腐蚀　环烷酸在低温时对钢铁材料的腐蚀很轻微，当温度大于220℃时，腐蚀逐渐加剧，当温度接近于环烷酸沸点270~280℃时，腐蚀最为剧烈。在高温下，环烷酸除了直接与铁发生化学作用产生腐蚀外，还能与硫的腐蚀产物FeS反应，生成可溶于油的环烷酸铁，从而加速腐蚀进程。

(10) 高温高压甲铵液腐蚀　尿素四台高压设备都存在着甲铵液的腐蚀。甲铵液具有很强的腐蚀性，这是因为，在高温高压条件下，尿素会产生同素异构体氰氧酸铵，并在水中离解产生强还原性的氰氧酸根：

$$CO_2 + 2NH_3 \longrightarrow NH_4COONH_2$$

$$NH_4COONH_2 \longrightarrow (NH_2)_2CO + H_2O$$

$$(NH_2)_2CO \longrightarrow NH_4CNO$$

$$NH_4CNO \longrightarrow NH_4^+ + CNO^-$$

当不锈钢设备焊接质量出现问题时，常引起晶间腐蚀、选择性腐蚀和应力腐蚀开裂等。

5. 防护措施

(1) 合理设计　在石油加工过程中要进行合理设计，避免出现金属应力集中，结构形式尽量简单，尽量避免电偶腐蚀，避免冲刷腐蚀或安装可拆卸的折流板减缓冲刷，焊接时尽量减小残余应力以及防止缝隙腐蚀等。

(2) 合理选材　针对石油加工工业特点，选用耐蚀级别较高的材料是重要的防护措施。合理选材既要考虑工艺条件，又要考虑材料的性能和成本。设备的工作条件，如介质、温度和压力对合理选材有重要影响；另一方面任何材料的耐蚀性都是相对的，选材要根据实际情况进行具体分析。

(3) 化学药剂保护　通过在不同的工艺部位添加适当的缓蚀剂、脱硫剂、脱硝剂等化学药剂可以有效减缓腐蚀。

(4) 工艺防护　合理设计工艺流程可以避免多种腐蚀，例如石油加工中的脱盐脱水、脱硫和脱重金属等工艺防护措施十分有效。

(5) 加强在线监控　通过挂片试验、安装腐蚀探针等监测手段实现设备的在线监控，及时发现腐蚀问题也至关重要。

6.3 化肥工业中的腐蚀

6.3.1 尿素生产中的腐蚀

尿素是一种高浓度氮肥，属于中性速效肥料，可用于生产多种复合肥料。尿素的制备方法是采用液氨和二氧化碳在高温高压下反应生成氨基甲酸铵（简称甲铵），甲铵脱水转变成尿素。在尿素的生产过程中，尿素合成塔所处理的介质除主反应生成的尿素、氨基甲酸铵和水等以外，还含有副反应产物氰酸铵、氰酸、碳酸铵、缩二脲以及未反应的氨和二氧化碳，在高温高压下，这些介质将对设备材料产生严重的腐蚀。在这些介质中，对设备材料腐蚀最为严重的是氨基甲酸铵液和尿素同分异构化产物氰酸铵、氰酸，因为氨基甲酸铵离解出的氨基甲酸根是一种强还原剂，能阻止钝化型金属形成表面钝化膜，而氰酸铵在有水存在时，氰酸铵离解成氰酸根，氰酸根具有强还原性，使钝化型金属表面不易形成钝化膜，对已形成的钝化膜也有强烈的破坏作用。由此可见，在尿素生产过程中，其介质不仅具有酸性，而且具有强烈的还原性，所进行的反应又是在高温高压下进行的，因此在尿素生产流程中遭受腐蚀最为严重的是处理这些介质的高压设备，如二氧化碳气提流程中的四大高压设备（尿素合成塔、气提塔、高压甲铵冷凝器和高压洗涤器），水溶液全循环流程中的尿素合成塔、高压混合器和高压甲铵泵。

为防止这些设备的腐蚀，一方面选择更易形成钝化膜的双相不锈钢材料，另一方面在反应溶液中加入氧化剂，促使不锈钢的钝化。

6.3.2 合成氨生产中的腐蚀

氨气（NH_3）是无色、有刺激性气味、密度小于空气、极易溶于水（且快）的气体。氨气溶于水呈碱性，可与酸反应生成易溶于水的铵盐。氨是重要的化工产品，氮肥工业、有机合成工业及制造硝酸、铵盐和纯碱都离不开它。现代化工的发展，要求合成氨生产在高温、高压、连续不断操作条件下进行。在这样严苛的工况条件下，一旦设备出现腐蚀破坏，整个生产装置就将被停产，造成严重的经济损失。例如，30 万 t/a 的合成氨装置因腐蚀停产一天，损失约为 60 万元人民币。因此，其在化工生产中腐蚀严重，损失巨大。

1. 合成氨中的腐蚀问题

大氮肥工业的特点决定了合成氨生产为高温、高压以及介质中富含有各种腐蚀性气体，如硫化氢、二氧化碳、氢气、氨、甲烷和氮气等。因此，设备和管道在生产运行中既要承受高温、高压，还要面临这些工艺介质的腐蚀问题。这使得合成氨装置中的部分工艺设备和管道用材在生产运行中会出现一些典型的失效形式，其中较为突出、对安全生产危害较大的问题就是高温氢腐蚀的问题。在富含氢气的工作环境中，较高温度和压力下，碳钢和低合金钢很容易出现高温氢腐蚀的问题，合成氨厂中的氨合成塔、高温变换炉、二段转化炉、转化废热锅炉、甲烷转化炉、合成气过热器及合成气废热锅炉等都是典型的容易发生高温氢腐蚀的区域。

2. 高温氢腐蚀形貌特征

不同设备及部件发生高温氢腐蚀的宏观形貌特征不同，有的表现为管子壁厚腐蚀后的厚唇破裂，有的表现为压力容器部件出现鼓包、网状裂纹、表面麻坑腐蚀等。这些现象在设备及部件材料发生失效时是非常容易观察到的。停工检修时，对一些临氢设备进行理化检验，也很容易观察到这些宏观的材料破坏形态。还有一种现象是容易被人们忽视的，但对发现高温氢腐蚀却有着重要意义。对设备和管道通常采用的检测手段是超声波测厚，往往有些设备和管道超声波测厚时有“增厚”现象，常常将这一检测结果认为是正常的，或者是检测不准确。总之，对此“增厚”现象并未给出真正有意义的解释。实际上，当对使用温度超过250℃、有压力的管道和设备进行测厚检测时，一旦发现“增厚”现象，就应注意是否有高温氢腐蚀问题，需采用其他检测手段来进行排查。

无论金属发生氢腐蚀的宏观形貌是怎样的，但是其微观金相组织的特征却是相同的，都表现为金属组织的晶间裂纹与珠光体组织的破坏。因此，微裂纹和由于脱碳造成的珠光体组织破坏是高温氢腐蚀的典型形式。

3. 高温氢腐蚀的防护措施

1）从设备和管道的选材方面考虑。根据 Nelson 曲线，在材料的安全使用界限内选择耐氢腐蚀的材料。

2）在压力容器设计时，考虑采用应力最小的结构。

3）在设备和管道的制造和检修中，把好焊后热处理关。尤其是 2.25Cr-1Mo 材料，制订合理的热处理工艺，并在实施中严格按照工艺规程执行，对于热处理后的硬度测试值超过 280HBW 的情况，一定要重新进行热处理。

4）对设备和管道进行定期检查，通过超声波测厚、磁粉检测等无损手段都可以发现一些高温氢腐蚀的早期征兆。另外，对一些高温设备和管道的隔热衬里，要进行认真检查和修补，保证其完好。工厂中的设备和管道的隔热衬里损坏，是造成这些高温设备和管道出现高温氢损伤（HTHA）的直接原因。

6.3.3 磷肥生产中的腐蚀

磷肥是以磷为主要养分的肥料。磷肥和氮肥、钾肥并称为农作物需要补充量最多的三大营养元素肥料。目前，国内普遍采用湿法磷肥生产工艺，而在湿法磷肥生产中，腐蚀是一个重大的现实问题，腐蚀问题遍及生产过程的各个环节，严重影响生产的正常运行，导致经济损失、资源浪费甚至严重威胁到人身安全。

（1）典型腐蚀体系或系统　包括过磷酸钙生产系统和磷酸铵生产系统。

（2）腐蚀介质/工况特征　湿法磷酸中含有大量的磷酸根、硫酸根、氟离子、氯离子以及多种金属离子杂质，这些物质的腐蚀性随着温度和浓度的变化而变化。

（3）腐蚀问题和模式　过磷酸钙生产系统和磷酸铵生产系统的腐蚀环境尤为苛刻，在生产过程中都存在酸、碱、盐等介质，其设备不仅遭受无机酸（H_2SO_4、H_3PO_4、HF、SiF_4、H_2SiF_6、HCl）的腐蚀，而且由于磷矿石中夹带一定的石英（SiO_2），所以设备又遭受以石英为主的固体物的磨损，这些对设备和管道造成的腐蚀和磨损腐蚀都比较严重。常见的腐蚀形式有均匀腐蚀、点蚀、晶间腐蚀、应力腐蚀、磨损腐蚀等。

（4）防护措施

1）采用超低碳（$w_C<0.03\%$）不锈钢或添加稳定化元素（如钛、铌等）；进行固溶处理（1010~1120℃）；调整相比例，使之含有体积分数为 5%~10%的 δ 铁素体；采用稳定化处理使晶内铬扩散均匀化以消除局部贫铬现象。

铁素体不锈钢加热到 925℃以上，急冷后就有晶间腐蚀倾向。它常出现在毗邻焊接合线处，但经 650~815℃短时间加热便可消除。只有当碳和氮总的质量分数降低到 0.1%时才能避免这种晶间腐蚀。

2）应力腐蚀在拉应力作用下才能产生（压应力作用下不会产生），引起应力腐

蚀的应力包括制件加工过程中的内应力和工作应力，但主要是加工残余应力。其中，最主要的是焊接残余应力，其次是制件冷加工和热加工中的残余应力。消除残余应力是防止不锈钢和耐蚀合金产生应力腐蚀最有效的措施之一。

3）湿法磷酸反应槽搅拌桨底下的炭素衬里材料和磷酸料浆泵的叶轮、蜗壳、端盖等是湿法磷酸生产过程中发生磨损腐蚀的主要部位，采用硬度高的耐腐蚀材料制作是有效的。

6.4 发电工业中的腐蚀

热动力系统中往往存在严重的腐蚀问题，这也和热电动力系统的环境有关。热动力系统

典型的腐蚀环境有：核电、热电锅炉的热交换和冷却系统等。

6.4.1　核电工业腐蚀

20世纪人类最伟大的创举之一就是征服和有效利用核能，包括核能发电。数十年来国内外核电工业发展过程中与核工业有关的腐蚀问题长期存在并不断发生。核工业装备特别是反应堆压力容器的腐蚀如果引起事故，那将会是灾难性的。核工业中的腐蚀性介质和环境主要有：射线与辐照；高温高压水；高纯钠及高纯锂；强侵蚀性介质。核反应堆运行中的辐照腐蚀、冲刷腐蚀和腐蚀疲劳以及锆合金在高温水蒸气中的氧化问题都很重要。有些腐蚀形式有一定的潜伏期，极易使人们忽视其危害性，因此世界各国对核工业中的腐蚀与防护问题都十分重视。

1. 核电工业的腐蚀环境

以压水堆核电站系统为例，其基本流程如图6-19所示，电站是由反应堆回路（一回路）、汽轮机回路（二回路）和发电机回路三个基本部分所组成，装设有蒸汽发生器，使带有放射性的一回路系统与二回路的汽水系统完全隔离，一回路带放射性的冷却剂不会进入二回路，进入汽轮机的蒸汽不带放射性，因而二回路运行维护方便。压水堆工作时，水在主泵的推动下从下部进入堆芯，吸收了裂变产生的热能，水温升高，密度降低，从堆芯上部流出压力壳。入口时水温为292℃，出口时水温为326℃，堆内压力保持为158atm（1atm = 101.325kPa）。高温高压的水经一回路管道进入蒸汽发生器，在蒸汽发生器内，一回路的水在管子里流动，与二回路的水在互不接触的情况下交换热量，把部分热能传给二回路的水。然后，一回路的水经主泵又循环回到反应堆。这样，使二回路的水变成280℃左右和60～70atm的高温高压蒸汽，去推动汽轮发电机组发电。

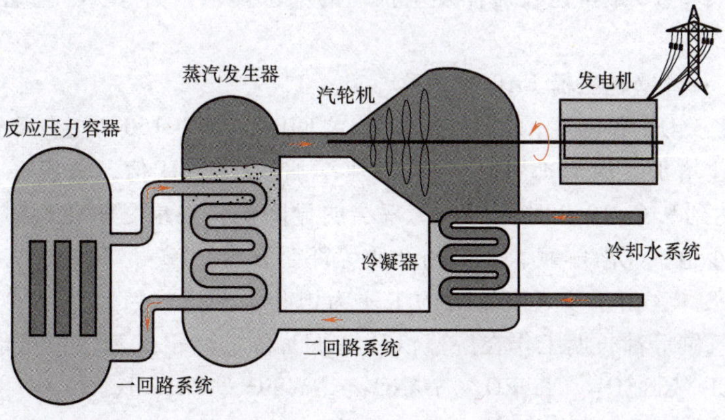

图6-19　压水堆型核电站流程

核电工业的腐蚀环境划分如下：

（1）射线与辐照　核工业中经常见到的射线有α射线、β射线、X射线、γ射线和中子流等，此外还有质子流、氘核流等带电重粒子束。这些射线或多或少都会对材料的腐蚀起一定的作用。

（2）高温高压水、高纯钠、高纯锂以及高纯氦　高温高压水主要应用于轻水堆，核电工业中的高温高压水环境控制非常严格。高纯钠主要应用于液态金属冷却堆，高纯锂要应用于聚变反应堆。此外，还有高温气冷堆使用高纯氦。氦气中如有杂质存在，就会产生腐蚀问题。

（3）强侵蚀性介质 核工业中铀矿开采，矿石的化学处理与加工，铀化合物的精制、浓缩，在核反应堆内核反应后的核燃料元件处理，裂变产物的分离、回收，放射性废液、废料的处理过程，都需要使用大量的酸、碱、盐类化合物，它们都具有不同的侵蚀性。焊缝处的腐蚀问题以及矿料产生的磨损腐蚀问题都比较严重。在铀同位素的分离过程中，六氟化铀的化学性质异常活泼，它与水反应生成 HF，具有侵蚀作用。

（4）核电海水循环冷却系统环境 核工业中通常使用海水进行循环冷却。高温热循环系统环境和海洋生物环境对核电海水循环冷却系统的腐蚀影响十分严重，这就需要在工程设计和建设过程中考虑通过添加防腐防污涂料保证海水循环水管的长效去海生物能力。

2. 核电材料的腐蚀行为

（1）核电硼酸腐蚀 硼酸是核电厂一回路冷却剂中子化学毒物，主要用来补偿控制棒对反应堆反应性的控制。硼酸本身是一种弱酸，在一回路环境下对不锈钢设备的腐蚀性影响很小，腐蚀速率小于 0.025mm/a。但当它泄漏到热的表面时，随着水分的蒸发，剩下的溶液不断浓缩，最后形成硼酸结晶，95℃的饱和硼酸溶液 pH 值小于 3，腐蚀性很强，能使碳钢和低合金钢设备腐蚀和溶解。

（2）核电 FAC 核电厂二回路主给水管线、凝结水管线、疏水管线、部分抽气管线等主要是由碳钢制造的。在核电站运行过程中，与流体接触的碳钢管线不可避免地会发生腐蚀，而管内流体流动会加剧这一过程，该现象被称为流动加速腐蚀（FAC）。

1）材料类型：碳钢、低铬合金钢、低钼合金钢及低铜合金钢，合金的铬质量分数为1%时，其 FAC 速率就能降至可以忽略的程度。

2）设备形状：FAC 最可能在流体发生扰动的部位发生，如弯头、弯管、三通及管道入口等。

3）制造工艺：管壁越粗糙 FAC 越快。

4）工作环境：①工作温度，在 100~300℃之间时，其中 150℃左右 FAC 最敏感；②介质流速，介质流速增加、湍流都可使 FAC 的速率加快；③pH 值，关键条件是氧化还原电位，如果 pH 值达到 9.6~10.0 时，FAC 速率会明显降低，如果是氧化性碱性水溶液，那么 FAC 速率趋于最小值；④溶解氧、水中的杂质等都会影响 FAC。

（3）汽轮机 SCC 由于核电汽轮机的工质为饱和湿蒸汽，因此其主要高应力工作部件如叶轮、叶片、气缸等都长期工作在湿蒸汽环境下。核电汽轮机蒸汽中可能含有多种杂质，其中 NaOH、NaCl、Na_2SO_4、Na_3PO_4、$NaNO_3$、Na_2SiO_3、NH_4Cl、Na_2CO_3、有机酸、无机酸和氧化铜等可能恶化汽轮机转子的应力腐蚀裂纹。腐蚀溶液中的腐蚀性化学物质主要包括氯化物、硫化物、碱性物质、钠、氧和二氧化碳等。各种物质及其相互作用都对金属材料应力腐蚀有影响。

（4）核电蒸汽发生器 蒸汽发生器作为连接一回路和二回路的设备，在一、二回路之间构成防止放射性外泄的第二道防护屏障，对电厂的安全运行十分重要。传热管是蒸汽发生器最主要的组成部分，目前广泛使用含 Ni 量介于 600 合金和 800 合金之间的 690 合金。壁厚一般为 1~1.2mm，因此传热管是整个一回路压力边界中最薄弱的部分。运行经验表明，蒸汽发生器传热管的腐蚀破损一直是核电站非计划停堆和电站容量因子损失的主要因素。表

6-9 给出了蒸汽发生器材料的腐蚀形态。

690 合金在二回路水侧的 SCC 一般认为是由于苛性碱的存在而造成的，混入的含 S、Pb、Na 等元素是造成传热管发生 SCC 的重要影响因素。

表 6-9　蒸汽发生器材料的腐蚀形态

类型	出现范围	原因	补救措施
应力腐蚀开裂	世界范围内，在 Alloy800 的 SG 中不出现	在 U 形弯曲区域中存在高的残余应力 Alloy600 的使用	去应力热处理 改换材料
凹蚀，晶间腐蚀（IG）	世界范围内，在不锈钢承板的 SG 中不出现	管子支承板上钻孔铁素体板材腐蚀性的化学工况	采用耐腐蚀材料 改进机械设计
耗蚀，点蚀	世界范围内	低流速区腐蚀产物和盐的沉积	水化学的全挥发处理 PO_4^{3-} 的含量减少到 2mg/kg 管板的清洗
晶间应力腐蚀开裂（IGSCC） 晶间腐蚀（IG）	特殊的 SG 型号	管子和管板之间的深缝隙 腐蚀产物和盐的沉积	改善水化学 消除管子和管板之间的深缝隙

（5）辐照对腐蚀的影响　与其他高温高压环境相比，核电环境中的辐照有其特殊性，辐照对腐蚀的影响不可忽视。反应堆内外的腐蚀情况是不相同的，原因是堆内部件要受到源于部件内部的热流作用、中子辐照，造成显微组织出现严重的辐照损伤以及辐照分解引起的水化学变化。

辐照在金属中产生了大量的各种缺陷，使得腐蚀电位发生变化而降低其稳定性，从而加速了腐蚀过程。以锆合金为例，其均匀腐蚀速率与注入量近似成正比，试验表明经 1025m^{-2} 的中子注量辐照后，其均匀腐蚀速率增加了 2 倍。同时辐照还造成第二相粒子的溶解以及合金元素的再分布，也会对腐蚀产生影响。

辐照在使材料产生大量缺陷的同时，可以显著降低材料的力学性能，如图 6-20 所示，因此在辐照和 SCC 联合作用下会产生辐射增强应力腐蚀开裂（IASCC）。IASCC 能在低应力下出现，在沸水堆中还能观察到其影响有增加的趋势。使用高纯奥氏体材料可能是降低 IASCC 有效的办法。

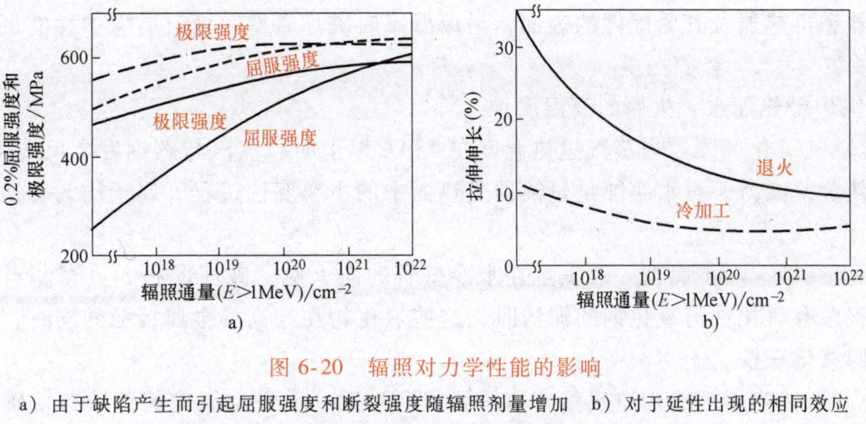

图 6-20　辐照对力学性能的影响

a）由于缺陷产生而引起屈服强度和断裂强度随辐照剂量增加　b）对于延性出现的相同效应

注：虚线为 10%冷加工；实线为退火。

总之，腐蚀与磨蚀在核反应堆和核电站辅助系统内是随处可见的，尤其是对一回路内与冷却剂相接触的众多部件更是屡见不鲜。在核反应堆内，不仅是高温、高压和高流速的冷却剂本身（如 H_2O、He、液态 Na 等），而且包括其内含的腐蚀性杂质（如氯离子、游离氧、碳、氢等）均可引起燃料元件、回路管道和蒸汽发生器传热管以及堆内构件的腐蚀和磨蚀。腐蚀是降低核电工业中使用材料和部件寿命，增加维修费用和威胁核电站正常安全运行的重要原因之一。因此，需要加强相关领域研究，进一步通过选材、制造和腐蚀控制等手段提高核电设备及材料耐蚀性。

6.4.2 火电工业腐蚀

火电在整个国民经济的发展体系中，占据了很重要的地位。火力发电设备服役条件恶劣，腐蚀问题突出。由于燃煤火电厂锅炉一般处在高温条件下，因此燃煤锅炉的高温腐蚀问题较为突出，此外还有烟气脱硫系统烟囱的腐蚀问题。

1. 锅炉及凝汽器的垢下腐蚀、局部腐蚀

（1）烟气侧高温腐蚀　燃煤火电厂锅炉的高温腐蚀主要发生在受热面的“四管”，即水冷壁管、过热器管、再热器管和省煤器管。腐蚀的主要类型是硫腐蚀、氯腐蚀、水蒸气腐蚀和钒腐蚀。

1）硫腐蚀。锅炉燃料普遍含硫，在燃烧过程中生成 SO_2 和 SO_3。燃煤中的黄铁矿经过铁和氧化亚铁的硫化、硫化亚铁的氧化形成硫。此外，H_2S 也可直接与管壁金属反应。由于 H_2S 是还原性介质，比氧化性介质更具有腐蚀性。H_2S 的浓度越高，壁温越高，腐蚀速度越快。

燃用含高硫和碱性物质的燃料，常会在锅炉的受热管高温部位产生硫酸盐型腐蚀：炉内高温下形成有黏性的碱金属硫酸盐，吸收 SO_3 并与 Fe_2O_3 或 Al_2O_3 反应，生成低熔点的复合硫酸盐；或者熔融的焦硫酸盐参与反应，加速腐蚀。

2）氯化物型腐蚀。燃用高氯化物燃料时，炉内存在氯化物型腐蚀，燃煤中的氯在燃烧过程中是以 NaCl 的形式释放出来的，NaCl 易与 H_2O、SO_2 和 SO_3 反应，生成 Na_2SO_4 和 HCl 气体。氯化物型腐蚀起到加速其他腐蚀的作用

3）钒腐蚀。重油中的 V、Na、S 等元素，燃烧后会变成 V_2O_5、Na_2O、SO_2 等物质。钒是引起油灰腐蚀的主要成分，当钒与其他组元化合时，形成了低熔点化合物。这些化合物沉淀于过热器和再热器及其紧固件的表面，呈熔融态时破坏管壁表面具有保护性的氧化膜，加快腐蚀速率。

（2）锅炉受热面水、汽侧的高温腐蚀

1）水蒸气氧化腐蚀。当蒸汽过热温度在 450℃以上时，蒸汽与碳钢发生反应生成 Fe 的氧化物，使管壁减薄。汽水腐蚀是过热器受热面中的主要腐蚀过程，属于均匀腐蚀，一般不很强烈。

2）垢下腐蚀。垢下腐蚀一般发生在水冷壁管的向火侧，破坏形状如贝壳。当锅炉受热面内壁沉积含有氧化铁与氧化铜的泥渣时，这些氧化物在与高温金属接触的同时，以电化学方式产生四氧化三铁。

3）氧腐蚀。当锅炉给水中残留有溶解氧和 CO_2 时，管壁金属中的纯铁与杂质之间产生电位差，形成无数个微小的腐蚀电池。电极电位低的纯铁为腐蚀电池的阳极，电极电位高的

杂质为腐蚀电池的阴极。阳极铁失去电子成 Fe^{2+} 进入水膜。同时，在阴极溶解氧得到电子与水结合生成 OH^-，Fe^{2+} 和 OH^- 结合生成 $Fe(OH)_2$，而 $Fe(OH)_2$ 是不稳定的，管壁金属便很快遭到腐蚀。

(3) 低温腐蚀　由于煤炭中含有硫分，在燃烧的过程中会产生 SO_2，部分转化为 SO_3，SO_3 与烟气中的水蒸气结合生成 H_2SO_4 蒸气；对于装有脱硝（SCR）装置的锅炉，在运行时会有少量的 NH_3 逃逸，并与烟气中的 SO_3 反应生成 NH_3HSO_4，在经过尾部设备时，若元件的壁面温度低于酸露点，H_2SO_4 及 NH_3HSO_4 蒸气就会在元件表面结露，且造成飞灰黏附，形成固体状物质，使得尾部设备发生堵塞，且会逐步腐蚀各个元件。

燃煤锅炉尾部烟道依次布置有脱硝装置、空气预热器及静电除尘器等，在锅炉启动阶段和低负荷工况下，这些设备表面易发生低温结露、积灰、腐蚀甚至出现二次燃烧等问题。烟道末端的脱硫装置的塔体和烟囱也经常发生低温腐蚀，严重影响机组的安全、环保和经济运行。

(4) 控制锅炉腐蚀的途径　选用合适的耐蚀材料、严格控制水质、改进设备制造工艺、避免引起金属过热的超负荷运行、对锅炉进行定期的排污清洗等。

2. 火电湿法烟气脱硫系统烟囱的腐蚀

(1) 腐蚀问题　燃煤电厂排放的烟气中含有少量的 SO_2 等腐蚀性气体，湿法脱硫（FGD）工艺在国内外火电行业的脱硫工艺中应用最为广泛。烟气经湿法脱硫后。无论是否加装气-气加热系统（GGH），脱硫后的烟气温度均低于烟气的酸露点。烟气中的腐蚀性气体与水蒸气结合形成酸性冷凝液，对钢筋混凝土烟囱进行低温腐蚀。腐蚀性冷凝液侵入混凝土引发钢筋锈蚀，混凝土结构的使用寿命大大缩短，并可能在短期内造成结构的腐蚀破坏。

(2) 工业烟囱的防腐蚀要求

1) 基层处理必须彻底、认真、到位，这样才能保证防腐层与基层的黏结性能、耐久性能。其中对基层采用喷砂进行处理的方式是最为理想的方法，对混凝土基面能形成足够的粗糙度，基层表面的污物清理干净，对钢铁基层除锈彻底，形成足够的表面粗糙度，增加防腐层与基层的附着力。不具备喷砂条件时，对混凝土基层可采用动力机械打磨，钢铁基层可采用磷酸盐除锈剂的方法进行处理。

2) 选择适合于烟囱结构的防腐构造做法，最好不用单一涂料体系，应采用复合防腐体系。例如，底层采用无机磷酸盐富锌涂料，中间层采用耐蚀树脂玻璃钢 3~5 层，面层采用耐腐蚀的面涂料配套，如环氧乙烯基酯涂料，这样形成防腐结构体系的三道防线。如面层破坏了还有中间层防护，中间层破坏了还有底层防护，这是最为理想而又科学的防腐配套设计方案，防腐使用年限可达十年以上，耐久可靠。

3) 选择正规专业厂家生产的综合防腐性能优异、兼顾性价比高的防腐涂料和耐蚀树脂，不能为了降低防腐投资造价，片面考虑选用价格低、防腐性能差的防腐材料，致使防腐层的防腐性能差，防腐使用年限短，不能对工业烟囱结构形成较好保护，缩短了工业烟囱的使用寿命，用不了多长时间又得重新防腐，造成防腐维护重复投资大的问题。

① 烟囱外壁防腐涂料的选择要求。烟囱外壁也同样受工业大气腐蚀，必须选择具有良好的耐化学介质性、耐候性、抗老化性、抗冲击性能，耐磨耐水抗潮湿，同时又具有航空标识功能的涂层。

② 烟囱内壁防腐涂料、耐蚀树脂的选择要求。烟囱内壁受烟气中腐蚀性介质的腐蚀较外壁严重，必须选择具有优异的耐化学介质性、耐久性、抗老化性、抗冲性能、抗渗性能、耐磨、耐油、耐有机溶剂、耐水性能优良、抗潮湿性、耐温性能好的涂料；选择耐化学腐蚀性强、耐磨、耐冲击力强、抗老化、抗霉菌、防开裂性能好的耐蚀树脂。

4）工业烟囱防腐是一项重要的防腐工程，在施工中必须对工程质量、安全进行严格控制，认真细致地把好质量关、安全关。

6.5 冶金、矿山工业腐蚀

6.5.1 冶炼工业

金属在冶炼过程中发生的腐蚀称为冶金腐蚀（Metallurgical Corrosion）。在烧结过程中，烧结机的炉箅在1000℃以上的高温下使用，高温烧损严重。原采用普通铸铁，耐高温氧化性能较差，现采用高硅耐热球墨铸铁，使用寿命比普通铸铁提高了4倍。

高炉风渣口是保证高炉正常生产的关键装置之一，这种铜质水冷装置不但要承受1500~2000℃的高温热负荷，而且还要受到炉渣、铁液、高炉煤气的机械冲刷和化学侵蚀。目前用多元共渗、等离子弧喷涂及堆焊等方法来延长高炉渣口的寿命，从而减少了高炉的休风次数，提高了高炉的产量。

随着高炉生产的强化，提高高炉利用系数，降低焦比，需要提高风温。随之而来的是热风炉拱顶、热风出口、膨胀圈等处出现晶间应力腐蚀。为了解决这一问题，提出了采用加钼的热轧钢板来制作高风温热风炉拱顶。

钢锭模是钢液成锭的主要模具，工作条件严酷恶劣。浇锭初期，1550℃左右的钢液对锭模造成猛烈的冲击，随后锭模升温，使锭模承受热疲劳和处于组织相变的状态中，脱模时锭模承受强拉力作用，脱模后锭模内外表面骤冷，受到剧烈的反向热冲击，尤其是在冲水的条件下更加剧烈，锭模损坏快，消耗高。延长钢锭模使用寿命的主要方法是在其工作面上喷涂耐高温、抗氧化、高温耐磨性和耐蚀性的涂料。目前有耐火石墨涂料、有机涂料等。

6.5.2 矿山工业

在矿山开采过程中，竖井潮湿区的水及含硫、氮等化合物的腐蚀介质都会对采矿设备、管道造成腐蚀，这往往构成矿山开采过程中的安全隐患。一旦发生事故，将造成严重的经济损失甚至人员伤亡，因此，有必要采取适当的腐蚀防护措施，以确保矿山开采的安全正常运行。一般情况下，露天采矿设备在大气气氛下的腐蚀基本都是采取涂刷各种防腐涂料进行解决。在矿石开采过程中输送矿石的冲矿沟、选矿厂中各种矿浆流槽、自流矿浆管道、容器、缓冲箱、分配箱等磨蚀相当严重。

露天与地下采矿以及运输设备会受到冲击和磨损的双重伤害。在国际标准化组织腐蚀分类中，这类环境也属于C5-M的腐蚀环境。需要对设备采取涂装维护，以增加效率、延长设备使用寿命和改善工作环境。

在矿石的分拣和提炼过程中，需要耐化学、耐高温腐蚀的专业设备。该环境的腐蚀控制防护方式通常为超强耐化学品性能的衬里维修涂料。

6.6　工业管道及储罐（包括成品油、化工介质等）腐蚀

腐蚀是造成工业金属设施破坏的主要原因之一，它加剧了工业管道及储罐的损坏和人员伤亡，造成了工业生产的停工、停产、跑、冒、滴、漏等事故，且污染环境，危害人民健康。随着工业管道铺设规模的扩大和储罐使用量的剧增，研究其腐蚀机理，解决它们在服役过程中的腐蚀问题迫在眉睫。

6.6.1　工业循环水管道系统

在日常用水中，循环水的流动会造成大量的溶解盐依附于水管道内壁上，通常称为水垢。循环水在流动过程中，会对水管道设备造成腐蚀，这对于循环水系统来说具有严重危害。水垢的沉析会极大地降低热交换器的传热效率，严重的会造成管路堵塞。而腐蚀会对设备产生严重的危害，一般情况下会降低设备的使用年限，严重的会直接破坏设备，造成严重的安全事故。所以，应该重视水循环中的结垢和腐蚀问题。

1. 腐蚀行为

（1）电化学腐蚀　金属设备表面的不均匀会形成这些部位的电极电位的差别，两个电极电位不同的部分通过金属本体连成一个原电池，高电位者为阴极，低电位者为阳极，形成电化学腐蚀。同时，水中的盐离子含量对水的导电性也有一定的影响，盐离子的浓度大，导电性强，腐蚀加快；温度也是影响腐蚀速度的一个因素，一般情况下，温度越高，腐蚀越快。

（2）微生物腐蚀　微生物腐蚀是由于微生物在腐蚀过程中直接或间接的参与。微生物的腐蚀原理是：微生物参与了电化学腐蚀中的阴极去极化过程。正是由于硫酸盐还原菌将阴极部位的原子氢消耗了，使在缺氧条件下的电化学腐蚀得以继续。此外在阴极由于生成了硫化铁 FeS，Fe 对金属铁而言是阴极，同样会造成电化学腐蚀。微生物的分泌物造成充气差电池。铁细菌吸收水中二价铁离子，生成氢氧化铁并形成铁瘤，铁瘤或细菌与其周围充气差，可形成浓差电池。微生物代谢过程中生成各种酸，引起腐蚀。硫杆菌的代谢过程中会产生硫酸，其他细菌在代谢过程中也会产生各种有机酸，这些酸也会引起腐蚀。

2. 工业水循环系统的腐蚀控制

在循环水中一般采用热力除氧和投加缓蚀剂形成保护膜的方法来控制腐蚀，也有用涂料覆盖的方法来隔绝金属与水的直接接触，以达到控制腐蚀的目的。

（1）热力除氧　在循环水的给水中，通过热力除氧器来除去水中的氧，减少氧腐蚀。

（2）投加缓蚀剂　根据缓蚀剂对电化学腐蚀的控制部位不同可分为：阳极缓蚀剂、阴极缓蚀剂和混合型缓蚀剂。

（3）涂料覆盖的方法　此方法使金属与循环水隔绝，对控制腐蚀有良好效果，而且涂料耐高温而又几乎不影响传热效果，如环氧氨基树脂涂料。

6.6.2　工业储罐的腐蚀

1. 石油储罐的腐蚀机理及原因分析

石油储罐往往很容易遭受内、外环境介质的腐蚀。外部腐蚀为杂散电流干扰腐蚀、土壤腐蚀、大气腐蚀及保温层结垢吸水后的腐蚀。内部腐蚀则为石油储罐内积水、内部存储介质

及罐内凝结水汽所造成的腐蚀。

（1）罐体钢板的腐蚀　储罐底板会受到所处大气环境中的二氧化碳、水蒸气、氧、二氧化氮、硫化氢等物质的腐蚀。另外，大气环境中的水汽会在储罐底板冷凝而形成水膜，水膜会起到电解液的作用，进而电化学腐蚀罐体钢板。

（2）储罐内表面的腐蚀　储罐内表面会受到罐内水、氧等物质的影响而出现腐蚀现象，同时储罐中的石油会携带大量的腐蚀性离子，一旦与储罐内表面相互接触，那么就会在储罐内表面吸附上腐蚀性离子。腐蚀性离子随着时间的积累会越积越多，然后腐蚀储罐内表面。

（3）储罐底板的腐蚀　石油储罐内所贮藏的石油往往都会含有一定的水分，经过长时间的沉积，这些水分就会逐渐在储罐底部形成沉积水。虽然石油储罐底部会设置污水排放系统，但是往往不能排完沉积水，沉积水中含有大量的酸类物质、氧类物质、硫化物、氯化物等，它们会造成腐蚀。另外，储罐底部还会沉积大量的储罐腐蚀产物及石油中的固体杂质，它们会形成若干个腐蚀电池，产生电化学腐蚀。在多种介质同时存在的情况下，石油储罐会出现以下几种腐蚀。

1）H_2S 引起的腐蚀：$H_2S \longrightarrow H^+ + HS^-$　$Fe + HS^- \longrightarrow Fe + H^+ + 2e^-$　$2H^+ + 2e^- \longrightarrow H_2\uparrow$

2）CO_2引起的腐蚀：$CO_2 + H_2O \longrightarrow H_2CO_3$　$Fe + H_2CO_3 \longrightarrow FeCO_3 + H_2\uparrow$

3）在碱液环境下的直接腐蚀：$Fe \longrightarrow Fe^{2+} + 2e^-$　$Fe^{2+} + 2OH^- \longrightarrow Fe(OH)_2$

2. 石油管道的防腐蚀措施

（1）采用热喷涂铝技术　通常而言，罐内壁是石油储罐中腐蚀较为严重的部位，而采用热喷涂铝技术能够较好地解决这个问题。它能够避免罐内的 H_2S、氧气等腐蚀性物质与罐体进行反应，能够较好地避免出现油罐腐蚀的情况。储罐内壁热喷涂铝与其他喷涂方法相比，对人体健康的危害较小，投资节省 55%，结合强度大，还能够大大延长石油储罐的使用寿命。

（2）优化工程设计　石油储罐在设计过程中，除了要满足工艺要求外，还应该减少储罐内部腐蚀条件，避免出现流动不畅及死角。因此，与内浮顶油罐相比，外浮顶油罐更加适用于那些新设计建造的油罐。这是由于外浮顶油罐能够对罐内的含硫水分、硫化氢气体进行去除或者稀释，从而最大限度地避免出现罐内腐蚀现象。值得注意的是，在储罐建筑施工过程中，要注意将那些不合理沉降和焊接应力消除，确保质量。

（3）添加缓蚀剂　缓蚀剂能够有效地减缓石油储罐受腐蚀的程度，其用途主要有三类：第一类，用于气相部分；第二类，用于防止油层接触金属；第三类，用于防止底部沉积水腐蚀。

（4）涂料防护　涂料防护是石油储罐常用的防腐措施之一，一般会在石油储罐内涂刷三遍油罐防腐涂料，总厚度为 0.2~0.3mm。油罐防腐涂料的性能要高于普通涂料，要求具有较佳的防腐、防锈、耐候性能，对油品无污染，能够耐溶剂、抗静电。例如 H94 阻燃导静电耐温防腐涂料就是较佳的储罐防腐涂料，集阻燃、导静电、耐温、耐油、耐水、耐酸碱盐等介质于一体。涂料分为底层涂料和面层涂料两种，每种涂料均由甲、乙两组分组成。常温石油储罐涂装顺序如下：

① 第一道涂装：组分为底漆甲组分+乙组分，配比为 20∶1.1，颜色为酱红，标准厚度为 30~50μm，用漆量控制在 130g/m^2 左右。

② 第二道涂装：组分为底漆甲组分+乙组分，配比为 20∶1.1，颜色为酱红，标准厚度

为 30~50μm，用漆量控制在 $130g/m^2$ 左右。

③ 第三道涂装：组分为面漆甲组分+乙组分，配比为 20∶1.1，颜色为浅灰，标准厚度为 30~50μm，用漆量控制在 $130g/m^2$ 左右。

④ 第四道涂装：组分为面漆甲组分+乙组分，配比为 20∶1.1，颜色为浅灰，标准厚度为 30~50μm，用漆量控制在 $130g/m^2$ 左右。

高温石油储罐（80℃）的涂装顺序如下：

① 第一道涂装：组分为底漆甲组分+乙组分，配比为 20∶1.1，颜色为酱红，标准厚度为 30~50μm，用漆量控制在 $130g/m^2$ 左右。

② 第二道涂装：组分为底漆甲组分+乙组分+隔热材料，配比为 20∶1.1∶1.6，颜色为酱红，标准厚度为 60~80μm，用漆量控制在 $160g/m^2$ 左右。

③ 第三道涂装：组分为面漆甲组分+乙组分+隔热材料，配比为 20∶1.1∶1.6，颜色为浅灰，标准厚度为 60~80μm，用漆量控制在 $160g/m^2$ 左右。

④ 第四道涂装：组分为面漆甲组分+乙组分，配比为 20∶1.1，颜色为浅灰，标准厚度为 30~50μm，用漆量控制在 $130g/m^2$ 左右。

6.6.3　长输管道腐蚀体系

埋地钢质管道发生腐蚀有四大影响因素，即环境、腐蚀防护效果、钢管材质及制造工艺、应力水平。管道的腐蚀破坏是上述诸因素相互影响的结果。

1. 埋地管道所处的环境

埋地管道在工作环境下，受着多种腐蚀，主要腐蚀情况有：土壤腐蚀、细菌腐蚀和杂散电流腐蚀。土壤是具有固、液、气三相的毛细管多孔性的胶质体，土壤的空隙为空气和水所充满，水中含有一定的盐使土壤具有离子导电性；土壤物理化学性质的不均匀性和金属材质的电化学不均匀性，构成了埋地管道的电化学腐蚀条件，从而产生土壤腐蚀。

在一些缺氧的土壤中有细菌（硫酸盐还原菌）参加了腐蚀过程。细菌的作用是参加电极反应将可溶性硫酸盐转化为硫化氢与铁作用，产生细菌腐蚀。此种反应因需具备缺氧条件，在低水位、强盐碱的滨海地区，细菌腐蚀不占主导地位。

杂散电流是在地下流动的防护系统设计之外对金属管道产生腐蚀破坏作用的电流，杂散电流腐蚀包括直流杂散电流腐蚀和交流杂散电流腐蚀。直流杂散电流腐蚀原理与电解腐蚀类似；交流杂散电流是管道附近高压电力线产生的二次感应交流电叠加在管道上形成电化学电池产生的腐蚀，其腐蚀量较小，但集中腐蚀性强。

2. 腐蚀防护效果

腐蚀防护是控制管道是否会发生腐蚀破坏的关键因素。目前管道的腐蚀防护采用了双重措施，即防腐覆盖层与阴极保护（外加电流或牺牲阳极、排流）。防腐覆盖层至关重要的是能抵御现场环境腐蚀，保证与钢管牢固黏结，尽可能不出现阴极剥离，造成阴极死区。一旦发生局部剥离，就必须调整外加电流阴极保护系统运行参数，有效控制死区腐蚀，以达到防护效果。

3. 钢管的材质与制造

钢管的材质与制造因素是管道腐蚀的内因，特别是钢材的化学组分与微晶结构，非金属组分含量高，如 S、P 易发生腐蚀，C、Si 易造成脆性开裂。微晶细度等级低，裂纹沿晶粒扩展，易发生开裂，加入微量镍、铜、铬可提高耐蚀性。在钢管制造过程中，表面存在缺陷如划痕、凹坑、微裂等，也易造成腐蚀开裂。管道运行过程中使用应力管道运行时，输送压力与压力波动是应力腐蚀开裂的又一重要因素。过高的压力使管壁产生过大的使用应力，易使腐蚀裂纹扩展；压力循环波动也易使裂纹扩展。当裂纹扩展达到临界状态时，管道就会发生断裂破坏，甚至引起爆炸（如输气管道）。

思考题

1. 工业环境中材料的腐蚀主要有哪些类型？试举例说明。
2. 简述金属在无机酸中的腐蚀特征及影响因素。
3. 什么是铂盐效应，其产生原因是什么？
4. 什么是金属的钝化和过钝化现象？简述其原因。
5. 简述硝酸腐蚀电极过程的特性并写出阴极还原过程电极反应式。
6. 为什么说铝是制造浓硝酸设备的优良材料？
7. 简述金属在碱溶液中的腐蚀特点及影响因素。
8. 什么是“碱脆”现象？其危害是什么？
9. 氯碱行业的腐蚀包括哪些？有哪些防护措施？
10. 什么是盐腐蚀？影响盐腐蚀的因素有哪些？
11. 石油开采过程中易发生腐蚀的环节主要包括哪些？
12. 简要说明钻井过程中金属局部腐蚀的类型及特征。
13. 简述防止石油勘探开采过程发生腐蚀可采取的措施。
14. 简述影响石油化工设备腐蚀的因素及防护措施。
15. 简述合成氨环境中高温氢腐蚀的形貌特征及防护措施。
16. 简述核电材料的腐蚀行为。
17. 简述工业烟囱的防腐要求。
18. 工业循环水系统中主要发生的腐蚀行为有哪些？
19. 简述石油管道的防腐措施。

第 7 章 金属材料的耐蚀性能

到目前为止，金属材料仍然是各类工程和结构中使用的主要材料，因而也是腐蚀的主要对象。为了适应广泛和日益提高的应用需求，人们已经发展了多种类的合金体系，显示了丰富多彩的性能。本章将从了解纯金属的耐蚀性入手，进而根据腐蚀的电化学原理讨论提高金属材料耐蚀性的合金化途径，最后介绍几种典型合金体系的耐蚀性。

7.1 纯金属的耐蚀性

虽然工程中使用的金属材料多是合金，但出于耐蚀的目的，纯金属的用量也在不断地增多，同时，各种合金也是以纯金属为组元形成的，因此，有必要了解纯金属的耐蚀性。

7.1.1 纯金属的热力学稳定性

各种金属在电解质中的热力学稳定性，可根据金属标准电极电位来近似地判断。标准电极电位越负，则热力学上越不稳定；而标准电极电位越正，则热力学上越稳定。在电解质环境中，腐蚀发生的可能性取决于金属的标准电极电位和氧化剂的电极电位两者，即取决于腐蚀电池的电动势。例如，Cu 在盐酸中不会发生析氢腐蚀，但可以发生缓慢的吸氧腐蚀；Cu 在硝酸中由于硝酸根的还原可以发生快速腐蚀。

表 7-1 是金属的标准电极电位序和腐蚀的热力学可能性。根据 pH = 7（中性溶液）和 pH = 0（酸性溶液）的氢电极（-0.414V；0.000V）和氧电极（+0.815V；+1.23V）的平衡电位值，可分为 5 个具有不同热力学稳定性的组。从表 7-1 中的数据可以看出：

1）有些金属，如 Fe、Cu、Hg 等，有几种氧化方式，所以，对不同的电极反应（形成价数不同的离子）有不同的电位。因此，根据具体的反应，它们可能排在不同的组别。

2）金属的电位越负，氧化剂的电位越正，金属越容易腐蚀。因此，在自然条件下，或在中性水溶液介质中，甚至在无氧存在时，很多金属在热力学上是不稳定的。只有极少数金属（4、5 组）可视为稳定的。即使电极电位很正的金属（4 组），在强氧化性介质中，也可能变为不稳定。如在含氧的酸性介质中，只有金可以认为是热力学稳定的；但在含有络合剂的氧化性溶液中，金的电极电位变负，也成为热力学上不稳定的金属。

7.1.2 金属的耐蚀性与元素周期表

元素周期表是根据原子序数与结构排列的，金属在元素周期表中的位置反映了其热力学稳定性的内在因素，因此金属的耐蚀性与其位置存在一定的关系。就一般的耐蚀性而言，随着原子序数的增加，可以看出金属的耐蚀性呈现出一定的周期性变化。

表 7-1　金属在 25℃时的标准电极电位（E_H^0）及其腐蚀倾向的热力学特性

（电极反应 $M=M^{n+}+ne^-$，在表中用 $M-ne^-$ 符号表示）

热力学稳定性的一般特性	金属及其电极反应	E_H^0/V	热力学稳定性的一般特性	金属及其电极反应	E_H^0/V
1. 热力学上很不稳定的金属(贱金属)，甚至在不含氧的中性介质中也能被腐蚀	$Li-e^-$	−3.045	2. 热力学上不稳定的金属(半贱金属)，无氧时在中性介质中是稳定的，但在酸性介质中能被腐蚀	$Cd-2e^-$	−0.402
	$Re-e^-$	−2.925		$In-3e^-$	−0.342
	$Rb-e^-$	−2.925		$Tl-e^-$	−0.336
	$Cs-e^-$	−2.923		$Mn-3e^-$	−0.283
	$Ra-2e^-$	−2.92		$Co-2e^-$	−0.277
	$Ba-2e^-$	−2.90		$Ni-2e^-$	−0.250
	$Sr-2e^-$	−2.89		$Mo-3e^-$	−0.20
	$Ca-2e^-$	−2.87		$Ge-4e^-$	−0.15
	$Na-2e^-$	−2.714		$Sn-2e^-$	−0.136
	$La-3e^-$	−2.52		$Pb-2e^-$	−0.126
	$Ce-3e^-$	−2.48		$W-3e^-$	−0.11
	$Y-3e^-$	−2.372		$Fe-3e^-$	−0.037
	$Mg-2e^-$	−2.37	3. 热力学上中等稳定的金属(半贵金属)，当无氧时，在中性和酸性介质中是稳定的	$Sn-4e^-$	+0.007
	$Am-3e^-$	−2.32		$Bi-3e^-$	+0.216
	$Sc-3e^-$	−2.08		$Sb-3e^-$	+0.24
	$Pu-3e^-$	−2.07		$Re-3e^-$	+0.30
	$Th-4e^-$	−1.90		$As-3e^-$	+0.30
	$Np-3e^-$	−1.86		$Cu-2e^-$	+0.337
	$Be-2e^-$	−1.85		$Te-2e^-$	+0.40
	$U-3e^-$	−1.80		$Co-3e^-$	+0.418
	$Hf-4e^-$	−1.70		$Cu-e^-$	+0.521
	$Al-3e^-$	−1.66		$Rh-2e^-$	+0.60
	$Ti-2e^-$	−1.63		$Tl-3e^-$	+0.723
	$Zr-4e^-$	−1.53		$Pb-4e^-$	+0.784
	$U-4e^-$	−1.50		$Hg-e^-$	+0.789
	$Ti-3e^-$	−1.21		$Ag-e^-$	+0.799
	$V-2e^-$	−1.18		$Rh-3e^-$	+0.80
	$Mn-2e^-$	−1.18	4. 高稳定性金属(贵金属)，在含氧的中性介质中不腐蚀，在含氧或氧化剂的酸性介质中可能腐蚀	$Hg-2e^-$	+0.854
	$Nb-3e^-$	−1.10		$Pb-2e^-$	+0.987
	$Cr-2e^-$	−0.913		$Ir-3e^-$	+1.00
	$V-3e^-$	−0.876		$Pt-2e^-$	+1.19
	$Ta-Ta_2O_3$	−0.81	5. 完全稳定的金属，在含氧的酸性介质中是稳定的，含氧化剂时能够溶解在络合剂中	$Au-3e^-$	+1.50
	$Zn-2e^-$	−0.762		$Au-e^-$	+1.68
	$Cr-3e^-$	−0.74			
	$Ga-3e^-$	−0.53			
	$Fe-2e^-$	−0.440			

普遍规律如下：

1）对于常见金属，在同一族中，金属的热力学稳定性随元素的原子序数增大而增加。

稳定性增大↓					
	Cu	Zn	Fe	Co	Ni
	Ag	Cd	Ru	Rh	Pd
	Au	Hg	Os	Ir	Pt

2）最容易钝化的金属位于长周期的偶数列的Ⅳ、Ⅵ族。

Ti	V	Cr	Fe	Co	Ni
Zr	Nb	Mo	Ru	Rh	Pd
Hf	Ta	W	Os	Ir	Pt

这些都是原子的内电子层未被填满的金属。在同一族中，随着原子序数的增大，金属呈现的钝态稳定性略减。

3）活性最强的金属位于第Ⅰ主族，比较不稳定的金属则位于第Ⅱ主族。它们的活性按箭头的方向而顺序增加：

活性增加 ↓		
	Li	Be
	Na	Mg
	K	Ca
	Rb	Sr
	Cs	Ba
	Fr	Ra

7.1.3 影响纯金属耐蚀性的动力学因素

除了根据热力学稳定性判断金属的耐蚀性之外，还必须考虑动力学因素。有些金属，虽然在热力学上是不稳定的，但是在适宜的条件下，能发生钝化而转为耐蚀性金属。常见的最易钝化的金属有 Zr、Ti、Nb、Ta、Al、Cr、Be、Mo、Mg、Ni、Co、Fe 等。多数是在氧化性介质中容易钝化，而在含 Cl^-、Br^-、F^-等离子的介质中，钝态易受破坏。也有些在热力学上不稳定的金属，在腐蚀过程中由于生成一层比较致密的保护性良好的腐蚀产物层，从而提高了它们的耐蚀性，例如，铁在磷酸盐中、锌在大气中、铅在硫酸溶液中等的腐蚀均属于此。

7.2 提高金属材料耐蚀性的合金化原理和途径

工业上以纯金属作为耐蚀材料使用的情况有限，应用较多的则是 Fe、Cu、Ni、Ti、Al、Mg 等金属的合金。因而，了解如何通过合金化来提高金属材料的耐蚀性是十分必要的。

由第 2 章的腐蚀电池电极的极化理论可知：

$$I=\frac{E_c^0-E_a^0}{P_c+P_a+R}$$

耐蚀合金化可以通过对腐蚀过程的热力学和动力学参数的控制来实现，其耐蚀合金化途径的极化图如图 7-1 所示。

7.2.1 提高金属的热力学稳定性

金属腐蚀电池的电动势 $E_c^0-E_a^0$是腐蚀过程的推动力，可以反映金属发生腐蚀可能性的大小。在 P_c、P_a和 R 不变的情况下，$E_c^0-E_a^0$越小，则腐蚀电流越小。在腐蚀体系确定的情况下，假定 E_c^0 值不变，则必须增大 E_a^0值才能使 $E_c^0-E_a^0$值减小，从而减小腐蚀电流。E_a^0 值越正，反映了金属的热力学稳定性越高。

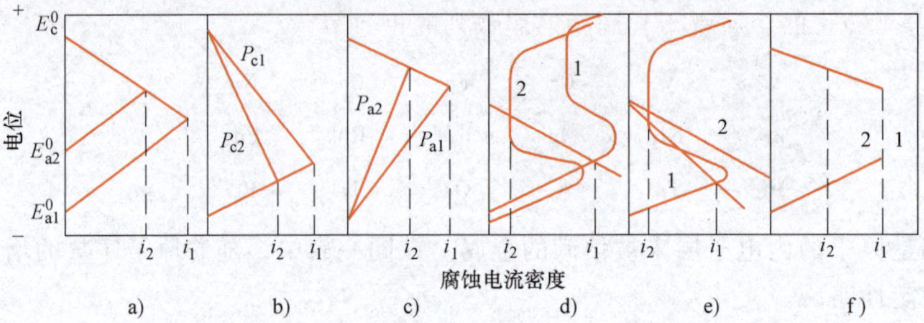

图 7-1　表明耐蚀合金化途径的极化图

a）提高阳极金属的平衡电位　b）增加阴极极化率　c）增加阳极极化率

d）加入易钝化元素使之钝化　e）加入强阴极性元素促进阳极钝化　f）增大腐蚀体系电阻

因此，在平衡电位较低、耐蚀性较差的金属中加入平衡电位较高的合金元素（通常为贵金属），可使合金的 E_a^0 升高，增加热力学稳定性，使腐蚀速度降低，如图 7-1a 所示。例如，在 Cu 中加 Au，在 Ni 中加 Cu。这是由于合金化形成的固溶体或金属间化合物使金属原子的电子壳层结构发生变化，使合金能量降低的结果。

合金的电位与其成分的关系尚无法根据理论进行计算，但是人们也发现了一些实验规律。早在 1919 年，Tammann（塔曼）发现在一些二元固溶体合金中合金组分原子分数为 $n/8$（$n=1$、2、3、4）时，在某些腐蚀介质里的腐蚀速度发生显著变化（图 7-2），这就是著名的塔曼定律或 $n/8$ 定律。以 Cu-Au 合金为例，在 90℃ 的浓硝酸中，当 x_{Au} 为 0.50 时，化学稳定性突然增高（图 7-3）。$n/8$ 定律只是实验规律，并不能解释所有合金的腐蚀现象，目前对 $n/8$ 定律也缺乏满意的理论解释。

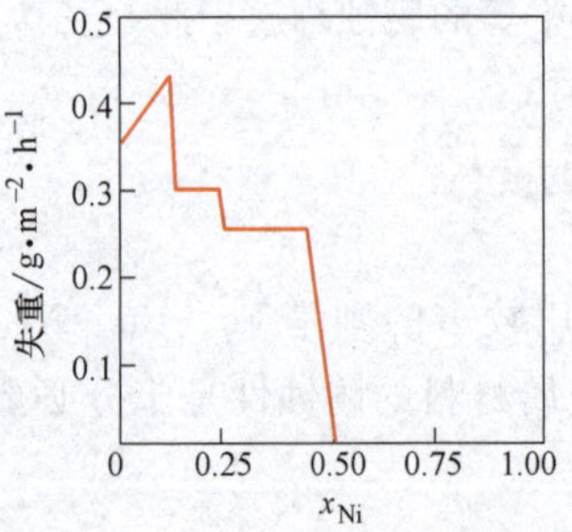

图 7-2　Ni 含量对 Cu-Ni 合金在氨溶液中浸泡 120h 腐蚀速度的影响

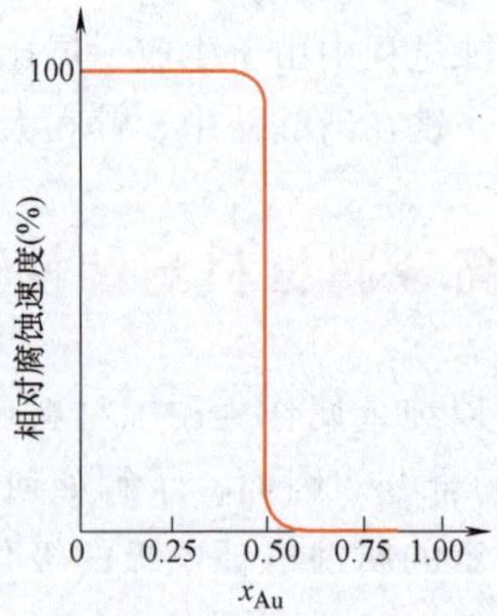

图 7-3　Cu-Au 合金在 HNO_3（90℃、相对密度为 1.3）中的化学稳定性与合金成分的关系

耐蚀 Ni-Cu 合金是应用上述原理的典型例子。Ni 中加入 Cu 后可以提高在稀盐酸、硫酸、磷酸、氢氟酸中的耐蚀性。但是必须指出，通过加入热力学稳定的合金元素提高合金耐蚀性，在实际中的应用是有限的。原因是：一方面需要使用大量的贵金属，例如，在 Cu-Au 合金中，Au 的加入量需要达到 25%~50%（原子百分比），价格过于昂贵；另一方面，合金元素在固体中的固溶度往往有限，很多合金难以形成高含量合金组元的单一固溶体。

7.2.2　阻滞阴极过程

在其他条件不变的情况下，可以通过增加阴极极化率 P_c，使阴极反应受阻，达到降低腐蚀电流的目的（图7-1b）。在腐蚀过程主要受阴极控制，阴极过程的阻滞不是靠浓差极化，而是取决于阴极去极化剂还原过程的动力学时，采用合金化的办法阻滞阴极过程可以使腐蚀减轻。

对于阴极析氢腐蚀过程，可以通过以下两种方法阻滞阴极过程，提高合金的耐蚀性。

(1) 消除或减少阴极面积　阴极析氢过程主要在析氢过电位低的阴极性组分或第二相夹杂上进行。减少它们的数量或面积，将增加阴极反应电流密度，从而增加阴极极化程度，提高合金的耐蚀性，因此在冶炼时提高合金的纯净度是十分有益的。图7-4及图7-5所示分别是微量阴极性杂质对Zn、Al在非氧化性酸中腐蚀速度的影响。此外，还可通过固溶处理来消除或减少阴极相的有害作用，如硬铝的固溶处理以及碳钢、马氏体不锈钢的淬火处理便能提高耐蚀性。但这种方法有局限性，因为在确保合金力学性能的固溶（或淬火）后进行的时效（或回火）处理过程中，阴极相会重新出现。

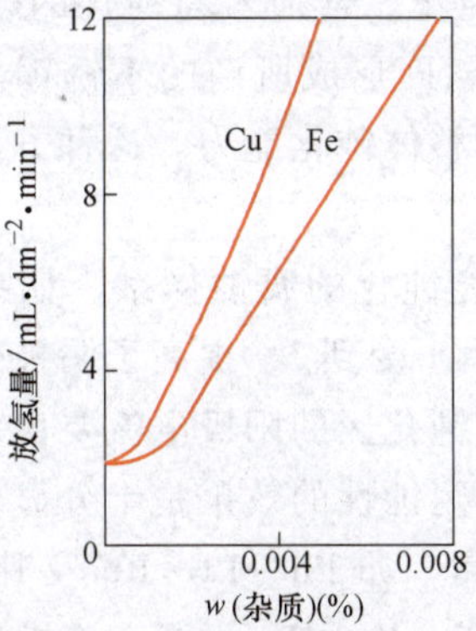

图7-4　微量杂质Cu和Fe对99.992%（质量分数）Zn在浓度为88.2g/L的H_2SO_4中溶解速度的影响

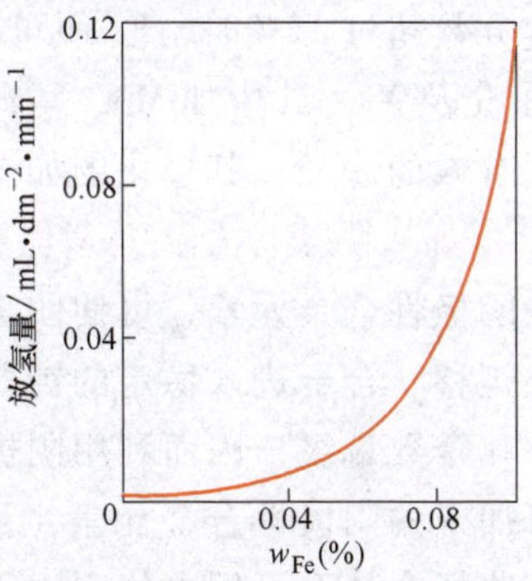

图7-5　微量杂质Fe对99.998%（质量分数）Al在浓度为73g/L的HCl中溶解速度的影响

(2) 提高阴极析氢过电位　各种合金或杂质元素对Zn在硫酸中腐蚀速度的影响如图7-6所示，这种影响与它们的析氢过电位有关。在合金中加入析氢过电位高的元素，可以显著降低合金的腐蚀速度。工业Zn中常含有电位较高的Fe或Cu等金属杂质，由于Fe、Cu的析氢过电位较低，析氢反应交换电流密度高，因而成为Zn在酸中腐蚀的有效阴极区，加速Zn的腐蚀；相反，加入析氢过电位高的Cd或Hg，由于增加了析氢反应的阻力，可使Zn的腐蚀速度显著降低。因此，沿着这一思路，可以通过加入微量的Mn、As、Sb、Bi等元素，提高合金的耐蚀性。

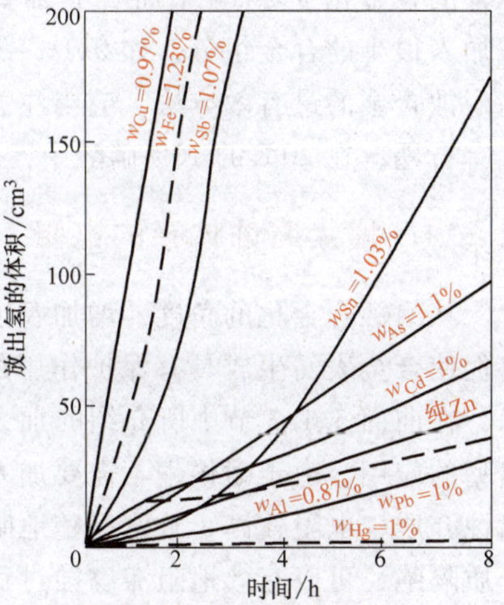

图7-6　合金元素对Zn在浓度为24.5g/L的H_2SO_4中腐蚀速度的影响

7.2.3　阻滞阳极过程

通过增加阳极极化率P_a，使阳极过程受阻，也可降低腐蚀电流。特别是通过合金化使之从活化态变为钝态，腐蚀电流将降低得非常显著；还可以通过加入少量阴极性元素使尚未钝化的体系进入钝态。

降低阳极活性，阻滞阳极过程的进行可有效提高合金的耐蚀性，有以下三种途径：

(1) 减少阳极相的面积 在合金的基体是阴极，而第二相或合金中其他微小区域（如晶界）是阳极的情况下，如能减少这些阳极的面积，则可增加阳极极化电流密度，阻滞阳极过程的进行，使合金的总腐蚀电流减小（图 7-1c），有可能提高合金的耐蚀性，但也有可能加大局部腐蚀的危险性。例如，在海水中 Al-Mg 合金中的第二相 Al_2Mg_3 是阳极，随着 Al_2Mg_3 逐渐被腐蚀掉，阳极面积减小，腐蚀速度降低。又如，通过提高合金的纯度或采用适当的热处理，使晶界变细或减少杂质的晶界偏析，以减小阳极的面积，由此提高合金的耐蚀性。然而，当阳极相构成连续的通道时，大阴极、小阳极则加剧了局部腐蚀。例如，不锈钢晶界贫铬时，减少阳极区面积而不消除阳极区反会加重晶间腐蚀。

(2) 加入易于钝化的合金元素 工业合金的主要基体金属（Fe、Al、Mg、Ni 等）在特定的条件下都能够钝化，但它们的钝化能力还不够高。例如，Fe 要在强氧化性条件下才能自钝化，而在一般的自然环境里（如大气、水介质）不钝化。若加入易钝化的合金元素 Cr 的质量分数超过 12%时，Fe 便可在自然环境里保持钝态，即形成所谓的不锈钢。此外，铸铁中加 Si 及 Ni，Ti 中加 Mo，均源于此理，可促进合金的整体钝化能力。这种方法是耐蚀合金化最有效的途径，其极化图如图 7-1d 所示。

(3) 加入阴极性合金元素促进阳极钝化 对于有可能钝化的腐蚀体系，如果在合金中加入强阴极性合金元素，可使图 7-1e 中的阴极极化曲线由 1 变到 2，提高了阴极效率，使腐蚀电位正移，合金进入稳定的钝化区而耐蚀。由于在稳定钝化区的阳极电流要比活化溶解的电流小几个数量级，因而利用阴极性元素合金化提高合金耐蚀性的效果是十分显著的。

可加入的阴极性合金元素主要是一些电位较正的金属，如 Pd、Pt、Ru 及其他 Pt 族金属，有些场合甚至可用电位不太正的金属，如 Re、Cu、Ni、Mo、W 等。应该指出，加入的阴极性合金元素电位越正，阴极极化率越小，实现自钝化的作用就越有效。此外，与易钝化元素的合金化（如 Fe 中加 Cr）需要加入较大量合金组分不同，加入阴极性元素的合金化只需加入很少的合金组分，如 0.1%~0.5%，有时甚至只需 0.01%；二者同时加入，将是获得高耐蚀合金的最有效方法。应当注意，这种方法只适用于可钝化的腐蚀体系。例如灰铸铁中含有石墨，在 20℃的 10%硝酸中，石墨的存在使基体 Fe 处于钝态，而碳钢则不能自钝化。

7.2.4 增大腐蚀体系的电阻

从耐蚀合金化的角度，增加腐蚀体系的电阻 R 主要是指合金中加入的一些合金元素能够促使合金表面生成具有保护作用的腐蚀产物，从而降低腐蚀电流，其极化图如图 7-1f 所示。在前面 5.1.3 节中所介绍的加入 Cu、P、Cr 等元素的低合金耐候钢就是这一原理最为典型的应用。由于耐候钢不需要加入大量的易钝化元素，就可以生成含有这些元素的不溶于腐蚀介质、电阻较高、致密完整地附着在合金表面的腐蚀产物。这层腐蚀产物将合金与腐蚀介质隔绝，可以有效地阻滞腐蚀过程的进行，提高耐大气腐蚀性能，因而可极大地提高材料的使用效率。

7.3 各类耐蚀金属材料

根据研究耐蚀金属材料的目的不同，有下列三种分类方法：

(1) 按金属材料的成分分类 可分为 Fe、Ni、Cu、Al、Ti、Mg 合金，Pb、Sn、Zn、Cd 重金属合金，W、Mo、Ta、Nb 难熔金属合金，以及 Au、Ag、Pt 贵金属合金等。

(2) 按金属材料的耐蚀性分类

1) 不锈合金——主要是指在大气条件下，以及在中性电解质中耐腐蚀的合金。

2) 耐酸合金——或者说是化学稳定的合金，这类合金对各种化学试剂，主要是对活性的酸稳定。又可细分为对盐酸、硝酸、硫酸、碱及其他介质稳定的合金。

3) 耐热合金——在高温下对气体腐蚀稳定的合金。

4) 耐其他形式腐蚀（耐磨蚀、耐应力腐蚀、耐腐蚀疲劳等）的合金。

(3) 按金属材料的组织结构来分类 可分为固溶体、双相或多相合金、沉淀硬化等复杂合金。

下面将有选择地阐述一些典型合金体系的耐蚀性。

7.3.1 铁基合金

铁基合金（铸铁与各类钢）是常用金属材料中最大的一类，在某些情况下，它具有可令人满意的耐蚀性，同时又具有较好的综合力学性能。它的价格较为便宜，矿藏丰富，制造工艺简便，因此获得了广泛的应用。

1. 铁及铸铁的耐蚀性

Fe 的耐蚀性：与平衡电位相邻近的金属（如 Al、Ti、Zn、Cr、Cd 等）相比，Fe 在自然环境（大气、天然水、土壤等）中的耐蚀性能最差。其原因主要是：

1) Fe 及其氧化物上的氢过电位低，这使 Fe 在酸性天然水中靠氢去极化的腐蚀过程易于进行（与 Cd 和 Zn 不同，这两种金属上的氢过电位很大）。

2) Fe 及其氧化物上的氧离子化过电位的数值低，因此，氧去极化的腐蚀过程得以快速进行，特别是在氧的供应十分充分的条件下（例如，在海水剧烈运动时）。

3) 铁锈层中 Fe^{3+} 参与去极化作用，在表面形成锈层后的大气腐蚀中，阴极上：$Fe^{3+} + e^{-} \rightarrow Fe^{2+}$，而在大气中氧的作用下 Fe^{2+} 重又被氧化成 Fe^{3+}。

4) 石墨与渗碳体（Fe_3C）具有相当高的阴极效率。如灰铸铁在酸性水溶液中溶解速度相当高。

5) Fe 腐蚀产物的保护性能相当差，可能是最初形成的 $Fe(OH)_2$ 较易溶解所致。

6) 易形成氧浓差电池，这将引起缝隙腐蚀，加剧在土壤中的局部腐蚀。

7) 在自然条件下钝化能力弱，Fe 在含有溶解氧的水溶液中远不如 Al 和 Cr 稳定。

下面简单介绍铁在无机酸中的腐蚀。

1) 盐酸。对于 Fe 来讲，盐酸是含活性离子的非氧化性酸，随着酸浓度的增加，腐蚀速度按指数关系上升，如图 7-7 所示。

2) 硫酸。Fe 在硫酸中的腐蚀速率在低浓度段随着浓度的增加而急剧增加（图 7-8），阴极过程是析氢反应。当硫酸浓度为 47%～50%时腐蚀速率达最大值，它相应于硫酸活度的最大值（pH 值的最小值）；而后腐蚀速率下降，硫酸浓度达 70%～100%时，腐蚀速率就十分低了，这是由于表面生成了难溶的腐蚀产物膜的结果。随着发烟硫酸中过剩的 SO_3 的出现及含量的增加，腐蚀速率又重新增大。当过剩的 SO_3 的质量分数为 18%～20%时，出现第二个最大值，但当 SO_3 的含量继续增大时，腐蚀速率再度下降。

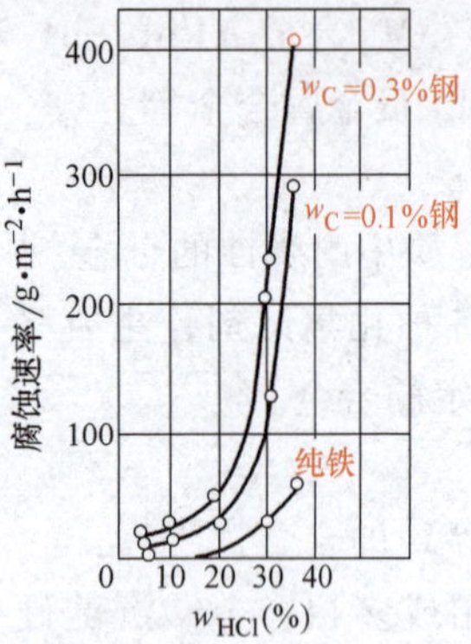

图 7-7 钢铁在盐酸中的腐蚀速率与浓度的关系

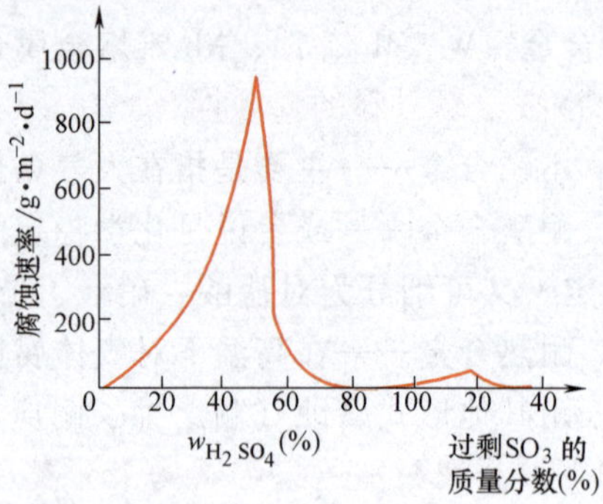

图 7-8 在 20℃时 Fe 的腐蚀速率与硫酸浓度之间的关系

3）氢氟酸。Fe 在稀氢氟酸溶液中（w_{HF}=48%~50%以下）很快被破坏，而在比较浓的氢氟酸中（w_{HF}=60%~95%）Fe 是稳定的。如果氢氟酸的质量分数不低于 60%，用铁桶运输这种酸是允许的，但铁桶须预先在质量分数为 58%的 HF 溶液中处理 48h。

4）硝酸。当硝酸的浓度接近 50%（质量分数）或更高时，Fe 成为钝态，此时 Fe 的电位近似地等于 Pt 的电位。图 7-9 显示了碳钢的腐蚀速率与硝酸浓度的关系。腐蚀速度最大值的坐标取决于温度、钢的成分（如碳含量）以及硝酸的纯度（亚硝酸或尿素的含量）。

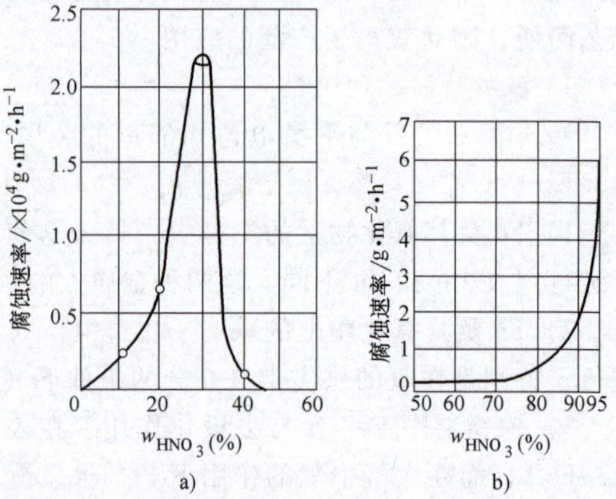

图 7-9 碳钢（w_C=0.3%）的腐蚀速率与硝酸浓度的关系

有机酸中，对 Fe 腐蚀最强烈的是草酸、蚁酸、醋酸及柠檬酸，但比在相同浓度的无机酸中腐蚀要弱得多。Fe 在有机酸中的腐蚀随着氧的通入及温度的升高而加快。

溶解在水中的 CO_2 对 Fe 的腐蚀无特殊影响，因为在通常情况下，CO_2 并不是阴极去极化剂。但是碳酸，由于可以发生氢去极化的腐蚀，导致 Fe 的腐蚀加速。

在常温下，Fe 在碱中是十分稳定的。实际上当水中 NaOH 的含量高于 1g/L 时，Fe 的腐蚀就停止了（当通氧时）。当 NaOH 浓度高于 30%（质量分数）时，膜的保护性开始降低，因为在此条件下膜可能溶解形成铁酸盐。该过程随温度的升高而加快。当游离碱的浓度超过 50%时，Fe 发生强烈腐蚀。

当有拉应力存在时，若其数值接近屈服点，钢在浓碱中，或甚至在稀而热的碱溶液中能发生应力腐蚀断裂——碱脆。Fe 在氨溶液中是稳定的，但在热而浓的氨溶液中，Fe 缓慢腐蚀。

铸铁的耐蚀性及其应用：铸铁通常是不耐腐蚀的，在铸铁中加入了各种合金元素，可产生各类耐蚀合金铸铁。

（1）高合金铸铁

1）高 Si 铸铁。在 w_C=0.5%~1.1%的铸铁中加入质量分数为 14%~18%的 Si，便具有优良的耐酸性能，它对热硫酸、室温盐酸、浓硝酸、磷酸、有机酸等都有良好的耐蚀性。这是由于表面形成了一层主要是由 SiO_2 构成的致密保护膜所致。高 Si 铸铁不仅耐酸性能优越，而且价格便宜，缺点是力学性能较差，易脆裂。加入稀土、Cu 能改善铸铁的力学及耐蚀性，加入 Mo 能改善耐盐酸腐蚀的性能。

2）高 Ni 铸铁。一般 w_{Ni} = 14%~30%，同时加入一定的 Cr、Mo 或 Cu，组织为奥氏体。这种铸铁具有极好的耐碱腐蚀的性能。在高温、高浓度的碱性溶液中，甚至在熔融的碱中都耐蚀，在海洋大气及海水中也有非常好的耐蚀性。

3）高 Cr 铸铁。w_{Cr} = 15%~30%，在氧化性介质表面发生钝化，一部分 Cr 与铸铁中的 C 形成碳化物。高 Cr 铸铁具有优良的耐磨性及耐腐蚀磨损性能，还有优良的抗氧化性能。

（2）低合金铸铁　铸铁中加入少量合金元素，在一定程度上能提高其耐蚀性，这类铸铁称为低合金耐蚀铸铁。常用的合金元素有 Cu、Sb、Sn、Cr、Ni 等。如加入质量分数为 0.1%~1%的 Cu 及质量分数≤0.3%的 Sn，可提高耐大气腐蚀性能；加入质量分数为 0.4%~0.8%的 Cu 及质量分数为 0.1%~0.4%的 Sb，可适用于近海的污染海水中；加入质量分数为 2%~3%的 Ni，能提高耐碱腐蚀的性能；加入质量分数为 4.5%的 Ni 及质量分数为 1.5%的 Cr 可改善耐海水冲刷腐蚀性能。

2. 碳钢和低合金钢的耐蚀性

碳钢不耐蚀，低合金钢的耐蚀性也是有限的，它们在强腐蚀介质和自然环境中都不耐蚀，需要采取相应的保护措施。但碳钢在室温的碱或碱性水溶液中是耐蚀的，故当水溶液中 NaOH 含量超过 1g/L 时（pH>9.5），在有氧存在的条件下，碳钢不发生腐蚀。但在浓碱溶液中，特别是在高温情况下，碳钢不耐蚀。

低合金钢通常指的是钢中合金元素总的质量分数低于 5%的合金钢。由于添加合金元素，钢的耐蚀性得到提高，能适用于一定的腐蚀环境。

（1）低合金耐蚀钢中合金元素的作用　低合金钢中合金元素的作用主要是提高表面锈层的致密性、稳定性和附着性。能够改善钢的耐蚀性的元素有铜、磷、铬、镍、硅、钼、稀土等，这些元素对耐蚀性的作用如下：

1）铜。促使钢表面的锈层致密且提高附着性，从而延缓腐蚀。铜能显著改善钢的耐大气和海水腐蚀性能，当铜与磷共同加入钢中时作用更显著。铜的质量分数一般为 0.2%~0.5%。

2）磷。促使锈层更加致密，增大了电阻，与铜联合作用时效果尤为明显，磷的质量分数一般为 0.06%~0.10%，加入量过多会增大钢的低温脆性。

3）铬。铬是钝化元素，但在低合金钢中含量较低，不能形成钝化膜，主要作用仍是改善锈层的结构，经常与铜同时使用，加入量一般为 0.5%~3%。

4）镍。能使钢的自腐蚀电位向正方向变化，增加钢的稳定性。A588 耐候钢中镍含量（质量分数）每增加 0.1 %，腐蚀引起的损失减少 4%，腐蚀速率减小 7%（经过 11 年暴露）。

5）硅。与铜、铬、磷、钙等元素配合使用，改善钢的耐候性，较高的硅含量有利于细化 α-FeOOH，降低钢整体的腐蚀速率。

6）钼。在钢中加入质量分数为 0.2%~0.5%的钼能提高锈层的致密性和附着性，并促进生成耐蚀性良好的非晶态锈层。能有效抑制 Cl^- 离子侵入，提高钢在海洋大气下的耐蚀性。

7）稀土。稀土在钢材表面能形成致密的稀土氧化膜，降低含磷钢中磷的偏析；铈能降低铜的活度，提高铜在钢中的利用率；稀土在晶界上富集，提高了晶界部分的电位，并抑制碳向该处偏聚；稀土对氢的溶解作用很大，使阴极强烈极化。

8）碳。碳在钢中能形成 Fe_3C，使耐蚀性明显下降，因此耐腐蚀低合金钢中的碳质量分数一般不超过 0.10%~0.20%。

（2）低合金耐蚀钢的种类　按耐腐蚀的环境，低合金耐蚀钢可以分为以下几种：

1）耐大气腐蚀低合金钢。由于阳极控制是大气腐蚀的主要因素，因此合金化对提高钢的耐蚀性有较大的效果，合金化元素中以 Cu、P、Cr 元素的效果最为明显。

耐大气腐蚀低合金钢中最有效的元素是 Cu，一般质量分数为 0.2%~0.5%。通常认为，Cu 在内锈层富集，提高了锈层的致密性和附着性。Cu 在钢中还能抵消 S 的有害作用，原因是 Cu 和 S 能生成难溶的硫化物。

P 是提高耐大气腐蚀性能的另一有效元素。一般钢中 P 的质量分数为 0.06%~0.10%，P 含量过高，会导致钢的韧性降低，特别会出现低温脆性。

Cr 是能提高耐大气腐蚀性能的有效合金元素之一，但也只有与 Cu 同时存在时，效果才明显。当钢中含质量分数为 1% 的 Cr 与 0.1% 的 Cu 时，耐蚀性可提高 30%。Cr 在耐候钢中的质量分数为 0.5%~3%。

我国耐候钢的发展结合我国的资源特点，发展了铜系（16MnCu 钢、09MnCuPTi 钢、15MnVCu 钢及 10PCu 稀土钢）、磷钒系（12MnPV 或 08MnPV 钢）、磷稀土系（0.8MnP 稀土、12MnP 稀土钢）和磷铌稀土系（10MnPNb 稀土钢）等耐候钢。

2）耐海水腐蚀低合金钢。含有 Cr、Ni、Al、P、Si、Cu 等元素的低合金钢在海水腐蚀的过程中，在钢表面能够形成致密、黏附性好的保护性锈层。外锈层的相组成为 γ-Fe_2O_3、α-FeOOH、γ-FeOOH 和 β-FeOOH；中锈层有较多的 Fe_3O_4 及 α、γ、β-FeOOH。而内锈层的结构根据合金不同有三种看法：一种认为内锈层为 α-FeOOH 微晶（约 30nm）；一种认为形成结晶程度低、晶粒微细的 Fe_3O_4 结构；还有一种观点认为阻挡层 80% 是 β-FeOOH。这三种观点都确认上述元素在内锈层（阻挡层）中富集，甚至在蚀坑内的锈层中富集，因而对局部腐蚀的发展有阻滞作用。关于合金元素对锈层保护作用的机理，目前尚无定论。比较一致的看法是合金元素富集于锈层中，改变了锈层的铁氧化物形态和分布，使锈层的胶体性质发生变化而形成致密及黏附性牢的锈层，阻碍 H_2O、O_2、Cl^- 向钢表面扩散，从而改善了耐蚀性。

我国研制成功的耐海水低合金钢有 10CrMoAl、NiCuAs、08PVRE、10MnPNbRE、12Cr2MoAlRE 等，稀土元素的加入能改善局部腐蚀性能。

3）其他耐腐蚀低合金钢。

① 耐硫酸露点腐蚀钢。耐硫酸露点腐蚀钢的合金元素以 Cu、Si 为主，辅以 Cr、W、Sn 等元素，这些合金元素的作用主要是在钢表面形成致密、附着性好的腐蚀产物膜层，抑制进一步的腐蚀。例如我国的 09CuWSn 钢（≤0.12C-0.20~0.40Si-0.40~0.65Mn-0.20~0.40Cu-0.10~0.15W-0.20~0.40Sn）和日本的 CRIA 钢（≤0.13C-0.20~0.80Si-≤1.40Mn-0.25~0.35Cu-1.00~1.50Cr），耐硫酸露点腐蚀性能比普通碳钢高出几十倍。

② 耐硫化氢应力腐蚀钢。该钢的特点是严格控制了有害元素 P、S 的含量，控制 Ni 含量，采用淬火加高温回火处理，加入 Mo、Ti、Nb、V、Al、B、稀土等元素，提高回火稳定性，促进细小均匀的球形碳化物形成，弥散强化提高强度，有效提高钢的耐硫化物腐蚀性能。这类钢具有较高强度级别及良好的耐硫化氢应力腐蚀开裂性能，广泛应用于石油、石油化工等领域。我国的典型耐 H_2S 钢有 12MoAlV、10MoVNbTi、15Al3MoWTi、12CrMoV 等。

③ 耐氢、氮腐蚀钢。中温耐氢钢以 Cr、Mo 为主要合金化元素。Cr 能提高碳化物稳定性，也提高了钢的耐氢腐蚀临界温度。Mo 比 Cr 具有更好的耐氢性能，减少氢在钢中的吸留量和透过度，Mo 在晶界偏析降低了晶界能而使裂纹不易产生。在 Cr-Mo 钢中，含 Cr 量较高的钢耐氮化脆化性能较好。一些不含 Cr 的耐氢钢，以 Mo、V、Nb、Ti 等为合金元素，具有良好的耐氢侵蚀和耐氮化脆化性能。

3. 不锈钢

（1）不锈钢概述　不锈钢是“不锈耐酸钢”的简称，是指在空气及各种侵蚀性较强的介质中耐蚀的一类钢种。不锈钢在具有优良耐蚀性的同时，还具有良好的力学性能及工艺性能（冶炼、加工、焊接等），因此自 20 世纪初问世以来，获得了迅速的发展，在化学、石油化工、核能、轻纺、食品等现代工业中得到了极广泛的应用。

不锈钢的种类繁多，但 FeCr 合金是不锈钢的基础。一般可从化学成分、显微组织和用途三个方面进行分类。根据钢中所含的主要合金元素，可分为 Cr、CrMo、CrNi、CrNiMn、CrMnN 等不锈钢。为了提高不锈钢的性能，还可添加其他合金元素，这些合金元素可分为铁素体形成元素（Cr、Mo、Si、Ti、Nb 等）及奥氏体形成元素（Ni、Mn、C、N 等）。因此，从组织上可以把不锈钢分为奥氏体、铁素体、马氏体等单相及奥氏体-铁素体或铁素体-马氏体等复相不锈钢。图 7-10 所示为不锈钢的成分与组织之间的关系图。图中将合金元素归一化到用铬当量和镍当量来表示，从图中可以容易地看出各相存在的范围。

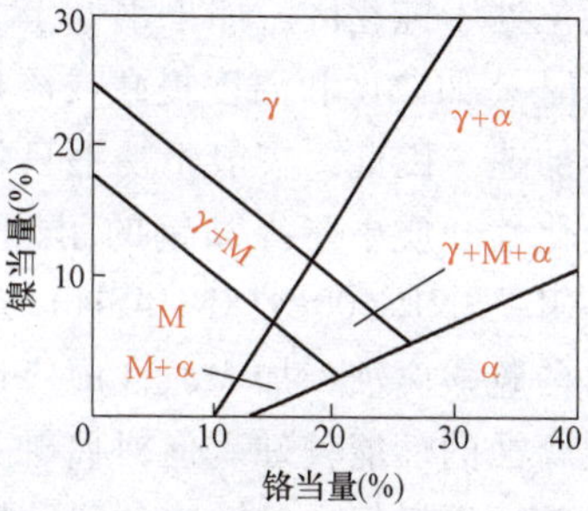

图 7-10　不锈钢的成分与组织结构之间的关系图

$$铬当量 = w_{Cr} + 2w_{Si} + 1.5w_{Mo} + 5w_{V} + 5.5w_{Al} + 1.5w_{Nb} + 1.5w_{Ti} + 0.5w_{W}$$

$$镍当量 = w_{Ni} + w_{Co} + 30w_{C} + 25w_{N} + 0.5w_{Mn} + 0.3w_{Cu}$$

（2）不锈钢中主要合金元素及其作用

1）Cr。虽然 Cr 在热力学上不稳定，但极易钝化，不锈钢的耐蚀性取决于它的钝化性能。不锈钢中一般 Cr 质量分数都在 12%以上，Cr 含量越高，耐蚀性越好，但一般不超过 30%。如果含量过高，易于生成 σ 相，从而降低钢的韧性。

2）Ni。在热力学上 Ni 比 Fe 稳定，钝化性能好，因此加入 Ni 能提高不锈钢的热力学稳定性，但更重要的是加 Ni 能扩大奥氏体区，获得单一的奥氏体组织，提高韧性和加工性能。

3）Mo。研究表明，Mo 能降低致钝电流，可使致钝电位负移、维钝电流降低并能使点蚀电位正移，由此，Mo 可显著地改善不锈钢的钝化性能，显著提高不锈钢耐全面腐蚀与局部腐蚀的能力。

4）Si。在 Fe-Cr-Ni 不锈钢中加入 Si，可显著提高不锈钢耐点蚀、在含氯化物介质中耐应力腐蚀及耐热浓硝酸腐蚀的能力。原因是 Si 和 Mo 在表面钝化膜中富集，改善了钢的钝化性能。然而钢中含 Si 量不宜过高，否则会显著降低钢的加工性能。

5）C 和 N。C 是钢中重要组成元素，是奥氏体形成元素，但在钢中 C 含量增多会形成碳化物，因而提高了钢对晶间腐蚀的敏感性。N 也是奥氏体形成元素，在钢中加入氮在一定程度上可提高钢的耐蚀性，同样，N 在钢中能形成氮化物，易产生点蚀。实践证明，在不锈钢中降低 C、N 含量，可显著地提高耐蚀性，如高纯铁素体不锈钢（$w_C + w_N \leqslant 0.015\%$），具有较好的耐应力腐蚀和局部腐蚀（点腐蚀、晶间腐蚀等）能力。

6) Ti和Nb。Ti和Nb都是强碳化物形成元素，不锈钢中加Ti和Nb，主要是使钢中形成TiC或NbC，避免形成$Cr_{23}C_6$，从而不产生由贫Cr而引起的晶间腐蚀。当然，低碳或超低碳不锈钢同样可以达到避免晶间腐蚀的目的。

（3）不锈钢的种类

1）奥氏体不锈钢。奥氏体不锈钢是在18-8型CrNi钢的基础上发展起来的。为了提高耐蚀性，18-8型钢中常加入Ti、Nb、Mo、Si等铁素体形成元素，并提高Cr含量，降低C含量。奥氏体不锈钢耐全面腐蚀的性能，主要决定于钢中Cr、Ni、Mo、Si等合金元素的含量。由于在氧化性或有氧化剂存在的介质中，不锈钢易于钝化，因此使得Cr-Ni奥氏体不锈钢在硝酸的制造和使用部门得到了广泛的应用。不锈钢在硝酸中之所以耐蚀，是因为其腐蚀电位处于钝化区。如果钢处于活化或局部钝化状态，则将发生强烈腐蚀。当硝酸的氧化性提高时（如浓度和温度提高或添加氧化剂），则电位移向过钝化区，发生过钝化溶解，腐蚀显著加速。因此，一般不锈钢只耐稀的和中等浓度的硝酸腐蚀，而不耐浓硝酸腐蚀。在这种强氧化性介质中能提高钢的耐蚀性的合金元素是Si。如我国研制的0Cr20Ni24Si4Ti，日本的NAR—SN1（00Cr18Ni14Si4）及苏联的00Cr8Ni20Si6钢都能耐浓硝酸腐蚀。一般不锈钢只耐稀硫酸腐蚀，加Mo、Cu、Si可以降低腐蚀速率，0Cr23Ni28Mo3Cu3Ti奥氏体不锈钢耐硫酸腐蚀的性能较好。但对腐蚀条件非常苛刻的热硫酸，则需采用Ni合金，如Ni70Mo27V。奥氏体不锈钢在碱液中的耐蚀性一般相当好，且随Ni含量升高而增加。

奥氏体不锈钢在热处理或焊接过程中，沿晶界易析出碳化物相，从而产生晶间腐蚀。因此，18-8型钢通常采用在900~1100℃的淬火热处理工艺（即固溶处理），使钢的组织为均匀的单相奥氏体，具有高的耐晶间腐蚀性能。此外还可通过限定钢中最高C含量在0.03%以下，或在钢中加入Ti、Nb等强碳化物形成元素，并在900℃附近进行“稳定化”处理，来避免奥氏体不锈钢的晶间腐蚀。

奥氏体不锈钢的严重缺点之一是对SCC敏感。可引发奥氏体不锈钢SCC的介质很多，具有实际意义的有如下四类：①80℃以上高浓度氯化物水溶液；②硫化物溶液（连多硫酸及含H_2S水溶液）；③热的浓碱；④高温（150~350℃）高压水。

此外，在含有氯化物的水溶液中，奥氏体不锈钢比较容易发生点蚀和缝隙腐蚀。抑制碳化物析出，减少硫化物夹杂，提高不锈钢的纯度都有利于减轻点蚀和缝隙腐蚀。一般认为，合金元素Cr、Mo、N能有效提高不锈钢耐点蚀性能，Si和Ni也有一定的作用。

2）铁素体不锈钢。铁素体不锈钢是指室温下组织为铁素体的铬不锈钢，根据Cr含量不同，可分为Cr13型、Cr16-19型和Cr25-28型三种。随着Cr含量的增加，不锈钢耐氧化酸腐蚀的能力和抗氧化性均增高。在硝酸等氧化性介质中，纯铬铁素体不锈钢与同等Cr含量的Cr-Ni奥氏体不锈钢耐蚀性相近；但在还原性介质中，则不如后者。虽然高Cr铁素体钢发展较早，且屈服强度比奥氏体不锈钢高，导热系数也较大，且成本又较低，但由于它脆性较大，特别是焊接后因热影响区晶粒粗化更易引起脆性，耐点蚀性能差，对缺口敏感性高等缺点，它的应用范围远不如Cr-Ni奥氏体不锈钢那么广泛。

铁素体不锈钢产生晶间腐蚀的热处理工艺与奥氏体不锈钢不同，甚至相反，如3.5.3小节所述。但二者的本质上却是一样的，都是由于过饱和固溶体分解在晶界析出含Cr的C、N化合物，而引起附近固溶体中贫Cr所致。与含等量的C、Cr的Cr-Ni奥氏体不锈钢相比，普通纯度的铁素体不锈钢更易遭受敏化，从而具有更高的晶间腐蚀倾向，原因是铁素体钢中Cr的碳、氮化物远比Cr-Ni奥氏体不锈钢析出快得多。因此，铁素体不锈钢不仅在强腐蚀性的介质中具有晶间腐蚀的倾向，而且在弱介质（如自来水中）中也是如此。增加Cr含量，降低C、N量，以及加入稳定化合金元素Ti、Nb等，可减小或消除铁素体不锈钢的晶间腐蚀倾向。另一种较有效的方法是在700~800℃进行中温退火。

铁素体不锈钢耐氯化物SCC性能比奥氏体不锈钢高得多，这是由于体心立方点阵的(112)、(110)、(123）等晶面都容易滑移，容易形成网状的位错结构，不易形成线状蚀沟，因而难以发生穿晶破裂和造成粗大滑移台阶。但是铁素体不锈钢可以发生起源于晶间腐蚀或点蚀的SCC，对此，在钢中加入Ti和Nb可有效防止。

铁素体不锈钢中加入Mo，在Cr和Mo的交互作用下，耐点蚀性能会有显著提高。如进一步用精炼工艺降低C、N等杂质含量，减少非金属夹杂物，就可得到高纯耐点蚀铁素体不锈钢。

3）马氏体不锈钢。马氏体不锈钢是在室温下具有马氏体组织的铬不锈钢，该类钢除了含有较高的Cr（$w_{Cr}=13\%\sim18\%$）外，还含有较高的C（$w_C=0.1\%\sim0.9\%$），代表性的钢种是20Cr13、30Cr13、40Cr13及95Cr18等。马氏体不锈钢在正常淬火温度下是纯奥氏体组织，冷却至室温则为马氏体组织。随含C量的提高，马氏体钢的强度、硬度和耐磨性均显著提高，但耐蚀性下降。因此，这类钢主要是用来制造力学性能较高并兼有一定耐蚀性的器械及量具。

Cr13型马氏体不锈钢在大气中具有优良的耐全面腐蚀性能。室温下，在弱有机酸或盐溶液中，以及其他弱腐蚀性介质中，也具有较好的耐蚀性。马氏体不锈钢的耐蚀性与其组织有关，即使含C量不同，但淬火后的耐蚀性是一样的。低于450℃的回火对其耐蚀性影响不明显。由于高温回火后形成了Cr的碳化物而使固溶体贫Cr，从而降低了钢的耐蚀性。当回火温度升高到700~750℃时，由于Cr在铁素体中的浓度差降低，其耐蚀性又有所增加。随着钢中C含量增加，铁素体相中Cr的贫化程度也增加，因此在退火状态下，钢的耐蚀性下降。为了提高力学性能和耐蚀性，常加入Ni、Mo、V、Co、Si、、Cu等元素。提高Cr含量，也是提高马氏体钢耐蚀性的一条途径，但必须相应提高C含量，才能获得马氏体组织。用Ni代C可获得同样效果，因此14Cr17Ni2便成为耐蚀性最好的马氏体钢。

4）复相不锈钢。为了综合不同组织所具有的性能，人们发明了复相不锈钢，如马氏体-铁素体双相不锈钢及奥氏体-铁素体双相不锈钢等。

马氏体-铁素体不锈钢的代表性钢种为12Cr13，其耐腐蚀性接近于马氏体不锈钢，但硬度较低，塑性与韧性较高，具有良好的焊接性能。

奥氏体-铁素体不锈钢大致可分为Cr18[00Cr18Ni5Mo3Si2(18-5)、00Cr18Ni5Mo3Si2Nb(18-5-Nb)]、Cr21(0Cr21Ni5Ti、0Cr21Ni6Mo2Ti）和Cr25(00Cr25Ni5Ti、00Cr26Ni7Mo2Ti、IN744）三种类型。奥氏体-铁素体不锈钢的特点是强度高，其$\sigma_{0.2}$约为奥氏体不锈钢的两倍；膨胀系数小、导热系数大；对晶间腐蚀不敏感；具有优良的耐应力腐蚀与腐蚀疲劳性能；耐点蚀、缝隙腐蚀性能好；由于含Ni量低，价格较奥氏体不锈钢便宜。以上特点是使该钢种获得快速发展的重要原因。

除了双相不锈钢外，在复相不锈钢中还有一类沉淀硬化不锈钢，其主要目的是通过适当添加合金元素及热处理，在马氏体或奥氏体组织中形成沉淀硬化相，以获得超高强度不锈钢。

表7-2中列出了各类不锈钢的性能、主要牌号及用途。

表 7-2 各类不锈钢的性能、主要牌号及用途

类别	性能	中国牌号	国外牌号	用途举例
马氏体不锈钢	耐弱介质腐蚀。随碳含量增加，耐蚀性下降，强度、硬度增加，可达60HRC以上；耐磨性好，有脆性转变，有磁性；易热加工，不易冷加工成形；焊接性差	1Cr13(12Cr13) 2Cr13(20Cr13)	410 420	餐具，紧固件，汽轮机叶片
		3Cr13(30Cr13) 4Cr13(40Cr13)		泵轴，阀件，医疗器械
		1Cr17Ni2(17Cr16Ni2)	431	耐蚀高强韧部件
		9Cr18(102Cr117Mo) 9Cr18MoV(90Cr18MoV)	440C 440B	刃具和高耐磨零件
铁素体不锈钢	耐氧化性酸和有机酸腐蚀，高铬钢高温抗氧化；对应力腐蚀不敏感；钢的强度较Cr-Ni奥氏体不锈钢高，韧性随C、N含量降低而提高；有脆性转变+有强磁性；导热性好；焊接性能差	00Cr12(022Cr12) 0Cr13(06Cr13)	410S	食品工业容器
		1Cr17(10Cr17) 0Cr17Ti 00Cr17(022Cr18Ti)	430 430Ti 430LX	管道，热交换器
		1Cr17Mo(10Cr17Mo) 00Cr18Mo2(019Cr19Mo2NbTi)	434 444	化工容器，热水器
		1Cr25Ti 1Cr28		浓硝酸设备
奥氏体不锈钢	随着Cr含量的增加，耐氧化性酸和抗氧化性能提高；随着Ni含量的增加，耐还原性酸和耐应力腐蚀性能改善，降低C或加稳定化元素Ti、Nb可提高耐晶间腐蚀性能；加Mo可提高耐点蚀和缝隙腐蚀性能；具有良好的强度和韧性配合，低温韧性极好；无磁性；加工、成形和焊接性能良好；易加工硬化	0Cr18Ni9(06Cr19Ni10) 1Cr18Ni9(12Cr18Ni19) 1Cr18Mn8Ni5N(12Cr18Mn9Ni5N)	304 302 202	非焊接耐酸零部件
		0Cr18Ni9Ti(06Cr18Ni10Ti) 00Cr18Ni10(022Cr19Ni10)	321 304L	焊接耐酸容器，管道
		0Cr18Ni12Mo3Ti(06Cr17Ni12Mo3Ti) 00Cr17Ni14Mo2(022Cr17Ni12Mo2)	316Ti 316L	化工容器，管道
		1Cr18Ni12Mo3Ti 00Cr17Ni14Mo3(022Cr19Ni13Mo3)	317L	尿素、维尼纶生产设备
		00Cr25Ni20Nb	310Cb	中浓度硝酸设备
		00Cr14Ni14Si4		浓硝酸设备
		00Cr18Ni14Mo2Cu2(022Cr18Ni14Mo2Cu2) 0Cr18Ni18Mo2Cu2Ti 0Cr23Ni23Mo3Cu3Ti		硫酸和盐酸容器，管道
		00Cr18Ni18Mo5		耐海水结构材料
奥氏体-铁素体双相	耐酸腐蚀，尤其耐应力腐蚀和点蚀；屈强比高，有脆性转变；有磁性；加工和切削性能良好，但变形抗力大；焊接性好	1Cr21Ni5Ti(12Cr21Ni5Ti) 0Cr21Ni5Ti 00Cr26Ni6Ti		硝酸及尿素设备
		00Cr18Ni5Mo3Si2(022Cr18Ni5Mo3Si2) 00Cr26Ni7Mo2Ti	3RE60	稀硫酸及有机酸设备
		1Cr18Mn10Ni5Mo3N 0Cr17Mn13Mo2N		尿素和维尼纶生产设备
		1Cr18Ni11Si4AlTi (14Cr18Ni11Si4AlTi)		高温浓硝酸设备
沉淀硬化	耐腐蚀，具有高强度，有磁性；易加工成形；可焊接	0Cr17Ni4Cu4Nb(05Cr17Ni4Cu4Nb) 0Cr17Ni7Al(07Cr17Ni7Al) 0Cr15Ni7Mo2Al(07Cr15Ni7Mo2Al)	17—4PH 17—7PH 15—7Mo	弹簧，轴及宇航设备零件

注：1. 世界各国采用不同方法表示各种金属材料。按我国国标可从牌号了解其主要成分及其大致含量。美国钢铁学会（AISI）用三位数字表示不锈钢牌号，其中200和300系列的三位数字表示奥氏体不锈钢，如AISI304；用400系列表示铁素体不锈钢和马氏体不锈钢，前者如AISI430，后者如AISI410；而双相不锈钢、沉淀硬化不锈钢以及铁质量分数小于50%的高合金通常采用专利名或商标名。美国后来制定有五位数字的统一编号系统（UNS）。耐热钢和耐蚀钢的数字前冠以S，如AISI304标作UNS S30400；镍和镍基合金冠以N，如国际镍公司注册商标Inconel 600合金标作UNSN 06600。

2. “中国牌号”栏中，括号内的牌号为GB/T 20878—2007中的新牌号，括号前的牌号为旧牌号，无括号说明的是未纳入GB/T 20878—2007中的牌号。表7-3相同。

7.3.2 耐热钢及高温合金

在第1章中曾介绍了金属高温氧化和腐蚀的基本原理，本小节将简要介绍一些耐热钢种及高温合金。必须指出，钢在高温气氛下，除必须具有足够高的耐高温腐蚀性能外，还必须具有足够高的抗蠕变性、热强性和组织稳定性。如何兼顾高温力学性能和耐高温腐蚀性能通常是耐热钢及高温合金发展的主要矛盾。表7-3列出了常见耐热钢及高温合金的成分及应用特性。

表7-3 常见耐热钢和高温合金的成分及应用特性

类型	中国牌号	国外牌号	名义化学成分	使用温度	用途
珠光体耐热钢	20G		C0.2	<450℃	蒸汽管道、集箱
	16Mo		C0.12Mo0.5	<530℃	低、中压锅炉受热器
	12CrMoV		C0.12CrMoV0.2	<580℃	过热器
	12Cr2Mo	T22	C0.12Cr2.25Mo	<590℃	过热器、蒸汽管
	12Cr2MoWVTiB		C0.12Cr2Mo0.6W0.5V0.4Ti0.15B0.005	<620℃	过热器
铁素体	1Cr13Si3		C0.1Cr13Si3	<950℃	过热器支架、喷嘴
	1Cr18Si2		C0.1Cr18Si3	<1000℃	渗碳箱，接触含S气氛部件
	1Cr25Si2		C0.1Cr25Si2	<1150℃	低负荷构件
马氏体	1Cr13(12Cr13)	410	C0.1Cr13	450~475℃	汽轮机叶片
	1Cr12WMoV (15Cr12WMoV)		C0.15Cr12W0.8Mo0.6V0.2	650~700℃	燃气轮机叶片
奥氏体耐热钢	0Cr18Ni10Ti (06Cr18Ni11Ti)	321	Cr19Ni10Ti0.5	<900℃	加热炉管
	1Cr25Ni20Si2	314	Cr25Ni20Si2.5	<1100℃	加热炉管及构件
	4Cr14Ni14W2Mo (45Cr14Ni14W2Mo)		C0.45Cr14Ni14W2.5Mo0.35	700℃	柴油机进、排气阀
	1Cr12Ni20Ti3BAl		Cr12Ni20Ti3Al0.5B0.01	750℃	承受大负荷部件
铁基高温合金	GH132	A286	Cr15Ni25MoTi2.15Al0.15	650~700℃	涡轮盘
	GH169	Incoloy 718	Cr18Ni52Mo3Ti0.9Al0.4Nb5B0.01	<700℃	喷气发动机、火箭发动机
	GH901	Incoloy 901	Cr13Ni43Mo6Ti2.8Al0.3B0.015	<700℃	涡轮盘
镍基高温合金		Nimonic80	Cr20Ni80	1100℃	电热合金
	GH30	Nimonic75	Cr20Ti0.25Al0.1	<800℃	燃烧室，加力燃烧室
	GH170		Cr20Co18W20AlBZrLa	1000℃	燃烧室，加力燃烧室
	K17	IN100	Cr10Co15Mo3Ti4.7Al5.5V0.75B0.01	1000℃	涡轮叶片
	K002	Mar-M002	Cr9Co10W10Al5.5Ti1.5Ta2.5BZr	1050℃	涡轮叶片
钴基高温合金		L-605	Cr20Ni10Fe2W15	1040℃	燃气轮机导向叶片
	K44	FSX-414	Cr29Ni10Fe2W7B0.01	900℃	燃气轮机导向叶片
		MP188	Cr22Ni22Fe3W14La0.03	1250℃	燃气轮机导向叶片

1. 耐热铸铁

合金铸铁具有一定的耐热性，如下几种是常见的耐热铸铁。

（1）Si 铸铁　Si 是铸铁中的石墨化元素，Si 铸铁的组织是铁素体和石墨。它是最容易制造的耐热铸铁，可用来制造炉条和炉子设备的其他部件，在 850℃ 以下都有良好的耐热性。典型硅铸铁的化学成分（质量分数）是 2.5%C，5%~10%Si，0.5%Mn。

（2）Al 铸铁　典型的成分（质量分数）为 2.5%~3.2%C，1.0%~2.3%Si，0.6%~0.8%Mn，5.5%~7.0%Al，组织为铁素体和石墨。由于铸铁中含 Al 量高，因此在高温下有足够高的热稳定性。Al 铸铁中 Al 质量分数可达 30%，最高使用温度可达 1100℃。

（3）NiSi 铸铁　典型的化学成分（质量分数）为 1.7%~2.0%C，5%~7%Si，1.8%~3.0%Cr，13%~20%Ni，0.6%~0.8%Mn，组织为奥氏体和石墨。这类铸铁的耐热性好，在高温时具有相当好的强度与韧性。此外，铸造及加工性能也相当好。

（4）高 Cr 铸铁　这类铸铁中 Cr 质量分数介于 8%~35%，组织为铁素体和碳化物。使用温度与铸铁中的 Cr 含量密切相关。当铸铁中 Cr 质量分数为 8%时，在 900℃ 时是耐热的；质量分数为 18%时，在 1000℃ 下是稳定的；质量分数为 30%时，在 1100℃ 下能长期工作。高铬铸铁硬度高，冷加工性能差。

2. 耐热钢

耐热钢是指在高温下工作的钢材。随着各类动力装置使用温度不断提高，工作压力不断加大，环境介质也更为复杂、苛刻，耐热钢的使用温度范围已从 200℃ 发展到 800℃，工作压力从几兆帕到几十兆帕，工作环境从单纯的氧化气氛发展到硫化气氛以及熔盐、液态金属等更为复杂的环境。

（1）耐热钢中合金元素的作用

1）铬　铬是提高钢的抗氧化性和耐高温气体腐蚀的主要元素。铬在高温下能在钢的表面生成一层致密的 Cr_2O_3 保护膜，在一定程度上能阻止氧、硫、氮等腐蚀性气体向钢内扩散，也能阻止金属离子向外扩散。在一定温度范围内还能形成保护性良好的尖晶石型的复合氧化膜，提高钢的抗氧化能力。

2）铝　铝是耐热钢中抗氧化的重要合金元素，能在耐热钢表面形成保护性良好的 Al_2O_3 膜，抗氧化性能优于 Cr_2O_3 膜。

3）硅　硅是耐热钢中抗高温腐蚀的有益元素，高温下能在耐热钢表面形成致密的 SiO_2 膜，硅质量分数达到 1%~2%时，就有较明显的抗氧化效果。

4）稀土。稀土氧化物可以增加基体金属和氧化膜之间的附着力，对金属基体有钉扎作用，增大钢中铬的扩散，有助于在表面形成 Cr_2O_3 膜，改善表面氧化物的组成，形成更加稳定的（Cr，RE）O_3 氧化物膜。

5）其他合金元素。耐热钢中的 Ni、Co、Mo、W、V、Mn 等，主要是改善钢的高温力学性能，对抗高温氧化和抗硫化作用不明显。

（2）耐热钢的分类　耐热钢的分类方法很多。按钢的特性可分为抗氧化不起皮钢、热强钢；按合金元素含量可分为非低合金、中合金和高合金耐热钢；按用途可分为阀门钢、锅炉钢、电热钢等；按组织结构可分为珠光体型、铁素体型、马氏体型、奥氏体型耐热钢。表 7-3 列出了代表性的耐热钢和耐热合金及其应用。

1）珠光体型耐热钢。这类钢在室温和工作温度下是珠光体（或含少量铁素体），一般含少量V、Mo、Cr等合金元素，合金元素总质量分数不超过5%，属于低合金钢。这类钢在以锅炉、汽轮机为代表的动力工业以及石化工业等领域获得广泛的应用。

① 锅炉用低碳钢。目前在锅炉和压力容器中最常用的是20G钢，其抗氧化性极为有限。

② 低合金耐热钢。主要有Mo钢（16Mo）、二元合金化的CrMo钢（如12Cr2Mo、Cr5Mo）、三元合金化的CrMoV钢（如12CrMoV）以及多元复合合金化的低合金耐热钢。后者以我国研制的12Cr2MoWVTiB为代表，以W、Mo复合固溶强化、V、Ti复合时效强化，B的微量晶界强化，同时提高Cr、Si含量以增加其抗高温氧化性能。这种钢热强性和使用温度（600~620℃）超过了国外同类钢种，已在我国高参数大型电站锅炉上成功应用二十多年。

2）高铬铁素体型耐热钢。高铬铁素体型耐热钢是Cr质量分数高于12%，室温下具有铁素体组织的耐热钢。这类钢不含Ni，只含少量Si、Ti、Mo、Nb等元素。按Cr含量又可分为Cr13型、Cr17型以及Cr25-30型耐热钢。这类钢高温力学性能很差，存在与铁素体不锈钢相同的脆性问题，不能用作热强钢，但可作为抗高温氧化用钢。

3）马氏体型耐热钢。这类钢是在Cr13型马氏体不锈钢基础上发展起来的，但12Cr13钢由于马氏体稳定度低，只能用于制造温度低于450℃的汽轮机叶片，因而发展了加有Mo、V、Nb等元素的强化马氏体耐热钢（如15Cr12WMoV）。V、Ti或Nb形成MC型碳化物，Mo、W实现固溶强化，在580℃以下具有较好的热强性和耐蚀性。在工程中获得了比铁素体耐热钢更为广泛的应用。

4）奥氏体型耐热钢。这类钢以Ni、Cr、Mn等元素合金化，通过固溶强化、析出相强化和晶界强化以及在表面形成耐蚀表面膜等途径来提高其综合的高温力学性能和高温耐蚀性。一般可分三类：

① 18-8型CrNi奥氏体耐热钢。如1Cr18Ni9Ti，钢中有一定含量的C，既可获得较为稳定的奥氏体相，又可在时效过程中析出碳化物强化相。这类钢在700℃以下具有良好的抗氧化性，在600℃以下具有较好的热强性，因此获得了广泛的应用。

② 25-20型CrNi奥氏体耐热钢。由于显著增加了Cr、Ni含量，因而热强性与耐高温腐蚀的性能均明显高于18-8型钢。如1Cr25Ni20Si2（314）的使用温度最高可达1100℃，可用来制造加热炉的各种构件和炉管。

③ 多元合金化奥氏体耐热钢。18-8型钢和25-20钢型钢虽然有良好耐高温腐蚀性能，但由于成分组织较简单，其热强性并不理想，因此在钢中添加一些固溶强化元素（W、Mo）、碳化物或金属间化合物形成元素（V、Nb、Ti、Al）以及一些晶界强化元素（B、RE），可大幅度提高钢的热强性。其中以碳化物为主要强化相的奥氏体耐热钢，如45Cr14Ni14W2Mo，在700℃以下有良好的热强性，广泛用于柴油机进、排气阀；以金属间化合物为主要强化相的奥氏体耐热钢，如1Cr12Ni20Ti3BAl，富Ni高Ti，基体组织是$\gamma+\gamma'$相，γ'相是金属间化合物Ni_3Ti，具有与γ固溶体相同的晶体结构，但点阵间距不同，使基体强化，因而可作为750℃以下承受负荷较高的部件。

3. 高温合金

高温合金主要是为了满足航空汽轮机不断提高的工作温度和复杂应力的严酷要求而发展起来的。高温合金按加工工艺可分为变形高温合金和铸造高温合金；按合金成分可分为Fe（Ni）基、Ni基和Co基高温合金。强化途径有固溶强化、析出相强化、晶界强化及弥散氧化物强化。常见的合金元素有 Al、Ti、Nb、C、W、Mo、Ta、Co、Zr、B、Ce、La、Hf 等。Fe 基和 Ni 基高温合金中常见的析出相有金属间化合物、碳化物、硼化物。金属间化合物又分为几何密排相（GCP 相，如 γ′、γ″、η、δ 等）和拓扑密排相（TCP 相，如 σ 相、μ 相、Laves 相、G 组，Y 相等）。其中 γ′、γ″是主要强化相，而 σ、μ、Laves、η 等相能降低合金的塑性或强度，必须加以适当控制。常见的碳化物有 MC、$M_{23}C_6$、M_7C_3、M_6C。含 B 的合金有少量硼化物（M_5B、M_4B_3、M_3B_2）析出，高硼低碳合金还可能形成 MB_{12}。

高温合金中，可提高抗高温氧化性能的合金元素主要有 Cr、Ni、Ta、Ti 等。Cr 在高温合金表面可生成 Cr_2O_3 保护膜，防止合金高温氧化和腐蚀。Ni 形成 Ni_3（Ti、Al）沉淀强化相，有利于合金的高温抗氧化腐蚀性能的提高。Ta 能提高高温合金的抗氧化性和耐热腐蚀能力。在镍基合金中，Ti/Al 比较高时，耐热腐蚀性能较好。

（1）FeNi 基高温合金。FeNi 基高温合金是从奥氏体型耐热钢发展起来的，由于金属间化合物相（γ′和 γ‴）具有比碳化物相更好的强化效果，使用温度达到 750℃，甚至 850℃，高温屈服应力可达 981MPa。这对燃气轮机的热端部件，尤其是涡轮盘材料尤为重要。Fe 及高温合金的成分以 Fe-Cr-Ni 为主，为了提高抗氧化性能，Cr 质量分数可提高至 20%或更高。有时为了节省 Ni，加 Mn 代 Ni。

（2）Ni 基高温合金 Ni 基高温合金是在 Nimonic 80 合金基础上发展起来的。由于 Ni 本身为面心立方晶体结构，组织非常稳定，无同素异构型转变，而 Cr、Mo、W 等元素在 Ni 中的固溶度往往比在 Fe 中大得多，且很少与其他合金元素形成有害相，因此使 Ni 基高温合金的组织稳定、有害相少、工作温度高、抗氧化和耐腐蚀性能好，能在较高的应力下工作。目前，Ni 基高温合金若以 150MPa、100h 的持久强度为标准，则所能承受的最高温度约为 1100℃，而钴基合金约为 950℃，铁镍基合金小于 850℃。Ni 基高温合金已广泛用于航空燃气轮机的最热端部件，如工作叶片、导向叶片、涡轮盘、燃烧室等。

（3）Co 基高温合金 与 Ni 基高温合金相比，Co 基高温合金的抗高温氧化性能略差，但耐热腐蚀性能好，并且固溶体的高温强度也高于 Ni 基合金，因而使用温度比 Ni 基高温合金高约 55℃。但由于 Co 的价格较高，在 200~700℃温度范围的屈服强度较低，相对密度比 Ni 基高温合金约大 10%，故在不同程度上限制了 Co 基高温合金的使用。

4. 新型高温材料

由图 7-11 可见，最近 20 多年在常规的高温合金与陶瓷材料之间，已发展了一系列很有前景的新一代高温材料。

（1）金属间化合物 在数以万计的金属间化合物中有一类长程有序结构的化合物，如 Ni_3Al、NiAl、Fe_3Al、FeAl、$(Fe、Co、Ni)_3V$、Ti_3Al 等具有优良的高温性能。在一定温度范围内（$0.5 \sim 0.8T_{熔}$），屈服强度随温度的升高而增加，而且具有良好的抗高温氧化性能，还具有弹性模量高、刚度大、密度低等良好的综合性能。过去人们对它们的优异性能早有认识，它们未能获得发展与应用的主要原因是室温下脆性很高。其原因也有所不同：有的是由于晶界脆性引起的，有的是由于晶体结构造成的，还有由于其他因素造成的。20 世纪 70 年代以来，发现具有无塑性六方结构的 Co_3V 中用 Ni、Fe 代替部分 Co 可使其转变成面心立方 LI_2 结构，因而使脆性材料变成塑性良好的材料。另外，在脆性的多晶 Ni_3Al 中加入质量分数为 0.02%~0.05%的 B，可使材料韧化，室温下伸长率由 0 提高到 40%~50%。Lipsitt（利普西特）等用粉末冶金方法结合合金化技术使 Ti_3Al、TiAl 等金属间化合物的强度和塑性得到了改善，之后在世界范围内又相继开展了许多工作，获得了许多有益的研究成果，特别是 Ni_3Al、Fe_3Al、Ti_3Al、TiAl 等金属间化合物的研究已接近于应用阶段。

（2）氧化物弥散强化合金（Oxide Dispersion Strengthened Alloys，ODS）弥散强化是把惰性质点非常弥散地加入到合金中，阻碍位错运动，使合金获得强化的一种方法。这些弥散强化相应该具有自由能高、熔点高、不溶于基体的特点，且应在基体中扩散速度低、相界能低并能与基体结合牢固。强化相通常是金属的氧化物、氮化物、碳化物和硼化物。从热力学上看，一般采用金属氧化物，如 ThO_2、Y_2O_3、Al_2O_3 等作为弥散强化相。其中 ThO_2 有微弱的放射性，因此常用 Y_2O_3 取代。强化相的颗粒尺寸不能大于 100nm，分布要均匀弥散。

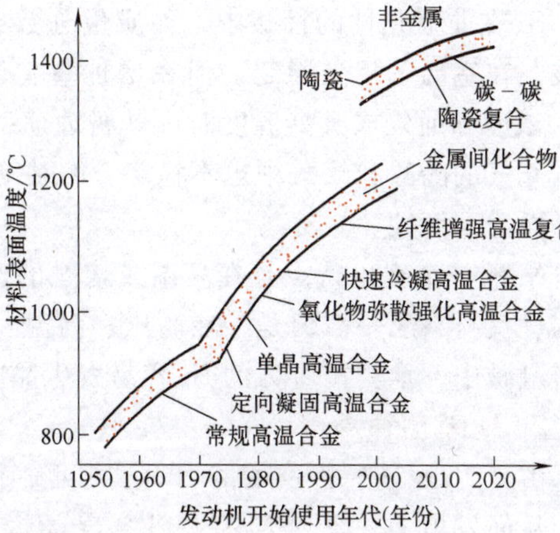

图 7-11　各种高温材料的工作温度与年代

目前弥散强化合金同时采用稳定金属氧化物颗粒和共格的金属间化合物 γ′相进行综合强化，因而兼有弥散强化的高强度与 γ′相强化的良好中温强度的双重作用。例如 MA753 合金是在 γ′相强化的 Nimonic 80A 基础上加 Y_2O_3 弥散强化的。在 700℃以上时由于 γ′相聚集长大并在更高的温度下溶解，故 Nimonic 80A 的持久强度明显降低，而以 Y_2O_3 氧化物弥散强化的 MA753 直到 1100℃仍保持较高的持久强度。应该注意的是 Y_2O_3 的含量要适当，一般质量分数为 0.5%~2.0%，过多的氧化物虽使强度提高但塑性明显下降。此外，颗粒间距最好控制在 0.01~0.1μm 的范围内。

（3）定向凝固和单晶高温合金　由于与主应力方向垂直的晶界是高温合金叶片的内部薄弱环节，往往由此产生裂纹导致失效，因而人们研制了定向凝固（DS）柱晶叶片，或完全消除晶界的单晶叶片（SC），并已获得实际应用。定向结晶的涡轮叶片与一般精铸同类叶片相比，性能有很大提高，如疲劳强度可提高 8 倍，持久寿命可提高 2 倍，持久塑性提高 4 倍。单晶叶片提高得更多。

7.3.3　Ni 及 Ni 合金

Ni 及 Ni 合金具有优良的耐蚀性，同时强度高、塑性大、易于冷热加工，因此是很好的耐蚀材料。但是，由于资源少、成本高，它的应用受到了很大限制。

1. Ni 的耐蚀性

作为结构材料，纯 Ni 在工程中的使用是很有限的，但作为镀层材料的应用却极为广泛。Ni 的主要用途是作为不锈钢、耐蚀合金和高温合金的添加元素或基体材料。

Ni 标准电极电位是-0.25V，在电位序中较氢负。从热力学上看，它在稀的非氧化性酸中应进行析氢腐蚀，但实验上，其析氢速度极其缓慢。这是因为 Ni 的阳极反应过电压很高，使腐蚀电池的电位差降到非常低，因而它在非氧化性酸中稳定。若酸中存在氧，虽然阳极反应不受影响，但却大大提高了腐蚀电池的起始电动势，故腐蚀速率将显著增大。Ni 的氧化物溶于酸而不溶于碱，故其耐蚀性随溶液 pH 值的升高而增大。与 Cu 相比，Ni 具有显著的钝化倾向，在强氧化性介质中，特别是含有 Cr 时，Ni 及其合金转入钝态而趋向稳定。

Ni 在干燥和潮湿的大气中非常耐蚀，但在含有 SO_2 的大气中却不耐蚀，因为此时在晶界生成硫化物，会发生晶间腐蚀。

Ni 在非氧化性的稀酸中，如质量分数<15%的 HCl、质量分数<70%的 H_2SO_4 和许多有机酸，在室温下相当稳定。但在增加氧化剂（$FeCl_3$、Cu Cl_2、Hg Cl_2、$AgNO_3$ 和次亚氯酸盐）浓度和通气或升高温度时，其腐蚀速率显著增加。Ni 在硝酸等氧化性介质中很不耐蚀，它在充气的醋酸和蚁酸中也不稳定。Ni 在充气的氨水溶液中因形成可溶性的 $Ni(NH_3)_6^{2+}$ 络离子而受到腐蚀。

Ni 的一个突出特点是在高温或熔融的碱类溶液中都完全稳定。因此，Ni 是制造熔碱容器的优良材料之一。但是，在高压、高温（300~500℃）和高浓度（75%~98%）的苛性碱或熔融碱中，承受拉应力的 Ni 容易发生晶间腐蚀，故使用前应进行退火。

2. Ni 基耐蚀合金

由于 Ni 耐还原性酸的能力尚显不足，耐氧化性酸的能力也较差，故需加入一些合金元素，从而发展了一系列 Ni 基耐蚀合金（$w_{Ni} \geqslant 30\%$）和 FeNi 基耐蚀合金（$w_{Ni}+w_{Fe} \geqslant 50\%$）。它们是一类非常重要的耐蚀金属材料，广泛应用于化工、石油、湿法冶金、原子能、海洋开发、航空及航天等领域，解决一般不锈钢和其他金属、非金属材料无法解决的问题。

工业上主要的 Ni 基耐蚀合金有 Ni-Cu 系、Ni-Mo 系和 Ni-Cr 系等。

（1）Ni-Cu 合金 Ni 与 Cu 可形成连续固溶体。Ni-Cu 合金是最早发展的 Ni 基耐蚀合金，它兼有 Ni 和 Cu 的许多优点，比纯 Ni 更耐还原介质的腐蚀，比纯 Cu 更耐氧化性介质的腐蚀。最著名的 Ni-Cu 合金是 Monel（蒙耐尔）合金，Cu 质量分数约为 30%，还含有少量的 Fe 和 Mn 或 Al 和 Ti。Monel 合金一般对卤素元素、中性水溶液、一定温度和浓度的苛性碱溶液，以及中等温度的稀盐酸、硫酸、磷酸等都是耐蚀的。在各种浓度和温度的氢氟酸中特别耐蚀，这在金属材料中仅次于 Pt 和 Ag。Ni-Cu 合金的优良耐蚀性被认为是由于腐蚀初始时，在表面形成富集耐蚀组元原子结构的缘故，但它在熔融苛性碱中会发生应力腐蚀（在氧化性的水溶液中不耐蚀）。因此，在强烈搅动、有空气存在的海水中，Monel 合金显示了极低的腐蚀速率，特别适于制造承载的耐蚀部件；在静止海水中易产生点蚀。

（2）Ni-Mo 合金 Ni 与 Mo 能形成一系列的固溶体。Ni-Mo 合金具有很好的力学性、工艺性及耐蚀性，是性能优越的耐蚀材料。为了使合金具有较好的耐蚀性，Mo 质量分数应高于 20%。典型的 Ni-Mo 合金是 Hastelloy 系列合金（哈氏合金），是为解决盐酸的腐蚀问题发展起来的，其牌号主要有 0Ni60Mo20Fe20（Hastelloy A）、0Ni65Mo28Fe5V（Hastelloy B）、00Ni70Mo28（Hastelloy B-2）、0Cr16Ni57Mo16Fe6W4（Hastelloy C）、00Cr16Ni57Mo16Fe6W4（超低硅，Hastelloy C-276，我国近似牌号为 00Cr16Ni60Mo17W4）、00Cr16Ni65Mo16Ti（Hastelloy C-4）、0Cr22Ni45Fe20Mo7Cu2Nb2（Hastelloy G）等。

Ni-Mo 合金中以 Hastelloy B 和 Hastelloy B-2 耐盐酸腐蚀性能最好。在任何浓度和温度的纯盐酸中，两种合金都相当耐蚀。若盐酸中通入氧或含有 Fe^{3+}、Cu^{2+} 离子等氧化剂，都将加速腐蚀。此外哈氏合金对硫酸、磷酸及氢氟酸也有良好的耐蚀性，但不耐硝酸腐蚀。一般，哈氏合金 B 在固溶态耐蚀，当经过焊接后在甲酸、乙酸、盐酸或硫酸中使用，会在焊缝处及热影响区内出现晶间腐蚀。原因是焊缝处会经过 1200~1300℃ 和 600~900℃ 两个敏化区。在高温区有含 Mo 较高的 M_6C、M_2C 等碳化物及 σ 相析出；在中温区有 Ni-Mo 金属间化合物

Ni_3Mo（850℃以上）、Ni_4Mo（较低温度）和 M_6C、M_2C 等碳化物析出，导致贫 Mo。后来改进的 Hastelloy B-2 降低了 C 和 Si 的含量，Fe 的质量分数也不超过 2%，因而解决了焊接引起的晶间腐蚀问题。Hastelloy C 合金耐局部腐蚀性能较好。

（3）Ni-Cr 合金（质量分数）　Inconel 合金是这类合金的代表，它是一类组成相当复杂的多元合金，如 Inconel X 的成分为：14%～16%Cr，5%～9%Fe，2.25%～2.75%Ti，0.7%～1.2%Nb，0.4%～1.0%Al，0.3%～1.0%Mn，<0.5%Si，<0.29%Cu，<0.08%C，<0.01%S。它在高温下具有很高的力学性能和抗氧化性能，通常用作燃气轮机的叶片等高温部件，有时也作为高级的耐酸合金使用。其特点是在对还原性介质保持相当耐蚀性的同时，对氧化性介质的稳定性远高于纯 Ni 和 Ni-Cu 合金。它是能耐热浓 $MgCl_2$ 腐蚀的少数几种材料之一，不仅腐蚀速度低，而且没有应力腐蚀倾向。

Cr35Ni65 和 Cr50Ni50 合金是 Cr 含量高合金，既耐强氧化性酸（如硝酸）、含 F^- 硝酸，又耐高温条件下 S、V 引发的热腐蚀。耐热腐蚀的性能远高于一般的耐热钢（如 HK40，即 Cr25Ni20）。Cr35Ni65Al 可解决不锈钢无法同时既耐稀硝酸，又耐浓（发烟）硝酸的难题。

7.3.4　Cu 及 Cu 合金

Cu 及 Cu 合金是人类应用最早的金属材料之一，在人类发展史上有一个较长的时期称为青铜时代。由于它们在许多腐蚀介质中具有较高的化学稳定性，高的导电、导热性，以及具有优良的加工性能，因此，迄今在工业中仍得到了广泛的应用，然而，随着技术的发展，耐蚀 Cu 合金已相继被其他耐蚀材料所取代。

1. Cu 的耐蚀性

Cu 是正电性金属，当 $Cu \rightarrow Cu^{2+}+2e^-$ 时，Cu 的标准电极电位为+0.337V，而当 $Cu \rightarrow Cu^++e^-$ 时，其标准电极电位为+0.521V。因此，一般 Cu 在水溶液中腐蚀时，不会产生氢去极化腐蚀，而只能产生氧去极化腐蚀。例如当酸、碱中无氧化剂存在时，Cu 耐蚀；当酸、碱中含有氧化剂时，Cu 发生腐蚀。浓硫酸是氧化性酸，使钢耐蚀，但却使 Cu 腐蚀速度增加。当溶液中有氧化剂存在时，可能产生两种截然相反的结果：一方面有可能氧化剂的还原促进了阴极反应，加速 Cu 腐蚀；另一方面也可能在阳极进行氧化作用，在 Cu 表面生成 Cu_2O、$Cu(OH)_2$ 等保护层，阻碍腐蚀的进行。若介质能溶解这种保护层，则阳极的阻滞作用又会消失。如 Cu 在含氧的酸中腐蚀时，氧化膜溶解，生成 Cu^{2+} 离子；在含氧的碱中腐蚀时，氧化膜溶解，生成 CuO_2^{2-} 离子。

在大气中，Cu 是很耐蚀的。这一方面是由于它的热力学稳定性高，不易氧化；另一方面是由于长期暴露在大气中的 Cu，先生成 Cu_2O，然后逐渐生成 $CuCO_3 \cdot Cu(OH)_2$ 保护膜。在工业大气中生成 $CuSO_4 \cdot 3Cu(OH)_2$，在海洋大气中生成 $CuCl_2 \cdot 3Cu(OH)_2$。

在淡水、海水、中性盐水溶液中及从中性到 pH<12 的碱溶液中，由于氧化膜的生成，使 Cu 呈现钝态，Cu 因而耐蚀。Cu 在海水中的年腐蚀率约为 0.05mm。此外，Cu 离子有毒，使海生物不易黏附在 Cu 表面上，避免了海生物的腐蚀，故常用来制造在海水中工作的设备或船舰零件。当海水流速很大时，由于保护层难以形成以及海水的冲击、摩擦作用，加速了 Cu 的腐蚀。溶液中溶解的氧能促进难溶腐蚀产物膜生成，所以增加溶氧量反而使腐蚀速度降低。但若水中含有氧化性盐类（如 Fe^{3+} 离子或铬酸盐），Cu 的腐蚀加速。

在含氨、NH_4^+ 或 CN^- 等离子的介质中，因形成 $[Cu(NH)_3]^{2+}$ 或 $[Cu(CN)_4]^{2-}$ 络合离

子，降低了 Cu 的电位，使 Cu 迅速腐蚀。当溶液中有氧或氧化剂时腐蚀更严重。此外，Cu 还不耐硫化物（如 H_2S）腐蚀。

2. Cu 合金

纯 Cu 的力学性能不高，铸造性能差，而且许多情况下耐蚀性也不能令人满意。为了改善这些性能，常在 Cu 中加入 Zn、Sn、Ni、Al 和 Pb 等合金元素。为了某些特殊的目的，有时还加入 Si、Be、Ti、Mn、Fe、As、Te 等。合金化所形成的 Cu 合金，有比纯 Cu 有更高的耐蚀性，或是保持 Cu 的耐蚀性的同时，提高了力学性能或工艺性能。

（1）黄铜（Cu-Zn 合金） 依所加合金元素的种类和含量的不同，黄铜可分为单相黄铜、复相黄铜及特殊黄铜三大类。当 $w_{Zn}<36\%$ 时，构成单相的 α 固溶体，故单相黄铜又称 α 黄铜。当 w_{Zn} 为 36%～45% 时，称为 α+β 复相黄铜。当 $w_{Zn}>45\%$ 时，称为 β 黄铜，脆性大，无实用价值。特殊黄铜是在 Cu-Zn 的基础上，又加入了 Sn、Mn、Al、Fe、Ni、Si、Pb 等合金元素。

黄铜在大气中腐蚀很慢，在纯水中腐蚀速度也较小，为 0.0025～0.025mm/a，在海水中的腐蚀稍快，为 0.0075～0.1mm/a。水中的氯化物对黄铜的腐蚀影响较大，碘化物影响则更为严重。在含 O_2、CO_2、H_2S、SO_2、NH_3 等气体的水中，黄铜的腐蚀速度剧增。在矿水尤其是含 $Fe_2(SO_4)_3$ 的水中极易腐蚀。在硝酸和盐酸中产生严重腐蚀，在硫酸中腐蚀较慢，而在 NaOH 溶液中则耐蚀。

黄铜耐冲击腐蚀性能比纯 Cu 高，因此，黄铜是最优异的蒸汽冷却管材料，特别是用来制造快速流动海水冷却的船用冷凝管。

黄铜的腐蚀破坏形式除一般性腐蚀及高速介质中冲击腐蚀外，还有两种特殊的腐蚀破坏形式，即脱 Zn 腐蚀和 SCC。

黄铜脱 Zn 腐蚀是黄铜的主要破坏形式，主要在海水，特别是在热海水中发生，有时也在淡水或大气环境中发生。黄铜在中性溶液中，在供氧不充分的情况下，也容易产生黄铜脱 Zn 腐蚀。高温、低流速或水中氯化物含量高时，都会加速黄铜脱 Zn。在酸性溶液中（例如黄铜退火后酸洗时），也容易产生脱 Zn 腐蚀。

黄铜的 SCC 是最早发现的 SCC 现象之一，常称“季裂”或“氨脆”。黄铜在拉应力条件下，于大气、海水、高温高压水、蒸汽及一切含氨（或 NH_4^+）的环境中都可能引起 SCC。研究表明，介质中的氨和能派生氨（或 NH_4^+）的物质，即使是微量的氨，也是引起黄铜 SCC 的主要环境因素。水、潮气、O_2、SO_2、CO_2、CN^- 等物质的存在，都会加速断裂。

黄铜中 Zn 含量越高，越容易产生 SCC。Zn 质量分数低于 20% 的黄铜在自然环境中一般未发现应力腐蚀断裂倾向。通常在黄铜中加 Si 能提高耐 SCC 能力。加入 As、Ce、Mg、P 等合金元素也可能使耐 SCC 能力提高。退火消除残余应力无疑是一种有效措施。有的文献报道，阴极保护也有效。

（2）青铜 传统的青铜是指 Cu-Sn 合金，现在把不含 Sn 的铸造 Cu 合金也称为青铜，如铝青铜、铍青铜、砷青铜、硅青铜、锰青铜等。

Sn 质量分数低于 13.8% 的锡青铜的组织是 α 固溶体，一般锡青铜中 Sn 的质量分数有 5%、8% 和 10% 三种。耐蚀性随 Sn 含量增加而有所提高，力学性能、耐磨性和铸造性较 Cu 好，且耐蚀性也比 Cu 高。锡青铜在大气中有良好的耐蚀性，如 Cu-8Sn 在大气中的腐蚀速率只有 0.00015～0.002mm/a，在淡水和海水中也很耐蚀，腐蚀速率 <0.05mm/a。在稀的非

氧化性酸中以及盐类溶液中，它也有良好的耐蚀性，但在硝酸、盐酸和氨溶液中，与纯 Cu 一样不耐蚀。高 Sn 含量（$w_{Sn}=8\%\sim10\%$）的青铜有较高的耐冲击腐蚀能力。锡青铜既不容易产生脱 Sn 腐蚀，也不产生 SCC。因锡青铜耐磨性很好，主要用于制造泵、活门、齿轮、轴承、旋塞等要求耐磨损和耐腐蚀的零件。

铝青铜中 Al 的质量分数通常为 9%~10%，有时还加入 Fe、Mn、Ni 等元素。它的铸造性能不如锡青铜，但强度和耐蚀性均比锡青铜高。铝青铜的高耐蚀性主要是在合金表面形成致密的、牢固附着的 Cu 和 Al 的混合氧化物保护膜。当它遭受破坏时有“自愈”能力。但若合金表面存在氧化物夹杂等缺陷时，则膜的完整性受到破坏，因而会发生局部腐蚀，因此铝青铜的耐蚀性与其制造工艺有关。铝青铜在淡水和海水中都很稳定，甚至在矿水中也耐蚀。在 300℃以下的高温蒸汽中非常稳定。在酸性介质中，铝青铜有很高的耐蚀性。它在硫酸中，甚至在高浓度（75%）和较高温度下都非常耐蚀；它在稀盐酸中也有很高的耐蚀性，但在浓度较高（室温下，20%）或温度较高时不稳定；在硝酸中不耐蚀，但在磷酸、醋酸、柠檬酸和其他有机酸的稀溶液中耐蚀。在碱溶液中，因碱能溶解保护膜，因而使铝青铜会发生严重的腐蚀。含 Al 较高的铝青铜有 SCC，主要是由于 Al 在晶界偏析，引起了沿晶界的选择性氧化，在应力作用下促使氧化膜破坏。加入质量分数在 0.35%以下的 Sn，或消除应力的低温退火，可以防止 SCC。

硅青铜有低 Si（$w_{Si}=1\%\sim2\%$）及高 Si（$w_{Si}=2.5\%\sim3\%$）两类。前者的力学性能与 70Cu-30Zn 黄铜类似，极易冷加工变形，而耐蚀性与纯 Cu 相似；后者具有很高的强度，而耐蚀性又较纯 Cu 好，高硅青铜中常含有质量分数为 1%的 Mn。硅青铜的最大优点是具有很好铸造及焊接性能，常用来制造储槽及其他压力下工作的化工器械。硅青铜在撞击时不发生火花，因此特别适用于有爆炸危险的地方。

（3）白铜（Cu-Ni 合金） 白铜中通常含 Ni 不超过 30%（质量分数），其耐海水腐蚀和耐碱腐蚀性能随 Ni 含量增加而提高。Cu-Ni 二元合金称为普通白铜，若再加 Fe、Zn、Al、Mn 等元素，则分别称为铁白铜、锌白铜、铝白铜、锰白铜等。白铜是工业 Cu 合金中耐蚀性最优者，但由于含大量 Ni，限制了其应用。

与其他金属材料相比，白铜对碱有相当好的耐蚀能力，如在无氧化性杂质的熔融碱中，其腐蚀速度<1mm/a。白铜耐冲击腐蚀的能力高于铝青铜，抗 SCC 性能好，对高速海水的耐空蚀性能也良好。加少量 Fe 后可进一步改善耐空蚀和耐 SCC 性能。质量分数为 20%或 30% Ni 的白铜是制造海水冷凝管的最好材料。

7.3.5 Al 及 Al 合金

1. Al 的特性

Al 的密度为 $2.7g/cm^3$，是应用最广泛的轻金属。纯 Al 具有优良的导热及导电性能，强度为 88~120MPa，形变后可达 147~245MPa，但塑性仍很好，因此具有很好的冷热加工性能。基于上述优点，无论在工业（特别是航空工业）中，还是在日常生活中，Al 都获得了广泛的应用。

Al 的标准电极电位为-1.67V，是常用金属材料中电位最负的一种。从热力学上看，Al 很不稳定，应该产生严重腐蚀。但在大气和中性溶液中（pH=4~8），由于 Al 表面上能生成一层致密的、牢固附着的氧化物保护膜而使 Al 钝化，其钝态稳定性仅次于 Ti。该膜由

Al_2O_3 或 $Al_2O_3 \cdot nH_2O$ 组成。依生成条件不同，其厚度可在很大范围内变化。在干燥大气中，能生成厚度为 15~20nm 的非晶态氧化物保护膜，同基体牢固结合，成为保护 Al 不受腐蚀的有效屏障。在潮湿大气中，能生成水化氧化物膜，膜的最终厚度随湿度增加而增厚。当相对湿度>80%时，厚度可达 100~200nm。膜虽然增厚了，但保护性能却降低了。当温度>500℃时，生成失去屏障作用的晶质膜。钝化膜的形成使 Al 的电极电位显著地变正。在中性溶液中 Al 的电极电位为-0.5~0.7V，比平衡电位高约 1V。但是 Al 上的保护膜有两性的特征，它既溶解在非氧化性的强酸中，又特别容易溶解在碱中。Al 在酸性溶液中腐蚀，能生成 Al^{3+} 离子；在碱性溶液中腐蚀，会生成 AlO_2^- 离子。Al 在中性溶液中耐蚀，除了形成钝化膜的作用（阳极阻滞）外，在相当程度上与 Al 的活化和钝化表面上析氢过电位高（阴极阻滞）有关。

上述特性使 Al 在许多中性及弱酸性（有机酸）介质中成为非常稳定的材料。Al 在强氧化剂的作用下，以及在氧化性酸（如硝酸）中也是稳定的。Al 对盐酸、硫酸等非氧化性酸是不耐蚀的。Al 也不耐碱腐蚀，但氨水与硅酸钠除外。Al 耐 S 和硫化物腐蚀，在通 SO_2 或 H_2S 和空气的蒸馏水中，Al 的腐蚀速率比 Fe 和 Cu 小得多。氯化物与其他卤素化物能破坏 Al 的保护膜，因此在含氯化物的溶液中，Al 的稳定性有些降低。

由于 Al 的电位非常负，当它含有电位更正的金属（Cu、Fe、Ni、Si 等）或与其合金接触时，Al 的腐蚀加速，耐蚀性显著下降。此外，Al 在中性溶液中的腐蚀基本上是氧去极化，当 Al 中含氢过电位较低的贵金属元素增加时，氢去极化的成分也明显增加。因此，Al 的耐蚀性与其纯度有很大的关系。

2. Al 合金

与纯 Al 相比，Al 合金具有较好的力学性能与工艺性能，在工业上仍获得了极广泛的应用，但其耐蚀性较低。Al 合金一般分为铸造与变形两类。

(1) 铸造 Al 合金（ZL） 按成分可分为四类。

1) Al-Si 或 Al-Si-Mg 系合金。工业上称为硅铝明合金，其强度中等，耐蚀性在 Al 合金中也居中，适于在常温下使用，广泛用于生产各类复杂铸件。典型牌号 ZAlSi7Mg（代号为 ZL101）（6%~8%Si，0.2%~0.4%Mg）。

2) Al-Cu 系合金。此合金的特点是有较高的热强性，适于制造在高温下工作的部件，但铸造及耐蚀性都较差。典型牌号为 ZAlCu5Mn（代号为 ZL201）（4.5%~5.3%Cu，0.6%~1.0%Mn）。

3) Al-Mg 系合金。此合金具有较优异的强度及耐蚀性，易于阳极化处理，在造船、食品及化学工业中应用广泛，但耐热性及铸造性能较差。典型牌号为 ZAlMg10（代号为 ZL301）（4.5%~5.5%Mg）。

4) Al-Zn 系合金。此类合金有自淬火效应，适于制造尺寸稳定性较高的铸件，但密度较大，耐热性也低。典型牌号 ZAlZn11Si7（代号为 ZL401） （9%~13%Zn，6%~8%Si，0.1%~0.3%Mg）。

(2) 变形 Al 合金。变形铝合金指经过形变加工方式生产出来的各种半成品，如板、管、棒、丝、带等型材及锻件等。据合金的特性，变形 Al 合金可分为如下几类：

1) 防锈 Al 合金。这种合金具有优异的耐蚀性，其强度比 Al 高，塑性好，能加工成为各种型材，它包括 Al-Mn 及 Al-Mg 两个系列。Al-Mn 变形合金的典型牌号是 3A21（w_{Mn} 为

1.0%~1.6%）。在合金中加入质量分数为0.8%~1.3%的Mn可使Al合金强度提高到176MPa，但含Mn过高或存在Fe、Si等杂质，合金中都容易析出脆性化合物，致使合金在深冲或弯曲时表面粗糙或出现裂纹。Al-Mg防锈合金的Mg质量分数不超过5%，当Mg质量分数超过5%时，塑性下降，焊接性能变坏。与Al-Mn合金相比，Al-Mg系合金的强度高，在海水和大气中的耐蚀性也佳，与纯Al相当，但在酸性和碱性介质中耐蚀性略差。

2）硬Al。硬Al属于时效强化性合金，主要为Al-Cu-Mg-Mn系合金，其化学成分为2.5%~6.0%Cu，0.4%~2.8%Mg，0.4%~1.0%Mn，杂质（Fe+Si）的质量分数不超过1.0%。根据合金化程度的不同，硬Al可分为Al-Cu-Mg系、Al-Cu-Mn系及Al-Cu-Li系。硬Al中的相比较复杂，其共同特点是具有一定的强度，耐热性好，可在一定的高温下使用，但其耐蚀性不佳。主要用来制造铆钉、螺栓等紧固件。

3）超硬Al。超硬Al是变形Al合金中强度最高的，可达600~700MPa，属于Al-Zn-Mg-Cu系合金。其强度和断裂韧性均优于硬Al，但疲劳性能差，对应力集中敏感，有明显的SCC倾向，耐热性也低于硬Al。

4）锻Al。主要是指Al-Mg-Si系或Al-Mg-Si-Cu系合金。该合金中Mg和Si形成二元化合物Mg_2Si，其中Mg与Si之比为1.73∶1。如果Mg含量过多会降低Mg_2Si在Al中的溶解度和时效强化效果，所以一般合金中Si含量略高一些。这种合金具有优良的热塑性，主要用于生产锻件。Al-Mg-Si系合金无SCC敏感性，焊接性能好，焊接后耐蚀性不变。在合金中加入不同含量的Cu和Mn，可形成不同型号的锻Al合金。

3. Al合金的局部腐蚀

（1）点蚀　点蚀是Al合金最常出现的腐蚀形态之一。在大气、淡水、海水和其他一些中性和近中性水溶液中都会发生点蚀。一般来说，Al合金在大气中产生点蚀的情况并不严重，而在水中却比较严重，甚至导致穿孔。实验表明，引起Al合金点蚀的水质要具备以下三个条件：①水中必须含有能抑制全面腐蚀的离子，如SO_4^{2-}，SiO_3^{2-}或PO_4^{2-}等；②水中必须含有能破坏局部钝态的离子，如Cl^-；③水中必须含有能促进阴极反应的氧化剂。

为防止Al合金的点蚀，可从环境与材料两个方面来考虑。例如，从环境上，尽可能地控制氧化剂，去除溶解氧、氧化性离子或水中的Cl^-。提高水温以减少溶解氧，或使水流动以减少局部浓差和利于再钝化，都能减缓点蚀。水中含Cu离子是Al合金发生点蚀的原因之一，为此，必须尽量去除水中的Cu离子。从材料角度来看，高纯Al一般难产生点蚀，含Cu的Al合金耐点蚀性能最差，Al-Mn系或Al-Mg系合金耐点蚀性能最佳。

（2）晶间腐蚀　纯Al一般不产生晶间腐蚀。Al-Cu系、Al-Cu-Mg系及Al-Zn-Mg系合金常因热处理不当，而具有较大晶间腐蚀敏感性。Al-Cu系和Al-Cu-Mg合金热处理时在晶界上连续析出富Cu的$CuAl_2$相，导致邻近的固溶体中贫Cu，贫Cu区电位负，为阳极，发生晶间腐蚀。对于Al-Zn-Mg系合金和Mg质量分数大于3%的Al-Mg合金来说，由于热处理而在晶界析出的$MgZn_2$相或Mg_2Al_3相相对于晶粒本身是阳极，在腐蚀性介质中这些晶界析出物本身发生溶解，也造成晶间腐蚀。

具有晶间腐蚀倾向的铝合金在工业大气、海洋大气中或在海水中都可能产生晶间腐蚀。Al合金的晶间腐蚀可通过适当的热处理消除晶界上有害的析出物加以解决，也可采用复合板或喷镀牺牲阳极金属加以防止。

（3）SCC　纯Al与低强度的Al合金一般无SCC。高强Al合金，如Al-Cu、Al-Cu-Mg，

Mg 质量分数高于 5% 的 Al-Mg 系合金，以及含过剩 Si 的 Al-Si 合金，特别是 Al-Zn-Mg 和 Al-Zn-Mg-Cu 等高强度合金，SCC 倾向较大。

Al 合金的 SCC 均为晶间型的，说明 Al 合金的 SCC 与晶间腐蚀有关。实践证明：对晶间腐蚀敏感的 Al 合金对 SCC 应力腐蚀断裂也是敏感的。Al 合金在大气中，特别是在近海岸大气中和海水中常发现 SCC。温度和湿度越高，Cl^- 浓度越高，pH 值越低，则 SCC 敏感性越大。此外，在不含 Cl^- 的高温水和蒸汽中也会发生 SCC。

从材料的角度来看，含 Cu、Mg、Zn 量高的 Al 合金对 SCC 的敏感性最高。热处理对 Al 合金的 SCC 也有很大的影响。防止或消除 Al 合金 SCC 的措施有：进行适当的热处理；采取合金化（加入微量的 Mn、Cu、Cr、Zr、V、Mo 等）；消除残余应力；采取包镀技术等都有一定的效果。

（4）Al 合金的剥层腐蚀 剥层腐蚀（剥蚀）是形变 Al 合金的一种特殊腐蚀形态，此时形变 Al 合金像云母似的一层一层地剥离下来。Al-Cu-Mg 合金产生剥蚀的情况最多，Al-Mg 系，Al-Mg-Si 和 Al-Zn-Mg 系合金也有发生，但在形变 Al-Si 系合金中未见发生。剥蚀多见于挤压材，这是由于挤压材表面已再结晶的表层不受腐蚀，但再结晶层以下的金属要发生腐蚀，因而使表层剥蚀，因此，剥蚀与组织有关。曾认为是伸长了的变形组织的晶间发生了腐蚀，而现在认为它是沿加工方向伸长了的 Al-Fe-Mn 系化合物发生的腐蚀，同晶界无必然的关系，且与应力无关。采用牺牲阳极保护防止剥蚀较为有效，采用适宜的热处理也能收到一定的效果。

（5）Al 合金的电偶腐蚀 Al 及 Al 合金的电位低，当与其他金属材料接触时，在腐蚀介质中组成电偶，常引起 Al 及 Al 合金的电偶腐蚀。从电位来看，比 Al 电位低的常用金属只有 Mg、Zn 和 Cd，因此，Al 及 Al 合金同大多数金属接触都会引起或加速腐蚀。为了防止电偶腐蚀，当 Al 和 Al 合金必须与其他电位较高的金属材料组装在一起时，应注意电绝缘。

7.3.6 Mg 及 Mg 合金

1. Mg 的特性

Mg 是密度小（$1.74g/cm^3$）、活性高的金属结构材料。Mg 及 Mg 合金是航空工业中应用最广的结构材料之一，目前它们是活性较强的保护屏材料。

Mg 的平衡电位非常负，为-2.3V。Mg 在 29.3g/L 的 NaCl 中的稳定电位也是合金中最负的，约为-1.45V。Mg 的电位虽然很负，但有相当好的耐蚀性，因为 Mg 极易钝化，其钝化性能仅次于 Al。Mg 耐蚀性低于 Al 的原因是电位较负，以及钝化能力比 Al 弱。

Mg 在酸中不稳定，但在铬酸和氢氟酸中却耐蚀，这是因为 Mg 在铬酸中进入钝态，而在氢氟酸中表面生成了不溶解的 MgF_2 保护膜。Mg 及其合金在有机酸中不稳定。在中性盐溶液中，甚至在含一定量 CO_2 的纯蒸馏水中，Mg 能溶解并放出氢。水中 pH 值降低能显著加速 Mg 的腐蚀。水溶液中的活性离子，特别是 Cl^- 离子能加速 Mg 的腐蚀，Cl^- 离子浓度增加，Mg 的腐蚀加速。

当温度低于 50~60℃时，Mg 在氨溶液或碱溶液中是稳定的。因此水溶液碱化时，即使有 Cl^- 离子也能降低 Mg 的腐蚀速率。氧化性阴离子，特别是铬酸盐、重铬酸盐以及磷酸盐，与 Mg 能够生成保护性膜，从而显著提高 Mg 及其合金在水和盐溶液中的耐蚀性。

由于 Mg 的平衡电位和稳定电位非常负，因此，与 Al 相比，Mg 中含杂质元素及与其他金属相接触时，腐蚀速率增高的倾向更大。一般，纯 Mg 中即使含有极少量的氢过电位低的金属，如 Fe、Ni、Co、Cu，其耐蚀性将显著降低。然而，Mg 中含有氢过电位较高的金属，如 Pb、Zn、Cd，以及负电性很强的金属如 Mn、Al 等时，则影响不大。

Mg 在水溶液中和大气条件下的腐蚀特征迥异，前者几乎全是氢去极化，而后者，即使是在薄的水膜情况下也主要是氧去极化。在金属表面上的水膜越薄，或者空气中的相对湿度越低，氧去极化的成分就越大。

在高温时，Mg 在空气中极易氧化，氧化动力学曲线是直线型的，说明 MgO 在高温下是无保护性的。加入 Cu、Ni、Zn、Sn、Ge，甚至加入 Al，都能增强 Mg 在大气中抗高温氧化的能力。加入稀土元素也有利于减缓 Mg 在空气中的氧化速度。

2. Mg 合金

纯 Mg 的力学性能低，一般不作为结构材料使用。Mg-Al、Mg-Zn 和 Mg-Mn 合金是工程中应用最广泛的 Mg 合金。

Mg 合金可分为铸造 Mg 合金和变形 Mg 合金两类。

铸造 Mg 合金有高温下使用的 Mg-Zr-稀土和常温下使用的 Mg-Al-Zn 及 Mg-Zn-Zr 合金。铸造镁合金经氧化处理后耐蚀性尚好，铸件应进行阳极化处理，表面深层保护。不允许 Mg 合金直接与 Al 合金、Cu 合金、Ni 合金、钢、贵金属、木材和胶板等直接接触，如必须接触时，应绝缘。

变形 Mg 合金包括 Mg-Mn、Mg-Al、Mg-Zn-Zr 和 Mg-Li 合金。在大气和水中易于产生 SCC，并在水中通氧时会加速。某些阴离子（不仅限于 Cl^- 离子）也会加速 Mg 合金的 SCC。合金元素对 Mg 合金的 SCC 有一定的影响。例如 Mg-Al-Zn 合金具有很高的 SCC 敏感性，且随着 Al 含量的增加而增高，特别是薄壁件 SCC 敏感性更大。因此，只有在应力小于屈服极限 60%并用无机薄膜和涂料保护下才能使用。不含 Al 的 Mg 合金 SCC 敏感性低或无敏感性。

7.3.7　Ti 及 Ti 合金

1. Ti 的耐蚀性

Ti 是热力学上很活泼的金属，其平衡电位为-1.63V，接近 Al 的平衡电位。但是，在许多介质中，Ti 极耐蚀，原因是 Ti 具有强烈的钝化能力，并使之稳定电位远远地偏向正值。例如，在 25℃的海水中稳定电位约等于+0.09V，比在同一介质中的 Cu 及 Cu 合金的电位都正。Ti 的钝化膜具有非常好的愈合性，破损后能很快地弥合修复形成新膜。Ti 不仅可在含氧的溶液中保持稳定钝态，而且能够在含有任何浓度 Cl^- 离子的含氧溶液中也保持钝态。Ti 的钝化有三个特点：①致钝电位低，非常容易钝化，在稍具氧化性的氧化剂中就可钝化；②稳定钝化电位区间宽，钝态极稳定，不易过钝化，如 Ti 对高温高浓度硝酸也耐蚀（发烟硝酸除外）；③Cl^-存在时钝态也不受破坏。

Ti 及其合金在中性或弱酸性的氯化物溶液中有高度的稳定性。例如，Ti 在 100℃的浓度低于 30%的 $FeCl_3$ 和任何浓度的 NaCl 中都稳定。Ti 在氯化物溶液或海水中还耐点蚀。这些耐蚀性都超过了不锈钢和 Cu 合金。Ti 对于含氯离子的氧化剂溶液也有高度的稳定性，如王水、100℃的次亚氯酸钠溶液、氯水、气体氯（达 75℃）、含有过氧化氢的氯化钠溶液等。Ti 对某些氧化剂也是稳定的，如对沸腾的铬酸、100℃浓度低于 65%的硝酸，以及 40%的硫酸和 60%的硝酸的混酸（35℃）。但是，Ti 在硝酸中的稳定性不如不锈钢及 Al，因为在高温时硝酸能缓慢地使 Ti 氧化，生成不溶性的钛酸 H_2TiO_3。

在稀盐酸、氟氢酸、硫酸和磷酸中，Ti 的溶解比 Fe 缓慢得多。随着浓度的增加，特别是温度的升高，Ti 溶解速度显著加快。在氟氢酸和硝酸的混合物中 Ti 溶解得很快。

除了甲酸、草酸和相当浓度的柠檬酸之外，Ti 在所有的有机酸中都不被腐蚀。

在浓度低于 20%的稀碱中，Ti 是稳定的；在较浓的碱中，特别当加热时，可缓慢地放出氢并生成钛酸盐。

由此不难看出，Ti 是化学工业中最耐蚀、最有应用前景的材料，遗憾的是，Ti 的价格过高。此外，Ti 在高温下很不稳定，能剧烈地与氧、硫、卤族元素、碳，甚至和氮和氨化合。

2. Ti 合金

Ti 合金的品种很多，在航空、航天及化学工业中已获得了广泛的应用。Ti 合金化的主要目的是提高其在还原性酸中的耐蚀性，尤其是耐缝隙腐蚀的能力。研究表明，Pd、Ru、Pt 对 Ti 表现出了极好的阴极合金化效果，但这些合金元素均为贵金属。此外，用 Nb、Ta、Mo 合金化，对 Ti 的阳极极化特性有直接影响，也可显著提高 Ti 的耐蚀性。但是用这些元素合金化时，只有含量很大时，才能达到降低腐蚀速度的目的，而用 Pd（Pt）合金化时，只需千分之几的浓度就能获得良好的效果。

（1）Ti-Pd 合金　Pd 质量分数一般为 0.15%~0.20%。Pd 的析氢过电位低，少量 Pd 就可促进 Ti 的阳极钝化，提高 Ti 在盐酸、硫酸等非氧化性酸中的耐蚀性。如加入质量分数为 1%的 Pd，可使 Ti 在 5%沸腾盐酸中的腐蚀速率从 25.4mm/a 以上下降到 0.25mm/a；加入质量分数为 0.2%的 Pd，可使 Ti 在 5%硫酸中的腐蚀速率从 48.26mm/a 下降到 0.5mm/a，效果极为明显。

与纯 Ti 相比，在非氧化性酸中加入氧化剂可使 Ti-Pd 合金更容易钝化，但所需氧化剂的量要少得多。Ti-Pd 合金在高温高浓度的氯化物溶液中非常耐蚀，且不产生缝隙腐蚀，而纯 Ti 在此类溶液中会产生缝隙腐蚀。Ti-Pd 合金的另一优点是不易因腐蚀而产生氢脆。Ti-Pd 合金耐氧化性酸的腐蚀，也耐中等还原性酸的腐蚀，但不耐强还原酸的腐蚀。

（2）Ti-Ta、Ti-Nb 及 Ti-Nb-Ta 合金　Ta 无论在氧化性还是在还原性酸中都是稳定的，并能与 Ti 形成均匀的固溶体，是 Ti 的有效合金化元素。为了使 Ti-Ta 合金在热的盐酸和硫酸中耐蚀，合金中 Ta 的质量分数不能小于 20%。

Nb 是另一种有效的合金化元素。但为使 Ti-Nb 合金在热盐酸中耐蚀，合金中 Nb 质量分数不得小于 40%。在 Ti-Nb 合金中加少量的 Pt（$w_{Pt}=0.2\%$）可显著地提高合金的耐蚀性。另一种提高 Ti 合金耐蚀性的措施是研制 Ti-Ta-Nb 三元合金。Ti 中 w_{Ta} 为 15%，w_{Nb} 为 25%时，或者 $w_{Ta}+w_{Nb}$ 为 20%时可显著地提高耐蚀性；而当 $w_{Ta}+w_{Nb}$ 大于 30%时，则效果更显著。

（3）Ti-Mo、Ti-Mo-Nb-Zr 合金　Mo 在含 Cl^- 离子的溶液中具有很高的钝化能力，与 Ti 的差别是 Mo 上的钝化膜在非氧化性酸（HCl、H_2SO_4）中的稳定性比在氧化性酸（HNO_3）中高。因此，Ti-Mo 合金中的 Mo 含量越高，它们在非氧化性介质中越稳定。当 $w_{Mo}>20\%$ 时，特别是达 30%~40%时，该合金在热的浓非氧化性酸中才具有高的稳定性，例如，在 100℃40%的 H_2SO_4 中，Ti-Mo 合金中 $w_{Mo}>30\%$时，腐蚀速度才低于 0.1mm/a。

Ti-Mo-Nb-Zr 系合金是新研制的，在强腐蚀性介质中有相当好的耐蚀性，同时还具有很好的工艺性能。一般，随着合金化程度的提高，耐蚀性也显著提高。

3. Ti 及 Ti 合金常见的腐蚀形态

虽然 Ti 是一种耐蚀性良好的金属，但在一定的条件下，仍有不同形态的腐蚀，其中最值得注意的是：缝隙腐蚀、氢脆、SCC、焊缝腐蚀及自燃现象。

（1）缝隙腐蚀　Ti 在室温下的海水中未发现过缝隙腐蚀。在高温下的含氯化物溶液中产生缝隙腐蚀。在含少量氨的 NH_4Cl 和 NaCl 溶液中，含有氧化剂的盐酸溶液及含有氯的有机介质中都发现过 Ti 设备的严重缝隙腐蚀，甚至在含氯的工业大气中也发现过 Ti 的缝隙腐蚀现象。

（2）氢脆　Ti 及其合金在氢气气氛中，在阴极极化或电化学腐蚀过程中，当吸氢到一定程度时，会导致氢脆。Ti 的氢化物引起的氢脆是常见的，且其敏感性随温度的降低而增加，当试样有缺口时，敏感性也增加。另外它与形变速率有密切的关系，还和氢化物的形状与分布有关。一般片状氢化物的氢脆敏感性较大。

（3）SCC　SCC 是 Ti 及 Ti 合金的另一种重要的破坏形式。工业纯 Ti 在水溶液中一般不发生 SCC。曾有报道，Ti 在 20%的红烟硝酸和含溴的甲醇溶液中发生过 SCC。Ti 合金产生 SCC 的情况较多，在热盐、甲醇氯化物溶液、红烟硝酸、N_2O_4，甚至在 NaCl 水溶液中都发生过 SCC。研究表明，Ti 合金的 SCC 是属于氢脆型的。

（4）焊缝腐蚀　焊缝腐蚀是 Ti 合金腐蚀破坏的另一重要形式，在强氧化性介质中尤为突出。例如，在硝酸、含氧化剂的醋酸，含氟添加剂的铬酸中都发生过焊缝腐蚀。一般认为杂质 Fe 和 Cr 在焊接过程中分布发生的变化是引起焊缝腐蚀的主要原因。

（5）自燃　Ti 在某些强氧化性环境中，由于表面氧化作用不间断剧烈地进行，这种快速放热反应常引起恶性的自燃事故。国内外都发生过 Ti 设备在发烟硝酸和干氯气中自燃爆炸的事故，但是只要介质中有少量的水存在，就可以防止自燃。此外，Ti 在液态溴、无水结晶碘或 2.0~2.5MPa 的氧压下也会发生自燃。温度升高，自燃敏感性增大。

7.3.8 非晶态合金

1. 非晶态合金简介

（1）非晶态合金的结构特点　非晶态合金的结构特点是原子在三维空间呈拓扑无序状排列，不存在长程周期性，但在几个原子间距的范围内，原子的排列仍然有一定的规律，即非晶态合金的原子结构为“短程有序，长程无序”。通常定义非晶态合金的短程有序区小于 15Å，即不超过 4~5 个原子间距，从而与纳米晶或微晶相区别。

（2）非晶态合金的制备方法　制备非晶态合金的方法有很多种，主要方法大致可以可分为以下四类：

1）表面沉积法。表面沉积法包括真空蒸镀法、溅射法、化学气相沉积法、电镀与化学镀等。

2）表面无序化。表面无序化是利用电子束、离子束、激光束照射、离子注入等方式对材料表面进行能量注入，可以使表面层非晶化。

3）快速冷却法。快速冷却法是应用最广泛的一类非晶态合金制备方法，其中外圆式快冷法制备非晶态合金带材，是国内外工业化制备非晶态合金的主要手段。

4）机械合金化。机械合金化是一种干碾磨过程，用球磨机或碾磨机对不同的金属或合金粉末进行碾磨加工，在此过程中组元之间相互扩散形成新的合金粉末，根据组元的成分既可能形成晶态粉末，也可能形成非晶态粉末。

（3）非晶态合金的结构缺陷　非晶态合金中不存在原子的长程周期性排列，因而不存在空位、位错和晶界等结构缺陷，也没有晶界。非晶态合金中的主要结构缺陷是大小不一的空隙，通常称为“自由体积”，以区别于晶体中的空位与间隙。晶体中的空位与间隙都有特定的尺寸，而非晶态结构中的自由体积无特定大小，通常介于间隙和空位之间。自由体积与其相邻的原子可以发生位置交换，由于原子的迁移，自由体积可以发生分解或合并。在合金发生塑性变形时，自由体积起着重要的作用。

（4）非晶态合金的性能及应用　由于非晶态合金与晶体合金有不同的原子结构及化学组成，因而具有许多独特的物理和化学性质，尤其具有非常高的强度、硬度和耐磨性，同时具有很好的韧性，有些非晶态合金还具有超塑性；由于非晶态是亚稳状态，在一定温度区域对温度敏感；具有较高的电阻率和较低的电阻温度系数，一些非晶态合金还具有超导性和优良的电磁性能；具有优良的耐蚀性；一些非晶态合金还具有良好的催化性能、储氢性能、抗辐射性能等。

由于非晶态合金的特殊性能，因此其在非晶软磁元件、非晶永磁合金、应变传感器和磁性传感器、机械振子、高硬度刀具磨具、钎焊材料、催化剂等方面获得了应用。

2. 非晶态合金的耐蚀性

（1）非晶态合金与晶态合金耐蚀性的差异　非晶态合金的化学稳定性比相同或相近成分的晶态合金高得多。特别是 Fe-Cr-类金属系列非晶态合金具有很高的耐蚀性，例如，Fe-8Cr-13P-7C 合金在室温下 2mol/L 浓度的 HCl 中仍然能够自发钝化。

非晶态合金具有高耐蚀性的原因如下。

1）钝化膜中富集了具有高钝化能力的合金元素阳离子。在含 Cr 的非晶态合金中，钝化元素 Cr 在钝化膜中高度富集，从而大大提高了钝化膜的耐蚀性。

2）非晶态合金表面的均匀性。非晶态合金的均匀性体现在两方面：①化学均匀性，在快速冷却过程中，原子来不及发生长程迁移，保持了其在液态下均匀混合的状态，无化学偏析，不同区域之间不易产生电位差效应；②结构均匀性，快速冷却产生均一的单相非晶态结构，无第二相析出，也无晶界存在，因此非晶态合金表面高度均匀，基本上不存在容易诱发腐蚀的夹杂物、位错露头等表面活性点。

3）非晶态合金具有高活性。非晶态合金在热力学上处于亚稳态，而 Fe-Cr-类金属系合金中类金属元素具有较高的活性。因此非晶态合金在形成钝化膜之前比晶态合金有更高的反应活性，活性组元迅速反应溶解导致钝化元素在表面高度富集，从而使合金更快地进入钝态。

（2）合金组成对耐蚀性的影响

1）在金属-类金属非晶态合金中，对于不含钝化元素的二元金属-类金属合金，耐蚀性主要取决于基体金属的热力学稳定性；非晶态合金中的元素 Cr 因其钝化作用显著提高了合金的耐蚀性；类金属元素通过影响合金的钝化能力起作用。

2）金属-金属系非晶态合金的耐蚀性主要取决于金属组元自身的热力学稳定性。

（3）非晶态合金的局部腐蚀　一般晶态金属材料的小孔腐蚀都首先形核于表面活性点，如非金属夹杂物、位错或晶界露头、偏析及表面划痕等位置。由于非晶态合金的化学均匀性和结构均匀性，其表面高度均匀，小孔很难形核，因此非晶态合金有较高的抗氯离子孔蚀的能力。

非晶态合金的孔蚀阻力主要来自于其对小孔形核的阻碍，一旦孔蚀发生，小孔的扩展速度很快，并不低于相同组分的晶态含金，即在小孔内部的活性状态下，非晶态合金同晶态合金有着相同的溶解速度。合金的孔蚀电位与表面状态有明显的关系，抛光表面的孔蚀电位最正，随着表面粗糙度的增大，孔蚀形核的倾向增大，孔蚀电位显著负移。

非晶态合金的缝隙腐蚀敏感性较高，这与其孔蚀形核阻力较高，而孔蚀扩展阻力并不高的行为是一致的。缝隙相当于已经形核的小孔，一旦缝隙内部的溶液环境有利于合金发生溶解，腐蚀就会持续进行。因此，在非晶态含金的使用过程中应特别注意保持其表面的光洁平整和避免形成缝隙。

（4）非晶态合金的氢致脆化　非晶态合金具有氢致脆化的特性，很多非晶态合金阴极充氢或在氢气中充氢后，断裂应力都有不同程度的下降，尤其金属-类金属型非晶态合金断裂应力下降最为明显。充氢量越大，断裂应力越低。

同晶态合金一样，非晶态合金的氢脆也是可逆的。如果在合金出现裂纹之前停止充氢，加热或放置一般时间使氢逸出，合金的性质可以恢复。关于非晶态合金的氢致脆化机理目前有不同的观点。一种认为非晶态合金中可能存在一些显微孔洞，这些孔洞捕集 H 原子，H 原子复合成 H_2 后形成高压，使材料开裂；另一种观点认为，同晶体合金类似，氢能加强裂纹尖端的塑性变形，从而导致材料开裂。

非晶态合金的高氢脆敏感性有以下三方面的原因：

1）类金属元素对氢吸收的促进作用。类金属元素 S、P、B、Si、N 等都具有阻碍氢原子复合成氢分子的作用，从而使进入合金的氢原子增多。不含类金属元素的金属-金属型非晶态合金的氢脆敏感性要低得多。

2）非晶态合金一般都有很高的屈服强度，相应地其断裂韧性 K_{IC} 较低，即由于非晶态合金的高强度决定了其脆性倾向也较大。

3）非晶态合金的塑性变形具有高度局部化的特点，由于不发生应变硬化阻碍继续形变，一旦形成裂纹，很容易在裂尖区的特定“滑移面”上集中发生塑性变形而导致裂纹扩展。

钝化膜是防止氢原子进入合金的有效屏障，氢在钝化膜中的扩散速度比在合金基体中的扩散速度要低几个数量级，因此提高合金的钝化性能对提高非晶态合金抗氢脆能力有明显的作用。

非晶态合金试样在阳极极化条件下进行拉伸时，也会发生低应力断裂，有研究者认为这是应力腐蚀断裂。但多数研究者认为，此低应力断裂属于局部腐蚀导致应力集中引发的断裂。

思　考　题

1. 纯金属按其热力学稳定性可分为哪几类？耐蚀金属材料是如何分类的？
2. 提高合金耐蚀性有哪些途径？其中最有效的途径是什么？试举例说明。
3. 碳钢在盐酸、硫酸、硝酸及碱的溶液中的腐蚀行为如何？

4. 在耐大气腐蚀用钢及耐海水腐蚀用钢中，通常加入哪些主要合金元素？这些元素如何提高其耐蚀性？举例说明之。

5. 不锈钢中加入的主要合金元素有哪些？有什么作用？

6. 不锈钢成分与组织结构关系图能说明什么问题？

7. 从组成来划分，高温合金分为哪几类？

8. 黄铜最常见的两种腐蚀类型是什么？简述产生腐蚀的相应条件。

9. Al 的标准电极电位很负，说明 Al 的热力学活性很高。为什么 Al 在水中和大部分中性或许多弱酸性介质中非常耐蚀，而在非氧化性强酸和较强的碱中不耐蚀？

10. Al 及 Al 合金主要发生哪几种形态的腐蚀？

11. 哪类元素对提高 Ti 的耐蚀性有着十分显著的效果？为什么？

12. Ti 合金有哪些主要的腐蚀类型？

第8章

金属的保护方法

当我们通过研究金属腐蚀行为和影响因素，掌握了腐蚀的基本原理后，就可以有针对性地发展各种有效的腐蚀防护与控制技术。目前，防腐蚀的具体方法很多，归纳起来主要分为以下几类：①正确选用金属材料与合理设计金属的结构。②电化学保护，包括阴极保护和阳极保护。③涂层保护，包括金属涂镀层、化学转化膜、非金属涂层等。④改变环境使其腐蚀性减弱，如添加缓蚀剂或去除对腐蚀有害的成分等。

对于具体的金属腐蚀问题，需要根据金属产品或构件的腐蚀环境、保护的效果、技术难易程度、经济效益和社会效益等进行综合评估，选择合适的防护方法。

8.1 选材与结构设计

8.1.1 正确选用金属材料和加工工艺

正确合理选材是腐蚀控制最重要的环节，也是整个产品或工程设计中最为关键的一步，选材是否正确、加工工艺是否合理不仅影响产品的使用寿命，而且还关系到产品的各种性能。材料选择不当往往是造成腐蚀破坏的主要原因，相当多的金属腐蚀问题通过正确选用金属材料和加工工艺就可以得到解决。选择合适的材料后，再考虑选用其他防腐蚀方法。

在工业设计中，正确选材是十分重要和相当复杂的问题。选材时除了考虑耐蚀性之外，还需要考虑力学性能、加工性能以及材料的价格等因素。选材时应遵循下列原则：

1）材料的耐蚀性满足实际服役环境的使用要求。根据服役环境选择材料，所选择材料才能具有预期的环境适应性。首先要对材料的环境服役行为进行充分调查，对选择材料要查明其对哪些腐蚀具有敏感性；选用部位所承受的应力，所处环境的介质条件以及可能发生的腐蚀类型；与其他接触的材料是否相容，是否会发生接触腐蚀等。

2）材料的物理、力学和加工性能要满足产品设计和服役条件要求。材料除了具有合适的耐蚀性外，一般还要具有必要的力学性能（如强度、硬度、弹性、塑性、冲击韧性、疲劳性能等）、物理性能（如光、声、电、热、磁等方面性能）及加工性能（成形、焊接性能等）。在选材设计过程中，要兼顾各方面性能的要求进行综合考虑。

3）结构材料的选材在追求强度指标的同时，必须先考虑在具体腐蚀环境条件下的耐蚀性。例如，在腐蚀介质中，只考虑材料的断裂韧度 K_{IC} 值是不够的，应当考虑应力腐蚀强度因子 K_{ISCC} 和应力腐蚀断裂门坎应力 σ_{th} 值。

4）选择杂质含量低的材料可以提高耐蚀性。尽可能选择腐蚀倾向性小的热处理状态，例如，铝合金、不锈钢等经过合理的热处理可以避免晶间腐蚀的发生；采用特殊的焊接工艺防止焊缝腐蚀，采用喷丸处理改变表面应力状态防止应力腐蚀。

5）综合考虑整个产品或工程用的材料，需要根据设计寿命和各部件的工作环境条件选择不同的材料，易腐蚀部分应选择耐蚀性强的材料。

6）选材需要考虑经济上的合理性，在保证其他性能和设计的使用期的前提下，尽量选用价格便宜的材料。选择耐蚀性差的材料施加涂层，还是选择高耐蚀材料，需综合考虑产品或工程的设计寿命和经济成本。

7）在保证其他性能满足产品或工程寿命和使用要求的前提下，尽量选择资源丰富、环境负荷小、可回收利用的材料。

8.1.2　合理设计金属结构

为了使金属结构在腐蚀环境中达到人们预期的目的和寿命，选材之后还需要对金属结构进行合理的设计。从减少腐蚀或防止腐蚀的角度，金属结构的设计应注意如下几点：

1）设计时要考虑腐蚀裕量。对于发生均匀腐蚀的构件可以根据腐蚀速率和设计寿命计算构件的尺寸，厚度要留足腐蚀裕量，确保安全服役；同时还需要根据实际服役环境，以决定是否需要采取其他保护措施；对于发生局部腐蚀的构件的设计必须慎重，需要考虑更多的因素。

2）合理设计构件的构型。设计的构件应尽可能避免形成有利于形成腐蚀环境的构型（图 8-1）。例如，应避免形成使液体积留的结构，在可能积水的地方设置排水孔；采用密闭的结构防止雨水、海水、雾气等的侵入；布置合适的通风口，防止湿气的汇集和结露；尽量少用多孔吸水性强的材料，不可避免时可采用密封措施。设备中的死角是污物沉积的地方，也是防腐蚀和保养时不易达到质量要求的地方，是最易造成局部腐蚀的地方，因此结构设计与建造中应尽量避免死角。

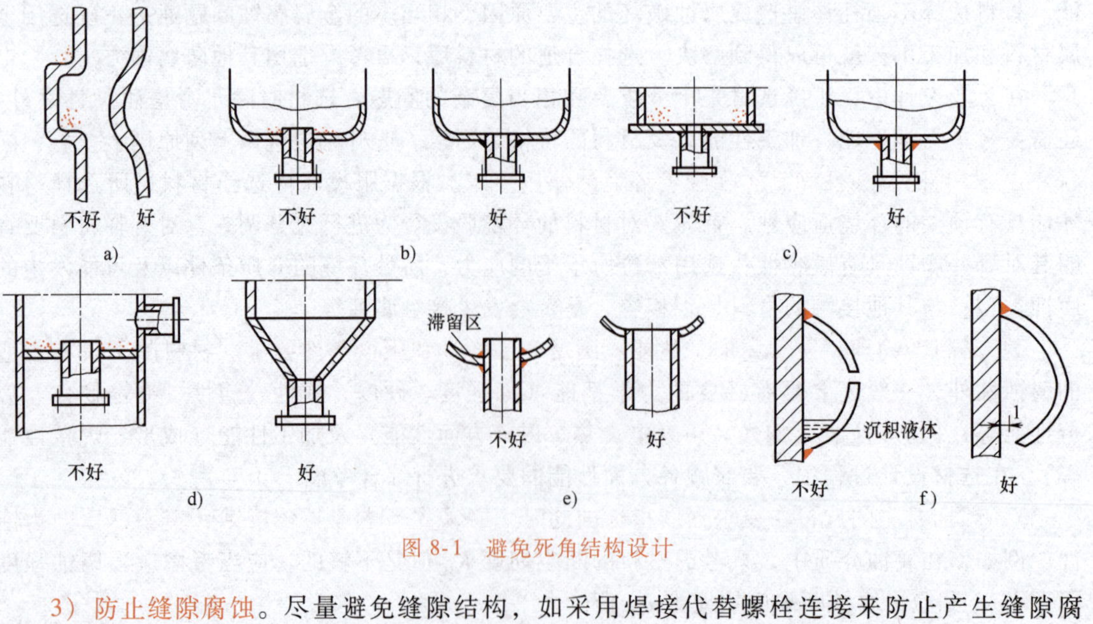

图 8-1　避免死角结构设计

3）防止缝隙腐蚀。尽量避免缝隙结构，如采用焊接代替螺栓连接来防止产生缝隙腐蚀，也可以通过拓宽缝隙、填塞缝隙、改变缝隙位置或防止介质进入等措施加以避免，如图 8-2 所示。

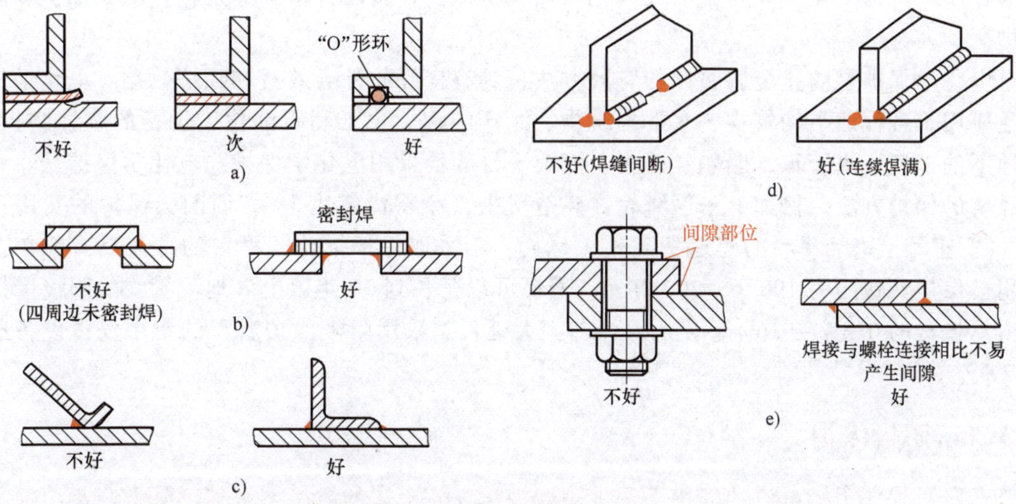

图 8-2　避免缝隙腐蚀的结构设计

4）避免电偶腐蚀。尽可能避免不同金属的直接接触产生电偶腐蚀，特别是要避免小阳极、大阴极的电偶腐蚀。当不可避免时，接触面要进行适当的防护处理，如图 8-3 所示。如采用缓蚀密封膏、绝缘材料将两种金属隔开，或采用适当的涂层。

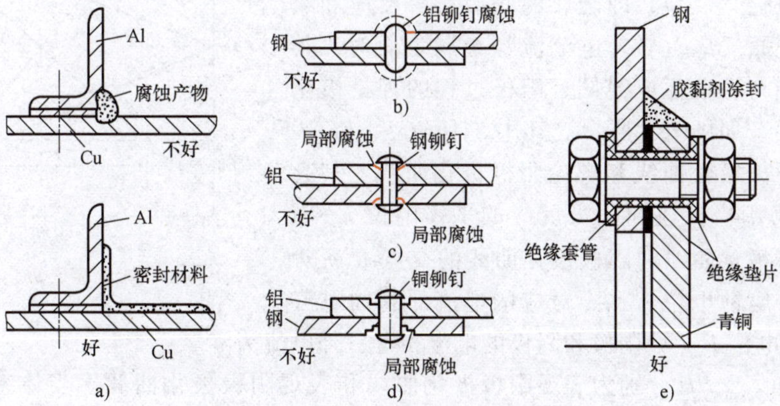

图 8-3　避免电偶腐蚀的结构设计

5）避免应力集中。结构应力集中不仅影响构件的力学性能，而且也会引起应力腐蚀。构件在设计中要防止局部应力集中，并控制材料的最大许用应力；零件在制造中应注意晶粒取向，尽量避免在短横向上受拉应力；应避免使用应力、装配应力和残余应力在同一个方向上叠加，以减轻或防止应力腐蚀断裂。

6）设计的结构应有利于检查和维护。结构件形式力求简单，注重模块化设计，应方便检查、排除故障、有利于维修更换，通过经常性的维护可以使构件的耐蚀寿命得到提高。

8.2　电化学保护

电化学保护是利用外部电流使金属电位发生改变从而控制腐蚀的一种方法。金属在外电流的作用下可以极化到非腐蚀区或钝化区而获得保护，这两种情况分别称为阴极保护和阳极保护。

电化学保护是防止金属腐蚀的有效方法，具有良好的社会效益和经济效益。电化学保护广泛应用于各种地下构筑物、水下构筑物、海洋工程、化工和石油化工设备的腐蚀防护上。如地下油、气、水管道，船舶、码头、海上平台等均采用电化学保护。电化学保护是一种极为经济的保护方法。例如，一艘海轮在建造费中，涂装费高达5%，而阴极保护的费用不到1%。一座海上采油平台的建造费高达1亿元，不采取保护措施，平台的寿命只有5年，采用阴极保护其费用为100万~200万元，寿命可以延长到20年以上。地下管线的阴极保护费只占总投资的0.3%~0.6%，使用寿命却大大延长。采用阳极保护所需的费用仅占设备造价的2%左右。

8.2.1 阴极保护

金属在外加阴极电流的作用下发生阴极极化，使金属的阳极溶解速度降低，甚至极化到非腐蚀区使金属完全不腐蚀，这种方法称为阴极保护。

1. 阴极保护原理

根据腐蚀电化学原理，腐蚀的金属是一个多电极耦合体系。在最简单的情况下，腐蚀的金属电极上同时存在两个电化学反应，即金属的阳极溶解反应和氧化剂的阴极还原反应。当外电流流经金属表面时，其表观极化曲线与腐蚀原电池阴、阳极过程的理论极化曲线之间的关系如图8-4所示。其中，*ABKC*和*FKED*分别为理论阳极极化曲线和理论阴极极化曲线。其起始电位分别为阳极反应和阴极反应的平衡电位E_a^0和E_c^0。理论阳极极化曲线和阴极极化曲线的交点*K*所对应的电位即自腐蚀电位E_{corr}，对应的电流即腐蚀电流密度i_{corr}。在电位E_{corr}处阳极和阴极的电流相等，外电流为零。

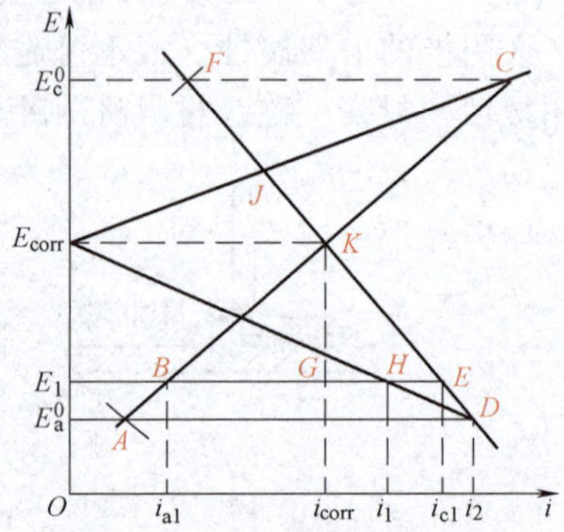

图8-4 外加电流的极化与阴极保护

$E_{corr}JC$和$E_{corr}HD$分别为表观阳极极化曲线和表观阴极极化曲线。当体系外加阴极电流时，电极电位将由E_{corr}沿$E_{corr}HD$负方向移动。若外加阴极电流密度为i_1，电位由E_{corr}负移到E_1，此时腐蚀电流密度由i_{corr}减小到i_{a1}，$i_{corr}-i_{a1}$表示阴极极化后腐蚀电流密度的减小值，称为保护效应；阴极电流密度相应增加到i_{c1}；且有$i_1=i_{c1}-i_{a1}$。如果使金属进一步阴极极化，当电位达到阳极反应的平衡电位E_a^0，外电流i_2全部消耗于氧化剂的阴极还原，则腐蚀原电池阳极过程的速度降为零，腐蚀停止，金属实现完全的阴极保护。E_a^0即为理论上的最小保护电位。金属达到最小保护电位所需要的外加电流密度为最小保护电流密度。

在不同的环境中即使是同种金属其腐蚀的极化图也有很大的差异。在酸性介质中，金属腐蚀全部由氢的去极化（阴极为析氢反应）引起时，其极化曲线便类似于图8-4所示曲线。在中性或微酸性介质中，当阴极过程全部是氧的去极化或以氧的去极化（吸氧反应）为主、氢的去极化为辅时，其极化曲线如图8-5所示，此时氧的去极化呈现浓差极化的特征。一般来说，当金属在中性介质中，阴极过程主要为氧的去极化时，阴极保护的效果最为理想。这种情况下，阴极保护电流等于氧的浓差电流电位即达到 E_M^0，实现完全的阴极保护。当阴极保护电流过大时（如图 8-5 中的 i_1）并无好处。因为不可能继续降低金属的腐蚀速度，反而会引起氢的析出。

2. 阴极保护参数

在阴极保护工程中，可以通过测定金属是否达到保护电位判断金属的保护效果。

（1）保护电位　阴极保护时通过对被保护的金属结构施加阴极电流，使其发生阴极极化，电位负移，可以使腐蚀过程完全停止，实现完全保护，或使腐蚀速度降低到人们可以接受的程度，达到有效保护。被保护金属结构的电位是判断阴极保护效果的关键参数和标准，也是实施现场阴极保护控制和监测、判断阴极保护系统工作是否正常的重要依据。

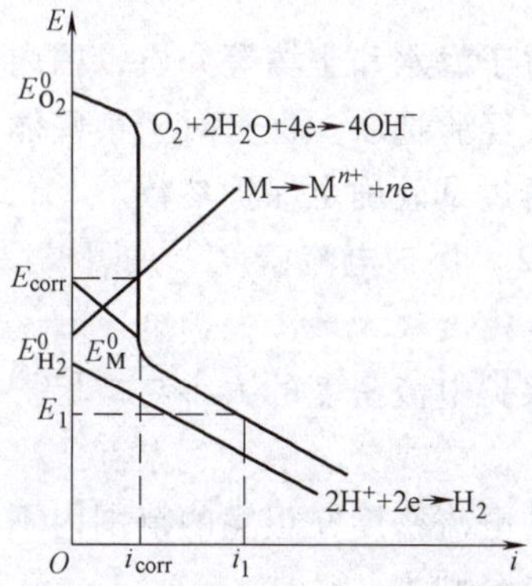

图 8-5　氧的去极化时有氢的去极化参与的阴极保护的极化曲线图解

保护电位是指通过阴极极化使金属结构达到完全保护或有效保护所需达到的电位值，习惯上把前者称为最小保护电位，后者称为合理的保护电位。当被保护金属结构的电位太负，不仅会造成电能的浪费，而且还可能由于表面析出氢气，造成涂层严重剥落或金属产生氢脆的危险，出现“过保护”现象。

保护电位的数值与被保护金属的种类及其所处的环境等因素有关。许多国家已将保护电位列入了各种标准和规范中，可供阴极保护设计参考。表 8-1 为取自英国标准所制定的《阴极保护实施规范》，给出了一些金属在海水和土壤中进行阴极保护时的保护电位值。美国腐蚀工程师协会（NACE）在《埋地和水下金属管道外部腐蚀控制推荐规范》RP—01—69（1983 年）的标准中，对阴极保护准则做出了某些规定。对于在天然水和土壤中的钢和铸铁构筑物，规定保护电位至少应为-0. 85V（相对于饱和 $Cu/CuSO_4$ 参比电极，即 SCSE）。同时提出有关阴极保护的电位移动原则，即施加阴极电流使被保护结构的电位由其开路电位向负移 300mV，便可使中性水溶液和土壤中的钢铁结构得到有效保护。如果在中断保护电流的瞬间测量，则电位负偏移值应大于 100mV。在断电流电位测量的结果中由于不包括电流

表 8-1　一些金属的保护电位　（单位：V）

金属或合金	参比电极			
	Cu/饱和 $CuSO_4$	Ag/AgCl/海水	Ag/AgCl/饱和 KCl	Zn/洁净海水
铁与钢				
a. 含氧环境	-0.85	-0.80	-0.75	+0.25
b. 缺氧环境	-0.95	-0.90	-0.85	+0.15
铅	-0.60	-0.55	-0.50	+0.50
铜合金	-0.50～-0. 65	-0.45～-0. 60	-0.40～-0. 55	+0.60～+0. 45
铝				
a. 上限值	-0.95	-0.90	-0.85	+0.15
b. 下限值	-1.20	-1.15	-1.10	-0.10

通过电解质所造成的 *IR* 电位降，所以保护条件更易确定。在我国，埋设在土壤中的钢管道其保护电位通常为-0.85V（SCSE）；在厌氧的硫酸盐还原菌存在的土壤中，保护电位则为-0.95V（SCSE）。在土壤中钢管道的自然腐蚀电位相当负时，以负移 300mV 的电位为其保护电位。

对于海水和土壤等介质，国内外已有多年的阴极保护实际经验，保护电位值可根据有关标准或经验选取。但是对于某些体系，特别是在化工介质中，积累的经验和数据较少，经常需要通过试验确定保护参数。

（2）保护电流密度　在阴极保护中，可使被保护结构达到最小保护电位所需的阴极极化电流密度称为最小保护电流密度。保护电流密度也是阴极保护的重要数之一。

保护电流密度的大小与被保护金属的种类、表面状态、有无保护膜、漆膜的损失程度，腐蚀介质的成分、浓度、温度、流速等条件，以及保护系统中电路的总电阻等因素有关，造成保护电流密度在很宽的范围内不断地变化。例如，在下列环境中未加涂层的钢结构，其保护电流分别为

土壤	$10 \sim 100 \text{mA/m}^2$
淡水	$20 \sim 50 \text{mA/m}^2$
静止海水	$50 \sim 150 \text{mA/m}^2$
流动海水	$150 \sim 300 \text{mA/m}^2$

采用涂层和阴极保护联合保护时，保护电流密度可降低为裸钢的几十分之一到几分之一。在含有钙、镁离子的海水等介质中，金属表面碱度增大会促进 $CaCO_3$ 在表面沉积；在较高的电流下，Mg^{2+}会以 $Mg(OH)_2$ 的形式沉积出来。这些沉积物也会降低所需的保护电流密度。介质的流动速度也会影响保护电流密度。如海水流动速度增大或船舶的航速增大时，会促进氧的去极化，所需的保护电流密度随之增加。实践表明，航行中船舶的保护电流密度约为停航时的两倍，高速航行的舰艇其保护电流密度则可达 3~4 倍。因此，在阴极保护设计中，保护电流密度的选择除了根据有关标准的规定外，还要综合考虑各种因素。

（3）最佳保护参数　阴极保护最佳保护参数的选择应既能达到较高的保护程度，又能达到较高的保护效率。保护程度 *P* 定义为

$$P = \frac{i_{corr} - i_a}{i_{corr}} \times 100\% = \left(1 - \frac{i_a}{i_{corr}}\right) \times 100\% \tag{8-1}$$

式中，i_{corr}为未加阴极保护时的金属腐蚀电流密度；i_a 为阴极保护时的金属腐蚀电流密度。

保护效率 *Z* 定义为

$$Z = \frac{P}{\dfrac{i_{appl}}{i_{corr}}} \times 100\% = \frac{i_{corr} - i_a}{i_{appl}} \times 100\% \tag{8-2}$$

式中，i_{appl}为阴极保护时外加的电流密度。

在阴极保护的工程实际中，往往随着 i_a/i_{corr} 的减小，i_{appl}/i_{corr} 增大，电位负移值 ΔE 增大，保护程度 *P* 不断提高，保护效率 *Z* 却随之下降。另外，在被保护的金属结构上电流密度的分布往往是不均匀的，所以在靠近阳极和远离阳极的地方，保护程度和保护效率会有显著的差异。因此，需要根据实际情况确定最佳的保护程度和保护效率，并不是在所有的情况下都要达到完全保护。

3. 阴极保护的两种方法

根据提供极化电流的方法不同，阴极保护可以分为牺牲阳极阴极保护和外加电流阴极保护两种。阴极保护方法的选择应根据供电条件、介质电阻率、所需保护电流的大小、运行过程中工艺条件变化情况、寿命要求、结构形状等决定。通常情况下，对无电源、介质电阻率低、条件变化不大、所需保护电流较小的小型系统，宜选用牺牲阳极阴极保护。相反，对有电源、介质电阻率大、所需保护电流大、条件变化大、使用寿命长的大系统，应选用外加电流阴极保护。

（1）牺牲阳极保护法　牺牲阳极保护法是在被保护金属上连接电位更负的金属或合金，作为牺牲阳极，依靠牺牲阳极不断腐蚀溶解产生的电流对被保护金属进行阴极极化，达到保护的目的。

牺牲阳极保护方法的主要特点是：

1）不需要外加直流电源。

2）驱动电压低，输出功率低，保护电流小且不可调节。阳极有效保护距离小，使用范围受介质电阻率的限制。但保护电流的利用率较高，一般不会造成过保护，对邻近金属设施干扰小。

3）阳极数量较多，电流分布比较均匀。但阳极重量大，会增加结构重量，且阴极保护的时间受牺牲阳极寿命的限制。

4）系统牢固可靠，施工技术简单，单次投资费用低，不需专人管理。

在阴极保护工程中，牺牲阳极必须满足下列要求：

1）电位足够负且稳定。牺牲阳极不仅要有足够负的开路电位，而且要有足够负的闭路电位，可使阴极保护系统在工作时保持足够的驱动电压。所谓驱动电压是指在有负荷的情况下阴、阳极之间的有效电位差。由于保护系统中总有电阻存在，所以必须具有足够的驱动电压才能克服回路中的电阻，向被保护的结构提供足够大的阴极保护电流。性能好的牺牲阳极的阳极极化率必须很小，电位可长时间保持稳定，才能具有足够长的工作寿命。

2）电流效率高且稳定。牺牲阳极的电流效率是指实际电容量与理论电容量的百分比。理论电容量是根据法拉第定律计算得出的消耗单位质量牺牲阳极所产生的电量，单位为 A · h/kg。由于牺牲阳极本身存在局部电池作用，则有部分电量消耗于牺牲阳极的自腐蚀。因此，牺牲阳极的自腐蚀电流小，则电流效率高，使用寿命长，经济性好。

3）表面溶解均匀，腐蚀产物松软、易脱落，不致形成硬壳或致密高阻层。

4）来源充足，价格低廉，制作简易，污染轻微。

牺牲阳极的性能主要由材料的化学成分和组织结构决定。对于钢铁结构，能满足以上要求的牺牲阳极材料主要是镁及其合金、锌及其合金和铝合金。常用的牺牲阳极材料有纯镁、Mg-6%Al-3%Zn-0.2%Mn、纯锌、Zn-0.6%Al-0.1%Cd、Al-2.5%Zn-0.02%In 等。

镁及镁合金阳极的优点是，工作电位很负，不仅可以保护钢铁，也可保护铝合金等较活泼的金属；密度小，单位质量发生电量较锌阳极大，用作牺牲阳极时安装支数较少；工作电流密度大，可达 $1\sim4mA/m^2$；阳极极化率小，溶解比较均匀；可用于电阻率较高的介质（如土壤和淡水）中金属设施的保护。由于镁的腐蚀产物无毒，也可用于热水槽的内保护和饮水设备的保护。镁阳极的缺点在于：自腐蚀较大，电流效率只有 50% 左右，消耗快；与钢铁的有效电位差大，故容易造成过保护，使用过程中会析出氢气；镁阳极与钢结构撞击时容易诱发火花。因此，在海水等电阻率低的介质中，镁阳极已逐渐被淘汰，在油轮等有爆炸危险的场合严禁使用镁阳极板。

锌及锌合金阳极的开路电位较正，与被保护钢铁结构的有效电位差只有0.2V左右，保护时不发生析氢现象，且具有自然调节保护电流的作用，不会造成过保护。这类阳极自腐蚀轻、电流效率高、寿命长，适于长期使用，所以安装总费用较低。此类阳极与钢铁构件撞击时，没有诱发火花的危险。但由于锌及锌合金阳极的有效电位差小，密度大，产生电流量小，实际应用时个数多、分布密、重量大，而且不适合用于电阻较高的土壤和淡水中。锌基合金阳极目前广泛用于海上舰船外壳，油轮压载舱，海上、海底构筑物的保护。在电阻率低于15Ω·m的土壤环境中保护钢铁构筑物具有良好的技术经济性，故获得较普遍的应用。

铝具有足够负的电位和较高的热力学活性，而且密度小，产生电量大，原料容易获得，价格低廉，是制造牺牲阳极的理想材料。但纯铝容易钝化，具有比较正的电位，在阳极极化下电位变得更正，以至不能实现有效的保护。因此纯铝不能作为牺牲阳极材料。

铝合金阳极的主要优点是：理论产生电量大，为2970A·h/kg，按输出电量的价格比，较镁和锌具有无可比拟的优势；由于产生电量大，可以制造长寿命的阳极；在海水及其他含氯离子的环境中，铝合金阳极性能良好，电位保持在-0.95～-1.10V（SCE）；保护钢结构时有自动调节电流的作用；密度小，安装方便；铝的资源丰富。铝合金阳极的不足之处是，电流效率比锌阳极低，在污染海水中性能有下降的趋势，在高阻介质（如土壤）中阳极效率很低，性能不稳定；溶解性能差；与钢结构撞击有诱发火花的可能。铝合金阳极广泛用于海洋环境和含氯离子的介质中，用于保护海上钢铁构筑物及海湾、河口的钢结构。

牺牲阳极保护系统的设计，包括保护面积的计算，保护参数的确定，牺牲阳极的形状、大小和数量、分布和安装以及阴极保护效果的评定等问题。

（2）外加电流阴极保护　外电流阴极保护是利用外部直流电源对被保护体提供阴极极化，实现对被保护体的保护的方法。

外加电流阴极保护系统主要由三部分组成：直流电源、辅助阳极和参比电极。直流电源通常是大功率的恒电位仪，可以根据外界的条件变化，自动调节输出电流，使被保护的结构的电位始终控制在保护电位范围内。辅助阳极是用来把电流输送到阴极（即被保护的金属）上，辅助阳极应具有导电性好、耐蚀、寿命长、排流量大（即一定电压下单位面积通过的电流大），而极化小的特点；还应有一定的机械强度，易于加工；来源应方便，价格便宜。辅助阳极材料按其溶解性能可分为三类：可溶性阳极材料，如钢和铝；微溶性阳极材料，如高硅铸铁、铅银合金、Pb/PbO_2、石墨和磁性氧化铁等；不溶性阳极材料，如铂、铂合金、镀铂钛和镀铂钽等。这些阳极材料除钢外，都是耐蚀的，可供长期使用。钛上镀一层厚度为2～5μm的铂作为阳极，使用工作电流密度为1000～2000A/m^2。而铂的消耗率只有4～10mg/A·a，一般可使用5～10年。参比电极用来与恒电位仪配合，测量和控制保护电位。因此要求参比电极可逆性好，不易极化，长期使用中保持电位稳定、准确、灵敏，坚固耐用等。阴极保护工程中常用的参比电极有铜/硫酸铜电极、银/氯化银电极、甘汞电极和锌电极等。

外加电流阴极保护方法的主要特点是：

1）需要外部直流电源，其供电方式主要为恒电流和恒电位两种。

2）驱动电压高，输出功率和保护电流大，能灵活调节、控制阴极保护电流，有效保护半径大；可适用于恶劣的腐蚀条件或高电阻率的环境；但有产生过保护的可能性，也可能对附近金属设施造成干扰。

3）采用难溶和不溶性辅助阳极的消耗低、寿命长，可实现长期的阴极保护。

4）由于系统使用的阳极数量有限，保护电流分布不够均匀。因此，被保护的设备形状不能太复杂。

5）外加电流阴极保护与施加涂料联合采用，可以获得最有效的保护效果，被公认为是最经济的防护方法。

外加电流保护系统的设计，主要包括：选择保护参数，确定辅助阳极材料、数量、尺寸和安装位置，确定阳极屏材料和尺寸，计算供电电源的容量等。由于辅助阳极是绝缘地安装在被保护体上，故阳极附近的电流密度很高，易引起“过保护”，使阳极周围的涂料遭到破坏。因此，必须在阳极附近一定范围内涂覆或安装特殊的阳极屏蔽层。它应具有与钢结合力高、绝缘性优良，良好的耐碱、耐海水性能。对海船用的阳极屏蔽材料有玻璃钢阳极屏，或涂氯化橡胶厚浆型涂料或环氧沥青聚酰胺涂料。

阴极保护简单易行，经济、效果好，且对防止应力腐蚀、腐蚀疲劳、孔蚀等特殊腐蚀均有效。阴极保护的应用日益广泛，主要用于保护中性、碱性和弱酸性介质中（如海水和土壤）的各种金属构件和设备。舰船、码头、桥梁、水闸、浮筒、海洋平台、海底管线；工厂中的冷却水系统、热交换器、污水处理设施，核能发电厂的各类给水系统等；地下油、气、水管线，地下电缆等，都可用牺牲阳极法或外加电流法进行阴极保护，防护效果很好。

8.2.2　阳极保护

在外加阳极电流作用下，金属在腐蚀介质中发生钝化，使腐蚀速度显著下降的保护方法称为阳极保护法。

1. 阳极保护的原理

阳极保护的基本原理在金属腐蚀电化学理论基础中已讨论过了。如图 8-6 所示，对于具有钝化行为的金属设备和溶液体系，当用外电源对它进行阳极极化，使其电位进入钝化区，维持钝态使腐蚀速度变得极其微小，则得到阳极保护。

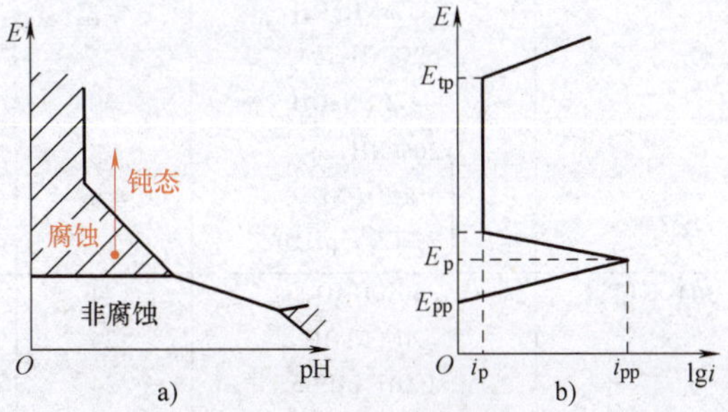

图 8-6　阳极保护原理示意图

2. 阳极保护系统

阳极保护系统主要由恒电位仪（直流电源）、辅助阴极以及测量和控制保护电位的参比电极组成。图 8-7 所示为一个典型的阳极保护系统。阳极保护对辅助阴极材料的要求是，在阴极极化下耐蚀，有一定的机械强度，来源广泛，价格便宜，容易加工。对浓硫酸可用铂或镀铂电极，金、钽、钢、高硅铸铁或普通灰铸铁等；对稀硫酸可用银、铝青铜、石墨等；在碱溶液中可用高镍铬合金或普通碳素钢。

3. 阳极保护参数

为了判断给定腐蚀体系是否可以采用阳极保护，首先要根据恒电位法测得的阳极极化曲线来分析。在实施阳极保护时，主要考虑下列三个基本参数：

(1) 致钝电流密度 i_{pp}　即金属在给定介质中达到钝态所需要的临界电流密度，一般 i_{pp} 越小越好。否则，就需要容量大的直流电源，设备费用提高，而且会增加钝化过程中金属设备的阳极溶解。

(2) 钝化区电位范围　即开始建立稳定钝态的电位 E_p 与过钝化电位 E_{tp} 间的范围 $E_p \sim E_{tp}$。在可能防发生点蚀的情况下为 E_p 与点蚀电位 E_{br} 间的范围 $E_p \sim E_{br}$。显然，钝化区电位范围越宽越好。一般不得小于50mV。否则，由于恒电位仪控制精度不高，使电位超出这一区域，可造成严重的活化溶解或点蚀。

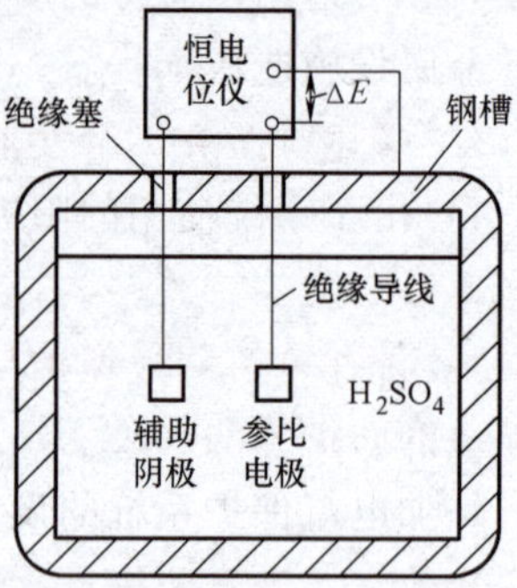

图 8-7　硫酸槽的阳极保护

(3) 维钝电流密度 i_p　代表金属在钝态下的腐蚀速度。i_p 越小，防护效果越好，耗电也越少。

上述三个参量与金属材料和介质的组成、浓度、温度、压力、pH 值有关。因此要先测定出给定材料在腐蚀介质中的阳极极化曲线，找出这三个参量作为阳极保护的工艺参数或以此判断阳极保护应用的可能性。表 8-2 列出了一些金属材料在不同介质中阳极保护的主要参数。

表 8-2　金属在某些介质中的阳极保护参数

材料	介质	温度/℃	$j_{致钝}$ /A·m^{-2}	$j_{维钝}$ /A·m^{-2}	钝化区电位范围①/mV
碳素钢	发烟 H_2SO_4	25	26.4	0.038	—
	105%H_2SO_4	27	62	0.31	+1000 以上
	97%H_2SO_4	49	1.55	0.155	+800 以上
	67%H_2SO_4	27	930	1.55	+1000～+1600
	75%H_3PO_4	27	232	23	+600～+1400
	50%HNO_3	30	1500	0.03	+900～+1200
	30%HNO_3	25	8000	0.2	+1000～+1400
	25%NH_4OH	室温	2.65	<0.3	-800～+400
	60%NH_4NO_3	25	40	0.002	+100～+900
	44.2%NaOH	60	2.6	0.045	-700～-800
	20%NH_3 / 2%$CO(NH_2)_2$ / 2%CO_2, pH10	室温	26～60	0.04～0.12	-300～+700
304 不锈钢	80%HNO_3	24	0.01	0.001	—
	20%NaOH	24	47	0.1	+50～+350
	LiOH, pH9.5	24	0.2	0.0002	+20～+250
	NH_4NO_3	24	0.9	0.008	+100～+700
316 不锈钢	67%H_2SO_4	93	110	0.009	+100～+600
	115%H_3PO_4	93	1.9	0.0013	+20～+950
铬锰氮钼钢	37%甲酸	沸	15	0.1～0.2	+100～+500(Pt 电极)
Inconel X-750	0.5mol/L H_2SO_4	30	2	0.037	+30～+905
	0.5mol/L H_2SO_4	50	14	0.40	+150～+875
HastelloyF	1mol/L HCl	室温	～8.5	～0.058	+170～+850
	5mol/L H_2SO_4	室温	0.30	0.052	+400～+1030
	0.5mol/L H_2SO_4	室温	0.16	0.012	+90～+800
锆	10% H_2SO_4	室温	18	1.4	+400～+1600
	5% H_2SO_4	室温	50	2.2	+500～+1600

① 除特别注明外，表中电位值均为相对于饱和甘汞电极。

4. 阳极保护的实施方法

阳极保护的实施过程主要包括金属致钝和金属维持钝化两个步骤。

（1）金属致钝　致钝操作是实施阳极保护的第一步骤。为避免金属在活化区长时间停留，引起明显的电解腐蚀，应使体系尽快进入钝态，为此发展了多种致钝方法。

1）整体致钝法。整体致钝法是使被保护设备一次、全部致钝的方法。被保护设备内事先充满工作介质，然后合闸通入强大的电流使设备表面钝化。这种方法适用于致钝电流密度较小、被保护面积也不是很大的体系，需要有容量较大的直流电源，一般致钝时间比较长。

2）逐步致钝法。逐步致钝法适用于电源容量较小、需要保护的面积大且致钝电流密度大的体系。操作时，先合闸送电，再向设备中注入溶液，使液面逐步升高，被溶液浸没的部分设备表面先行钝化。钝化后的表面只需要很少的电流维钝，富余的电流可用于新浸没表面的致钝。当液面逐步达到工作高度时，整个设备致钝完毕，待钝态稳定后便可降低电流，转入正常维钝。

3）低温致钝法。降低温度往往可以使体系的致钝电流密度减小。所以，可以通过降低温度使体系的致钝电流密度减小，并在低温下完成致钝操作，钝化后再提高到工艺要求的温度运行。此即低温致钝法。

4）化学致钝法。化学致钝法是采用其他非工艺化学介质，使设备自钝化或减小体系的致钝电流密度。然后排出上述介质，换入实际工艺介质，同时向设备供电，转入正常的维钝操作。

5）涂料致钝法。采用适当的涂料对设备内表面进行涂装，由于裸表面积减少，可以大幅度降低致钝电流强度。

6）脉冲致钝法。利用材料表面阳极极化后的残余钝性，用一定频率的较小的电流密度反复多次极化致钝的方法称为脉冲致钝法。脉冲致钝法比恒电流致钝节省总电流，直流电源的容量可以减小。

（2）金属的维钝　金属致钝后，进入维钝过程。阳极保护维钝方法可分为两大类：一类属手动控制，通过手动调节直流电源的电压获得维钝所需要的电流，例如固定槽压法；第二类是自动控制维钝方法，采用电子技术将设备的电位自动维持在选定的电位值或电位区域内，包括连续恒电位法、区间控制法、间歇通电法和循环极化法等多种维钝方法。

1）固定槽压法。人为地调整输出电压，槽压变化，保护电流随之变化，设备的电位也相应变化。对于致钝电流密度比较小、稳定钝化电位区间很宽的体系，固定槽压法能够可靠地维持设备的钝态。固定槽压法不适于致钝电流密度很大、阳极面积比阴极面积大许多倍的体系。

2）恒电位法。利用恒电位仪对设备实行维钝。当确定了最佳控制电位点以后，恒电位仪便能自动地将设备与参比电极之间的电位维持在选定的数值上或在一定的范围内。必须选用高稳定性的参比电极，否则，会影响保护效果。

需要特别强调的是，由于阳极保护存在危险性，实际工程中多采用固定槽压法和恒电位法；采用区间控制法、间歇通电法和循环极化法进行维钝时必须谨慎从事，设计必须保证充分的可靠性。

5. 阳极保护的应用

目前，阳极保护主要用于硫酸和废硫酸槽、贮罐，硫酸槽加热段管，纸浆蒸煮锅，炭化塔冷却水箱，铁路槽车，有机磺酸中和罐等的保护。对于不能钝化的体系或者含 Cl^- 离子的介质中，阳极保护不能应用，因而阳极保护的应用还是有限的。

8.3　金属涂镀层保护

金属表面采用覆盖层，尽量避免金属和腐蚀介质直接接触是金属材料的主要防护技术。覆盖层种类较多，由于它们的作用较大，因此在金属防护技术中获得广泛的应用。金属覆盖层可分为两大类：金属镀层和非金属涂层。金属镀层是指用耐蚀性较强的金属或合金在容易腐蚀的金属表面形成保护层。非金属涂层是指用各种有机高分子材料（油漆涂料、玻璃钢、橡胶等）以及无机材料（陶瓷、珐琅等）在金属设备或零件表面上形成保护层。涂镀层能够把金属基体与环境介质完全隔离，防止基体因接触腐蚀介质而发生腐蚀，起到了机械阻挡作用。

8.3.1　金属镀层保护

1. 金属镀层保护原理

金属镀层根据其与基体金属形成电偶时的极性可分为阳极性镀层和阴极性镀层。在腐蚀介质中阳极性镀层的电位比基体金属更负，例如钢上锌镀。锌镀层与基体构成腐蚀电池时，作为阳极发生溶解；铁是阴极，只起传递电子的作用，受到保护。这类镀层如果存在空隙，不影响它的防蚀作用。阴极性镀层的电位比基体金属更正，例如锡镀层，在大气中发生电化学腐蚀时，它的电位比铁更正，因此是腐蚀电池的阴极。这类镀层若存在空隙，露出小面积的铁，则和大面积的锡构成电池，将加速露出的铁的腐蚀，并造成穿孔。因此，阴极性镀层只有在没有缺陷的情况下，才能起到机械隔离环境的保护作用。

阳极性镀层在一定的条件下会转变为阴极性镀层。例如，当溶液的温度升高到某一临界值，锌镀层和铝镀层将由阳极性镀层转变为阴极性镀层。这种转变是由于金属镀层表面形成了化合物薄膜，使镀层的电位升高的缘故。

为了提高阴极性镀层的耐蚀性发展了多层金属镀层。例如，铬电镀层具有高硬度和漂亮的外观，是一种典型的阴极性镀层，耐蚀性很差。Cu-Ni-Cr 三层电镀层是最常用的防护装饰镀层。镀铜底层可以提高镀层与钢基体的结合力，降低镀层内应力，提高镀层覆盖能力，降低镀层空隙率；铬镀层相对铜镀层是阳极性镀层。因此 Cu-Ni-Cr 三层镀层可以显著提高镀层的耐蚀性。

合金化可以提高镀层的耐蚀性。例如，在金属锌镀层中加入一定量的 Fe、Ni、Co，形成 Zn10%～20%Fe、Zn3%～13%Ni、Zn0.3%～1%Co 等合金镀层。Fe、Ni、Co 加入锌镀层后其电位变正，更接近钢基体的电位，镀层与基体构成的腐蚀电池的电动势变小，腐蚀速率显著下降。因此，镀层合金化是提高镀层耐蚀性的有效途径之一。

为了提高镀层的耐蚀性、耐冲刷性能、结合力等综合性能，近年来还发展了微晶镀层、纳米镀层、非晶镀层、梯度镀层、复合镀层等。

2. 金属涂镀层技术

金属涂镀层的制造方法，主要有热镀、渗镀、电镀、刷镀、化学镀、机械镀、热喷镀（火焰、等离子、电弧）等。

（1）热浸镀　热浸镀简称热镀，是把金属构件浸入熔融的镀层金属液中，经过一段时间取出，在金属构件表面形成一层镀层。它是一种历史悠久的表面防蚀技术。热浸镀层金属的熔点应比基体金属材料低得多，常常限于采用低熔点金属和合金，例如，锌、铝、锡、铅及其合金。

热浸镀镀层的特点是形成的镀层较厚，在相同的腐蚀环境中，该种镀层具有较长的耐蚀寿命；而且镀层和基体之间是通过形成一定厚度的中间合金层连接在一起，因此具有较强的结合力。目前，热浸镀主要用于钢板（带）、钢丝、钢管、螺栓、螺母等各种形状制品表面防蚀。表 8-3 列出了使用最多的镀层金属在大气及水中的腐蚀速率。

表 8-3　镀层金属在大气和水中的腐蚀速率

金属	腐蚀速率/($mg/dm^2 \cdot d$)		
	大气	淡水	海水
铝	<1	<1	1~100
锌	<3	3~50	3~50
锡	<1	<1	<2
铅	<1	1~5	1~20

（2）渗镀　渗镀法是把金属部件放进渗镀层金属或它的化合物的粉末混合物、熔盐浴及蒸气等环境中，通过热分解或还原等反应析出的金属原子，在高温下扩散到金属中去，在其表面形成合金化镀层。因此，此法也称表面合金化或扩散镀。就其本质来说，渗层不是一种外附的镀层，镀层与基体金属间没有明显的界面，渗层结构往往随渗入元素的浓度梯度及所形成的组织特点而变，可以存在一些过渡带（区）。渗镀层一般不会因温度急剧变化而造成镀层脱落现象。

渗镀法可以进行单个元素渗，如渗铝、渗铬、渗硅等；也可同时进行渗两种或两种以上元素的多元共渗，如铝-硅、铝-钛、铝-稀土、铬-镍、铬-硅、铬-钛、铬-硅-铝等二元和三元共渗等；还可先后渗入两种或两种以上元素的多元复合渗，如铬铝共渗之前先渗钽。由于渗入的目的和渗入的元素不同，所得的渗层的性能也不同。例如，渗锌可以提高耐大气腐蚀的能力，渗铝可以增加高温抗氧化性能，渗铬则可以提高耐磨和耐蚀性。

（3）电镀　电镀是指在直流电的作用下，电解液中的金属离子还原，并沉积到零件（阴极）表面形成有一定性能的金属镀层的方法。电镀可以为材料或零件覆盖一层比较均匀的、具有良好结合力的镀层，以改变其表面特性和外观，达到材料保护或装饰的目的。

电镀是以电化学过程为依据。在电解过程中，电极和电解液之间的界面上发生电化学反应，阳极（释放电子）发生氧化反应，阴极（吸收电子）发生还原反应。实现电镀的三个必要条件包括电源、镀液和电极。为了所要求的反应沿着相同的方向进行，必须使用直流电。镀液主要是水溶液，也有有机溶液和熔融盐。其中水溶液电镀获得广泛的工业应用。

通常镀液由主盐、络合剂、导电盐、缓冲剂、阳极活化剂和添加剂组成。主盐就是溶液中能在阴极上沉积出所要求镀层金属的盐类；络合剂与沉积金属离子形成络合物，改变镀液的电化学性质和金属离子沉积的电极过程，对镀层质量有很大影响；导电盐的作用是提高镀液的导电能力，降低槽端电压，提高工艺电流密度；缓冲剂是用来稳定溶液 pH 值的物质；添加剂是不改变电性而能显著提高镀层质量的物质，如光亮剂等；阳极活化剂是指在电解时能使电位变负，促进阳极活化的物质。

在水溶液中，还原电位较正的金属离子很容易中实现电沉积，如 Au、Ag、Cu 等；若金属离子还原电位比氢离子的还原电位负，则电镀时电极上将大量析出氢气，金属沉积的电流效率降低；若金属离子还原电位比氢离子的还原电位负得多，则很难实现电沉积，甚至不可能发生单独电沉积，如 Na、K、Ca、Mg 等；但有些金属有可能与其他元素形成合金实现电沉积，如 Mo、W 等。元素周期表上的 70 多种金属元素中，约有 30 多种金属可以在水溶液中进行电沉积。大量用于防腐蚀的电镀层有：Zn、Cd、Ni、Cr、Sn 及其合金等。

（4）化学镀　化学镀是指不使用外电源，利用合适的还原剂使溶液中的金属离子还原并沉积在具有催化活性的基体表面上形成金属镀层的方法。化学镀也可称为异相表面自催化沉积镀或无电解镀。

化学镀 Ni-P 合金是应用最早、最广的化学镀层，可通过次磷酸盐还原镍盐得到。现在已经获得 Ni-P、Ni-B、Ni-P（Cu、W、Cr、Nb、Mo）、Cu 等化学镀层，以及弥散有陶瓷相的 Ni-P、Ni-B 复合化学镀层。与电镀相比，化学镀镀层厚度均匀，针孔少，不需要电源设备，能在非导体上沉积，具有某些特殊性能等优点。其缺点是成本高，溶液稳定性差，维护、调整和再生困难，镀层脆性大。因此，目前化学镀主要是用在特殊用途的设备上，如石油钻井钻头、发动机的叶轮叶片、液压缸、摩擦轮等要求耐蚀、耐磨的部件。另外化学镀也用于制造磁盘，太空装置上的电缆接头，人体用医学移植器等。

（5）机械镀　机械镀是把冲击料（如玻璃球）、表面处理剂、镀覆促进剂、金属粉和零件一起放入镀覆用的滚筒中，通过滚筒滚动时产生的动能，把金属粉冷压到零件表面上形成镀层。若用一种金属粉，得到单一镀层；若用合金粉末，则可得到合金镀层；若同时加入两种金属粉末，可得到混合镀层；若先加入一种金属粉，镀覆一定时间后，再加另一种金属粉，则可得多层镀层。表面处理剂和镀覆促进剂可使零件表面保持无氧化物的清洁状态，并控制镀覆速度。

机械镀的优点是厚度均匀、无氢脆、室温操作、耗能少、成本低等。适于机械镀的金属有 Zn、Cd、Sn、Al、Cu 等软金属。适于机械镀的零件有螺钉、螺母、垫片、钢钉、铁链、簧片等小零件。零件长度一般不超过 150mm，质量不超过 0.5kg。特别适于对氢脆敏感的高强度钢和弹簧。但零件上孔不能太小太深；零件外形不得使其在滚筒中互相卡死。

（6）热喷涂　热喷涂是一种使用专用设备利用热能和电能把固体材料熔化并加速喷射到构件表面上，形成沉积层，以提高构件耐蚀、耐磨、耐高温等性能的涂层技术。按照能源的种类、喷涂材料形状以及工作环境特点，热喷涂可以按图 8-8 进行分类。

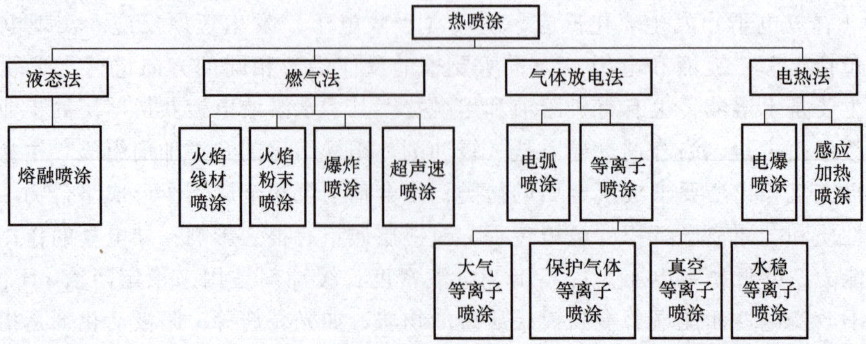

图 8-8　热喷涂的方法分类

液态喷涂法和火焰线材喷涂法是最早发明的喷涂法。液态喷涂法是用坩埚把金属熔化，再用高压气体把金属吹射出去，该法目前已很少采用。火焰线材喷涂法是将金属线以一定的速度送进喷枪里，使端部在高温火焰中熔化，随即由压缩空气把其雾化喷出。等离子弧喷涂是最重要的热喷涂法，获得了广泛的应用。爆炸喷涂是继等离子弧喷涂之后发展起来的一种新工艺，其熔融粉末的喷射速度可达700~760m/s。超声速喷涂是爆炸喷涂之后近十几年发展起来的新工艺，速度与爆炸喷涂相近，可得高质量涂层。电弧喷涂也是世界上较早的金属线材喷涂法，电弧使丝材熔化，高压气使其雾化并加速，其成本低、生产效率高，目前仍得到了广泛的应用。电爆喷涂是在线材的两端通以瞬间大电流，使线材熔化并发生爆炸，专用来喷涂气缸等内表面。感应加热喷涂和电容放电喷涂是采用高频涡流和电容放电把线材加热，然后用高压气体雾化并加速的喷涂法，应用不普遍。激光热喷涂采用激光作为加热源，但至今仍处于研究阶段。

热喷涂技术的特点是：喷涂效率高；可以喷涂金属、合金、陶瓷、塑料等有机高分子材料；可赋予普通材料以特殊的表面性能，使材料满足耐蚀、抗高温氧化、耐磨、隔热、密封、耐辐射、导电、绝缘等性能要求；可以在金属、陶瓷、玻璃、石膏、木材、布、纸等几乎所有固体材料表面喷涂涂层；可使基体保持在较低的温度，一般温度可控制在30~200℃之间，保证基体不变形；可适用于各种尺寸工件的喷涂；涂层厚度较易控制等。目前该技术正在发展中，还有许多问题有待解决，如结合力较低、孔隙率较高、均匀性较差等。

（7）气相沉积　气相沉积是近年来迅速发展的新技术，它是物质从气态向固态转化的结果，包括物质气化、气相输运和粒子沉积成膜或涂层三个基本过程。一般可分为化学气相沉积和物理气相沉积。

化学气相沉积是在相当高的温度下，利用混合气体和基体材料的相互作用，从而在其表面形成一层固态薄膜或涂层的技术。这类技术包括常规的化学气相沉积、金属有机化合物化学气相沉积、等离子体强化化学气相沉积、激光化学气相沉积等方法。物理气相沉积是在真空状态下，利用热蒸发或辉光放电、弧光放电等物理过程，使基体材料表面上沉积一层所需要的固态薄膜或涂层技术，包括真空蒸镀、溅射镀和离子镀等方法。它们具有无污染、无氢脆、适于金属和非金属多种基材，且工艺简单等优势，但也有镀层薄、设备贵、镀件尺寸受限的缺点。

真空蒸镀是在真空（10^{-2}Pa以下）中将镀料加热，使其蒸发或升华，并沉积在镀件上的工艺。加热方法有电阻加热、电子束加热、高频感应加热、电弧放电或激光加热等，常用的是电阻加热。真空蒸镀可用来镀覆Al、黄铜、Cd、Zn等防护或装饰性镀层；电阻、电容等电子元件用的金属或金属化合物镀层；镜头等光学元件用的金属化合物镀层。

溅射镀是利用荷能粒子（通常为气体正离子）轰击靶材，使靶材表面某些原子逸出，溅射到靶材附近的零件上形成镀层。溅射室内的真空度（0.1~1Pa）比真空蒸镀法低。溅射镀分为阴极溅射、磁控溅射、等离子溅射、高频溅射、反应溅射、吸气剂溅射、偏压溅射和非对称交流溅射等。溅射镀的最大特点是能镀覆与靶材成分完全相同的镀层，因此特别适于高熔点金属、合金、半导体和各类化合物的镀覆；缺点是镀件温升较高（150~500℃）。目前溅射镀主要用于制备电子元器件上所需的各种薄膜；也可用来镀覆TiN仿金镀层以及在切削刀具上镀覆TiN、TiC等硬质镀层，以提高其使用寿命。

离子镀首先需要将真空室抽至10^{-3}Pa的真空度，再从针形阀通入惰性气体（通常为氩气），使真空度保持在0.1~1Pa；接着接通负高压，使蒸发源（阳极）和镀件（阴极）之间产生辉光放电，建立起低气压气体放电的等离子区和阴极区；然后将蒸发源通电，使镀料金属汽化并进入等离子区；金属气体在高速电子轰击下，一部分被电离，并在电场作用下被加速射在镀件表面而形成镀层。

离子镀的主要特点是镀层附着力高和绕镀性好。附着力高的原因是由于已电离的惰性气体不断地对镀件进行轰击，使镀件表面得以净化。绕镀性好则是由于镀料被离子化而成为正离子，而镀件带负电荷，而且镀料的汽化粒子相互碰撞，分散在镀件（阴极）周围空间，因此能镀在零件的所有表面上；而真空蒸镀和溅射镀则只能镀在蒸发源或溅射源可直射的表面。另外，离子镀对零件镀前清理的要求也不甚严格。离子镀可用于装饰（如TiN仿金镀层）、表面硬化、电子元器件用的金属或化合物镀层以及光学用镀层等方面。

（8）高能束表面改性 采用激光束、离子束、电子束这三类高能束对材料表面进行改性是近十几年来迅速发展起来的材料表面新技术，可用于提高金属的耐蚀性和耐磨性。高能束流技术对材料表面的改性是通过改变材料表面的成分或结构来实现的。成分的改变包括表面的合金化和熔覆，结构的变化包括组织和相的变化，由此可以赋予金属表面新的特性。

8.3.2 非金属保护层

非金属保护层包括化学转化膜、无机保护层和有机保护层。

1. 化学转化膜

金属的化学转化膜是金属表层原子与某些特定介质中的阴离子反应，在金属表面生成的附着性好、耐蚀性优良的薄膜。成膜的典型反应可用下式表示：

$$mM+nA^{z-}\rightarrow M_mA_n+nze^- \tag{8-3}$$

式中，M为金属原子；A^{z-}为介质中价态为z的阴离子。式（8-3）表明，金属的化学转化膜的形成既可以是金属/介质间的化学反应，也可以在施加外电源的条件下所进行的电化学反应（阳极氧化法）。转化膜不同于电镀层，它是由基体金属直接参与成膜反应而生成，因此膜与基体金属之间具有较强的结合力。需要注意的是，转化膜具有多孔性，因此金属的保护大多需要补以其他的防护措施。而化学转化膜的主要作用在于：

1）改善金属表面氧化膜的稳定性，防止金属或镀层金属在大气中的进一步腐蚀。

2）使金属锈蚀减小到最低程度，或者用于外表面有重要意义的制品，如镀锡容器、铜制品的装饰与保护。

3）提高氧化性交联黏结力，改善涂料与基体金属的黏结性。

化学转化膜几乎在所有金属表面都能形成，目前工业上较为普遍使用的有下列几种：

（1）铬酸盐膜 将金属或镀层浸在含有铬酸、铬酸盐或重铬酸盐溶液中，用化学或电化学方法进行钝化处理，可在其表面上获得由三价铬和六价铬［如$Cr(OH)_3\cdot CrOH\cdot CrO_4$］组成的铬酸盐钝化膜。膜的厚度一般为0.01~0.15μm。随着厚度的不同，铬酸盐膜的颜色可从无色透明转变为金黄色、绿色、褐色甚至黑色。在铬酸盐钝化膜中，不溶性的三价铬化合物为成了膜的骨架，使膜具有一定的厚度和机械强度；六价铬化合物则分散在膜的内部，起填充作用。当钝化膜受到轻度损伤时，六价铬会从膜中溶入凝结水中，使露出的金属表面再钝化，起到修补钝化膜的作用。因此，铬酸盐膜的有效防蚀期主要取决于膜中六价铬溶出的速率。

铬酸盐膜对金属的防蚀作用主要体现在两个方面。一是铬酸盐膜的结构比较紧密，黏附性好，并具有良好的化学稳定性，在腐蚀环境中对金属表面起到可靠的隔离保护作用；二是铬酸盐膜中的可溶性六价铬化合物可以在膜不连续的部位对裸露金属起到缓释作用。因此，铬酸盐钝化膜广泛用于锌、锌合金、镉、锡及其镀层的表面处理，进一步提高了其耐蚀性能。

（2）磷化膜 磷化膜是钢铁零件在含磷酸和可溶性磷酸盐的溶液中，通过化学反应在金属表面上生成的不可溶的、附着性良好的保护膜。这种成膜过程通常称为磷化或磷酸盐处理。磷化工艺分为高温（90~98℃）、中温（50~70℃）和常温磷化。常温磷化又叫冷磷化，即在室温（15~35℃）下进行。工业上应用最广泛的有三种磷化膜：磷酸铁膜、磷酸锰膜和磷酸锌膜。磷化膜厚度较薄，一般仅为5~6μm。

磷化膜不溶于水，在大气条件下很稳定，能作为防锈要求不高的保护层。如果用重铬酸钾溶液钝化或浸油进行封闭处理，还能进一步提高其在大气中的耐蚀性。另外，磷化膜经常作为油漆的底层，可大大提高油漆的附着力。不同类型的磷酸盐膜具有不同的耐蚀性。用热磷化法形成的磷酸锰膜具有良好的耐蚀性，磷酸亚铁膜的耐蚀性较差。这是由于亚铁离子在大气中容易被氧气氧化，形成三价铁的磷酸盐，而锰和锌的磷酸盐不受氧化，故能保持较好的耐蚀性。

（3）钢铁的化学氧化膜 钢铁经过氧化处理可以在其表面生成一层稳定的保护性（Fe_3O_4）氧化膜。这种氧化膜壳在300℃以上的过热蒸汽中形成，但工业上普遍采用碱性氧化法，这种方法可使钢铁表面生成蓝黑色的保护膜，故又称为发蓝。碱性发蓝是将钢铁制品浸入含 NaOH、$NaNO_2$ 或 $NaNO_3$ 的混合溶液中，在140℃左右下进行氧化处理，得到0.6~0.8μm 厚的氧化膜。除碱性发蓝外，还有酸性常温发黑等钢铁氧化处理法。

钢铁化学氧化膜的厚度一般为0.5~1.6μm，这种厚度的氧化膜对被处理件的尺寸和表面粗糙度没有影响，但是耐蚀性较差。厚度在2μm以上的膜，外观暗淡无光，呈黑色或者黑灰色。膜层具有一定的弹性和润滑性，但不耐磨。膜层具有很好的吸附性，经过涂油、涂蜡或涂漆后，其耐盐雾腐蚀性能可增加几倍至几十倍。

（4）铝及铝合金的阳极氧化膜 铝及其合金的阳极氧化就是在适当的电解液中，将铝或铝合金的制品作为阳极，在外加电流作用下生成氧化膜的过程。铝及铝合金在硫酸、铬酸或草酸溶液中经过阳极氧化处理，可得到几十到几百微米厚的多孔氧化膜，其结构如图8-9所示。经进一步封闭处理或着色后，可得到耐蚀性和耐磨性能很好的保护膜，其氧化膜质量优于化学氧化，在航空、汽车和民用工业上得到广泛应用。

阳极氧化膜与基体金属的结合力强，即使膜层随基体弯曲到破裂的程度，仍能与金属保持良好的结合。但是，氧化膜塑性小，脆性较大，当膜层受到较大的冲击负荷和弯曲变形时，会产生龟裂，从而降低膜的保护性能，所以氧化膜不适宜在机械作用下使用，可做涂层的底层。为了进一步提高膜层的性能，将阳极氧化处理的电压提高到一定值后，电极表面将发生微弧。在微弧的作用下，可以获得结构更致密、更厚、性能更好的氧化铝膜。这即所谓的微弧阳极氧化，是一种新的正在迅速发展的技术。

2. 无机保护层

（1）搪瓷涂层 搪瓷又称珐琅，是类似玻璃的物质。搪瓷涂层是将 K、Na、Ca、Al 等金属的硅酸盐，加入硼砂等熔剂，喷涂在金属表面上烧结而成。为了提高搪瓷的耐蚀性，可

将其中的 SiO_2 成分适当增加（例如>60%），这样的搪瓷耐蚀性特别好，故称为耐酸搪瓷。耐酸搪瓷常用于各种化工容器衬里。它能耐高温高压下有机酸和无机酸（氢氟酸除外）的侵蚀。由于搪瓷涂层没有微孔和裂缝，所以能将钢材基体与介质完全隔开，起到防护作用。

（2）硅酸盐水泥涂层　将硅酸盐水泥浆料涂覆在大型钢管内壁，固化后形成涂层。由于它价格低廉，使用方便，而且膨胀系数与钢接近，不易因温度变化而开裂，因此广泛用于水和土壤中的钢管和铸铁管线，防蚀效果良好。涂层厚度为 0.5~2.5cm。使用寿命最高可达60年。

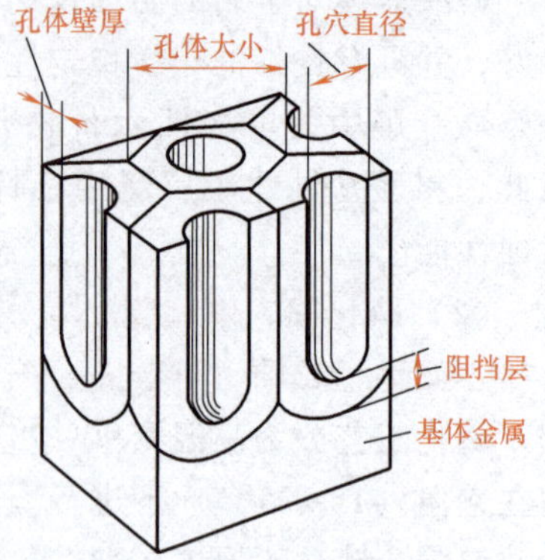

图 8-9　阳极氧化膜的结构

（3）陶瓷涂层　陶瓷涂层在许多环境中具有优异的耐蚀、耐磨性能。采用热喷涂技术可以获得各种陶瓷涂层。近年来采用湿化学法获得陶瓷涂层的技术获得迅速的发展，其典型是溶胶-凝胶法。在金属表面涂覆氧化物的凝胶，可以在几百摄氏度的温度下烧结成陶瓷薄膜和不同薄膜的微叠层，具有广泛的用途。

3. 有机保护层

（1）涂料与涂层　涂料习惯称为油漆，是涂于物体表面能形成具有保护、装饰或特殊功能性固态薄膜的一类液体或固体材料的总称。涂层（膜）就是涂料经施涂后所形成的连续固态薄膜。涂装就是将涂料涂布到被涂物表面，经固化成膜的工艺。涂装工艺一般包括涂前表面处理、涂布和干燥固化三个基本工序。

涂料的基本组成有四部分：①成膜物质，如合成高分子、天然树脂、植物油脂、无机硅酸盐、磷酸盐等，主要作用是作为涂料的基础，黏接其他组分，牢固附着于被涂物的表面，形成连续的固体涂膜；②颜料及固体填料，如钛白粉、滑石粉、铁红、铅黄、铝粉、锌粉等，具有着色、遮盖、装饰作用，并能改善涂膜的性能；③分散介质，如水、挥发性有机溶剂，使涂料分散成黏稠的液体，调节涂料的流动性、干燥性和施工性；④助剂，包括固化剂、增塑剂、催干剂等，可改善涂料制造、储存、使用中的性能。

（2）防腐涂料的种类　目前，常用于防止金属腐蚀的涂料品种包括醇酸树脂漆、酚醛树脂漆、过氯乙烯漆、环氧树脂漆、聚氨酯漆、氟树脂漆、有机硅耐热漆等。根据所使用的腐蚀环境分，可以分为海洋防腐涂料、大气防腐涂料和地下防腐涂料等。根据防腐涂料对材料的保护效果，可以将其分为一般防腐涂料和重防腐涂料。一般防腐涂料是在一般的腐蚀环境中使用，保护寿命有限，涂膜一般较薄，厚度为 0.1~0.15mm；而重防腐涂料具有较长的使用寿命，厚度为0.2~0.3mm，甚至达到2mm，可适用于苛刻的腐蚀环境，比如化工环境、海洋环境等。一般要求重防腐涂料在海洋环境中可以安全使用 10~15 年以上，在一定温度的酸、碱、盐和溶剂介质里，一般应能使用 5 年以上。

（3）防腐涂层体系　在实际的应用中，一种涂层往往无法满足实际使用需要，同时兼具美观和良好的防腐、耐候性能。因此，金属表面大多涂覆几种涂层，组成一个整体系统发挥功效。这一涂层体系包括底漆、中间层和面漆。

1）底漆是直接与金属接触的涂层，是整个保护系统的重要基础，要具有与金属良好的黏附性，能阻止锈蚀的生成和发展，且不能过厚，以免引起收缩应力降低附着力。因此，底漆中一般含有极性基团，且含有具防锈、抗渗功能的颜、填料。

2）中间层主要起到承上启下的作用，既具有与底漆、面漆之间良好的结合力，同时还起到增加涂层厚度以提高整个体系屏蔽作用的功效。

3）面漆与环境相接触，因此需要具有良好的耐环境化学腐蚀性、耐候性，以及装饰性和标志性。因此面漆的成膜物含量往往较高，且含有紫外吸收剂或云母氧化铁等阻隔阳光的颜料，以延长涂膜的寿命。

（4）防腐涂层的保护机理　金属腐蚀是由于环境介质作用在金属表面发生电化学反应或化学反应。因此，涂层对金属的保护作用主要是通过抑制上述反应而达到，具体表现为以下几个方面：

1）屏蔽作用。好的保护涂层可以隔离腐蚀介质与金属基体接触，从而阻止或抑制水、氧和离子透过涂层形成腐蚀电池，或抑制其工作。

2）涂层的电阻效应。在腐蚀电池形成回路时，涂覆在金属基体表面的有机涂层能够有效地增加回路电阻，阻止阳极或阴极与溶液间的离子完成交换。

3）颜料的缓蚀作用和钝化作用。颜料是涂层的重要组成成分。大多数碱性颜料能与涂层中含有的植物油酸及有机涂层氧化降解产生的低分子羧酸生成皂类化合物，此类物质可以使涂层的吸水性和透水性显著降低，或者在防锈底漆中加入活性较大的防锈颜料，如铬酸盐等，这些成分对金属基体具有一定的钝化作用。当涂层吸水后，涂层中铬酸盐颜料会形成钝化液，使金属表面氧化生成钝化膜，保护金属基体免受腐蚀。

4）阴极保护功能。在某些特殊涂料中加入大量的金属粉末（如锌粉），并在金属基体表面进行涂覆。在涂层金属的腐蚀过程中，这些金属粉末就起到了牺牲阳极的保护作用，从而延缓了基体金属腐蚀的发生和发展。

5）涂层的附着力。涂层与金属基体界面的附着力降低被认为是涂层发生剥离的直接原因。增强涂层与金属之间的附着力，特别是在涂层吸水后的湿附着力将能够显著延长涂层金属的使用寿命，提高涂层金属的耐蚀性。

（5）其他有机保护层

1）塑料涂层。将塑料粉末喷涂在金属表面，经加热固化可形成塑料涂层（喷塑法）。采用层压法将塑料薄膜直接黏结在金属表面，也可形成塑料涂层。有机涂层金属板是近年来发展最快的钢铁产品，不仅能提高耐蚀性，而且可制成各种颜色、各种花纹的板材（彩色涂层钢板），用途极为广泛。常用的塑料薄膜有丙烯酸树脂薄膜、聚氯乙烯薄膜、聚乙烯薄膜和聚氟乙烯薄膜等。

2）硬橡皮覆盖层。在橡胶中混入30%～50%的硫进行硫化，可制成硬橡皮。它具有耐酸、碱腐蚀的特性，可用于覆盖钢铁或其他金属的表面。许多化工设备采用硬橡皮做衬里。其主要缺点是加热后易老化变脆，只能在50℃以下使用。

3）防锈油脂。防锈油脂用于金属机械加工过程中，工序间对加工金属零件的暂时保护。防锈油脂由基础油、油溶性防锈剂及其他辅助剂组成。

① 基础油。主要包括矿物油、润滑油、合成油、凡士林、煤油、机油、地蜡、石蜡、石油脂等。由于基础油或成膜材料的不同，形成的膜性质也不同，可以是溶剂稀释型硬膜或软膜、润滑油型油膜，也可以是脂型厚膜。

② 油溶性防锈剂。防锈剂的分子由极性、非极性基团组成，溶于基础油中的防锈剂在防锈

油脂中起主要防锈作用。防锈剂按其极性基团结构大致分为六大类：磺酸盐及其含硫化合物，高分子羧酸及其金属皂类，酯类，胺类及含氮化合物，磷酸酯、亚磷酸酯及其他含磷化合物等。

③ 辅助剂。在防锈油脂中，往往还加入不同特性的添加剂以提高使用性能。如为提高防锈剂在油中的溶解度，加入醇类、酯类、酮类等协溶剂；用二苯胺等抗氧剂以减缓防锈油脂氧化变质；添加高分子树脂以提高成膜性等。

通过采用不同组成的防锈油脂，可以适应各种不同的工作条件下防止零件锈蚀的需要。

8.4 缓蚀剂保护

缓蚀剂是一种以适当的浓度和形式存在于环境（介质）中时，可以防止或减缓腐蚀的化学物质或几种化学物质的混合物。一般来说，加入微量或少量这类化学物质可使金属材料在该介质中的腐蚀速度明显降低，同时还能保持金属材料原来的物理力学性能不变。缓蚀剂的用量一般从千万分之几到千分之几，个别情况下用量达百分之几。

合理使用缓蚀剂是防止金属及其合金在环境介质中发生腐蚀的效方法。缓蚀剂防护金属的优点在于用量少、见效快、成本较低、使用方便，已成为防腐蚀技术中应用最广泛的方法之一。目前缓蚀剂已广泛用于机械、石油化工、冶金、能源等许多部门。

缓蚀剂抑制腐蚀的能力可以通过缓蚀效率 ε 来评价：

$$\varepsilon=\frac{\nu_0-\nu}{\nu_0}\times 100\% \tag{8-4}$$

式中，ν_0 为未添加缓蚀剂时金属材料的腐蚀速度；ν 为同样环境下添加缓蚀剂后金属材料的腐蚀速度。

8.4.1 缓蚀剂的分类

缓蚀剂种类繁多，作用机理复杂，可以通过下述几种方法进行分类：

1. 按缓蚀剂的化学组成分类

按缓蚀剂的化学组成可将缓蚀剂划分为无机缓蚀剂和有机缓蚀剂，代表性缓蚀剂见表 8-4。

表 8-4 按化学组成分类的缓蚀剂

组成	代表性缓蚀剂						
无机缓蚀剂	硝酸盐	亚硝酸盐	铬酸盐	重铬酸盐	磷酸盐	多磷酸盐	
	钼酸盐	硅酸盐	碳酸盐	硫化物			
有机缓蚀剂	胺类	醛类	杂环化合物	炔醇类	季胺盐	有机硫	磷化合物
	咪唑啉类	其他					

2. 按缓蚀剂对电极过程的影响分类

按缓蚀剂对电极过程的影响可将缓蚀剂分为阳极型、阴极型和混合型三种类型。

（1）阳极型缓蚀剂　这类缓蚀剂抑制阳极过程，增大阳极极化，使腐蚀电位正移，从而使腐蚀电流下降，其金属腐蚀极化图如图 8-10a 所示。这些过程包括金属离子化及阳极面积的减少，通常会形成难溶的腐蚀产物，例如，氧化物、氢氧化物或盐类。这种缓蚀剂有助于抑制阳极金属溶解反应的钝化膜的形成。

（2）阴极型缓蚀剂　这类缓蚀剂抑制阴极过程，增大阴极极化，使腐蚀电位负移，从

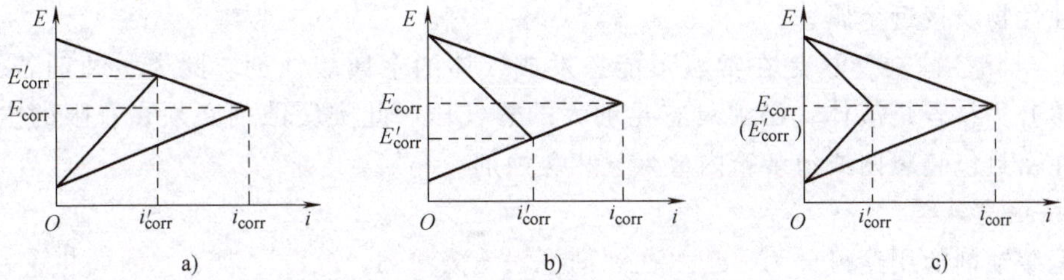

图 8-10 不同类型缓蚀剂的金属腐蚀极化图

a）阳极型缓蚀剂 b）阴极型缓蚀剂 c）混合型缓蚀剂

而使腐蚀电流下降，其金属腐蚀极化图如图 8-10b 所示。这些过程包括氧的离子化、氧至阴极的扩散、氢离子的放电及阴极面积的减少。该类缓蚀剂或者通过降低还原速度（阴极毒化物）或者通过选择性地在阴极区沉积（阴极沉淀剂）来控制腐蚀。

（3）混合型缓蚀剂 这类缓蚀剂对阳极过程和阴极过程同时具有抑制作用，腐蚀电位的变化不大，但可使腐蚀电流显著下降，其金属腐蚀极化图如图 8-10c 所示。

3. 按形成的保护膜特征分类

按形成的保护膜特征可将缓蚀剂分为如下三类：

（1）氧化（膜）型缓蚀剂 此类缓蚀剂能使金属表面生成致密而附着力好的氧化物膜，从而抑制金属的腐蚀。这类缓蚀剂有钝化作用，故又称为钝化型缓蚀剂，或者直接称为钝化剂。钢在中性介质中常用的缓蚀剂如 Na_2CrO_4、Na_2NO_3、Na_2MoO_4 等都属于此类。

（2）沉淀（膜）型缓蚀剂 此类缓蚀剂本身无氧化性，但它们能与金属的腐蚀产物（如 Fe^{2+}、Fe^{3+}）或与共轭阴极反应的产物（一般是 OH^-）生成沉淀，能够有效地覆盖在金属氧化膜的破损处，起到缓蚀作用。这种物质称为沉淀型缓蚀剂。例如中性水溶液中常用的缓蚀剂硅酸钠（水解产生 SiO_2 胶凝物）、锌盐［与 OH^- 反应生成 $Zn(OH)_2$ 沉淀膜］、磷酸盐类（与 Fe^2 反应形成 $FePO_4$ 膜）以及苯甲酸盐（生成不溶性的羟基苯甲酸铁盐）。

（3）吸附型缓蚀剂 此类缓蚀剂能吸附在金属/介质界面上，形成致密的吸附层，阻挡水分和侵蚀性物质接近金属，抑制金属腐蚀过程，起到缓蚀作用。这类缓蚀剂大多含有 O、N、S、P 的极性基团或不饱和键的有机化合物。如钢在酸中常用的缓蚀剂硫脲、喹啉、炔醇等类的衍生物，钢在中性介质中常用的缓蚀剂苯并三氮唑及其衍生物等。

上述氧化型和沉淀型两类缓蚀剂也常被合称为成膜型缓蚀剂。因为被膜的形成，产生了新相，是三维的，故也称三维缓蚀剂。而吸附型缓蚀剂在金属/介质界面上形成单分子层，是二维的，也称为二维缓蚀剂。实际上，工程中使用的高效缓蚀剂，其作用机理是相当复杂的，往往是多种效应的效果，很难简单地归为某一类型。不同的缓蚀剂联合使用时，其缓蚀效果不是简单的叠加，而是互相促进产生协同作用，可以大幅度提高缓蚀效率。

4. 按物理性质分类

（1）水溶性缓蚀剂 它们可溶于水溶液中，通常作为酸、盐水溶液及冷却水的缓蚀剂，也用于工序间的防锈水、防锈润滑切削液中。

（2）油溶性缓蚀剂 这类缓蚀剂可溶于矿物油，作为防锈油（脂）的主要添加剂。它们大多是有机缓蚀剂，分子中存在着极性基团（亲金属和水）和非极性基团（亲油的碳氢链）。因此，这类缓蚀剂可在金属/油的界面上发生定向吸附，构成紧密的吸附膜，阻挡水分和腐蚀性物质接近金属。

（3）气相缓蚀剂 这是在常温下能挥发成气体的金属缓蚀剂。此类缓蚀剂若为固体，必须能够升华；若是液体，必须具有足够大的蒸气压。此类缓蚀剂必须在有限的空间内使用，如在密封包装袋内或包装箱内放入气相缓蚀剂。

5. 按用途分类

根据缓蚀剂的用途可分为冷却水缓蚀剂、锅炉缓蚀剂、酸洗缓蚀剂、油气井缓蚀剂、石油化工缓蚀剂、工序间防锈缓蚀剂等。

8.4.2 缓蚀剂的作用机理

1. 无机缓蚀剂的缓蚀作用机理

（1）阳极型缓蚀剂 阳极型缓蚀剂可进一步分为阳极抑制型缓蚀剂（钝化剂）和阴极去极化型缓蚀剂。

1）阳极抑制型缓蚀剂。其作用原理是当溶液中加入阳极抑制型缓蚀剂（钝化剂）时，缓蚀剂将使金属表面发生氧化，形成一层致密的氧化膜，提高了金属在腐蚀介质中的稳定性，从而抑制了金属的阳极溶解。图 8-11 所示为阳极型缓蚀剂（钝化剂）的缓蚀作用原理。阳极型缓蚀剂（钝化剂）的加入并不改变阴极极化曲线（K），但使阳极极化曲线由 A 变至 B，因而阳极极化曲线与阴极极化曲线的交点就由 M 变到 N，金属由活性腐蚀转变到钝态，腐蚀速度大为降低。在中性溶液中应用的典型阳极型缓蚀剂（钝化剂）有铬酸盐、磷酸盐和硼酸盐。后两种必须在有氧存在的情况下才能形成致密的表面膜。

阳极型缓蚀剂并不一定非要金属处于钝化状态。例如，由图 8-12 实测的阳极极化曲线可以看到，加入阳极型缓蚀剂后，腐蚀电位明显正移；阳极极化曲线的塔菲尔斜率增大。这表明金属离子要克服更大的能垒才能进入溶液，因而阳极溶解过程受阻。

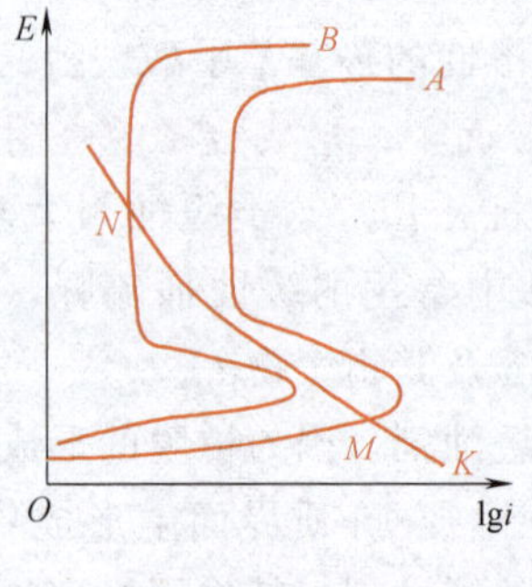

图 8-11 阳极型缓蚀剂（钝化剂）的缓蚀作用原理

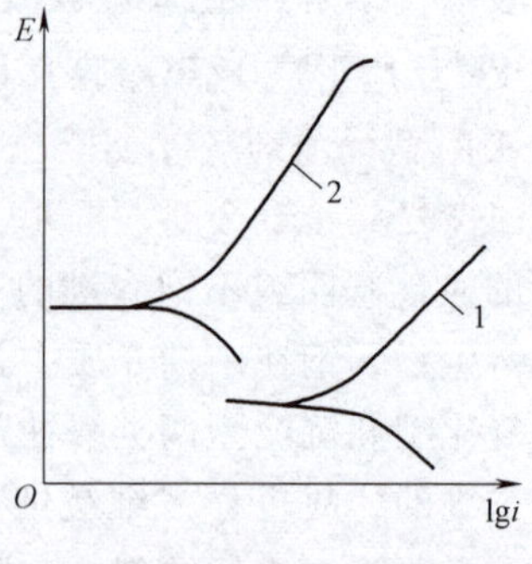

图 8-12 加入缓蚀剂前、后的阳极极化曲线

1—未加缓蚀剂 2—加缓蚀剂

此类典型的缓蚀剂有 NaOH、Na_2CO_3、Na_2SiO_3、Na_3PO_4 等。它们能和金属表面阳极部分溶解下来的金属离子生成难溶性化合物，沉淀在阳极区表面，或者修补氧化膜的破损处，从而抑制阳极反应。例如，磷酸盐离解后的 PO_4^{3-} 离子能与腐蚀产生的 Fe^{2+} 反应生成沉淀：

$$3Fe^{2+}+2PO_4^{3-}=Fe_3(PO_4)_2 \tag{8-5}$$

这类缓蚀剂要有 O_2 等去极化剂存在时才能起作用。

使用阳极型缓蚀剂（钝化剂）时必须注意：当缓蚀剂（钝化剂）用量不足时，金属表面氧化程度不一致可以构成大阴极、小阳极的腐蚀原电池，从而导致局部腐蚀。所以，阳极型缓蚀剂（钝化剂）在使用中有一定的危险性。

2）阴极去极化型缓蚀剂。此类缓蚀剂（钝化剂）不会改变阳极极化曲线，但会使阴极极化曲线移动，导致腐蚀电流的降低。图 8-13 所示为阴极去极化型缓蚀剂（钝化剂）的作用原理。随着加入量的增加，阴极极化曲线正移，同时阴极曲线的塔菲尔斜率变小，腐蚀电位正移，由活性腐蚀区进入钝化区。同样，用量不足也会导致腐蚀加速，如图 8-13 中 K' 所示。典型阴极去极化型缓蚀剂（钝化剂）有：亚硝酸盐、硝酸盐、高价金属离子，如 Fe^{3+}、Cu^{2+}；在酸性溶液中使用的钼酸盐、钨酸盐和铬酸盐也属此类缓蚀剂。

（2）阴极型缓蚀剂 阴极型缓蚀剂的作用原理是加入阴极型缓蚀剂后，阳极极化曲线不发生变化，仅阴极极化曲线的斜率增大，腐蚀电位负移，导致腐蚀蚀电流降低，如图 8-10b 所示。

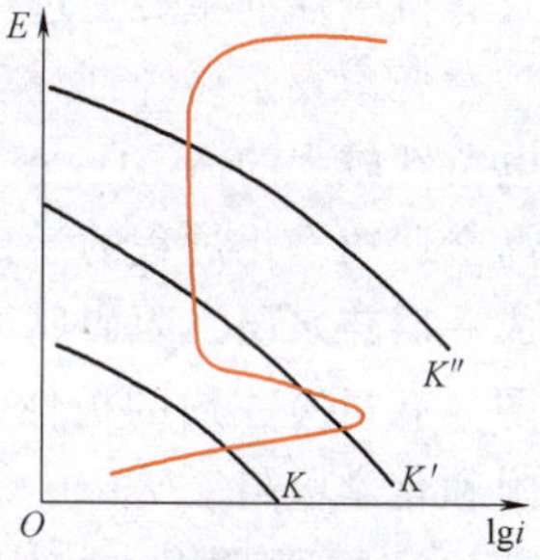

图 8-13 阴极去极化型缓蚀剂（钝化剂）的作用原理

K—未加钝化剂 K''—加钝化剂 K'—钝化剂不足

阴极型缓蚀剂与阳极型缓蚀剂的差别在于：阴极型缓蚀剂主要对金属的活性溶解起缓蚀作用，而阳极型缓蚀剂则是在钝化区起缓蚀作用。

阴极型缓蚀剂按其作用机理可以分为以下四类：

1）Ca、Mg、Zn、Mn 和 Ni 等的盐。在中性介质中，这些盐能与阴极反应生成的 OH^- 离子作用，在金属表面的阴极区形成致密的氢氧化物或碳酸盐沉淀膜，阻碍氧的扩散，抑制氧的去极化作用，从而降低了腐蚀速度。例如，加入 $ZnSO_4$、$Ca(HCO_3)_2$ 缓蚀剂，可以在金属表面形成难溶的 $Zn(OH)_2$、$CaCO_3$ 沉淀膜。

2）聚磷酸盐类。在水溶液中聚磷酸盐与某些阳离子作用，生成大的胶体阳离子，然后向阴极表面迁移，在阴极区放电并形成较厚的保护膜。例如，在循环冷却水和锅炉水中经常采用聚磷酸盐作为缓蚀剂。其结构式为

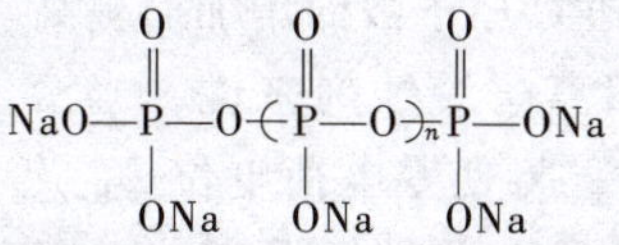

其中六偏磷酸钠（$n=4$）和三聚磷酸钠（$n=3$）应用广泛。它们的缓蚀机理较复杂。一般认为，在水中有溶解氧的情况下，它们在促进钢铁表面生成 γ-Fe_2O_3 的同时，可与水中的 Ca^{2+}、Mg^{2+}、Zn^{2+} 等离子形成螯合物，如

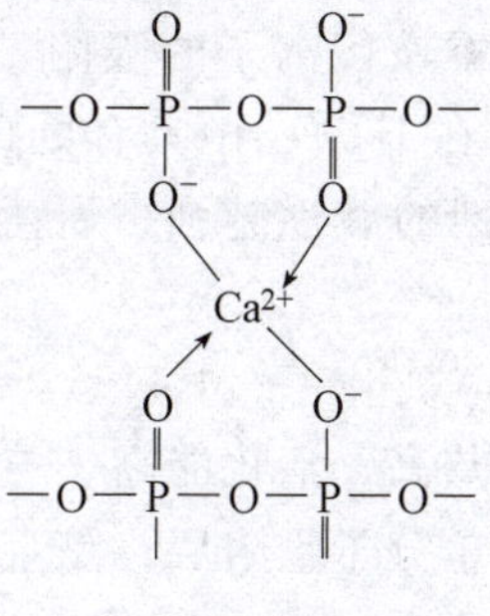

或

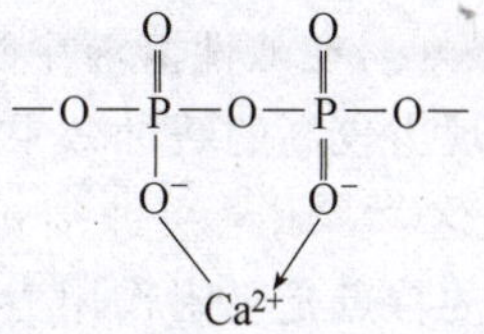

然后在阴极区放电，生成沉淀膜，阻滞阴极过程的进行。

3）As、Sb、Bi 和 Hg 等重金属盐。在酸性介质中，重金属离子还原后将使阴极析氢过电位增大，氢离子还原受阻，从而达到缓蚀的目的。

4）除氧剂 Na_2SO_4 和 N_2H_4。它们在中性介质中与氧化合，消耗了溶液中的氧，从而抑制了氧的去极化反应。

（3）混合型缓蚀剂 在混合型缓蚀剂作用下，体系的腐蚀电位变化不大，但阴极和阳极极化曲线的斜率增大，腐蚀电流由 i_{corr} 降至 i'_{corr}。铝酸钠、硅酸盐均属于混合型无机缓蚀剂之列。

2. 有机缓蚀剂的缓蚀作用机理

有机缓蚀剂主要通过在金属表面形成吸附膜来阻止腐蚀。因此，有机缓蚀剂的缓蚀作用机理主要取决于缓蚀剂分子中极性基团在金属表面的吸附。有机缓蚀剂的极性基团部分大多以电负性较大的 N、O、S、P 原子为中心原子，它们吸附于金属表面，改变双电层结构，以提高金属离子化过程的活化能。而由 C、H 原子组成的非极性基团则远离金属表面定向排列形成一层疏水层，阻碍腐蚀介质向界面的扩散。图 8-14 为有机缓蚀剂在金属表面吸附的示意图。有机缓蚀剂的极性基团的吸附可分为物理吸附和化学吸附。

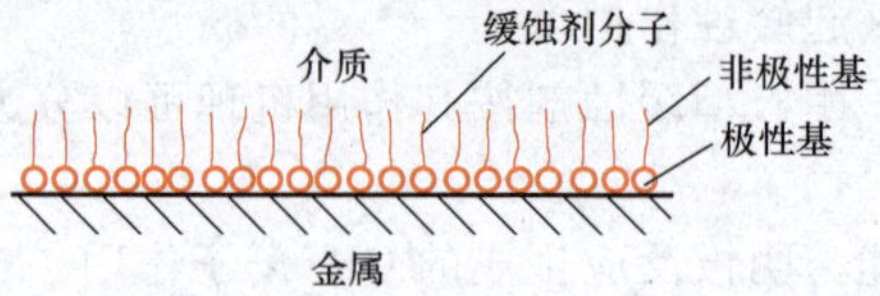

图 8-14 有机缓蚀剂在金属表面吸附的示意图

（1）物理吸附 物理吸附是具有缓蚀能力的有机离子或偶极子与带电的金属表面静电引力和范德华引力作用的结果。物理吸附的特点是吸附作用力小、吸附热小、活化能低、与温度无关；吸附的可逆性大、易吸附、易脱附；对金属无选择性；既可以是单分子吸附，也可能是多分子吸附；物理吸附是一种非接触式吸附。

有机缓蚀剂通过物理吸附影响缓蚀效率的因素有：

1）烷基的 C 原子数。缓蚀能力的大小受缓蚀剂中烷基 C 原子数多少的影响。对于季铵盐类的缓蚀剂，由于吸附于金属表面的季铵阳离子之间的相互作用引力会随 C 原子数的增加而增大，因此，缓蚀效果也会随 C 原子数的增加而提高。

2）溶液中的阴离子。对于阳离子缓蚀剂来说，当溶液介质中存在某些阴离子时，阴离子吸附于带正电荷的金属表面，将使零电荷电位 $E_{P.Z.C}$ 向负方向移动，有利于增强阳离子缓蚀剂通过静电引力在金属表面的吸附。阴离子对阳离子缓蚀剂缓蚀效果的影响有如下规律：

$$1^{-}>Br^{-}>Cl^{-}>SO_4^{-}>ClO_4^{-}$$

因此，单独使用季铵盐作为缓蚀剂时，达不到明显的缓蚀效果。但是，若向溶液中加入部分 Cl^- 后，Cl^- 吸附在金属表面使 $E_{P.Z.C}$ 变负，有助于季铵阳离子的吸附，缓蚀效果明显提高。这也说明为什么许多有机阳离子缓蚀剂在 HCl 中比在 H_2SO_4 中具有更高的缓蚀效果的原因。

3）缓蚀剂的酸碱性。在酸性溶液中加入缓蚀剂的碱性越强，所生成的阳离子越稳定，有利于物理吸附，表现出较高的缓蚀效果。

（2）化学吸附 化学吸附是缓蚀剂在金属表面发生的一种不完全可逆的、直接接触的特性吸附。化学吸附的特点是吸附作用力大、吸附热高、活化能高、与温度有关；吸附不可逆，吸附速度慢；对金属具有选择性；通常只形成单分子吸附层；是直接接触触式吸附。

有机缓蚀剂在金属表面的化学吸附，既可以通过分子中的中心原子或π键提供电子，也可以通过提供质子来完成。因此，可将发生化学吸附的有机缓蚀剂分为供电子型缓蚀剂和供质子型缓蚀剂两类。

1）供电子型缓蚀剂。若缓蚀剂的极性基团的中心原子N、O、S、P有未共用的孤对电子，而金属表面存在空的d轨道时，中心原子的孤对电子就会与金属中空的d轨道相互作用形成配位键，使缓蚀剂分子吸附于金属表面。由于双键、三键的π电子类似于孤对电子，具有供电子能力，所以，具有π电子结构的有机缓蚀剂也可向金属表面空的d轨道提供电子而形成配位键发生吸附，这就是所谓π健吸附。这种由分子中的中心原子的孤对电子或π键与金属空的d轨道形成配位键而吸附的缓蚀剂，称作供电子型缓蚀剂。典型的供电子型缓蚀剂有胺类、苯类，具有双键、三键结构的烯烃、炔醇等。

缓蚀剂中的中心原子上电子云密度越大，供电子能力就越强，缓蚀效率就越高。例如，在苯胺不同位置上引入甲基—CH_3时，供电子能力的顺序为

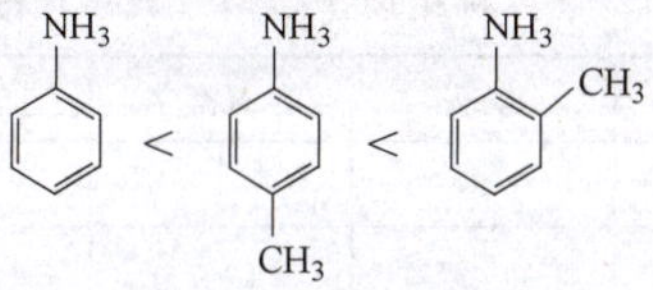

这是由于甲基—CH_3具有较强的斥电子性，当—CH_3靠近—NH_3时，N原子上的电子云密度增大，可使缓蚀率提高。

缓蚀剂的分子结构对供电子型缓蚀剂的缓蚀效有较大的影响，存在共振效应和诱导效应，两者往往同时存在。当缓蚀剂分子具有共振结构时，由于π电子能使中心原子上的孤对电子发生转移，电子云密度下降，对金属的化学吸附减弱，缓蚀率下降。这就是所谓的共振效应。苯环是一个具有共振结构的典型有机物，苯环上的大π键将使苯胺的中心原子N原子上的孤对电子发生转移：

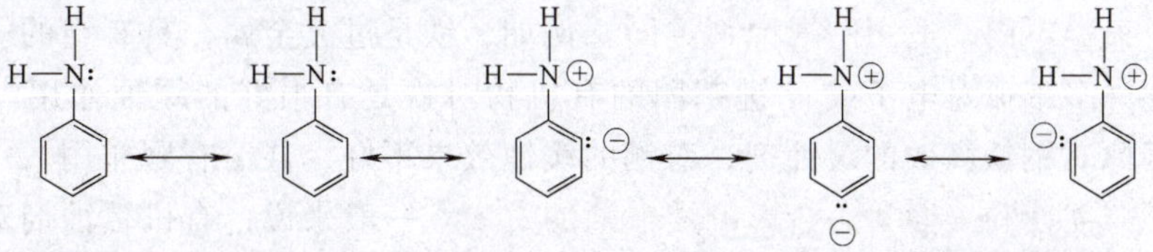

因而苯胺的缓蚀率较低。其他具有双键或叁键的化合物也有类似的共振效应。

若缓蚀剂中的取代基极性较强，离双键较近时，极性基团中心原子的孤对电子还有可能与π电子形成共轭π键，即大π链，并以平面构型吸附于金属表面上，使缓蚀率大为提高。例如，丙烯酸、丙烯酸酯有可能形成类似的大π键：

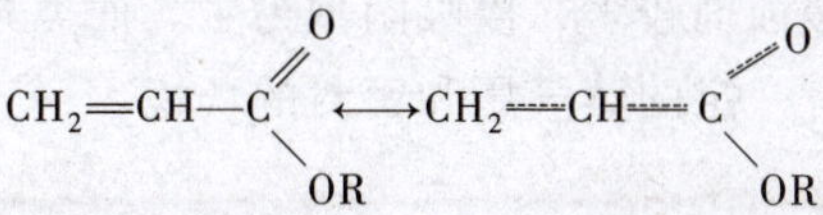

若缓蚀剂中的非极性基团是斥电子型时，非极性基团有可能使其电子偏向极性基，极性基的中心原子的供电子能力增强，产生所谓的诱导效应，使缓蚀效应增加。例如，用不同C原子数的烷基取代苯并咪唑第二位置上的H原子，随着取代烷基的C原子数增加，斥电子能力增大，中心原子N原子上的电子云密度增加，缓蚀率提高，见表8-5。

表 8-5 工业纯铁在 2mol/L HCl 中的缓蚀情况（25±1℃）

缓蚀剂	苯并咪唑	α-甲基苯并咪唑	α-乙基苯并咪唑	α-丁基苯并咪唑	α-己基苯并咪唑
缓蚀率	94.92	95.49	95.96	97.31	98.01

2）供质子型缓蚀剂。有机缓蚀剂能提供质子，与金属表面发生吸附反应，这种缓蚀剂称为供质子型缓蚀剂。例如，十六硫醇 $C_{16}H_{33}SH$ 与十六硫醚 $C_{16}H_{33}SCH$ 相比，前者的缓蚀率高于后者。其原因在于，S 原子的供电子能力低，它有可能吸引相邻 H 原子上的电子，使 H 原子类似于正电荷质子一样，吸附在金属表面的多电子阴极区，起到缓蚀作用。显然，它是通过向金属提供质子而进行化学吸附的。值得注意的是，N、O 原子的电负性比 S 原子更负，吸引相邻 H 原子上电子的能力更大。因此，含 N、O 原子的缓蚀剂也存在供质子进行吸附的情况。

不同有机缓蚀剂的供电子或供质子的情况见表 8-6。

表 8-6 常用机缓蚀剂供电子或供质子情况

缓蚀剂	伯胺	仲胺	叔胺	含氧醇类	酯	苯并三唑	咪唑
供电子	√	√	√		√		
供质子	√			√		√	√

8.4.3 缓蚀剂应用需要考虑的主要因素

缓蚀剂有明显的选择性，除了与缓蚀剂本身的性质、结构等因素有关外，影响缓蚀剂性能的因素主要包括金属和介质的条件两方面。因此应根据实际使用情况，针对不同的介质条件（如温度、浓度、流速等）和工艺、产品质量要求选择适当的缓蚀剂。需要考虑的主要因素包括：

1. 金属材料

金属材料种类不同，适用的缓蚀剂不同。例如，铁是过渡金属，具有空的 d 轨道，易接受电子，因此许多带孤对电子或 π 键基团的有机物对铁具有很好的缓蚀作用。但铜没有空的 d 轨道，因此对钢铁高效的缓蚀剂，对铜的缓蚀效果不好，甚至有副作用。

金属材料的纯度和表面状态会影响缓蚀剂的效率。一般来说，有机缓蚀剂对低纯度金属材料的缓蚀率高于对高纯度材料的缓蚀率。金属材料的表面粗糙度越高，缓蚀剂缓蚀率越高。

2. 介质环境

介质不同需要选不同的缓蚀剂。一般中性水介质中多用无机缓蚀剂，以钝化型和沉淀型为主。酸性介质中采用有机缓蚀剂较多，以吸附型为主。油类介质中要选用油溶性吸附型缓蚀剂。选用气相缓蚀剂必须有一定的蒸气压和密封的环境。

介质流速对缓蚀剂作用的影响较复杂。一般情况下，腐蚀介质流速增加，腐蚀速率增加，缓蚀率下降。但在某些情况下，随着流速增加到一定值后，缓蚀剂有可能变成腐蚀促进剂。如三乙醇胺在 2~4mol/L HCl 溶液中，当流速超过 0.8m/s 时，碳钢的腐蚀速度远大于不加三乙醇胺时的腐蚀速度。KI 也有类似的情况。若在静态条件下，缓蚀剂不能很好地均匀分布于介质中时，流速增加有利于缓蚀剂的均匀分布，形成完整的保护膜，缓蚀率上升。

对于某些缓蚀剂，如冷却水缓蚀剂（由六偏磷酸钠和氯化锌构成），存在一个临界浓度值，当缓蚀剂浓度大于该值时，流速上升，缓蚀率增加；而浓度小于该值时，流速上升，缓蚀率下降。

温度对缓蚀剂缓蚀效果的影响不一。对于大多数有机缓蚀剂和无机缓蚀剂来说，温度升高，将会造成金属表面上的吸附减弱，或者形成的沉淀膜颗粒增大，黏附性能变差，使得缓蚀效果下降。而某些缓蚀剂，如二苄疏、二苄亚矾、碘化物等，温度升高有利于它们在金属表面形成反应产物膜或钝化膜，反而提高缓蚀率。也有一些缓蚀剂，如苯甲酸钠，在一定的温度范围内，缓蚀率不随温度变化。

3. 缓蚀剂的浓度

缓蚀率随缓蚀剂浓度的变化情况有三种：①缓蚀率随缓蚀剂浓度的增加而增加；②缓蚀率与缓蚀剂浓度间存在极值关系，当缓蚀剂浓度达到一定值时，缓蚀率最大，进一步增加浓度，缓蚀率反而下降；③用量不足时，发生加速腐蚀，如 $NaNO_2$ 等危险型缓蚀剂就属于这种情况。

4. 缓蚀剂的协同作用

单独使用一种缓蚀剂往往达不到良好的效果。多种缓蚀物质复配使用时常常比单独使用时的总效果好得多，这种现象叫作协同效应。产生协同效应的机理随体系而异，许多还不太清楚。一般考虑阴极型和阳极型复配，不同吸附基团的复配，缓蚀剂与增溶分散剂复配。通过复配获得高效多功能缓蚀剂，这是目前缓蚀剂研究的重点。

5. 环境负荷

缓蚀剂的添加，既要达到缓蚀的要求，又要不影响工艺过程（如影响催化剂的活性）和产品质量（如颜色、纯度等）。同时，选择缓蚀剂必须注意对环境的污染和对生物的毒害作用，尽量选择无毒的绿色化学物质作为缓蚀剂。

6. 经济性

在满足使用要求的情况下，尽量选择价格低廉的缓蚀剂，采用循环溶液体系，最大限度实现缓蚀剂的重复利用。同时，通过发展缓蚀剂与其他保护技术（如选材和阴极保护）联合使用等综合防护技术，降低防腐蚀的成本。

思 考 题

1. 为了控制腐蚀，在选材上应考虑哪些问题？
2. 如何从设计上减少或防止金属腐蚀？
3. 阴极保护的基本参数是什么？如何确定？
4. 阴极保护的方法有哪些？应用范围如何？常用哪些材料作为阳极？
5. 试述阳极保护的特点和应用范围，有哪些致钝和维钝的方法？
6. 涂层有哪些类型？
7. 何谓阳极镀层和阴极镀层？
8. 什么是化学转化膜？举出典型的实例。
9. 何谓缓蚀剂？缓蚀剂如何分类？试述各类缓蚀剂的作用机理。
10. 试述缓蚀剂技术的特点和应用范围。

第3篇

非金属材料的腐蚀及耐蚀材料

第9章

高分子材料的腐蚀及耐蚀材料

前面章节介绍的均是金属材料的各种腐蚀现象，但非金属材料也存在腐蚀问题。一般根据材料的组成，或者更精确地说，根据材料中原子之间的结合键，将材料分为金属（金属键）、陶瓷（离子键）和高分子材料（共价键）三大类。近年来，陶瓷和高分子材料的发展和应用十分迅速。随着腐蚀科学的发展，腐蚀研究的对象从金属扩展到了非金属，相应地，对腐蚀过程的研究也由以化学和电化学反应为主扩大到包括声、光、电等因素的作用。通常，由于高分子材料长链分子的共价键使得在金属发生电化学反应的情况下不发生反应，因此高分子材料具有较好的耐蚀性能，但是由于高分子材料的成分、结构、聚集态和添加物以及腐蚀介质的多样性，也有其独特的腐蚀特性。特别是由于高分子材料普遍应用的历史不长，对高分子材料腐蚀的研究远不如对金属材料腐蚀研究得深入和透彻。但高分子材料的性能多样性及功能性，使得它在问世的几十年中飞速发展，可取代传统材料如金属材料和木材、一些天然材料（棉花、丝、麻和天然橡胶）在化工、冶金、建筑、汽车、机电、仪表、电子电器及生活日用品等各行中有着非常广泛的应用，在工程应用中的腐蚀问题日趋严重，迫切需要加强对高分子材料腐蚀的研究。

9.1 高分子材料

9.1.1 高分子材料的定义及分类

高分子化合物简称高分子，是由成百上千个原子组成的一种长/径比很大的长链，其主链一般由 C、N、O、S 等几种元素通过共价键键合而成，高分子的相对分子质量一般在 10000 以上。高分子材料是指以高分子化合物为基础，通过一定的加工成型方法，添加一定的助剂或填料，获得的具有一定形状、满足一定使用要求的制品。高分子材料根据来源可以分为天然和人工合成两大类。人工合成的高分子往往是由小分子以一定方式重复连接起来的，又称为高聚物。本书仅涉及合成高分子材料。

高分子材料的主要分类：

1）按照主链结构分类。包括碳链高分子材料，即主链完全由碳原子组成；杂链高分子材料，主链除碳原子外，还有氧、氮、硫等杂原子；元素有机高分子材料，即主链上没有碳，但是取代基由有机基团如甲基、乙基、芳基等组成。

2）按性能和用途分类。包括塑料、橡胶、黏合剂、涂料和功能高分子材料等。

3）按高分子的热性能分类。包括热固性和热塑性两种，其中热固性塑料具有网状的立体结构，经过一次成型（发生化学反应，由低聚物线性分子变为网状分子结构）后，再进行加热不再软化，强热可使共价键分解破坏，因此不能反复塑制。热塑性塑料具有链状的线性结构，受热大分子移动、软化，可反复塑制。热塑性塑料又可分为普通塑料和工程塑料两类：前者仅能作为非结构材料，而后者往往具有较好的力学性能，可作为结构材料使用。

9.1.2　高聚物及结构

聚合物由长链大分子组成，如果组成大分子的重复单元数很多，增减几个单元不会影响其物理性质，称此种聚合物为高聚物。如果组成该种大分子的结构单元数较少，增减几个单元对聚合物的物理性质有明显影响，则称为低聚物，其相对分子质量小，力学性能差，往往是作为原材料。合成高分子化合物（高聚物）都是由单体聚合而成的。如果高分子是由一种单体聚合而成的，其单体单元、结构单元和重复单元相同。例如，聚氯乙烯就是由氯乙烯聚合而成：

$$nCH_2{=\!=}\underset{\displaystyle Cl}{\underset{|}{C}}\rightarrow(C_2H_3Cl)_n$$

我们把彼此能够相互连接起来而形成高分子化合物的低分子化合物（如氯乙烯）称为单体，聚氯乙烯中的基本单位如 $\left[CH_2—\underset{\displaystyle Cl}{\underset{|}{CH}}\right]$ 称为结构单元（重复单元、链节），n 称为聚合度。整个高分子链就相当于用 n 个链节按一定方式重复连接起来，成为一条又细又长的链条，或者“珠串”。

如果高分子是由两种或两种以上单体缩聚而成的，其重复单元由不同的单元组成。例如由己二胺和己二酸缩聚得到的尼龙 66 的结构单元（重复单元）是 $\left[NH(CH_2)_6NHCO(CH_2)_4CO\right]_n$，聚合度为 n。缩聚过程中失去小分子，结构单元与单体的化学组成不同。

$$H_2N—(CH_2)_6—NH_2+HOOC—(CH_2)_4—COOH\xrightarrow{-H_2O}[HN—(CH_2)_6—NH—CO—(CH_2)_4—CO]$$

根据高聚物中结构单元的分布，高聚物可分为以下两种类型：

（1）均聚物　均聚物中只含有一种结构单元，按一定方式重复连接起来。像一根又细又长的链条一样，这些高分子链柔顺、卷曲，彼此纠缠、钩绕在一起。由一根根分子链组成的均聚物，称为线型均聚物和支链型均聚物；有的分子链之间还会通过化学键而形成体型均聚物（或网型均聚物），如图 9-1 所示。

（2）共聚物　共聚物由两种以上不同的结构单元组成。由于各种单体的成分不同，共聚后的结构单元排列形式也就多种多样，一般归纳为：无规型、交替型、嵌段型和接枝型。

例如 M_1 和 M_2 两种不同结构的单体（分别以黑圈和白圈表示）共聚成高分子，可用图 9-2 表示其几种结构类型。

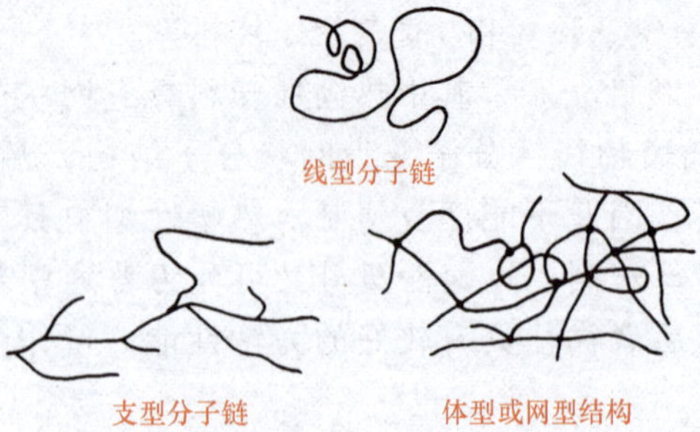

图 9-1　均聚物结构示意图

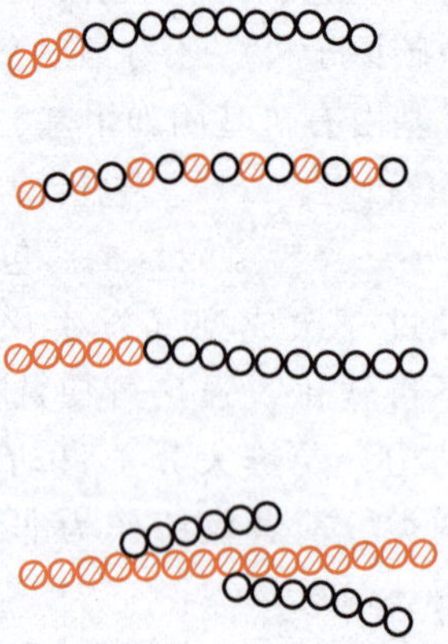

图 9-2　共聚物结构示意图

无规型是 M_1、M_2 两种不同单体在高分子长链中呈无规则排列；交替型是 M_1、M_2 单体在高分子的长链中呈有规则的交替排列；嵌段型中的 M_1 聚合片段和 M_2 聚合片段彼此交替连接；接枝型中的 M_1 单体连接成主链，又接连了 M_2 单体组成的支链。除了上述二元高分子共聚物外，还有三元以上的共聚物。

高分子共聚物是高分子材料化学改性的重要方法，它可以改善原有高分子化合物的性能，创造出种类繁多、丰富多彩的新材料。

综上所述，高分子化合物具有以下几个特征：

1）高分子是由许多结构相同的小单位——链节重复组成的长链化合物。链状的意义在于，高分子的长径比非常大，因此非常容易在外界条件的影响下，发生形态变化，进而改变高分子的结构，带动高分子性质的改变。

2）高分子的相对分子质量大（万级以上），带来分子间作用力大，使得高分子链相对运动阻力大，高分子材料的力学性能有所提高，并且时间因素对性能的影响显得比较突出。

3）具有多分散性。高聚物是由相对分子质量不均一的系列大分子构成，相对分子质量存在一个分布，这种相对分子质量多分散性会导致聚合物具有多种结构及应用性能。

4）结构多层次，包括链结构单元内部的近程关系、远程关系，链之间的聚集状态、织态结构等（图 9-3）。一级结构（近程结构）主要涉及高分子链的化学组成、构造、构型以及分子链的几何形状，属于化学结构的范围，所以也可称为化学结构。二次结构（远程结构）主要涉及高分子分子链的大小及分布（相对分子质量的大小和分布）和它们在空间运动的几何形态等内容。高分子聚集态结构指高分子链排列堆砌而成的结构。它主要包含高分子的晶态结构、非晶态结构和多组分高分子的织态结构等内容。各个结构层次之间不是孤立的，不同的结构层次会对外界的刺激产生不同的响应，最终赋予高分子材料的宏观性能。

线型非晶态高聚物随着温度的变化呈现出玻璃态、高弹态和黏流态三种物理状态，如图 9-4 所示。在玻璃态下，基本上没有链段的热运动，只有小于链段的链节、元素的伸缩振动，材料是硬的状态，力学性能符合胡克定律，是塑料的使用温度范围；在高弹态下，分子

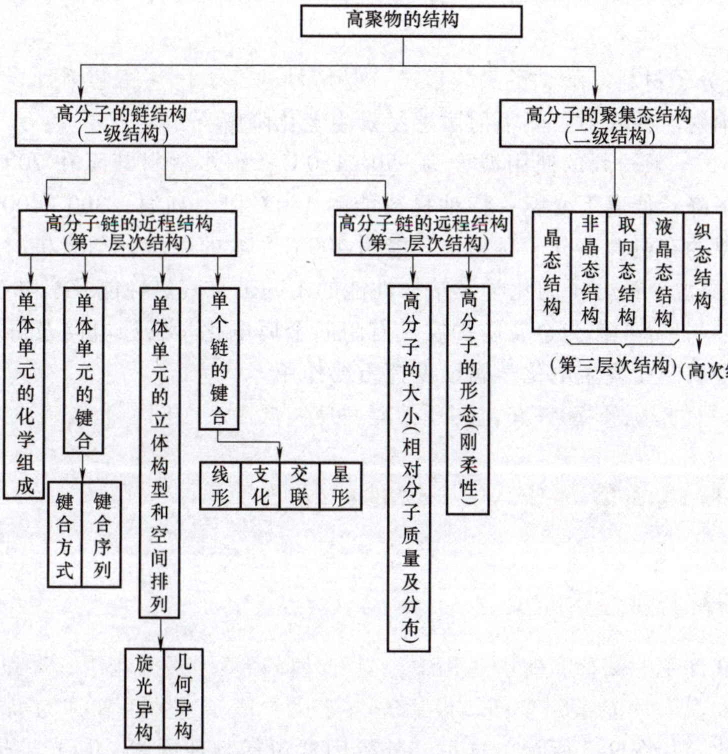

图 9-3　高聚物结构的分类

链段可以进行热运动，在力的作用下，带来分子链的取向与解取向，带来高弹性，是橡胶的使用温度范围；在黏流态下，分子链段甚至整个大分子都在进行运动，大分子可以发生相对位移，材料发生永久性变形，带来黏流性，材料的成型加工一般在此温度范围进行。玻璃态向高弹态转变的温度为玻璃化温度 T_g，高弹态向黏流态转变的温度为黏流温度 T_f。交联高聚物的大分子由于交联化学键的限制，大分子间不能发生相对位移，进入不了黏流态。

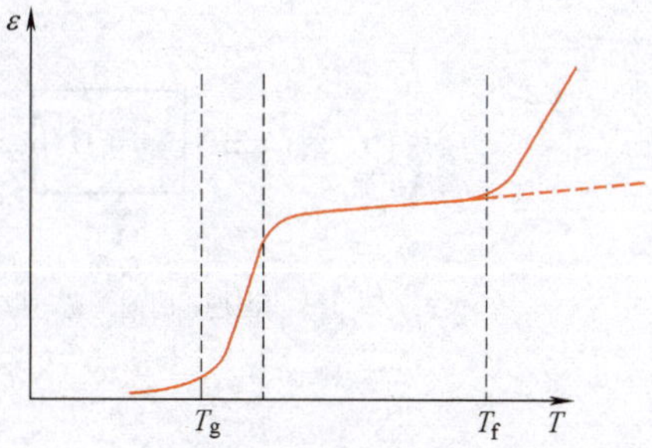

图 9-4　非晶态高聚物的三种力学状态及两种转变

9.1.3　高分子化合物的基本性质

根据高分子化合物化学结构的上述特征，使得高分子化合物具有以下基本性质：

1）结构性能复杂、应用性能多样，易加工，如聚氯乙烯既可以作为薄膜材料，又可以作为管材、门窗材料、黏结剂、涂料应用。

2）质轻，聚丙烯的密度只有 $0.9g/cm^3$，比水还轻；与金属材料相比其比强度高，韧性高，耐疲劳性好。这种特性对于要求全面减轻本体重量的车、船、飞机、火箭、导弹、人造卫星等，具有特别重要的意义，但容易发生应力松弛和蠕变。

3）由于独特的高分子长链的可卷曲性带来橡胶材料的高弹性、塑料材料的韧性，以及它们的大变形性。

4）大多数高分子材料对酸碱类的化学试剂是惰性的，电化学腐蚀惰性，但耐有机溶剂性能较差；对光辐射、核辐射、热辐射敏感易发生老化降解。

5）耐温性差，一般材料的使用温度为-50～150℃；很多材料甚至在70℃左右就变软，力学性能大幅度下降；低温下变脆；特种材料能耐150℃以上高温；300～400℃以上将发生降解反应；最耐温的有机硅高分子材料也只能耐400℃左右的温度，与无机材料复合后可以耐600～1200℃的高温。高分子的化学及结构性能的不同带来其热性能及热降解性能的差异。

6）一般电绝缘性高，作为金属防护层具有阻断金属电化学腐蚀电路及屏蔽腐蚀介质的性能，对于保护金属防止发生电化学腐蚀发挥重要作用。

7）高分子材料的力学性能、其他物理性能对使用温度、时间极为敏感。

9.2 高分子材料的腐蚀定义、类型和特点

9.2.1 高分子材料腐蚀的定义

高分子材料在加工、储存和使用过程中，受到外界环境因素的作用，导致高分子材料的物理、化学性能和力学性能遭到破坏，最后丧失使用价值，这种现象称为高分子材料的腐蚀，通常称为老化，如图9-5所示。这里，外界因素包括物理因素，如光、热、高能辐射、机械作用力等；化学因素，如氧、臭氧、水、酸、碱等；生物因素，如微生物、海洋生物等。

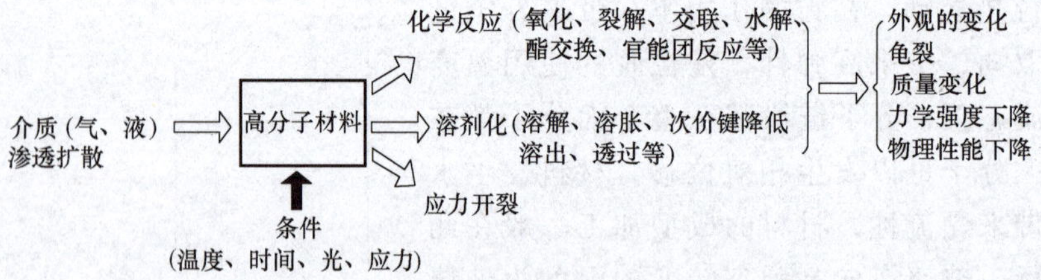

图9-5 高分子材料的腐蚀过程与类型

与金属的腐蚀相比，高分子材料腐蚀具有如下特点：

1）高分子材料在酸、碱、盐水溶液中比较耐蚀，优于金属；但是高分子材料在有机介质中易发生破坏。有些聚合物也不耐强酸、碱，如尼龙只耐稀的无机酸、碱。

2）聚合物腐蚀是在表面、内部同时腐蚀破坏，且光、应力、热、介质等均可促进腐蚀破坏。

3）研究高分子材料的腐蚀需要从高分子物理化学入手，金属腐蚀的电化学原理不适用。

9.2.2 高分子材料腐蚀的类型

根据高分子材料发生腐蚀破坏的结果，可以将其腐蚀类型分为以下几种：

（1）化学降解　活性分子渗入高分子材料内部，与聚合物内分子发生化学反应，如氧

化、水解等，使高分子主价键发生断键，性能劣化。

(2) 辐射破坏　高聚物受光照、核能、热等辐射影响使化学键激发，发生断键，在 O_2 或 H_2O 存在下发生氧化降解，性能劣化。

(3) 溶胀和溶解　溶剂分子渗入材料内部，破坏分子间次价键，与分子发生溶剂化作用，高聚物发生溶胀变形、软化、强度下降。线型高分子溶胀后可再进一步溶解。

(4) 环境应力开裂　在应力（外力或残余应力）和活性介质共同作用下，高聚物出现银纹，并发展成为裂缝，直至脆性断裂。

(5) 渗透溶解破坏　高聚物内部添加剂如增塑剂、稳定剂等在介质作用下可由内向外扩散、迁移、溶失，使高聚物变质。

(6) 基底材料腐蚀破坏　如金属材料、衬里材料、涂层基底材料会导致高聚物的破坏。

(7) 界面破坏　对于复合材料、涂层材料、黏结材料，当介质渗透时对界面有附着性能破坏，带来它们的力学性能、功能性（保护、连接等）的劣化与丧失。

上述这些高分子腐蚀类型，其关键的步骤是介质的渗入，特别是对于金属保护材料（涂层、衬里等），腐蚀介质渗入到基材，其屏蔽腐蚀介质能力丧失。

9.3　高分子材料的腐蚀机理

9.3.1　介质在高分子材料内的渗透与扩散

高分子材料的耐蚀性与其抗渗透能力直接有关。腐蚀介质渗入高分子材料内部会引起反应。高分子材料的大分子及腐蚀产物的热运动较困难，难以向介质中扩散。所以，腐蚀反应速度主要取决于介质分子向材料内部的扩散速度。介质在高聚物内的渗透能力决定材料耐蚀性，介质对材料渗透率越大，材料耐蚀性越差。

1. 渗透规律的表征

(1) 增重率　在高分子材料受介质侵蚀时，经常通过测定浸渍增重率来评定材料的耐蚀性能。增重率实质上是介质向材料内渗入扩散与材料组成物质、腐蚀产物逆向溶出的总和。因此，在溶出量较大的情形，仅凭增重率来表征材料的腐蚀行为常导致错误的结论。由于在防腐蚀领域中使用的高分子材料耐蚀性较好，大多数情况下向介质溶出的量很少，可以忽略，所以，可将浸渍增重率看作是介质向材料渗入引起的。但在实际的腐蚀实验中，因腐蚀条件的多样性，必须考虑溶出这一因素。

增重率是指渗入的介质质量 q 与试样原始质量的比值，其意义是单位质量的试样所吸收的介质质量。但是，介质是通过试样表面渗入的，渗入速度在很大程度上依赖于试样的总表面积 A。使用单位表面积的渗入量 q/A 来描述高聚物的渗透规律，在浸渍初期比增重率更符合实际。单位时间内通过单位面积渗透到材料内部的介质质量，定义为渗透率，以 J 表示，即

$$J=\frac{q}{At}$$

(2) 菲克定律　由浓度梯度而引起的扩散运动，若经历一定时间后，介质的浓度分布只与介质渗入至高聚物内的距离 x 有关，而不随时间变化，即 $\mathrm{d}C/\mathrm{d}t=0$，则就达到了稳定扩

散，此时扩散运动服从菲克第一定律：

$$J=\frac{\mathrm{d}q}{\mathrm{d}A\mathrm{d}t}=D\frac{\mathrm{d}C}{\mathrm{d}x}$$

式中，J 为渗透率；D 为扩散系数；$\mathrm{d}C$ 为浓度梯度。

若 D 为定值，则有

$$J=D(C_0-C)/l$$

式中，l 为试样厚度；C 为介质浓度。

由上式可知，对于稳态扩散过程，渗透率 J 只与扩散系数 D、试样厚度 l 以及浓度差 ΔC 有关，而与浓度分布形式无关。因此，只要测出试样的厚度 l、面积 A、浓度差 ΔC 及一定时间内的渗透量 q，即可求得 J 与 D。

当渗透介质呈气态时，可用蒸气压 p 表示其浓度，$C=Sp$，式中，S 为溶解度系数。设与浓度 C_0、C 相应的蒸气压分别为 p_0、p，则

$$J=DS(p_0-p)/l=P(p_0-p)/l$$

式中，$P=DS$ 为渗透系数。

因此，气体在高分子材料内的渗透能力，也可以用渗透系数 P 来表征。气体的渗透速率与扩散系数、溶解能力有关。介质的扩散系数大，溶解能力强，渗透就容易，材料就易于腐蚀。

对于 $\mathrm{d}C/\mathrm{d}t\neq0$ 的非稳态扩散情况，可用菲克第二定律来描述。

$$\frac{C}{t}=D\frac{\partial^2C}{\partial^2x}$$

2. 影响渗透性能的因素

一个体系的渗透能力取决于渗透介质的浓度梯度及在材料内的扩散系数。而扩散系数是由介质与高聚物共同决定的。

(1) 高聚物结构的影响　高聚物相对分子质量大，难以排列紧密，即使晶态高聚物也存在无定形部分及各种缺陷。因此，凡影响材料结构致密程度的因素，均影响扩散系数。提高高聚物的结晶度、交联密度及取向程度均会使高聚物结构变得更加致密，故可使介质渗透、扩散运动变得更加困难；介质在高聚物中的扩散是靠分子链间空隙（自由体积）的相继跃迁来实现的，高分子链的刚性越大，链段的活动能力就越差，自由体积的相继跃迁就越难，介质扩散就越难。

(2) 介质的影响　介质分子的大小、形状、极性和介质的浓度等因素影响介质在高分子材料中的扩散速度。在其他因素一定时，介质的分子越小，与高分子的极性越接近，则介质的扩散越快。一般介质浓度升高，扩散动力大，扩散加快，但若是水溶液，水的破坏作用大于水中的溶质，这时应该考虑的是水的浓度。

(3) 温度的影响　温度对扩散运动影响较大。随着温度的升高，大分子链段的活动能力加大，大分子间的空隙也增大；同时介质分子的热运动能力也提高，这些因素均使介质的扩散速度加快。

(4) 其他因素的影响　高分子材料中的添加剂，因其种类、数量及分布状况等的不同都会不同程度地影响高分子材料的抗渗能力。特别是添加物与高聚物之间的界面结合情况对高分子材料的抗渗能力影响很大。此外，高分子材料在二次加工（如加热成型、热风焊接）

后其取向、结晶等聚集态结构，孔隙率及内应力分布等均发生变化，会影响材料的抗渗性能。

9.3.2　溶胀与溶解

1. 高聚物的溶解过程

高聚物的溶解过程一般分为溶胀和溶解两个阶段，溶胀和溶解与高聚物的聚集态结构有关，也与高分子是线型还是网状、高聚物的相对分子质量大小及温度等因素密切相关。

（1）非晶态高聚物的溶解　非晶态高聚物分子排列不规整，没有晶格的束缚，分子间的相互作用力较弱，溶剂小分子易渗入到高分子材料内部。若溶剂与高分子的某一链节亲和力较大，发生溶剂化作用，使高分子链段间的作用力削弱，间距增大。但是，由于高分子很长，又相互缠结，必须有大量溶剂分子渗入到高分子内部，并发生溶剂化作用，才能引起高分子材料在宏观上产生体积与质量的增加，这种现象称为溶胀。

高聚物发生溶胀后是否发生溶解，则取决于其分子结构；若高聚物为线型结构，则溶胀可以一直进行下去，大分子充分溶剂化后，可缓慢地向溶剂中扩散形成均一的溶液，完成溶解过程。但如果高聚物是网状体型结构，则溶胀只能使交联链溶剂化，交联键不发生化学断键，就不能实现分子分离，即不能溶解，只能溶胀。而且，随着交联程度的增加，其溶胀难度增加。

线型非晶态高聚物随着温度的变化呈现出玻璃态、高弹态和黏流态三种物理状态。在这几种物理状态下，高聚物分子链段的热运动能力有极大的差别。在玻璃态下，基本上没有分子链段的热运动；在高弹态下，分子链段可以比较自由地进行热运动；在黏流态下，分子链段甚至整个大分子都在运动。在玻璃化温度 T_g 以下对应玻璃态；在黏流温度 T_f，对应黏流态；在 T_g 和 T_f 之间为高弹态。因此，与分子链段相关的溶胀和溶解过程在这三种状态下也不同，如图 9-6 所示。

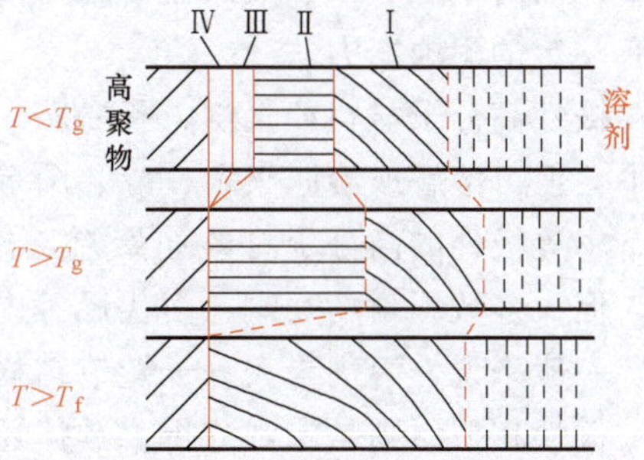

图 9-6　非晶态高聚物溶胀层的结构示意图

在 $T<T_g$ 时，非晶态高聚物的溶胀层由四部分组成，在大多数情况下，这四个区域的总厚度为 0.01~0.1cm。在Ⅰ区中，高分子已经全部溶剂化，呈黏液状，称为液状层；Ⅱ区中，有大量溶剂，呈透明凝胶状，称为凝胶层；Ⅲ区中，虽含有溶剂，但较少，高聚物层呈溶胀状，仍处于玻璃态，称为固体溶胀层；Ⅳ区中含溶剂很少，且溶剂主要存在于高聚物的微裂纹及空洞中，称为渗透层。上述四层中，Ⅰ和Ⅱ区所占比例最大。由于它们的存在（特别是Ⅱ区）妨碍了小分子的进一步渗透，所以是影响溶解速度的主要障碍。高聚物的相对分子质量增大，溶胀层的厚度增加，导致高聚物的溶解速度明显下降。由图中可以看出，随着温度的增加，分子链热运动加剧，溶胀层的层次变少，表明溶胀和溶解加快了。在 $T>T_f$ 时就只有Ⅰ区，这时高聚物呈黏流态，溶解过程实际上变为两种液体的混合过程。

（2）结晶态高聚物的溶解　结晶态高聚物的分子链排列紧密，分子链间作用力强，溶剂分子很难渗入并与其发生溶剂化作用，因此，其溶解比非晶态聚合物难。通常需要先升温至熔点附近，使晶区熔融，变成非晶态后再熔解。极性的结晶聚合物，有时室温下可溶于强极性溶剂，例如聚酰胺室温下可溶于苯酚-冰醋酸混合液。这是由于溶剂先与材料中的非晶区域发生溶剂化作用，放出热量使晶区部分熔融，然后溶解。对于非极性结晶聚合物，室温时几乎不溶解。

溶胀的结果使得高聚物宏观上体积显著膨胀，虽仍保持固态性能，但强度、伸长率急剧下降，甚至丧失其使用性能。图 9-7 所示为硬聚氯乙烯因水分的渗入使力学性能下降的情况。可见，溶胀和溶解对材料的力学性能有很强的破坏作用。所以在防腐使用中，应尽量防止和减少溶胀和溶解的发生。

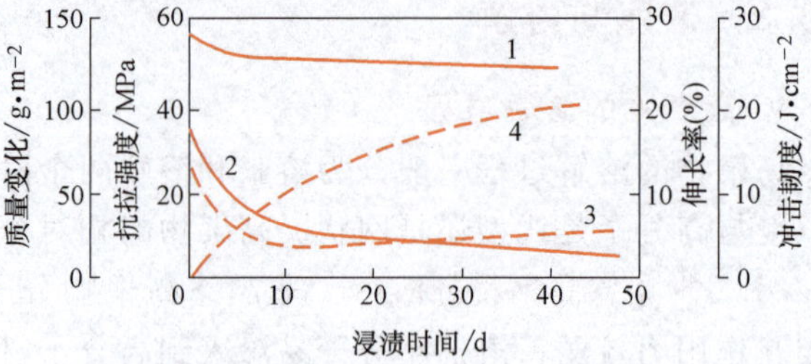

图 9-7　硬聚氯乙烯中水的渗入量及其对性能的影响

1—抗拉强度　2—伸长率　3—冲击韧度　4—质量变化

2. 高分子材料的耐溶剂性

为避免高分子材料因溶胀、溶解而受到溶剂的腐蚀，在选用耐溶剂的高分子材料时，可依据以下几条原则：

(1) 极性相近原则　极性大的溶质易溶于极性大的溶剂，极性小的溶质易溶于极性小的溶剂。这一原则在一定程度上可用来判断高分子材料的耐溶剂性能。

天然橡胶、无定形聚苯乙烯、硅树脂等非极性高聚物易溶于汽油、苯和甲苯等非极性溶剂中，而对于醇、水、酸碱盐的水溶液等极性介质，耐蚀性较好；对中等极性的有机酸、酯等有一定的耐蚀能力。

极性高分子材料如聚醚、聚酰胺、聚乙烯醇等不溶或难溶于烷烃、苯、甲苯等非极性溶剂中，但可溶解或溶胀于水、醇、酚等强极性溶剂中。

中等极性的高分子材料如聚氯乙烯、环氧树脂、氯丁橡胶等对溶剂有选择性的适应能力，但大多数不耐酯、酮、卤代烃等中等极性的溶剂。

一般来说，溶剂与大分子链节结构类似时，常具有相近的极性，并能相互溶解。

极性相似原则是宏观分析，具体还受众多其他因素的影响，如聚四氟乙烯为非极性，由于具有高熔点（327℃）、高结晶度，必须在熔点以上晶区破坏，溶剂才能渗入，因此不能溶于任何冷、热溶剂。

(2) 溶度参数相近原则　溶度参数（δ）是纯溶剂或纯聚合物分子间内聚力强度的度量。对非极性或弱极性而又未结晶的高聚物来说，要使溶解过程自动进行，通常要求高聚物与溶剂的溶度参数尽量接近。一般地，溶剂溶度和高聚物溶度的差值 $|\delta_1-\delta_2|>3.5\sim4.1\mathrm{J}^{1/2}\cdot\mathrm{cm}^{-3/2}$，高聚物就不溶解。有人建议，将耐溶剂性按溶度参数差分为三级：

$|\delta_1-\delta_2|>5.1\mathrm{J}^{1/2}\cdot\mathrm{cm}^{-3/2}$　耐腐蚀

$|\delta_1-\delta_2|>3.5\sim5.1\mathrm{J}^{1/2}\cdot\mathrm{cm}^{-3/2}$　尚耐腐蚀，或有条件耐蚀

$|\delta_1-\delta_2|<3.5\mathrm{J}^{1/2}\cdot\mathrm{cm}^{-3/2}$　不耐蚀

因此，从溶剂与高聚物的溶度参数即可判断非极性高分子材料的耐溶剂能力，差值大时耐溶剂性好。

必须指出，溶度参数相近原则，只是用于非极性体系，对于极性较强或能生成氢键的体系则不完全适用。对极性高分子或极性溶剂，应将溶度参数分为极性部分的溶度参数和非极

性部分的溶度参数。所以极性高分子的溶剂选择，不但要求总的溶度参数相近，而且要求极性部分和非极性部分的溶度参数也分别相近，这样才能很好地溶解。

（3）溶剂化原则　所谓溶剂化作用，就是指溶质和溶剂分子之间的作用力大于溶质分子之间的作用力，以至溶质分子彼此分离而溶解于溶剂中。当高分子与溶剂分子所含的极性基团分别为亲电基团和亲核基团，且溶剂分子的极性略大于高分子极性基团的极性时，就能产生强烈的溶剂化作用而互溶。常见的亲电、亲核基团的强弱次序为

亲电基团：

$$—SO_2OH > —COOH > —C_6H_4OH > —CHCN > {=}CHNO_2 > {=}CHONO_2 > —CHCl_2 > {=}CHCl$$

亲核基团：

$$—CH_2NH_2 > —C_6H_4NH_2 > —CON(CH_3)_2 > —CONH— > {\equiv}PO_4 > —CH_2COCH_2— > —CH_2OCOCH_2— > —CH_2OCH_2—$$

如硝酸纤维素含亲电基团硝基，故可溶于含亲核基团的丙酮、丁酮等溶剂中。如果溶质所带基团的亲核或亲电能力较弱，即在上述序列中比较靠后，溶解不需要很强的溶剂化作用，可溶解它的溶剂较多，如聚氯乙烯，═CHCl 基团只有弱的亲电性，可溶于环己酮、四氢呋喃中，也可溶于硝基苯中。如果聚合物含有很强的亲电或亲核基团时，则需要选择含相反基团系列中靠前的溶剂。例如，聚酰胺-66 含有强亲核基团酰胺基，要以甲酸、甲酚、浓硫酸等作为溶剂。含亲电基团═CH-CN 的聚丙烯腈，则要用含亲核基团—CON（CH_3）$_2$ 的二甲基甲酰胺作为溶剂。

氢键的形成是溶剂化的一种重要的形式。形成氢键有利于溶解。

将上述三原则结合起来考虑，以判断高聚物的耐溶剂性，准确性可达95%以上。

3. 高分子材料耐溶剂性能的影响因素

1）凡使大分子热运动能力和向溶剂中扩散能力降低的因素，均使材料耐溶剂性能提高。

2）影响材料耐溶剂能力的根本原因是体系（高聚物/溶剂）的化学结构、极性大小、电负性和相互间的溶剂化能力。

3）温度上升，溶剂化增大，大分子运动加强，分子间距加大，溶剂进入材料增多，大分子向溶剂扩散加剧。

4）大分子链的柔性增大，使混合熵变大，有利于溶解。

5）聚合物结晶能力提高，结晶度增大，耐溶剂腐蚀能力加强。

6）高聚物相对分子质量加大，耐溶剂性能提高。

7）交联改善材料耐溶剂性能，交联密度太高可导致材料脆化和环境应力开裂。

9.3.3　环境应力开裂

1. 环境应力腐蚀开裂现象

环境应力腐蚀开裂现象是指在环境化学介质作用下（不发生溶胀和化学反应），强度大幅度下降的现象。高分子材料受到应力的作用，在表面活性化学介质环境中表面常会产生裂缝。裂缝的不断发展可能会导致脆性破坏，使长期强度大大降低。但在没有介质而仅仅存在应力时，裂缝不一定会发生。这里提到的应力包括外加应力和材料内部的残余应力。虽然广义的介质包括液体、气体和固体，但是对高分子材料来说，液态介质环境更具实际意义。

高分子材料应力腐蚀开裂的特点：

1）高分子材料应力腐蚀开裂是一种从表面开始发生破坏的物理现象，从宏观上看呈脆

性破坏。

2）不论负载应力是单轴或多轴方式，总是在比空气中的屈服应力更低的应力下发生脆性滞后破坏。

3）在裂缝的尖端部位存在着银纹区。

4）与金属材料的应力腐蚀开裂不同，材料并不发生化学变化。

5）在发生开裂的前期状态中，屈服应力不降低。

研究高分子材料在特定介质中产生的应力腐蚀开裂，可检测材料的内应力和耐开裂性能，用以对材料性能进行评价及质量管理。

2. 应力腐蚀开裂机理

（1）银纹与裂缝　高聚物的开裂首先从银纹开始。所谓银纹就是在应力与介质的共同作用下，高聚物表面所出现的众多发亮的条纹。银纹由高聚物细丝和贯穿其中的空洞所组成，如图9-8所示。在银纹内，大分子链沿应力方向高度取向，所以银纹具有一定的力学强度和密度。介质向空洞加剧渗透和应力的作用，又使银纹进一步发展成裂缝，如图9-9所示。裂缝的不断发展，可能导致材料的脆性破坏，使长期强度大大降低。

图9-8　银纹和裂缝的示意图

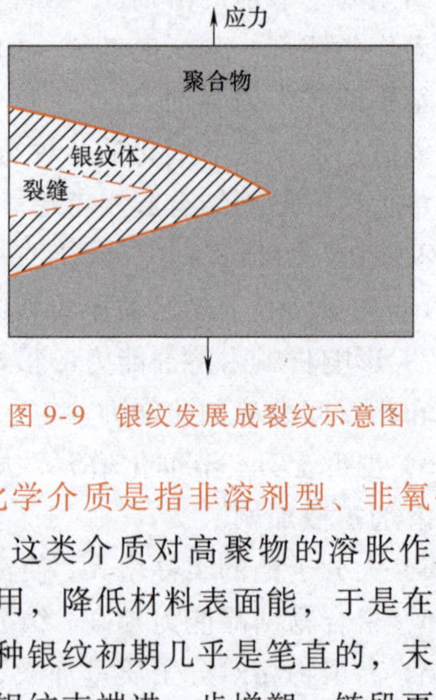

图9-9　银纹发展成裂纹示意图

（2）应力腐蚀开裂机理　发生应力腐蚀开裂的环境化学介质是指非溶剂型、非氧化性介质，包括醇类和非离子型表面活性剂等表面活性介质。这类介质对高聚物的溶胀作用极弱，仅能渗入材料表面层中的有限部分，产生局部增塑作用，降低材料表面能，于是在较低应力下被增塑的区域产生局部取向，形成较多的银纹。这种银纹初期几乎是笔直的，末端尖锐，为应力集中处。试剂的进一步侵入，使应力集中处的银纹末端进一步增塑，链段更易取向、解缠。于是银纹逐步成长、汇合，直至开裂。这是一种典型的应力腐蚀开裂。可用表面能降低的理论来解释这种现象。根据格里菲斯表面能理论，长度为C的裂纹传播所需的临界应力为

$$\sigma_c \cong \sqrt{EV/C}$$

式中，E为材料的弹性模量；V为单位面积的表面能。

表面活性物质使高分子材料表面能V降低，于是产生新的表面所需的能量，同时σ_c减小。当临界应力σ_c低于外加应力或材料内残余的内应力时，裂纹扩展，引起开裂。

环境化学介质为溶剂型介质时，由于其溶度参数与高聚物的相近，对材料有较强的溶胀作用，这在较低的应力作用下可发生应力开裂，强度降低是由于溶胀或溶解引起的，这种开裂为溶剂型开裂，不属于应力腐蚀开裂。

环境化学介质为强氧化性介质，如浓硫酸、浓硝酸等。这类介质与高聚物发生化学反应，使大分子链发生氧化降解，在应力作用下，就会在少数薄弱环节处产生银纹；银纹中的空隙又会进一步加快介质的渗入，继续发生氧化裂解。最后在银纹尖端应力集中的地方使大分子断链，造成裂缝，发生开裂。这类开裂为氧化应力开裂，不属于环境应力开裂范畴。

3. 影响应力腐蚀开裂的因素

（1）高分子材料的性质的影响　高分子材料的性质是最主要的影响因素。不同的高聚物具有不同的耐环境应力开裂的能力；同一高聚物也因相对分子质量、结晶度、内应力的不同而有很大差别。一般来说，相对分子质量小而分布窄的材料，发生开裂所需时间较大分子的短；高聚物的结晶度高，在晶区与非晶区的过度交界处，容易产生应力集中，容易受到介质的作用，因此易于产生应力腐蚀开裂。材料中杂质、缺陷或因加工而形成变形不均匀和微裂纹等应力集中等因素，都会促进环境应力开裂。

（2）环境介质性质的影响　介质对环境开裂的影响，主要决定于它与材料间的相对的表面性质，或溶度参数差值 $\Delta\delta$。若 $\Delta\delta$ 太小（如溶剂型介质），介质对材料浸湿性能很好，则易溶胀，不是典型的环境应力开裂。若 $\Delta\delta$ 太大且介质对材料无腐蚀性，介质不能浸湿材料，介质的影响也极小。只有当 $\Delta\delta$ 在某一范围内时（如非溶剂型介质），才易引起局部溶胀，导致环境应力开裂。表 9-1 列出了聚丙烯发生几种应力开裂的条件，腐蚀环境应力开裂为 B 状态。

表 9-1　介质对聚丙烯作用情况分类

分类	A	B	C	D
介质	水 10% NaOH 40% NaOH 50% H_2SO_4	乙二醇 表面活性剂(Noigen) 麻油	50%异丙醇 煤油 机油	浓 H_2SO_4
作用的主要方式	无作用	环境应力开裂	溶胀	化学反应(氧化)
破坏类型	延性(脆性)	脆性	脆性(延性)	脆性
裂纹数目	多←——		——→少	
试片外观变化	变白	银纹	裂纹处发白	稍变褐色

（3）试验条件　例如试件的几何尺寸、加工条件、外加应力等能加大应力集中的因素都会促进环境应力开裂的产生。另外环境应力开裂具有强烈的时间依赖性，受力时间、介质浸渍时间的延长都会加大环境应力开裂现象出现的可能。

9.3.4　氧化降解与交联

1. 高聚物的氧化机理

高聚物在加工和使用时通常都要接触空气，因此氧的作用非常重要。在室温下，许多高聚物的氧化反应十分缓慢，但在热、光等作用下却使反应大大加速，因此氧化降解是一个非常普遍的现象。高聚物的氧化反应有自动催化行为，属于自由基反应机理。反应分为链的引发、增长（具有自由基增多的含义）和终止等几个阶段。

（1）链引发　对于大多数高聚物，引发反应为

$$RH \longrightarrow R\cdot + H\cdot \tag{9-1}$$

这步反应通常主要由物理因素引发，如紫外辐射、离子辐射、热、超声波及机械作用等，也可由化学因素引发，如催化作用，直接与氧、单线态氧、原子氧或臭氧反应。这是一个吸热反应，需要12.5~16.7kJ/mol的热量。通过分子氧与高聚物直接反应夺走一个氢原子来引发反应是不可能的，因为高聚物在合成和加工期间引入的少量氢过氧化物杂质的热解，是最主要的引发方式。此反应可在较低温度下进行，产生自由基R·，即

$$ROOH \longrightarrow RO\cdot + \cdot OH \tag{9-2}$$

$$RH + \cdot OH \longrightarrow R\cdot + H_2O \tag{9-3}$$

$$RH + RO\cdot \longrightarrow ROH + R\cdot \tag{9-4}$$

(2) 链增长　引发过程生成的大分子自由基（R·）很容易通过加成反应与 O_2 作用，生成高分子自由基（ROO·），ROO·能从其他高聚物分子或同一分子上夺取氢生成高分子氢过氧化物（ROOH）：

$$R\cdot + O_2 \longrightarrow ROO\cdot \tag{9-5}$$

$$ROO\cdot + RH \longrightarrow ROOH + R\cdot \tag{9-6}$$

式（9-5）和式（9-6）的反应不断进行，使ROOH浓度增大。

(3) 链支化　高分子氢过氧化物分解产生自由基，并参与链式反应：

$$ROOH \longrightarrow RO\cdot + \cdot OH \tag{9-7}$$

$$RO\cdot + RH \longrightarrow ROH + R\cdot \tag{9-8}$$

$$HO\cdot + RH \longrightarrow H_2O + R\cdot \tag{9-9}$$

因RO—OH、R—OOH和ROO—H键的解离能分别为175kJ/mol、290kJ/mol和370kJ/mol，所以在热或波长大于300nm的紫外光照射条件下，ROOH的分解以式（9-7）的反应为主。

(4) 链终结　当上述反应形成的自由基达到一定浓度时，因彼此碰撞而终止：

$$\left.\begin{array}{l} ROO\cdot + ROO\cdot \\ ROO\cdot + R\cdot \\ R\cdot + R\cdot \end{array}\right\}\text{稳定产物} \tag{9-10}$$

当氧的压力高（如与空气中相等或更高）时，R·与 O_2 的结合速率非常快，以至［R·］<<［RO_2·］，终止反应几乎完全按式（9-10）中的第一个反应进行。在氧压力很低（<100mmHg）或温度较高且碳氢化合物的反应活性极强时，稳定时R·浓度增大，三种终止反应均起作用。

因自由基在高分子链上所处的位置不同，最终得到的是既有降解又有交联的稳定产物。

2. 热氧老化与稳定

当单纯热能量达到断键所需活化能即可使高聚物降解，在有氧状态下会大大加速，发生热氧老化降解，这是高聚物最主要的老化形式。热氧老化是由于高聚物引发产生自由基而发生式（9-1）、式（9-5）~式（9-10）的自动氧化反应。

抑制和降低热氧老化，最方便、最经济的稳定化措施就是在高聚物中添加稳定剂，组成合理的配方。抗热氧老化的稳定剂，依其作用机理分为链式反应终止剂和抑制性稳定剂两类。

(1) 链式反应终止剂（主抗氧剂）　抗氧剂（AH）主要是通过与自由基作用，而使之

被捕获或失去反应活性。这类抗氧剂有苯醌、叔胺、仲胺和受阻酚等。

链转移

$$R\cdot + AH \longrightarrow RH + A\cdot \tag{9-11}$$

$$RO_2\cdot + AH \longrightarrow ROOH + A\cdot \tag{9-12}$$

链终止

$$A\cdot + RO_2\cdot \longrightarrow \text{稳定产物} \tag{9-13}$$

$$2A\cdot \longrightarrow \text{稳定产物} \tag{9-14}$$

（2）抑制性稳定剂（辅助抗氧剂）　主要有过氧化物分解剂和金属离子钝化剂两类。前者与氢过氧化物作用，使氢过氧化物分解为非活性物质，如长链脂肪族含硫酯、亚磷酸酯等；后者是基于金属离子催化 ROOH 分解产生自由基：

$$M^{n+} + ROOH \longrightarrow RO\cdot + M^{n+1} + OH^- \tag{9-15}$$

$$M^{n+1} + ROOH \longrightarrow RO_2\cdot + M^{n+} + H^+ \tag{9-16}$$

需将残留的金属离子加以钝化。芳香胺和酰胺类化合物是比较有效的金属离子钝化剂。

3. 臭氧老化与稳定

大气中臭氧的质量分数约为 0.01×10^{-6}，严重污染时可达 1×10^{-6}，但这些微量 O_3 却可使某些结构高聚物如聚乙烯、聚苯乙烯、橡胶和聚酰胺等发生降解。在应力作用下，高聚物表面会产生垂直于应力的裂纹，称之为臭氧龟裂。

臭氧与含不饱和双键的聚合物（如橡胶）反应生成臭氧化物，接着发生主键破裂：

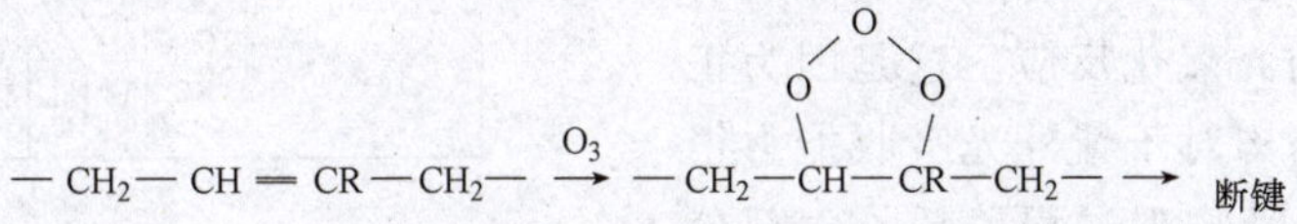

裂解产物为端部含醛的短链及聚过氧化物或异臭氧化物，后者可进一步降解。产物中的氧化物结构为有效的生色团，吸光后可发生光氧化降解反应。相反，臭氧与饱和高聚物的反应要缓慢得多。

臭氧老化可用抗氧化剂及抗臭氧剂来防护。

9.3.5　光氧老化

高分子材料在户外使用时，经常受到日光照射和氧的双重作用，发生光氧老化，同时温度、空气中的水大大促进了其反应，出现泛黄、变脆、龟裂、表面失去光泽、机械强度下降等现象，最终失去使用价值。光氧老化是降低高分子材料耐候性的主要老化形式之一。

1. 引起材料光氧老化的主要因素

（1）紫外线　太阳光中紫外光占 6%～7%，其波长在 1000～4000Å 之间。它对高分子材料的作用主要是使大分子中的化学键激发，当有氧或水存在时处于激发状态的化学键将会进一步发生化学（尤其是氧化）裂解。

（2）温度　在阳光照射下，高分子材料尤其是深色或无光泽的材料将吸收其中的红外光（约占太阳光的 53%）而变成热能，使温度迅速升高。温度能引起热老化，也能促进其他化学老化。日照还会使增塑剂等液态组分挥发。

（3）湿气　大气中的湿气与雨水等会使耐水性差的高聚物产生溶胀、变形、水解等。

而且气温低时，水气在高分子材料的表面或微隙中还会凝结成水，一旦气温上升，就会汽化而蒸发。如此反复作用，也会加剧材料龟裂。

(4) 活性气体或其他化学物质 在光、热作用下还有很多气体也能和高分子材料发生化学反应，如 O_3、H_2S、CO_2 等。而化工厂周围的大气中的有害气体则更多和更活泼（如 SO_2、Cl_2 等），对高分子材料的影响很大。

(5) 其他 风、雪、微生物、雾霾等作用，也会使设备寿命受到一定的影响。风载荷的大小及其变化，对于高塔、烟囱来说犹如不规则的交变应力一样。雨、尘、雪等还有冲刷作用。通常微生物能够降解天然聚合物，而大多数合成高聚物却表现出较好的耐微生物侵蚀能力。

2. 光氧化机理

光线的能量与波长有关，波长越短，能量越大。太阳光的波长从 200nm 延续到 10^4nm 以上，当通过大气时，短波长部分被大气吸收，照射到地面上的光波长大于 290nm。

光波要引发反应，首先需有足够的能量，使高分子激发或价键断裂；其次是光波能被吸收。通常，典型共价键的解离能为 300~500kJ/mol，与之对应的波长为 240~400nm，波长为 290~400nm（300~400kJ/mol）的近紫外光波有足够能量使某些共价键断裂。图 9-10 给出了能打断相应化学键的光能量的相对分数。但是暴露在大气中的高聚物并没有引发“爆发”式的光氧化反应。这是因为正常高聚物的分子结构对于紫外光吸收能力很低；另外高聚物的光物理过程消耗了大部分被吸收的能量，导致光化学量子效率很低，不易引起光化学反应。

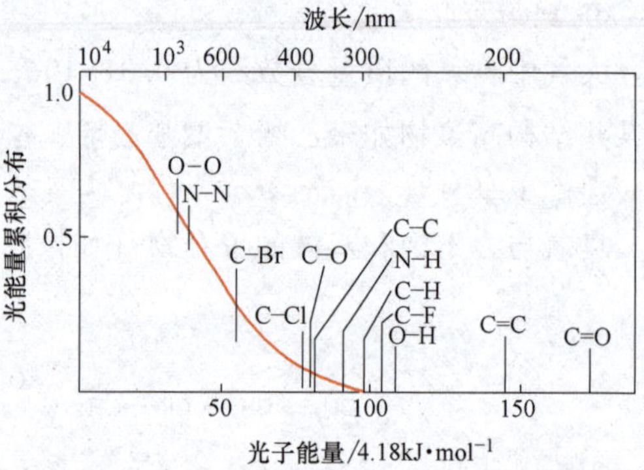

图 9-10 日光的能量分布与化学键的强度

不同分子结构的高聚物，对于紫外线吸收是有选择性的。如醛和酮的羰基 C ═O 吸收的波长范围是 280~300nm；双键 C ═C 吸收的波长范围是 230~250nm；羟基—OH 吸收的波长是 230nm；单键 C—C 吸收的波长是 135nm。所以照到地面的近紫外光只能被含有羰基或双键的高聚物所吸收，引起光氧化反应，而不被羟基或 C—C 单键的高聚物所吸收。

图 9-10 可见，照到地面的近紫外光并不能使多数高聚物离解，只使其呈激发态。一方面，处于激发态的大分子，通过能量向弱键的转移，尤其是羰基的能量转移作用，导致弱键的断裂；另一方面，若此激发能不被光物理过程消散，则在有氧存在时，被激发的化学键与氧产生过氧化自由基，发生与热氧老化同一形式的自由基链式反应：

$$RH \xrightarrow{h\nu} R\cdot \text{ 或 } R^*H(\text{激发态分子})$$

$$R^*H+O_2 \longrightarrow R\cdot + \cdot OOH$$

有水存在时，则

$$R^*H+O_2+H_2O \longrightarrow H_2O_2+RH$$

H_2O_2 可能引起大分子发生氧化裂解。

此外，高聚物在聚合和加工时，常会混入一部分杂质，如催化剂残渣，或生成某基团如羰基、过氧化氢基等，它们在吸收紫外光后，能引起高聚物光氧化反应。

高聚物光氧化反应一旦开始后，一系列新的引发反应可以取代原来的引发反应。因为在光氧化反应过程中所产生的过氧化氢、酮、羧酸和醛等吸收紫外光后，可再引发新的光氧化反应。

必须指出，尽管光氧化与热氧老化机理相同，都是自由基链式反应，但两者是有区别的，如图 9-11 所示。热氧化反应经过诱导期和自催化阶段，而光氧化反应没有自催化阶段，这种现象可以用光氧化过程的高引发速率和短动力学链长来解释。在光氧条件下，ROOH 的分解迅速，不存在积累到一定浓度才大量分解的过程。

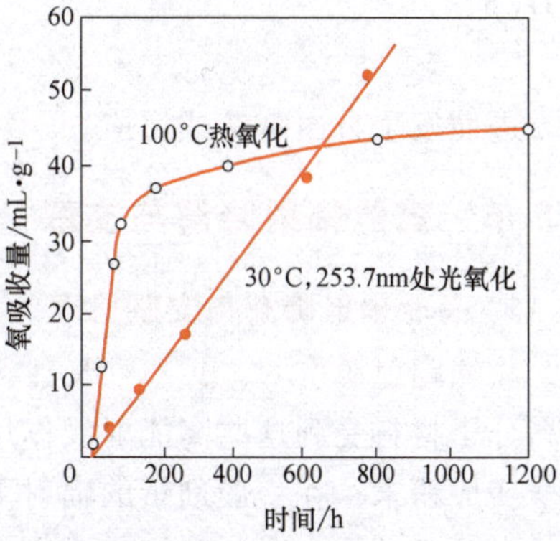

图 9-11　线型聚乙烯在 100℃热氧化和 253.7nm 光照下 30℃光氧化的氧吸收

3. 光氧老化的防护

光氧老化的稳定化，可采取以下几种途径：

（1）光屏蔽剂　加入光屏蔽剂是使紫外光不能进入高聚物内部，限制光氧老化反应，使反应停留在高聚物的表面上，从而使高聚物得到保护。许多颜料如炭黑、氧化锌等都是很好的光屏蔽剂。

（2）光吸收剂　紫外光吸收剂对紫外光有强烈的吸收作用，它能有选择性地将对高聚物有害的紫外光吸收，并将激发能转变为对高聚物无害的振动能释放出来。

（3）猝灭剂　猝灭剂是把受光活化的大分子激发能通过碰撞等方式传递出去，用物理方式消耗掉，也称能量转移剂，二价镍络合物是目前广泛使用的一类猝灭剂。

（4）受阻胺　受阻胺已成为当今效能最优良的光稳定剂（受阻胺也表现出良好的抗热氧老化性能）。它具有多种功能，如猝灭功能、氢过氧化物分解功能、捕获活性自由基功能、使金属离子钝化功能等。

4. 与大气污染物的反应

许多长期在户外使用的塑料，能被大气中的污染物（如 SO_2、NO_2 等）侵蚀。通常饱和碳链高聚物在没有光照的室温条件下，对 SO_2、NO_2 是相当稳定的，如聚乙烯、聚丙烯、聚氯乙烯等。而结构为 $\text{⫽}(CH_2)_4O—CO—NH(CH_2)_6CO—O\text{⫽}_n$ 的高聚物如尼龙 66 和聚亚胺酯却受到侵蚀，同时出现降解和交联，并以交联为主。饱和高聚物在高温时，可被 NO_2 等破坏。

不饱和高聚物易被 SO_2、NO_2 侵蚀。异丁橡胶主要发生主链的分解，而聚异戊二烯则以交联为主，SO_2 和 NO_2 被加成到双键：

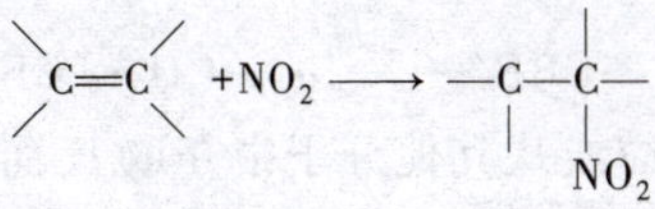

SO_2 吸收紫外光，使大多数反应明显加快：

$$SO_2+h\nu \longrightarrow {}^1SO_2^* \longrightarrow {}^3SO_2^*$$

激发的三线态（${}^3SO_2^*$）可夺取氢：

$$ {}^3SO_2^*+RH \xrightarrow{h\nu} R\cdot \ H\dot{S}O_2$$

上述产生的大分子游离基 R· 可进行多种反应如：

$$R\cdot + SO_2 \longrightarrow R\dot{S}O_2$$

有 O_2 时

$$R\cdot + O_2 \longrightarrow RO_2\cdot$$

进而发生自由基链式反应。

9.3.6 高能辐射降解与交联

1. 高能辐射降解与交联机理

高能辐射源有 α、β、γ、X 射线、中子、加速电子等，波长为 10^{-4} ~ 10nm，能量巨大。当高分子材料受到这些高能射线作用时，如辐射剂量很大，可以彻底破坏其结构，甚至使它完全变成粉末；在一般剂量的辐射下，高分子材料的性质也有不同程度的变化。辐射化学效应是大分子链的交联与降解。对大多数高聚物来说，交联与降解是同时发生的，只是何者占优而已。

一般说来，碳链大分子的 α-碳上若有氢原子时，如$\mathrm{+\!\!\left(CH_2-CHX \right)\!\!+_n}$，则辐射交联占优势，如聚乙烯、聚丙烯、聚苯乙烯、聚氯乙烯及大多数橡胶、尼龙、涤纶等；若 α-碳位置上没有氢原子时，如$\mathrm{+\!\!\left(CH_2-CRX \right)\!\!+_n}$，则主键断裂，发生降解，如聚四氟乙烯、聚甲基丙烯酸甲酯、聚异丁烯等。

在高能辐射作用下，高聚物首先发生电离或激发作用，然后进一步发生降解与交联反应。例如聚乙烯等为交联作用多按自由基型进行：

$$-CH_2-CH_2-CH_2- \xrightarrow{h\nu} -CH_2-C^*H_2-CH_2-$$

（激发的聚乙烯分子）

$$-CH_2-C^*H_2-CH_2- \longrightarrow -CH_2-\dot{C}H-CH_2- + H\cdot$$

（激发的聚乙烯分子）

$$H\cdot + -CH_2-CH_2- \longrightarrow -CH_2-\dot{C}H-CH_2- + H\cdot$$

$$\begin{array}{c} -CH_2-\dot{C}H-CH_2- \\ + \\ -CH_2-\dot{C}H-CH_2- \end{array} \longrightarrow \begin{array}{c} -CH_2-CH-CH_2- \\ | \\ -CH_2-CH-CH_2- \end{array}$$

交联使高聚物相对分子质量增加，硬度与耐热性提高，耐溶剂性大为改善。

辐射降解反应过程，对聚异丁烯首先发生 C—C 断裂：

$$-CH_2-CRR'-CH_2-CRR'- \xrightarrow{h\nu} -CH_2-\dot{C}RR' + \cdot CH_2-CRR'-$$

然后生成的自由基以歧化反应或从其他分子中夺取 H 而稳定：

$$-CH_2-\dot{C}RR'- \ \cdot CH_2-CRR'- \longrightarrow CH_3-CRR'- + CRR'{=}CH-$$

$$-CH_2-\dot{C}RR' + RH \longrightarrow -CH_2-CRR'H + R\cdot$$

$$-CH_2-CRR'-\dot{C}H_2 + RH \longrightarrow CH_3-CRR'- + R\cdot$$

烯烃类聚合物的高能辐射降解稳定性有如下次序：聚苯乙烯>聚乙烯>聚氯乙烯>聚丙烯

腈>聚三氟氯乙烯>聚四氟乙烯。即仅含有碳氢原子的聚合物的辐射稳定性较高，分子链上再含有芳香基团时稳定性更好，而含有其他原子时稳定性变差。具有优良的光、热氧化稳定性的含氟聚合物的耐辐射性能最差。一般高分子材料耐高能辐射降解稳定性：有机硅类>呋喃类>酚醛类>环氧类>烯烃类。

2. 高能辐射降解与交联的防护

辐射破坏的防护方法有两类：一类是通过聚合物本身的化学结构修饰以增加材料的辐射稳定性，称为内部防护；另一类是外加防护层，称为外部防护。

防护作用方式有三种：第一种是局部牺牲式，使添加剂或防护结构优先发生活化乃至破坏，降低辐射对聚合物主体结构的破坏作用，从而达到保护材料基本性能的目的；第二种是缓冲式或海绵式，使辐射激发的活性聚合物的能量转移到防护物质上，在不引起化学反应的情况下由防护剂将所接受的能量耗散掉；第三种是补偿式，是高聚物在降解过程中同时发生交联作用，或使已降解的聚合物再通过适当方式重新偶联，使性能不发生明显改变。

9.3.7　化学介质腐蚀

对于高分子材料来说，分子链基团（官能团）总会与特定的化学介质发生化学反应，并引起性能的变化。除前面介绍的氧化、辐射等反应外，水解反应也很普遍。此外，还有侧基的取代、卤化反应等。因此，要想研究高分子材料的耐蚀性，主要讨论其官能团的反应能力。

1. 化学介质分解反应

化学介质分解反应通常指 C—X 链断裂的反应，这里 X 指杂（非碳）原子，如 O、N、Si、P、S、卤素等。杂链高聚物往往由缩聚平衡反应而得，一定条件下存在平衡的逆反应，导致主链的断裂：

$$-\overset{|}{\underset{|}{C}}-X-\overset{|}{\underset{|}{C}}- + YZ \longrightarrow -\overset{|}{\underset{|}{C}}-X-Z + Y-\overset{|}{\underset{|}{C}}-$$

其中，YZ 为分解剂，通常有水、醇、氨、肼等。当（YZ ═HO—H）时，即为水解反应，如聚醚水解：

$$-\overset{|}{\underset{|}{C}}-O-\overset{|}{\underset{|}{C}}- + HO-H \longrightarrow -\overset{|}{\underset{|}{C}}-OH + HO-\overset{|}{\underset{|}{C}}-$$

高聚物的耐水性与其分子结构有密切关系。若高聚物分子中含有容易水解的化学基团，如醚键（—O—）、酯键（—COO—）、酰胺键（—CONH—）、硅氧键（—Si—O—）等，则会被水解而发生降解破坏。键的极性越大，越易被水解。水解反应在酸或碱的催化作用下更易进行。

高聚物耐水解程度与所含基团的水解活化能有关。活化能高，耐水解性好。耐酸性介质水解能力的顺序为：醚键>酰胺键或酰亚胺键>酯键>硅氧键；耐碱性介质水解能力为：酰胺或酰亚胺键>酯键。

引入某种基团屏蔽上述易水解基团，使之受到空间屏蔽效应的保护，以及提高材料的结晶程度会使高聚物的耐水解能力增强。例如氯化聚醚与环氧树脂在主链中均含有大量醚键，但氯化聚醚具有下述结构：

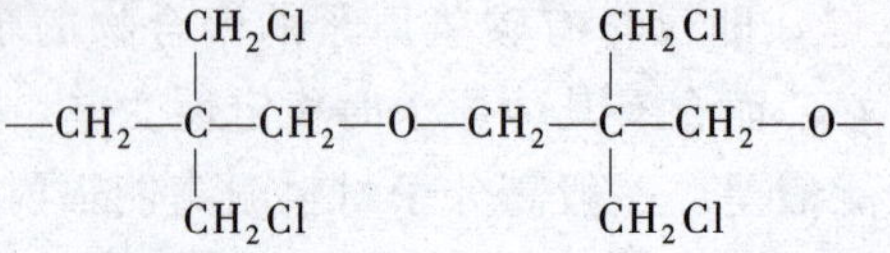

由于主链两侧的氯甲基（—CH_2Cl）基团的空间屏蔽效应使介质分子不易接近醚键，所以水解难以进行；而且氯化聚醚的结晶性好，抗水渗入性强。因此，其耐蚀性能要比同样具有醚键的环氧树脂好得多。

2. 取代基的反应

饱和的碳链化合物的化学稳定性较高，但在加热和光照下，除被氧化外还能被氯化。聚乙烯的氯化反应如下：

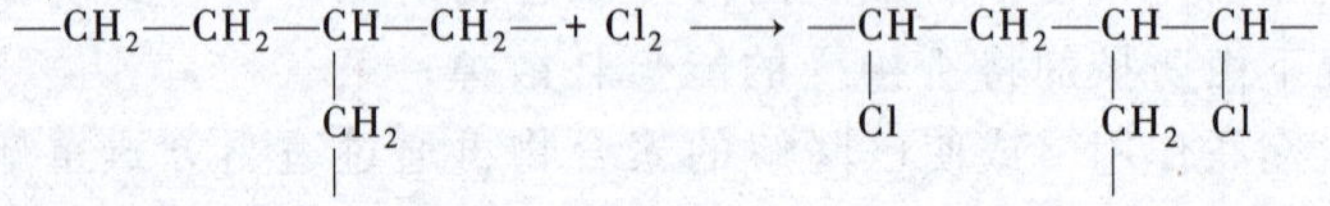

在 Cl_2 及光、热作用下，聚氯乙烯也可被氯化：

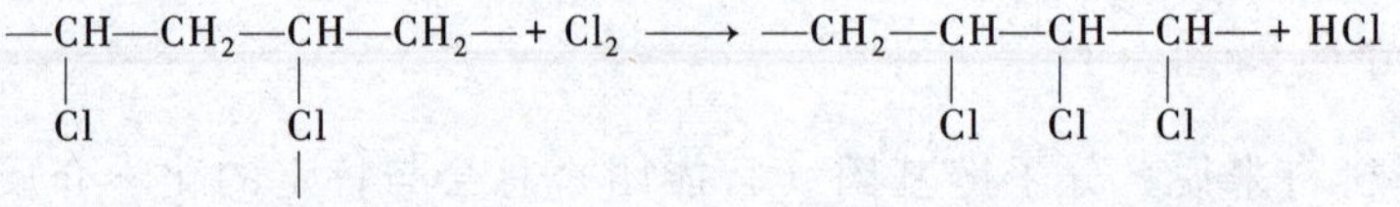

随着含氯量的增加，生成物的大分子间作用力增强，结晶性改善，在溶剂中的耐溶解能力会大大提高。

含苯基的高分子材料，原则上具有芳香族化合物所有的反应特征。在硫酸、硝酸作用下能发生磺化、硝化等取代反应。如聚苯乙烯的磺化：

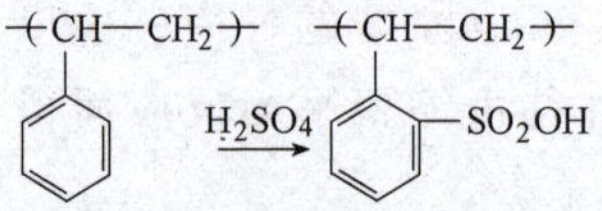

游离的氯、溴和硝酸、浓硫酸、氯磺酸等对聚苯硫醚都有显著的腐蚀作用。原因是这些试剂能很好地使苯环发生取代反应，或使硫原子受到氧化，使 S—C 键破坏。

3. 影响高分子材料化学反应能力的因素

高分子材料的化学反应能力主要取决于大分子中特定基团的活性及其与介质的相互作用。

1）键能的大小对材料的耐化学反应影响很大。碳链高分子的耐氧化能力取决于与叔碳相连的或与双键 α 位碳原子相连的 C—H 键的键能。具体排列顺序如下：$R—CH_2—H > R_2CH—H > R_3C—H > CH_2═CH—CH_2—H$。杂链大分子比碳链难氧化。在氧化性介质中，极性强的酯键比醚键更稳定。同样是不饱和聚酯，卤代酸形成的酯键耐氧化能力更强。

2）缩聚高分子链键的极性大，将易受水等极性介质的进攻，发生水解反应。这种反应在酸、碱的催化下更易进行。根据水解反应活化能，可以排列出耐酸性介质水解的能力：醚键>酰胺键或酰亚胺键>酯键>硅氧键。耐碱性介质水解能力：酰胺键或酰亚胺键>酯键。

3）有机硅高分子主链由硅氧键组成，硅氧键键能高，故耐氧化性较一般碳链和杂链高分子好，但耐水性差，能为含酸的高温蒸汽所水解。

4）空间屏蔽效应及结晶等阻碍了反应介质对大分子反应基团的作用，均会有效提高其耐蚀性。

9.3.8　高分子材料的微生物降解（腐蚀）

在第2篇5.4节中介绍了金属材料的微生物腐蚀，同样对非金属材料也存在着微生物腐蚀的问题，而且二者之间的机理和表现有着明显的差别。通常微生物能够降解天然聚合物，而大多数合成高聚物却表现出较好的耐微生物侵蚀能力。

1. 高分子材料微生物降解（腐蚀）的特点

微生物对高分子材料的降解作用是通过生物合成所产生的称作酶的蛋白质来完成的。酶是分解高聚物的生物实体。依靠酶的催化作用将长分子链分解为小分子，从而实现对高聚物的腐蚀。小分子降解产物为微生物制造了营养物及能源，以维持其生命过程。

酶可根据其作用方式分类。如催化酯、醚或酰胺键水解的酶为水解酶；水解蛋白质的酶为蛋白酶；水解多糖（碳水化合物）的酶称为醣酶。酶具有亲水基团，通常可溶于含水体系中。

微生物腐蚀有如下特点：

（1）专一性　对天然高分子材料或生物高分子材料，酶具有高度的专一性，即酶/高聚物以及高聚物被侵蚀的位置都是固定的。因此，分解产物也是不变的。但对合成高分子材料来说，细菌和真菌等微生物则有所不同。一方面对于所作用的物质即底物的降解，微生物仍具有专一性；另一方面，微生物也能适应底物，即当底物改变时，微生物在数周或数月之后，能产生新的酶以分解新的底物。目前人们相信，合成高聚物是可被许多微生物降解的。

（2）端蚀性　酶降解生物高分子材料时，多从大分子链内部的随机位置开始。对合成高分子材料则相反，酶通常只选择其分子链端开始腐蚀，聚乙烯醇和聚 ε-己酸内酯二者例外。因大多数合成大分子端部的优先敏感性，大分子的分解相当缓慢，又由于分子链端常常藏于高聚物基体内，因而大分子不能或非常缓慢地受酶攻击。必须指出，从动力学上讲，酶分解长链高分子材料是个逐步过程（不是链式反应），它由众多连续的初级反应组成，每个初级反应可分解一两个基团。因此，当酶反应进行时，高分子材料试样的平均相对分子质量和相应的物理性质减少得极其微小。但当高分子链受到随机攻击时，即酶从分子链内部而不是端部作用时，则材料物理性质的改变要大得多。“端蚀性”可解释合成高分子材料耐生物降解现象。

（3）高分子材料中添加剂的影响　大多数添加剂如增塑剂、稳定剂和润滑剂等低分子材料，易被微生物降解，特别是组成中含有高分子天然物的增塑剂尤为敏感。许多塑料都是相当耐蚀的，聚乙烯和聚氯乙烯用甲苯萃取后其耐微生物腐蚀能力非常好。研究结果表明，低分子量添加剂（如聚氯乙烯采用豆油增塑剂）是可被微生物降解的，而大分子基体是很少或不被侵蚀。由于微生物与增塑剂、稳定剂等相互作用，而不与大分子作用，所以在高聚物表面常有微生物生存。早期的研究表明，添加剂的种类及含量对高分子材料的生物降解影响极大。

（4）侧基、支链及链长影响　一般只有酯族的聚酯、聚醚、聚氨酯及聚酰胺，对普通微生物非常敏感。引进侧基或用其他基团取代原有酯族侧基，通常会使材料变成微生物惰性。可生物降解的天然高聚物材料亦如此。纤维素的乙酰化及天然橡胶的硫化，可使这些材料对微生物的侵蚀相当稳定。生物降解性强烈地受支链和链长的影响。这是由酶对于大分子的形状和化学结构的专一行为引起的。对碳氢化合物如烯烃和聚乙烯的研究表明，线性链的相对分子质量≤450时，出现严重的微生物降解现象。而支链和相对分子质量大于450的烃类则不受侵蚀。

（5）易侵蚀水解基团　由于许多微生物能产生水解酶，因此在主链上含有可水解基团的高聚物，易受微生物侵蚀，这一特性对开发可降解高聚物很有帮助。

2. 微生物腐蚀的防护

高分子材料的化学基团影响其耐微生物腐蚀性能，并且酶对底物具有专一侵蚀性。因此，微生物腐蚀的防护也要从高分子材料结构和抑制酶的活性两方面入手。

（1）化学改性　化学改性的基本目的是通过改进聚合物的基本结构或取代基，以化学或立体化学方式而不是添加抑菌剂的方式，赋予聚合物内在的抗微生物性能。这种内在的抵抗效能将一直保持到微生物因进化而能够合成出新型酶时为止。

（2）抑制剂或杀菌剂　在高分子材料的制造过程中，添加杀菌剂可防止微生物腐蚀。所谓杀菌剂就是能够杀死或除掉各种微生物，并且对材料性能无损，对人体无毒害，在各种环境下能保持较长时间杀菌效果的化学药剂。有许多化学药剂如水杨酸、水杨酰苯胺、8-烃基喹啉铜肟和菲绕啉等都可作为杀菌剂。杀菌剂应该根据高分子材料、霉菌种类和杀菌期限等各种条件选择使用。

（3）改善环境　为了防止微生物腐蚀，控制工作环境是必要的。例如降低湿度，保持材料表面的清洁，不让表面上存在某些有机残渣，都可以降低微生物对材料的腐蚀危害。

最后应指出，除微生物外，自然环境中一些较高级的生命体，如昆虫、啮齿动物和海生蛀虫等对纤维素和塑料制品也都有侵蚀作用，所造成的经济损失往往是相当惊人的。因此在设备的使用中也应采取防范措施。

9.4 高分子基复合材料的腐蚀

9.4.1 腐蚀环境

高分子基复合材料是由连续的树脂基体相、不连续的增强相（纤维、粉末）构成的材料。当材料与热及化学环境接触时，会引起各个组元不同程度的腐蚀及界面的破坏，带来材料失效。

1. 温度

温度对复合材料的腐蚀影响如下：

1）在纤维和树脂之间以及在层状材料中取向不同的层之间，不同的热膨胀会导致内应力。

2）温度的变化会导致复合材料组元尤其是高分子基体性质的变化。在未加载荷时，如果温度未达到玻璃化转变温度（或熔点），则温度对基体性质的影响通常可逆。

3）由于基体的黏弹性、材料抗蠕变性能强烈地依赖温度，尤其对短纤维增强的热塑性塑料。

2. 环境

复合材料的环境腐蚀是通过环境介质对复合材料单个组元即纤维、基体和界面的影响来说明。表9-2给出了高分子基复合材料常见的腐蚀形式。尽管表中由机理分为可逆变化和不可逆变化，实际中难以实现可逆变化，对任意组元的破坏均会引起复合材料的腐蚀。

表 9-2　高分子基复合材料常见的腐蚀形式

组元	可逆变化	不可逆变化
树脂	(1)水的溶胀 (2)温度引起的柔韧化 (3)分子局部区域的物理有序	(1)水解导致的化学破坏 (2)与化学药品反应引起的化学破坏 (3)紫外辐射导致的化学破坏 (4)热导致的化学破坏 (5)应力(与溶胀和外加应力相关的)引起的化学破坏 (6)分子局部区域的物理有序 (7)溶出(leaching)引起的化学成分改变 (8)沉淀与溶胀引起的空位和裂缝 (9)消除溶胀不均而产生的表面银纹和裂缝 (10)热塑性聚合物含量对长期稳定性的化学影响
界面	柔韧界面	(1)上面(1)~(4)的化学破坏 (2)内应力(与收缩、溶胀和外加应力相关的)引起脱黏 (3)介质渗入到界面带来失黏
纤维		(1)腐蚀引起的强度损失 (2)纤维的溶出 (3)紫外辐射引起的化学破坏

9.4.2　高分子基复合材料的腐蚀机制

高分子基复合材料的腐蚀通常是化学或物理作用引起的，很少是电化学反应引起的。化学作用导致复合材料中树脂的主化学键的断裂。电化学腐蚀仅在增强材料是碳纤维或其他导电材料并与金属接触时才会发生。主要的腐蚀机制有以下几种。

1）水解：水、酸和碱可引起树脂、纤维及界面水解。升高温度可大大加快水解过程。

2）氧化反应引起断键：氧、臭氧、硝酸（及其盐）及硫酸（及其盐）等氧化剂，可与树脂、纤维及界面反应引起断键。

3）应力开裂：聚合物基体吸收液体引起其溶胀和增塑。溶胀引起复合材料中内应力场发生改变，从而导致一定量的纤维/树脂脱黏。

4）聚合物溶胀与溶解。

5）溶出：如果添加相的低分子物质与聚合物间不以化学键相联，则环境介质、工况条件（温度、力等）使低分子物质从聚合物中溶出。交联聚合物常含少量的非交联物质也会由聚合物中溶出。聚酯树脂接触碱液会发生化学侵蚀，其结果增加了可溶出物质的量。当聚酯或类似聚合物长时间浸渍在溶剂中，再烘干，则所得材料与原来的不同，由于塑料稀释剂的损失，导致了材料模量的增加。

6）渗透压引起的破坏：树脂内孤立的水溶性物质，吸水量达一定值后，会形成渗透压区。在这些区域将产生细小而繁多的微裂纹，这些微裂纹对树脂强度有害，而对树脂模量影响不大。

7）纤维/树脂脱黏：纤维与基体以化学键、次价键、范德华力、机械嵌合等形式黏接。化学键可通过纤维的表面处理来改善。对碳纤维，要进行氧化处理，以增加基体和纤维间的黏接。玻璃纤维用硅烷偶联剂进行表面处理，硅烷与纤维和基体均发生化学反应。硅烷与玻璃纤维间的化学和物理键可被水破坏。在界面区，离子从玻璃纤维中溶出而引起的渗透压，有利于界面脱黏。

9.5 耐腐蚀高分子材料

由单体，经过聚合反应（加聚或缩聚反应）而制得的高聚物作为高分子材料成型前的原材料常被称为合成树脂，并往往是类别的简称，如烯烃类树脂、聚氨酯、环氧树脂等，每一类树脂中有很多种高聚物。世界上目前生产的树脂种类繁多，其中重要的有50~60种。合成树脂可用于制作塑料、黏结剂、涂料、合成纤维等。

在防腐蚀工程中应用的塑料、涂料、橡胶、玻璃钢、胶泥、浸渍剂和密封材料等，首先必须具备在化学介质中稳定的性能，同时又要有较高的耐热性、机械等物理性能，并要求施工简便，有良好的工艺性等。但能同时满足这些要求的合成树脂不多。在防腐蚀工程中应用的树脂品种主要有烯烃类树脂、酚醛树脂、环氧树脂和呋喃树脂等。

9.5.1 热固性树脂

热固性树脂是指用于得到热固性高分子材料的合成树脂，如酚醛树脂、环氧树脂、呋喃树脂、不饱和聚酯；常用于生产热固性增强材料（如玻璃钢复合材料）、热固性涂料、热固性胶黏剂等。

1. 酚醛树脂

（1）酚醛树脂的缩合反应与固化 酚醛树脂是以酚类和醛类化合物为原料，在催化剂作用下通过缩聚反应得到的一类树脂的统称。通常采用苯酚和甲醛为原料生产酚醛树脂。

酚醛树脂大体上可分为两类：一类是在酸性催化剂作用下，苯酚过量而生成的缩聚物，为热塑性酚醛树脂；另一类是在碱性催化剂作用下，甲醛过量而生成的热固性酚醛树脂。防腐蚀工程中经常应用的是热固性树脂。

在碱性催化剂存在时，苯酚和甲醛进行缩聚反应的反应过程如下：在酚基（—OH）的邻位和对位苯环上的氢原子与甲醛进行加成反应，形成羟甲基苯酚。典型的分子式如下：

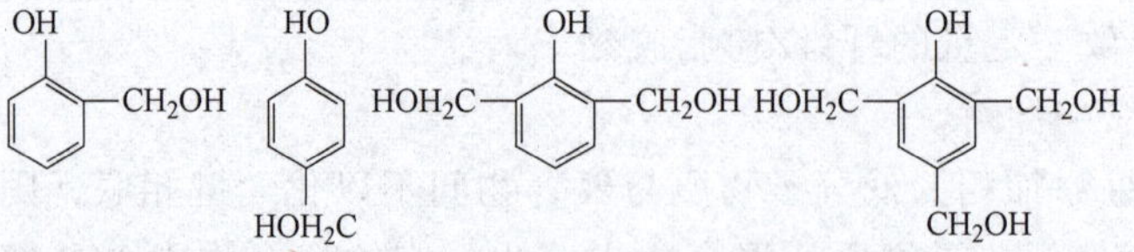

这些一元、二元或三元取代物在加热条件下，可以进一步脱水缩合，逐步生成长链状高分子。

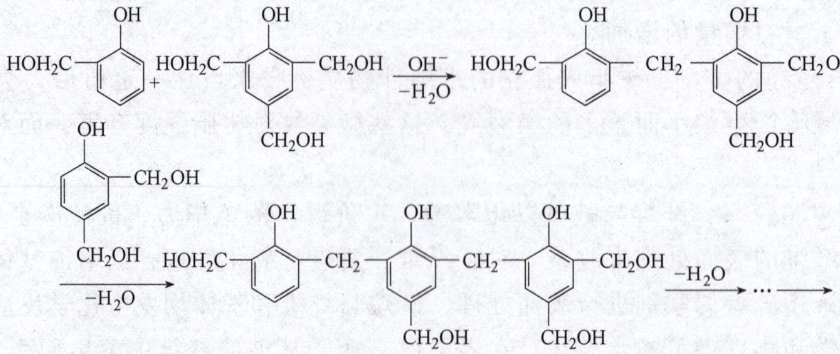

因为分子链中含有活性基团羟甲基（$—CH_2OH$），如果继续加热，提高温度或有酸性催

化剂存在，就会进一步缩合，交联生成坚硬不易溶解及不熔化的体型结构，这一过程称为“固化”。

酚醛树脂的固化过程，主要是树脂分子内含有的—CH_2OH 与苯环上的活性点进一步反应得到的酚醛交联结构（图 9-12）的过程。热固性酚醛树脂长期存放，自己也会逐步缩合，达到完全固化。这种固化过程到最后是非常缓慢的，所以在常温下很难达到完全的固化。加热或加入一定量的催化剂（硫酸乙酯、对甲苯磺酰氯等）能使它尽快固化，达到施工的目的。

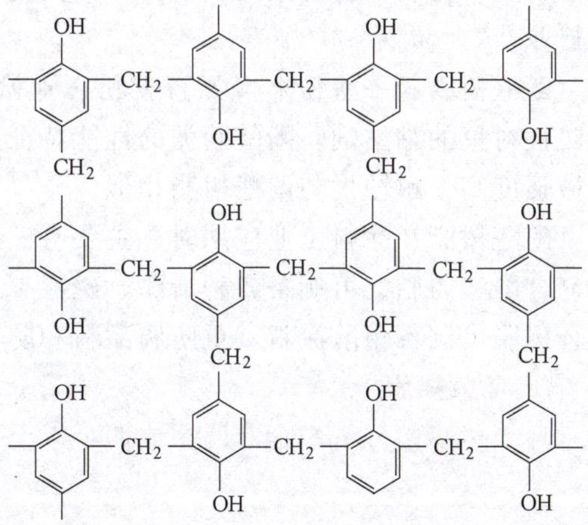

图 9-12　酚醛树脂交联结构

（2）酚醛树脂的性能与应用　由于固化后酚醛树脂是网状立体结构，由仅含一个碳原子的亚甲基（—CH_2—）和刚性的苯环连接而构成，因此在各种化学介质中较为稳定。它在非氧化性酸中很稳定，酚醛树脂耐酸腐蚀的性能较环氧树脂、聚酯树脂好，特别是对浓度在 50%以下的硫酸和任何浓度盐酸的腐蚀，表现出更突出的稳定性，其耐热酸性也很优异。由于发生氧化及降解反应，酚醛树脂不耐浓硫酸及硝酸等强氧化性酸的腐蚀。

酚醛树脂含有刚性的苯环及大量的极性羟基。因此链节的旋转很困难，分子的柔顺性很差，刚性大。故酚醛树脂显得硬而脆。酚醛树脂呈体型结构，所以耐热性较好，在空气中的热变形温度为 120℃左右。热变形温度是在力作用下的耐热性能，并不是其在其他条件下的使用温度，酚醛树脂的最高使用温度由使用方式和腐蚀介质而定。

酚醛树脂在固化过程中有挥发物和水分逸出，会影响其强度和抗渗性，增加气孔率。此外，树脂中游离酚的含量过大，会影响树脂的耐碱性能，游离酚含量一般控制在 7%（质量分数）以下。残留单体游离醛的存在，在树脂固化时容易逸出，造成树脂孔隙率的增加，一般控制在 2%（质量分数）以下。

酚醛树脂具有的特性使其广泛地应用于防腐蚀工程当中，其主要应用形式包括：酚醛增强塑料、浸渍剂、不透性石墨、胶黏剂、胶泥以及涂料等。利用酚醛树脂与合成纤维复合而成的增强塑料既可用于制作化工设备，又可用于其他材质设备的内衬材料。

酚醛增强塑料具有突出的耐酸性（除强氧化性酸）、耐溶剂性，具有较高的耐热性，其耐碱性较差。在 120℃以下，酚醛增强塑料适用于任何浓度的盐酸、醋酸、磷酸（至 60℃）、磺酸（80℃）、柠檬酸（60℃），20%～50%硫酸，90%硫酸（室温）；氯水、蚁酸、亚硫酸、10%溴化氢、脂肪酸、草酸、苯甲酸、硼酸等酸液；适用于汽油、苯、甲醇、乙醇、丁醇、丙酮、甲醛、二氯乙烷、四氯化碳、甲苯、二甲苯等溶剂；适用于氯化钠、氯化钙、氯化铵、硫酸铵、镁盐、钡盐、铁盐、铝盐等。酚醛增强塑料不耐氧化性硝酸、铬酸、浓硫酸、强碱（如氢氧化钠、氢氧化钾）的腐蚀。

将酚醛树脂与石棉复合（以石棉为增强材料）可制成石棉酚醛塑料。与热塑性塑料相比，其耐热性好，使用温度可达 130℃，能耐多种酸（除氧化性酸）、盐和溶剂的浸蚀。可用挤压、模压黏结等方法加工成管道、泵、阀门等小型化工设备，也可用于设备内衬。

酚醛树脂作为浸渍剂常用于浸渍石墨，从而使石墨中的微孔堵塞，具有不透性，成为不透性石墨，可制作各种热交换设备，因其优异的耐蚀性而广泛用于化工、冶金、医药、轻工等行业。

酚醛树脂与一些粉末（如石英粉、瓷粉、辉绿岩粉、硫酸钡等）混合制备胶泥用于耐蚀砖板衬里的黏结剂。酚醛胶泥的性能特征是黏结力高、耐热性好（可用于 150℃ 条件下）、机械强度高，耐蚀性与酚醛树脂相似。

酚醛树脂在涂料工业应用时，主要有三种类型：醇溶性酚醛树脂、油溶性酚醛树脂和改性复合酚醛树脂，可制备各种清漆、磁漆、底漆、绝缘漆等。其中醇溶性酚醛树脂及其改性复合树脂可制备耐酸涂料、重防腐涂料和防锈涂料等。

2. 环氧树脂

环氧树脂是分子中含有两个或两个以上环氧基团 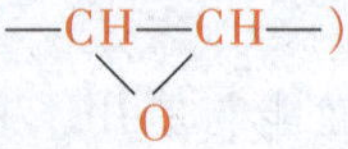 的一类有机高分子化合物。活泼的环氧基团可以位于分子链的末端或中间。使它可与多种类型的固化剂发生交联反应而生成不溶、不熔的三维结构的体型高聚物。

环氧树脂品种很多，但工业上产量最大的环氧树脂品种是双酚 A 型环氧树脂（E 型），约占环氧树脂总产量的 90%（E 型环氧树脂）。本节重点介绍 E 型环氧树脂。

（1）环氧树脂与固化　防腐蚀工程中应用的双酚 A 型环氧树脂 6101（E-44）、634（E-42）等，是由双酚 A 与环氧氯丙烷在碱性介质中缩聚而成的热塑性线型环氧树脂，其反应大致为：环氧氯丙烷的环氧基与双酚 A 的羟基作用生成醚键；在氢氧化钠作用下，生成的醚进一步反应脱去盐酸，再生成环氧基，新生成的环氧基，再与双酚 A 的羟基继续作用又生成醚键，继续与环氧氯丙烷作用，依次循环不断地反应下去，就能得到线型的环氧树脂。

为了便于书写，常用 OH—R—OH 表示双酚 A 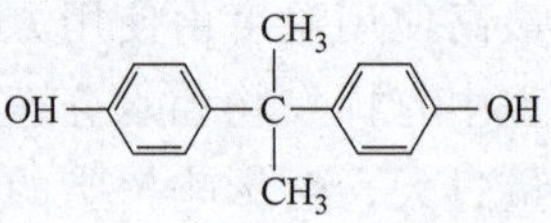。

上述反应为

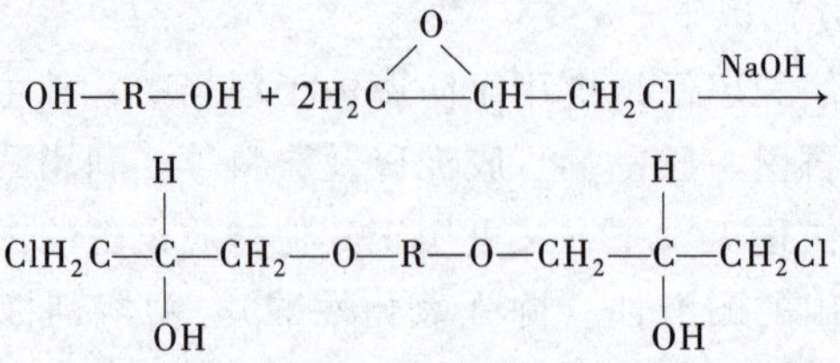

在氢氧化钠存在下，进一步反应脱去氯化氢，再生成环氧基：

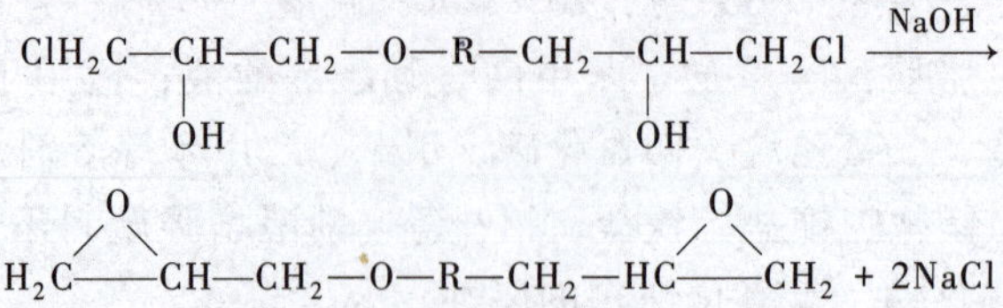

新生成的环氧基与双酚 A 的羟基继续反应生成醚键：

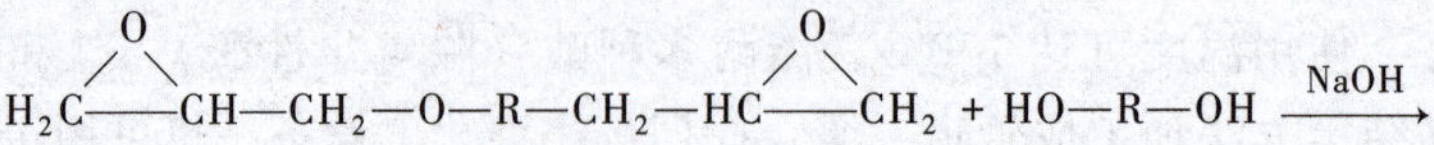

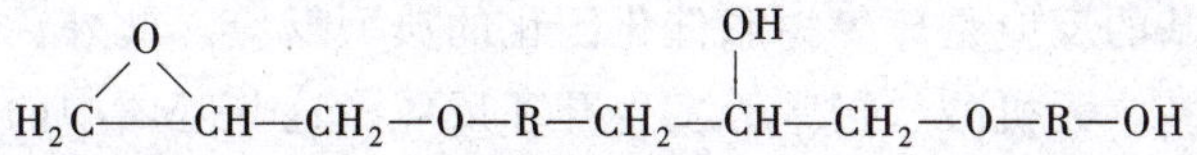

再继续不断地反应下去，则得线型环氧树脂，其通式为

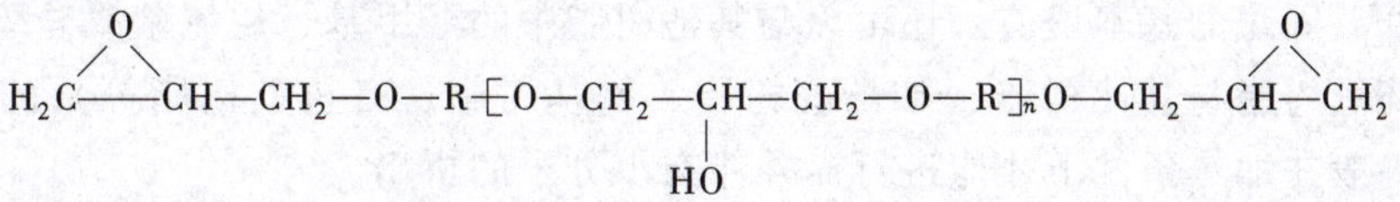

n 代表缩聚度，一般 $n=0\sim20$；线型环氧 $n>25$，可高达100。随着环氧树脂相对分子质量的提高，其外观从流动液体变成坚硬的固体，树脂软化点越高。

环氧树脂本身是线型结构的热塑性聚合物，没有使用价值，使用时必须加入固化剂与环氧基反应，使之成为不溶、不熔的交联网状结构固化物，才能显示出它优良的耐蚀性能。

环氧树脂分子链官能团一般不会相互发生化学反应，即不会分子间自交联成体型结构，因此在单纯的加热条件下，环氧树脂不会固化。只有借助于外加的固化剂，才能与树脂中的可反应官能团反应，使环氧树脂的分子间接或直接连接起来，逐步形成体型结构。环氧树脂分子中的可反应官能团主要是环氧基，其次是羟基。环氧树脂与胺类固化剂的反应是典型的与亲核试剂的反应，也是最常见的环氧涂料固化方式，反应过程如下：

伯胺的活泼氢原子与环氧基发生反应，生成仲胺

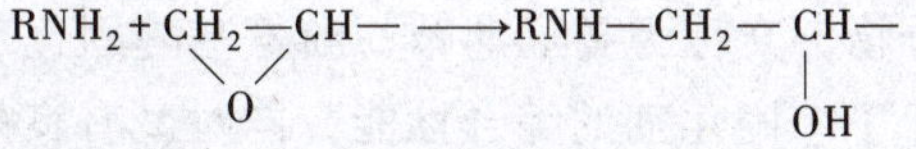

仲胺的活泼氢原子再与环氧基反应，生成叔胺

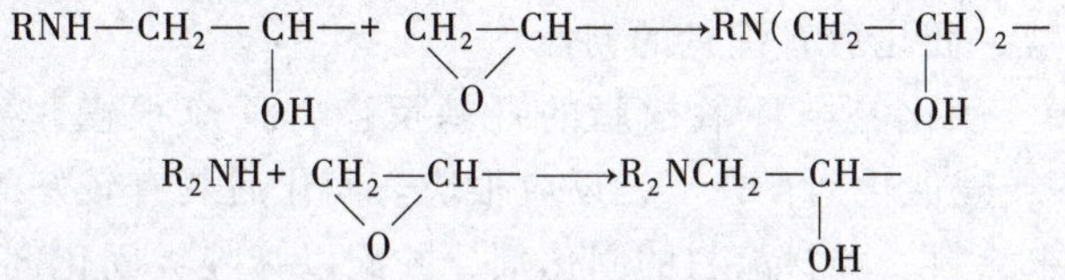

叔胺能起催化作用而使环氧基本身聚合起来，则

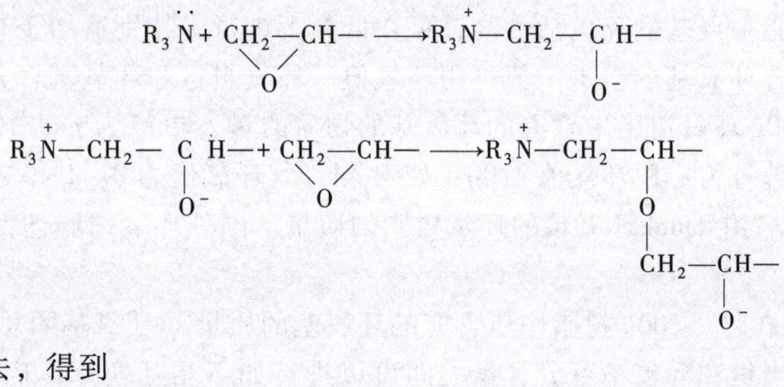

反应继续下去，得到

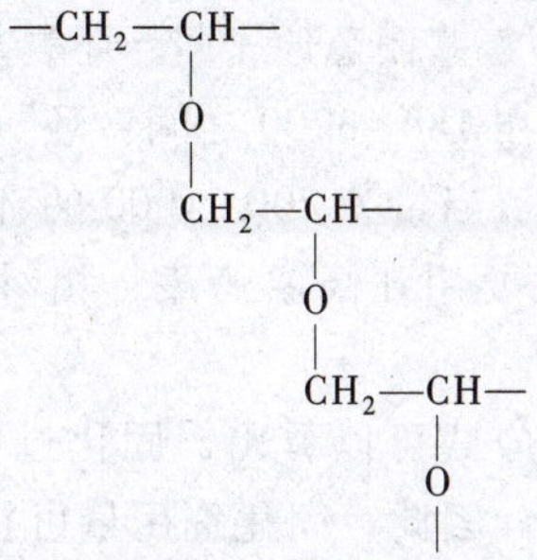

上述叔胺与环氧基的反应是环氧树脂催化固化的典型反应。此外，在一定条件下，环氧基还可与羧基、酚羟基、无机酸、羟基等发生开环反应，这些基团中的活泼氢与环氧基上的氧原子结合生成新的羟基。环氧树脂中的羟基可与异氰酸酯反应，此反应是在低温下进行，是环氧涂料低温固化的基本反应。还可以与其他树脂中的羟甲基、烷氧基或硅醇等发生缩合反应，这为环氧树脂与其他树脂（如酚醛树脂、氨基树脂、有机硅树脂等）的改性提供了基本反应，一般在加热条件下才能进行，并伴有小分子的析出。

环氧树脂固化剂主要有以下几个种类：

1）脂肪族胺类，如乙二胺、二乙烯（撑）三胺、多乙烯（撑）多胺等，其特点是：室温下固化，固化速度快，黏度低，易于和其他树脂混用，操作方便。

2）芳香族胺类，如间苯二胺、间苯二甲胺等，其特点是：需在加热条件下固化，与树脂混合不便，固化物的耐热性、耐蚀性较为突出。其主要用于加热固化工艺，也可用作改性胺固化剂的原料。

3）胺改性固化剂，如胺加成固化剂（如 590、593 固化剂）、T31 固化剂、酚氨基醇固化剂，这主要针对脂肪族胺和芳香族胺存在的毒性等问题，通过加成反应或缩合反应对原有胺固化剂进行改进，其特点为：挥发性大大降低，成为低毒或无毒固化剂；但固化剂用量增大；其中 T31 固化剂是室温环氧树脂涂层固化剂的主要种类，该固化剂是由苯酚、甲醛、胺进行曼尼期反应而得的缩合物，又称为曼尼期碱；酚氨基醇固化剂是以腰果油为主要原料的胺加成固化剂，具有类似于 T31 固化剂的综合性能，同时又有良好的柔韧性。

4）聚酰胺固化剂。固化过程是通过聚酰胺末端的伯胺、仲胺上的氢（不是通过酰胺基上的氢）与环氧基反应，固化后有优良的韧性。

5）酸酐固化体系。固化是与环氧树脂的羟基反应，反应很慢，需高温固化，甚至在200℃下进行，若在酸或碱催化剂存在下，反应很快。固化后具有较好的机械强度和耐热性。该体系常用作环氧粉末涂料、卷材涂料的固化剂，并配以咪唑类固化剂。

6）多异氰酸酯固化剂。多异氰酸酯与环氧树脂的羟基反应，固化后有良好的耐酸性。异氰酸酯同环氧树脂中羟基的反应活性高，可在低温下进行，特别适用于0℃以下的固化。

环氧树脂中所含环氧基的多少一般可用环氧值、环氧当量和环氧基百分含量来表示。

① 环氧值。100g 环氧树脂中含有的环氧基的物质的量，单位为 mol/100g。双酚 A 型环氧树脂的国家统一牌号为：E-环氧值×100；如 E-44，其环氧值为 0.41～0.47mol/100g。

② 环氧当量。含有 1mol 环氧基的环氧树脂的质量。国外环氧树脂韵性能指标主要用环氧当量来表示。

③ 环氧基百分含量。100g 树脂中所含有的环氧基的质量（环氧基团总原子量为 43）。

环氧值、环氧当量和环氧基百分含量之间可以进行如下相互换算：环氧当量 = 100/环氧值；环氧值 = 环氧基百分含量/环氧基团总原子量 = 环氧基百分含量/43。

涂料用环氧树脂环氧当量大多在 180～3200 之间：环氧当量在 180～475 之间的环氧树脂主要用于双组分低温固化体系；环氧当量为 700～1000 的环氧树脂主要用于环氧酯体系；环氧当量为 1500～3200 的环氧树脂主要用在高温烤漆，相对分子质量在 50000 以上的可直接用作热塑性涂料。

从环氧基与胺类固化反应的反应式可以看出，固化过程是通过胺基中的活泼 H 原子和环氧树脂中的环氧基反应来实现的。因此，固化剂用量可按下式计算：

100g 环氧树脂所需胺类固化剂的理论质量：W＝环氧值×（胺的分子量÷胺中活泼 H 原子数）。

（2）环氧树脂的性能和应用　环氧树脂具有很强的黏合力，这是由于在环氧树脂的结构中含有羟基、醚基和极为活泼的环氧基，而羟基和醚基又具有很强的极性，使得环氧树脂分子与相邻的界面产生了作用力，而使环氧树脂具有很强的黏结能力。它能够黏结金属、非金属等多种材料。用于铝合金的黏结时，其抗剪强度可达 $250kg/cm^2$（高温固化）。

环氧树脂的分子链是由碳-碳键和醚键构成的，化学性质很稳定，能耐稀酸、碱和某些溶剂。因其结构中含有的脂肪族羟基和碱不起作用，故其耐碱性能较酚醛树脂、聚酯树脂强。以胺固化的环氧树脂能耐中等强度的酸、碱，但耐氧化性酸（如浓硫酸、硝酸）的能力较差。

固化后的环氧树脂的韧性较酚醛树脂好。这是由于环氧树脂的环氧基在分子链的两端，交联键之间距离较远，有利于分子链段的内旋转，故固化后的环氧树脂不像酚醛树脂那么脆，具有较高的抗弯强度。

环氧树脂的固化过程是环氧树脂和固化剂的直接加成反应，反应过程中没有副产物产生。因此收缩性小，其收缩率一般在 2%以下。加入填料后，收缩率减少至 0.1%左右。此外，其热胀系数也很小，一般为 $6.0\times10^{-5}℃^{-1}$。适于浇注制品和玻璃钢制品。

环氧树脂的马丁耐热度在 105～130℃。因此，在防腐蚀工程中，一般可在 100℃以下使用。但在酸或碱的浓度较高时，其使用温度明显下降，一般只在常温下使用；在不接触强腐蚀介质，以及采用特殊固化剂的情况下，其固化物能使用到较高温度。

环氧树脂具有良好的工艺性能，易和固化剂及其他树脂混合。适当地选择配方，能得到良好的流动性，易与辅助材料混合，室温下操作比较方便。

固化后的环氧树脂的性能随树脂本身及稀释剂等的不同而异。因此可以根据不同的用途，选用各种固化剂或用各种树脂改性，以满足不同的需要。

环氧树脂可广泛用于各种涂料和胶黏剂。

环氧树脂涂料以环氧树脂为主要成膜物质，加入固化剂、填料、颜料及溶剂配制而成。环氧树脂优异的附着力和良好的耐化学药品性，可以溶解在适当的溶剂中并且与多种合成树脂有良好的混溶性，这使得制备多种性能的环氧树脂涂料成为可能。世界上约有 40%以上的环氧树脂用于制造环氧涂料，其主要应用于防腐、电气和土木建筑等领域。

环氧树脂涂料种类繁多，主要有胺固化环氧树脂涂料、合成树脂改性环氧树脂涂料、胺固化环氧沥青涂料、环氧酯树脂涂料和其他环氧树脂涂料。胺固化环氧树脂涂料是一类常温固化的环氧树脂涂料，主要以多元胺、胺的加成物、低分子聚酰胺树脂为固化剂，固化后的漆膜附着力大、硬度好，耐稀酸、碱、盐以及脂肪烃类溶剂等。聚酰胺固化的环氧树脂涂料耐候性有所提高，不易失光粉化，具有施工性好、毒性低、弹性好的特点，广泛用于涂装贮罐煤仓、地板、管道、石油化工设备、海上采油设备等，因漆膜弹性好，也常用于涂装金属薄板、塑料薄膜、橡胶制品等。胺固化的环氧树脂涂料中加入煤焦沥青制备的环氧沥青涂料具有突出的耐水性、较好的耐化学腐蚀性（除高浓度酸、苯等溶剂外），漆膜强韧、附着力大，但色深，不耐日光照射，所以特别适用于水下施工工程，如用于涂装地下管道、水下设施、船舶、贮罐内壁等，但不可用于饮用水设备，因为煤沥青有毒。

合成树脂固化的环氧树脂涂料及涂层是环氧树脂，与其他涂料用树脂如酚醛树脂、氨基树脂、多异氰酸酯等并用，经高温烘烤，交联而成为性能优良的漆膜。改变树脂种类、配比，可以得到不同的性能的涂料。如酚醛树脂固化的环氧树脂涂料是耐蚀性最好的一种，具有优良的耐酸、碱性，耐溶剂性、耐热性，耐化学腐蚀性优于胺固化环氧树脂涂料；主要用于涂装贮罐管道内壁、化工设备等。多异氰酸酯固化的环氧树脂涂料可以在室温下交联固化，干燥的漆膜具有优越的耐水性、耐溶剂性、耐化学品性和柔韧性，可用于耐水设备以及化工设备。

采用植物油酸与环氧树脂经酯化反应制成的树脂常称为环氧酯。以环氧酯为原料制备的环氧酯涂料是单组分涂料，贮存稳定性好，有烘干型和常温干型，施工方便。采用的植物油酸的品种、数量不同，制得的漆膜性能是多样的。由于环氧酯对铁、铝金属有很好的附着力，漆膜坚韧、耐蚀性好（除碱外），所以大量地用于汽车或其他设备的打底，也可用于电器绝缘涂料、化工室外设备防腐涂料。水稀释性环氧酯底涂料大量应用于阴极电泳涂料工艺中。

其他类型的环氧树脂涂料有无溶剂环氧树脂涂料、粉末环氧树脂涂料、水性环氧树脂涂料等。这些环氧树脂涂料由于不含溶剂、不污染大气也不易引起火灾，具有很高的安全性。粉末环氧树脂涂料通常不需要底漆，一次施工即可获得较厚的耐蚀漆膜。水性环氧树脂具有优异的施工性和环保性，近年发展迅猛，可用于阴极电沉积涂料、阳极电沉积涂料、防锈底漆、水工混凝土建筑的修补、地下建筑的防渗、地坪等领域。

环氧树脂分子结构含有的醚键与极性基团使其对各种金属和大部分非金属材料均有良好的黏接性能，常被称为“万能胶”，广泛地应用于飞机、汽车、建筑、电子电器和木材加工等领域。环氧树脂胶黏剂具有收缩率低、胶黏强度高、尺寸稳定、电性能优良、耐化学品、对多种材料胶黏能力强的特点，此外还有密封、绝缘、防漏、紧固、防腐、装饰等多种功能，是黏合剂中的一个重要种类。

其他的一些带有特殊功能的环氧胶黏剂用于特定的领域。如在树脂中加入一定量的导电性金属或非金属粒子（如银粉、金粉、石墨等），或选用具有导电性或半导电性的高分子聚合物，（如聚乙炔、有机金属聚合物等）制备具有导电功能的环氧胶黏剂。用于黏接光学玻璃及单晶材料制件的光学环氧胶黏剂，还有导磁胶、导热胶以及耐磨胶等。

此外，环氧树脂及其改性树脂还广泛用于防腐蚀工程，制备环氧胶泥、砂浆、玻璃钢等。

3. 不饱和聚酯

不饱和聚酯是聚酯树脂的一类，是玻璃钢复合材料的主要树脂种类。

（1）不饱和聚酯的缩合反应与固化　不饱和聚酯一般采用二元酸，如顺丁烯二酸（或酐）、反丁烯二酸（或酐）与二元醇（如乙二醇）或三元醇（如丙三醇）等通过酯化反应聚合而成。其反应通式如下：

$$n\mathrm{HOOCR'COOH}+n\mathrm{HO{-}R'{-}OH}\longrightarrow \mathrm{HO}{+}\mathrm{OCORCOOR'O}{+}_n\mathrm{H}+(2n-1)\mathrm{H_2O}$$

式中，R、R′为烃基或其他基团。

不饱和二元酸单体使大分子链含有不饱和键，可以在引发剂的作用下与其他不饱和化合物反应，交联固化成体型结构。如苯乙烯不饱和化合物是不饱和聚酯的良溶剂，成型应用时加入引发剂，不饱和聚酯双键与苯乙烯双键交联固化得到的体型结构如下：

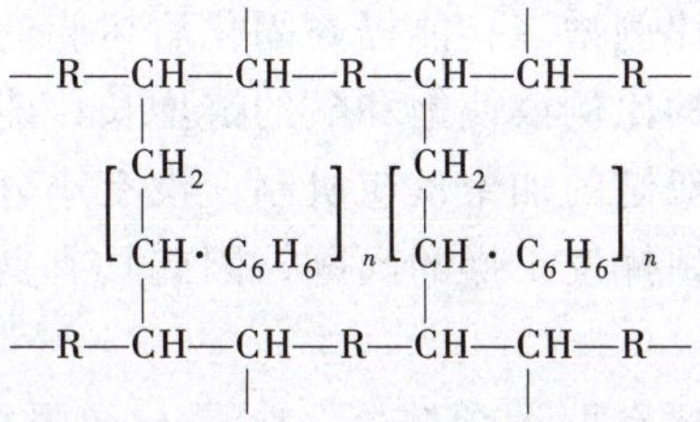

不饱和聚酯的固化反应除了需要交联剂（含有双键的化合物，如苯乙烯、甲基丙烯酸甲酯等）外，还需要引发剂等下列助剂：

1）引发剂。大多数是过氧化物或过氧化氢的衍生物。引发剂按固化温度的不同可分为热固化和冷固化两类，不饱和聚酯树脂的固化温度必须与过氧化物的分解温度相适应，常用的过氧化物产生的游离基能同时引发不饱和聚酯进行聚合反应。

常用的室温固化引发剂有过氧化环己酮和过氧化甲乙酮；加热固化引发剂有过氧化苯甲酰。由于这些过氧化物均为易爆物品，为了使用时的安全，常把这些过氧化物与增塑剂苯二甲酸二丁酯以1∶1的比例混合成糊状使用。引发剂的用量对聚酯树脂的固化速度以及固化后的性能有很大的影响。引发剂用量过多，固化速度加快，致使树脂形成相对分子质量较小的结构，因而力学性能较差，脆性大，甚至使制品出现裂纹；引发剂用量太少，树脂固化反应不能充分进行，也会影响固化后制品的性能。

2）促进剂。不饱和聚酯树脂和交联剂的共聚在引发剂作用下进行得比较缓慢，引发过程较长。为了促使引发作用迅速产生，必须加入促进剂。不同引发剂应采用与之相应的促进剂。对于过氧化环己酮和过氧化甲乙酮常用的促进剂是环烷酸钴、辛酸钴等有机酸的金属盐，而对于过氧化苯甲酰常用的促进剂是N,N-=甲基苯胺等胺类物质。

3）阻聚剂。为了防止不饱和聚酯胶液在贮存期交联变质，常加入少量阻聚剂。工业上常用的阻聚剂为对苯二酚，一般用量为树脂质量的0.01%。

4）触变剂。为了使高黏度树脂在外力（如搅拌等）的作用下变成流动的液体。当外力消失时，树脂立即恢复到高黏性不流动状态，防止成型时垂直面或斜面树脂流胶。常用的触交剂有可溶性的聚氯乙烯粉和活性的二氧化硅粉，用量为1%~3%。

（2）不饱和聚酯树脂的性能与应用　不饱和聚酯树脂的性能与所用的酸和醇的结构有关。为改善不饱和聚酯的柔韧性，常采用一些饱和酸来代替部分的不饱和二元酸，使分子链中双键间的平均距离增大。而使交联的键数减少，以提高树脂的韧性。引入双酚A后制得的聚酯树脂就具有较好的耐酸、耐碱和耐温性能。

不饱和聚酯树脂不耐氧化性介质，如在硝酸、浓硫酸、铬酸等氧化性介质中，树脂极易老化，特别是温度升高，老化过程会加速。聚酯树脂的耐碱及耐溶剂性能差。这是由于聚酯树脂的分子链中存在大量的酯键，在碱或热酸的作用下，能发生水解反应：

$$—\overset{\overset{O}{\|}}{C}—O—CH_2— \xrightleftharpoons{NaOH} —\overset{\overset{O}{\|}}{C}—ONa + HO—CH_2—$$

$$—\overset{\overset{O}{\|}}{C}—O—CH_2— \xrightleftharpoons{酸\ \Delta} —\overset{\overset{O}{\|}}{C}—ONa + HO—CH_2—$$

聚酯树脂的物理力学性能与选用的酸和醇的性质有关。一般来说，二元醇的链越长，聚酯的柔韧性越好。不饱和酸的比例增多，能提高固化后树脂的交联密度，进而提高耐热性和硬度并降低弹性。增加饱和酸的比例或使饱和酸的链增长，能提高树脂的柔韧性。

不饱和聚酯的固化成型是双键的加聚反应机制，没有小分子产生，苯乙烯本身既是交联的单体，又是溶剂，不存在必须挥发干燥的问题，因此具有良好的成型工艺性能，固化收缩率小，制品的致密性较高。

不饱和聚酯树脂的应用主要有两大领域。一个是与增强材料（如玻璃纤维）复合制备复合增强塑料，俗称玻璃钢；另一个是不添加玻璃纤维的非增强型不饱和树脂。

玻璃钢是以不饱和聚酯树脂和玻璃纤维等增强材料复合而成的复合材料。其特点是重量轻、强度高、成型性好、适用性强等。

非增强型不饱和聚酯树脂的应用主要集中在纽扣、人造石、聚酯工艺品等领域，主要的成型工艺有表面涂层和浇注树脂。

不饱和聚酯涂料的溶剂常为交联单体，没有溶剂挥发问题，经固化后漆膜具有硬度高、光泽好、不易沾污、耐候、耐水、耐油、电绝缘性等优点，常用于木器金属与表面的涂装。此外，聚酯还有其他许多应用。将不饱和聚酯与一定比例的粉末填料混合，制成腻子或胶泥，固化后，具有很好黏结力，抗水、耐蚀及耐老化，可用于修补汽车、船舶等。将聚酯树脂浸渍各种线圈和电容器，可制备具有优良电性能的制品。将聚酯树脂浸渍木制品，可使木制品坚韧。将聚酯树脂作为胶结材料，与各种骨料、粉料混合，制品具有强度好、抗渗性好、耐磨、不导电等优点，是一种高强、多功能的建筑材料。

4. 呋喃树脂

（1）呋喃树脂及固化　分子结构中含有呋喃环的树脂称为呋喃树脂。主要有下列三种，

1）糠醇树脂。这类树脂是由糠醇单体自身缩聚而成的，是以酸作为催化剂，通过糠醇的羟基和另一个糠醇分子的α位上的活泼氢之间的反应而得到的缩聚树脂。反应式为

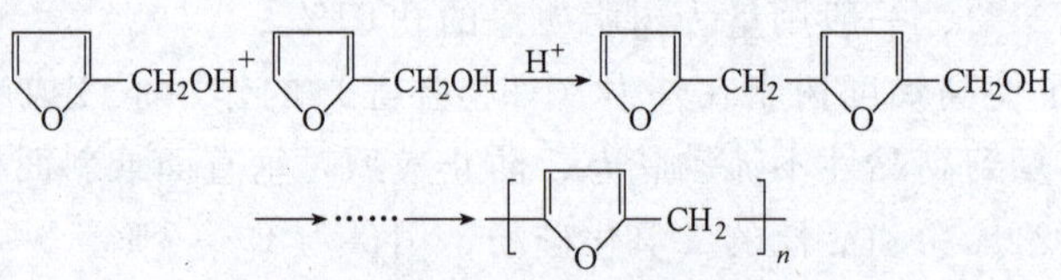

2）糠醛-丙酮树脂。这类树脂是由糠醛和丙酮在氢氧化钠作用下缩聚而成。反应式为

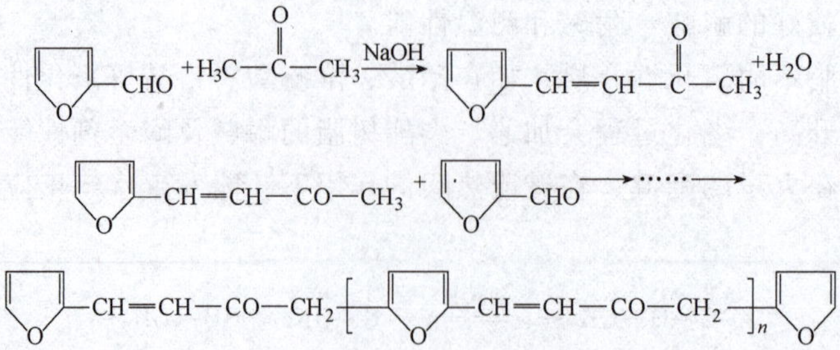

3）糠醛-丙酮-甲醛树脂。这类树脂是在碱性和酸性介质存在的条件下，分两步缩聚而成，反应式为

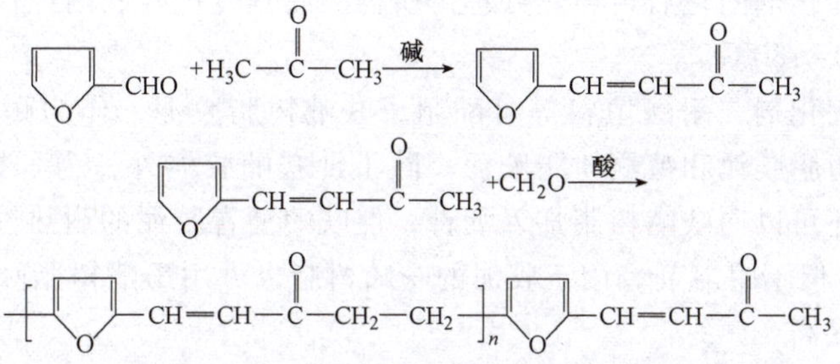

从上面介绍的几种呋喃树脂结构可以看出，呋喃树脂中含有呋喃环、双键、羰基及其相邻碳原子上的活泼氢，因此在碱和酸的催化作用下，可以通过打开双键活性基团、失水等交联反应而形成不溶、不熔的网状结构。固化后的呋喃树脂结构较复杂，固化时所发生的反应可能有：

① 树脂中的 $>C{=}O$ 与活性基团—CH 的缩合反应。

② 树脂中分子链上的不饱和键 $>C{=}C<$ 在酸作用下，打开双键进行交联。

③ 树脂中呋喃环的双链打开进行交联，例如糠醇树脂在酸作用下，呋喃环上的双键打开交联生成如下的网状结构：

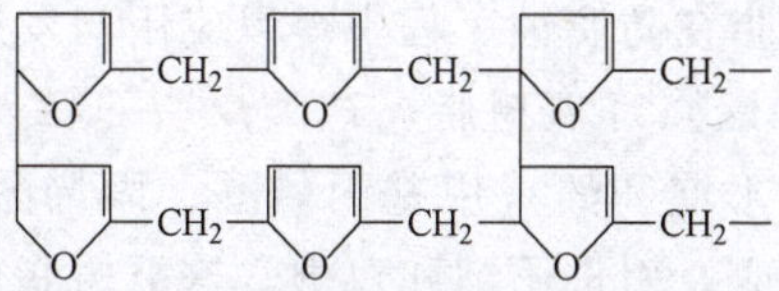

（2）呋喃树脂的性能与应用　固化后的呋喃树脂结构基本上是由呋喃环、C—C 和C—O键所组成，分子中又不含能与酸或碱作用的基团，因此表现出良好的耐酸、耐碱性能，可在酸、碱交替的介质中使用。但由于分子中还留有一部分双键，易被氧化剂所氧化，因此，它对强氧化性酸（如浓 H_2SO_4、HNO_3）及其他氧化性介质是不耐蚀的。

固化后的呋喃树脂由于交联度高，形成紧密的网状结构，呋喃环稳定，其耐溶剂性能及耐温性能（可耐 180~200℃）都比较好。由于交联度高而缺乏柔韧性，所以，分子链在外力作用下失去了蠕动的可能，使树脂性脆易裂。

固化后的呋喃树脂不含有极性基（如—OH、$>C{=}O$ 等），因此对金属表面的黏结力差。

呋喃树脂优异的耐化学腐蚀性使其在防腐蚀领域有着广泛的应用，应用形式有涂料、增强材料、胶泥等。

呋喃树脂涂料有酸固化及热固化两种。酸固型的呋喃树脂涂料不可直接涂于金属表面，只用于中间层或面漆。纯的呋喃树脂涂料成膜性不好，涂层脆性大，附着力差，单独使用少，大多是和其他树脂混合制备涂料。常用的改性树脂为环氧树脂，制备而成的环氧呋喃树脂涂料不仅具有耐酸、耐碱性，还提高了涂层的附着力，改善了涂膜的脆性，使用温度在130~150℃。经热处理的涂层耐热性好，不经热处理的涂层只可在常温下使用。环氧酚醛呋喃树脂涂料用胺类固化剂固化后再经热处理，所得漆膜具有优异的耐蚀性、耐溶剂性，涂层的使用温度可达 150~180℃。

呋喃树脂加入固化剂、耐酸填料等可配制成呋喃树脂胶泥，作为耐蚀砖板衬里用黏结剂。常用的有糠醇树脂胶泥和糠酮树脂胶泥。除了纯呋喃胶泥外，为了提高胶泥的黏结力，减少脆性和成本，还可以向呋喃树脂加入沥青，但呋喃沥青胶泥的耐热性下降，使用温度为 60~80℃；耐酸碱，但不耐溶剂。用于胶泥的呋喃树脂也可用酚醛树脂和环氧树脂改性，使其物理、力学性能提高。

5. 复合树脂

上述介绍的四类合成树脂，可以根据不同需要单独使用，也可以使用它们的复合树脂（或称改性树脂）。不同类型的树脂有其各自的优点和缺点，将它们混合改性后，则复合树脂的性能与原来树脂的性能相比可达到相互取长补短的目的。例如，环氧树脂与酚醛树脂相比较，它的机械强度较高，在常温下的成型工艺性能较好，并具有较好的耐碱性能，但它的耐热性能和耐酸性能均低于酚醛树脂，将它们混合改性后，所制得的复合树脂则兼有两者的优点，而两者的缺点又能得到很大的改善。环氧树脂的马丁耐热度为 105℃，但在侵蚀条件下，它的使用温度则大大低于马丁耐热度。加入酚醛树脂后复合树脂的马丁耐热度和使用温度均比单一环氧树脂提高了 5%~16%，而它的机械强度也比单一的酚醛树脂有很大的改善。

复合树脂有些已有商品供应，然而，更多的是在应用时由使用者自行配制，例如，各种不同比例的环氧-酚醛复合树脂、环氧-聚酯复合树脂和环氧-呋喃复合树脂等。

近年来一些新型热固性树脂在防腐蚀工程中得以应用与发展。

（1）甲基丙烯酸（或丙烯酸）环氧树脂　这类树脂的特点是聚合物端基或侧基含不饱和双键。合成方法主要是通过不饱和酸（甲基丙烯酸、丙烯酸、丁烯酸等）与低分子量聚合物分子链上的活性点进行反应，引进不饱和双键。这类树脂可进行室温固化成型，工艺性能与不饱和聚酯树脂相似。由于可选用一系列不同的低分子量聚合物作为骨架，与一系列不同类型的不饱和酸进行反应，因此可合成一系列不同类型的树脂。较常用的骨架聚合物为环氧树脂（通常为双酚 A 环氧），常用的不饱和酸为丙烯酸或甲基丙烯酸。在国外，这类树脂又称为乙烯基类树脂。

双酚 A 型环氧树脂与甲基丙烯酸反应如下：

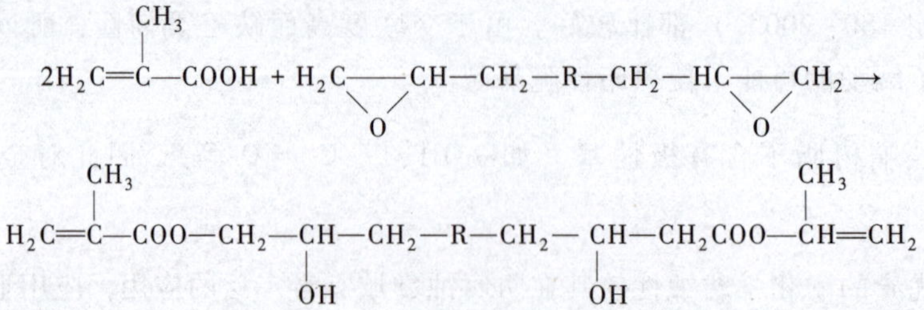

由于不饱和双键位于聚合物分子链的端部，在固化时不受空间障碍的影响，双键非常活泼。这类树脂可在有过氧化物引发下，通过相邻分子链进行交联固化，也可与单体苯乙烯共聚固化。

用环氧树脂作为骨架制得的乙烯基树脂综合了环氧树脂与不饱和聚酯树脂两者的优点，它固化的后结构类似于环氧，而比聚酯好得多。它的工艺性能与固化性能又类似于不饱和聚酯，改进了环氧树脂的低温固化时的工艺性。这类树脂另一个突出的优点是耐化学腐蚀性优良，耐酸性超过叔胺固化环氧，耐碱性超过酸固化环氧及不饱和聚酯树脂。它同时具有良好的韧性及对玻璃纤维的浸润性。这类树脂主要用作黏结剂、耐化学腐蚀的玻璃钢制品、无溶剂重防腐蚀涂料，是玻璃鳞片涂料的主要成分，在脱硫装置防腐等苛刻腐蚀防护中发挥着重要作用。

（2）双酚A型聚酯树脂　这类树脂是双酚A代替部分二元醇，在不饱和聚酯结构中引进了双酚A的链节。由于双酚A分子最大，相对的酯基浓度就小，不利于产生水解反应，从而具有优良的耐碱和耐酸性。此外，双酚系聚酯的抗氧化性的能力比普通酚醛、呋喃好，甚至比环氧都好，对一般的漂白剂、氧化剂都有良好的耐蚀性。属于双酚系树脂的国内牌号有3301#、323#和197#树脂等。

上述各种树脂广泛应用于防腐蚀工程中。使用最早的是用热固性酚醛树脂与石棉制成的管件、阀门、泵等化工设备，俗称“法奥利特”，它可耐盐酸及其他酸类的腐蚀。目前，合成树脂在防腐蚀工程中的应用有多种方式。人们可以根据不同的需要，按不同的原料配比与不同的固化剂、填料、增塑剂、稀释剂等各种辅助材料复配，制成涂料、胶泥、浸渍剂及玻璃钢，达到防腐蚀的目的。

9.5.2　热塑性塑料

塑料是指以合成树脂为基础，加上其他各种添加剂，在一定条件下（如温度、压力等）塑制成的型材（如板、管、棒、薄膜）或制品（如泵、阀等）。塑料品种很多，根据受热后的变化和性能的不同，可分为热塑性塑料和热固性塑料两大类。热固性塑料一般是由缩聚类树脂组成，上一节中介绍的合成树脂即属于这一类。热塑性塑料由热塑性高聚物组成，如聚氯乙烯、聚丙烯、聚酰胺、聚苯乙烯、聚甲醛、聚甲基丙烯酸甲酯等，以及共混或共聚改性材料。

本节主要介绍防腐蚀工程中常用的几种典型热塑性塑料。

1. 聚氯乙烯

聚氯乙烯树脂是由氯乙烯单体聚合而成。工业上可以采用悬浮聚合或乳液聚合方法制备。聚氯乙烯塑料是以聚氯乙烯树脂为主要原料，加入增塑剂、稳定剂、填料、润滑剂、颜料等，再经过捏合、混炼及成型等过程而制得。根据加入增塑剂量的不同，聚氯乙烯塑料分成两类：一般在100份（质量比）树脂中加入30~70份增塑剂的塑料，质地柔软，称为软聚氯乙烯塑料；不加或只加入5份以下增塑剂的，称为硬聚氯乙烯塑料。

（1）聚氯乙烯的基本性能

1）物理性能。聚氯乙烯是线型非晶聚合物，是热塑性树脂。硬聚氯乙烯的相对密度为1.4~1.6，为普通碳钢的1/5。质量轻，不仅运输吊装方便，而且还使聚氯乙烯单位体积的价格低于普通碳钢。

聚氯乙烯的热导率为0.12~0.13kcal/(m·h·℃)，为普碳钢热导率的1/400~1/500。因此，不宜做加热器或冷却器等传热设备。而对需要保温的设备或管道，用硬聚氯乙烯制作时就可以减少保温层。

硬聚氯乙烯的线胀系数为 $(5\sim6)\times10^{-5}℃^{-1}$，为普碳钢的5~6倍。在较长的管子安装和用作设备衬里时，在设备结构上要考虑线胀系数大这一特点。通常可设温度补偿装置，如安装管道时加适当的膨胀节。

聚氯乙烯的耐热性能比较差，通常聚氯乙烯的玻璃化温度是 80~85℃。但一般使用温度在 50℃以下。聚氯乙烯在 140~180℃时开始分解出 HCl，形成双键并颜色变深。若超过 200℃，分解显著，颜色变黄，甚至发黑，即所谓“烧焦”。所以在进行热风焊时，温度不宜过高，以免烧焦，影响质量。

聚氯乙烯的溶解度参数为 9.5，能耐溶解度参数低的非极性溶剂，如石油、矿物油等。聚氯乙烯溶于某些酮、酯和氯化烃类。

2）力学性能。聚氯乙烯由于分子链上有强极性的氯元素，分子间作用力大，与聚乙烯、聚丙烯等其他通用塑料相比，具有较好的力学性能。其短期抗拉强度为 500~600kg/cm^2（<20℃），仅为碳钢的 1/5 左右。由于聚氯乙烯的蠕变性能，短期抗拉强度不能作为选取许用应力的依据，而是采用长期强度。在相应的温度下，长期抗拉强度通常取为短期抗拉强度的 1/2。在 20~50℃，硬聚氯乙烯的弹性模量 E 约为 32000kg/cm^2，相当于碳钢的 1/66，虽然其刚性比碳钢小得多，但比聚乙烯等软塑料大几十倍，可以作为承载不高的结构材料应用。

（2）聚氯乙烯的耐蚀性　聚氯乙烯不含活性基团，主链全是由共价键 C—C 联结而成，化学性能比较稳定。硬聚氯乙烯在室温（或低于 50℃）下，除了强氧化剂（如浓度超过 50%的硝酸，发烟硫酸等）、芳香胺、芳香族化合物（如苯、甲苯、氯苯等）及酮类外，能耐大部分酸、碱、盐类、碳氢化合物、有机溶剂等介质的腐蚀。温度越高，介质向聚氯乙烯内部的扩散速度就越快，腐蚀就加剧。应力越大，腐蚀速度也越快。

聚氯乙烯不耐苯胺的腐蚀，其原因是它能与苯胺反应，在分子链中导入胺基，生成伯胺或仲胺：

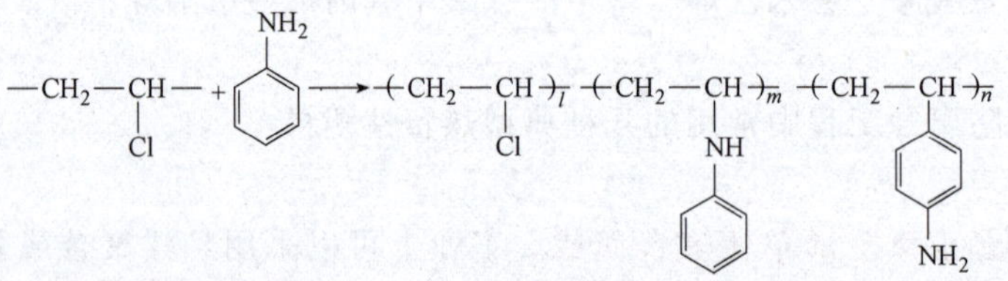

上述反应必须在高温（如 184℃）下才能进行完全。若在较低的温度下进行时，会逐渐导致聚氯乙烯变质，但时间较长。

聚氯乙烯的热稳定性和耐光性较差，在光、加热或机械作用下易发生脱氯化氢的反应，形成双键或共轭双键：

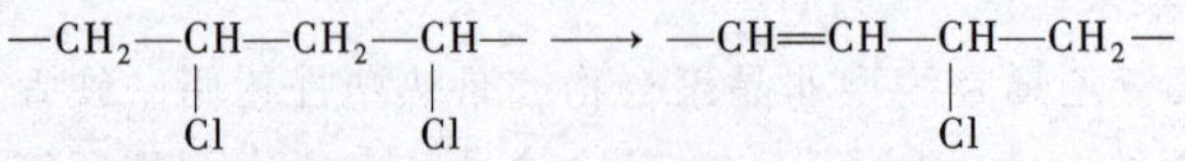

产物中的双键，除能发生加成反应外，也极易被氧化：

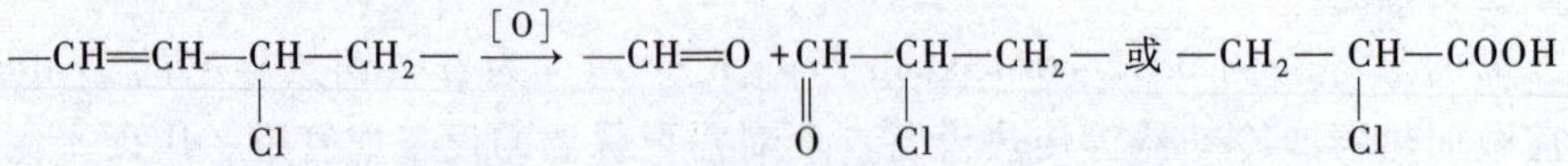

由于形成羧基，产物易溶于碱。共轭双键的形成也能导致聚合物颜色变深。

在氯及光、热的作用下，聚氯乙烯也会被氯化：

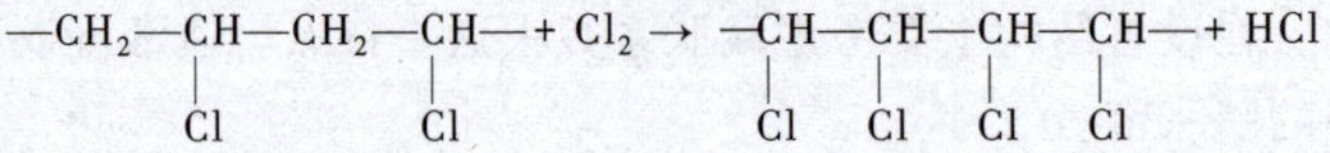

氯化聚氯乙烯随着氯含量的增加，生成物的分子间作用力增强，结晶性改善，耐溶解能力也大大增加。

由于聚氯乙烯塑料具有一定的机械强度，焊接和成型性能良好，又具有良好的耐蚀性能，因此是化工、石油、制药、染料等工业中普遍使用的一种耐腐蚀材料。目前，硬聚氯乙烯塑料常用来制作塔器、贮槽、除雾器、排气筒，泵、阀门及管道等。软聚氯乙烯塑料由于其机械强度低，故常用作设备衬里材料。近年来，人们对聚氯乙烯做了许多改性研究工作。例如，玻璃纤维增强聚氯乙烯塑料（称为FR-PVC塑料），就是在聚氯乙烯树脂加工时，加入玻璃纤维进行改性，以提高物理、力学性能；导热聚氯乙烯即是用石墨改性，以提高聚氯乙烯的导热系数。它可以用作化工耐腐蚀换热材料，在低于80℃的情况下，还可用于浓度不高于90%的硫酸、稀硝酸、任意浓度的盐酸、磷酸、氯乙酸及氯气等腐蚀性介质中。

2. 聚丙烯

聚丙烯是由丙烯而得的高分子聚合物。根据所用催化剂的不同，聚丙烯的分子结构也不同，用 $AlBr_3$ 的弗-克催化剂只能得到低分子量的无规聚合物，没有应用价值。用 $AlR+TiCl_3$（R为烷基）的齐格勒-纳塔催化剂进行立体定向聚合后，可得高分子量、高结晶度的有规聚丙烯。

（1）聚丙烯的晶体结构　聚丙烯的晶体结构比较复杂，在不同的外界条件下，会生成不同形态的结晶。其结晶结构大致有四种，比较重要的，与加工和应用有关的有α、β和拟六方变态三种。

1）α变态。这是最常见的一种聚丙烯晶体结构，属于单斜晶系。α变态的晶体在138℃左右形成，它是聚丙烯的最稳定结构，强度高，熔点 T_m 为180℃。

2）β变态。β变态是六方晶系，它在稍低于130℃的温度下等温结晶或挤压成型时形成。β变态的稳定性比α变态差，在其熔点145~150℃以上热处理时会全部熔解，再结晶时生成α变态。

3）拟六方变态。如果把等规聚丙烯熔融后再冷至70℃以下，或者冷延伸时，则可生成这种结晶，它是最不稳定的结构。将这种晶体在70℃以上热处理时，就会转变成α变态。

掌握聚丙烯的晶体结构与温度的关系，对其加工是极为重要的。由于α结构最稳定，强度高，熔点高，所以在制造化工设备时应尽量创造条件，使它形成α结构。

聚丙烯的结晶度及晶区（球晶）大小对聚丙烯性能影响很大，强烈依赖成型加工条件。等规聚丙烯的结晶度一般为60%~70%。如果将熔融的聚丙烯缓慢冷却，特别是在它的最佳温度范围内延长停留时间，则可得到较高的结晶度与较大的球晶。结晶度大，则强度高，熔点高，刚度大。球晶直径大，则刚度与硬度也大，但冲击强度下降。成型时在略低的温度下，得到的球晶小得多，然后在较高的温度下热处理提高结晶度，就会得到小而密的结晶结构，其强度高、抗冲击性能好。

（2）聚丙烯的基本性能　聚丙烯的密度为0.90~0.91g/cm^3，是目前商品塑料中最轻的一种，其比强度高，适用于制作耐腐蚀槽车等。例如一个近8m^{3}的槽车，要比相应的金属槽车轻400kg，有利于提高运输效率和降低费用。用聚丙烯制作风机或泵的叶轮，具有离心载荷小的优点。因此聚丙烯塑料风机不仅比聚氯乙烯的使用温度高（可用于90~120℃），而且允许更高的转速，有助于提高风力和风量，风机叶片直径也可增大，国外已制成的叶片的最大直径为1.3m。

聚丙烯的摩擦系数低，用聚丙烯制作结晶槽、中和槽等不易结垢，制造风机中的叶轮等还具有“自洁”特性。

聚丙烯是结晶型高聚物，在熔点以下，材料可保持很好的结晶结构。没有外力作用时，聚丙烯甚至在150~160℃下还能保持其形状不变。推荐的聚丙烯最高工作温度通常为110~120℃，没有外力时，允许使用到150℃。若温度高于熔点，则晶体迅速熔融，流动突然开始，而且流动性相当大。聚丙烯的这种特性在施工中必须注意。例如在弯制管道等二次加工时，必须严格控制在160~170℃的温度范围内，若温度太低（<160℃）尚未开始软化，材料很硬，不易成型或产生较大的内应力，温度太高（>175℃）则全部熔化。另外加热完毕的工件要尽快成型，否则一旦冷却到结晶温度以下就不易成型了。注意，冷却条件的不同，对性能影响较大，冷却太慢，会使结晶长大而使材料变脆。热处理不仅有利于消除加工过程产生的内应力，还有利于提高结晶度，进而提高力学性能。

聚丙烯的耐寒性较差，当温度低于0℃时，耐冲击性能显著下降。

聚丙烯的热分解温度为400℃左右，由于其分子结构上有叔碳原子，容易在高温及光照作用下发生氧化分解，故其热稳定性较差。特别是聚丙烯与某些金属（尤其是铜和黄铜）接触时，热稳定性会降低，应注意避免与它们接触。

聚丙烯的线胀系数很大为（0.9~1.5）$\times10^{-4}$℃$^{-1}$，是金属的5~10倍，比硬聚氯乙烯约大一倍。因此在管道安装时，应当考虑设置热补偿器。聚丙烯的导热系数为2.1$\times10^{-7}$kcal/(cm·s·℃)，可作为绝热保温材料。

聚丙烯具有高度的结晶性，力学性能较好。在一般温度下可作承载不高的结构材料应用，但其弹性模量较低，又随温度的上升而降低。因此在较高温度下，聚丙烯的刚度不大，不宜制作全塑结构设备。输送高温介质的管道，也须加强支承或增强。在70℃以下，硬聚氯乙烯的强度较聚丙烯高出很多，随着温度的升高，聚丙烯强度下降趋势较小；当超过聚氯乙烯的玻璃化较变温度（80℃左右）时，聚氯乙烯已完全丧失强度，但聚丙烯仍然保持120~150kg/cm^{2}的数值。故聚丙烯在聚氯乙烯不能使用的温度（80~120℃）范围内，仍能作为耐腐蚀材料使用，这是聚丙烯的最大优势。

（3）聚丙烯的耐蚀性　聚丙烯具有优良的耐蚀性能。除氧化性介质外，能耐各种无机酸、碱或盐溶液，100℃下对聚丙烯都没有破坏作用。但由于聚丙烯分子结构中的叔碳原子容易氧化，所以对发烟硫酸、浓硝酸和氯磷酸等强氧化性无机介质，即使在室温下也不能使用。

在室温下，几乎所有的有机溶剂均不能溶解聚丙烯。它对大多数有机酸也具有较好的耐蚀性。聚丙烯还具有优良的耐应力开裂性。但某些氯代烃、芳烃和高沸点脂肪烃能使聚丙烯发生溶胀，而且随着温度的上升，其溶胀度和溶解度也增加。此外，聚丙烯的相对分子质量和结晶度对其耐蚀性能和强度等有很大影响，相对分子质量大［MI（熔融指数）小］和结晶度高对提高耐蚀性能和强度有利。一般作为耐腐蚀用的聚丙烯，MI（230℃/2.16kg）在1.0以下为宜。

由于聚丙烯具有良好的耐蚀性与耐热性，所以常用于制作化工管道、贮槽、衬里等。若用各种无机填料增强，可提高其机械强度及抗蠕变性能，用于制造化工设备。若用石墨改性，可制成聚丙烯换热器。

3. 聚乙烯

聚乙烯是乙烯的高分子聚合物，根据聚合工艺条件的不同，聚乙烯可分为高压聚乙烯、中压聚乙烯和低压聚乙烯等产品。高压聚乙烯的分子结构中含有较多的支链，结晶度较小，为65%～75%，密度为0.92～0.93g/cm^3，所以高压聚乙烯又称为低密度聚乙烯。低压聚乙烯中，支链很少，结晶度较大，为85%～95%，密度为0.94～0.95g/cm^3，又称为高密度聚乙烯。

（1）聚乙烯的基本性能　聚乙烯是结晶性聚合物，结晶度大小对它的物理、力学性能有很大的影响。

在室温下，聚乙烯的抗拉强度比硬聚氯乙烯低得多，高密度聚乙烯的抗拉强度只有硬聚氯乙烯的2/3。聚乙烯的弹性模量比较小，高密度聚乙烯的弹性模量只有硬聚氯乙烯的1/6～1/4。因此聚乙烯不宜用作单独的结构材料，而必须用其他材料来加固，或者用它作为涂层或衬里。

聚乙烯的结晶度、相对分子质量以及相对分子质量分布等对其物理、力学性能有很大的影响。一般规律为：当聚乙烯的结晶度增加时，聚乙烯的熔点、屈服强度、弹性模量、硬度等都有所提高，而断裂伸长率则降低。

聚乙烯的马丁耐热度为50～100℃。一般认为其使用温度在不受力的情况下，可稍高于硬聚氯乙烯，而在同样的应力条件下，因为聚乙烯的强度较低，所以容许的使用温度比硬聚氯乙烯低。

（2）聚乙烯的耐蚀性　聚乙烯的分子链主要是由亚甲基（—CH_2—）构成，化学稳定性较好。其耐蚀性能较好，常温下能耐一般的酸、碱、盐的腐蚀，特别是可耐60℃以下的浓氢氟酸的腐蚀。在室温下，脂肪烃、芳香烃和卤代烃等能使之溶胀。在耐化学介质和溶剂的性能方面，高密度聚乙烯比低密度聚乙烯好。

使用倍半铝或二乙基氯化铝及$TiCl_4$，使乙烯进行阴离子配位聚合，可得到平均相对分子质量为100万～150万甚至200万～300万的超高分子量聚乙烯。超高分子量高密度聚乙烯基本上是线型结构，其性能比一般高密度聚乙烯优异，具有较高的冲击强度和长期耐疲劳性能，低温下（-50℃以下）的使用性能也较良好。在-40℃其抗冲击性仍良好，在120℃仍有一定的抗拉强度，具有良好的耐蚀性及优良的耐环境应力开裂性，并具有优异的抗摩擦性和自润滑性，是一种优良的工程塑料。

4. 氟塑料

含有氟原子的塑料总称氟塑料。由于分子结构中存在着氟原子，使聚合物具有极为优良的耐蚀性、耐热性、电性能和自润滑性等。目前主要的品种有聚四氟乙烯（简称F-4）、聚三氟氯乙烯（F-3）和聚全氟乙丙烯（F-46）等。

（1）聚四氟乙烯　聚四氟乙烯的结构为

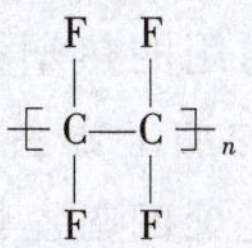

聚四氟乙烯是直链型非极性结晶高聚物。由于在其结构中含有稳定的C—F键，键能为107kcal/mol，因而使聚四氟乙烯具有高度的热稳定性，在250℃时能长期使用，性能无变化。在250℃经100h老化后，其力学性能及介电性能无显著变化，但在高温使用时，抗拉强度相应降低。因为在360℃时往往引起分子键断裂，降低相对分子质量。在400℃以上迅速裂解。

聚四氟乙烯具有高度的化学惰性，这是由于具有高键能的C—F键（高达485.6kJ/mol，

C—H 键为 413.2kJ/mol，C—C 键 136.5kJ/mol)，且氟的电负性很强，氟原子的相互排斥力很大，整个大分子链不能呈平面锯齿形而呈螺旋形。氟原子像一个紧密的保护层，C—F 键包围在碳链外形成紧密的保护层，使 C—C 键不易受外界的侵袭。因此氟聚合物具有高热稳定性（最高使用温度 260℃）、高化学惰性、耐紫外辐射、超高耐候性、抗核辐射性能的特点，具有高度的化学惰性。聚四氟乙烯完全不与王水、氢氟酸、浓盐酸、硝酸、发烟硫酸、沸腾的苛性钠溶液、氯气、过氧化氢等作用。除某些卤化胺或芳香烃使聚四氟乙烯塑料有轻微的膨胀现象外，酮类、醚类、醇类等有机溶剂对它均不起作用。对它起作用的仅是熔融态的碱金属、三氟化氯及元素氟等，但只有在高温和一定压力下作用才显著。此外，它也不受氧或紫外光的作用，耐候性极好，故有“塑料王”之称。

由于聚四氟乙烯的非极性高结晶度的致密结构特性，使得材料的耐溶剂性、抗渗性能极好，其透氧性极小，能很好地起到屏蔽作用。

由于聚四氟乙烯分子间相互作用力小，表面自由能低，故具有高度的不黏附性，即与其他材质的黏附性很差。因而其摩擦系数也低，聚四氟乙烯的静摩擦系数是塑料中最小者（静摩擦系数为 0.1~0.2）；而钢的摩擦系数为 0.2~0.3。由于聚四氟乙烯具有很好的润滑性，故常被用于制作轴承、活塞环等摩擦部件的表面改性。若在聚四氟乙烯中加入 MoS_2、SiO_2、青铜粉、玻璃粉、炭黑或石墨等填料，则材料除保持它原来的优良性能外，在负荷下的尺寸稳定性可提高 10 倍，耐磨性可提高 500~1000 倍，导热性可提高 3~10 倍，硬度可提高 10%。

由于聚四氟乙烯与其他材质的黏附性差，所以，必须对它进行表面处理后才能用其他黏结剂黏合。常采用以萘-钠络合液的化学腐蚀处理。萘-钠络合物分子中的钠能破坏聚四氟乙烯表面的 C—F 键，使 F 被分离出来，发生炭化，这种炭化了的表面就能用环氧树脂等黏结剂黏合。但是经萘-钠溶液处理过的表面随时间延长而失效，黏合会自动脱开。温度、湿气、化学介质都会加速其失效，尤其是温度影响很大。

在常温下聚四氟乙烯的力学性能与一般塑料相比无突出之处，而在高温或低温下，聚四氟乙烯的力学性能比一般塑料好得多。聚四氟乙烯在外力作用下会容易发生蠕变（冷流），其蠕变量取决于载荷大小、时间长短和温度高低等因素。由于蠕变现象严重，其制品在长时间使用后会变形，不宜用来制作机械零件等。加入适当的填料可改善其抗蠕变性能。

聚四氟乙烯制品的结晶度一般为 55%~75%。聚四氟乙烯非晶区的玻璃化转变温度为 -120℃，在使用温度高于-120℃时，质地柔韧，故聚四氟乙烯的耐低温性能较好。

从分子结构看，聚四氟乙烯是直链状热塑性高聚物，但即使加热到其熔点（327℃）以上的温度，仍不能流动。因此，难以用通用的热塑性塑料的加工方法进行加工，而要采用类似“粉末冶金”那种冷压与烧结相结合的加工方法。即把聚四氟乙烯粉末预压成所需形状，然后再烧结成型，进行机械加工。烧结是聚四氟乙烯成型中的关键，因为制品的相对分子质量、结晶度、孔隙率都与烧结过程所采用的条件有关，而这些因素又直接影响制品的性能，同时烧结过程控制得好坏还影响到制品中残余应力的大小与分布。若控制不当会导致制品翘曲、变形和裂缝等。烧结过程由升温、保温、冷却三步组成。升温时，聚四氟乙烯坯料逐渐膨胀，加热到 327℃以上呈无定型胶态的透明体时，体积膨胀率可达 25%~40%，降温时又逐渐缩小。升温速度视坯体大小而定。对大型制品，升温速度为 10~40℃/h，对中型制品为 60~70℃/h，对小型制品可达 100~120℃/h 或自由升温。保温温度对悬浮聚合的树脂为 390

±5℃，对分散聚合树脂为370±5℃。保温时间以制品呈透明胶体为限，一般对大、中型制品要5~10h或更长时间，对小型制品只需1h或更短。冷却过程是一个由无定型转变为结晶相的过程，冷却快慢决定着制品的结晶度。聚四氟乙烯最大的结晶速度对应的温度是310~315℃，低于260℃时结晶速度慢得几乎无法测量。冷却过程可分为“淬火”与“不淬火”。“淬火”是把处于烧结温度的坯料以最快的速度通过结晶速度最大的温度区域进行冷却。“不淬火”是将处于烧结温度的坯料缓慢冷却至室温。不淬火的制品结晶度高（63%~85%），结晶排列紧密，硬度较大，收缩率大（5%~7%），而淬火制品的结晶度低（50%~60%），韧性好，收缩率小（0.8%）。

聚四氟乙烯在分解之前是无毒的惰性物质，但在高温下特别是在415℃以上时，有很多有剧毒的含氟烯烃如四氟乙烯、全氟丙烯、全氟丁烯、全氟异丁烯等分解出来，而四氟乙烯与空气短时混合后便会完全氧化，生成不稳定的过氧化物，过氧化物再分解为有毒的氟光气。氟光气可与空气中的水分相互作用水解生成有毒的氟化氢。因此在进行聚四氟乙烯的加工时，必须采取有效的通风方法，操作人员应戴防护面罩。

由于聚四氟乙烯具有优良的耐蚀性能，所以，它在化工防腐工程中得到应用。但由于聚四氟乙烯缺乏刚性，机械强度不太高，故不宜作为化工设备的结构材料。加上聚四氟乙烯的黏接性和焊接性不好，加工成型工艺复杂等缺陷，故其应用仍受到一定的限制。目前主要把它用作衬里材料，可以采用涂层或板衬的形式，但与基材的附着力弱；薄板松套衬里是重要的应用形式。聚四氟乙烯除用作衬里材料外，也用作管道、配件、阀、丝扣密封用的生料带等。

将聚四氟乙烯的氟元素用其他元素或基团替代（如—Cl、—CF_3、—H 等）进行改性，这在一定程度上破坏了结构的对称性，带来结晶度下降，致密性、熔点下降，极性提高，进而带来材料的强度提高，黏结性提高，可热熔、易成型，施工成本下降；但同时耐热、耐蚀性也有所下降。这样带来了众多聚四氟乙烯的改性材料，统称为氟树脂材料。

（2）聚三氟氯乙烯　聚三氟氯乙烯是—Cl取代了一个—F，其结构为

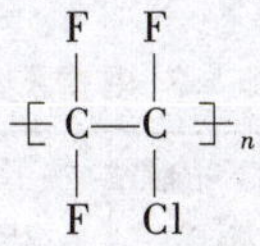

聚三氟氯乙烯具有优良的耐蚀性能，能耐强酸、强碱以及强氧化剂的腐蚀。但在高温下，浓硝酸、发烟硫酸、浓盐酸、氢氟酸及强氧化剂都会使之破坏。与140℃的氯磺酸长期作用以及熔融的苛性碱都会使之不稳定。此外液氯、溴、有机卤化物及芳香族化合物能使之溶胀。

聚三氟氯乙烯的结晶度是影响其物理、力学性能的决定因素。制品缓慢冷却，其结晶度可达85%~90%，结晶度低，制品比较柔软，冲击强度大，结晶度高，制品比较硬，冲击强度降低。而结晶速度与温度有关。100℃以下结晶速度较小，高于150℃后结晶速度迅速增长，在195℃达到最高点，其最佳结晶温度为190~200℃。若将熔融状态的聚三氟氯乙烯迅速冷却至100℃以下，则得结晶度低及晶粒小的透明体，若缓慢冷却，尤其是在最佳结晶温度的范围内停留较长时间，则得到晶粒大而结晶度高的浑浊体。作为化工设备防腐蚀涂层，希望降低聚三氟氯乙烯的结晶度及尽可能使结晶微粒变小。淬火是达到这一目的的有效方法。经过淬火的聚三氟氯乙烯涂层较柔软，弹性模量变小，可以补偿金属与聚三氟氯乙烯膨

胀的不同，提高与金属的结合力。

由于聚三氟氯乙烯在熔点（208~210℃）以上有一定的流动性，可以按注射、挤压或模塑的方法加工成制品，如泵、阀、棒和管等，也可与有机溶剂配成悬浮液，以制备设备用的耐腐蚀涂层。聚三氟氯乙烯在高温下也可分解出剧毒产物，故在涂层塑化时，要有良好的排风设备，并控制塑化炉温，操作人员要佩戴防护用具等。

（3）聚全氟乙丙烯塑料　聚全氟乙丙烯是四氟乙烯和六氟丙烯的共聚物，其中四氟丙烯占82%~83%，六氟丙烯占17%~12%（质量分数），其分子结构式为

$$\left[\left(CF_2-CF_2 \right)_x \left(CF_2-\underset{\displaystyle CF_3}{\underset{|}{CF}} \right) \right]_n$$

聚全氟乙丙烯是一种改性的聚四氟乙烯，除耐热性稍次于聚四氟乙烯外（优于聚三氟氯乙烯，能在200℃高温下长期使用），它具有聚四氟乙烯的优良性能，如极高的化学稳定性、低的摩擦系数、良好的力学性能等。突出的优点是熔融温度为274~296℃，比聚四氟乙烯低，熔体黏度低，高温下的流动性比聚三氟氯乙烯好，易于加工成型，可以用模压、挤压和注射等成型方法制造各种板、管、零件等，也可采用其粉料或分散液制得耐腐蚀涂层，其喷涂工艺与聚三氟氯乙烯相同，但塑化温度较高，需要360±10℃。

聚全氟乙丙烯在化工防腐蚀中的应用，除喷涂一些阀门、泵叶轮、管件等外，还可用作热交换器，主要是将它制成薄壁细管，以克服传热系数小的缺点，再与聚四氟乙烯做成管束式热交换器。

9.5.3　橡胶

橡胶在防腐蚀方面可以作为金属设备的衬里或复合衬里中的防渗层。橡胶分为天然橡胶和合成橡胶两大类。合成橡胶种类繁多，如顺丁橡胶、氯丁橡胶、丁苯橡胶、丁腈橡胶、乙丙橡胶、硅橡胶、氟橡胶、丁基橡胶等，其性能特性见表9-3。本节主要介绍在防腐蚀工程中常用的几种典型橡胶。

表9-3　常用橡胶性能

性能	天然胶 NR	异戊胶 IR	丁苯胶 SBR	丁腈胶 NBR	顺丁胶 BR	氯丁胶 CR	丁基胶 BR	乙丙胶 EPR	海帕龙 CSM	异丁胶 PIB
相对密度	0.93	0.93	0.94	0.96~1.00	0.94	1.16~1.25	0.93	0.87	1.10~1.50	0.93
加工特性	优	优	优	可	良	良	良	良	良	良
回弹性(%)	80~90	70~90	60~80	20~65	70~95	70~85	20~60	50~80	30~60	20~50
伸长率(%)	600~1200	300~1000	300~800	250~700	200~800	400~1000	400~800	300~800	100~500	600~700
抗张强度/MPa	20~40	0.5~20	0.7~35	0.7~35	0.4~20	10~35	10~21	0.7~25	0.7~25	0.6~10
压缩永久变形	良	良	良	良	良	良	可	良	可	可
抗撕裂性	优	良	可	良	良	良	良	可	可	可
耐磨性	优	优	优	优	优	优	良	良	优	良
耐燃性	劣	劣	劣	劣	可	良	可	可	良	劣
耐热老化性	可	可	可	可	可	可	良	优	良	良

（续）

性能	天然胶 NR	异戊胶 IR	丁苯胶 SBR	丁腈胶 NBR	顺丁胶 BR	氯丁胶 CR	丁基胶 BR	乙丙胶 EPR	海帕龙 CSM	异丁胶 PIB
使用温度/℃	-58~+90 +120	-50~+90 +120	-30~ +120	-40~ +130	-70~ +120	-35~ +130	-55~ +150	-60~ +150	-18~ +150	-20~ +80
气密性	可	可	可	可	良	良	优	良	优	可
耐油性	可	可	劣	优	可	良	良	可	良	劣
耐溶剂性	劣	劣	劣	良	劣	可	可	可	良	劣
耐酸性	良	良	良	优	良	优	优	优	优	良
耐碱性	良	良	良	良	良	优	优	优	优	良
耐水性	优	优	优	优	优	良	优	优	良	优
耐候性	可	可	可	可	可	优	优	优	优	良
耐光性	可	可	可	可	可	优	优	优	优	优
耐臭氧性	劣	劣	劣	劣	劣	良	优	优	优	可
电绝缘性	优	可	优	劣	可	良	优	优	良	可
与金属黏合性	优	优	优	优	良	优	可	可	优	可

1. 天然橡胶

天然橡胶是从橡胶树的树汁（即胶乳）制得的。它是不饱和的异戊二烯的高分子聚合物，结构式如下：

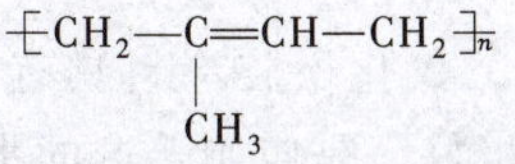

硫化交联前的天然橡胶是线型聚合物，力学性能较差，而且在其主链上含有较多的双键，易被氧化剂所氧化，不能满足实用上的需要。但这些缺点可以通过硫化作用得到改善。

硫化是在生胶内加入硫黄（或其他硫化剂）的处理过程。由于分子中含有双键，能与硫作用，而使大分子链交织成立体网状大分子：

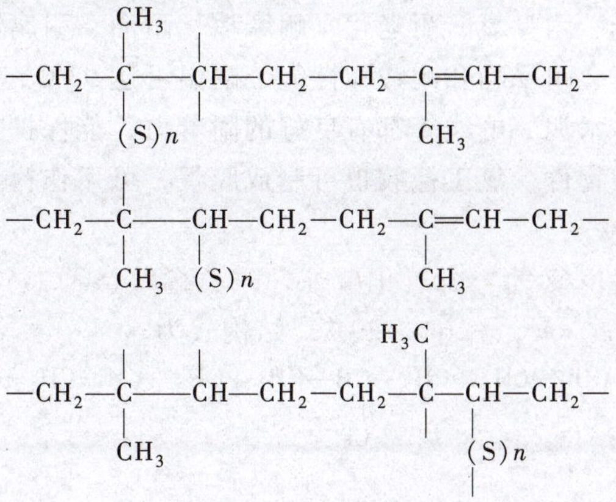

$n=2\sim8$，以 2 为主。

硫化的结果使橡胶在弹性、强度、耐溶剂性及耐氧化性能方面得到改善。根据硫化程度的高低，即含硫量的多少可分为软橡胶（w_S 为 2%~4%）、半硬橡胶（w_S 为 12%~20%）和硬橡胶（w_S 为 20%~30%）。软橡胶的弹性较好，耐磨、耐冲击振动，适用于温度变化大和有冲击振动的场合。但软橡胶的耐蚀性能及抗渗性则比硬橡胶差些。硬橡胶由于交联度大，故耐蚀性能、耐热性和机械强度均较好，但耐冲击性能则较软橡胶差些。

天然橡胶的化学稳定性能较好，可耐一般非氧化性强酸、有机酸、碱溶液和盐溶液腐蚀，但在强氧化性酸和芳香族化合物中不稳定。

2. 氯化橡胶

氯化橡胶是天然橡胶经过塑炼解聚后，溶于四氯化碳中进行氯化处理而得的白色多孔固体，含氯量为 60%（质量分数）以上。其化学结构示意如下：

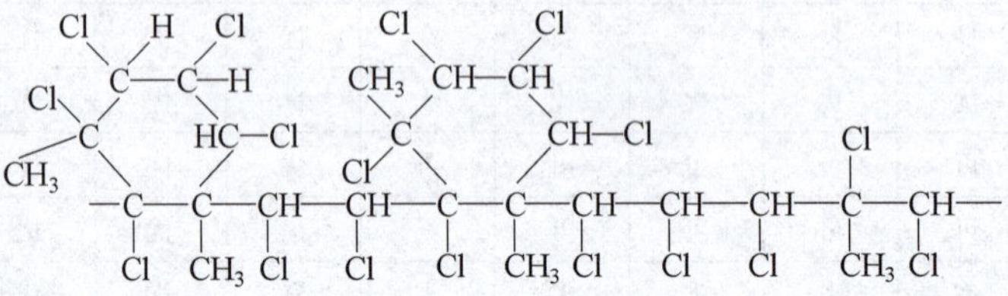

氯化橡胶主要用作涂料。由于氯化橡胶树脂涂层脆，附着力不好，不耐紫外线照射，常采用其他天然或合成树脂改性，再加入增塑剂、稳定剂、颜料等附加成分，可改善涂层的性能。常用的品种有：氯化石蜡改性、氯化橡胶/丙烯酸磁漆、氯化橡胶/醇酸树脂防腐蚀漆、氯化橡胶/煤焦油防腐蚀漆。

氯化橡胶涂料可在 70℃ 以下使用。在干燥大气中，温度在 100℃ 以下时，涂层不会分解，但在潮湿的大气中，温度超过 70℃ 时，涂层就会分解，并放出氯化氢。涂层具有不燃性，但不耐溶剂及氧化性酸的腐蚀。氯化橡胶涂料具有良好的耐酸碱、耐海水性能，其对水、水蒸气通过性很低，抗渗透性极好，是应用普遍的水工重防腐涂料。

3. 氯丁橡胶

氯丁橡胶是由单体氯丁二烯在水介质中借松香作乳化剂进行聚合而得到的。结构式为

$$\left[CH_2-\underset{\displaystyle Cl}{\underset{|}{C}}=CH-CH_2 \right]_n$$

氯丁橡胶具有耐日光、耐臭氧、耐老化、耐摩擦、耐油、耐腐蚀等性能，可用来制造涂料，漆膜具有耐水、耐磨、耐暴晒和耐酸碱性能，耐温可达 93℃，耐低温至 -40℃。它对金属、塑料、木材、陶瓷、水泥、电线等都有良好的附着力，能保护在地下、水下或有腐蚀性介质与潮湿环境下的各种物件。氯丁橡胶也可制成胶板，可用作衬里。

4. 氯磺化聚乙烯橡胶

氯磺化聚乙烯橡胶是由氯气与二氧化硫处理聚乙烯溶液而制得，平均相对分子质量为 20000，w_S 为 1.3%~1.7%，w_{Cl} 为 26%~29%，结构式为

$$\left[\left(CH_2-CH_2-CH_2-\underset{\displaystyle Cl}{\underset{|}{CH}}-CH_2-CH_2-CH-CH_2 \right)_m \underset{\displaystyle \underset{\displaystyle Cl}{\underset{|}{SO_2}}}{\underset{|}{C}} \right]_n$$

式中，一般 $m=12$，$n=17\sim18$。

氯磺化聚乙烯橡胶可作为涂料，也可与其他填料混炼，制成衬里用的胶板。

氯磺化聚乙烯橡胶的耐磨性能、耐大气、耐臭氧性能良好，耐热可达 120℃；其耐氧化

剂性能仅次于氟橡胶，在强氧化性介质中（如常温下 70%硝酸、浓硫酸）和在碱液、过氧化物、盐溶液及很多有机介质中稳定。但氯磺化聚乙烯橡胶不耐油类、四氯化碳、芳香族等化合物的腐蚀。

5. 丁苯橡胶

丁苯橡胶是由丁二烯和苯乙烯以 75∶25（质量比）配比聚合而成的。结构式

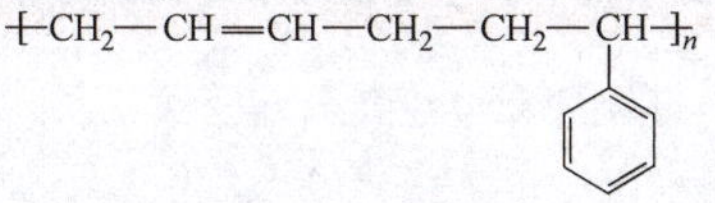

根据硫化剂的用量不同，可制成软胶板和硬胶板。

丁苯软橡胶的耐酸性能与天然橡胶类似，但不耐盐酸腐蚀，因为在它的表面不能形成氯化物的保护膜。在氧化性酸中也很不稳定。丁苯硬橡胶可在 80℃、36%盐酸的长期作用下而不腐蚀，在 65℃以下可耐湿氯气腐蚀，在醋酸介质中稳定。

6. 丁腈橡胶

丁腈橡胶是由丁二烯和丙烯腈单体以一定比例聚合而成的，结构式如下：

$$\left[CH_2-CH=CH-CH_2\right]_m\left[CH_2-\underset{\displaystyle CN}{\underset{|}{CH}}\right]_n$$

丁腈橡胶具有良好的耐油性能，其耐油和耐有机溶剂性能超过丁苯橡胶，而耐蚀性能与丁苯橡胶相似。

思　考　题

1. 什么是高分子材料？其化学结构有哪些特征？有哪些基本性质？
2. 什么是高分子材料的腐蚀？有何主要表现？具有哪些不同于金属腐蚀的特点？
3. 高分子材料的老化应如何分类？各含有哪些主要形式？
4. 介质对高聚物的渗透性能受哪些因素的影响？
5. 什么是溶胀？溶胀层的结构如何？高分子材料耐溶剂性可用哪些原则进行判断？
6. 什么是高分子材料的环境应力开裂？有哪些特点？
7. 高分子材料的氧化反应分哪几个阶段？哪些因素可引发反应？
8. 光氧化反应是怎样引发的？为什么暴露在大气中的高分子材料没有引发“爆发”式的光氧化反应？
9. 高分子材料的高能辐射反应有哪两种？通常何者占优势？
10. 试述高分子材料微生物腐蚀的特点。
11. 何为高分子材料的物理老化？其特点是什么？
12. 高分子基复合材料的腐蚀机制有哪些种？
13. 常见的耐腐蚀高分子材料有哪几种？其基本性能如何？

第10章 无机非金属材料的腐蚀及耐蚀材料

无机非金属材料是指除金属材料和有机高分子材料以外的固体材料，传统的无机非金属材料又称为硅酸盐材料，主要包括陶瓷、玻璃、水泥和耐火材料四大类。近年来，一些新型材料如先进功能陶瓷、碳材料、人工晶体材料、非晶态材料、无机涂层材料及无机复合材料等相继涌现，逐步发展成为材料科学领域中最活跃、最具活力的新型无机非金属材料，从而赋予无机非金属材料更广泛的科学含义和内容。

无机非金属材料从其化学组成上除传统硅酸盐类以外，还包含各种含氧酸盐、氧化物、氮化物、碳与碳化物、硼化物、氟化物、硫化物、硅、锗Ⅲ-Ⅴ族化合物以及Ⅱ-Ⅵ族化合物。在晶体结构上，无机非金属的晶体结构远比金属复杂，并且没有自由的电子，具有比金属键和纯共价键更强的离子键和混合键。化学键的本质和特点赋予这一大类无机非金属材料高熔点、高硬度、耐腐蚀、耐磨损、高强度和良好的抗氧化性等基本属性，同时又具有宽广的导电性、隔热性、透光性及良好的铁电性、铁磁性和压电性。因此，无机非金属材料应用十分广泛，除了传统作为结构材料使用的四大类材料，通过材料的组成、结构可以设计和组合出具有各类功能和多功能的新材料和新体系。

尽管原先以传统硅酸盐分类的无机非金属材料体系已经不能充分表达其广泛含义，但涉及腐蚀问题更多关注的还主要是传统的无机非金属结构材料。因此，本章中主要介绍几种硅酸盐体系结构材料的腐蚀及耐蚀材料。

10.1 无机非金属材料腐蚀基本原理

10.1.1 腐蚀特点

无机非金属材料通常具有良好的耐蚀性能，但因其化学成分、结晶状态、结构以及腐蚀介质的性质等原因，在某些情况下无机非金属材料也会发生比较严重的腐蚀现象。除石墨等碳基导电材料以外，无机非金属材料在与电解质溶液接触时不像金属那样形成原电池，故其腐蚀通常不是由电化学过程引起的，而往往由化学作用或物理作用引起。

10.1.2 影响因素

耐蚀无机非金属材料大多属于硅酸盐材料，如下因素会影响硅酸盐材料的耐蚀性。

1. 材料的化学成分和矿物组成

硅酸盐材料成分中以酸性氧化物 SiO_2 为主，它们耐酸而不耐碱，当 SiO_2（尤其是无定型 SiO_2）与碱液接触时发生如下反应而受到腐蚀：

$$SiO_2+2NaOH \longrightarrow Na_2SiO_3+H_2O$$

以上反应所生成的硅酸钠易溶于水及碱液中。

对于 SiO_2 含量较高的耐酸材料，除氢氟酸和高温磷酸外，它能耐几乎所有无机酸的腐蚀。温度高于 300℃ 的磷酸以及任何浓度的氢氟酸都会对 SiO_2 发生作用，主要化学反应如下：

$$SiO_2+4HF \longrightarrow SiF_4\uparrow+2H_2O$$

$$SiF_4+2HF \longrightarrow H_2[SiF_6]\text{（氟硅酸）}$$

$$H_3PO_4 \xrightarrow{\text{高温}} HPO_3+H_2O$$

$$2HPO_3 \longrightarrow P_2O_5+H_2O$$

$$SiO_2+P_2O_5 \longrightarrow SiP_5O_7\text{（焦磷酸硅）}$$

一般来说，材料中 SiO_2 的含量越高，耐酸性越强，SiO_2 的质量分数低于 55%的天然及人造硅酸盐材料是不耐酸的，但也有例外。例如铸石中 SiO_2 的质量分数为 55%左右，而它的耐蚀性却很好；红砖中 SiO_2 的含量很高，质量分数达 60%~80%，却没有耐酸性。这是因为硅酸盐材料的耐酸性不仅与化学组成有关，而且与结构和物相有关。铸石中的 SiO_2 与 Al_2O_3、Fe_2O_3 等在高温下形成耐蚀性很强的矿物——普通辉石，所以虽然 SiO_2 的质量分数低于 55%却有很强的耐蚀性。红砖中 SiO_2 的含量尽管很高，但是以无定型状态存在，因此没有耐酸性。如将红砖在较高的温度下煅烧，使之烧结，就具有较高的耐酸性。这是因为在高温下 SiO_2 与 Al_2O_3 形成具有高度耐酸性的新矿物——硅线石（$Al_2O_3 \cdot 2SiO_2$）与莫来石（$3Al_2O_3 \cdot 2SiO_2$），并且其密度也增大。

含有大量碱性氧化物（CaO、MgO）的材料属于耐碱材料。它们与耐酸材料相反，很难抵抗酸类的作用。例如由钙硅酸盐组成的硅酸盐水泥，可被所有的无机酸腐蚀，而在一般的碱液（浓的烧碱液除外）中却是耐蚀的。

2. 材料孔隙和结构

除熔融制品（如玻璃、铸石）外，硅酸盐材料或多或少总具有一定的孔隙率。孔隙会降低材料的耐蚀性，因为孔隙的存在会使材料受腐蚀作用的面积增大，侵蚀作用也就显得强烈，使得腐蚀不仅发生在表面上而且也发生在材料内部。当化学反应生成物出现结晶或相变时，还会造成物理性的破坏。例如制碱车间的水泥地面，当间歇地受到苛性钠溶液的浸润时，由于渗透到孔隙中的苛性钠吸收二氧化碳后变成含水碳酸盐结晶，体积增大，在水泥内部膨胀，使材料产生内应力破坏。

如果在材料的表面及孔隙中腐蚀生成的化合物为不溶性的，则在某些场合能保护材料不再受到进一步的破坏，水玻璃耐酸胶泥的酸化处理就是一例。

当孔隙为闭孔时，受腐蚀性介质的影响要比开口的孔隙小。

硅酸盐材料的耐蚀性还与其结构有关。晶体结构的化学稳定性较无定型结构高。例如结晶的 SiO_2（石英）虽属耐酸材料但也有一定的耐碱性。而无定型的 SiO_2 就易溶于碱溶液中。具有晶体结构的熔铸辉绿岩也是如此，它比同一组成的无定型化合物具有更高的化学稳定性。

3. 腐蚀介质

硅酸盐材料的腐蚀速率似乎与酸的性质无关（除氢氟酸和高温磷酸外），而与酸的浓度有关。酸的电离度越大，对材料的破坏作用也越大。酸的温度升高，电离度增大，其破坏作用也就增强。此外酸的黏度会影响它们通过孔隙向材料内部扩散的速度。例如盐酸比同一浓度的硫酸黏度小，在同一时间内渗入材料的深度就大，其腐蚀作用也较硫酸强。同样，同一种酸的浓度不同，黏度也就不同，因而对材料的腐蚀速度也不相同。通常，高电离度、高温、低黏度的酸溶液对硅酸盐材料的腐蚀性较强。硅酸盐材料在碱性介质中耐蚀性较差，腐蚀速率基本上都随着溶液 pH 值和温度的增加而急剧升高。

10.2　玻璃的腐蚀

玻璃是一种具有无规则结构的非晶态材料。与金属相比，人们总认为它是惰性的。实际上，许多玻璃在大气、弱酸，尤其是碱性介质中，都可用肉眼观察到表面污染、粗糙、斑点等腐蚀迹象。

10.2.1　玻璃的结构

玻璃是以 SiO_2 为主要成分，并含有 R_2O、RO（R 代表碱金属或碱土金属）、Al_2O_3、B_2O_3 等多种氧化物。实践表明，玻璃具有很好的耐酸性，而耐碱性相对差些，这与其组成和结构密切相关。

玻璃的结构如图 10-1 所示，玻璃是缺乏对称性及周期性的三维网络（图 10-1b），其结构单元不像同成分的晶体结构那样呈现长程重复排列，如图 10-1a 所示。其结构是以硅氧四面体［SiO_4］为基本单元的空间连续的无规则网络所构成的牢固骨架，此为材料中化学稳定的组成部分；被网络外的阳离子如 K^+、Na^+、Ca^{2+}、Mg^{2+}等所打断而又重新集聚的脆弱网络，它是材料中化学不稳定的组成部分，如图 10-1c 所示。

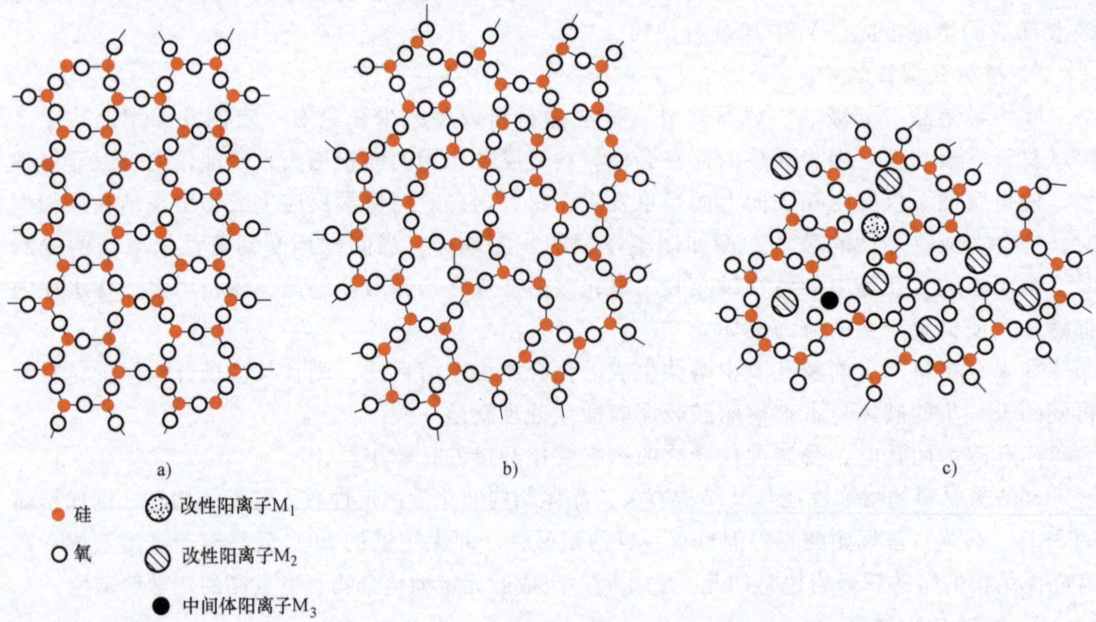

图 10-1　玻璃结构二维示意图

a）有序的晶体结构　b）无规则的网络结构（玻璃）　c）多种阳离子的玻璃结构

10.2.2　腐蚀类型和机理

玻璃与水及水溶液接触时，可以发生溶解和化学反应。这些化学反应包括水解及在酸、碱、盐水溶液中的腐蚀，除了玻璃的风化这种普遍性的腐蚀外，还有由于相分离所导致的选择性腐蚀。

1. 溶解

SiO_2 是玻璃最主要的组元，图 10-2 所示为 pH 值对可溶性 SiO_2 溶解量的影响。当 pH<8 时，SiO_2 在水溶液中的溶解量很小；而当 pH>9 以后，溶解量则迅速增大。这种效应可用图 10-3 所显示的模型得以说明。

1）在酸性溶液中，要破坏所形成的酸性硅烷较困难，因而溶解少而慢。

2）在碱性溶液中，Si—OH 的形成容易，故溶解度大。

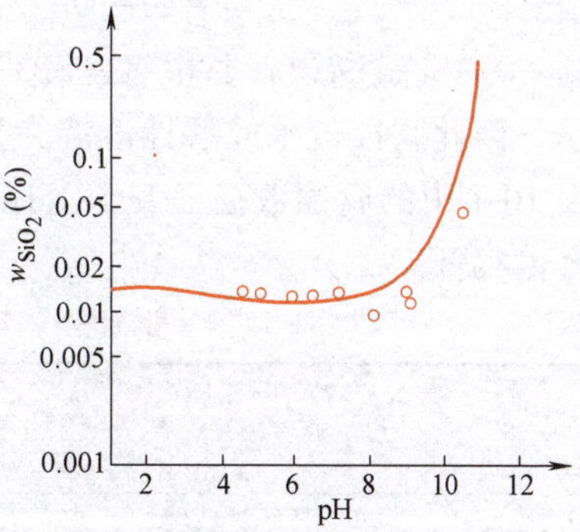

图 10-2　pH 值对可溶性 SiO_2 溶解量的影响（25℃）

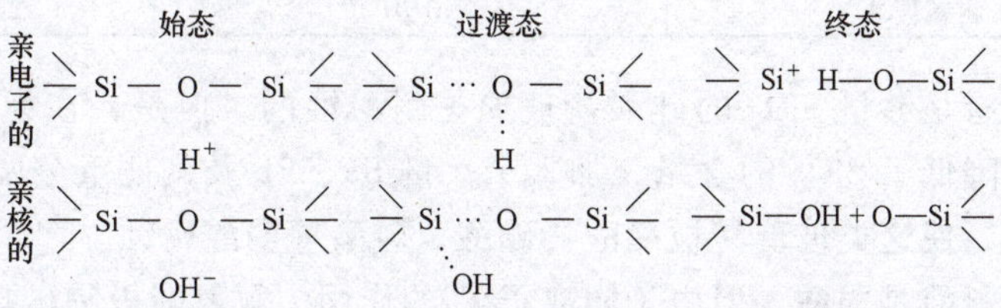

图 10-3　H^+ 及 OH^- 对 Si—O—Si 键破坏示意图

2. 水解与腐蚀

含有碱金属或碱土金属离子 R（Na^+、Ca^{2+} 等）的硅酸盐玻璃与水或酸性溶液接触时不是发生了“溶解”，而是“水解”，这时，破坏的是 Si—O—R，而不是 Si—O—Si。

这种反应起源于 H^+ 与玻璃中网络外阳离子（主要是碱金属离子）的离子交换：

$$\equiv Si—O—Na + H_2O \longrightarrow \equiv Si—OH + NaOH$$

此反应实质是弱酸盐的水解。由于 H^+ 减少，pH 值升高，从而开始了 OH^- 对玻璃的侵蚀。上述离子交换产物可进一步发生水化反应：

$$\equiv Si—OH + 3/2H_2O \longrightarrow HO—\underset{\large OH}{\overset{\large OH}{\underset{|}{\overset{|}{Si}}}}—OH$$

随着这一水化反应的进行，玻璃中脆弱的硅氧网络被破坏，从而受到侵蚀。但是反应产物 $Si(OH)_4$ 是一种极性分子，它能使水分子极化，而定向地附着在自己的周围，成为 $Si(OH)_4 \cdot nH_2O$。这是一个高度分散的 SiO_2-H_2O 系统，称为硅酸凝胶，除一部分溶于溶液外，大部分附着在材料表面，形成硅胶薄膜。随着硅胶薄膜的增厚，H^+ 与 Na^+ 的交换速度越来越慢，从而阻止腐蚀继续进行，此过程受 H^+ 向内扩散的控制。

因此，在酸性溶液中，R^+为H^+所置换，但 Si-O-Si 骨架未动，所形成的胶状产物又能阻止反应继续进行，故腐蚀较少。

但是在碱性溶液中则不然。如图 10-3 所示，OH^-发生如下反应：

$$\equiv Si—O—Si\equiv + OH^- \longrightarrow \equiv SiOH + \equiv SiO^-$$

Si—O—Si 链断裂，非桥氧$\equiv SiO^-$群增大，结构被破坏，SiO_2 溶出，玻璃表面不能生成保护膜。因此腐蚀较水或酸性溶液为重，且反应不受扩散控制。

表 10-1 中的腐蚀数据证实了上述的分析，其中耐碱玻璃由于含有 ZrO_2，故在碱中的腐蚀速度也很低。

表 10-1　各类玻璃在酸及碱中的腐蚀数据

编号	玻璃类型	腐蚀失重/$mg \cdot cm^{-2}$	
		$w_{HCl}=5\%$,100℃,24h	$w_{NaOH}=5\%$,100℃,5h
7900	96%高硅氧玻璃	0.0004	0.9
7740	硼硅酸盐玻璃	0.005	1.4
0080	钠钙灯泡玻璃	0.01	1.1
0010	电真空铅玻璃	0.02	1.6
7050	硼硅酸盐钨封接玻璃	选择性腐蚀	3.9
8870	高铅玻璃	崩解	3.6
1710	铝硅酸盐玻璃	0.35	0.35
7280	耐碱玻璃	0.01	0.09

一般来说，含有足够量 SiO_2 的硅酸盐玻璃是耐酸蚀的，但是，在为了获得某些光学性能的光学玻璃中，降低了 SiO_2 的含量，加入了大量 Ba、Pb 及其他重金属氧化物，正是由于这些氧化物的溶解，使这类玻璃易被醋酸、硼酸、磷酸等弱酸腐蚀。

此外，尽管氢氟酸是弱酸，但由于阴离子F^-的作用，氟氢酸极易破坏 Si—O—Si 键而腐蚀玻璃。一般认为，氢氟酸腐蚀玻璃主要是由于生成了稳定的气态四氟化硅（SiF_4）。因此，在玻璃使用过程中需要避免直接接触氢氟酸。另一方面，利用氢氟酸对玻璃的腐蚀性，使得其在玻璃蚀刻加工方面获得广泛的应用。

$$\equiv \overset{H^+}{Si}—O—\overset{F^-}{Si}\equiv \longrightarrow \equiv \overset{F^-}{Si}\cdots\cdots \overset{H^+}{O}—Si\equiv \longrightarrow \equiv Si—F + HO—Si\equiv$$

3. 玻璃的风化

玻璃和大气的作用称为风化。玻璃风化后，在表面出现雾状薄膜，或者点状、细线状模糊物，有时出现彩虹。风化严重时玻璃表面形成白霜，因而失去透明，甚至产生平板玻璃黏片现象。

风化大都发生于玻璃储藏、运输过程中，温度、湿度比较高，通风不良的情况下；化学稳定性比较差的玻璃在大气和室温条件也能发生风化。

玻璃在大气中风化时，首先吸附大气中的水，在表面形成一层水膜。通常湿度越大，吸附水分越多。然后，吸附水中的H_3O^+或H^+与玻璃中网络外阳离子进行上面的离子交换和碱侵蚀，破坏硅氧骨架。由于风化时表面产生的碱不会移动，故风化始终在玻璃表面上进行，随时间增加而变得严重。

在不通风的仓库储存玻璃时，若湿度高于 75%，温度达 40℃ 以上，玻璃风化严重。大气中含有的 CO_2 和 SO_2 气体，会加速玻璃的风化。

4. 选择性腐蚀

如图 10-3 所示的 SiO_2-B_2O_3-Na_2O 三元系中的"影线区"的成分，通过热处理（例如 580℃，3~168h）可以形成双向组织——孤立的硼酸盐相弥散在高 SiO_2 基体之中。这种双相组织的玻璃在酸中易发生选择性腐蚀，富 B_2O_3 的硼酸盐相受侵，而高 SiO_2 的基体没有变化，从而形成疏松的玻璃。孔洞的直径在 3~6nm 之间，孔洞的体积可达 28%。再通过弱碱处理，由于溶去孔洞内部的高 SiO_2 的残存区，可扩大孔洞直径。

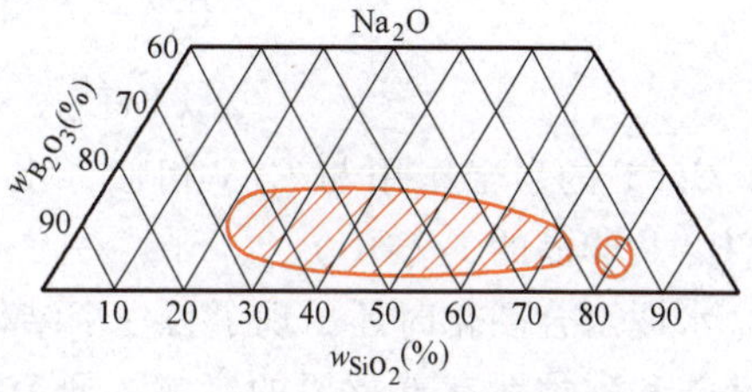

图 10-3　通过侵蚀可获得疏松玻璃的成分范围（影线区）

其他具有这种相分离结构的玻璃很多也会发生选择性腐蚀。例如，简单的钠玻璃也可通过上述的热处理——腐蚀工艺，获得孔洞直径为 0.7nm 的疏松玻璃，显示分子筛的功能。

10.3　混凝土的腐蚀

混凝土是一种很复杂的复合材料，它是砾石、卵石、碎石或炉渣在水泥或其他胶结材料中的凝聚体，其品种繁多、家族庞大。用量最大的胶结材料是水泥（Cement），特别是波特兰水泥。下面先分析混凝土的结构，再讨论波特兰水泥的腐蚀。

10.3.1　混凝土的结构与组成

C_s 表示混凝土的结构，C 为水泥或其他胶结材料，A_c 及 A_f 分别表示粗及细骨料，W 及 V 分别为水及孔隙，x_1，x_2，…，x_n 为各种添加物，I_1，I_2，…，I_m 为各种内界面，则

$$C_s=f(C,A_c,A_f,W,V,x_1,\cdots,x_n,I_1,\cdots,I_m)$$

这里函数 f 包括各组元的含量及排列方式，由于 A_c 及 A_f 因地而异，添加物（包括钢筋）又很多，W 及 V 随工艺而有差异，对于界面（实质上是薄区）知道得不多，下面只讨论波特兰水泥的结构。

水泥的主要组元是氧化物，这些氧化物的符号一般简化为一个英文字母，例如 C=CaO，$S=SiO_2$，$A=Al_2O_3$，M=MgO，$N=Na_2O$，$K=K_2O$，$P=P_2O_3$，$T=TiO_2$，$F=Fe_2O_3$，f=FeO，$H=H_2O$，$\overline{C}=CO_2$，$\overline{S}=SO_3$ 等，这样 $CaSiO_3$=CS，$Ca_3Al_2O_6=C_3A$。

波特兰水泥大约由质量分数为 75% 的硅酸钙和 25% 的矿物质所组成，前者为 C_3S 及 C_2S；后者主要是 C_3A，C_4AF，还有少量的 C_5A_3、CA、C_3A_5、C_2F、CF 等。此外，碱的质量分数（以 Na_2O 计算）为 0.3%~2%。

水泥在混凝土中由于水合作用而变硬，成为"水泥石"，它的组成取决于水泥中各组元的水合反应：

$$2C_3S+7H\longrightarrow C_3S_2H_4+3CH$$

$$2C_2S+5H\longrightarrow C_3S_2H_4+CH$$

$$2C_3A+27H\longrightarrow C_4AH_{19}+C_2AH_8\longrightarrow 2C_3AH_6+15H$$

有硫酸钙（$C\overline{S}$）时

$$C_3A+3C\bar{S}H_2+26H \longrightarrow C_6A\bar{S}_3H_{32}$$

$$2C_3A+C_6A\bar{S}_3H_{32}+4H \longrightarrow 3C_4A\bar{S}H_{12}$$

C_4AF 的水合作用与 C_3A 相似，水合产物有 $C_3(A,F)H_6$，C_2F 水合则产生 C_4FH_{13}、C_3FH_6 及非晶的 $Fe(OH)_3$。

水泥水合硬化时还出现了另一个结构参数即孔隙，它的大小、分布和含量对混凝土的力学性能和耐蚀性有着重要的影响。研究发现，水泥/砂比下降及水/水泥比增加，使总孔隙率、连通孔隙率及透气性都显著增加。常温硬化的水泥浆体（或称水泥石）通常是由未水化的水泥颗粒、水泥水化产物（C—S—H 凝胶、$Ca(OH)_2$、钙矾石等）、水、少量空气以及由水和空气占有的孔隙组成，它是一个固-液-气三相的稳定体。

10.3.2　腐蚀类型和机理

混凝土结构大多在室外遭受大气、水或土壤的腐蚀，而在地下或阴暗的场所，例如排污水的混凝土管道，还有微生物腐蚀。混凝土结构中有孔隙，因而腐蚀性流体既可以在混凝土结构的表面发生反应，也可通过孔隙渗进，在内部发生溶解或化学反应，这些作用的产物也可通过孔隙而流出。

室温下混凝土结构的腐蚀主要是水和水溶液腐蚀，这类破坏可分为两类：

1）浸析腐蚀：水或水溶液从外部渗入混凝土结构，溶解其易溶的组分，从而破坏混凝土。

2）化学反应引起的腐蚀：水或水溶液在混凝土表面或内部与混凝土某些组元发生化学反应，从而破坏混凝土。

1. 浸析腐蚀

以 $Ca(OH)_2$ 溶解侵蚀为例，说明影响这种破坏过程的因素。水泥中含游离的 CH，或通过前面的反应产生 CH，这些 CH 可被渗透水溶解而带走。现在来计算厚度 $l=10$cm 的构件，在压头 Δp 为 15m 的软水作用下的混凝土设备工作 $t=100$ 年所允许的最高允许渗透率 P。

CH 在渗透水中的浓度是变化的，设在侵蚀期间 CaO 在水中的平均浓度 $\bar{c}(CaO)=5\times10^{-4}g/cm^3$；波特兰水泥用量 $q=0.3g/cm^3$；每一克波特兰水泥平均含氧化钙 $q_{CaO}=0.65g$；假设 CaO 的允许浸出率（即这样浸出，混凝土强度仍在设计范围内）α 为水泥中 CaO 总量的 20%，若表面积 $A=1cm^2$，则在使用期允许带走的 CaO 量 Q_{CaO} 为

$$Q_{CaO}=q\alpha q_{CaO}lA=\alpha qq_{CaO}l$$

带走 Q_{CaO} 所需的水量 W 为

$$W=Q_{CaO}\sqrt{c}$$

计算上式 W 所需渗透率 P

$$W=P\frac{\Delta p}{l}t$$

由此可得

$$P=\frac{\alpha qq_{CaO}l^2}{\bar{c}\Delta pt}=1.65\times10^{-9}cm/s$$

从上面的公式可以看出，为了使允许的 P 值大，则要求 α、q、q_{CaO}、l 大，$\bar{c}$、Δp、t 小。在其他条件相同的情况下，寿命 t 与渗透率 P 成反比。P 随孔隙半径的增加而增加，即 P 随有效孔隙率的增加而增加，减少及缩小孔隙对于降低 P、增加寿命都是有利的。

2. 化学反应引起的腐蚀

环境中的 CO_2、游离酸、碱、镁盐等化合物可与混凝土中某些组元发生反应，而使后者受到腐蚀。常见的有以下几类腐蚀问题。

（1）酸性软水的腐蚀　含有 CO_2 的软水将会腐蚀波特兰水泥产物中的 $Ca(OH)_2$ 及 $CaCO_3$：

$$Ca(OH)_2+CO_2 \longrightarrow CaCO_3+H_2O$$

$$CaCO_3+CO_2+H_2O \longrightarrow Ca(HCO_3)_2$$

在硬水中，沉积的碳酸盐层可以保护水泥石而使之腐蚀速度很低。

（2）酸雨腐蚀　伴随着环境的污染，酸雨的频率逐渐增加。雨水中溶有一些无机酸和有机酸时，会对混凝土的侵蚀明显加速。酸性介质首先与 $Ca(OH)_2$ 发生中和反应，急剧降低混凝土介质的碱度。随着混凝土碱度的降低，水化硅酸钙和水化铝酸钙失去稳定性而水解、溶出，导致混凝土强度不断下降。其反应式如下（酸为 HR 为例）：

$$Ca(OH)_2+2H^+ \longrightarrow Ca^{2+}+2H_2O$$

$$n\text{CaO}m\text{SiO}_2p\text{H}_2\text{O}+2n\text{H}^+ \longrightarrow n\text{Ca}^{2+}+m\text{SiO}_2+(n+p)\text{H}_2\text{O}$$

$$n\text{CaO}m\text{Al}_2\text{O}_3p\text{H}_2\text{O}+2n\text{H}^+ \longrightarrow n\text{Ca}^{2+}+m\text{Al}_2\text{O}_3+(n+p)\text{H}_2\text{O}$$

$$Ca^{2+}+2R^- \longrightarrow CaR_2$$

（3）硫酸盐水溶液的腐蚀　可溶性硫酸盐可与水泥中水合产物发生化学反应，导致体积膨胀或崩解。例如，Na_2SO_4 水溶液通过如下反应而腐蚀水泥水合产物：

$$Ca(OH)_2+Na_2SO_4+2H_2O \longrightarrow CaSO_4 \cdot 2H_2O+2NaOH$$

$$3CaO \cdot Al_2O_3 \cdot 6H_2O+3(CaSO_4 \cdot 2H_2O)+20H_2O \longrightarrow 3CaO \cdot Al_2O_3 \cdot 3CaSO_4 \cdot 32H_2O$$

碱金属硫酸盐不能腐蚀水合的硅酸钙。硫酸铵可腐蚀 $Ca(OH)_2$：

$$(NH_4)_2SO_4+Ca(OH)_2 \longrightarrow CaSO_4+2NH_4OH$$

NH_4OH 分解产生的氨一部分溶于水，一部分以气体释放出来，因此上面反应极易向右进行。实验表明，硫酸铵是混凝土的强腐蚀性介质。

硫酸镁的腐蚀反应如下：

$$CH+M\bar{S}+2H \longrightarrow C\bar{S} \cdot 2H+MH$$

$$C_xS_y+M\bar{S}+3H \longrightarrow C_x\bar{S}H_2+MS+yS$$

$CaSO_4$、$BaSO_4$、$PbSO_4$ 等虽可腐蚀混凝土，但它们的溶解度小，因而腐蚀速度很小。研究表明，波特兰水泥的腐蚀性随着 SO_4^{2-} 浓度的增加而增加，只有水中 SO_4^{2-} 浓度小于 300mg/L 腐蚀性才低微。

应该指出，硫酸盐腐蚀产物的溶解度小，它们的沉淀所导致的应力可加剧混凝土的破坏。

10.4　陶瓷材料的腐蚀

陶瓷材料的腐蚀是指在酸、碱、高温气体、熔融盐等存在的恶劣环境下，由于化学侵蚀而产生的腐蚀。按陶瓷材料的服役环境，可将陶瓷的腐蚀分为常温腐蚀和高温腐蚀。

10.4.1　陶瓷材料常温腐蚀

陶瓷材料一般是绝缘体或半导体，因而在溶液中产生的腐蚀是化学腐蚀。对于结构陶瓷来说其耐蚀性主要取决于其化学稳定性，其次还受晶界相和各种添加物的影响，微小缺陷都可能会成为发生化学腐蚀的源点。另外，结构陶瓷在制取过程中会使其内部产生残余应力，在许多情况下由于应力集中而加速了陶瓷腐蚀或老化。因此，同种结构陶瓷由于制备工艺和添加物的不同，它们的耐蚀性也有很大差异。

表 10-2 列出了陶瓷材料在典型酸和碱性溶液中的耐蚀性数据，从这些数据可以看出，对氧化物陶瓷来说，酸、水溶液对其腐蚀的影响规律是：$CaO>MgO>Al_2O_3>ZrO_2$，即碱性越强，则越易发生腐蚀。而碱性水溶液对其腐蚀的影响为：含有酸性氧化物 SiO_2 和 B_2O_3 或两性氧化物 Al_2O_3 的陶瓷容易溶解。因此，含有上述成分的陶瓷受酸和碱腐蚀的可能性较大。

表 10-2　陶瓷材料在典型酸和碱溶液中的耐蚀性数据

溶液	浓度	温度	时间	SiO_2	硼硅酸陶瓷	莫来石	MgO（98%）	$MgAl_2O_4$（99%）	Al_2O_3（99.7%）	ZrO_2（稳定）
HCl	35%	沸腾	30min	A	A	A			A	
HCl	20%	沸腾	3d				C	B0.5	A	C7
HNO_3	70%	沸腾	30min	A	A	A			A	
H_2SO_4	98%	沸腾	30min	A	A	A			A	C
H_3PO_4	90%	沸腾	30min		B0.4	B0.9			B0.2	B
H_3PO_4	9%	沸腾	3d						A	
HF	60%	20℃	24h	C	C	C			C	C
KOH	10%	80℃	7d	C5	C5	B2			A	A
熔融 KOH	—	500℃	24h	C	C	C	C	B3	C12	B0.4
熔融 KOH	—	500℃	24h	C	C	C			B0.8	
熔融 KOH	—	900℃	24h	C		C	A	B3	B0.2	C

注：A—耐蚀；B—轻微腐蚀；C—严重腐蚀；数值表示腐蚀失重值（mg/cm^2）。

10.4.2　陶瓷材料高温腐蚀

在惰性介质中，大多数结构陶瓷在很高的温度下仍是稳定的，但在有氧化性介质存在时，其中的碳化物系、氮化物系等非氧化系陶瓷会发生高温氧化腐蚀。另外，在含 Na 介质以及高温高压水环境中，氧化物陶瓷也会发生高温腐蚀。陶瓷材料的氧化及高温腐蚀行为十分复杂，通常，某一组元的氧化行为，在热力学和动力学上要受其他组元的影响，组成相与杂质的界面在许多情况下也显著影响氧化行为。因此，陶瓷材料的腐蚀行为，通常不能从组元的性质来推得。

为了讨论方便，对于氧化反应，可把陶瓷材料的组成相分成三类：

（1）氧化物　本身不氧化，然而，在其他氧化物或杂质与氧同时存在时，可形成低熔点的混合氧化物或玻璃。

（2）Si 的非氧化物　特别是 SiC、Si_3N_4、$MoSi_2$，假设体系中的氧分压不太低，那么就会在其上形成一层有效的 SiO_2 保护层，从而限制氧化反应速度。

（3）其他非氧化物　抗氧化能力相对较差，在温度低于1000℃时，氧化速度很快。例如，TiC、TiN、B_4C、BN、TiB_2 等增强的陶瓷基复合材料。

SiC 和 Si_3N_4 氧化的特征是发生由钝态向活性转变，其标志是 SiO_2 的分解和汽化：

$$2SiO_2 \longrightarrow 2SiO\uparrow + O_2$$

这种转变由温度和氧分压决定，如图 10-4 所示。在钝化区，当压力为 10^5Pa，温度为 1000~1500℃时，氧化速度很低，此时，膜层的生长速度为 10^{-12}~10^{-11}g/(cm^2·s)。不过，此区域的氧化反应对氧化层的性质很敏感。如果该层呈结晶态而不是非晶态，则其氧化速度要低得多。对于非晶态情况，随某些玻璃形成物引起的黏性的降低，氧化速度明显加快。

通常，在 SiC 和 Si_3N_4 与氧化物组成的陶瓷材料中，SiC 和 Si_3N_4 的抗氧化性能要降低。这是因为 SiO_2 层常常与氧化物组元反应，形成玻璃或混合氧化物。即使最终的反应产物是结晶的，随氧化速度的增加，中间低黏度的玻璃相也可能会形成。当此玻璃相渗透至晶界和界面时，氧化速度会进一步加快。

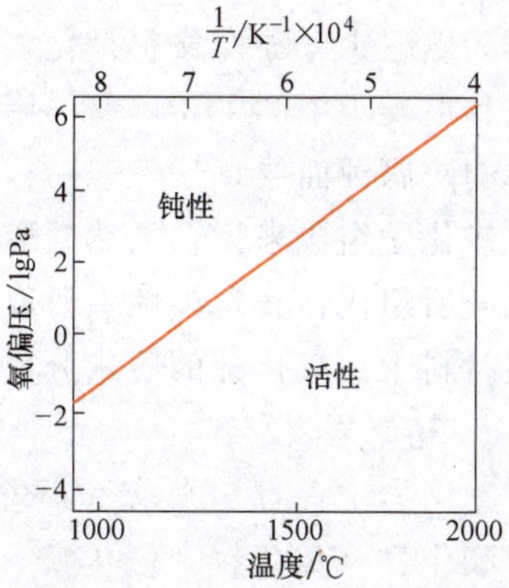

图 10-4　温度和氧分压对 SiC 和 Si_3N_4 氧化的活性与钝性转变的影响

Al_2O_3 等氧化物陶瓷在高温 Na 环境中，表面会呈现灰褐色或黑褐色，并且材料的质量随温度的升高或时间的延长而减少。Si_3N_4、SiC 等 Si 系陶瓷在高温 Na 中也会发生表面变色，腐蚀程度比氧化物陶瓷严重。而 BN、AlN 等氮化物陶瓷与 Si 系陶瓷相比，表面几乎不变色，AlN 陶瓷的质量变化很小，而 BN 陶瓷的质量变化则很大。

陶瓷在高温 Na 中的腐蚀来自两个方面：一是 Na 沿晶界扩散引起晶界腐蚀；二是陶瓷本身不耐 Na 腐蚀。腐蚀过程中，高温中的 Na 沿陶瓷的晶界扩散，使晶界上的 Si—O 键断裂，发生如下反应：

$$4Na+3SiO_2 \longrightarrow 2Na_2SiO_3+Si$$

$$2Na+[O]+SiO_2 \longrightarrow Na_2SiO_3$$

其中，[O] 表示游离氧。接触 Na 液的晶界上的骨架元素溶解析出，使晶界活化能增加，导致反应不断进行。由于 Na 的侵蚀具有选择性，所以 Na 的腐蚀作用是局部的，结果往往在材料中形成很深的腐蚀孔，晶界上非晶态成分越多，杂质含量越高，这种腐蚀越严重。而 ZrO_2 和 BN 被高温 Na 腐蚀则是因为 Na 和母体发生化学反应，形成可溶性腐蚀产物，使母体构成元素溶解析出而导致腐蚀。

氧化物陶瓷在高温高压环境中，即使存在极少量的水或水蒸气，也会龟裂而使强度下降。一方面陶瓷表面的氧与水中 H^+ 发生化学吸附，使桥氧转变为非桥氧，产生 OH^- 离子，这些 OH^- 离子通过扩散进入晶格中，使晶体结构发生畸变和变形而产生相变；另一方面，陶瓷中必然存在一定量的结构缺陷，它们成为水的渗透通道，以致高温高压水能够使陶瓷的部分成分溶解析出。

高纯度的 SiC 或 Si_3N_4 粉体在 100MPa 的高温高压水中进行水热处理，发生如下反应：

$$SiC+2H_2O \longrightarrow SiO_2+CH_4 \qquad T>400℃$$

$$Si_3N_4+6H_2O \longrightarrow 3SiO_2+4NH_3 \qquad 450℃>T>100℃$$

反应初期，在粉体表面生成致密的非晶态 SiO_2 产物层，然后水通过产物层扩散到粉体与 SiO_2 界面上继续反应。事实上，在非氧化物陶瓷中存在大量晶界，且晶界又是腐蚀的快速通道，所以其腐蚀速度远远大于高纯度的 SiC 或 Si_3N_4 粉体。其他如 ZrN、ZrC、TiN 等在 100MPa、200℃的条件下也会发生水热氧化腐蚀反应，而 TiC 在 400℃以上会发生氧化反应。

10.5 常用无机非金属耐蚀材料

10.5.1 天然耐蚀硅酸盐材料

天然耐蚀硅酸盐材料是化工防腐的重要材料之一，用它制成的粉料、砂子、石子是耐酸胶泥和混凝土中的主要填料。用天然耐蚀硅酸盐材料制成的块石在化工上用作地面、地沟和设备的防腐蚀面层。

按化学组成来说，天然硅酸盐材料是由各种硅酸盐类、铝硅酸盐或杂有其他氧化物的二氧化硅所组成，其耐蚀性主要取决于其中二氧化硅的含量、矿物组成以及岩石的密度。一般耐酸材料中二氧化硅的质量分数在 60%以上。

1. 花岗岩

花岗岩中含有 70%~75%的二氧化硅，13%~15%的氧化铝以及 7%~10%的碱性、碱土金属氧化物（氧化钙、氧化镁、氧化钠等）。其主要矿物组成为长石和石英，其他还有少量云母、磁铁矿等，石英是最有用的组成部分，云母是有害的，它会降低花岗岩的机械强度。

花岗岩对硫酸（<98%）、硝酸（<65%）和盐酸（<35%）都有良好的耐蚀性，但不耐氢氟酸和高温磷酸的腐蚀。另外，花岗岩结构致密、孔隙少，耐碱性能也较好，并具有较高的耐风雨能力和耐冻性。

花岗岩的缺点是热稳定性不高，这是其密度大和各组分的线胀系数差别较大的缘故，所以使用温度不能超过 200~250℃。其次花岗岩的硬度很高（莫氏硬度 6.5~7），开采加工都较困难，再者是质地不够均匀，不同产地甚至同一矿区的岩石性能差异也很大。

在化工生产中，花岗岩常用来砌筑硝酸和盐酸的吸收塔、贮槽、电解槽、碘和溴生产中的设备，以及作为耐酸地面、沟槽的面层和设备的基础。小块和粉状的花岗岩用作耐酸水泥和混凝土的填充物。

2. 石英岩

石英岩是由结晶型二氧化硅（石英）被非晶型二氧化硅胶结而成的一种变质岩，其特点是二氧化硅含量很高（质量分数为 90%~99%）。

石英岩非常致密，几乎没有孔隙，因此是很优良的耐酸材料，耐酸度大于 98%，也有一定的耐碱性，并且因所含石英的线胀系数很小，其热稳定性也较高。但石英岩的硬度很高，不易加工，因而未能很好应用。破碎及粉碎的石英岩是耐酸水泥和混凝土的良好填料。

3. 安山岩

安山岩由中性斜长石和角闪石及少量石英所组成，SiO_2 质量分数为 52%~65%。安山岩的特点是耐酸性强，热稳定性好，硬度较小，加工比较容易。在化工防腐上可用作块材衬里材料及铺设地面表层，它的碎石和粉料是耐酸水泥和混凝土的优良填料。

4. 文石

文石主要含二氧化硅，耐酸度高，常温时能耐各种浓度的硫酸、硝酸、盐酸、磷酸、溴水等的腐蚀。但当温度高达90℃时，对盐酸和碱液不耐腐蚀。文石的硬度小、质软、容易加工。可用作设备衬里（如电解槽顶盖的衬里层）。

5. 石棉

常用的石棉分为温石类石棉和闪石类石棉两种，它们都是纤维状结构。

温石类石棉的蕴藏量大，占石棉开采量的95%以上，其化学组成主要是含水硅酸镁，二氧化硅质量分数为38%~44%。它不耐酸，在硫酸、盐酸和硝酸中的溶解度达60%，对碱稳定，脆性较大，一般用作绝热和耐火材料。

闪石类石棉的化学组成主要是含水钙镁硅酸盐，二氧化硅质量分数为51%~61%，其纤维有伸缩性及韧性，具有耐火性、耐酸性，能耐浓度为65%的硝酸（沸腾）和95%的硫酸(100℃)，对沸腾的盐酸（38%）也有较好的耐蚀性，但不耐氢氟酸和氟硅酸，缺点是纤维太短。

石棉的使用温度为600~800℃，超过800℃就会丧失弹性和强度。

由于石棉耐火、耐酸（闪石类石棉）、耐碱（温石类石棉）、导热系数小、纤维强度高，可加工成织物，所以在工业上应用很广，用它可制成板、线绳。在很多场合下它们是机器和设备密封时最好的填料和衬垫物。石棉织物是过滤腐蚀性介质最好的材料之一。“法奥利特”就是酚醛树脂和石棉组成的耐腐蚀材料。

10.5.2　铸石

铸石是以分布广泛的天然岩石——玄武岩、辉绿岩或某些工业废渣为主要原料，经配料、熔化、浇注成形、结晶、退火工艺过程形成的一种工业材料。铸石中含有二氧化硅、氧化铝、氧化钙、三氧化二钛、氧化亚铁和少量的二氧化钛、氧化钾、氧化钠、氧化锰和三氧化二铬等。它的特性是耐磨、耐腐蚀，并且具有优良的绝缘性和很高的抗压强度，可以广泛地应用于许多工业生产设备中，特别是在那些承受剧烈磨损和酸碱侵蚀的部位，以此代替各种黑色金属、有色金属、合金材料及橡胶等。其耐磨性比锰钢高5~15倍，比一般碳钢高十几倍，耐蚀性比不锈钢、铅和橡胶高得多，使用铸石制品不但可以节约大量金属材料，而且还能延长设备寿命，效果十分显著。

作为一种工业材料，铸石制品在物理、力学性能方面尚有许多缺点，例如它的抗冲击强度较差，在受到较大负荷的冲击时有被击破的可能。它的热稳定性差，在急冷急热的条件下容易炸裂。

铸石制品的品种很多，有板材、管材、粉、球以及各种异形产品。除了大量用于化工、冶金、矿山等工业部门外，还可用于纺织、食品、造纸等轻工业部门。

铸石的突出的特性表现在其耐蚀性方面。例如生产氨基乙酸的稀释锅，衬4mm厚的铅板只能用3~5个月，改用辉绿岩铸石做衬里后，使用10年还完好。

10.5.3　化工陶瓷

陶瓷一般为陶器、炻器、瓷器等黏土制品的通称，其坯体主要由黏土、长石、石英配制而成。随着技术的发展，不断出现新的陶瓷品种，因此陶瓷制品的定义也在不断地扩大。凡以矿物或纯化合物为原料，采用制瓷的生产方法得到的硬度较大的制品都称为陶瓷。

陶瓷不但在日用品的生产中占有重要的地位，在工业上也是一种重要材料，广泛用于建筑、电器、化工、轻工等部门。陶瓷在化工防腐蚀上占有一定的地位，化工陶瓷设备除了要求耐腐蚀外，往往还要求尺寸较大，能够耐一定的温度急变、一定的压力等，所以存在与日用陶瓷及其他工业陶瓷不同的特点，一般称为化工陶瓷。由于陶瓷的耐酸性能较好而耐碱性差，所以又称为耐酸陶瓷。

化工陶瓷的原料大致可以分为三大类：

（1）可塑性原料　主要是黏土，它赋予泥料以成形性能。

（2）瘠性原料　主要是长石、石英，降低干燥、烧成收缩。

（3）熔封原料　主要是长石，降低烧成温度。

将黏土、长石、石英等原料分别进行清洗，除去杂质并粉碎至一定细度，再按规定配比混合，然后用机械或手工做成所需要的形状，即为陶瓷生坯。生坯干燥后在高温下煅烧，可使坯体成为质地坚硬的陶瓷制品。

化工陶瓷的抗拉强度低，冲击韧性小，是典型的脆性材料，它的热稳定性不高。因此化工陶瓷的使用压力和使用温度都较低，一般在常压或一定真空度的场合，耐酸设备、管道推荐使用温度≤90℃，耐温设备、管道的使用温度≤150℃。

典型的化工陶瓷有高铝陶瓷和氮化硅陶瓷。

所谓高铝陶瓷就是指在以氧化铝和氧化硅为主要成分的瓷坯中，氧化铝质量分数在46%以上者。氧化铝质量分数为90%~99.5%时，称为刚玉质瓷。氧化铝含量越高，陶瓷的性能越好。

高铝陶瓷一般可制作如下部件：

1）泵用零件：密封滑环、泵的护轴套和叶轮都可以用氧化铝陶瓷制造。对于护轴套来说，主要利用材料的高耐蚀性来保护位于其中的钢轴，对叶轮而言，还利用了材料的耐磨性和高机械强度。

2）轴承：用氧化铝陶瓷制造轴承优点很突出，尤其是当轴承需要与水或其他腐蚀性介质接触、间歇使用时更是如此。

3）活塞：用氧化铝陶瓷制造的活塞可以达到相当高的精度和表面质量。

4）阀：由于能达到很低的表面粗糙度，氧化铝陶瓷制造的阀座和阀球具有良好的密封性。又因为耐蚀性强，所以阀的寿命相当长。

反应烧结氮化硅陶瓷是一种新型的工程陶瓷材料。氮化硅陶瓷的原料丰富、加工方便、性能优良、用途广泛。因为它具有较好的加工性和无收缩性，所以，可以用较低的成本生产各种尺寸精确的部件，特别是形状复杂的部件。成品率高也是一般陶瓷所不具备的。

氮化硅陶瓷可制作泵的机械密封环。机械密封中的密封环有的要求在强腐蚀介质中工作。现在采用的机械密封环主要是用石墨、氧化铝、金属陶瓷、不锈钢、聚四氟乙烯等材料制作的。这些材料有的不耐磨，有的不耐腐蚀，因此解决泵的机械密封问题就显得十分迫切。由于氮化硅的耐磨性、耐蚀性和耐温度急变性等性能都很好，所以是一种较理想的密封材料。

还可制作化工用的球阀。化工厂用的阀门大多在强腐蚀性介质中工作，有的还要经受较高的温度和压力。过去生产的球阀有的用铸铁制作，有的使用合金钢，寿命比较短。用反应烧结氮化硅制作球阀的阀芯效果较好。

此外，氮化硅陶瓷可用作炼钢生产上的铁液流量计、农药喷雾器的某些部件、高温热电偶套管等。

10.5.4　玻璃

凡熔融体通过一定方式冷却，因黏度逐渐增加而具有固体的机械性质与一定结构特征的非晶体物质，不论其化学组成及硬化温度范围如何，都称为玻璃。

玻璃工业一般用多种无机矿物为原料，通过高温熔融，使其成为液体，然后按照需要制造成各种各样的玻璃制品。玻璃随所用原料配比的不同，其制品用途也各异。目前在化学、食品、医药、石油等工业中应用的玻璃为硼硅酸盐玻璃、低碱无硼玻璃以及石英玻璃和高硅氧玻璃。它们具有优良的耐化学腐蚀性，除氢氟酸、热磷酸、热浓碱液外，几乎能耐所有的腐蚀性介质。同时，它的表面光滑，不易挂料，输送流体时阻力小，并具有能保持产品高纯度和便于观察生产过程等特点。工业上用来制作分馏塔、吸收塔、蒸发器、换热器以及管道、阀门和玻璃泵等，此外，还用作管道和设备的衬里。

玻璃的缺点和陶瓷一样，是典型的脆性材料，又因受到熔制技术的限制，其尺寸不能过大。因此在一定程度上限制了它的广泛使用。为了克服和弥补玻璃脆性的缺点，现已着手从玻璃的组成、结构设计等方面进行改进，例如微晶玻璃的生产、钢衬玻璃管道、钢制设备喷涂等方法，从而大大地扩大了玻璃的应用范围。

10.5.5　化工搪瓷

搪瓷就是将瓷釉涂搪在金属底材上，经过高温烧制而成，它是金属和瓷釉的复合材料。

化工搪瓷是将含硅量高的耐酸瓷釉涂覆在钢（铸铁）制设备的表面上，经高温煅烧使之与金属密着，形成致密的、耐腐蚀的玻璃质薄层（厚度一般为0.8~1.5mm）。这样的设备称为化工搪瓷设备。化工搪瓷设备兼具有金属设备的力学性能和瓷釉的耐蚀性的双重优点，除氢氟酸和含有氟离子的介质、高温磷酸以及强碱外，能耐各种浓度的无机酸、有机酸、盐类、有机溶剂和弱碱的腐蚀，表面光滑易清洗，并有防止金属离子干扰化学反应和沾污产品的作用。因此广泛应用于化学工业各个部门，特别对有机和制药工业来说，是一种不可缺少的设备。

搪瓷釉是一种化学成分复杂的碱-硼-硅酸盐玻璃，与一般玻璃有着显著的差别。

一般玻璃是一种独立的结构材料，可以制成各种玻璃制品，而且制品仍保持原有的成分和性质。搪瓷釉则是用来涂覆各种金属制品，烧结后在制品表面形成瓷釉层。瓷釉层的化学成分及其结构和原来的瓷釉不同，它是由瓷釉颗粒和添加物颗粒组成的不均匀玻璃层。对于玻璃来说，要求透明，故结晶是一种缺陷，而对瓷釉则常有意让它结晶，即在其组成中引入相应的组分——乳浊剂（氟化物和锡、锑等氧化物）使它结晶成不透明状以遮盖金属表面。玻璃的热胀系数要求越小越好，这样热稳定性好，但对瓷釉则要求它与所涂金属的热胀系数尽量一致，以便与金属能够密着。为此，要在瓷釉组成中引入密着剂（钴、镍、铜、锰等的氧化物），并且对瓷釉的熔融温度和在此温度下的黏度、表面张力等也要有一定的要求。通常的玻璃在瓷釉的烧成温度下（900℃左右）黏度很高，热胀系数很小，不能用来制作瓷釉。

制造瓷釉的原料种类很多。所有的瓷釉都是由石英砂、长石等天然岩石加上助熔剂（如硼砂、纯碱、碳酸钾、氟化物等）以及少量能使瓷釉起牢固密着和给瓷釉以其他性能的物质（镍、钴、铜、锑、锡等金属氧化物）构成。这些原料经粉碎后，按所需比例混合，在1130~1150℃的高温下熔融而形成玻璃状物质。通常将上述熔融物加水、黏土、石英、乳浊剂等（总称为磨加物）在研磨机内充分磨细，即成瓷釉浆。将这瓷釉浆以均匀的薄层涂覆在钢铁表面上，经烘干，并在800~900℃下烧结，即成黏附在钢铁表面上的致密的玻璃质层。

实践证明为了获得良好的搪瓷效果，必须在钢铁表面上涂覆两层组成不同的瓷釉。第一层是直接涂覆在钢铁表面上的称为底釉。它是金属底材与瓷釉之间的一种固体化合物的涂层，直接搪烧在钢铁表面上的瓷釉。底釉的配料要求是：瓷釉熔融物的表面张力要小，黏度适当，并与钢铁有尽可能一致的热胀系数，此外还要求底釉的熔融温度与范围要适当。用于铸铁的底釉与钢板的不同，一般采用黏度特别大的不熔化的烧结底釉或半熔化的半熔底釉，以使底釉层呈多孔结构让气体顺利逸出。另一层是涂覆在已烧成的底釉层上的称为面釉，面釉烧成后，在使用时就直接与腐蚀性介质相接触。所以它具有耐蚀性和耐磨性，并赋予搪瓷设备以光泽和一定的色调，以遮盖深色底釉和钢铁的颜色。使钢铁不受腐蚀主要是底釉的作用。

由于面釉是涂搪在已烧成的底釉上，故要求面釉要比底釉略为易熔，否则，常会从钢铁中析出新的气体，并在面釉上形成气孔。面釉的黏度也应比底釉低，其热胀系数应与底釉相近，以便形成与底釉密合的、光滑平整和致密的瓷釉层。面釉一般涂覆两次或三次，每涂一次就要烧成一次。

化工搪瓷设备的金属底材，一般都采用低碳钢焊制，有的也用铸铁及钛钢，金属底材选择恰当与否，直接影响搪瓷的质量。钢坯材料的化学成分对搪瓷质量有很大的影响，必须严格要求。考虑到搪瓷用钢需在700~900℃高温下多次搪烧，因此一般都采用低碳钢。

化工搪瓷设备必须很好维护才能延长其使用寿命。搪瓷设备不能用金属锤或其他硬物锤击敲打，搬运安装等要避免碰撞。化工搪瓷设备应妥善保管，如在室外放置时，应遮盖好，防止雨淋，特别是温度计套管要遮盖好防止水灌入，防止冬季结冰将瓷层胀裂。

化工搪瓷设备在每次物料反应完毕出料后，必须进行详细检查，如发现有裂纹，爆瓷等损坏，必须及时修补，方可使用。

要定期进行清洗。严禁酸液进入夹套内。不应该在搪瓷设备的外壁直接焊接，必要时在夹套上焊接接管，而且要特别小心，一定要用电焊，速度要快，并采取冷却措施。加热时注意勿直接用火，要用蒸汽、油浴等加热。加料和出料时均需缓慢升温、降温。操作时要求缓慢升压、降压，使用时要尽量避免设备受振动，并应尽量避免酸碱介质交替使用等。

10.5.6 水玻璃耐酸胶凝材料

水玻璃耐酸胶凝材料包括水玻璃耐酸胶泥、砂浆和混凝土，它们是以水玻璃（硅酸钠水溶液）为胶结剂，氟硅酸钠为硬化剂，以及耐酸粉料，或再加上耐酸砂和碎石（总称为耐酸填料）按一定比例调制而成的，最后在空气中凝结硬化成石状材料。

通常先将耐酸粉料和固体硬化剂——氟硅酸钠按比例均匀混合（一般氟硅酸钠为粉料质量的4%~6%）以待使用，这种混合料即为水玻璃耐酸水泥，简称耐酸水泥或耐酸灰。又常按所用耐酸粉料的种类分别命名，如辉绿岩粉耐酸水泥、粉状石英耐酸水泥以及其他耐酸水泥等。

将耐酸水泥与适当量的水玻璃溶液混合后，所得胶泥状的物料称为耐酸胶泥。将耐酸水泥配以适量的砂，或再加入一定粒度级别的耐酸碎石，与水玻璃均匀混合，即得水玻璃耐酸砂浆或耐酸混凝土。

除氢氟酸、热磷酸、高级脂肪酸及碱性介质外，它对其他无机酸和有机酸都具有良好的耐酸稳定性，特别适用于耐强氧化性酸。此外，它的原料资源丰富，价格较低。因此在化工及与其他工业部门中广泛采用。此种耐酸胶泥可以用作耐酸块材砌衬设备时的黏结剂。采用水玻璃耐酸混凝土、砂浆作为结构材料，浇注整体式设备（耐酸池、槽等）和耐酸地坪，还可以用作整体衬里设备材料，防止腐蚀和代替金属材料。

思　考　题

1. 试述硅酸盐材料的腐蚀特点及影响因素。
2. 玻璃的腐蚀有哪几种形式？简要说明之。
3. 混凝土的腐蚀有哪几种形式？简要说明之。
4. 陶瓷材料的腐蚀有哪几种形式？简要说明之。
5. 举例说明常用无机非金属耐蚀材料的种类和主要应用。

参考文献

[1] 朱日彰. 金属腐蚀学［M］. 北京：冶金工业出版社，1989.

[2] 杨德钧，沈卓身. 金属腐蚀学［M］. 2版. 北京：冶金工业出版社，1999.

[3] 吴继勋. 金属防腐蚀技术［M］. 北京：冶金工业出版社，1998.

[4] 朱日彰，何业东，齐慧滨. 高温腐蚀及耐高温腐蚀材料［M］. 上海：上海科学技术出版社，1995.

[5] 刘永辉，张佩芬. 金属腐蚀学原理［M］. 北京：航空工业出版社，1993.

[6] 曹楚南. 腐蚀电化学原理［M］. 北京：化学工业出版社，1985.

[7] 肖纪美. 腐蚀总论——材料的腐蚀及其控制方法［M］. 北京：化学工业出版社，1994.

[8] 陈旭俊，黄惠金，蔡亚汉. 金属腐蚀与保护基本教程［M］. 北京：机械工业出版社，1988.

[9] 魏宝明. 金属腐蚀理论及应用［M］. 北京：化学工业出版社，1984.

[10] 卢燕平. 金属表面防蚀处理［M］. 北京：冶金工业出版社，1995.

[11] 顾国成，吴文森. 钢铁材料的防蚀涂层［M］. 北京：科学出版社，1987.

[12] 吴纯素. 化学转化膜［M］. 北京：化学工业出版社，1989.

[13] 陈正钧，杜玲仪. 耐蚀非金属材料及应用［M］. 北京：化学工业出版社，1985.

[14] 肖纪美，曹楚南. 材料腐蚀学原理［M］. 北京：化学工业出版社，2002.

[15] 孙秋霞. 材料腐蚀与防护［M］. 北京：冶金工业出版社，2002.

[16] 初世宪，王洪仁. 工程防腐指南——设计·材料·方法·监理检测［M］. 北京：化学工业出版社，2005.

[17] 左禹，熊金平. 工程材料及其耐蚀性［M］. 北京：中国石化出版社，2008.

[18] 千勇，田志凌，董翰，等. 中国材料工程大典第2卷　钢铁材料工程：上册［M］. 北京：化学工业出版社，2005.

[19] 朱日彰，卢亚轩，耐热钢和高温合金［M］. 北京：化学工业出版社，1996.